Zwischen Physikotheologie und Positivismus
Pierre Prevost (1751-1839) und die korpuskularkinetische Physik der Genfer Schule

Europäische Hochschulschriften

Publications Universitaires Européennes
European University Studies

Reihe III

Geschichte und ihre Hilfswissenschaften

Série III Series III

Histoire, sciences auxiliaires de l'histoire
History and Allied Studies

Bd./Vol. 353

Verlag Peter Lang
Frankfurt am Main · Bern · New York · Paris

Burghard Weiss

Zwischen Physikotheologie und Positivismus

Pierre Prevost (1751-1839) und die korpuskularkinetische Physik der Genfer Schule

Verlag Peter Lang
Frankfurt am Main · Bern · New York · Paris

CIP-Titelaufnahme der Deutschen Bibliothek

Weiss, Burghard:

Zwischen Physikotheologie und Positivismus : Pierre Prevost (1751 - 1839) u.d. korpuskularkinet. Physik d. Genfer Schule / Burghard Weiss. - Frankfurt am Main ; Bern ; New York ; Paris : Lang, 1988.
(Europäische Hochschulschriften : Reihe 3, Geschichte und ihre Hilfswissenschaften ; Bd. 353)
Zugl.: Hamburg, Univ., Diss., 1987
ISBN 3-8204-1509-2

NE: Europäische Hochschulschriften / 03

D 18
ISSN 0531-7320
ISBN 3-8204-1509-2

corporibus caecis igitur natura gerit res

LUKREZ (De rerum natura, I, 328)

... nous donnons confiance aux images
comme à des réalités...

PREVOST 1834

Pierre Prevost (1751-1839)
Gemälde von Langlois im Besitz der BPU Genève

VORWORT

Die Anregung zu dieser Arbeit verdanke ich Prof. Dr. Andreas KLEINERT (Hamburg), der sie mit viel Geduld betreut hat und bei der Herstellung der notwendigen Kontakte nach Genf und Paris behilflich war. Ferner gilt mein Dank Prof. Dr. Hans-Werner SCHÜTT (Berlin) für stete Ermunterung und Kritik sowie den Mitarbeitern des Instituts für Philosophie, Wissenschaftstheorie, Wissenschafts- und Technikgeschichte der TU Berlin für klärende Diskussionen.

Die Darstellung in dieser Arbeit beruht, besonders in den Kapiteln I, III und IV, auf der Auswertung bisher unpublizierter Quellen, die in Archiven in Genf und Paris aufbewahrt werden. Ich bin daher all denen zu Dank verpflichtet, die mir den Zugang zu diesen Materialien ermöglicht haben. In Genf waren dies namentlich Mme. Dr. Margarida ARCHINARD (Musée d'Histoire des Sciences), Prof. Pierre SPEZIALI (Université de Genève), M. Philippe MONNIER (Bibliothèque Publique et Universitaire) sowie M. Jean-Daniel CANDAUX und M. Jean CASSAIGNEAU für das private Archiv Rilliet. Für die Erleichterung des Zugangs zu den Pariser Archiven danke ich Prof. Dr. WERNER und seinen Mitarbeitern vom Deutschen Historischen Institut Paris, der Kulturabteilung der Deutschen Botschaft Paris sowie den Herren "Secrétaires Perpétuels" der Pariser Akademie der Wissenschaften. Auch den Mitarbeitern des "Centre Alexandre Koyré" in Paris, vor allem Pierre COSTABEL, sei für Hilfestellung gedankt.

Da dem Historiker die unpublizierte Quellen kaum etwas nützen, wenn er nicht Gelegenheit erhält, an Ort und Stelle Autopsie vorzunehmen, bin ich dem Deutschen Akademischen Austauschdienst (Bonn), dem Deutschen Historischen Institut (Paris) sowie der Dr. Carl Duisberg Stiftung (Bad Tölz) zu besonderem Dank verpflichtet, da sie den einjährigen Studienaufenthalt in Genf und Paris finanziert haben, ohne den diese Arbeit nicht hätte geschrieben werden können.

INHALTSVERZEICHNIS

ANHÄNGE

QUELLEN

EINLEITUNG

> Unsere physikalischen Theorien setzen ihren Stolz nicht darein, Erklärungen zu sein; unsere Hypothesen sind keine Annahmen über die eigentliche Natur der materiellen Dinge. Unsere Theorien haben einzig die ökonomische Zusammenfassung und Klassifikation der experimentellen Gesetze zum Ziel; sie sind selbständig und von jedem metaphysischen System unabhängig.

Die hier von Pierre DUHEM (1908, S. 294) vorgenommene Konfrontation zwischen der mathematisch-formalen Beschreibung als dem eigentlichen Ziel einer physikalischen Theorie einerseits und der sie gleichsam parasitär umrankenden und damit überflüssigen, ja schädlichen, weil stets von metaphysischen Annahmen abhängigen Erklärung andererseits ist Ausdruck jener positivistischen Erkenntnistheorie, die für die Physik der zweiten Hälfte des 19. Jahrhunderts den Rang einer methodologischen Norm beanspruchte.

Diese Norm, die der Physik den Verzicht auf jeglichen Erklärungsanspruch als Tribut für die Verbesserung ihrer heuristischen Potenz abforderte, entstand jedoch nicht erst im 19. Jahrhundert; sie ist vielmehr ein Produkt der französischen Aufklärung. Bereits D'ALEMBERT hatte in seinem "Discours préliminaire" (1751) die Suche nach den letzten Ursachen als unproduktiv und nutzlos aus dem Fragenkatalog einer Physik verbannt, die ihr Interesse zunehmend auf die instrumentelle Beherrschung der Natur mit Hilfe quantitativer, mathematisch-analytischer Methoden konzentrierte. DIDEROT hatte ihm assistiert, als er 1754 hervorhob, daß die Frage nach dem "Wie?" im Sinne einer maximalen instrumentellen Effizienz die Frage nach dem "Warum?" im Sinne der philosophischen Erkenntnis letzter Ursachen verdrängt habe. Es brauchte etwa ein halbes Jahrhundert, bis daß die konsequente Befolgung dieser methodologischen Postulate in Verbindung mit der Weiterentwicklung der mathematisch-analytischen Methoden ihre volle Wirksamkeit innerhalb der französischen Schule entfalten und Physiker wie COULOMB, FOURIER und FRESNEL zu ihren großen Erfolgen führen konnte; Erfolge, die aus der Perspektive des Historikers wie der Beginn der "zweiten wissenschaftlichen Revolution" anmuten (BRUSH, BELLONE 1976).

Doch stieß dieser Triumphzug der französischen Physik nicht überall auf Zustimmung; vielmehr regte sich teilweise erbitterter Widerstand, für den die Deutsche Romantische Naturphilosophie ein prominentes Beispiel geliefert hat. Während diese als eine der am besten untersuchten Denkrichtungen in der Geschichte der Wissenschaften gelten darf, läßt sich dies wohl kaum von jenem Teil der Opposition behaupten, der den Gegenstand der vorliegenden Studie bildet: der "Genfer Schule des kinetischen Atomismus".

Die Studie nahm ihren Ausgang, um hier zunächst im "context of discovery" zu reden, von der Aufarbeitung eines umfangreichen Genfer Gelehrtennachlasses, von dessen Urheber zu Beginn der Arbeiten nur bekannt war, daß er für die Geschichte der Physik eine gewisse, historisch nie genauer analysierte Rolle gespielt hat, deren Spuren sich noch in alten Lehrbüchern der Thermodynamik in Form des "Prevostschen Satzes" oder "Prevostschen Austauschtheorems" nachweisen lassen. Die Auswertung des in Genf und Paris verwahrten Archivmaterials, zu der mir, das sei an dieser Stelle noch einmal dankbar vermerkt, Stipendien des DAAD und des Deutschen Historischen Instituts Paris Gelegenheit gaben, brachte Material zu Tage, das es erlaubte, die Genese dieses für die Geschichte der frühen Strahlungstheorie so zentralen Begriffs im Detail zu rekonstruieren. Dabei zeigte sich jedoch bald, daß die Formulierung des "Austauschtheorems" durch PREVOST (1791) kein einsamer Geniestreich war, sondern vielmehr im Kontext einer spezifischen, auf metaphysischen Grundannahmen basierenden korpuskular-kinetischen Denktradition gesehen werden mußte.

Die Protagonisten dieser Denkrichtung, allen voran PREVOST selbst und sein Lehrer Georges-Louis LESAGE, beriefen sich zur Legitimierung ihres auf der Notwendigkeit kausaler Erklärungen beharrenden anti-positivistischen Ansatzes auf das Vermächtnis NEWTONs. In Verfolgung des idiozentrischen Methodenideals der Wissenschaftsgeschichtsschreibung lag es damit nahe, ihre Selbsteinschätzung ernst zu nehmen und zu versuchen, ihre Position aus dem Korpus des Newtonschen Denkens herzuleiten und verständlich zu machen.

Doch wäre es angesichts der von der Wissenschaftsgeschichtsschreibung unlängst vorgenommenen Problematisierung wirkungsgeschichtlicher Kategorialbegriffe wie "Newtonianismus" (ELKANA 1971; HOME 1977, 1979/a) fahrlässig, die Position der Genfer Korpuskularkinetiker schlicht als "newtonianisch" zu bezeichnen. Zur Definition der auf NEWTON zurückgehenden Tradition physikalischen oder naturphilosophischen Denkens wird nämlich auf alle Charakteristika des von NEWTON errichteten Theoriengebäudes zurückgegriffen: die Lehre von der universalen Gravitation, der Begriff der Kraft, die sog. korpuskulare Theorie des

Lichts, die Ätherspekulationen sowie die methodologischen Äußerungen NEWTONs, allen voran das berühmte "hypotheses non fingo". Allein diese knappe Aufzählung macht aber bereits deutlich, daß das Korpus des Newtonschen Denkens kein monolithisches, festgefügtes, dogmatisches Gedankengebäude war (wenngleich seine Epigonen eifrig bemüht waren, ein solches daraus zu machen). Wie THACKRAY (1970) gezeigt hat, repräsentieren die Fragen, die NEWTON seinen "Opticks" anfügte, am deutlichsten die Spannungen in seinem Werk; sie sind "offen" im Sinne einer gewollten Pluralität möglicher Antworten. Die sich auf den in NEWTONs Werk selbst angelegten Pluralismus gründende Komplexität der Newton-Rezeption im 18. Jahrhundert macht es demnach problematisch, einen Begriff wie "Newtonianismus" sinnvoll zu definieren. Indem die von den Epigonen NEWTONs angestrebte Kanonisierung der Newtonischen Physik sich nicht überall in gleicher Weise durchsetzte, konnten sich mehrere, unterschiedliche Elemente des Newtonschen Denkens betonende und zum Teil kontroverse methodologische Positionen vertretende Rezeptionsstränge im 18. Jahrhundert herausbilden. Wirkungsgeschichtliche Begriff wie "Newtonianismus" bedürfen also, sollen sie nicht sinnleer sein, der inhaltlichen Präzisierung. Eine Möglichkeit dazu bietet ihre "Regionalisierung", indem die Entwicklung der Wissenschaft in einem regionalen bzw. "nationalen" Kontext gesehen wird.

Bereits Pierre DUHEM war bei seiner Analyse von Ziel und Struktur physikalischer Theorien darauf verfallen, von national-spezifischen Zugangsweisen zur physikalischen Realität zu sprechen. So stellte er etwa dem "tiefen, aber engen Denken" der französischen Schule das "weite, aber schwache Denken" der britischen Schule gegenüber, das seiner Ansicht nach in der Bevorzugung mechanischer Modelle gegenüber analytisch-abstrakten Theorien seinen Ausdruck fand (DUHEM 1906). Wenngleich die Ergebnisse dieser von nationalen Ressentiments gefärbten Analyse, die 1915 gar zur Grundlage chauvinistischer Polemik wurde (KLEINERT 1978), mit großer Distanz zu betrachten sind, so kommt DUHEM doch das Verdienst zu, das Augenmerk der Wissenschaftshistoriker auf die unbezweifelbare Tatsache gelenkt zu haben, daß die Entwicklung der Naturwissenschaften nicht isoliert von ihrem kulturellen Kontext gesehen werden darf, in dem, zumindestens zeitweilig, spezifische nationale Traditionen, Präferenzen, "Schulen" oder "Stile" einen bedeutenden, ja dominierenden Einfluß entfalten können. Die Anregung DUHEMs ist unlängst von OLSON wieder aufgenommen worden und anhand einer Analyse des Einflusses, den die schottische

Philosophie des "common-sense" auf die britische Physik im 19. Jahrhundert genommen hat, konkretisiert worden (OLSON 1975).

Die Debatte um die wissenschaftstheoretischen Implikationen der Wissenschaftsgeschichte während der letzten Jahre hat deutlich gemacht, daß nicht Theorien oder Theoriengebäude allein, für sich genommen, erkenntnisleitend für den Wissenschaftler sind. Theorien sind vielmehr Bestandteil größerer Einheiten. Die Kontroverse drehte sich weitgehend um die Frage, wie diese Einheiten zu begreifen und zu definieren sind. Während KUHN (1962) den Begriff des "Paradigmas" formulierte, LAKATOS (1970) den Begriff des "Forschungsprogramms" dagegensetzte und LAUDAN (1977) schließlich diesen zum Begriff der "Forschungstradition" abwandelte, so muß doch festgestellt werden, daß diese Begrifflichkeit weitgehend auf den kognitiven Bereich beschränkt blieb.

In Bezug auf unsere eingangs gemachte Feststellung, daß Kategorialbegriffe präzisierend zu "regionalisieren" sind, scheint uns demgegenüber der von OLSON formulierte Begriff des "Regionalen Forschungsstils" für wirkungsgeschichtliche Untersuchungen am geeignetsten zu sein, weil hierin kognitive wie soziale Elemente in gleicher Weise Berücksichtigung finden. Da dieser Begriff für unsere Untersuchung erkenntnisleitend sein soll, ist es zunächst notwendig, ihn genauer zu definieren. Dazu orientieren wir uns an der erweiterten Definition, die von CANTOR (1983, S. 189) gegeben wurde: "broader scientific styles (...) include other theories, conceptual issues such as theological and philosophical ideas, and general notions about the aim of science. Moreover, these styles (...) are socially located, sometimes being closely identified in particular institutional niches." Demnach wird die Herausbildung bzw. Rezeption einer Theorie nicht nur durch bereits vorhandene theoretische Überzeugungen und durch ontologische, erkenntnistheoretische oder methodologische Grundsätze bestimmt, sondern ist vielmehr auch von "related concepts" abhängig, worunter religiöse und weltanschauliche Einstellungen verstanden werden können. Die "weltanschauliche Bindung" der Naturwissenschaft wird sich dort am stärksten ausprägen können, wo sie sich im Rahmen einer regionalen Kommunität, eines politischen Gemeinwesens entfaltet, dessen politische und kulturelle Präferenzen den Bestand der notwendigen institutionellen Nischen garantieren.

Die institutionelle Nische, die die Herausbildung eines spezifischen Wissenschaftstils begünstigt, ist im Falle unserer Untersuchung die Genfer Académie bzw. ihr Umfeld, d.h. im weitesten Sinne die Genfer Stadtrepublik im 18. Jahrhundert. Da es sich hier um eine kleine, durch politische Unabhängigkeit und kulturelle Autonomie geprägte Kommunität handelt, lassen sich die die Herausbildung einer spezifischen wissenschaftlichen Tradition determinierenden sozialen Faktoren mehr oder minder präzise benennen. Dies wurde von MONTANDON (1975) in einer mikro- wie makrosoziologische Elemente berücksichtigenden Studie getan. Präsizierende Fallstudien, die die innerwissenschaftliche Entwicklung bzw. Ideengeschichte mit einbeziehen, gibt es bisher kaum. Einen ersten Versuch in dieser Richtung hat HEYD (1982) unternommen, der den Weg der Genfer Académie von der calvinistischen Orthodoxie zur Aufklärung anhand der Einführung des Cartesianismus untersucht.

Die vorliegende Studie will hier anschließen. Sie rechtfertigt sich zunächst aus einem ideengeschichtlichen Interesse, da über die Arbeiten der korpuskularkinetischen Genfer Schule, insbesonders über den von PREVOST auf den Gebieten Magnetismus, Optik, Wärmelehre geleisteten Beitrag, noch keine umfassenden Untersuchungen vorliegen. PREVOSTs Arbeiten vollzogen sich innerhalb einer krisenhaften Epoche der Physik. Die noch rein qualitative Physik der Imponderabilien, die auf dem Gebiet der "physica particularis" während des 18. Jahrhunderts vorherrschend gewesen war, begann durch eine mathematisierte, von einer positivistischen Erkenntnistheorie begleitete "neue" Physik abgelöst zu werden. PREVOSTs intensive Beschäftigung mit den Phänomenen der Wärmestrahlung markiert dabei eine entscheidende Phase im Übergang von der Theorie eines imponderablen Wärmestoffes ("calorique") zur mathematischen Theorie der Thermodynamik (BRUSH 1970). Daher hat die Feststellung von Robert FOX: "Prevost's theory of heat (...) deserves a far more detailed study than it has received hitherto" (1971, S. 278) noch nichts von ihrer Berechtigung eingebüßt. Die vorliegende Arbeit versucht, diese Lücke zu schließen.

Die Untersuchung beginnt in Kap. 1 mit einer Rekonstruktion der Biographie PREVOSTs. Dieses Vorgehen rechtfertigt sich nicht allein aus der Tatsache, daß eine solche auf der Auswertung unpublizierter Archivmaterialien beruhende Darstellung bisher nicht existiert, als vielmehr daraus, daß PREVOST nicht nur als Naturwissenschaftler und Philosoph, sondern auch als Politiker tätig war.

Seine Biographie erlaubt es daher, die soziopolitischen Faktoren, die die Wissenschaftsentwicklung in der Genfer Stadtrepublik in einer Zeit politischer Umwälzungen determiniert haben, in die Darstellung einzubeziehen.

Der Herausbildung eines spezifischen Genfer Wissenschaftsstils, der ganz wesentlich von PREVOSTs Lehrer LESAGE geprägt wurde, ist Kap. 2 gewidmet. Konstitutiv für diesen Wissenschaftsstil war die Absicht, das Newtonsche Werk im Sinne des von NEWTON selbst skizzierten Forschungsprogramms zu vollenden. Dazu schien es unabdingbar, die durch NEWTONs dictum "hypotheses non fingo" gezogenen Grenze des Fragens zu überschreiten und zu einer kausalen Erklärung der Phänomene, zu ihrer letzten Ursache hin vorzudringen. Es wird darum gehen, diese Variante des "Newtonianismus" in ihren Eigenheiten zu charakterisieren und nach den speziellen Motiven dafür zu fragen. So wie OLSON die Herausbildung des spezifischen Wissenschaftsstils in Großbritannien auf die Einflüsse der Philosophie des "common-sense" zurückführt, werden wir versuchen, die metaphysischen Fundamente der Genfer Newton-Interpretation freizulegen.

Kap. 3 soll der Beantwortung der Frage dienen, mit welchem Erfolg sich PREVOST des spezifischen Genfer Wissenschaftsstils innerhalb der Krise der Physik zu Beginn des 19. Jahrhunderts bedienen konnte. Für LESAGE und PREVOST war es ausgemacht, daß ihre korpuskularen Fluida eine reale Repräsentation der Natur darstellten; eine Vorstellung, die angesichts des sich in der zweiten Hälfte des 18. Jahrhunderts formierenden Frühpositivismus bei einer immer größer werdenden Zahl von Naturphilosophen auf Ablehnung stieß. Während in Genf die oligarchische politische Ordnung, die durch die französische Revolution in ihren Grundfesten erschüttert und zeitweilig außer Kraft gesetzt worden war, nach der Wiedergewinnung der politischen Autonomie 1815 restauriert wurde, begann sich in der französischen Hauptstadt eine wissenschaftliche Revolution zu entfalten, die den in Genf betriebenen und von PREVOST verfochtenen Wissenschaftsstil obsolet werden ließ. Das Kapitel zeigt anhand der Problemfelder Magnetismus und Optik, warum PREVOSTs Versuch, an kausalmechanischen Konzepten festzuhalten, scheitern mußte.

Dieses Scheitern war jedoch keineswegs total. Das anschließende Kap. 4, das dem zu Beginn des 19. Jahrhunderts besonders intensiv diskutierten Phänomenbereich der strahlenden Wärme vorbehalten ist, soll zeigen, wie PREVOST auf der Grundlage der von LESAGE entwickelten korpuskular-kinetischen Vorstellungen die Theorie des strahlenden Wärmestoffs, des "calorique rayonnant", begründen und damit seinen bedeutendsten wissenschaftlichen Erfolg erringen konnte. Genese, Inhalt und Tragweite dieser Theorie sollen untersucht werden, wobei mit Hinblick auf den uns leitenden Begriff des Wissenschaftsstils die methodologischen und erkenntnistheoretischen Positionen PREVOSTs in die Untersuchung miteinbezogen werden müssen. Während der positive Gehalt der Theorie, das Austauschprinzip oder Prinzip des dynamischen Gleichgewichts, für PREVOST untrennbar mit der ontologischen Behauptung der Existenz des Wärmestoffs verknüpft war, wurde diese Behauptung von Zeitgenossen frühzeitig in Frage gestellt. Selbstbehauptung und Konsolidierung der Prevostschen Theorie in Wechselwirkung mit konkurrierenden Auffassungen über die Natur der strahlenden Wärme sollen anhand der Primärliteratur thematisiert werden.

Die sich bereits in der zeitgenössischen Diskussion andeutende Tatsache, daß der positive Gehalt der Prevostschen Theorie von der Hypothese des "calorique rayonnant" unabhängig ist, also auch von ihr abgelöst werden kann, sollte durch FOURIER, einen Protagonisten der "zweiten wissenschaftlichen Revolution", manifest gemacht werden. Mit dieser positivistischen Neuinterpretation, die PREVOSTs Hypothese zum Modell degradierte, begann der Niedergang der Theorie des "calorique rayonnant". Dieser Niedergang, dessen Rekonstruktion im Kap. 5 unternommen wird, spielte sich nicht überall in derselben Geschwindigkeit ab, sondern geschah in Frankreich schneller als etwa in Großbritannien. Die Vermutung, daß hierfür ein Antagonismus nationaler Forschungsstile verantwortlich sein könnte, soll in Kap. 5 substantiiert werden.

Der sich hier andeutende Einfluß, den nationale Traditionen auf die Entwickung der Strahlungstheorie genommen haben, läßt sich erheblich konkretisieren, wenn man die Wirkungsgeschichte der Prevostschen Austauschtheorie bis über die Jahrhundertmitte hinaus verfolgt. Um 1860 formulierte der Schotte Balfour STEWART unter explizitem Bezug auf PREVOST das bekannte, später nach KIRCHHOFF benannte Strahlungsgesetz. Gleichzeitig kam es in Schottland zu einer "Renaissance" der auf dem Kontinent längst diskreditierten korpuskularkinetischen Vorstellungen von LESAGE und PREVOST. Wir meinen, daß es sich dabei um keinen Zufall handelt, sondern daß diese "Renaissance" vielmehr auf eine "Kongruenz der Forschungsstile" verweist, die es den Schotten erlaubte, auch noch zu diesem späten Zeitpunkt konstruktiv mit korpuskular-mechanischen Denkvorstellungen umzugehen. Im abschließenden Kap. 6 wird deshalb versucht werden, diese "Kongruenz der Forschungsstile" aufzuzeigen und durch Parallelen in den kulturellen Traditionen der Genfer und der Schotten zu begründen.

Unsere Analyse soll damit auch dem Ziel dienen, anhand einer Fallstudie die Brauchbarkeit des Begriffs des "nationalen Forschungsstils" für wirkungsgeschichtliche Untersuchungen zu belegen.

KAPITEL 1:

DAS INDIVIDUUM IN SEINER ZEIT - EINE SOZIOBIOGRAPHIE PREVOSTS

Pour raconter la vie entière d'un savant si universel, il faudrait être universel soi-même....

André CHERBULIEZ 1839

Mit Staunen und einem wohl begreiflichen Anflug von Resignation erfüllt das jetzt lebende Gelehrtengeschlecht immer aufs Neue die Betrachtung der Vielseitigkeit eines solchen Geistes, welcher zu jener Zeit, an der Grenze des 18. und 19. Jahrhunderts, noch imstande war, die entlegendsten Gebiete der Forschung, von den delikaten Problemen der Aesthetik bis zu den konkret fassbaren Aufgaben der Experimentalphysik von einheitlichem Standpunkt aus zu umspannen.

Max PLANCK 1913

1.0 Vorbemerkung

Die Feststellung des ersten PREVOST-Biographen, André CHERBULIEZ, die wir als Motto dieses Kapitels gewählt haben, könnte man für eine zeitübliche "flatterie", für den Ausdruck pflichtschuldiger Verehrung dem gerade Verstorbenen gegenüber ansehen, auf den er am 12. August 1839 anläßlich der "Cérémonie des Promotions" den Nekrolog zu halten hatte.[1] Fast 150 Jahre danach ist die Aufgabe des Biographen aber eine nicht minder schwierige. Wenn verschiedentlich behauptet wird, daß Alexander von HUMBOLDT der letzte Gelehrte gewesen sei, der in der Lage war, das Gesamtgebiet des zeitgenössischen Wissens zu überblicken,[2] so mag das als Beleg dafür genommen werden, daß ein polyhistorisches Wissen an der Wende vom 18. zum 19. Jahrhundert noch keine Unmöglichkeit war. Obgleich weit weniger bekannt als der Genannte, muß man PREVOST dieses Prädikat auch zubilligen, sieht man sich doch mit einer Liste von Veröffentlichungen konfrontiert, die eine erstaunliche Interessenbreite belegt. PREVOST schrieb zu Themen aus Astronomie, Altphilologie, Nationalökonomie, Philosophie, Politik, Physik, Psychologie, Meteorologie, Sprachwissenschaft, Semiotik und Wahrscheinlichkeitstheorie.[3] Auch wenn man in Rechnung stellt, daß das moderne System wissenschaftlicher Disziplinen gerade erst im Entstehen, die disziplinäre Differenzierung mithin noch gering war,[4] so zeigt sein Werk doch eine Gelehrsamkeit von einer Breite, die schon seine Zeitgenossen erstaunte. PREVOSTs Werk, entstanden noch bevor sich die Spaltung in die "zwei Kulturen" bemerkbar machen konnte, verkörpert eine Einheit des Wissens,[5] die den modernen Fachhistoriker in dem Maße vor Probleme stellt, wie er durch seine Ausbildung im Rahmen des modernen Sy-

---

1/ CHERBULIEZ 1839. Dieser gelegentlich recht hagiographische Nekrolog ist bis heute die umfangreichste und vollständigste gedruckte biographische Quelle und war auch für die vorliegende Darstellung unverzichtbar. Knapper ist CANDOLLE 1839.

2/ Vgl. STICKER 1970.

3/ S. die Bibliographie der Schriften PREVOSTs im Anhang.

4/ Vgl. dazu STICHWEH 1984.

5/ Vgl. die eingangs zitierte Bemerkung von Max PLANCK, die er in seiner Funktion als Sekretär der Preußischen Akademie der Wissenschaften anläßlich der Enthüllung einer PREVOST-Büste in der Ehrenhalle der "Université de Genève" am 5. Juni 1913 verlesen ließ (UNIVERSITE 1913, S. 36).

stems wissenschaftlicher Disziplinen zur Spezialisierung auf die Geschichte einer Disziplin gezwungen ist. Es ist daher im Rahmen dieser physikhistorischen Studie nicht möglich, alle Bereiche des Prevostschen Schaffens gebührend zu würdigen. Sie können, sofern sie nicht naturwissenschaftlicher Art sind, im Folgenden nur gestreift werden.[6]

PREVOST war nicht nur ein "homme de lettres", sondern auch, seinem patrizischen "sens du devoir" entsprechend, ein politischer Mensch, der sich an den Entscheidungen über die Geschicke des Genfer Stadtstaates entscheidend beteiligte. Seine Biographie erlaubt es daher auch, die besonderen soziopolitischen Bedingungen exemplarisch darzustellen, die die Stadt Genf zu einer Drehscheibe in den internationalen Wissenschaftsbeziehungen im "Europa der Revolutionen"[7] werden ließen. Diese "externen" Bedingungen wiederum liefern den Schlüssel zum Verständnis der Wirkungsgeschichte des korpuskularmechanischen Denkens im 19. Jahrhundert, die den Gegenstand von Kap. 6 dieser Studie bildet.

1.1 Herkunft und Familie

Pierre PREVOST entstammte einer weitverzweigten Familie, deren Ahnen in Bossy (Pays de Gex, Frankreich) ansässig waren. Ein Zweig der Familie ließ sich bereits im 14. Jahrhundert in Genf nieder, wo einige seiner Mitglieder politische Bedeutung erlangten: sie wurden Syndics und Mitglieder des "Conseil des Deux Cents". Während der Reformation verschwand die Familie aus Genf, wohl aus religiösen Gründen, und ging auf ihren Stammsitz in Frankreich zurück. Zum protestantischen Glauben konvertiert, ließen sich einige Mitglieder

---

6/ Meine Darstellung stützt sich auf die Auswertung des umfangreichen, noch 1980 angereicherten Nachlasses von PREVOST. Von besonderem Wert für die hier vorgelegte Biographie waren die Nrn. 4741, 4741A, 4742, 4743, die Prevosts private Tagebücher ("journaux intimes") umfassen; im Folgenden zitiert als J.Int. I-IV. Ergänzt werden die dort vorhandenen Angaben durch Ms.fr. 4731A ("Quelques notes de la famille", von der Hd. PREVOSTs, 1827, 25 SS., im Folgenden zitiert als Notes) sowie Ms.fr. 4731B ("Histoire des PREVOST, Notes Confidentielles", von der Hd. des Sohnes Jean-Louis PREVOST, 1834, 138 SS., im folgenden zitiert als Histoire).

7/ Zum historischen Kontext s. HOBSBAWM 1962.

gegen Ende des 16. Jahrhunderts in Genf nieder.[8] Bereits der Ur-Ur-Großvater, Marc PREVOST (1589-1648), wurde in Genf geboren.[9]

Der Großvater väterlicherseits, Pierre PREVOST (1687-1766), war von Beruf Uhrmacher und in seinen späten Tagen Steuereinnehmer für die "Petites Gardes".[10] Die Familie gehörte zu den weniger begüterten unter den Bürgerfamilien, die etwa 18% der Genfer Gesamtbevölkerung ausmachten.[11] Die Großmutter, eine Anne de CARRO, betrieb ein Lebensmittelgeschäft.[12] Aus der Ehe gingen vier Söhne und eine Tochter hervor. Von den Söhnen wurden zwei Tuchhändler, einer verdingte sich als Söldner in Frankreich, der älteste, Abraham PREVOST (1716-1784), durfte Theologie studieren. Damit begann die Emanzipation der Familie aus dem Milieu der Genfer "cabinotiers" und Gewerbetreibenden.

Abraham PREVOST begann 1732 sein Studium an der Genfer Académie, nachdem er zuvor das Collège absolviert hatte. 1740 promovierte er mit einer theologischen Dissertation "De corporum resurrectione". 1742 in den Klerus aufgenommen, wurde er 1745 Regent (Lehrer) am Collège Calvin, ein theologisches Lehramt, das er bis 1759 innehatte.[13] Am 2. Juni 1746 heiratete er Jeanne-Marie BELLAMY (1723-1785), die aus einer Bauernfamilie in Saconnex bei Genf stammte. Aus der Ehe gingen zwei Söhne hervor: René-Guillaume (1749-1816) und Pierre, geboren am 3. März 1751.

8/ HBLS V, S. 487-488.- Details in GALIFFE II, S. 349-378.

9/ S.: "Cinq contrats sur parchemin concernant Marc PREVOST (1589-1648) et sa famille" (BPU Ms.fr. 4732). Enthält Akten über Grundstückkäufe sowie den Heiratsvertrag (1671) zwischen Jean-Daniel P. und Gabrielle GUILLERMET.

10/ "Les Gardes étaient un impôt perçu sur la fortune. Dans les archives de Genève, on trouve les livres comptables manuscrits des Grandes Gardes et des Petites Gardes dans lesquels la population est classée en deux grandes catégories selon qu'elle est imposée audessus ou audessous de 52 florins et demi. /52 florins 1/2 représentaient une fortune d'environ 105.000 florins./ C'est le même critère qui déterminait l'éligibilité au Petit Conseil et, par conséquent, en partie, l'appartenance au patriciat." (MONTANDON 1975/a, S. 23).

11/ Für Angaben zur sozialen Schichtung und Einkommensverteilung der Genfer Bevölkerung s. BRAUN 1984, S. 159.

12/ Notes S. 3.

13/ Zur Biographie s. STELLING-MICHAUD V, S. 236-237, n.5611.

Die Familie PREVOST bewohnte ein Haus an dem zentralen Platz der Genfer Altstadt, dem "Bourg de Four". Das Haus hatte Marie-Elisabeth HENRY[14] in die Familie gebracht, als sie 1754 Jean-Jacques PREVOST, den Bruder Abrahams, heiratete. Aus ihrer Ehe ging Isaac-Bénédict PREVOST (1755-1819) hervor, der später Professor für Theologie in Montauban wurde und sich auch einen Namen als Naturwissenschaftler erwarb.[15] Der kleine Pierre wuchs zusammen mit diesem um vier Jahre jüngeren Cousin auf, da die beiden Familien das Haus gemeinsam bewohnten.

Viel Zeit verbrachte das Kind bei der Großmutter mütterlicherseits, einer geborenen Renée DUVAL, die, früh verwitwet, ihren Lebensunterhalt durch eine Länderei in Saconnex bei Genf bestritt. Das Landleben und besonders die Teilnahme an der Weinlese brachten ihm Vergnügen. PREVOST beschrieb die ländliche Idylle 1827 aus der Erinnerung:

> Nous vivions à Saconnex dans une grande union et fort rapprochés de domicile. Ma grand'mère, mon oncle et sa famille occupoient leur maison et nous tenions à loyer la petite maison voisine en face de l'église. Un trou à la haie nous permettoit de nous voir en traversant le pré; et très-souvent on portoit le souper d'une maison à l'autre pour le manger en famille. Que de scènes de jeunesse, que d'innocens et agréables amusemens passent devant mes yeux en traçant ces lignes ![16]

Der erwähnte Onkel sollte Pierre besonders beeindrucken: Jean-François BELLAMY (1728-1769) war Pastor in Saconnex.[17] Wegen seines vielseitigen Talents wurde er in der Familie "la patente" geheißen. Mit ihm zusammen unternahm Pierre 1769 seine erste Reise, die ihn zu Pferd durch die Franche-Comté und die Eidgenossenschaft führte.[18]

Pierres Vater erwarb sich eine bedeutende Stellung innerhalb des Genfer Klerus: bereits 1751 wurde er Mitglied der "Vénérable Compagnie des Pasteurs",

---

14/ Zu ihrer Familie s. HBLS IV, S. 67.

15/ Zu seiner Biographie s. PREVOST 1820/a.

16/ Notes, S. 11.

17/ HBLS II, S. 41.

18/ "Notes transcrites d'après le journal des endroits de la Franche-Comté et de la Suisse, août 1769" (BPU Ms.fr. 4746).

jenes konservativen klerikalen Gremiums, das über die Wahrung des rechten Glaubens zu wachen hatte. 1759 gab er die Regentschaft am Collège auf und übernahm die Pfarre St. Gervais. Von 1763-1765 war er der Sekretär der "Vénérable Compagnie". Nach seinem Rücktritt vom Amt des Pfarrers leitete er von 1780 bis 1784 als Principal das "Collège Calvin".

Neben der Erfüllung seiner Pflichten als Pfarrer blieb Abraham PREVOST Zeit zur Pflege seiner literarischen Neigungen.[19] Sein Sohn Pierre erinnerte sich:

> Il avoit en effet un caractère très favorable à l'état d'instituteur, l'habitude d'enseigner, et beaucoup de goût et d'instruction en fait de littérature. On lui fit penser plus d'une fois à se presenter pour la chaire de belles-lettres. Je crois bien qu'il y pensa lui-même; mais il ne s'y determina pas. Il étoit sociable, mais il ne craignoit pas la retraite.[20]

Pierre wuchs also in einem gebildeten Haus auf, wo ihm durch den Vater früh die Liebe zur Literatur und Sprache vermittelt wurde. Auch mit Lehraufgaben wurde er früh konfrontiert: der Vater besserte das Familieneinkommen dadurch auf, daß er Studenten in Pension nahm. Meist handelte es sich dabei um Ausländer, d.h. Briten oder Deutsche, so daß Pierre früh auch mit deren Sprachen in Berührung kam.[21] Abraham PREVOST sorgte dafür, daß sich seine beiden halbwüchsigen Söhne an den Lehraufgaben beteiligten: Pierre wurde mit der Anfertigung von Übersetzungen für Unterrichtszwecke beauftragt.

Abraham PREVOST pflegte den seiner Stellung entsprechenden Umgang mit den Spitzen der Genfer Gesellschaft.[22] Zu seinen Freunden gehörten der Conseiller (Staatsrat) Jacob TRONCHIN,[23] der Syndic (Bürgermeister) Jean-Jacques BON-

---

19/ S. dazu : "Collectanea quaestiones de rebus ad humaniores litteras spectantibus" (3 Bde.), sowie "Notes pour servir à l'étude de la littérature françoise", 1765-1766, (2 Bde.) von seiner Hand (BPU Ms.fr. 4733).

20/ Notes, S. 7.

21/ Einer der Zöglinge Abraham PREVOSTs, der später von sich Reden machen sollte, war Karl Viktor von BONSTETTEN (1745-1832), romantischer Schriftsteller und intimer Freund des NECKER-STAELschen Kreises. Er wurde für Pierre so etwas wie ein zweiter älterer Bruder; vgl. dazu Notes, S. 20.

22/ Nennung der Folgenden in Notes, S. 22.

23/ Jacob TRONCHIN (1717-1801), Conseiller 1763, Autor der "Lettres de la Campagne", Bruder des Generalstaatsanwalts Jean-Robert TRONCHIN (1710-1793), s. GALIFFE II, S. 867.

NET,[24] der "ecclêsiastique sans fonction" Gaspard-Joël MONOD,[25] der Arzt Jean-Antoine BUTINI[26] sowie der Professor für Literatur Jean PERDRIAU,[27] ein Freund und Korrespondent ROUSSEAUs.

Die für das Leben der Genfer Stadtrepublik im 18. Jahrhundert so typischen politischen Konflikte zwischen dem Patriziat und den übrigen Bevölkerungsgruppen gingen auch an der Familie PREVOST nicht spurlos vorbei. Seiner Stellung entsprechend vertrat Vater PREVOST die Position eines "nêgatif", d.h. eines Anhängers jener konservativen Minderheit, die für die Beibehaltung des politischen status quo eintrat. Dieser war durch ein oligarchisches System der Machtausübung gekennzeichnet: das vom "Petit Conseil" über zweihundert Jahre lang praktizierte Prinzip der Selbstergänzung (Kooptation) hatte zu einer Machtkonzentration in den Händen weniger, in der Regel vermögender und verwandtschaftlich eng verflochtener Familien geführt. Die Ratssitzungen "étaient vêritablement des rêunions de famille, où l'on traitait d'affaires de famille entre parents."[28] Die weniger vermögenden Bürger von Genf waren zwar im "Conseil gênêral" repräsentiert ("reprêsentans"), von der realen Machtausübung jedoch ausgeschlossen. Ihr vergeblich vorgetragenes Verlangen, an der Machtausübung beteiligt zu werden, bildete den Anlaß zu politischen Konflikten.[29]

Zum großen Kummer von Abraham PREVOST verlief die politische Front quer durch seine Familie: im Gegensatz zu ihm und seiner Frau bekannten sich sein

---

24/ Jean-Jacques BONNET (1717-?), Auditeur 1755, Conseiller 1764, premier Syndic 1768; s. GALIFFE III, S. 75.

25/ Gaspard-Joël MONOD (1717-1783), Studium der Theologie in Genf, Zulassung zum Saint Ministère 1741, 1759 als Kaplan des englischen Gouverneurs und Pastor der franz. reformierten Kirche nach Guadeloupe entsandt, Rückkehr nach Genf 1762; s. MONTET II, S. 186.

26/ Jean-Antoine BUTINI (1723-1810); s. HBLS II, S. 373-374.

27/ Jean PERDRIAU (1712-1786), s. HBLS V, S. 245.

28/ LÜTHY 1959-1961, hier I, S. 40.

29/ Beteiligung an der Macht ist hier gleichzusetzen mit Wählbarkeit zum "Petit Conseil". Beide Gruppen ("nêgatifs" und "reprêsentans") zusammen machten nur ca. 25% der Genfer Bevölkerung aus: die übrigen 75% hatten den Status von "habitans", "natifs" oder "sujets" und besaßen keinerlei politische Rechte; vgl. BRAUN 1984, S. 115.

Bruder Jean-Jacques und seine Schwägerin zu den "représentans". Während der Wintermonate pflegte sich die Familie vierzehntäglich zu einer "société de famille" zu treffen. Während Pierre heranwuchs, wurden diese Zusammenkünfte aus politischen Gründen immer seltener abgehalten: "Dans la chaleur des demêlés politiques, les femmes prenoient parti; et comme les opinions dans nos rassemblemens, n'étoient pas uniformes, il en résultoit quelques froideurs."[30] Die Spaltung war eine Folge der Position, die die Familie PREVOST innerhalb des oligarchischen Systems einnahm: aus Gewerbetreibenden und Klerikern zusammengesetzt, bewegte sie sich auf der Grenzlinie zweier sozialer Klassen.

1.2 "La formation d'un patricien", (1756-1773)

PREVOST durchlief eine Ausbildung, die für einen Genfer Patriziersohn typisch war. Im Alter von fünf Jahren trat er in das Collège ein, die "basse école", die den Kindern der "citoyens" vorbehalten war. Diese gliederte sich in neun Klassen. Während in den ersten dreien das Lesen und Schreiben sowie die Anfangsgründe des Lateinischen gelehrt wurden, dienten die nachfolgenden sechs dem perfekten Erlernen des Lateinischen und Griechischen. Der in Lateinisch abgehaltene Unterricht bestand in der Lektüre klassischer Autoren; Geographie und Geschichte fanden Berücksichtigung, wenn sie für das Verständnis der Texte erforderlich waren. Über das Curriculum, das dem "trivium" der klassischen Lateinschulen entsprach, wachte die "Vénérable Compagnie des Pasteurs". Seit den Zeiten CALVINs hatte sich an den Lehrinhalten nichts geändert. Die von Robert CHOUET (1642-1731) und Jean-Alphonse TURRETTINI (1671-1737) im Geiste der Frühaufklärung durchgeführte Bildungsreform hatte das Collège nie erreicht.[31]

30/ Notes, S. 17-18.

31/ Französische Grammatik und Arithmetik wurden erst 1790 (!) in das Curriculum aufgenommen; vgl. L. BINZ: Coup d'oeil sur l'histoire du Collège, in JULLIEN 1959, S. 13-34. -Ferner BORGEAUD I, S. 605 und II, S. 26. BORGEAUD ist bis heute das umfassendste Quellenwerk zur Genfer Bildungsgeschichte.

Da der junge PREVOST die jährlich stattfindenden "interrogations", die von den Professoren der Académie abgehalten wurden, glänzend absolviert hatte, stand 1764 seinem Wechsel auf die Académie nichts im Wege. Am 19. Juni wurde er für das "Auditoire des Belles-Lettres" immatrikuliert.[32] Er saß damit im gleichen Jahrgang wie sein um zwei Jahre älterer Bruder René-Guillaume, der diesen Schritt am 14. Februar vollzogen hatte.[33] Das zweijährige Studium sah die Fächer Lateinisch, Griechisch und Französisch vor und diente der Perfektionierung der literarischen Kenntnisse. Besonderer Wert wurde auf die rhetorische Gewandtheit der Kandidaten gelegt, da die meisten von ihnen später als Prediger für die Verbreitung des rechten Glaubens sorgen sollten. PREVOST erinnerte sich, "... que dans cet auditoire j'aimais beaucoup à composer et même à faire des vers latins (...). C'était peut-être l'effet du grand loisir dont on y jouissait sous la molle administration du bon M. Perdriau."[34] Neben den klassischen Sprachen wurden von Louis BERTRAND (1731-1812), dem Professor für Mathematik, elementare Kenntnisse in Geometrie und Arithmetik vermittelt.

1766 trat PREVOST in das "Auditoire de Philosophie" über. Seit den Zeiten CHOUETs bestand die von der "Vénérable Compagnie" sanktionierte Regelung, daß die Philosophie von zwei Professoren arbeitsteilig unterrichtet wurde. Zu PREVOSTs Zeit vertrat François MERCIER (1721-1793)[35] die "philosophie rationelle", während die "philosophie naturelle" seit 1762 von Horace-Bénédict de SAUSSURE (1740-1799)[36] gelehrt wurde.

Horace Bénédict de SAUSSURE war es, der PREVOST erstmals die Naturwissenschaften nahebrachte. Schon während seines Studiums hatte SAUSSURE ein starkes Interesse für Wärmephänomene gezeigt. 1756/57 hatte er in Genf und auf dem Salève mit Brenngläsern experimentiert, um zu zeigen, daß ihre Wirkung von der Höhe unabhängig ist.[37] Drei Jahre bevor er die Professur an

---

32/ STELLING-MICHAUD V, S. 241, no. 6240.

33/ STELLING-MICHAUD V, S. 242, no. 6239.

34/ Zit. n. CHERBULIEZ 1839, S. 8.

35/ HBLS IV, S. 720.

36/ Zu seiner Biographie s. SENEBIER 1800; FRESHFIELD 1924; WOLF Biographien III, S. 245-274; DSB XII, S. 119-123.

der Académie antrat, hatte er eine Dissertation vorgelegt, die den zeitgenössischen Stand über die Natur der Wärme zusammenfaßte.[38] Es ist daher wahrscheinlich, daß SAUSSURE in seinen Vorlesungen an der Académie den Phänomenen der Meteorologie und Wärmelehre einen gebührenden Platz eingeräumt haben wird. In diesen Vorlesungen, die bei PREVOST ein "souvenir le plus vif et le plus agréable" hinterließen,[39] könnte damit der Keim für PREVOSTs späteres Interesse an der strahlenden Wärme gelegt worden sein.

Parallel zu seinem Studium an der Académie nahm PREVOST Privatunterricht in Mathematik und Naturwissenschaften bei einem Mann, der für sein intellektuelles Leben von prägendem, ja determinierendem Einfluß war und dessen Schüler er wurde: Georges-Louis LESAGE d.J. (1724-1803). Die Bedeutung dieses Mannes für PREVOSTs intellektuelle Entwicklung rechtfertigt an dieser Stelle einen Blick auf seine Biographie.

LESAGE wurde 1724 als Sohn eines "Habitanten" in Genf geboren. Vom Vater, der Theologe, Moralphilosoph und Privat-Lehrer für Mathematik und Physik war,[40] lernte LESAGE die Anfangsgründe der Naturwissenschaften.[41] Anschließend studierte er am "Auditoire de Philosophie" der Genfer Académie bei Jean-Louis CALANDRINI (1703-1758) und Gabriel CRAMER (1704-1752). Dem

---

37/ SAUSSURE: Voyages dans les Alpes, 4 Bde., Neuchâtel u. Genève 1779-1796, hier II, S. 363.

38/ Dissertatio physica de igne, quam, favente Deo, Praeside D.D. Gedeone TURRETINI, J.U.D. Philosophiae Professore, Publicè tueri conabitur H. Benedictus DE SAUSSURE, Genevensis, Author. Genevae: P. Pellet 1759. 36 SS.

39/ J.Int. II, fo. 2^{v}.

40/ Der Vater, Georges-Louis LESAGE (1676-1759), stammte aus Conches in Burgund. Mit seinen Eltern 1684 nach England ausgewandert, kam er nach dem Tode seines Vaters, François LESAGE DE LA COLOMBIERE, mit seiner Mutter, einer Anne D'AUBIGNE, 1687 nach Genf, wo er an der Académie Theologie studierte. Wegen seiner unorthodoxen Ansichten dort wenig erfolgreich ging er als Privatlehrer nach England, bevor er 1711 nach Genf zurückkehrte. Das Genfer Bürgerrecht blieb ihm zeitlebens versagt; er mußte sich mit dem Status eines Habitanten zufriedengeben. Aus seiner Ehe mit Anne-Marie CAMP ging als einziges Kind Georges-Louis LESAGE hervor. - Zur Biographie s. HBLS IV, S. 503 (jedoch fehlerhaft); PREVOST 1805/a, S. 141-143. Zu seinem politischen Eintreten für die Rechte der Habitans und Natifs s. GÜR 1968.

41/ Neben anderen Schriften verfaßte Vater LESAGE eine kurze Darstellung der Newtonschen Optik: s. LESAGE (p) 1729, sowie Kap. 2.3.4.

Willen des Vaters gehorchend, begab sich LESAGE anschließend zum Studium der Medizin nach Basel, wo er auch Vorlesungen bei Daniel BERNOULLI (1700-1782) hörte. Nachdem er seine Medizinstudien in Paris (1746) beendet hatte, wollte er sich in Genf als Arzt niederlassen. Dies wurde ihm, der den Status eines "natif" hatte, jedoch verwehrt. Der Versuch, die zum Erwerb des Bürgerrechts erforderliche Geldsumme durch eine erfolgreiche Teilnahme an einer Preisfrage der Pariser Académie des Sciences aufzubringen, scheiterte 1748/49. Der Mißerfolg veranlaßte ihn, die Medizin aufzugeben. Fortan bestritt er seinen Lebensunterhalt wie bereits sein Vater als Privatlehrer für Mathematik und Naturwissenschaften.[42]

Seit seinem Aufenthalt in Paris war LESAGE damit beschäftigt, eine korpuskular-mechanische Theorie der Gravitation zu entwickeln. Er sah es als zentrale Aufgabe seines Denkens, mit Hilfe spekulativen Raisonnements zu einem umfassenden physikalischen System vorzudringen, das die von NEWTON in den "Queries" der "Opticks" formulierten Fragen beantworten und alle Naturkräfte auf das Wirkungsprinzip der "impulsion" zurückführen sollte.[43]

Diese Intention kam auch in seinem Genfer Unterricht zur Sprache. Am 1. April 1767 begann er einen "Cours élémentaire sur la pesanteur", in dem er seinen privaten Schülern, unter denen auch der junge PREVOST saß, seine korpuskular-mechanische Theorie der Gravitation vorstellte. PREVOST erinnerte sich, daß er zu dieser Zeit erstmalig unter den Einfluß von LESAGEs Ideen geriet: "Je cultivai avec soin les mathématiques, soit aux leçons de M. Bertrand, soit en particulier; et je fus dirigé, à cet égard et pour la physique, par M. LeSage, qui était fort lié avec mes parens. Dès lors je pris goût à ses mécanismes."[44]

Zu diesem Zeitpunkt war LESAGE bereits als Vertreter der korpuskularmechanischen Denkrichtung bekannt. Zwar hatte er bis dato so gut wie nichts publi-

---

42/ Vgl. DSB VIII, S. 259.

43/ Vgl. Kap. 2.

44/ J.Int. II, S. 1. Ergänzt wurde dieses private "Nebenstudium", das PREVOST parallel zum Besuch der Lehrveranstaltungen am "Auditoire de Philosophie" betrieb, durch eine Vorlesung über Astronomie bei Henri MALLET (1727-1811).

ziert, unterhielt aber einen ausgedehnten Briefwechsel, in dem er seine Ideen zur Diskussion stellte. Zu seine Korrespondenten gehörten Rudger BOSCOVIC (1711-1787), Johann Heinrich LAMBERT (1728-1777) und Leonhard EULER (1707-1783).[45]

Wie LESAGE, so insistierte auch EULER auf der Notwendigkeit kausalmechanischer Ursachenerklärungen und machte Front gegen den in der zeitgenössischen Physik um sich greifenden Frühpositivismus.[46] LESAGEs korpuskulares Gravitationsmodell lehnte er jedoch ab.[47] Stattdessen setzte EULER auf die Weiterentwicklung cartesianischer Gedanken. Seine neocartesianische "Äthertheorie" entwickelte er in allgemeinverständlicher Form in seinen "Lettres à une Princesse d'Allemagne", die 1768 erschienen.[48] Dieses neue Werk EULERs war es, das LESAGE seinen Schülern zur Lektüre empfahl und aus dem folglich auch PREVOST einen Teil seiner physikalischen Kenntnisse bezog.[49]

Es dauerte nicht lange, bis daß aus dem Lehrer-Schüler-Verhältnis zwischen LESAGE und PREVOST ein partnerschaftliches wurde. Gegenstand erster gemeinsamer Überlegungen war die Kritik der Eulerschen Äthertheorie. Ein weiterer "Gegner", mit dem man sich gemeinsam auseinandersetzte, war der Oratorianer Joseph-Etienne BERTIER. Er vertrat wie EULER eine neocartesianische

---

45/ Teile dieser Korrespondenzen wurden von PREVOST später publiziert in PREVOST 1805/a, S. 350-362 (BOSCOVIC); S. 381-390 (EULER); S. 414-457 (LAMBERT).

46/ Für eine detaillierte Diskussion dieses Begriffes sowie der Haltung der Genfer und Basler "Schule" dazu s. Kap. 2.1 und 2.3.

47/ Vgl. dazu die Briefe EULERs an LESAGE in PREVOST 1805/a, S. 381-390.

48/ Zur Bedeutung dieses Werks s. KLEINERT 1974, S. 132-135.

49/ BPU Mss.suppl. 1080: "Miscellanei commentarioli P.P.". Hierbei handelt es sich um ein 1771 begonnenes und bis ca. 1776 fortgeführtes "Lexikon", in das PREVOST seine Lesefrüchte eingetragen hat. Die Eintragungen zu "gravitê", "lumière" etc. stammen ausnahmslos aus EULERs <u>Lettres</u>.

Theorie der Gravitation.[50] Die Auseinandersetzung mündete in eine kritische Besprechung, die 1771 anonym publiziert wurde.[51]

PREVOST begann demnach früh, in die Fußstapfen seines Lehrer zu treten. Im selben Jahr notierte er:

> Je sors de chez M. LeSage, à qui j'ai fait voir un petit papier sur la force projectile, que je croyois pouvoir être causée par les corpuscules gravifiques. Je supposois quelques élémens en repos, qui fussent les élémens des corps; d'autres en mouvement, les corpuscules gravifiques. Il disoit que tous en mouvement suffisoient pour expliquer les mouvemens des corps, mais non les corps organisés, ni bien la porosité.[52]

Die sich hier bereits andeutende intellektuelle Bindung an LESAGEs Ideen sollte für PREVOSTs Leben bestimmend werden. Er wurde LESAGEs geistiger Erbe und machte die Vollendung des von LESAGE formulierten Programms zu seiner Lebensaufgabe. PREVOST ist es daher auch zu verdanken, daß viele Arbeiten LESAGEs überhaupt das Licht der Öffentlichkeit erblickt haben. Eine ausgeprägte Schüchternheit, fast eine Phobie vor öffentlicher Exposition veranlaßten LESAGE nämlich dazu, seine Manuskripte zurückzuhalten bzw. immer wieder neu zu überarbeiten.[53] PREVOST drängte seinen Lehrer einige Male erfolgreich zur Publikation. Darüberhinaus veröffentlichte PREVOST nach dem Tode LESAGEs Fragmente aus seinem umfangreichen, aber chaotischen Nachlaß und wurde sein erster (und bis heute maßgeblicher) Biograph.[54]

Die Beschäftigung mit Problemen der Naturphilosophie war eine, die Berufsausbildung jedoch eine andere Sache. Daß PREVOST seine naturwissenschaftlichen

---

50/ R.P.BERTIER: Principes physiques, dans lesquels la Nature, consultée par des Expériences nouvelles, décide des questions qui partageoient tous les Physiciens modernes. Paris 1771. Dieser Band stellte die Fortsetzung von BERTIERs Principes physiques pour servir de suite aux principes mathématiques de Neuton, 3 Bde., Paris 1764, dar.

51/ Journal des Beaux Arts et des Sciences 1771, IV, S. 332-341 (PREVOST 1771/a). Laut CHERBULIEZ 1839 soll sie von PREVOST stammen und wäre damit seine erste Veröffentlichung. Zur Auseinandersetzung mit BERTIER vgl. LESAGE (f) 1773.

52/ J.Int. I, S. 21-22 (Eintrag vom 19. Oktober 1771).

53/ Vgl. GAGNEBIN 1960.

54/ PREVOST 1805/a.

Neigungen zunächst nicht weiterverfolgte, sondern 1768 in die dritte Stufe der Académie, das "Auditoire de Théologie" eintrat, entsprach dem Wunsch seiner Familie. Der Respekt gegenüber dem Vater sowie dem verehrten Onkel Jean BELLAMY "du plus aimable caractère, franc, loyal, généreux, disposé à un certain degré d'enthousiasme, tempéré par l'indulgence"[55], veranlaßte PREVOST dazu, das ungeliebte Theologiestudium aufzunehmen. Am 15. Dezember 1770 absolvierte er das Schlußexamen und durfte ab da den Titel "préteur" führen. Am 3. Mai des folgenden Jahres promovierte er mit einer "Disquisitio ethico-theologica de musica in sacris" unter der Präsidenz von Antoine MAURICE (1716-1795).[56] Die Beschäftigung mit der Sakralmusik war eine weitgehend abstrakte gewesen, da PREVOST von einem in der Kindheit erlittenen Sturz eine Lähmung der linken Hand zurückbehalten hatte, die ihm die Beherrschung eines Instrumentes unmöglich machte.[57]

PREVOST begann eine Tätigkeit als Religionslehrer. In dem Maße, wie der Termin der offiziellen Einführung in den Klerus näherrückte, spitzte sich der Gewissenskonflikt zu. Im Herbst 1771 entschied sich PREVOST gegen die Laufbahn des calvinistischen Theologen.[58] Der Verzicht auf diese klassische Karriere eines Genfer Patriziersohnes ließ ihm nur eine Alternative, wollte er später in Genf eine Tätigkeit ausüben, die "rémunerative" war: das Studium der Rechte. Das zweijährige Studium schloß PREVOST 1773 mit einer Dissertation "De vulgari et pupillari substitutione" ab;[59] neben dem Titel eines Doktors der Rechte erhielt er am 21. Juni 1773 das Anwaltsdiplom.[60] Damit hatte ein für die Zeit ungewöhnlich langer Ausbildungsgang sein Ende gefunden. PREVOST

55/ Notes, S. 10.

56/ HBLS IV, S. 694.

57/ CHERBULIEZ 1839, S. 7.

58/ Das Amt eines Klerikers verlor in Genf als Karrieremöglichkeit allgemein an Ansehen: "Une crise spirituelle générale faisait qu'entre autres, les jeunes patriciens recherchaient de nouvelles valeurs spirituelles. (...) dans les milieux de la haute bourgeosie, où la vocation pastorale avait perdu son attrait, les jeunes patriciens se tournaient vers l'activité scientifique..." (MONTANDON 1975/b, S. 27/28).

59/ "Über die gemeine und unmündige Schuldsprechung".

60/ BPU Mss.suppl. 1055/1: "Pièces relatives à l'examen d'avocat subi par Pierre PREVOST 1773".

war zweiundzwanzig und mußte sich nach einer bezahlten Beschäftigung umsehen.

1.3 Lehr- und Wanderjahre, (1773-1780)

Obwohl zum Juristen ausgebildet, nahm PREVOST keine entsprechende Tätigkeit in Genf auf, wohl weil eine angemessene Stelle zur Zeit nicht zu bekommen war.[61] Durch Vermittlung eines Freundes des Vaters[62] wurde ihm stattdessen der Posten eines Hauslehrers bei einer protestantischen Familie in Rosendaël bei Dünkirchen angeboten, den er sofort annahm. Zusammen mit seinem Bruder reiste PREVOST zunächst nach Lyon, wo er bei der Familie DELESSERT unterkam, die dort ein Bank- und Handelshaus unterhielt.[63] Madame Madeleine DELESSERT, eine geborene BOY DE LA TOUR (1747-1816), war eine Cousine ROUSSEAUs.[64] Durch ihre Vermittlung wurde PREVOST mit ROUSSEAU bekannt, mit dem er auf seiner Weiterreise in Paris zum ersten Mal zusammentraf. Von Paris ging es dann zur französischen Atlantikküste; die Anstellung in Rosendaël war auf ein Jahr befristet.[65] Nach Ablauf dieser Frist begab sich PREVOST nach London, wo er bei einem Neffen der Großmutter mütterlicherseits namens DUVAL aufgenommen wurde, der ein Juweliergeschäft betrieb. In London erhielt er das Angebot, als Sekretär beim Russischen Gesandten, dem Grafen Alexander Owanowitsch TSCHERNITSCHEW (1779-1857), einzutreten.[66] PREVOST lehnte ab, da ihm die Familie DELESSERT eine Hauslehrerstelle anbot. Nach Lyon zurückgekehrt, wurde ihm Ende 1774 die Erziehung der drei

---

61/ Der "demographische Druck" hatte zu einer Verknappung von Karrieremöglichkeiten für Patriziersöhne geführt, s. MONTANDON 1975/a, S. 56-57.

62/ Der Freund war MONOD; s. Notes, S. 23.

63/ LÜTHY 1959-1961, I, S. 50-63: "Lyon et la nation Suisse".

64/ ROUSSEAU schrieb für sie die "Lettres sur la botanique"; vgl. HBLS II, S. 282.

65/ "Notes sur ma route de Paris à Rosendaal, 5 août 1773", 1 cahier, 5 fo. (BPU Ms.fr. 4746).

66/ Zu seiner Person s. PANGE 1940, S. 494.

Söhne übertragen, mit denen es gelegentlich Probleme gab.[67] Als die Familie ihr Geschäft 1776 nach Paris verlegte, zog PREVOST mit ihr.[68]

In Paris hatte PREVOST neben seiner Hauslehrertätigkeit viel Zeit zur Verwirklichung seiner Interessen und ausreichend Gelegenheit, mit der intellektuellen Elite der französischen Aufklärung zusammenzutreffen. Er besuchte häufiger Jean-Jacques ROUSSEAU (1712-1778), zu dem er ein Vertrauensverhältnis entwickelte. 1777 war das letzte Jahr, das der alternde ROUSSEAU in Paris verbrachte, bevor er sich nach Ermenonville zurückzog. Von Depressionen und Verfolgungswahn heimgesucht, war er ein schwieriger Gesprächspartner. PREVOST gelang es gerade noch, ihn davon abzuhalten, ein Manuskript mit kritischen Notizen zur Oper "Alceste" des Christoph Willibald Ritter von GLUCK (1714-1787) ins Feuer zu werfen. Die französische Fassung dieser Oper, deren Libretto auf dem Drama "Alkestis" des EURIPIDES basiert, war 1776 in Paris uraufgeführt worden. PREVOST erhielt das Manuskript gegen das Versprechen, die Notizen in einen sinnvollen Zusammenhang zu bringen.[69] Das fertig bearbeitete Manuskript überließ er nach ROUSSEAUs Tod dessen Witwe zur Veröffentlichung.[70]

67/ ROUSSEAU an Mme DELESSERT, Brief vom 24. 10. 1775: ROUSSEAU drückt sein Mitgefühl bezüglich eines "accident" aus, das einem der Kinder zugestoßen war. Das Leben der Kinder sei in Städten eben gefährlicher als auf dem Lande: "Voilà une différence dont il importeroit de trouver la véritable cause, et cette recherche ne me paroîtrait pas indigne des méditations de M. PREVOST." (ROUSSEAU Correspondance, XX, S. 314-315).

68/ Zur Familie DELESSERT, insbesondere Benjamin DELESSERT (1773-1847), vgl. CANDOLLE 1862, S. 63-67. Mit dem ihm anvertrauten Benjamin, der später das Bankhaus übernahm, verband PREVOST eine lebenslange Freundschaft. PREVOST wickelte nicht nur seine Bankgeschäfte über die Firma DELESSERT in Paris ab, sondern ließ durch sie auch zahlreiche wissenschaftliche Aufträge besorgen, s. die umfangreiche Korrespondenz in BPU Ms.fr. 4736, fo. 39-117.

69/ PREVOST hat diese Episode selbst beschrieben in PREVOST 1804/a. Eine lebhafte Schilderung gab ferner sein Sohn Jean-Louis in Histoire, publiziert bei SCHAZMANN 1935. - S. auch BPU Ms.fr. 4752: "Notes sur Rousseau", 1 cahier, 18 fo.

70/ "Dans un manuscrit de Pierre PREVOST appartenant à M. Jean LULLIN, on lit en effet: <Donné à Mad. Rousseau le 9 7bre 1778 le Manuscrit qui m'avait été donné par son mari intitulé Fragment d'observations sur l'Alceste Italien de M. le Chev. Cluck (!), précédé d'une lettre à M. Burnet auteur de l'histoire générale de la Musique>" (SCHAZMANN 1935, S. 178 FN 1). In den Gesamtausgaben der Werke ROUSSEAUs ist dieser Text nicht enthalten. Mir war er in deutscher Übersetzung zugänglich als "Fragmentarische Beobachtungen

PREVOST knüpfte, unterstützt durch die Verbindungen der Familie DELESSERT, Kontakt zu einer großen Zahl von "gens de lettres".[71] Er traf den Astronomen DE LALANDE (1732-1807) und wurde von dem Mineralogen DUHAMEL (1730-1816) an der "Académie Royale des Sciences" eingeführt; darüberhinaus nahm er an Sitzungen der "Académie Royale des Inscriptions et Belles-Lettres" teil. Im Haus des Geographen D'ENVILLE (1697-1782)[72] traf er u.a. TURGOT (1727-1781)[73], MALESHERBES (1721-1794)[74] und D'ALEMBERT (1717-1783). Der Kontakt blieb jedoch flüchtig, denn "pour se lier avec des personnes de ce rang et de ce mérite, il faut un autre mérite que le mien, ou bien quelque circonstance favorable."[75]

Von besonderer Bedeutung für den jungen Hauslehrer war der Besuch der literarischen Salons. Der führende war derjenige der Madame NECKER (1739-1794).[76] "Philosophes" wie D'ALEMBERT, DIDEROT (1713-1784) und Friedrich Melchior von GRIMM (1723-1807) waren regelmäßige Gäste. Die Teilnahme an

zu der italienischen "Alceste" des Ritters Gluck", in: ROUSSEAU 1984, S. 191-212. PREVOSTs Einfügungen sind dort kenntlich gemacht.

71/ Auskunft darüber gibt ein langer Brief an LESAGE, Paris 13. April 1777, publ. in LARIVE 1890, S. 7-10. Die ROUSSEAU betreffende Passage auch in ROUSSEAU Correspondance, XX (1934), S. 323-324.

72/ Jean-Baptiste Bourgouignon D'ANVILLE oder D'ENVILLE (1697-1782), königlicher Geograph (BU II, S. 97).

73/ Anne Robert Baron de TURGOT (1727-1781), Physiokrat und Finanzminister LUDWIG XVI.

74/ Chrêtien-Guillaume de Lamoignon de MALESHERBES (1721-1794), einer der wenigen Liberalen des "Ancien Régime". Er tolerierte als Präsident der "cour des aides" (1746-1771) das Erscheinen der "Encyclopédie" und setzte sich für Rechtsreformen ein. Er war seit 1750 Mitglied der Académie des Sciences und korrespondierte mit ROUSSEAU über Botanik. Als Verteidiger LUDWIG XVI. wurde er am 22. April 1794 hingerichtet (BU XXVI, S. 230-235).

75/ PREVOST an LESAGE, Brief, 13. April 1777, zit. n. LARIVE 1890, S. 8.

76/ Suzanne NECKER, eine geborene CURCHOD DE NASSE (1739-1794), kam aus einer Waadtländer Pastorenfamilie. 1764 hatte sie den aus Genf stammenden, aber seit 1750 in Paris ansässigen Bankier Jacques NECKER (1732-1804) geheiratet, dessen Haus sie zum führenden literarischen Treffpunkt der Hauptstadt machte. Der Erfolg war nicht allein ihrer Persönlichkeit, sondern auch dem politischen Einfluß ihres Mannes zu verdanken, der 1777 Finanzminister Ludwig XVI. geworden war. (D'HAUSSONVILLE 1882, I, S. 119).

den dort jeweils Freitags stattfindenden Treffen der "gens d'esprits" machte PREVOST mit der intellektuellen Elite der französischen Aufklärung bekannt.[77]

Durch die Oper GLUCKs angeregt und noch von ROUSSEAU mit Ratschlägen unterstützt hatte PREVOST in Paris mit der Übersetzung der Dramen des EURIPIDES begonnen. Die Beschäftigung mit der Antike bildete den Schwerpunkt seiner damaligen Interessen. 1777 schrieb er an LESAGE: "... un des littérateurs que je vois le plus souvent, c'est M. COURT DE GEBELIN, homme vraiment instruit et dont l'ouvrage quoiqu'inégal, offre une source féconde de matériaux à ceux qui veulent étudier les anciens. Je me suis un peu mêlé de cette étude...".[78] Bereits im Jahr darauf erschien seine Übersetzung der "Oreстie", die ihm einen Ruf als literarischer Übersetzer einbrachte. Dies, sowie ein im Hause der NECKERS erfolgtes Zusammentreffen mit dem aus Zürich verbannten Literaten Jakob Heinrich MEISTER (1744-1826)[79] sollte für PREVOSTs Fortkommen von entscheidender Bedeutung sein.

1.4 Mitglied der Berliner Akademie, (1780-1784)

FRIEDRICH II., König von Preußen, ließ 1780 in Paris nach geeigneten Kandidaten für die Mitgliedschaft in der Philosophischen Klasse der Berliner Akademie suchen. Im Vorjahr war ihr Direktor, Johann Heinrich SULZER (1720-1779) verstorben, der die Klasse seit 1776 geleitet hatte. Der Tod SULZERs veranlaßte FRIEDRICH, nach einem Ausländer Ausschau halten zu lassen, obwohl sich der in Berlin geborene Jean Henri Samuel FORMEY (1711-1797), der ständige Sekretär der Akademie, nachdrücklich um den Posten bemühte. Auf dieses Ansinnen hatte FRIEDRICH ungnädig reagiert: "Il faut pour directeur de

---

77/ Histoire, S. 58.

78/ PREVOST an LESAGE, Brief, 13. April 1777, zit. n. LARIVE 1890, S. 8. Der erwähnte Literat war Antoine COURT DE GEBELIN (1725-1784), dessen neunbändige altphilologische Studie Le monde primitif analysé et comparé avec le monde moderne 1773 bis 1784 in Paris erschien: "Il lui sembla que, jusqu'alors, on n'avait pas étudié les anciens sous le vrai point de vue..." (BU IX, S. 372-374).

79/ ADB XXI (1885), S. 256-259.

la classe de la philosophie un philosophe dans toute l'étendue du terme, sans quoi ce serait mettre un architecte à la tête de la chirurgie."[80]

Philosophen nach FRIEDRICHs Geschmack waren am ehesten in den literarischen Salons der französischen Hauptstadt zu finden. Der dort zunächst ausfindig gemachte Jakob Heinrich MEISTER lehnte das Angebot aber ab und empfahl statt seiner PREVOST für diese Stelle. PREVOSTs EURIPIDES-Übersetzung sowie möglicherweise auch eine Empfehlung D'ALEMBERTs, des "heimlichen Präsidenten der Berliner Akademie"[81], veranlaßten FRIEDRICH, diesem Vorschlag zuzustimmen und PREVOST zum Mitglied der "Philosophischen Classe" zu ernennen.[82] Mit der Mitgliedschaft war die Verpflichtung verbunden, an der Ritterakademie (Académie de jeunes gentilshommes) zu unterrichten, was zusätzlich zum Akademikergehalt von 400 écus mit 800 écus pro Jahr entlohnt wurde.[83] Als Neumitglied der Akademie konnte man PREVOST aber nicht zum Direktor der Philosophischen Klasse machen, so daß diese Funktion weiterhin vakant blieb. In der Sitzung der Académie vom 14. September 1780 hielt PREVOST seinen "discours de réception", auf den FORMEY im Namen der Académie antwortete.[84]

80/ Kabinettsordre vom 8. Juli 1780, zit. n. HARNACK 1900, hier II, S. 383.

81/ HARNACK 1900, II, S. 387. Für D'ALEMBERTs Ansicht über PREVOSTs literarische Arbeiten vgl. zwei Briefe von D'ALEMBERT an FRIEDRICH II., Paris 16. Februar u. 28. April 1783 (!), in D'ALEMBERT Oeuvres, V, S. 464-467: "Je lis actuellement une traduction d'Euripide, faite par un membre de l'académie de Berlin; cet ouvrage me paraît estimable..." (ebd. S. 465). Die Bemerkung bezieht sich offensichtlich auf die 1783 erschienenen Tragédies d'Euripide (PREVOST 1783/e).

82/ Kabinettsordre vom 6. September 1780 (AAW I-III-12 fo. 256); s. auch "Diplôme de membre de l'académie royale des sciences et lettres de Prusse, Berlin 7 septembre 1780" (BPU Mss.suppl. 1055/2).

83/ AAW I-III-12 fo. 256-257, AAW I-XVI-252 no. 80. PREVOST hatte sich bei MERIAN zunächst über die Art der Lehrverpflichtung erkundigt und um Aufschub zur Fertigstellung seiner EURIPIDES-Übersetzung gebeten (Korrespondenz mit MERIAN April/Mai 1780, BPU Mss.suppl. 1051, fo. 101-107).

84/ Registres de l'académie, séance du 14 septembre 1780 (AAW I-IV-32 fo. 291). - PREVOSTs Antrittsrede vermittelt einen Eindruck seiner rhetorischen Gewandtheit, indem sie den Dank an den König für die Ernennung mit einer wortreichen "éloge" auf den Amtsvorgänger SULZER verbindet; s. PREVOST 1782/a.

Während seiner Berliner Zeit verfaßte PREVOST eine Reihe wissenschaftlicher Arbeiten, die alle in den Abhandlungen der Berliner Akademie veröffentlicht wurden. Dazu kamen einige populäre Beiträge in deutscher Sprache für die "Berlinische Monatsschrift". Mit der Wahl seiner Themen entsprach PREVOST ganz dem methodischen Prinzip MERIANs, das den Eklektizismus propagierte: er behandelte Probleme aus der Moralphilosophie, Wahrscheinlichkeitstheorie, Kosmologie, Nationalökonomie, Aesthetik sowie der Geschichte der Ballon-Luftfahrt. Eine ausführliche Behandlung aller Beiträge verbietet sich hier schon aus Platzgründen; ihr Inhalt soll jedoch kurz angedeutet werden, um einen Eindruck von PREVOSTs enzyklopädischer Interessenvielfalt zu vermitteln.

In den ersten beiden Jahren befaßte sich PREVOST, wohl auf Anregung von Joseph Louis LAGRANGE (1736-1813), dem Direktor der mathematischen Klasse der Akademie, vornehmlich mit Wahrscheinlichkeitsrechnung und Spieltheorie. Daraus resultierten zwei Abhandlungen, deren erste am 11. April 1782 gelesen wurde.[85] Grundlage dazu war ein intensives Studium der "Ars conjectandi" des Jacob BERNOULLI (1654-1705) gewesen. PREVOST liefert zunächst einen kurzen Abriß der Geschichte der Spieltheorie, resümiert den Stand der aktuellen Diskussion um deren Aussagekraft und nimmt diese zum Anlaß, in seiner Abhandlung die der Wahrscheinlichkeitsrechnung zugrundeliegenden Hypothesen kritisch herauszuarbeiten. Die beiden Abhandlungen, die kaum Neues enthalten, bildeten die Grundlage für eine Reihe von vier Arbeiten zur Wahrscheinlichkeitsrechnung, die PREVOST zusammen mit dem Mathematiker Simon LHUILLIER (1750-1840) verfaßte.[86]

Die bedeutendste Arbeit PREVOSTs aus der Berliner Zeit ist diejenige, die die "Schwerpunktsbewegung des Sonnensystems" zum Gegenstand hat. Sie ist das einzige Zeugnis dafür, daß er sich in dieser Zeit auch mit einer naturwissenschaftlichen Thematik beschäftigt hat. Daraus gingen zwei Abhandlungen hervor, die am 3. Juli und 11. September 1783 vor der Akademie gelesen wur-

---

85/ PREVOST 1782/c u. 1783/a.

86/ S. PREVOST 1799/b-1799/d u. 1800/a. PREVOST stand während dieser Zeit mit Daniel BERNOULLI in Basel und Simon LHUILLIER in Warschau in Briefkontakt. Vgl. PREVOSTs Empfehlungsschreiben für Simon LHUILLIER an Daniel BERNOULLI, Berlin 25. August 1781 (UBB Mscr. L Ia 715). LHUILLIER wurde 1795 Professor für Mathematik in Genf, wo er bis 1823 lehrte.

den.[87] Was veranlaßte PREVOST dazu, sich mit dem kosmologischen Problem der Sonnenbewegung und deren Ursache zu befassen? Tobias MAYER hatte zur Eigenbewegung der Fixsterne umfangreiches Beobachtungsmaterial gesammelt, das 1775 posthum veröffentlicht worden war.[88] Ob diese Bewegung auf eine Eigenbewegung unseres Sonnensystems zurückgeführt werden könne, hatte MAYER offengelassen. In seinen 1761 erschienen "Kosmologischen Briefen" hatte bereits LAMBERT die These vertreten, daß die Sonne ebenso wie andere Fixsterne um einen Zentralkörper rotieren müsse.[89] Schließlich hatte 1776 LALANDE (1732-1807) das Problem der Sonnenrotation behandelt und dabei die Vermutung ausgesprochen, daß zusätzlich eine Translationsbewegung vorhanden sein könne.[90] PREVOST stützte sich bei seinen Überlegungen auf LALANDE; unmittelbarer Anstoß scheint aber ein Brief DELUCs an LALANDE gewesen zu sein, der 1783 im "Journal de Paris" veröffentlicht wurde. DELUC berichtet dort über eine gerade fertiggestellte Arbeit von HERSCHEL, in der dieser LALANDEs Vermutung einer Translationsbewegung der Sonne bestätigt.[91]

In seiner ersten sehr kurzen Abhandlung stellt PREVOST die Argumente zusammen, die seiner Meinung nach für eine Eigenbewegung unseres Sonnensystems sprechen.[92] Er hält es aus Wahrscheinlichkeitsüberlegungen heraus für so gut wie sicher, daß die Summe der auf den Schwerpunkt des Systems einwirkenden Gravitationskräfte nicht Null sein könne; daß vielmehr eine Asymmetrie und damit eine resultierende Kraft vorliegen müsse. Ferner könne, da es im Universum Bewegung gibt, das Gleichgewicht nicht von Dauer sein: "Ainsi tout l'univers est en mouvement progressif et tous les corps doués d'attraction tournent autour d'un centre commun."[93]

87/ Vgl. hierzu HENDRY 1982.

88/ MAYER 1775, I, 75-81.

89/ LAMBERT: Kosmologische Briefe, Berlin 1761.

90/ LALANDE 1776, 457 ff. sowie LALANDE 1778, 393 ff.

91/ Journal de Paris 151 (1783), 35.

92/ PREVOST 1783/b.

93/ PREVOST 1783/b, S. 421.

In der zweiten Abhandlung vom September 1783 liefert PREVOST seine quantitative Abschätzung zur Richtung der Sonnenbewegung.[94] Die von DELUC erwähnte Arbeit HERSCHELs[95] hatte PREVOST inzwischen gelesen. Die 1783 publizierte quantitative Abschätzung HERSCHELs[96] war ihm aber offensichtlich nicht bekannt.[97] Die Berechnungen sind demnach als voneinander unabhängig anzusehen.[98] Wichtiger als der kosmologisch-astronomische Aspekt ist für uns der physikalische Inhalt der beiden Abhandlungen. Die Projektilgeschwindigkeiten der Himmelskörper sollen ihre Ursache in Stößen haben. Die Bahnbewegungen der Himmelskörper werden mit denen der Lichtkorpuskeln verglichen. PREVOST macht bereits hier deutlich, daß er die Gravitation durch die Theorie LESAGEs für erklärbar hält.[99] Aus dieser Arbeit über die Eigenbewegung des Sonnensystems resultierten noch zwei Beiträge für die "Berlinische Monatsschrift", wo PREVOST die Erkenntnisse von LAMBERT und HERSCHEL einem breiteren Publikum zur Kenntnis bringen sowie den Aberglauben bekämpfen wollte.[100]

Darüberhinaus befaßte sich PREVOST in Berlin mit der Geschichte und Konstruktion der "fliegenden Luftmaschinen", wobei er auf die Priorität der Gebrü-

---

94/ PREVOST 1783/c.

95/ HERSCHEL 1782.

96/ HERSCHEL 1783.

97/ In einem nach Lesung seiner Abhandlung verfaßten Supplément weist PREVOST darauf hin, daß er von HERSCHELs neuester Arbeit nur durch einen Brief desselben an LALANDE vom 23. Mai wisse, der im Juliheft des Journal des Savans abgedruckt sei, welches er /PREVOST/ wiederum am 26. November 1783 erhalten habe (PREVOST 1783/d, S. 472).

98/ Auf der Grundlage der von MAYER gelieferten Daten kommt PREVOST zu dem Ergebnis, daß sich die Sonne auf einen Punkt mit den Koordinaten 230° Rektaszension und 25° nördliche Deklination hinbewege. HERSCHEL war fast zu demselben Resultat gekommen (257° Rektaszension, 25-50° nördliche Deklination). Die Abweichungen hatten ihren Grund in der Ungenauigkeit der Beobachtungsdaten sowie den vereinfachenden Annahmen des Berechnungsverfahrens. Für Details s. HENDRY 1982.

99/ Für eine ausf. Diskussion vgl. Kap. 2.4.

100/ PREVOST 1783/f u. 1784/d. PREVOST wandte sich gegen a) den astrologischen Glauben an den Einfluß des Sternes Kapella, dessen scheinbare Bewegung er auf die Bewegung des Sonnensystems zurückführt, b) den Glauben an die mephitischen Ausdünstungen der Schlangen, sowie c) den Glauben an den Hundertjährigen Kalender.

der MONTGOLFIER sowie die Nichtrealisierbarkeit früherer spekulativer Entwürfe hinwies.[101] In den Abhandlungen der Akademie publizierte PREVOST ferner eine vergleichende Untersuchung über das antike und das moderne Finanz- und Staatswesen,[102] die in der öffentlichen Sitzung der Akademie vom 5. Juni 1783 gelesen wurde, sowie eine umfangreiche Abhandlung zu Fragen der Ästhetik.[103] Bei diesen Themen konnte PREVOST seine umfassenden Kenntnisse der antiken Literatur zur Geltung bringen. In die Berliner Jahre fiel schließlich auch noch die Fertigstellung der Gesamtausgabe der Tragödien des EURIPIDES, die PREVOST in Paris begonnen hatte.[104]

Am 29. April 1784 nahm PREVOST zum letzten Mal an der Sitzung der Akademie in Berlin teil.[105] Die Nachricht, daß der Tod seines Vaters bevorstehe, veranlaßte ihn, nach Genf abzureisen. Der Vater starb am 20. Mai 1784.[106]

1.5 Professeur de Belles-Lettres, (1784-1786)

Als sich PREVOST in Genf aufhielt, wurde ihm der Lehrstuhl für Literatur (Belles-Lettres) an der Académie angeboten. Der Amtsvorgänger Jean FONTANES hatte aus Gesundheitsgründen das Amt schon seit längerer Zeit nicht mehr wahrnehmen können.[107] Um das übliche Auswahlverfahren zwischen den vier Kandidaten um seine Nachfolge, die zeitweilig vertretungsweise seine

---

101/ PREVOST 1784/a u. 1784/b u. 1784/c.

102/ PREVOST 1783/g.

103/ PREVOST 1787/a. Zur Einschätzung dieser und der vorangegangenen Arbeit vgl. BARTHOLMESS 1850-1851, II, 244-248.

104/ PREVOST 1783/e. - Die Übersetzung, der PREVOST noch eine Biographie des EURIPIDES vorangestellt hatte, fand eine durchweg positive Aufnahme, vgl. die Rezensionen im J.Encycl. 1784, iv, 276-286 u. 454-461; sowie im Mercure de France, Samedi 12 avril 1783, 60-87.

105/ Registres de l'Académie, séance du 29 avril 1784 (AAW I-IV-32 fo.372). Danach fehlt sein Name in den Anwesenheitslisten.

106/ Notes, S. 1/2: "Ayant enfin demandé et obtenu un congé du Roi, j'arrivai à Genève presque pour le voir mourir."

107/ HBLS III, S. 140 ohne Lebensdaten !

Lehrveranstaltungen übernommen hatten, zu umgehen, beantragte der Rektor Louis BERTRAND bei der "Vénérable Compagnie des Pasteurs",[108] man möge PREVOST auf die Stelle berufen. Der Ruf erging am 9. Juli und wurde wie folgt begründet:

> ...on a égard à la réputation méritée que M. PREVOST s'est acquise par ses travaux en littérature et en particulier par la traduction qu'il a publiée des Tragédies d'Euripide, de même qu'à la manière distinguée dont on sait qu'il s'est acquitté à Berlin de son double emploi de Professeur et d'Académicien.[109]

Das Abweichen vom normalen Verfahren, das einen Wettbewerb um den Lehrstuhl vorsah, wurde damit begründet, daß man PREVOST nicht zumuten könne, "/de/ compromettre ses places actuelles en disputant ici la chaire de Belles-Lettres" und nur durch eine "vocation" gewährleistet sei, daß er vom Preußischen König "congé" erhalte. Obwohl er fast zwei Drittel seiner Bezüge einbüßte, zögerte PREVOST nicht, den Ruf anzunehmen. Bereits mit Schreiben vom 14. Juli reichte er bei FRIEDRICH sein Entlassungsgesuch ein, dem der König mit dem Ausdruck des Bedauerns am 26. Juli stattgab.[110]

PREVOST unterrichtete 16 Stunden pro Woche am "Auditoire des Belles-Lettres", das waren sieben mehr als das Reglement vorsah. Sein Engagement sollte aber nur von kurzer Dauer sein, da er sich von Anbeginn mit Disziplinschwierigkeiten konfrontiert sah. Diese hatten ihre Ursache wohl primär im jugendlichen Alter der Zuhörer sowie ihrer geringen Motivation. Das Curriculum, das ausschließlich das Studium der Alten Sprachen vorsah, war seit der Einrichtung des "Auditoire" (1722) nicht geändert worden. Die 1774 von H.B. DE SAUSSURE angestrengte Reform, die eine Modernisierung der Studieninhalte vorsah, war am Widerstand der "négatifs" gescheitert, die unter Hinweis auf Art. 66 der "Ordonnance ecclésiastique" darauf beharrten, daß Collège und Académie primär der Ausbildung zukünftiger Theologen und Juristen zu dienen

---

108/ Klerikales Gremium, dessen Zustimmung bei allen die Académie betreffenden Angelegenheiten eingeholt werden mußte.

109/ Registre de la Vénérable Compagnie, 9. Juli 1784, zit. n. BORGEAUD I, S. 603.

110/ BPU Ms.fr. 4736, fo. 132-133 (CHERBULIEZ 1839, S. 20-21). Im August ließ PREVOST seinen Berliner Hausrat versteigern; s. "Protocolle de vente des effets de M. le Professeur PREVOST, Berlin 19 août 1784" (BPU Mss.suppl. 1069).

hätten. SAUSSUREs Plan hatte darüberhinaus vorgesehen, die Bildungsinstitutionen breiteren Bevölkerungsschichten zu öffnen. Während dieser Vorschlag von den "représentans" begrüßt worden war, hatten es die "négatifs" durch die Verhinderung der Reform verstanden, einmal mehr den "status quo" zu wahren.[111] Als PREVOST die Stelle antrat, war die innenpolitische Situation in Genf gespannt; für Reformen war es zu spät. Der Verfall von Niveau und Disziplin am "Auditoire" war somit der mittelbare Ausdruck der politischen Verhältnisse, die sich in wenigen Jahren dramatisch zuspitzen sollten.[112]

Als sich PREVOST die Möglichkeit bot, in Paris an einer Neubearbeitung des "Theâtre des Grecs" mitzuarbeiten,[113] gab er die Professur in Genf auf. Dies geschah bereits nach gut einem Jahr, am 4. Oktober 1785.[114]

Nachfolger PREVOSTs in der Philosophischen Klasse der Berliner Akademie sollte der Stuttgarter Professor Johann Christoph SCHWAB (1743-1821) werden. Die Verhandlungen zogen sich in die Länge und scheiterten schließlich.[115] Zur gleichen Zeit korrespondierte MERIAN mit PREVOST über die Veröffentlichung weiterer Arbeiten LESAGEs in den Abhandlungen der Berliner Akademie.[116] In einem Brief vom August erwähnte PREVOST, daß seine familiären Bindungen an Genf jetzt erloschen seien und er sich dort zunehmend isoliert fühle.[117] Diese Bemerkung sowie das Scheitern der Verhandlungen mit SCHWAB waren für MERIAN der Anlaß, PREVOST die Rückkehr nach Berlin vorzuschlagen. Un-

---

111/ BORGEAUD I, S. 605.

112/ Vgl. Kap. 1.6.

113/ PREVOST 1785-1789.

114/ Kopie des Entlassungsgesuches an den Rektor Robert DE L'ESCALE (BPU Mss.suppl. 1053, fo. 106-107).

115/ Hierzu und zum folgenden bei HARNACK 1900 nur eine Fußnote (II, S. 385 FN). Der geschilderte Vorgang ist dokumentiert in AAW I-III-71a: "Personalia der Mitglieder, Correspondenz 1785". Am 7. April 1785 hatte FRIEDRICH MERIAN beauftragt, mit SCHWAB zu verhandeln (ebd. fo. 2).

116/ Sein "Lucrèce Neutonien" war 1784 erschienen, s. NMARS Berlin 1782 (publ. 1784), 404-432.

117/ PREVOST an MERIAN, Paris 17. August 1785, AAW I-III-71a fo. 38-39. Prevosts Mutter war im März 1785 gestorben.

terdessen war PREVOST hintertragen worden, daß der König ihn zum Direktor der philosophischen Klasse machen wolle und außerdem, da der König den nächsten Winter kaum mehr überleben werde, die Abschaffung der "Ecole militaire" durch den Kronprinzen in naher Zukunft zu erwarten sei.[118] Aufgrund dieser "Hintergrundinformationen" reagierte PREVOST positiv auf MERIANs Angebot: "... c'est une séduction que vous me faites. Vous m'enlevez à personne qu'à moi même, il est vrai."[119] Zudem waren die unliebsamen Erinnerungen an die Lehrtätigkeit an der Académie in Genf noch frisch:

> ... l'enseignement commence à me devenir penible, la crambe répétition... tout cela me fait envisager le sacrifice de ma place comme fort peu considérable, et j'y tiens si peu que peut-être la quitterai-je demain, sans autre motif que de secouer un fardeau qui commence à m'importuner.[120]

PREVOST ging dabei davon aus, daß eine Rückkehr für ihn nur als freies Akademiemitglied ohne Lehrverpflichtung an der Ecole militaire in Frage komme. Dieses Junktim entging offensichtlich dem König, als ihm MERIAN Bericht erstattete. Mit Kabinettsordre vom 1. Oktober 1785 gab er Anweisung, daß alles unternommen werden solle, was geeignet sei, PREVOST in seinen "bonnes dispositions", die alte Stellung wieder aufzunehmen, zu bestärken.[121]

Auf MERIANs diesbezügliche Antwort hin sah sich PREVOST zu einer deutlichen Klarstellung veranlaßt: "... je m'étois mal fait comprendre. J'ai renoncé à l'enseignement...".[122] Darüberhinaus erhob PREVOST eine finanzielle Forderung, die daran zweifeln läßt, ob er wirklich gewillt war, nach Berlin zurückzukehren: er verlangte 1800 écus "à titre de simple académicien". Mit dieser Forderung, die offensichtlich auf den Präsidentenposten der Académie abzielte, brachte sich PREVOST um seine Chance. FRIEDRICH reagierte indigniert:

> Il paroît ... que le Professeur Prevôt fait bien le délicat et difficile, pour son retour à Berlin. ... je ne lui ferai point de pont d'or, pour l'y attirer. En effet, s'il ne veut pas reprendre egalement ses fonctions, à

118/ Anonymer Brief "d'un ami de PREVOST", BPU Mss.suppl. 1075, fo. 118.

119/ PREVOST an MERIAN, Paris 19. September 1785, AAW I-III-71a, fo. 40-42.

120/ ebd.

121/ Kabinettsordre, Potsdam 1. Oktober 1785, AAW I-III-71a, fo. 46.

122/ PREVOST an MERIAN, Paris 18. Oktober 1785, AAW I-III-71a, fo. 49-51.

> l'Académie des Nobles, il ne nous sera pas d'une grande utilité, et Je n'ai garde, de lui rendre ses 1200 écus d'appointements, comme simple académicien. ... si la chair de Professeur de la dite Académie n'étoit plus de sa convenance, il étoit le maître, de rester en Suisse, et ... son retour Me seroit tout à fait inutile...[123]

Damit hatte PREVOSTs Karriere als "professeur" mit einem Mißklang ihr vorläufiges Ende gefunden.

Der "Verzicht" auf eine Lehrtätigkeit hatte jedoch auch eine positive Seite: die enge Zusammenarbeit zwischen LESAGE und PREVOST, die eine nunmehr dreizehnjährige Unterbrechung erfahren hatte, während derer der Kontakt nur brieflich hatte aufrechterhalten werden können,[124] konnte nun wieder intensiviert werden. Nach Genf zurückgekehrt bemühte sich PREVOST, das korpuskularmechanische Gedankensystem in Zusammenarbeit mit seinem Meister weiterzuentwickeln, indem er es zunächst auf Probleme des Magnetismus anwandte.[125] Gleichzeitig begann er, da LESAGE hier nicht weiterkam, über den Entwurf eines umfassenden Systems der Physik, das alle Wirkungen auf den Stoß kleinster Teilchen zurückzuführen trachtete, nachzudenken.[126]

1.6 "Homme politique" in revolutionärer Zeit, (1786-94)

Aus Paris nach Genf zurückgekehrt, wurde PREVOST 1786 in den "Conseil des Deux Cents" gewählt. Ein Jahr später wurde ihm auch das Amt eines Gerichts-Beisitzers (auditeur) angetragen, was er aber zurückwies, um auch weiterhin Zeit für die Wissenschaft zu haben. Er war gerade damit beschäftigt, sein erstes physikalisches Werk zu verfassen.[127] Um die mit einer Amtsverweigerung verbundenen Nachteile zu vermeiden, mußte er sich öffentlich vor dem Conseil rechtfertigen.[128] Weitere Male konnte sich PREVOST den ihm angetra-

---

123/ Kabinettsordre, Potsdam 31. Oktober 1785 (AAW I-III-71a, fo. 56).

124/ S. BPU Mss.suppl. 1050, fo. 277-280 (1777).

125/ PREVOST 1788/a.

126/ Vgl. Kap. 3.

127/ De l'origine des forces magnétiques, s. PREVOST 1788/a.

genen öffentlichen Ämtern, für die er als ausgebildeter Jurist und Mitglied des Conseil qualifiziert war, nicht verweigern: er übernahm zeitweilig das Amt eines Richters am "tribunal civil" sowie die Rolle des Generalstaatsanwaltes (procureur-général). Dergestalt in öffentlichem Amt und Würden, konnte er auch an Eheschließung denken: am 10. Februar 1788 heiratete er Louise-Marguerite MARCET, die am 9. Dezember des Jahres einen Sohn, Alexandre-Louis PREVOST (1788-1876) zur Welt brachte. Das Glück war nur von kurzer Dauer: drei Wochen nach der Geburt starb Louise-Marguerite PREVOST-MARCET im Alter von 24 Jahren.[129]

Als PREVOST seine öffentlichen Ämter antrat, herrschte auf der politischen Ebene scheinbar Ruhe in Genf. Unter der Oberfläche schwelte jedoch ein Konflikt, der im 18. Jahrhundert bereits mehrfach zum Ausbruch gekommen war, denn "keine andere europäische Stadt /war/ im 18. Jahrhundert so von soziopolitischer Gärung erfaßt wie Genf."[130] Diese Unruhe hatte ihre Ursache in der oligarchischen Herrschaft des Patriziats. "Habitans" und "Natifs", die nahezu 50% der Genfer Bevölkerung stellten, waren nicht nur von der politischen Macht ausgeschlossen, sie wurden zudem seit Beginn des 18. Jahrhunderts durch die Einführung ständischer Zunftordnungen zunehmend aus den gewinnträchtigen Genfer Industriezweigen (Seide, Golddraht, Bijouterie, Uhren, Indienne) abgedrängt. Dadurch wurde ein Konfliktpotential aufgestaut, daß sich in mehreren bewaffneten Aufständen (1707, 1734-38, 1762-68, 1781-82) entlud. Dem Patriziat gelang es jedesmal, durch die Herbeirufung ausländischer Truppen (Bern, Frankreich) die Ruhe wiederherzustellen, ohne sich zu dauerhaften politischen Konzessionen bereitfinden zu müssen.[131]

Zu Beginn der achtziger Jahre geriet darüberhinaus die Genfer Wirtschaft in zunehmende Bedrängnis, wozu die Lage in Frankreich erheblich beitrug. Zu einer durchgreifenden Reform des Finanzwesens unfähig, hatte Jacques NECKER den inflationären Staatshaushalt Frankreichs durch zunehmende Kreditaufnahme

---

128/ CHERBULIEZ 1839, S. 23.

129/ GALIFFE II, S. 376. Ein Bildnis von der Hand Jean-Etienne LIOTARDs (1702-1789) ist im "Musée d'art et d'histoire de Genève" (Inv.-Nr. 1975-73).

130/ BRAUN 1984, S. 121.

131/ Vgl. GUERDAN 1981.

im Ausland zu stützen gesucht. Die Genfer Patrizier, traditionell die "banquiers des Rois de France", hatten daraufhin ihr Geld fast ausschließlich in französischen Schuldverschreibungen, den "assignats", angelegt.[132] Mehr als 10% aller "rentes viagères", die von Frankreich nach 1771 ausgegeben worden waren, befanden sich in Genfer Besitz.[133] Als sich der französische Staatsbankrott abzuzeichnen begann (1790), wurden die Zinsen nur noch in Form von weiteren Assignaten ausgezahlt, die kaum mehr das Papier wert waren, auf dem sie gedruckt wurden ("monnaie de singe"), so daß auch PREVOSTs Vermögen zusehends dahinschmolz.[134]

Die Ereignisse in Frankreich stürzten Genf nicht nur in eine ökonomische Krise, sondern rückten erneut die anachronistische Verfassung der Stadtrepublik ins Blickfeld. Unter dem Eindruck der Revolution in Frankreich entschloß sich der "Petit Conseil" zu einer Verfassungsreform.[135] Es wurde eine "Commission d'étude" gebildet, die die Möglichkeit für Reformmaßnahmen ausloten sollte.[136] Da der Kommission nur "Négatifs" und einige gemäßigte "Représentans" angehörten und die Arbeit nur schleppend voranging, versuchten die ausgeschlossenen Gruppen auf die Entscheidungsfindung einzuwirken: am 15. Februar 1791 erhoben sich die "Natifs" zu einem bewaffneten Aufstand.[137] Gleichzeitig be-

---

132/ PREVOST schloß zwischen 1779 und 1781 vier "conventions concernant rentes viagères" ab, s. BPU Mss.suppl. 1075, fo. 156-163. Diese "Lebensrenten" konnten auf beliebige Personen abgeschlossen werden. Der vergleichsweise hohe Zins wurde solange gezahlt, wie der Benannte lebte. Die "formule genevoise" bestand darin, daß Investorensyndikate mit geliehenem Kapital Verträge auf Gruppen junger Mädchen (tontines) abschlossen in der Erwartung, das investierte Kapital in 10 bis 12 Jahren aus den Zinsen zurückzahlen zu können.

133/ LÜTHY 1959-61, II, S. 562.

134/ "Sa fortune qui n'avait été grande était réduite à peu-près à rien." PREVOST beauftragte daraufhin seinen Bankier in Paris, DELESSERT, den Rest seines Vermögens von ehemals 60.000 frcs. in Büchern anzulegen: "Les assignats étant déjà très-dépréciés, il n'eut que fort peu de volumes pour cet argent...". (Histoire, S. 54).

135/ GUERDAN 1981, S. 235.

136/ Bereits im April 1789 hatte PREVOST dem Rektor der Académie Vorschläge für eine Reform des Schulwesens zugeleitet, u.d.T. "Enoncé de quelques propositions sur le perfectionnement de l'instruction publique dans les basses écoles et en particulier du Collège de Genève. Remis à M. le Recteur le avril 1789", BPU Mss.suppl. 1062, fo. 175-182.

rannten die um Genf ansässigen Bauern die Stadttore. Daraufhin eilten die Patrizier ihrerseits zu den Waffen: PREVOST beteiligte sich an der Verteidigung der "Porte de Cornavin".[138] Durch die Entschlossenheit der Patrizier wurde die "emeute" niedergeschlagen.

Der Aufstand blieb nicht ohne Wirkung: am 22. März wurde eine neue Verfassung, der "Code genevois" verabschiedet, der den "Conseil représentatif" formell in seinen Rechten als Souverän bestätigte und dem "Petit Conseil" in seiner Machtausübung Beschränkungen auferlegte. PREVOST wurde zum Sekretär einer Kommission ernannt, die über die Verwirklichung der neuen Verfassungsgrundsätze im Bildungswesen zu beraten hatte.[139]

Mit der Reform konnten aber lediglich die "Représentans" zufrieden sein, die ihre ursprünglichen Rechte zurückerhielten. Der Rest der Bevölkerung (habitans, natifs, sujets)[140] blieb weiterhin von der politischen Macht ausgeschlossen. Die ökonomische Lage des Patriziats verschärfte sich nun dramatisch. Im Frühjahr 1792 brachen die drei wichtigsten Genfer Banken zusammen. Diese "débâcle genevoise" (LÜTHY) brachte viele Patrizier um den Rest ihres Vermögens.[141] Der nach dem Aufstand auf Lebenszeit exilierte Anführer der "natifs" GRENUS schürte daher von Frankreich aus die Unruhe in Genf und drohte mit der

137/ Für eine detaillierte und äußerst materialreiche Schilderung der Vorgeschichte und des Ablaufs der Genfer Revolution aus der Sicht eines "natif" s. CORNUAUD 1912. Isaac CORNUAUD (1743-1820) war einer der gemäßigten Führer der "natifs". Seit 1784 Bürger von Genf suchte er während der Revolution das Bündnis mit den "représentans" und plädierte später für den freiwilligen Anschluß Genfs an Frankreich, um einer militärischen Niederlage zuvorzukommen. 1800-1801 war er "secrétaire générale à la préfecture du Léman".

138/ CHERBULIEZ 1839, S. 24.

139/ Die Kommission trat zwischen dem 17. April und dem 16. August 1791 mehrfach zusammen. Die Sitzungsprotokolle befinden sich in PREVOSTs Nachlaß, BPU Mss.suppl. 1062, fo. 209-287: "Régistre de la Commission décernée par la Vénérable Compagnie Académique ... pour préparer son préavis sur la réforme du Collège, en conséquence de l'article 15 du titre XVII de l'Edit du 22 mars 1791"; vgl. BORGEAUD I, S. 608.

140/ "Habitans" waren nach Genf zugewanderte Personen, die, genau wie ihre in Genf geborenen Kinder ("natifs") lediglich das Aufenthaltsrecht genossen. "Sujets" waren Leibeigene ohne formelles Aufenthaltsrecht.

141/ Zu den Hintergründen der "débâcle" s. LÜTHY 1959-61, II, S. 559-591.

"Befreiung" der Stadt durch französische Truppen. Als 1792 französische Truppen Savoien besetzten, wurde für Genf die Gefahr einer Annexion konkret.[142] Im September rückte ein französisches Armeekorps unter der Führung des Generals MONTESQUIOU in Carouge ein und verlangte die Übergabe der Stadt Genf. Der "Petit Conseil" alarmierte daraufhin die Verbündeten Städte Bern und Zürich. Gleichzeitig versuchten die Patrizier unter Hinweis auf die lange republikanische Tradition der Stadt den Patriotismus der Genfer zu wecken und alle Kräfte zur Verteidigung der Stadt zu mobilisieren. Durch die Entschlossenheit der Genfer sowie die drohende Intervention der Schweizer Bundesgenossen wurde MONTESQUIOU gezwungen, die territoriale Integrität Genfs formal zu respektieren. Am 21. September 1792 beschloß der Konvent in Paris, von militärischen Aktionen gegen die Stadt abzusehen. Der französische Resident CHATEAUNEUF ließ diesen Beschluß am 7. Oktober in Genf bekanntgeben, verlangte jedoch gleichzeitig die Bestrafung der "Magistrats pervers et traîtres à leur Patrie, qui, par leurs manoeuvres, auront provoqué la réquisition faite aux Etats de Berne et Zurich."[143] Als Antwort auf dieses Ansinnen kam es am 10. Oktober zu einer nationalen Demonstration der Entschlossenheit, die Unabhängigkeit der Republik auch mit Waffengewalt zu verteidigen; Solidaritätsadressen für den Magistrat wurden verlesen; die Bürger-Miliz trat auf der "Place de la Corraterie" zum Appell an.[144] PREVOST verfaßte einen emphatischen Bericht über dieses Ereignis, der mit dem Ruf endete:

> La liberté ou la mort! C'est le cri des Suisses Confédérés, dès le temps de GUILLAUME TELL. C'étoit celui des Genevois long-temps avant 1602. Nous sommes SUISSES-GENEVOIS, libres et unis, prêts à repousser les fers et l'opprobre.[145]

Die von PREVOST beschworene patriotische Einmütigkeit[146] entsprach aber nicht den politischen Realitäten. Enttäuscht vom Abzug der französischen, aber

---

[142]/ Savoien war Teil des mit Österreich und Preußen verbündeten Königreichs Sardinien.

[143]/ "Note adressée aux Citoyens et Habitans de la Ville de Genève", Carouge, le 7 Octobre 1792. Le Résident de France: Signé CHATEAUNEUF; abgedruckt in PREVOST 1792/c, S.3.

[144]/ Ausführliche Schilderung in PETER 1921.

[145]/ PREVOST 1792/c, hier S. 12-13.

ermuntert durch den Abzug der Berner Truppen erhoben sich die "natifs" bereits am 4. Dezember 1792 ein zweites Mal. Diesmal war es das Ende des "ancien régime"; den "égaliseurs" gelang es, die Macht zu ergreifen. Eine eilens einberufene Volksversammlung beschloß die "égalité politique" sowie die Einberufung einer verfassunggebenden Nationalversammlung.

PREVOST, der erneut die Unabhängigkeit der Republik beschworen hatte,[147] wurde Mitglied der Nationalversammlung, wo er sein rhetorisches Talent in den Dienst der konservativen Sache stellte: "Le professeur Prevost étaient le plus brillant et le plus subtil des orateurs du parti de l'ancienne constitution...".[148] Am 1. April 1793 bildete man sieben spezielle Komites, um die Beratung der Verfassung zu beschleunigen. PREVOST wurde Mitglied des "Comité d'agriculture, des arts, des manufactures et du commerce".[149] Eile war geboten, da die Gefahr einer Annexion nur abgewendet, nicht aber aufgehoben war.[150] Die Arbeit kam aber nur schleppend voran, da man sich in endlosen Diskussionen um Formulierungen erging. Anstelle einer Verfassung proklamierte die Nationalversammlung am 21. Mai 1793 eine "Déclaration des droits et des devoirs de l'homme social", die sich inhaltlich eng an die französische Deklaration der Menschenrechte anlehnte und am 9. Juni von der Volksversammlung mehrheitlich (1441/960) gebilligt wurde. Für die Konservativen war dies der Anlaß, ihren Protest gegen die politische Entwicklung zu formulieren.[151] Wie die mei-

---

146/ S. PREVOSTs anonym publizierte Schrift: "Lettre d'un Genevois à un François de l'armée de Montesquiou", 15. Oktober 1792, 15 SS. -BPU: Gf 657 (7). Sie ist ein Zeugnis subtiler Propaganda, das den Verteidigungswillen der Genfer hervorhebt ("Tout n'est chez nous qu'un coeur et qu'une ame.", S.3).

147/ PREVOST in seiner anonym publizierten Flugschrift "La Cocarde. L'an 257 de la république genevoise", le 7 décembre 1792, -BPU: Gf 657 (9), hier S. 4: "Nous saurons entretenir la paix avec nos voisins, et former une sainte ligne contre ceux qui tenteroient de violer notre indépendance. Mais surtout point de lois, point de couleurs étrangères! Nous adorons la liberté, mais la liberté genevoise; nous voulons tous l'égalité, mais nous resterons Genevois!".

148/ CORNUAUD 1912, S. 557.

149/ PETER 1921, S. 423.

150/ GUERDAN 1981, S. 238.

151/ Marc-Auguste PICTET verlas eine Streitschrift betitelt "De l'origine des devoirs et des droits sociaux", in der er die Gesetze des Zusammenlebens vom

sten seiner politischen Freunde verlangte auch PREVOST seine Entlassung aus der Nationalversammlung:

> J'ai eû occasion d'énoncer dans le sein même de l'assemblée la plûpart des raisons qui ont déterminé plusieurs citoyens, auxquels je me suis joint, à se refuser à la prestation d'un serment que le souverain n'avoit pas prescrit. Il est inutile de les répéter, mais je n'ai pas crû inutile de dissiper toute espèce de doute sur mes opinions.[152]

Mit diesem Schritt hatte sich PREVOST endgültig als "englué"[153] zu erkennen gegeben, was ihn im Laufe der Ereignisse beinahe das Leben kosten sollte.

Im November verabschiedete die Nationalversammlung endlich den Verfassungsentwurf, der am 5. Februar 1794 von der Volksversammlung gebilligt wurde. Die neue egalitäre Verfassung "fit table rase des anciennes institutions".[154] Ein kostenloses und allen Bürgern zugängliches Bildungssystem sollte die Grundlage einer neuen Gesellschaft bilden. Bei aller Radikalität wurden die Rechte der reformierten Kirche jedoch nicht angetastet: "Les Marseillais de Genève sont encore des huguenots."[155]

Trotz dieser für Genf spezifischen Mäßigung der Revolution kam es zu einer Phase des Terrors. Die ökonomische Situation verschlechterte sich zusehends; die Arbeitslosigkeit nahm zu. Trotz sozialer Maßnahmen konnte die Regierung kaum Abhilfe schaffen; die Staatskassen waren leer. Als im Juli 1794 der "Conseil général" seine Zustimmung zu einer geplanten Steuererhöhung verweigert, wird das Gerücht verbreitet, die Aristokraten seien dabei, die Revolution "abzuwürgen". Am 18. Juli ergreift der radikale "Club de la montagne gene-

---

dem religiösen Gebot der Nächstenliebe ableitete, und gegen ihre Begründung durch das "être suprême" protestierte; PETER 1921, S. 426.

152/ "Copie de ma lettre au président de l'Assemblée Nationale le 12 juin 1793" (BPU Ms.fr. 4752, fo. 1).

153/ "englués" von "engluer" = "mit Vogelleim bestreichen", "fangen"; im fig. Sinne "übertölpeln", "leimen", also "Geleimte": pejorative Bezeichnung für jene Anhänger der alten Verfassung, die sich aus den Kreisen der "représentans" rekrutierten, und damit der Sache der Aristokraten "auf den Leim gegangen waren"; für die Hintergründe und die Zuordnung PREVOSTs zu dieser Gruppe s. CORNUAUD 1912, S. 520.

154/ BORGEAUD I, S. 608.

155/ BORGEAUD I, S. 609.

voise" die Macht; es kommt zu Massenverhaftungen von "aristocrats" und "englués". Unter ihnen ist PREVOST. Ein Revolutionstribunal urteilt im Schnellverfahren: unter den sieben ersten, die auf den "Bastions" füsiliert werden, ist PREVOSTs Vetter, der Generalstaatsanwalt Jacob-François PREVOST-CABANIS (1755-1794).[156] Es besteht kein Zweifel, daß PREVOST dasselbe Schicksal bevorstand.[157]

Als die Nachricht von der Hinrichtung ROBESPIERREs (9. thermidor = 27. Juli) Genf erreicht, beginnt sich das Blatt zu wenden: ein neues Revolutionstribunal wird eingesetzt. Als es ein gegen die Unabhängigkeit der Republik gerichtetes Komplott des französischen Residenten SOULAVIE aufdeckt, werden vier Anführer der "Montagnards" zum Tode verurteilt. Die Macht der revolutionären Clubs ist gebrochen. Am 8. August werden 342 "aristocrats" und "englués", unter ihnen PREVOST, aus der Haft entlassen. Man beginnt mit der Sanierung der Staatsfinanzen durch die Einrichtung einer Finanzkommission; die verfassungsgemäße Wahl der "syndics" (Bürgermeister) durch den "Conseil général" am 5. April 1795 markiert das Ende der Genfer Revolution.

PREVOSTs Haltung gegenüber dem revolutionären Egalitarismus illustriert die Aufzeichnung eines "rêve politique" aus dem Jahre 1793.[158] PREVOST träumt, in die Hände von Wegelagerern (brigands) gefallen zu sein. In der Auseinandersetzung mit ihnen muß er erkennen, daß der Krieg zwischen ihnen und der menschlichen Gesellschaft nur durch die Abschaffung des Privateigentums beigelegt werden kann:

> Vous vivez dans la caverne des brigands. Vous n'avez que trois parties à prendre. Celui de vous faire brigand vous même, celui d'être victime de leur fureur, ou bien celui que je vous propose, de rendre tout brigandage inutile et par là même impossible.[159]

156/ Vgl. <u>HBLS</u> V, S. 488; GUERDAN 1981, S. 242. Für Details sowie eine Aufstellung der zum Tode Verurteilten und schließlich Hingerichteten s. CORNUAUD 1912, S. 632-635.

157/ "Ce fut un homme du peuple qui avait correspondu avec lui qui lui sauva la vie en refusant de témoigner contre lui. Ce malheureux fut ensuite fusillé lui-même. Mon père devait être jugé et sans-doute exécuté...". (<u>Histoire</u>, S. 52). PREVOSTs eigene Schilderung in <u>J.Int.</u> II, fo. 16v.

158/ BPU Mss.suppl. 1069: Dossier datiert 6. Juli 1804.

159/ ebd.

Das Bemerkenswerte an dieser allegorischen Bewältigung des aktuellen politischen Konfliktes ist wohl weniger die Antizipation kommunistischer Ideale, als vielmehr die Identifikation der Revolutionäre mit Wegelagerern. Die Erlebnisse während der Phase des "terreur" dürften PREVOST in seiner patriotisch-konservativen Haltung, die kennzeichnend für sein politisches Wirken war, noch bestärkt haben.

Die Wiederherstellung der politischen Ordnung nahm PREVOST zum Anlaß, ein zweites Mal zu heiraten. Am 3. Juni 1795 schloß er die Ehe mit der jüngeren Schwester seiner verstorbenen Frau, Jeanne-Louise MARCET (? -1840).[160] Mit ihr sollte er drei Söhne haben: Jean-Louis (1796-1852), späterer Handelsagent und Generalkonsul der Schweiz in London; Guillaume (1799-1883), später Advokat, Politiker und Leutnant der Polizei in Genf; sowie Georges (1802-1893), späterer Grundbesitzer in Petit-Saconnex.[161]

1.7 Akademischer Lehrer und Politiker, (1793-1798)

Noch während die Revolution in Genf ihren Fortgang nahm, war PREVOST an die Acadêmie zurückgekehrt. Ende 1792 hatte François MERCIER (1721-1793) den Lehrstuhl für Philosophie aufgegeben, den er seit 1766 innehatte.[162] Gemäß dem Reglement der Acadêmie mußte für die Neubesetzung ein "concours" veranstaltet werden, der aus dreiwöchigen Probevorlesungen sowie der Verteidigung dreier Thesen bestand.[163] Nachdem der eine der beiden Konkurrenten, Jean-Louis DUBY (1764-1849)[164], seine Bewerbung zurückgezogen hatte und

160/ BPU Ms.fr. 4740: "Papiers personnels, seconde mariage de Pierre PREVOST avec sa belle-soeur, Jeanne-Louise Marcet".

161/ GALIFFE II, S. 376; HBLS V, S. 488; STELLING-MICHAUD V, S. 238 (Georges no. 7621, Guillaume no. 7423).

162/ HBLS IV, S. 720.

163/ Für seine Vorlesung wählte PREVOST ein erkenntnistheoretisches Thema: "Sur l'analyse des sensations". Die verteidigten Thesen stammten aus der Logik ("De syllogismis"), der Metaphysik ("De necessario et contingente") sowie der Physik ("De hydraulica"); die Disputationen fanden am 1. und 15. Februar 1793 statt; vgl. STELLING-MICHAUD V, S. 241 sowie CHERBULIEZ 1839, S. 29.

164/ s. HBLS II, S. 713.

PREVOST sich in den Disputationen gegen den anderen Mitbewerber, Jacques-Louis PESCHIER (1759-1831)[165], durchsetzen konnte, stand seiner Berufung zum Professor nichts mehr im Wege. Sie erfolgte am 1. März 1793.[166]

An der Genfer Académie wurde die Philosophie traditionell von zwei Professoren unterrichtet. PREVOSTs Kollege war Marc-Auguste PICTET (1752-1825),[167] der 1786 als Nachfolger von Horace-Bénédict de SAUSSURE an die Académie gekommen war. Die besondere, auf die Interessen und Fähigkeiten der beiden Lehrstuhlinhaber zugeschnittene Verteilung der Aufgaben schildert ein von PREVOST selbst verfaßtes Gutachten über den Zustand der Académie von 1798:

> ...l'un d'eux enseigne la physique /i.e. PICTET/ et l'autre enseigne principalement la philosophie rationnelle /i.e PREVOST/. Le Professeur de physique comprend dans son cours la physique générale et particulière, les éléments d'astronomie, ceux de la chimie, etc. Son cabinet de physique expérimentale le met dans le cas de donner au public par souscription des cours de cette science. Celui qui enseigne à présent la philosophie rationnelle divise son cours en deux parties, dont l'une traite de la logique et l'autre de l'analyse des sensations, ou idéologie. C'est à quoi dès longtemps il se borne quant à cette branche de l'instruction philosophique. Il y joint chaque année quelques leçons sur des matières de physique détachées et en particulier sur celles qui traitent d'objets liés à l'analyse des sensations, c'est-à-dire sur l'optique et sur l'acoustique. Il s'entend pour cela avec son collègue, dont le cours très etendu permet facilement quelques retranchements.[168]

Die enge Zusammenarbeit und die Möglichkeit der Absprache mit PICTET erlaubten es PREVOST demnach, das Curriculum seinen persönlichen Neigungen entsprechend auszurichten.[169]

165/ s. HBLS V, S. 256.

166/ J.Int. II, fo. 12v: "Aujourd'hui j'ai été elu Professeur de Philosophie". Das Resultat des Wettbewerbs mußte durch eine "Wahl" des Conseil général bestätigt werden.

167/ Zur Biographie dieses für die Genfer Geschichte jener Zeit so außerordentlich bedeutsamen Mannes s. WOLF Biographien III, S. 373-394 sowie CANDAUX 1974, II, S. 271-286.

168/ BORGEAUD II, S. 25-30: "Etat de l'instruction et de ce qu'elle coûte par an. Remis le 22 frimaire an VII", hier S. 27-28. Das Gutachten wurde von PREVOST selbst im Auftrag der "Société Economique" verfaßt.

169/ PREVOST verkürzte später die Dauer der Vorlesungen über "philosophie rationnelle" zugunsten derjenigen über physikalische Themen, was ihm 1802 Är-

PREVOST fiel es offenbar nicht leicht, seine Zuhörerschaft durch seinen Vortrag zu fesseln. Er stellte hohe Ansprüche an die Motivation und Aufnahmefähigkeit seiner Zuhörer, versuchte sie, dem "sokratischen Ideal" entsprechend zu selbständigem Denken und freiem akademischen Disput anzuregen. Bei seiner noch unreifen Zuhörerschaft am "Auditoire des Belles-Lettres" sowie an der "Académie des Nobles" in Berlin war er damit auf wenig Gegenliebe gestossen, was bei ihm zu einer ausgesprochenen Abneigung gegen jugendliches Publikum geführt hatte. Als er 1809 vor die Aussicht gestellt wurde, in Zukunft wieder am "Auditoire des Belles-Lettres" zu lehren, bat er darum, man möge ihm die Zumutung ersparen, die vom Collège kommenden "Kinder" unterrichten zu müssen.[170] Über die Qualität seiner Vorlesungen gibt es sehr widersprüchliche Zeugnisse.[171] Die Schwierigkeiten in der Lehre taten PREVOSTs Ruf jedoch keinen Abbruch. Am 19. August 1796 wurde er für die Dauer von zwei Jahren zum Rektor der Académie gewählt.[172] Seine Amtszeit fiel in eine der schwierigsten Phasen der Genfer Geschichte.

Seit Januar 1796 war Felix DESPORTES Resident der französischen Republik in Genf. Er benutzte sein Amt dazu, auf den Sturz der Genfer Republik und ihren Anschluß an Frankreich hinzuarbeiten. In seinen Berichten an das Direktorium behauptete er, das Genfer Patriziat schüre die Konterrevolution, während die Volksmassen die "réunion" mit Frankreich herbeisehnten.[173]

ger mit der "Vénérable Compagnie des Pasteurs" einbrachte, die die Ausbildung der Theologen gefährdet sah, s. BORGEAUD II, S. 81.

170/ Vgl. Kap. 1.10.

171/ Einer seiner prominentesten Schüler, Augustin-Pyramus DE CANDOLLE (1778-1841) berichtet: "Mes camarades goûtaient peu ses leçons; elles me plaisaient au contraire beaucoup." (CANDOLLE 1862, S. 31). Der Eindruck des Studenten aus dem Jahre 1795 wird ergänzt durch den eines auswärtigen Besuchers aus dem Jahre 1804. August Wilhelm SCHLEGEL (1767-1845) notierte: "Constant und ich hatten seine erste Vorlesung besucht, und uns nicht genug über ihre lahme Schlechtigkeit verwundern können." (A.-W. SCHLEGEL an Sophie BERNHARDI-TIECK, Brief vom 12. August 1804, zit. n. PANGE 1940, S. 84). Der erwähnte Benjamin CONSTANT (1767-1830) war ein enger Vertrauter der Mme. DE STAEL (Zur Biographie vgl. HBLS II, S. 570). Zu den negativen Zeugnissen kontrastiert die emphatische Schilderung im Nekrolog von CHERBULIEZ 1839, S. 44.

172/ J.Int. II, fo. 19^{v}.

173/ GUERDAN 1981, S. 244.

Der erneut drohende Verlust der Unabhängigkeit veranlaßte die Genfer "syndics" dazu, sich nach ausländischem Beistand umzusehen. Um die Franzosen nicht zu provozieren, war Geheimhaltung geboten. Man beauftragte daher PREVOST, sich an den preußischen König, FRIEDRICH WILHELM II. (1744-1797) zu wenden und ihn darum zu bitten, sich bei künftigen Friedensverhandlungen mit Frankreich für die Unabhängigkeit Genfs einzusetzen.[174] Die Genfer Regierung befand sich in einer prekären Lage: sie konnte sich weder eine feindselige noch eine frankophile Haltung leisten, da beides die Unabhängigkeit der Republik weiter in Gefahr gebracht hätte. So versuchte man also einerseits das konterrevolutionäre Preußen auf die Lage Genfs aufmerksam zu machen, andererseits aber die erfolgreiche revolutionäre Politik des Direktoriums zu würdigen: Als am 1. frimaire VI (21. November 1797) der kommandierende General der siegreichen Italienarmee, Napoleon BONAPARTE, in Genf Station macht, wird er als Sieger über den Erzfeind Savoien gefeiert. Die Genfer Honoratioren setzen alles daran, ihm die "honneurs" zu machen.[175] PREVOST in seiner Funktion als Rektor führt BONAPARTE durch die Bibliothek der Académie, wo zu Ehren des Generals sogar eine Büste enthüllt wird:[176] "Tout la gloire de l'ancienne Genève était là. Pour en faire luire un rayon au regard perçant de Bonaparte, il suffisait d'un mot de Pierre PREVOST...".[177]

Doch auch diese "Schaukelpolitik" kann das Schicksal der Republik nicht mehr wenden: im Dezember 1797 verhängt das Direktorium eine Handelsblockade, die sich als sehr wirksam erweist, da die Stadt seit der Besetzung Savoiens von französischem Territorium umschlossen ist. PREVOST versucht ein weiteres Mal

---

174/ PREVOST an FRIEDRICH WILHELM II, Genève 21 janvier 1797, BPU Ms.fr. 4752, fo. 2-3. Der Entwurf des Briefes trägt einen Autorisierungsvermerk unterzeichnet von "SOLOMIAC syndic".

175/ Eine farbige Schilderung des Ereignisses findet sich bei BORGEAUD II, S. 1-7.

176/ Diese erstaunliche Tatsache erklärt sich wohl daraus, daß NAPOLEON der Ruf vorauseilte, den Naturwissenschaften gegenüber aufgeschlossen, ja selbst so etwas wie ein verhinderter Gelehrter zu sein. Nach Paris zurückgekehrt wurde NAPOLEON einen Monat später, am 25. Dezember 1797, als Nachfolger CARNOTs zum Mitglied der ersten Klasse (Sektion Mechanik) des "Institut National" gewählt; für die genauen Umstände und Motive dieser Wahl s. FISCHER 1986, S. 73.

177/ BORGEAUD II, S. 7.

vergeblich, Preußen zur Intervention zu veranlassen.[178] Als im Januar 1798 französische Truppen aus dem Pays de Gex auf Lausanne vorrücken, können die Genfer ihnen nicht den Weg verlegen. Bereits am 22. März 1798 ist der Widerstand der "Eidgenossen" gebrochen; die Schweiz wird zur "Helvetischen Republik". Am 12. April setzt DESPORTES im Auftrag des Direktoriums eine Kommission ein, die das "Votum" der Genfer artikulieren soll. Um der Erwartung Nachdruck zu verleihen, daß ihre Mitglieder, zu denen auch PREVOST gehört, für die "réunion" votieren werden, läßt DESPORTES am 15. April französische Truppen in Genf einrücken. Im Vertrag vom 7 floréal VI (26. April 1798) muß die Kommission dem Anschluß an Frankreich zustimmen.[179]

War der Verlust der politischen Unabhängigkeit nicht zu vermeiden gewesen, so galt es nun, die ökonomische und kulturelle Autonomie der Stadt so gut es ging zu verteidigen. Zu diesem Zwecke wurde die "Société Economique" gegründet, die, untergliedert in die Abteilungen Finanzen, Gottesdienste (culte), Unterrichtswesen und Gewerbe, die Genfer Interessen wahren sollte.[180] Die Société Economique beauftragte den Rektor PREVOST, eine umfassende Bestandsaufnahme des Genfer Bildungswesens vorzubereiten.[181] Die Besonderheiten der Genfer Situation sollten ausführlich geschildert werden in der Hoffnung, daß die französische Regierung den status quo respektieren werde. Das Gutachten wurde am 12. Dezember 1798 der Verwaltung des Département Léman zugeleitet.[182]

178/ PREVOST an Prinz HEINRICH von Preußen (1726-1802), Genève 16 décembre 1797 (BPU Ms.fr. 4752, fo. 4-5). Der Briefentwurf trägt die Autorisation des syndic BUTIN. Prinz HEINRICH hatte bereits auf den ersten Brief PREVOSTs vom 21. Januar geantwortet (BPU Ms.fr. 4736, fo. 222-226), und mitgeteilt, daß die Genfer Interessen "ne pouvoient être pris en considération que quand le calme de la paix succéderoit au fléau de la guerre." Die zweite "demarche" fiel zudem in die Zeit des Interregnums, da der König FRIEDRICH-WILHELM II. am 17. November d.J. verstorben war. Die Genfer Hoffnung, Preußen werde seine Interessen auf dem Kongreß von Rastatt (9.12. 1797-23.4. 1799) durchsetzen, erfüllte sich nicht.

179/ GUERDAN 1981, S. 245-246.

180/ PETER 1955. - Vgl. auch GUERDAN 1981, S. 253.

181/ BORGEAUD II, S. 25 Fußnote 2. Der Auftrag erging am 19. Juni 1798.

182/ "Etat de l'instruction et de ce qu'elle coûte par an", Abgedruckt vollständig bei BORGEAUD II, S. 25-30.

François DE NEUFCHATEAU (1750-1828), der für das öffentliche Unterrichtswesen zuständige Innenminister der französischen Republik,[183] bekam es jedoch nie zu Gesicht. DESPORTES versorgte ihn mit einer Bestandsaufnahme in seinem Sinne und schlug in einem Begleitschreiben die Einrichtung einer neuen Institution vor, die, unter dem Namen "Jury d'instruction", den Genfer Behörden übergeordnet werden sollte. Dieses aus sechs Genfer Professoren bestehende Gremium sollte zwischen der Zentralregierung und den Genfer Institutionen "vermitteln", d.h. für die korrekte Ausführung der aus Paris kommenden "arrêtés" sorgen.[184]

Die Genfer protestierten, sobald der Vorschlag bekannt wurde. DESPORTES gehe zu weit; man sehe die Genfer Selbstverwaltung gefährdet. Insbesonders wurde kritisiert, daß PREVOST nicht als Mitglied der Jury vorgesehen war.[185] Die Intervention blieb ohne Erfolg. Der Minister folgte dem Vorschlag DESPORTES in allen Einzelheiten: am 19 nivose VII (8. Januar 1799) wurde die Einsetzung einer "Jury d'instruction" verfügt.[186] Zu ihren Aufgaben gehörte die Entwicklung von Vorschlägen, wie das Genfer Bildungssystem "verbessert", d.h. demjenigen der französischen Republik "autant qu'il sera possible" angeglichen werden könne.

Der Zufall sorgte dafür, daß PREVOST von dieser Kommission von zentraler Bedeutung nicht lange ausgeschlossen blieb: am 22. Januar 1799 starb Horace-Bénédict DE SAUSSURE. Daraufhin mußte NEUFCHATEAU PREVOST zu seinem Nachfolger machen, da PICTET bereits in der Kommission vertreten war.[187] Die Mitgliedschaft wurde drei Jahre später noch einmal bestätigt.[188]

183/ Seit dem 16. Juli 1797 im Amt (BU XIV, S. 680-688).

184/ DESPORTES schlug namentlich H.B. SAUSSURE, M.A.PICTET, L'HUILLIER, BOISSIER, LEFORT und ODIER als Mitglieder der Jury vor, die ihre Kooperationsbereitschaft demonstriert hatten; BORGEAUD II, S. 31-36.

185/ Michel MICHELI an JACQUEMONT, Directeur général de l'instruction publique, Genève 28 frimaire VII (18. Dezember 1798), zit. n. BORGEAUD II, S. 37-38.

186/ "Ampliation, Ministère de l'Intérieur", 19 nivose VII (8. Januar 1799), Kopie in BPU Mss.suppl. 1062, fo. 167-168.

187/ "Ampliation, Ministère de l'Intérieur", 9 ventose VII (27. Februar 1799), Kopie in BPU Mss.suppl. 1062, fo. 154.

PREVOST bekam dadurch Gelegenheit, über Jahre hinweg an der erfolgreichen Verteidigung der kulturellen Autonomie Genfs, die u.a. in einer spezifischen Vorliebe für alles Britische ihren Ausdruck fand, mitzuwirken.

1.8 Kulturelle Bindungen an Großbritannien

Genf, das "Bollwerk der Reformation", war eine kosmopolitische Stadt. Durch die Verfolgung der Hugenotten in Frankreich war es zu mehreren Einwanderungswellen gekommen (besonders nach 1550 und nach der Aufhebung des Edikts von Nantes 1685), die zu einer Konzentration handwerklicher Fähigkeiten und intellektuellen Potentials führten.[189] Das Gefühl, in der Hauptstadt einer über viele Länder verstreuten religiösen Minderheit zu leben, veranlaßte die Genfer zu einer intensiven Pflege wirtschaftlicher und kultureller Beziehungen zu ihren Glaubensgenossen in Holland, Großbritannien, Preußen und anderen protestantischen Staaten. Daraus resultierte ein leistungsfähiges Kommunikationsnetz: die "Internationale der Hugenotten".[190]

Ein Aspekt dieser internationalen Kontakte war die ausgeprägte "Anglophilie" der Genfer Patrizierfamilien. Auf der Grundlage politischer, militärischer und religiöser Verbindungen, die im 17. Jahrhundert geknüpft worden waren, hatte sich bis zur Mitte des 18. Jahrhunderts eine enge Verflechtung intellektueller, sozialer und kultureller Art entwickelt. Junge Engländer kamen vorzugsweise nach Genf, um dort in einer "moralisch einwandfreien Atmosphäre" Kenntnisse der französischen Sprache und Kultur zu erwerben. Sie wurden als Pensionäre bei Patrizierfamilien, häufig denen der Professoren der Académie oder des Collège (vgl. Abraham PREVOST) untergebracht. Umgekehrt gehörte es für Genfer Patriziersöhne zu einer guten Ausbildung, einige Zeit in London oder Edinburgh zu verbringen. Nicht selten resultierten aus diesem "Studentenaustausch" eheliche Verbindungen mit den Töchtern der Gastfamilien. Kenntnisse

---

188/ Schreiben des Präfekten EYMAR an PREVOST, Genève 5 ventose X (24. Februar 1802), BPU Mss.suppl. 1062, fo. 160.

189/ S. dazu CANDOLLE 1911, S. 332. - Zur Entwicklung der Wissenschaften in Genf s. u.a. FUETER 1941, S. 173-175, und für das frühe 18. Jhdt. besonders HEYD 1982, S. 236-244.

190/ H. LÜTHY 1959-1961, II, S. 77-80.

der englischen Sprache gehörten für Patrizier zur Allgemeinbildung. "Représentans", die nach politischen Unruhen dazu gezwungen wurden ins Exil zu gehen, ließen sich in England, Schottland oder Amerika nieder, wo sie im Bankwesen, der Armee oder im diplomatischen Dienst Karriere machten.[191]

Das intellektuelle Leben in Genf genoß offenbar in der angelsächsischen Welt einen ausgezeichneten Ruf. Er war die Grundlage dafür, daß der 1792 nach London emigrierte Publizist Francis D'IVERNOIS (1757-1842)[192] mit seinem spektakulären Plan, die durch die Revolution arg gebeutelte intellektuelle Elite Genfs komplett in die USA zu transferieren und dort zum Keim einer nationalen Universität werden zu lassen, beim amerikanischen Präsidenten Thomas JEFFERSON (1743-1826) auf offene Ohren stieß. JEFFERSON sah die Acadêmie "as /one of/ the two eyes of Europe in matters of science".[193] Das Projekt scheiterte an Einwänden WASHINGTONs und der wiedergewonnenen Stabilität Genfs.[194]

Das Netz wirtschaftlicher Kontakte wurde zur Übermittlung von Informationen über kulturelle und wissenschaftliche Ereignisse in Großbritannien genutzt, so daß die Genfer darüber stets "au courant" waren. Die Aufgeschlossenheit gegenüber aus Großbritannien stammenden Neuerungen nahm gegen Ende des 18. Jahrhunderts die Züge einer "Anglomanie" an:

> On imita les Anglais; on voulait avoir des "debating-clubs", des revues britanniques, des meubles anglais, des costumes anglais. (...) Les salons s'ornèrent des portraits des souverains et des hommes illustres d'Angleterre (...) la poèsie anglaise, les romans anglais se lisaient partout.[195]

Was hier für die Alltagskultur geschildert wird, galt in gleichem Maße für die Wissenschaft. Einen Eindruck von der extremen Aufgeschlossenheit allem Briti-

---

191/ GIDDEY 1974, sowie VREELAND 1901.

192/ HBLS II, S. 690.

193/ JEFFERSON an WASHINGTON, Monticello 23. Februar 1795, zit. n. BORGEAUD I, S. 612 Fußnote 1. - Das andere "Auge" war die Universität Edinburgh.

194/ BORGEAUD I, S. 611-613.

195/ VREELAND 1901, S. 111 u. 195.

schen gegenüber vermittelt die Tatsache, daß neben anderen medizinischen Errungenschaften die von Edward JENNER (1749-1823) erst 1796 begründete Technik der Pockenschutzimpfung, die in auch Großbritannien noch stark umstritten war, bereits im Jahre 1800 in Genf praktiziert und von Genfern auf dem europäischen Kontinent verbreitet wurde.[196]

In dem hier skizzierten sozio-kulturellen Rahmen müssen die Aktivitäten PREVOSTs und der ihm nahestehenden Personen gesehen werden, die mit dazu beitrugen, die Verbindungen zu Großbritannien noch enger zu gestalten.

Auch PREVOSTs Familie unterhielt verwandtschaftliche Beziehungen nach Großbritannien: der von PREVOST verehrte Onkel mütterlicherseits, Jean BELLAMY war 1754-1755 Pastor der französischen Gemeinde in London gewesen. Mehrere Cousins der Mutter waren in London ansässig, wo sie ein Juweliergeschäft betrieben.[197] Ein Cousin väterlicherseits, Pierre-François PREVOST (1755-1810) versah von 1781 bis zu seinem Tode das Amt des Pfarrers an der "Eglise française du Quarré" in London.[198] Schließlich sollte sich auch PREVOSTs ältester Sohn, Alexandre-Louis, in London niederlassen.

PREVOST selbst hat während seines langen Lebens drei Reisen nach England unternommen. Abgesehen von seinem Studienjahr 1774 fuhr er noch zweimal:

196/ Laut PREVOST wurde JENNERs Entdeckung durch den Genfer Arzt Louis ODIER (1748-1817) in Genf eingeführt: "En 1800, il reçut de JENNER et PEARSON du vaccin dans des lettres et sur des fils. Cet envoi fut fait à propos. Une épidémie de petite-vérole des plus meutrières s'étoit déclarée à Genève. Ce fut la dernière; et elle servit, mieux que les raisonnemens, à accréditer la vaccine." (PREVOST 1818/c, S. 30). PREVOST ließ seinen Sohn Guillaume sofort impfen (J.Int. II, S. 27, Eintrag vom 29. März 1800). Zur Verbreitung in Europa vgl. "JENNER, Edward", in DSB VII (1973), 95-97: "Jean DE CARRO, a Swiss physician living in Vienna, introduced vaccination on the continent of Europe and was instrumental in sending vaccine into Italy, Germany, Poland, and Turkey", (ebd. S. 97). Jean DE CARRO (1770-1856) stammte ebenfalls aus Genf und mußte von dort aus politischen Gründen emigrieren, worauf er sich in Wien niederließ. "Er war der erste Arzt auf dem Kontinent, der die Erfindung Jenners (...) anwandte und verbreitete diese Entdeckung durch Deutschland, Polen, die Türkei, Ungarn und selbst Ostindien." (HBLS, II, S. 675).

197/ Bei einem von ihnen wurde PREVOST während seines ersten Aufenthalts in London 1774 untergebracht (Notes, S. 15).

198/ STELLING-MICHAUD V, S. 241, no. 6343.

1817 und 1824.[199] Beide Reisen waren primär privater Natur: sie galten dem Besuch des Sohnes Alexandre-Louis. 1824 folgte PREVOST auch einer Einladung von Humphry DAVY (1778-1829).[200]

Aufschlußreicher und bedeutsamer als die direkten sind die mittelbaren Kontakte, die PREVOST nach Großbritannien unterhielt. Es waren zwei ihm vertraute Personen, die ihn mit Informationen versorgten: Marc-Auguste PICTET, sein Kollege an der Genfer Académie, sowie Alexandre-Jean-Gaspard MARCET, sein Schwager in London.

Marc-Auguste PICTET (1752-1825) sollte ein Symbol der Genfer Anglophilie werden. Nach dem Studium der Rechte und dem Advokatsexamen hatte er wie die meisten Patriziersöhne ein Studienjahr in England verbracht, wo er die Sprache zur Perfektion erlernte und seine Kenntnisse in den Naturwissenschaften vertiefte. 1786 war er Horace-Bénédict DE SAUSSURE auf den Lehrstuhl für Naturphilosophie an der Genfer Académie nachgefolgt.[201] 1787 unternahm PICTET zusammen mit seinem Bruder Charles und PREVOSTs Bruder René-Guillaume-Jean (1749-1816) eine mehrmonatige Studienreise nach England.[202] Die auf dieser Reise gesammelten Kenntnisse sowie die Begeisterung für die Errungenschaften der industriellen Revolution veranlaßten PICTET, 1796 die "Bibliothèque Britannique" zu gründen. Diese Zeitschrift sollte, unterteilt in die Reihen "Sciences et Arts", "Littérature" sowie "Agriculture", angel-

---

199/ 1. Mai bis 7. September 1817 (J.Int. III, S. 48-50); 3. Mai bis 2. Dezember 1824 (J.Int. IV, S. 8). Zur Reise von 1824 s. auch "Souvenirs de mon voyage en Angleterre 1824" (BPU Ms.fr. 4746). Begleitet wurde PREVOST von seiner Frau und seinem Sohn Guillaume (vgl. Histoire, S. 67).

200/ Einladungsschreiben in BPU Mss.suppl. 1049, fo. 74-75.

201/ Zu seiner Biographie s. CANDAUX 1974, II, S. 271-286.

202/ Nach einem Aufenthalt in London führte sie die Reise zu ihrem Landsmann Jean-André DELUC (1727-1817), der seit seiner Auswanderung aus Genf (1773) das Amt eines Vorlesers der englischen Königin in Windsor innehatte. Von dort ging es nach Slough, wo man William HERSCHEL (1738-1822) besuchte und sein 40-Fuß Teleskop bewunderte. Danach wandte man sich der Industrie zu und besichtigte Kohleminen, Baumwollspinnereien und Eisenhütten; traf mit James WATT (1736-1819), Thomas WEDGWOOD (1771-1805), Abraham DARBY III (1750-1791) sowie Mathew BOULTON (1728-1809) zusammen, dessen berühmte "Soho Manufactory" man in Augenschein nahm. Den Abschluß bildete ein Besuch bei Joseph PRIESTLEY (1733-1804). S. dazu die detaillierte Schilderung bei BICKERTON 1979, S. 86-97.

sächsisches Schrifttum in französischer Übersetzung auf dem Kontinent verbreiten.[203]

PREVOST lieferte von Anfang an Beiträge zur Reihe "Sciences et Arts".[204] Ab 1803 gehörte er auch zu den bezahlten Mitarbeitern des Unternehmens. Zusammen mit PICTETs Bruder Charles oblag ihm die redaktionelle Betreuung der Reihe "Littérature". Das Engagement erschloß PREVOST eine dringend benötigte Einkommensquelle.[205] Die Mitarbeit an der Bibliothèque Britannique veranlaßte PREVOST dazu, die Kontakte zu seinem in London ansässigen Schwager Alexandre-Jean-Gaspard MARCET (1770-1822) zu intensivieren.

In Genf geboren und ausgebildet, war MARCET 1794 nach Edinburgh gegangen, um Medizin zu studieren. Nachdem er dort promoviert hatte (24. Juni 1797), ließ er sich als Arzt in London nieder. Dort heiratete er 1799 Jane HALDIMAND (1769-1858), die als Autorin populärwissenschaftlicher Bücher bekannt werden sollte.[206] Nach seiner Naturalisierung als Brite (1800) wurde MARCET zunächst Chirurg, später Professor für Chemie am "Guy's Hospital" in London (1802). MARCET arbeitete über analytische Chemie, lieferte Beiträge zu den

---

203/ Für eine knappe Darstellung von Funktion und Bedeutung der "Bibliothèque Britannique" s. BICKERTON 1972.

204/ S. den bibliogr. Anhang.

205/ "A sa paie de professeur, il ajouta celle qu'il recevait pour fournir la moitié de la partie Littérature ...". (Histoire, S. 54). Die ruinierte finanzielle Lage der Genfer Patrizier war ein gewichtiges Motiv für die Gründung des Unternehmens gewesen: "The circumstances of the Bibliothèque Britannique conception (...) show that, whatever ideological or intellectual motives may also have inspired its foundation, the enterprise was viewed, first and foremost, as a potential source of income." (BICKERTON 1979, S. 114).

206/ Die Ehe mit Jane HALDIMAND verhalf MARCET zu einer gesellschaftlich anerkannten und finanzielle gesicherten Position. Ihr Vater, Anthony Francis HALDIMAND (1741-1817) war Neffe und Erbe von Sir Frederick HALDIMAND und Gründer des Bankhauses MORRIS, PREVOST & Co. in London. Janes Bruder, William HALDIMAND (1784-1862) wurde mit 25 Jahren Direktor der Bank von England, 1820 Member of Parliament for Ipswich und ließ sich 1828 in Lausanne nieder. Seine Schwester Jane, seit dem 10. Dezember 1799 Jane MARCET, veröffentlichte 1806 anonym die Conversations on Chemistry, in which the Elements of that Science are Familiarly explained, and illustrated by Experiments. Das Buch erlebte zahlreiche Auflagen und wurde 1808, mit erläuternden Anmerkungen von Charles-Gaspard DE LA RIVE versehen, von Louis de MANOEL DE VEGOBRE ins Französische übersetzt (vgl. BICKERTON 1979, S. 359).

"Philosophical Transactions" und zahlreichen anderen Zeitschriften. Er war Gründungsmitglied der "Geological Society" (1807) und wurde 1815 Fellow der "Royal Society".[207] MARCET war bereits 1795 von PICTET für die Mitarbeit an der "Bibliothèque Britannique" gewonnen worden. Durch seine gesellschaftliche Stellung und seine Verbindungen zum britischen Wissenschaftsbetrieb wurde er zum "Zentralagenten" für die Informationsbeschaffung der Zeitschrift. Ohne seine Aktivitäten wäre das Unternehmen kaum so erfolgreich gewesen: "The interests of the Genevan journal could not have been better served."[208]

In seiner Funktion als Verwandter und Mitarbeiter der "Bibliothèque Britannique" unterhielt PREVOST eine ausgedehnte Korrespondenz mit MARCET, die ein gutes Bild von den umfangreichen, zur Unterhaltung dieses Referateblattes notwendigen Aktivitäten vermittelt.[209] Während MARCET die Aufgabe hatte, die reibungslose und rasche Versorgung der "Bibliothèque Britannique" mit Informationen und Neuerscheinungen sicherzustellen, oblag PREVOST die Sichtung des eingegangenen Materials im Hinblick auf seine Verwertbarkeit in der Reihe "Littérature" sowie dessen Übersetzung. PREVOST war in der englischen Sprache so versiert, daß er Übersetzungen in kürzester Zeit bewältigen konnte.[210]

1.9 Prevost und die schottische Philosophie

Die intellektuellen Bindungen zwischen Genf und Großbritannien müssen PREVOST schon früh die empiristische Tradition der britischen Philosophie nahegebracht haben. Bereits seine erste Abhandlung zur Moralphilosophie, die er anläßlich seiner Aufnahme in die Berliner Akademie (14. September 1780) las,

---

207/ Zu seiner Biographie s. DNB XII, S. 1007, sowie BICKERTON 1979, S. 358-364.

208/ BICKERTON 1979, S. 363.

209/ In der BPU finden sich 34 Briefe von MARCET an PREVOST oder seine Frau aus den Jahren 1806-1816 (Ms.fr. 4735, fo. 65-114, Zugangs-Nr. 1970/33). Ergänzt wird das Bild durch 12 Briefe von PREVOST oder seiner Frau an MARCET (Ms.fr. 4248, fo. 96-118), die die BPU 1964 erwerben konnte. BICKERTON kannte offenbar nur das zweite Konvolut (S. 360 Fußnote 5).

210/ CHERBULIEZ 1839, S. 50.

läßt, indem sie auf die Notwendigkeit einer empirischen Begründung der Moral verweist, den Einfluß der Schriften LOCKEs und HUMEs erkennen.[211]

PREVOST beschäftigte sich darin mit den Methoden der Vermittlung moralischer Grundsätze: "Les différentes méthodes qu'on peut suivre dans l'enseignement de la morale, me paroissent se réduire à trois: méthode de principes, méthode de sentiment, méthode d'expérience."[212] PREVOST betont, daß die Morallehre nicht von metaphysischen Prinzipien abhängig gemacht, also auch nicht auf einen "strafenden Gott" (Dieu sanguinaire) gegründet werden dürfe; sie sei vielmehr eine Lehre, die aus der Bewährung im emotionalen wie im praktischen Leben ihre Rechtfertigung erfahre.[213] Die empirische Überprüfung der Moral in der sozialen Praxis erfordert die Untersuchung komplexer Zusammenhänge. Die Komplexität resultiert aus der Individualität der Menschen.[214] Das geeignete Mittel zur Erfassung sozialer Wirklichkeiten ist daher die Wahrscheinlichkeitsrechnung, deren Bedeutung für die Sozialforschung PREVOST hervorhebt.[215]

Während seiner Berliner Zeit wurde PREVOST in Bezug auf seine philosophischen Ansichten von Hans Bernhard MERIAN (1723-1807) beeinflußt.[216] ME-

---

[211]/ PREVOST 1782/b.

[212]/ PREVOST 1782/b, S. 414.

[213]/ Die Betonung einer empirischen Rechtfertigung der Moral verrät den Einfluß John LOCKEs (1632-1704), dessen "Essay concerning human understanding" PREVOST mehrfach zitiert.

[214]/ PREVOST zitiert die Worte von Charles BONNET: "Quelquefois le nombre des inconnues est trop grand proportionellement au nombre des connues.(...) L'homme est (...) de tous les êtres terrestres le plus compliqué." (ebd. S. 428).

[215]/ PREVOST betrachtete die "sciences naturelles" und "sciences morales" als untrennbare Einheit, woraus der Anspruch resultierte, daß auch in den "sciences morales" mathematische Methoden anwendbar sein müßten.

[216]/ Hans Bernhard MERIAN war der Sohn eines protestantischen Predigers aus Liestal im Schweizer Kanton Basel. Nach dem Studium der Philosophie und Philologie in Basel versuchte er mehrfach vergeblich, dort einen Lehrstuhl zu erhalten. Auf Empfehlung von MAUPERTUIS, der von seiner Person durch Johann BERNOULLI Kenntnis erhalten hatte, wurde er 1748 Mitglied der philosophischen Klasse der Berliner Akademie. Nach dem Tode des Marquis D'ARGENS erhielt er 1771 den Direktorposten der Klasse für Literatur (Belles-Lettres) und

RIAN wandte sich gegen jeglichen "esprit de système" und vertrat stattdessen einen psychologisch-empiristischen Eklektizismus, den er gar zum methodischen Prinzip der Akademien erhob: "L'éclecticisme est la seule secte ou non-secte, qui doive respirer dans une académie."[217] Besondere Verdienste hatte sich MERIAN durch die Übersetzung und kritische Kommentierung der Schriften David HUMEs (1711-1776), des wohl bedeutendsten Philosophen der schottischen Aufklärung,[218] erworben, dessen Philosophie er auf dem europäischen Kontinent bekannt machte.[219] Der Einfluß, den MERIAN auf PREVOST ausgeübt hat, läßt sich aus PREVOSTs philosophischen Schriften herauslesen.[220] Direkte Belege aus der Berliner Zeit (Briefwechsel, Tagebuchaufzeichnungen) gibt es nicht; die Korrespondenz aber, die MERIAN und PREVOST bis zum Tode des ersteren unterhalten haben, belegt das gemeinsame Interesse.[221]

PREVOST unterscheidet eine deutsche, eine französische und eine schottische Schule der Philosophie, deren jede er einer differenzierten Kritik unterwirft. In Bezug auf die deutsche Philosophie ist sich PREVOST mit MERIAN in der Geringschätzung der Kantschen Philosophie einig, die ihm wenig originell erscheint. Zwar habe KANT besser als jeder andere demonstriert, daß unsere Wahrnehmungen und Urteile die Struktur des "esprit humain" widerspiegeln, daß beispielsweise die Empfindung der Harmonie beim Sehen und Hören eine "prä-cognitive Struktur" unseres Geistes enthüllt. Darüberhinaus aber müsse man bei

---

wurde schließlich 1797 Nachfolger FORMEYs, also ständiger Sekretär der Akademie. - Zur Biographie s. NOACK 1879, S. 595; BARTHOLMESS II, S. 32-45.

217/ zit. n. HARNACK: "Die goldenen Jubiläen der Königlichen Akademie der Wissenschaften. Ein Beitrag zur Geschichte der Akademie", in HARNACK 1930, S. 222-229, hier S. 226.

218/ Für eine knappe, aber brilliante Darstellung von Leben und Werk David HUMEs s. STREMINGER 1986.

219/ MERIANs Hauptwerke sind: Essais philosophiques sur l'entendement humain, 2 Bde., Berlin 1751; Essais politiques et moraux, ebd. 1759. Ferner veröffentlichte er eine kritische Schrift: Sur le phénoménisme de David Hume, Berlin 1793.

220/ Insbes. PREVOST 1805/f. Vgl. BARTHOLMESS II, S. 225-250.

221/ BPU Mss.suppl. 1051, fo. 101-124: 11 Schreiben MERIANs aus der Zeit 1780-1806.

KANT darauf achten, was wirklich von ihm stamme oder aber nur von anderen Philosophen übernommen worden sei.[222]

An der zeitgenössischen französischen Philosophie, die durch den Sensualismus CONDILLACs (1715-1780) und seiner Schüler wie Graf DESTUTT DE TRACY (1754-1836) und MAINE DE BIRAN (1766-1824) geprägt wurde, kritisiert PREVOST die einseitige Betonung der Empfindungsfähigkeit der Seele: "Ils donnent au mot <sentir> une fâcheuse extension." Während er die Schule CONDILLACs wegen der ungenauen Begriffsbildung ablehnt, scheint ihm die psychologistische Theorie seines Landsmannes Charles BONNET (1720-1793), die die Akte der Psyche auf physiologische Prozesse zu reduzieren trachtet, eine angemessene Weiterentwicklung der sensualistischen Philosophie John LOCKEs zu sein.

Besondere Sympathie brachte PREVOST, auch hierin MERIAN folgend, der schottischen Schule entgegen. Er kritisierte an ihr zwar die Vernachlässigung der Logik, lobte aber ihre Errungenschaften auf dem Gebiet der Moralphilosophie. Vor allem die von Thomas REID (1710-1796) in Auseinandersetzung mit dem Skeptizismus David HUMEs entwickelte "common-sense-philosophy"[223] fand PREVOSTs Aufmerksamkeit.[224] Die ursprüngliche Philosophie des "common-sense" hatte zu der Zeit, als sie von PREVOST rezipiert wurde, durch REIDs Schüler Dugald STEWART (1753-1828)[225] bereits eine Reihe von Modifikationen erfahren. Der rigorose Induktivismus REIDs, der NEWTONs berühmtes Diktum "hypotheses non fingo" zu einem methodologischen Imperativ erhoben hatte, war

---

222/ PREVOST 1805/f, I, S. 42: "Nos idées viennent de sens", S. 43: "Elles revêtent la forme de l'esprit qui les conçoit".

223/ Für eine systematische Darstellung der "common-sense-philosophy" s. GRAVE 1960. Für eine historische Darstellung s. ROBINSON 1961.

224/ Am ausführlichsten s. Christian BARTHOLMESS in Dictionnaire des sciences philosophiques, Paris 1851, S. 208-211. Alle späteren Autoren orientieren sich mehr oder weniger an BARTHOLMESS, z.B. NOACK 1879, S. 707-708.

225/ Der in Edinburgh geborene STEWART studierte an der dortigen Universität ab 1765 Mathematik und Philosophie bei Adam FERGUSON (1723-1816). 1771 ging er nach Glasgow, um seine Studien bei Thomas REID (1710-1796) fortzusetzen. 1772 übernahm er von seinem Vater die Professur für Mathematik in Edinburgh, bevor er 1785 auf den von FERGUSON für ihn freigemachten Lehrstuhl für Philosophie überwechselte. Zur Biographie s. LAURIE 1902, S. 217-232.

von STEWART durch eine gemäßigtere Haltung ersetzt worden, die der Bildung von Hypothesen eine begrenzte Rolle beim Erkenntnisgewinn zubilligte.[226]

Im Jahre 1792 unternahm STEWART eine Reise auf den Kontinent, die ihn auch über Genf führte. Dort traf er zum ersten (und wohl auch einzigen) Mal mit PREVOST zusammen.[227] In demselben Jahr erschien STEWARTs "Account of the life and writings of Adam Smith".[228] Diese philosophische Biographie über den großen schottischen Nationalökonomen war die erste seiner Schriften, die von PREVOST übersetzt wurde.[229] Das Übersetzungsprojekt gab auch den Anlaß für die Aufnahme ihrer Korrespondenz, die 1796 einsetzt.[230]

Der erste, 1792 erschienene Band der "Elements of the Philosophy of Human Mind", STEWARTs Hauptwerk, wurde von PREVOST intensiv rezipiert. Seit 1793 mit Lehraufgaben an der Académie betraut, legte er es seinen Vorlesungen zugrunde.[231] Die von PREVOST selbst verfaßten und 1805 veröffentlichten "Essais de philosophie ou étude de l'esprit humain" verraten STEWARTs Einfluß und belegen die Wertschätzung, die PREVOST seiner Philosophie entgegenbrachte: fast ein Drittel des ersten, der "analyse des facultés de l'esprit humain" gewidmeten Bandes wird von einem "Essai sur l'imagination principalement d'après M. Dugald Stewart" eingenommen.[232]

226/ Für eine differenzierte Darstellung s. OLSON 1975.

227/ Notiz von PREVOST in BPU Mss.suppl. 1052, fo. 142.

228/ STEWART stellte diese Biographie den Essays on Philosophical Subjects von SMITH voran, die er 1795 herausgab.

229/ Vgl. im bibliogr. Anhang Nr. 1797/a.

230/ In der BPU sind 24 Briefe STEWARTs aus den Jahren 1796 bis 1824: Mss.suppl. 1052, fo. 137-198. Unglücklicherweise ist der Nachlaß von STEWART zerstört worden: "Many of STEWART's papers were destroyed soon after his death (...) and most of what survived seems to have disappeared subsequently." (GRAVE 1960, Preface). Meine Recherche nach PREVOSTs Briefen in der "Library of the University of Edinburgh" verlief negativ.

231/ PREVOST in der "Préface du traducteur" zu der 1808 von ihm publizierten Übersetzung: "Il /STEWART/ m'encouragé à publier cette traduction; et j'étois impatient de le faire, non-seulement parce que j'estime l'auteur et l'ouvrage, mais encore parce que celui-ci m'a servi de guide dans une partie de mes cours." (PREVOST 1808/d, I, S. vii-viii).

232/ PREVOST 1808/d, I, S. 220-326, vgl. auch 1805/f.

Für PREVOST ist die Aufgabe des Philosophen das Studium der Natur, und zwar sowohl der Natur der Körper (d.h. Physik) als auch der Natur des menschlichen Geistes (d.h. Metaphysik). Beide Gebiete sind für ihn untrennbar miteinander verbunden, denn wie in den "sciences de fait et d'expérience" ist auch in den "sciences de raisonnement pur" die Beobachtung die primäre Quelle der Erkenntnis. Hier wie dort hat dieses methodische Vorgehen zwei Varianten, die den unterschiedlichen Gegenstandsbereichen angepaßt sind. Unmittelbarer Gegenstand des Philosophen ist das Selbst, dem er sich mit Hilfe introspektiver Reflexion (observation de soi-même) nähert. Diese rationalistisch verstandene "physique de l'âme" reicht jedoch nicht aus, neben die individuelle muß die historische Erfahrung treten ("la connaissance des observations d'autrui"). Zugang zur historischen Erfahrung gewinnt man aus dem Studium der Philosophiegeschichte, die als "Naturgeschichte des menschlichen Geistes" verstanden wird. Neben die introspektiv-analytische tritt also die historisch-eklektische Methode: "Le philosophe est le physicien de l'âme et le naturaliste de l'esprit humain."[233]

Die Analyse des "esprit humain" offenbart seine drei grundlegenden Eigenschaften: die Fähigkeit zur Empfindung (sensibilité), die Einsichtsfähigkeit (intelligence) sowie den Willen (volonté). Diese Qualitäten definieren die Gegenstandsbereiche der "philosophie rationnelle", die sich dem Studium der Sinnesempfindungen (sensation et sentiment), der Vernunftschlüsse (raison et raisonnement) sowie der Willensakte (volonté et action) zu widmen hat. Die sich hieraus konstituierenden drei Disziplinen: Psychologie, Logik und Ethik liefern die zentralen Themen für PREVOSTS philosophische Reflexionen.[234]

Die philosophischen Auffassungen PREVOSTs und STEWARTs gleichen sich weitgehend, wie sich durch einen Detailvergleich zwischen den "Elements" und den "Essais" zeigen läßt. Obwohl STEWART eher der Gebende als der Nehmende war, kann PREVOSTs Haltung aber kaum als eine schlicht rezeptive bezeichnet werden, denn ihre Auffassungen hatten eine gemeinsame historische Wurzel: die Kritik der Philosophie David HUMEs (1711-1776). War einerseits die Auseinandersetzung mit dem Skeptizismus HUMEs für Thomas REID, den Lehrer STE-

---

233/ Vgl. BARTHOLMESS II, S. 225-250.

234/ Vgl. Buch III-V in PREVOST 1805/f, I.

WARTs, der Anlaß für die Formulierung der selbstevidenten Prinzipien des "common-sense" gewesen, so war andererseits PREVOST durch die Schule Bernhard MERIANs, eines der großen kontinentalen HUME-Kritiker gegangen.[235]

Interessanter als die Parallelen sind jedoch die Differenzen zwischen den beiden Philosophen. Sie werden deutlich in der Frage nach den effizienten Ursachen. Als Vertreter der "common-sense" Philosophie vertrat STEWART, wie schon REID vor ihm, in dieser Frage eine strikt agnostische Position:[236]

> ...natural philosophers have, in modern times, wisely abandoned to metaphysicians all speculations concerning the nature of that substance of which /the material world/ is composed; (...) concerning the efficient causes of the changes which take place in it; and even concerning the reality of its existence, independent of that of percipient beings ...[237]

STEWART illustrierte seinen Standpunkt mit dem Beispiel der Gravitation: für deren Erkenntnis ist allein die korrekte mathematische Beschreibung des Phänomens relevant, die Frage nach ihrer materiellen oder immateriellen Ursache dagegen unwesentlich, weil nicht beantwortbar.[238] Sein Übersetzer mußte ihm - als Schüler LESAGEs - in diesem Punkt klar widersprechen.[239]

PREVOSTs Verdienst war es, daß STEWARTs Arbeiten auch auf dem Kontinent bekannt wurden,[240] und dies zu einer Zeit, als die wirtschaftlichen und kul-

---

235/ Vgl. Kap. 1.4.

236/ Für eine detaillierte Würdigung s. Kap. 2.1 und 6.4.

237/ Dugald STEWART: Collected Works, ed. by William HAMILTON, 10 Bde., Edinburgh 1854-1860, hier II, S. 48.

238/ STEWART an PREVOST, Paris 6. Oktober 1806 (Mss.suppl. 1052 fo. 151-181). In diesem Schreiben setzt sich STEWART ausführlich mit LESAGEs Gravitationstheorie auseinander.

239/ PREVOST 1808/d, I, S.10.

240/ So waren die Schriften STEWARTs der Madame DE STAEL vertraut. Sie urteilte in De l'Allemagne: "... les ouvrages de Dugald Stewart en particulier contiennent une théorie si parfaite des facultés intellectuelles, qu'on peut la considérer (...) comme l'histoire naturelle de l'être morale." (STAEL 1959, IV, S. 52-53). - Mme. de Staël war in Coppet im Besitz mehrerer Werke STEWARTs, eines davon mit seiner Widmung: "From her faithful and devoted admirer." (ebd. S. 52, Fußnote 4). Die Herausgeberin mutmaßt dort zu Recht: "Peut-être est-ce par lui /PREVOST/ qu'il /STEWART/ fut mis en rapport avec Mme. de Staël et renseigné sur ses oeuvres."

turellen Kontakte zwischen Großbritannien und dem Kontinent weitgehend unterbrochen waren. 1808 veröffentlichte er eine vollständige, von STEWART autorisierte (wenngleich nicht gesehene) Übersetzung des ersten Bandes der "Elements".[241] Als STEWART 1814 den zweiten Band der "Elements" vorlegte, beeilte sich PREVOST, das Werk in Auszügen den Lesern der "Bibliothèque Britannique" nahezubringen.[242] STEWART gab seiner Wertschätzung für PREVOST dadurch Ausdruck, daß er ihm die zweite Auflage seiner "Philosophical Essays" widmete, die auf dem Höhepunkt der Kontinentalsperre herauskam.[243]

PREVOSTs Bindung an die intellektuelle Tradition Schottlands erschöpfte sich nicht in der Philosophie Dugald STEWARTs. Auch bei den zahlreichen Übersetzerarbeiten bevorzugte er die Werke schottischer Autoren. PREVOST übersetzte daraus nicht nur Auszüge für die "Bibliothèque Britannique", sondern auch einige Werke in extenso, so daß sie zum Teil selbständig erscheinen konnten. Zu nennen sind an umfangreicheren Arbeiten die "Essays on Agriculture" des schottischen Agrikulturtheoretikers Benjamin BELL (1749-1806),[244] die "Principles of Moral and Political Science" des schottischen Moralphilosophen Adam FERGUSON (1723-1816),[245] die "Inquiry into the Nature and Origin of Public Wealth" des Vertreters der klassischen schottischen Nationalökonomie James Maitland LAUDERDALE (1759-1839),[246] sowie schließlich die "Essays on Philosophical Subjects" des aus Schottland gebürtigen Begründers der liberalistischen Wirtschaftstheorie Adam SMITH (1723-1790).[247]

Die in der Regel mit Einleitung bzw. kommentierenden Fußnoten versehenen Übersetzungen weisen PREVOST als ausgezeichneten Kenner der zeitgenössi-

---

241/ PREVOST sandte die Übersetzung an BIOT in Paris, der sie an LAPLACE weiterleiten ließ (BIOT an PREVOST, Dünkirchen 4. Dezember 1808, Mss.suppl. 1048, fo. 107-108).

242/ PREVOST 1815/b.

243/ STEWART Works, V, S. xiii.

244/ PREVOST 1804/o.

245/ PREVOST 1805/c.

246/ PREVOST 1804/n; 1806/f.

247/ PREVOST 1797/a.

schen schottischen Philosophie und Nationalökonomie aus.[248] Während PREVOSTs Beitrag zur Nationalökonomie hier nicht behandelt werden kann, so bleibt doch festzustellen, daß er mit seinen Übersetzungen dazu beigetragen hat, daß das noch von der physiokratischen Schule um François QUESNAY (1694-1774) geprägte ökonomische Denken auf dem Kontinent durch die liberalistische Wirtschaftstheorie des Adam SMITH abgelöst wurde.[249]

1.10 Wissenschaftler unter Napoleon, (1799-1813)

Am 18. Brumaire des Jahres VIII (9. November 1799) war NAPOLEON durch einen Staatsstreich an die Macht gelangt. Die Genfer bekamen rasch Gelegenheit, ihren neuen Herrn selbst in Augenschein zu nehmen. Mit seiner Armee auf dem Weg nach Marengo traf NAPOLEON am 9. Mai 1800 in Genf ein, wo er mit seinem Generalstab für drei Tage Quartier nahm.

PREVOST hatte zweimal Gelegenheit, den Ersten Konsul zu treffen. Am 9. Mai empfing NAPOLEON im Hause SAUSSUREs die örtlichen Autoritäten, also auch die Mitglieder der "Jury d'instruction", um sich ein Bild über die Verwaltung des Département Léman zu machen. Am Abend des folgenden Tages wurde ein Empfang in der Präfektur gegeben, zu dem auch die Vertreter der Genfer Wissenschaft eingeladen waren. "Bonaparte (...) causa longuement géologie, chimie, mathématiques, médecine et autres disciplines avec Pictet, Boissier, Prevost, Odier, Gosse et Tingry, tout l'état-major de la science genevoise."[250] Doch blieb es keineswegs bei Themen der Wissenschaft, für die NA-

---

248/ Was nicht heißen soll, daß er die englische weniger gut kannte: so übersetzte PREVOST auch den vielfach neu aufgelegte "Essay on the Principle of Population" des englischen Bevölkerungstheoretikers Thomas Robert MALTHUS (1766-1834) (PREVOST 1805/b; 1809/b) und hielt in seinen späteren Jahren brieflichen Kontakt zu dem englischen Pionier der Datenverarbeitung, Charles BABBAGE (1792-1871); vgl. dazu TUNBRIDGE 1973/b. Das von TUNBRIDGE dort als "unpublished letter from Charles BABBAGE F.R.S. to Pierre PREVOST" bezeichnete Dokument wurde allerdings schon von PREVOST selbst veröffentlicht; s. PREVOST 1832/d.

249/ Zum Vergleich der beiden Schulen s. LÜTHY 1959/b.

250/ BORGEAUD II, S. 52-53. Über die Details der Unterhaltung verrät BORGEAUD leider nichts.

POLEON bekanntermaßen sehr aufgeschlossen war.[251] Die Genfer nutzten die Gelegenheit, ihn mit Fragen zur Genfer Autonomie zu konfrontieren. Dabei nahm PREVOST offenbar kein Blatt vor den Mund: "Le Premier Consul lui causa assez longtemps, et n'eut pas l'air content de l'indépendance avec laquelle ce professeur discutait contradictoirement et sans flatterie avec lui déjà plus puissant que les rois."[252] NAPOLEON, der 1798 noch die lange republikanische Tradition Genfs gepriesen hatte, mußte jetzt die Hoffnungen auf eine Wiedergewinnung der politischen Unabhängigkeit enttäuschen, da militärische und innenpolitische Erwägungen dagegensprachen. Während es ihm wenig Mühe machte, die religiöse Eigenständigkeit der Genfer Kultur zu tolerieren, begegnete er ihrer Anglophilie mit ausgesprochenem Mißtrauen. Als er Genf am 12. Mai schließlich verließ, nahm er den Eindruck mit, "qu'on y regardait, comme nulle part en France, du côté de l'Angleterre."[253]

Das Verhältnis zwischen NAPOLEON und der ehemaligen Genfer Republik verschlechterte sich, je länger die Okkupation währte. Das Mißtrauen BONAPARTEs wuchs, als 1802 etwa fünfzig in London ansässige Genfer bei der französischen und britischen Regierung gegen den Frieden von Amiens protestierten und gleichzeitig die Wiederherstellung der Unabhängigkeit forderten. NAPOLEON, seit dem 2. Dezember 1804 Kaiser aller Franzosen, wies seinen Präfekten an "d'effacer toute trace d'indépendance dans ce coin de France."[254] Nach seiner Ansicht betrieben die Genfer systematisch Obstruktion gegen die französische Republik: "Ces Genevois (...) nous ont fait tant de mal."[255]

Die Abneigung war gegenseitig. Die ökonomische Situation Genfs verschlechterte sich rapide. Die auf der Produktion von Luxusgütern basierende Industrie der Stadt hatte unter der gegen England verhängten Handelssperre schwer zu leiden. Dazu kamen drückende Steuerlasten. Viele Genfer verließen die Stadt.

251/ Vgl. FISCHER 1986.

252/ Histoire, S. 59.

253/ BORGEAUD II, S. 54.

254/ GUERDAN 1981, S. 248.

255/ NAPOLEON an seinen Polizeiminister FOUCHE (1759-1820), Brief v. 18. April 1807, zit. n. GUERDAN 1981, S. 248.

Die Bevölkerung sank von 26.000 Einwohnern (1789) auf 21.000 (1814), also um rund 20%. Der florierende Schmuggel konnte die wirtschaftlichen Verluste, die durch die Kontinentalsperre (ab 1803) entstanden, nicht ausgleichen. NAPOLEONs Bedarf an Soldaten führte zu regelmäßigen "conscriptions". Es war dieser "impôt du sang", der die Genfer besonders aufbrachte. PREVOST gelang es rechtzeitig, seinem Sohn Alexandre-Louis einen Paß für eine Reise in die USA zu verschaffen. Zur Strafe für diesen "Entzug" mußte er eine erhebliche Sonderbesteuerung in Kauf nehmen.[256]

PREVOST wurde einer der Protagonisten des geistigen Widerstandes gegen die Napoleonische Herrschaft. Nicht nur, daß er ein Mitarbeiter der "Bibliothèque Britannique" war und mit britischen Intellektuellen in Kontakt stand, er unterhielt zudem eine freundschaftliche Beziehung zur wohl prominensten literarischen Gegenspielerin NAPOLEONs, der Madame de STAEL (1766-1817).[257] Während seiner Pariser Zeit war er bereits Gast im Salon ihrer Mutter, Suzanne NECKER-CURCHOD gewesen, wo er die begabte Tochter kennengelernt hatte.[258] 1802 von NAPOLEON aus Paris verbannt, setzte diese die von ihrer Mutter gepflegte Tradition auf dem Stammsitz der NECKERs in Coppet am Genfer See fort. Coppet wurde zu einem Treffpunkt der Genfer Intelligenz, an dem sich auch PREVOST häufiger aufhielt, denn Mme. de STAEL schätzte PREVOST als literarisch gebildeten Gesprächspartner.[259] Es bedarf kaum der Erwähnung, daß die Tendenz der dort geführten Gespräche antibonapartistischen Charakter hatte. Damit waren, wie Jean-Louis PREVOST bemerkte, die Fronten klar: "Ce n'était pas une bonne note auprès du gouvernement que d'être lié

256/ Histoire, S. 63.

257/ Anne Louise Germaine Baronne de STAEL-HOLSTEIN war die Tochter des ehemaligen französischen Finanzministers Jacques NECKER und der Schriftstellerin Suzanne NECKER-CURCHOD. Zur umfangreichen Literatur über sie s. HEROLD 1960, S. 471-479.

258/ Vgl. Kap. 1.3.

259/ "Je trouve la littérature un agréable motif pour vous voir souvent", Mme de STAEL an PREVOST, Genève 20 juillet 1800 (STAEL Correspondance IV, S. 294). Vgl. auch ihre Notiz über PREVOST in De l'Allemagne: "Cet écrivain philosophe est aussi connu en Europe qu'estimé dans sa patrie" (STAEL 1959, IV, S. 263).

avec elle; mais mon père payait ses impôts avec exactitude et ne voulait aucune faveur du tyran."[260]

Die besondere Distanz gegenüber der Herrschaft NAPOLEONs hinderte PREVOST aber nicht daran, einen engen Kontakt zum Wissenschaftsbetrieb der französischen Hauptstadt zu unterhalten. Anfang 1801 wurde er zum Korrespondenten der zweiten Klasse des "Institut National", der "Classe des Sciences Morales et Politiques", gewählt.[261] Gerade die Mitglieder dieser Zweiten Klasse waren es, die unter Bezugnahme auf die Prinzipien der Aufklärung die zunehmend autoritäre Innenpolitik des "Ersten Konsuls" zu kritisieren wagten. Kritik von Seiten dieser von ihm als "idéologues" abgestempelten Gelehrten aber war NAPOLEON ein Dorn im Auge. Daher nutzte er die 1803 durchzuführende Reform des "Institut National" dazu, die mißliebige Zweite Klasse kurzerhand aufzulösen, um den sich dort formierenden Widerstand durch Aufsplitterung zu schwächen.[262] Nach dieser "Reform", die die Mitglieder der aufgelösten Klasse auf zwei neu entstandene umverteilte, fand sich PREVOST in der Dritten Klasse, der "Classe d'Histoire et de Littérature Ancienne", wieder.[263]

Die Tatsache, daß PREVOST niemals Mitglied bzw. Korrespondent der Ersten Klasse, der "Classe des sciences physiques et mathématiques", wurde,[264] zeigt, daß ihm ein ungleich größerer Ruf als Literat und Philosoph denn als Naturwissenschaftler vorauseilte. Dies hinderte ihn jedoch nicht, enge Kontakte zu

---

260/ Histoire, S. 59.

261/ Er erhielt den Status eines "Associé non résidant de la Classe des Sciences Morales et Politiques, Section d'Analyse des Sensations et des Idées". Ernennungsurkunde, datiert vom 5 pluviose IX (25. Januar 1801) in BPU Mss.suppl. 1055/9.

262/ Zu den Hintergründen s. FISCHER 1986, S. 176-193.

263/ Vgl. FRANQUEVILLE II, S. 146. Neben der Dritten Klasse gab es die Erste, die "Classe des sciences physiques et mathématiques", die Zweite, die "Classe de la langue et de la littérature française", sowie die Vierte, die "Classe des beaux-arts".

264/ Nach der Restauration der Bourbonen, die die alte Bezeichnung der "Académie Royale" wieder einführten, wurde PREVOST 1816 "Correspondant de l'Académie des Inscriptions et Belles-Lettres"; nach der Juli-Revolution wurde er unter Louis-Philippe schließlich 1832 "Membre de l'Académie des Sciences Morales et Politiques" (Ernennungsurkunde in BPU Mss.suppl. 1055/16). Vgl. auch FRANQUEVILLE II, S. 146.

den Spitzen des Pariser Wissenschaftsestablishments zu pflegen. PREVOSTs "Mann in Paris" war Jean Baptiste BIOT (1774-1862).[265] Seit 1800 Professor für mathematische Physik am "Collège de France" und Mitglied der von BERTHOLLET begründeten "Société d'Arcueil" war BIOT eine der zentralen Figuren im Wissenschaftsbetrieb des Napoleonischen Frankreich, der von der Gruppe um Pierre Simon LAPLACE (1749-1827) und Claude Louis BERTHOLLET (1748-1822) dominiert wurde. BIOT, selbst Mitglied dieser "Laplace-Berthollet-Gruppe",[266] hielt PREVOST über die Vorgänge in der "Société d'Arcueil", im "Institut National" sowie in anderen Pariser Institutionen der Lehre und Forschung auf dem Laufenden. Ausgangspunkt ihrer intensiven, 1803 begonnenen Korrespondenz[267] war die damals aktuelle Frage nach der Natur und Herkunft der Meteorite, die sie beide in wissenschaftlichen Arbeiten behandelten.[268] Darüberhinaus verband sie das gemeinsame Interesse an der Weiterentwicklung der korpuskularen Optik NEWTONs. Zudem war BIOT erklärtermaßen kein Bonapartist, so daß PREVOST von ihm Verständnis für die mißliche politische Situation Genfs erwarten konnte.[269]

265/ Zu seiner Biographie s. FRANKEL 1972, S. 10-50; ferner CROSLAND: "Jean-Baptiste Biot", in DSB II, S. 133-140.

266/ S. dazu FOX 1974. - Für die gesellschaftliche Karriere der beiden Genannten vgl. FISCHER 1986 passim. BERTHOLLET und LAPLACE wurden während des Kaiserreichs (neben anderen Naturwissenschaftlern) mit dem Titel eines "Comte de l'Empire" belohnt (ebd., S. 298) und bezogen 1814 Einkünfte von mehr als 100.000 frcs. pro Jahr (ebd., S. 285).

267/ In der BPU sind 28 umfangreiche Briefe von BIOT an PREVOST aus den Jahren 1803 bis 1819 (Mss.suppl. 1048, fo. 98-153), die einen detaillierten Eindruck vom Wissenschaftsbetrieb in Paris vermitteln. PREVOSTs Briefe waren in Paris nicht auffindbar, sie müssen als verloren gelten. Sein Anteil an der Korrespondenz läßt sich aber thematisch aus den Absendevermerken in seinem "cahier de lettres" (BPU Ms.fr. 4737) rekonstruieren. Darüberhinaus fanden sich einige Briefkopien (BPU Mss.suppl. 1057). Vgl. auch Kap. 3.

268/ BIOT war vom Innenminister CHAPTAL beauftragt worden, eine Untersuchung des am 26. April 1803 bei Aigle (Dep. Orne) beobachteten Meteoriten durchzuführen. BIOTs Bericht, der am 18. Juli 1803 vor dem Institut National gelesen wurde, führte dazu, daß die Realität und der kosmische Ursprung der Meteoriten in Frankreich anerkannt wurde (CROSLAND 1967, S. 134). Dabei dürfte der Anteil von PREVOST nicht unerheblich gewesen sein; s. seine zahlreichen Arbeiten zu diesem Thema im bibliogr. Anhang.

269/ Die Abdankung NAPOLEONs (6. April 1814) begrüßte BIOT mit Worten, die einem Genfer wie PREVOST aus der Seele sprechen mußten: "... graces à Dieu nous sommes enfin delivré d'un esclavage qui aurait anéanti toutes les

Nach der Niederwerfung Österreichs und Preußens (1805/1806) und dem Bündnis mit ALEXANDER I. von Rußland (1807) stand NAPOLEON auf dem Gipfel seiner Macht. Er hielt den Zeitpunkt für gekommen, seine innenpolitischen Ziele ohne Rücksicht auf mögliche Widerstände durchzusetzen. Eines davon war die Zentralisierung und Vereinheitlichung des Bildungswesens: am 17. März 1808 erließ er das Dekret zur Schaffung einer gesamtfranzösischen "Université Impériale". Während BIOT durch diese Reform Professor für Astronomie an der "Faculté des Sciences" der Pariser Universität wurde, drohte PREVOST der Verlust seiner akademische Stellung.

Als Mitglied der "Jury d'instruction" hatte PREVOST dabei mitgewirkt, die Genfer Eigenständigkeit auf kulturellem Gebiet weitgehend zu wahren. So war an der Struktur der Académie, abgesehen von der von PICTET forcierten Einrichtung einer "Faculté des Sciences" (1802), nichts verändert worden.[270] Nun aber drohte Gefahr. Das Dekret sah vor, daß die Standorte der Teiluniversitäten mit denen der Appellationsgerichtshöfe identisch sein sollten. Das Appellationsgericht des Département Léman befand sich aber in Lyon. Damit drohte die Aufhebung der Genfer Académie.[271] PICTET und Augustin-Pyramus de CANDOLLE intervenierten daraufhin beim "Grand-maître de l'Université Impériale", Louis de FONTANES (1757-1821). Dieser, selbst Enkel eines nach Genf geflohenen Camisarden,[272] stellte sich hinter das Genfer Begehren. Sein Einfluß führte dazu, daß die Genfer Académie in die "Université Impériale" integriert wurde.[273]

lumières de l'Europe s'il eut duré plus longtems." (BIOT an PREVOST, 20. Dezember 1814 (reçue), BPU Mss.suppl. 1048, fo. 113-114).

270/ Zur Einrichtung der "Faculté des Sciences", die den Naturwissenschaften an der Genfer Académie endlich eine angemessene Vertretung sicherte s. BORGEAUD II, S. 69-80.

271/ GUERDAN 1981, S. 253.

272/ "Die Camisarden, militante französische Hugenotten, kamen aus den Cevennen, wo sie nach der Aufhebung des Edikts von Nantes mit großem Mut und militärischem Geschick ihren protestantischen Glauben verteidigt (...) hatten. Die meisten der überlebenden Camisarden verließen ihre Heimat, eine größere Zahl, darunter ihr Anführer Jean CAVALIER und der Prophet Elie MARON, gingen nach London." (ZEHE 1980, S. 43).

273/ BORGEAUD II, 86-112. Der "Conseil académique" stimmte am 13. Januar 1809 dem Integrationsbeschluß zu.

Die Integration erzwang eine Änderung der Akademiestruktur. Das Statut sah die Einrichtung dreier Fakultäten (Théologie réformée, Sciences, Lettres) sowie zweier "Ecoles préparatoires" (Droit, Médecine) vor. Für die "Faculté des Sciences" waren sieben Professuren vorgesehen (Astronomie, Mathématique, Physique, Minéralogie, Botanique, Zoologie, Chimie). Die Philosophie kam darunter nicht mehr vor, sie wurde der dritten Fakultät, der "Faculté des Lettres" zugeschlagen.

In dieser Abwertung der Philosophie, die damit nur noch in der Eingangsstufe der Académie, dem "Auditoire des Belles Lettres", gehört werden mußte, sah PREVOST, der designierte Inhaber des Lehrstuhls, seinen persönlichen Abstieg drohen. In einem Schreiben vom 27. Januar 1809 protestierte er bei FONTANES und bat darum, man möge ihm ersparen, wieder "die vom Collège kommenden Kinder" unterrichten zu müssen.[274] Abgesehen von der noch lebendigen Erinnerung an Disziplinschwierigkeiten im "Auditoire des Belles-Lettres" war es wohl auch die drohende Absonderung von den "sciences", die PREVOST zu dieser energischen Intervention veranlaßte.[275] Sein spezifisches Curriculum, das aus einer idiosynkratischen Mischung physikalischer und philosophischer Inhalte bestand, hätte dort keinen Platz mehr gehabt.

Die "démarche" hatte schließlich Erfolg.[276] Abweichend vom Statut der "Université Impériale" verfügte FONTANES, daß anstelle der vorgesehenen Professuren für Physik und Astronomie in Genf drei Professuren geschaffen werden sollten, nämlich je eine für "physique générale" (PREVOST), "physique

---

274/ BORGEAUD II, S. 171.

275/ Finanzielle Motive scheiden aus, da alle Professoren der "Université Impériale" ein einheitliches Gehalt von 4000 frcs. p.a. bezogen, was im übrigen dem vierfachen Jahreslohn eines Arbeiters entsprach; vgl. FISCHER 1986, S. 274.

276/ PREVOST versuchte zunächst, FONTANES unter Hinweis auf gemeinsame Jugenderlebnisse für sein Anliegen zu gewinnen (CHERBULIEZ 1839, S. 36-37). Dies allein hätte aber wohl nicht ausgereicht. So bat er gleichzeitig den einflußreichen LAPLACE, sich bei FONTANES für ihn zu verwenden (PREVOST an LAPLACE, Brief 28. April 1809, BPU Ms.fr. 4737, fo. 17-19). Ausschlaggebend war aber wohl die Intervention PICTETs, der seit September 1808 das Amt eines "Inspecteur général de l'Université Impériale" versah (PREVOST an PICTET, Dankschreiben, 17. Juni 1809, ARG dossier B5, no. 11).

expérimentale" (PICTET) und "mathématique appliquée" (MAURICE).[277] PREVOST wurde gleichzeitig Dekan der Fakultät.[278] Zusätzlich auch formal zum vollwertigen Naturwissenschaftler avanciert,[279] konnte PREVOST seine bewährte Zusammenarbeit mit PICTET fortsetzen. Für seine Vorlesungstätigkeit hatte die Strukturreform der Académie nur eine Änderung des Titels, nicht aber der Inhalte erzwungen.

1.11 "Champion des idées anciennes", (1814-1839)

Mit Ablauf des Jahres 1813 wurde Genf durch Österreichische Truppen befreit.[280] Drei Monate später besetzten die Alliierten Paris. Für die Genfer ging die Zeit der außenpolitischen Unfreiheit zuende. Um eine Wiederholung für immer auszuschließen, trat die Stadt am 1. Juni 1814 der Schweizer Eidgenossenschaft bei.[281] Auf der Ebene der Innenpolitik siegte die Restauration: bei der Reorganisation der innenpolitischen Strukturen gelang es den "nostalgiques d'Ancien Régime", die vorrevolutionären aristokratischen Zustände in einer "constitution serrée" festzuschreiben. Plebiszit und "Conseil Général" wurden abgeschafft. Souverän waren allein die 278 Mitglieder des "Conseil Repré-

277/ Jean-Frédéric Théodore MAURICE (1775-1851), HBLS IV, S. 694.

278/ "Arrêté" vom 7. Juli 1809, abgedruckt in BORGEAUD II, S. 112-113. (Urkunde in BPU Mss.suppl. 1062, fo. 164).

279/ PREVOST wurde der Titel eines "Docteur ès sciences" verliehen: "Diplôme de Docteur ès Sciences de l'Université Impériale", 10. September 1810 (BPU Mss.suppl. 1055/10).

280/ "Les Autrichiens sont entrés dans Genève" (J.Int. III, fo. 39, Eintrag vom 31. Dezember 1813). "Il y a eu très-près de Genève (en particulier à Archand) des affaires peu considérables mais chaudes, entre les François et les Autrichiens" (ebd., Eintrag vom 27. Februar 1814).

281/ Das Datum markiert den Tag der Landung der ersten Eidgenössischen Truppen am "Port Noir". Der "pact fédéral" wurde am 19. Mai 1815 in Zürich unterzeichnet. Die endgültige territoriale Gestalt des Kantons wurde erst mit dem Vertrag von Turin am 16. März 1816 geregelt. Zu dem komplizierten Integrationsprozeß s. GUERDAN 1981, S. 257-262.

sentatif", zu denen auch PREVOST gehörte.[282] Sein oratorisches Talent stellte er dort erneut in den Dienst der Sache der Konservativen.[283]

Auf der ersten Sitzung (19. Dezember 1814) plädierte der Rektor Henri BOISSIER (1762-1845) dafür, die Académie auf der Grundlage der Napoleonischen Reformen zu einer Universität auszubauen. Dieser Vorschlag stieß auf Widerstände, die von PREVOST artikuliert wurden. Er plädierte für Einrichtung einer "Commission d'éducation nationale", die unter Beachtung der ehemaligen Akademiestruktur über Verbesserungen beraten sollte: "C'était la réponse des conservateurs."[284] Am 15. Februar 1815 wurden die konkurrierenden Vorschläge an eine beratende Kommission überwiesen, deren Arbeit nur schleppend vorankam, da in ihr ein "Patt" bestand: den Befürwortern der Universitätsidee, Charles-Gaspard de la RIVE (1770-1834), BOISSIER und Marc-Auguste PICTET, standen als Gegner PREVOST und Antoine DUVILLARD (1760-1842) gegenüber, "champions decidés des idées anciennes".[285] Unterstützt wurden sie von den Initiatoren der Restauration, den "syndics" Ami LULLIN (1748-1816) und Joseph DES ARTS (1743-1827).[286] Man einigte sich schließlich auf einen Kompromiß, der vorsah, die vor 1808 gültig gewesenen Akademiestruktur wiederherzustellen und zum Ausgleich dafür zwei neue Institutionen, ein "Musée Académique" und einen neuen Lehrstuhls für Botanik und Naturgeschichte, einzurichten. Die Einrichtung des Lehrstuhls erfolgte "ad personam", d.h. für den an der Hochschule in Montpellier lehrenden Augustin-Pyramus de CANDOLLE (1778-1841). Die Idee, seinen ehemaligen Schüler durch einen eigens für ihn geschaffenen Lehr-

---

282/ Von den 278 Mitgliedern waren 28 auf Lebenszeit bestimmt. Von den restlichen 250 konnten 30 pro Jahr von 1.200 Stimmbürgern neu gewählt werden, welche ihrerseits durch Losentscheid aus der Zahl der vermögenden "citoyens" ausgewählt wurden. Diese Verfassung blieb bis 1844 in Kraft; vgl. GUERDAN 1981, S. 263-265.

283/ Für ein Lob seines Talents s. CANDOLLE 1839, S. 303.

284/ BORGEAUD III, S. 23.

285/ BORGEAUD III, S. 29. - Antoine DUVILLARD war 1798-1829 Professeur des Belles-Lettres an der Académie (HBLS II, S. 733).

286/ Joseph DES ARTS war einer der alten Chefs der Partei der "Negatifs": "Il joua un rôle prépondérant dans la préparation de la Constitution de 1814." (HBLS II, S. 660). - Ami LULLIN, "un des chefs du parti aristocratique (...), fut le plus ferme artisan de la restauration de la république." (HBLS IV, S. 606-607).

stuhl nach Genf zurückzuholen, stammte von PREVOST und war von ihm mit großer Zähigkeit verfochten worden.[287]

Der in der Kommission bereits deutlich gewordene Konflikt mit dem fortschrittlicheren PICTET blieb nicht auf universitäre Angelegenheiten beschränkt, sondern beeinträchtigte auch zunehmend die Zusammenarbeit in der Redaktion der "Bibliothèque Britannique".[288] Da der offizielle Herausgeber der Reihe "Littérature", Charles PICTET, die meiste Zeit auf diplomatischen Missionen im Ausland, u.a. auf dem Wiener Kongreß, verbrachte, fiel PREVOST fast die gesamte Arbeit zu, ohne daß er dafür von Marc-Auguste PICTET die entsprechenden Entscheidungsbefugnisse zugebilligt bekam. Der Konflikt spitzte sich im Oktober 1815 zu, wobei politische Motive im Hintergrund gestanden haben mögen. PREVOST lehnte einen Beitrag von BOISSIER, dem Advokaten der Akademiereform, ab. Daraufhin beschwerte sich Marc-Auguste PICTET bei seinem Bruder über die "anecdote du morceau de Boissier tyranniquement repoussée par Prevost" und kam zu dem Schluß: "Il devient insupportable".[289] Obwohl Charles PICTET sich später bei PREVOST entschuldigte und ihm völlige Entscheidungsfreiheit zusicherte,[290] war es für eine gütliche Beilegung des Konfliktes zu spät. PREVOST quittierte seine Mitarbeit an der Zeitschrift, deren nun anstehende Umwandlung von einem Referateblatt zu einer wissenschaftlichen Zeitschrift unter dem Titel "Bibliothèque Universelle" ohne seine Beteiligung vonstattenging.

Das Jahr 1815 brachte den endgültigen Fall NAPOLEONs.[291] Die sich auch in Frankreich anschließende politische Restauration blieb nicht ohne Folgen für

---

287/ MONNIER 1968. - De CANDOLLE hatte die ihm 1802 übertragene "chaire honoraire" für Zoologie in Genf nicht wahrnehmen können, da er auf eine Bezahlung angewiesen war. In Genf verfaßte er eine Pflanzensystematik: "Prodromus systematis naturalis regni vegetabilis", 7 Bde., 1824-1838.

288/ BICKERTON 1979, S. 263-269.

289/ M.A. PICTET, cahier de lettres IX, Eintrag vom 31. Oktober 1815, zit. n. BICKERTON 1979, S. 266.

290/ Charles PICTET an PREVOST, Paris 7. November 1815 (BPU Mss.suppl. 1051, fo. 298).

291/ Niederlage bei Belle-Alliance ("Waterloo") am 18. Juni und endgültige Abdankung am 22. Juni 1815.

den Pariser Wissenschaftsbetrieb: sie verhalf einer "neuen Generation" von Naturwissenschaftlern zu Macht und Einfluß.[292] Im Dezember 1815 wurde François ARAGO (1786-1853) Herausgeber der "Annales de chimie et de physique", der bedeutendsten wissenschaftlichen Zeitschrift in Frankreich.[293] Dieses Ereignis markiert den Beginn des Einflußverlustes der unter NAPOLEON so bedeutend gewesenen Gruppe um BERTHOLLET und LAPLACE.[294] Die zügige Veröffentlichung der Arbeiten von Außenseitern wie FOURIER und FRESNEL im ersten Jahrgang der "Annales" (1816) ist ein Indiz für die Wende hin zu einer "neuen" Physik.

Daß jetzt eine junge, positivistisch orientierte Physikergeneration in Paris den Ton angab, bekam PREVOST bald zu spüren. Zwischen 1815 und 1818 war er damit beschäftigt, die kausalmechanische Theorie der Physik zusammenzufassen und auf die neuentdeckten optischen Phänomene (chromatische Polarisation, Interferenz) anzuwenden. Die daraus entstandenen "Deux traités de physique mécanique", die 1818 erschienen, wurden in der Fachwelt reserviert bis ablehnend aufgenommen.[295] ARAGO machte aus seiner Auffassung keinen Hehl, daß eine derartige Physik angesichts des von FOURIER und FRESNEL erreichten mathematischen Niveaus nicht mehr zeitgemäß sei.[296] FRESNEL unterzog PREVOSTs Theorie einer vernichtenden Kritik, die ARAGO an PREVOST weiterleitete.[297] Die Argumente FRESNELs waren kaum zu entkräften.[298] Hatten

---

292/ Laut FOX 1974, S. 110 waren namentlich FOURIER, ARAGO, FRESNEL, DULONG und PETIT die Männer der "Revolte", die jetzt gegen den etablierten Wissenschaftsbetrieb aufmuckten.

293/ Für die vergleichsweise unabhängige politische Haltung, die ARAGO unter der Herrschaft NAPOLEONs demonstriert hatte, vgl. FISCHER 1986, S. 200 u. 219.

294/ FOX 1974, S. 136.

295/ S. die sehr kritische Besprechung in Bib.Univ. Sci.Arts 9 (1818), S. 3-25. Für Details s. Kap. 3.3.2 u. 3.3.3.

296/ Von ARAGOs Seite sind 5 Briefe (1819-1821) erhalten (BPU Mss.suppl. 1048, fo. 12-19). PREVOST hat jedoch (1817-1837) wesentlich häufiger an ARAGO geschrieben (31 Absendevermerke in BPU Ms.fr. 4738). Acht seiner Briefe (1818-1835) sind in Paris erhalten geblieben (BIF MS 2043).

297/ J.Int. III, fo. 71^{v}.

298/ Für Details s. Kap. 3.3.3.

bereits die in der analytischen Methode versierten Vertreter der Emissionstheorie (LAPLACE, BIOT, POISSON) einen zunehmend schwereren Stand,[299] so geriet PREVOST durch sein Festhalten an korpuskularen Mechanismen in die Rolle des Außenseiters.[300]

1821 begann PREVOST, nun siebzig Jahre alt, über seinen Abschied von der Académie nachzudenken, an der er fast drei Jahrzehnte tätig gewesen war.[301] Am 11. November 1822 teilte er der "Compagnie Académique" seinen Entschluß mit, von seinem Amt zurückzutreten. Daraufhin wurde eine Kommission einberufen, die über seine Nachfolge beraten sollte.[302]

PREVOSTs Demission gab den Anlaß zu einer Strukturreform. Die Verbindung von "philosophie rationnelle" mit "physique générale", die für seine Lehre so charakteristisch gewesen war, erschien angesichts der zunehmenden disziplinären Differenzierung der Wissenschaften als Anachronismus.[303] Auch war kein potentieller Nachfolger mehr in der Lage, beide Disziplinen in Personalunion zu vertreten. PREVOST selbst konnte sich dieser Einsicht kaum verschließen. Mit seiner Zustimmung beschloß die Kommission, die "philosophie rationnelle" von der "physique générale" zu trennen und die daraus resultierenden beiden Lehrstühle der "Faculté des Lettres" bzw. der "Faculté des Sciences" zuzuordnen. Gleichsam als "Entschädigung" für die Ausgliederung der Philosophie wurde der "Faculté des Sciences" eine stärkere Beteiligung an den Prüfungen zugebilligt.

299/ ARAGO sah den Sieg des neuen Paradigmas bereits nahe: "Les expériences qui seront bientôt publiées porteront je pense le dernier coup à la théorie de l'émission. Il ne restera plus alors aux ondulateurs qu'un désir à former: ce sera de voir le camp ennemi abandonné par des savans tels que MM. LAPLACE et PREVOST." (ARAGO an PREVOST, Paris 1. Juli 1821, BPU Mss.suppl. 1048, fo. 15).

300/ Er hatte von nun an Mühe, seine Arbeiten in den "Annales" unterzubringen. Für eine detaillierte Analyse s. Kapitel 3 dieser Arbeit.

301/ J.Int. III, fo. 81, Eintrag vom 13. November 1821.

302/ Ihr gehörten neben PREVOST noch der Rektor DUBY, der Theologe CELLERIER, Marc-Auguste PICTET, Augustin-Pyramus DE CANDOLLE sowie Auguste DE LA RIVE an (BORGEAUD III, S. 141).

303/ Zur disziplinären Differenzierung der Physik nach 1800 vgl. STICHWEH 1984.

Damit war eine weitere Aufwertung der Naturwissenschaftlichen Fakultät verbunden, die sich sukzessive zur "faculté maîtresse" entwickelte.[304]

Die "neue" Professur für "physique générale" wurde am 27. Oktober 1823 mit Auguste DE LA RIVE (1801-1873) besetzt.[305] In seinen Vorlesungen sollte er die "propriétés générales des corps, la théorie du mouvement uniforme et varié, celle des forces centrales, la mécanique statique et la dynamique élémentaire et les applications des mathématiques à l'optique", im Wesentlichen also die theoretische Mechanik, behandeln. Die Betonung der mathematischen Theorie im Curriculum kam nicht von ungefähr: die Art und Weise, in der PREVOST in seinen Vorlesungen die Physik behandelt hatte, war mittlerweile auch in Genf nicht mehr zeitgemäß.[306] Eine Vernachlässigung der mathematisch-analytischen Methode zugunsten korpuskular-mechanischer Spekulation war angesichts der hochentwickelten mathematischen Physik der kontinentalen Schule nicht mehr vertretbar.

Zu einer nochmaligen Umverteilung der Lehraufgaben kam es 1825, als durch den Tod von Marc-Auguste PICTET der Lehrstuhl für "physique expérimentale" vakant wurde. Auguste DE LA RIVE, dessen Stärken auf dem Gebiet der Experimentalphysik lagen, wechselte auf die freigewordene Stelle, auf der er nun die Physik unter Einschluß der Optik in ihrer ganzen Breite zu vertreten hatte. Die von ihm freigemachte Professur, "recevant l'hydrostatique, l'hydrodynamique et les diverses applications de la mécanique", wurde in eine Professur für Mechanik umgewidmet und mit George MAURICE (1799-1839) besetzt, der sich ebenfalls um PREVOSTs Nachfolge beworben hatte.[307] Damit war der Differenzierungsprozeß vollzogen, den PREVOSTs Emeritierung möglich gemacht hatte.

304/ BORGEAUD III, S. 144.

305/ Für seine wissenschaftliche Biographie s. SORET 1877.

306/ Ein detailliertes Bild vermitteln Mitschriften von Studenten: "Notes d'un cours de logique et d'un cours d'optique prises par l'étudiant Louis MICHEL en 1819-1820" (BCU IS 4006); "Cours de physique: calorique rayonnant et physique générale (1817); notes prises par Guillaume PREVOST" (BPU Ms.fr. 4766); "Notes prises au cours de philosophie, première année de Belles-Lettres (1818) par Georges PREVOST" (BPU Ms.fr. 4774).

307/ BORGEAUD III, S. 162.

Der Rückzug von seinen Lehraufgaben bedeutete für PREVOST keineswegs den Eintritt in einen inaktiven Ruhestand, sondern gab ihm vielmehr Gelegenheit, sich voll seinen noch unerledigten Projekten und der Politik zu widmen.[308] Von 1822 bis zu seinem Lebensende veröffentlichte er noch 40 Arbeiten, die nahezu ausschließlich naturwissenschaftliche Themen behandeln. Schwerpunkte dieses "Alterswerks" sind zum Einen die Weiterentwicklung der korpuskularmechanischen Theorie, zum Anderen aber auch der Versuch, mit der zeitgenössischen Entwicklung der Physik schrittzuhalten und deren zunehmend mathematisierte Theorien zumindestens interpretativ nachzuvollziehen. Dazu gehörten insbesondere die Theorie des Elektromagnetismus und die von Joseph FOURIER (1768-1830) formulierte mathematische Theorie der Wärmestrahlung.

FOURIERs Theorie fesselte PREVOSTs Interesse, da sie ein Gebiet behandelte, das ihn sein Leben lang beschäftigt hatte. Der für die "neue Physik" typische mathematische Apparat hatte ihm das Verständnis jedoch lange erschwert:

> J'éprouve un vif plaisir d'avoir enfin pleinement compris les belles explications de Fourier des phenomènes de la chaleur rayonnante. (...) Il est bien dommage que par tant d'entassement de calcul (à mon avis peu nécessaire), il m'ait donné tant de peine inutile. Il auroit bien pu (et dû) exposer ses intéressans résultats avec plus de simplicité.[309]

Die Realisierung einer zusammenfassenden Darstellung der Prinzipien der Theorie der Wärmestrahlung sollte sieben Jahre auf sich warten lassen und die Mithilfe seiner jüngeren Kollegen erforderlich machen. Nachdem Auguste DE LA RIVE es 1831 ablehnte, ein solches Werk mit PREVOST gemeinsam zu verfassen,[310] versicherte sich PREVOST der Unterstützung von George MAURICE, der wesentlich an der Fertigstellung, besonders was die mathematischen Teile betraf, beteiligt war.[311] Die Publikation[312] erfüllte PREVOST mit Genugtuung; er sah in ihr den Schlußstein seiner wissenschaftlichen Arbeit:

308/ Von 1824 bis 1829 saß er wieder im "Conseil Représentatif".

309/ J.Int. IV, fo. 13^V, Eintrag vom 9. Juni 1825.

310/ J.Int. IV, fo. 55^R, Eintrag vom 20. Dezember 1831.

311/ S. die intensive Korrespondenz von MAURICE an PREVOST (BPU Mss.suppl. 1051, fo. 21-56), davon 17 Briefe zwischen dem 9. Juni und dem 28. Juli 1832.

312/ PREVOST 1832/a.

> ... je me félicite d'être arrivé à terme, et d'avoir pu voir, avant de mourir, ce dernier écrit sur un sujet qui m'a tant occupé et sur lequel j'avois à dire ce dernier mot. Il aura l'avantage d'avoir déterminé un savant ami de Fourier à offrir une bonne rédaction de ses principes, jusqu'ici présentés d'une manière moins parfaite.[313]

Die ihm noch verbleibenden Jahre verbrachte PREVOST geistig aktiv im Kreise seiner Familie, wobei er sich den zunehmenden Gebrechen des Alters mit wissenschaftlicher Akribie annahm: "Il étudiait la lente déchéance de ses facultés physiques et même celle des ses facultés intellectuelles, avec le sang-froid d'observateur et comme s'il eût question d'un autre."[314] Aus dieser Beobachtungstätigkeit entstanden noch einige Veröffentlichungen, die sich hauptsächlich mit seinem nachlassenden Sehvermögen beschäftigen.[315]

Am 26. November 1838 erlitt PREVOST durch einen Sturz in seinem Studierzimmer einen Oberschenkelhalsbruch. Nach vier Monaten der Bettlägerigkeit stellte sich eine Lungenentzündung ein. Er starb am 8. April 1839.

1.12 Zusammenfassung

Das 18. Jahrhundert markiert für die Genfer Republik eine Epoche politischer Instabilität. Keine andere europäische Stadt war im 18. Jahrhundert so von sozio-politischer Gärung erfaßt wie Genf (BRAUN 1984). Die wiederholte Infragestellung der oligarchischen Herrschaft des Patriziats durch die von der Macht ausgeschlossenen Gruppen der Genfer Bevölkerung (Représentans, Natifs etc.) führte zu bewaffneten Konflikten (1707, 1734-38, 1762-68, 1781-82), in denen es dem Patriziat nur durch das Herbeirufen ausländischer Truppen (Kanton Bern, Frankreich) gelang, den status quo zu wahren. Die innenpolitische Instabilität gefährdete die außenpolitische Unabhängigkeit der Genfer Republik: ein vertrauter historischer Zusammenhang, der durch den 1798 erfolgenden zwangsweisen Anschluß an das revolutionäre Frankreich erneut Bestätigung fand. Angesichts der prekären Situation der Republik lag es für Patrizier nahe,

---

313/ J.Int. IV, fo. 56^V, Eintrag vom 31. Juli 1832.

314/ CANDOLLE 1839, S. 304.

315/ S. PREVOST 1832/d; 1832/e; 1833/a; 1835/b; 1836/a.

die bestehenden Machtstrukturen mit patriotischen Argumenten zu rechtfertigen: die Aufrechterhaltung der oligarchischen Struktur wurde als notwendige Voraussetzung erfolgreicher nationaler Selbstbehauptung dargestellt.

PREVOSTs Biographie ist ein Reflex dieser sozio-politischen Situation: 1751 als Sohn eines calvinistischen Klerikers, der hohe theologische Ämter bekleidete und der konservativen Partei der "négatifs" angehörte, in Genf geboren, wurde PREVOST an der dortigen Académie dazu ausgebildet, seinem Vater in das theologische Lehramt nachzufolgen. Mit dieser Perspektive unzufrieden, wandte er sich einem Studium der Rechte zu, in dem er die für die Ausübung öffentlicher Ämter notwendige Qualifikation erwarb. In Jurisdiktion und Legislative der Genfer Stadtrepublik tätig, offenbarte PREVOST - Patrizier weniger dem Vermögen als der geistigen Herkunft nach - in den Phasen von Revolution und Restauration eine patriotisch-konservative Haltung, die sich in der Abfassung politischer Flugschriften während der Revolution und Reden in der Nationalversammlung (1792-1793), seinem Widerstand gegen die Napoleonische Herrschaft (1798-1814) sowie in seiner Tätigkeit im "Conseil Représentatif" nach der Restauration (1814-1816, 1824-1829) eindrucksvoll manifestierte.

Obwohl PREVOST in Paris (1776-1780) und Berlin (1780-1784) mit den Protagonisten der französischen Aufklärung in Kontakt kam, scheint dieses Zusammentreffen kaum Einfluß auf seine politisch-philosophischen Ansichten ausgeübt zu haben: das konservative Genfer Erbe, das ausgeprägte Interesse an altphlilogischen Studien und der Kultur der Griechen blieben dominierend. Die für Genf so typische Distanz gegenüber der französischen Kultur, die während der Napoleonischen Herrschaft durch politische Oppression noch verstärkt wurde, mündete in eine ostentative Hinwendung zum Britischen: beeinflußt von der empiristischen Tradition der britischen Philosophie, die ihm während seiner Mitgliedschaft an der Berliner Akademie durch die Person des wie PREVOST aus dem protestantischen Schweizer Milieu stammenden Hans-Bernhard MERIAN zusätzlich nahegebracht wurde, kritisierte PREVOST den Skeptizismus HUMEs und orientierte sich stattdessen an der ebenfalls in Reaktion auf HUME von Thomas REID und seinen Schülern entwickelten schottischen "common-sense" Philosophie. Die Werke der intellektuellen Elite Schottlands machte PREVOST durch seine Übersetzungen ins Französische auf dem Kontinent bekannt.

Obwohl für die klassischen Karrieren eines Genfer Patriziersohnes in Theologie und Jurisprudenz ausgebildet, hatte PREVOST schon während seines Studiums Interesse an Fragen der Naturphilosophie gefunden, das er im Rahmen von Privatunterricht zu vertiefen suchte. In diesem Zusammenhang geriet er unter den Einfluß von Georges-Louis LESAGE d.J., zu dem er ein enges, partnerschaftliches Verhältnis entwickelte. Seit 1793 als Professor für "Philosophie Rationnelle" an der Genfer Académie tätig, machte sich PREVOST die Weiterentwicklung der korpuskularmechanischen Physik seines Lehrers LESAGE zur Lebensaufgabe. PREVOST verstand es allen Reformversuchen und politischen Wirren zum Trotz, seiner, die Einheit aus Moral- und Naturphilosophie, aus Physik und Metaphysik betonenden Denkweise bis zu seiner "Emeritierung" 1821 ihren angestammten Platz im Curriculum der Genfer Académie zu sichern.

Im folgenden Kapitel wird der Genese dieses für die "Genfer Schule" charakteristischen Denksystems nachzugehen sein. Dazu ist es notwendig, die Geschichte der Genfer Aufklärung, insbesondere ihre Reaktion auf die Naturphilosophie NEWTONs und deren intellektuelle Motive, im Detail zu beleuchten.

KAPITEL 2:

NEWTONS WAHRE ERBEN - ZUM WISSENSCHAFTSSTIL DER GENFER SCHULE

hypotheses non fingo

NEWTON 1713

plus ultra

LESAGE 1748

2.0 Vorbemerkung

Wie bereits einleitend angedeutet, hat sich der Begriff "Newtonianismus" als viel zu grob erwiesen, als daß er geeignet wäre, die Entwicklung der Physik im 18. Jahrhundert ausreichend differenziert zu beschreiben.[1] Indem sich nahezu alle Physiker des 18. Jahrhunderts mehr oder minder affirmativ auf NEWTON bezogen, wurde der Begriff "Newtonianismus" oder "newtonianische Methode" bis zur Inhaltsleere verwässert, so daß er heute wenig brauchbar erscheint, sofern er nicht präzisierend eingeschränkt wird. Um die unterschied-lichen Formen des affirmativen Bezugs auf NEWTON unterscheiden und verstehen zu können, wird es günstiger sein, die Entwicklung der Physik im 18. Jahrhundert unter dem Gesichtspunkt nationaler bzw. regionaler Stile zu betrachten. Im Folgenden wird es darum gehen, den Wissenschaftstil der Genfer Schule genauer zu bestimmen. Dazu ist es hilfreich, ihn dem Wissenschaftsstil der französischen Aufklärung gegenüberzustellen.

2.1 Newton als Held der Aufklärung

In der Vorrede zu seinen "Principia" sowie in den "Regulae Philosophandi" hatte NEWTON es als Aufgabe der mathematischen Philosophie bezeichnet, von den Phänomenen mathematische Gesetze zu abstrahieren. Falle deren empirische Prüfung positiv aus, so seien diese induktiv gewonnenen Prinzipien als wahr zu betrachten. Die mathematisch-formale Beschreibung der Phänomene war damit als das primäre Ziel der Naturphilosophie definiert; die Suche nach den letzten Ursachen verlor zwar nicht ihre Berechtigung, war aber gegenüber der mathematischen Theoriebildung von sekundärer Bedeutung. Allein die mathematische Theorie sollte, indem sie die "Phänomene rettete", erfolgreiche Prognosen über das Verhalten der Natur und damit ihre Umgestaltung zum Nutzen der Menschheit erlauben.

Dennoch hatte die Frage, wie die Gravitation auf eine letzte Ursache zurückgeführt werden könne, NEWTON immer wieder beschäftigt, ohne daß er eine definitive Antwort darauf finden konnte.[2] Die frühen Anhänger NEWTONs teil-

---

1/ Vgl. dazu HOME 1979 und ELKANA 1971.

ten nicht die metaphysischen Skrupel ihres Meisters.[3] Pragmatisch interpretierten sie die universale Gravitation als physikalische Realität, die durch den korrekten mathematischen Formalismus als ausreichend legitimiert zu gelten hatte. So reihte bereits Roger COTES (1682-1716) in seinem Vorwort zur zweiten Ausgabe der "Principia" (1713) die Gravitation unter die primären, d.h. nicht weiter reduzierbaren Qualitäten der Materie. Er sah es als eine inhärente Eigenschaft der Materie an, unvermittelt, also fernwirkend, beschleunigende Wirkungen auf andere Körper ausüben zu können.[4]

Zur empirischen Prüfung der aus den Prinzipien abgeleiteten Prognosen bedurfte es einer Reihe mühevoller Messungen. Als diese positiv ausfielen,[5] konnten auch eingefleischte Mechanisten zumindest nicht mehr an der prognostischen Potenz der mathematischen Prinzipien NEWTONs zweifeln. In der Euphorie, die auf diese erfolgreiche Synthese von Astronomie und Mechanik folgte, waren die "orthodoxen" Newtonianer bereit, die von NEWTON propagierte Version des Induktivismus als den spezifischen Schlüssel zu den Geheimnissen der Natur und den geeigneten Prüfstein für die Unterscheidung von wahr und falsch zu betrachten. Sein "hypotheses non fingo" wurde für den Rationalismus der Aufklärung zum Inbegriff der Newtonschen Methode und damit zum methodologischen

---

2/ S. dazu das folgende Kap. 2.2.

3/ Ein Phänomen, das DIJKSTERHUIS mit Blick auf die Schüler GALILEIs als die "Klarheit der Epigonen" bezeichnet hat: "Der Meister, der sich auf Kosten einer großen Denkanstrengung früheren Irrtümern entwunden hat, trägt vielleicht in seinem Denken, sicher aber in seiner Sprache, die Spuren dieses Kampfes stets mit sich; die Schüler aber, die er in seine neuen Einsichten eingeweiht hat, können unbeschwert von der Vergangenheit dort anfangen, wo er aufhörte, und völlig klar ausdrücken, was bei ihm noch mehr oder weniger dunkel blieb." (DIJKSTERHUIS 1956, S. 399).

4/ NEWTON 1729. The transl. revised, and suppl. with an historical and explanatory appendix, by Florian CAJORI, Berkeley 1960, S. xx-xxxiii. - In seinem Kommentar räumt CAJORI ein, daß COTES Vorwort "may have contributed to a misunderstanding of the views of Newton" , da es evident sei "that Newton was no more a believer in gravity as an innate property of bodies than was Descartes" (ebd., S. 632/633).

5/ MAUPERTUIS' Messungen der Meridianlänge in Peru (1735) und Lappland (1736) brachten den Beweis für die von NEWTON behauptete Erdabplattung. Den zweiten wichtigen Test bestand NEWTONs Theorie 1749, als es CLAIRAUT schließlich doch gelang, die Präzession des Mondapogäums allein auf der Grundlage des $1/r^2$-Gesetzes zu berechnen (HEILBRON 1979, S. 58-61).

Imperativ.[6] Die spekulativen Elemente in NEWTONs Werk, insbesondere seine Überlegungen zur Funktion des Äthers, wurden entweder schlichtweg geleugnet oder mit Stillschweigen übergangen.[7]

Das von den britischen Epigonen NEWTONs geformte Bild wurde von der französischen Aufklärung übernommen, die seine methodologischen dicta zu einer positivistischen Methodologie verdichtete.[8] Die Apotheose NEWTONs durch die "philosophes", die ihn zum Helden der Aufklärung stilisierten, verlieh ihm jenes methodologische "marble image" (HALL), das bis in unser Jahrhundert hinein fortwirkte und erst durch die Forschung der neuesten Zeit nachdrücklich als Mythos entlarvt werden konnte.[9]

Zentraler topos dieser frühpositivistischen NEWTON-Interpretation war die Forderung nach der Respektierung der angeblich von NEWTON gezogenen Grenze des Fragens, die einherging mit der Überzeugung von der Unerkennbarkeit letzter Ursachen. So betonte bereits VOLTAIRE in seinen "Lettres sur les Anglois", mit denen er die Popularisierung Newtonischen Gedankengutes in Frankreich einleitete, daß dem Leser NEWTONs nicht anderes bleibe, als die universale Gravitation als ein Faktum zu akzeptieren, dessen letzte Ursache

---

6/ Die klarste Ausprägung fand diese Auffassung durch den Begründer der schottischen Philosophie des "common-sense", Thomas REID (1710-1796). "...Reid was spokesman for many eighteenth-century writers who maintained that we can only discover law-like regularities, such as those expressed by the laws of gravitation and refraction, but cannot uncover the underlying causal mechanisms. This positivist approach to science, adopting Newtonian dynamics as its paradigm, implied the rejection of ethereal fluids...". (CANTOR 1983, S. 71). Vgl. auch Kap. 6.

7/ Vgl. dazu THACKRAY 1970, S. 30; ferner HEILBRON 1982, S. 47. - Zwar kam es um die Jahrhundertmitte in Großbritannien zu einer "Renaissance" der Newtonschen Ätherkonzepte, diese blieb aber auf Chemie und Elektrizitätslehre beschränkt; vgl. HEIMANN 1973. Für die weitgehende Verdrängung des Newtonschen Äthers sprechen auch die Schwierigkeiten, denen sich Thomas YOUNG bei dem Versuch gegenübersah, NEWTONs Ätherkonzept zur Erklärung optischer Phänomene wiederzubeleben (Kap. 3.2.1 und 3.2.4).

8/ Im Prinzip enthält D'ALEMBERTs Essai sur les éléments de philosophie (ed. par R.N. SCHWAB, Paris 1805) bereits alle Grundgedanken des von A. COMTE begründeten Positivismus; vgl. FÖRSTER 1892.

9/ HALL 1979. - Das Fortwirken des Newtonianischen Mythos in der Wissenschaftsgeschichtsschreibung untersucht AGASSI 1979.

unbekannt bleiben müsse.[10] Die Suche danach wurde als unfruchtbar aus dem Fragenkatalog der Physik verbannt, in dem, mit DIDEROT, die Frage nach dem "Warum" durch die Frage nach dem "Wie" zu ersetzen war:

> Le physicien dont la profession est d'instruire et non d'édifier, abandonnera donc le pourquoi et ne s'occupera que du comment. Le comment se tire des êtres; le pourquoi, de notre entendement; il tient à nos systèmes; il dépend du progrès de nos connaissances. Combien d'idées absurdes, de suppositions fausses, de notions chimériques dans ces hymnes que quelques défenseurs téméraires des causes finales ont osé composer à l'honneur du Créateur![11]

Der hier zum Ausdruck kommende kausale Agnostizismus, der die nachdrückliche Ablehnung physikotheologischer, auf die "causes finales" rekurrierender Argumentationsmuster implizierte,[12] sollte in der zweiten Hälfte des 18. Jahrhunderts zum Charakteristikum der vorherrschenden erkenntnistheoretischen Auffassung werden. Zusammen mit der von den kontinentalen Mathematikern entwickelten analytischen Methode bildete er, vor allem in Frankreich, die Grundlage der Produktion neuer wissenschaftlicher Erkenntnisse.

Von großem Einfluß für die Rechtfertigung dieser Methodologie war die Logik CONDILLACs.[13] Unter Bezug auf NEWTON forderte CONDILLAC eine an der Algebra orientierte Präzisierung der Wissenschaftssprache, als deren Vorbild die analytische Mathematik galt. CONDILLACs Einfluß erreichte über die nachrevolutionären Bildungsinstitutionen Frankreichs zahlreiche Naturwissenschaftler.[14]

10/ "Il /NEWTON/ l'avertit /lecteur; B.W./ (...) de se contenter de connoître , qu'il y a dans tous les corps une force centrale qui agit d'un bout de l'Univers à l'autre...". (VOLTAIRE 1735, S. 100). Im gleichen Sinne auch D'ALEMBERT in seinem Discours préliminaire de l'Encyclopédie (1751), der wohl wichtigsten programmatischen Schrift der französischen Aufklärung (hrsg. H. WIELEITNER, Heidelberg 1911, S. 82-84).

11/ DIDEROT: De l'interprétation de la nature (1754), hrsg. von Jean VARLOOT, Paris 1971, S. 98-99; Hervorhebungen von DIDEROT.

12/ Vgl. die Seitenhiebe, die VOLTAIRE in seinen Elémens de la philosophie de Neuton (1738) gegen die Physikotheologie austeilte. Für die radikalste Kritik der Physikotheologie, insbesondere ihres "argument from design", s. David HUME: Dialogues concerning Natural Religion (1779).

13/ Etienne Bonnot de CONDILLAC: La logique, ou les premiers développemens de l'art de penser, Paris 1780.

14/ ALBURY 1972.

Prominente Vertreter der frühpositivistischen Methodologie waren die Mitglieder der "Laplace-Berthollet-Gruppe", die im Wissenschaftsbetrieb des Napoleonischen Frankreich den Ton angaben.[15]

Die Prinzipien ihrer Epistemologie sind von René-Just HAÜY (1743-1822), der von LAPLACE und BERTHOLLET gleichermaßen beeinflußt war,[16] bereits 1787 treffend zusammengefaßt worden. Danach ist es nicht die Aufgabe einer Theorie, zu erklären, sondern mathematische Relationen zwischen Fakten herzustellen. Eine korrekte Theorie zeichnet sich durch ihre prognostische Potenz aus:

> Un autre avantage des théories, c'est qu'elles nous mettent à portée de déterminer d'avance, d'une manière certaine, l'effet qui doit avoir lieu, dans telle circonstance, et, par une suite nécessaire, de produire à volonté tel effet, en amenant les circonstances dont il dépend (...). Ainsi les théories (...) étendent nos vues jusques sur les résultats des opérations futures, et les soumettent même, en quelque sorte, à notre pouvoir. Nous avons (...) des points fixes auxquels nous ramenons tous les effets particuliers qui peuvent s'y rapporter, et que nous expliquons d'une manière mécanique et vraie en ce sens, que les conséquences auxquelles nous arrivons, représentent les phénomènes tels qu'ils sont.[17]

Die Physik reduziert sich also damit auf eine Reihe von metaphorischen Begriffen, die für mathematische Abstraktionen stehen. HAÜY unterstreicht damit die pragmatische Interpretation der physikalischen Wahrheit. Erkenntnis ist nicht mehr Selbstzweck, sondern vielmehr Instrument erfolgreichen Handelns. An die Stelle der als fruchtlos erkannten Suche nach den letzten Ursachen rückt das Streben nach der instrumentellen Beherrschung der Natur. Diese stellt das Ziel, aber auch die Grenze der Naturerkenntnis dar:

> En vain essayerions-nous de lever le voile qui nous cache ce qui est au-delà /des faits/: de pareilles recherches n'annonceroient qu'une imagination qui ne sait point s'arrêter; mais le génie, (...) après être parvenu, par son essor, jusqu'au plus haut point où il lui soit donné de s'élever, sait y reconnaître la borne qu'il doit respecter.[18]

15/ Zu dieser "Gruppe" oder "Schule" gehörten neben LAPLACE und BERTHOLLET, die die Problemvorgaben lieferten, MALUS, BIOT, POISSON, GAY-LUSSAC und in weiterem Sinne auch HAÜY; vgl. FOX 1974. Zur Rolle der von BERTHOLLET gegründeten "Société d'Arcueil" s. CROSLAND 1967.

16/ FOX 1974, S. 99.

17/ HAÜY 1787, S. viii-x.

18/ HAÜY 1787, S. x-xi. (Hervorhebung von mir).

Die hier bei HAÜY sichtbar werdende Verschmelzung eines kausalen Agnostizismus mit einer instrumentalistischen Erkenntnishaltung, die Hervorhebung des Verfügungsaspektes in der Zieldefinition naturwissenschaftlichen Handelns, waren typisch für die Methodologie und den Wissenschaftsstil der "neuen Physik", die sich zu Beginn des 19. Jahrhunderts von Frankreich aus auszubreiten begann.[19]

Da LAPLACE und BERTHOLLET den irreduziblen Begriff der Newtonschen Kraft in Form der "kurzreichweitigen Anziehungs- und Abstoßungskräfte" erfolgreich zum Paradigma erhoben,[20] wird ihr "Forschungsprogramm" bzw. dessen Methodologie von der Wissenschaftsgeschichtsschreibung gelegentlich mit der Newtonianischen Physik des späten 18. Jahrhunderts schlechthin gleichgesetzt. So hat etwa HEILBRON (1982) den "typischen" Newtonianer des ausgehenden 18. Jahrhunderts wie folgt charakterisiert:

> Agnosticism and its implied instrumentalism (...) are characterizing of the Newtonianizing physicists of the second half of the eighteenth century. This was the science of men who grew up familiar with attractions and repulsions and the mathematics to treat them; who disposed of more and better data than their predecessors, and lacked their epistemological sensibilities.[21]

Im Folgenden soll gezeigt werden, daß sich in der Republik Genf im 18. Jahrhundert eine Variante des "Newtonianismus" herausgebildet hatte, die diese erkenntnistheoretische Position explizit nicht teilte, sondern vielmehr auf der Notwendigkeit unbegrenzten Fragens und spekulativen Denkens beharrte. Um die Berechtigung ihres Anspruchs, ebenfalls Sachwalter des Newtonischen Erbes zu sein, beurteilen zu können, ist es notwendig, zunächst an die spekulativen Elemente des Newtonschen Denkens zu erinnern.

19/ Für die Ausbreitung der "neuen Physik" nach Großbritannien s. Kap. 5.2. u. CROSLAND/SMITH 1978. "alternative influences (...) are small in comparison to the enormous conceptual debt of British natural philosophy to French physics. (...) France was the Alma Mater of British Physics." (ebd., S. 61).

20/ Vgl. dazu FOX 1974.

21/ HEILBRON 1982, S. 63.

2.2 Spekulative Elemente der Physik Newtons

Die "Queries" der "Opticks" sind es, die das spekulative Element in NEWTONs Werk am deutlichsten hervortreten lassen. Indem NEWTON seine Hypothesen in die Frageform kleidet, unterstreicht er ihren tentativen Charakter. Zugleich formuliert er sie negativ: "Do not Bodies act upon Light at a Distance?", als ob er dem Leser die affirmative Antwort "Of course they do!" suggerieren wollte.[22] Die erste Ausgabe der "Opticks" (1704) enthält 16 "Queries", die sich ausschließlich mit den Eigenschaften des Lichts beschäftigen. Ihre Zahl erhöhte sich auf 23 in der lateinischen Ausgabe 1706 und schließlich auf 31 in der zweiten englischen Ausgabe von 1717. Die darin enthaltenen Spekulationen erstrecken sich dann auf alle Teilgebiete der "natural philosophy". Betrachtet man den Inhalt der 31 "Queries", so fällt die innere Inkonsistenz bzw. Widersprüchlichkeit der dort ausgesprochenen Vermutungen ins Auge.

Die "Queries" repräsentieren, darin ist sich die NEWTON-Forschung einig, die inneren Spannungen seines Werkes.[23] Sie verdanken ihre inhaltliche Widersprüchlichkeit einer doppelten Schwierigkeit, der sich NEWTON gegenübersah und die er nie völlig zu lösen vermochte: Sollte man annehmen, daß GOTT seine Schöpfung direkt und unvermittelt "per manum emendatricem" in Gang hielt, oder bediente GOTT sich dazu eines wie auch immer gearteten materiellen Agens? Und wenn ja, welcher Art konnte dieses Agens sein? NEWTON konnte "...unmöglich vergessen, daß Gott doch Materien und Bewegungen genug zu Gebote stehen dürften, um die Wechselwirkungen zwischen den Körpern mittelbar auf eine Weise zu leiten, die zur Zeit auch dem genialsten Physiker noch unentdeckbar bleiben mußte."[24]

Die Frage nach dem wirkungsvermittelnden Agens stellte sich am schärfsten bei der Diskussion über die Ursache der Gravitationsanziehung. NEWTON selbst lehnte es zeitlebens entschieden ab, die Gravitationsanziehung als eine primäre und unmittelbare Qualität der Materie zu betrachten.[25] Als Student in Cam-

---

22/ Vgl. THACKRAY 1970, S. 18-19.

23/ THACKRAY 1970, S. 11-12.

24/ ROSENBERGER 1895, S. 421.

bridge (1664) hatte er in Auseinandersetzung mit DESCARTES zunächst eine korpuskularkinetische Vorstellung über die Ursache der Gravitation entwickelt.[26] Nachdem er die Frage in den "Principia" (1687) unbeantwortet gelassen hatte, neigte er privatim dazu, GOTT als die unmittelbare und omnipräsente Ursache der Gravitation aufzufassen. Diese Überzeugung scheint bei NEWTON für mehr als 20 Jahre nach der Erstveröffentlichung der "Principia" vorherrschend gewesen zu sein.[27] Sie prägte auch die beiden frühen Ausgaben der "Opticks". In der Erstausgabe von 1704 macht NEWTON in den "Queries" kurzreichweitige Anziehungs- und Abstoßungskräfte für die optischen Phänomene verantwortlich, deren Wirkungsbereich er in der lateinischen Ausgabe von 1706 auch auf die chemischen Wechselwirkungen ausdehnt. Ob diese kurzreichweitigen Kräfte der Materie innewohnen oder direkt durch GOTTES Wirken verursacht werden, bleibt dort offen. In dieser Hinsicht bilden die "Opticks" von 1704 und 1706 eine konsistente Ergänzung zu den "Principia" von 1687.[28]

Bei dieser Auffassung ist NEWTON jedoch nicht geblieben; vielmehr ist er zu der in seinen frühen optischen Schriften (1672, 1675) geäußerten Ansicht zurückgekehrt, ein subtiler korpuskularer Äther sei als universales Agens optischer und chemischer Wirkungen in Betracht zu ziehen. Anlaß zu dieser Akzentverschiebung gaben aller Wahrscheinlichkeit nach die elektrischen Experimente von Francis HAUKSBEE (1706), denen NEWTON als Präsident der Royal Society beiwohnte. Da sie die Existenz eines subtilen Fluidums zu beweisen schienen, können sie NEWTON die Konzeption des Äthers wieder nahegebracht haben.[29]

25/ S. dazu die Briefe NEWTONs an BENTLEY aus den Jahren 1692-1693, in NEWTON Correspondance III, S. 233-253.

26/ S. J.E. McGuire u. M. TAMNY (eds.): Certain Philosophical Questions. Newton's Trinity Notebook, Cambridge 1983. Zur Theorie der Gravitation ebd. S. 275-292. NEWTON nahm zwei antagonistische Teilchenströme an, von denen sich der eine aufwärts, der andere abwärts bewegt. "The differences Newton proposes is that the upward stream of particles moves slowly and is of a 'grosser consistence' than the downward stream." (ebd., S. 276). "Newton does not claim that all the particles of a body are struck by the descending thinner stream, but only that <it would hit more parts of the body> than the denser ascending stream." (ebd., S. 279).

27/ McGUIRE 1968.

28/ HEILBRON 1979, S. 52-53.

29/ GUERLAC 1963. - Vgl. THACKRAY 1970, S. 28; HEILBRON 1979, S. 53.

Darüberhinaus korrespondierte die Vorstellung eines wirkungsvermittelnden Äthers mit NEWTONs chemischen und theologischen Überzeugungen, wonach GOTT zwar ständig in seiner Schöpfung "am Werke ist", wegen seines transzendentalen Charakters dazu aber eines Mittlers bedarf: dieser Mittler ist der aktivierende Geist (spirit), der im Bereich der vegetabilischen Chemie, jenem Schauplatz, wo sich GOTTES fortgesetzte Leitung der Welt am deutlichsten manifestiert, als "Sein Statthalter" auftritt und mit CHRISTUS, "GOTTES alchemischen Vizekönig" identifiziert wird.[30]

So kommt NEWTON bereits in dem "Scholium Generale", das er den "Principia" in der Ausgabe von 1713 beigab, auf eine materielle Ursache kurzreichweitiger Anziehungs- und Abstoßungskräfte zurück: "... a certain most subtle Spirit which pervades and lies hid in all gross bodies; by the force and action of which Spirit, the particles of bodies mutually attract one another at near distances, and cohere if contiguous."[31] Die Funktion des Äthers bleibt hier noch auf kurzreichweitige Kräfte (Affinität, Kohäsion, Elektrizität, Optik und physiologische Reizleitung) beschränkt; die Gravitation ist (noch) explizit ausgenommen: "... hitherto I have not been able to discover the cause of those properties of gravity from phenomena, and I frame no hypotheses."[32]

Die erneute Auseinandersetzung mit dem Äther fand in der zweiten englischen Ausgabe der "Opticks" (1717) ihren deutlichen Niederschlag. Im "Advertisement" zu dieser Ausgabe schrieb NEWTON: "... at the End of the Third Book I have added some Questions. And to shew that I do not take Gravity for an essential Property of Bodies, I have added one Question concerning its Cause, chusing to propose it by way of a Question, because <u>I am not yet satisfied about it</u> for want of Experiments."[33] Diese Passage macht dem Leser deutlich, daß die Frage nach der Ursache der Gravitation für NEWTON immer noch ein ungelöstes Problem darstellte.

30/ Betty J.T. DOBBS: Alchemische Kosmogonie und arianische Theologie bei Isaac Newton, in MEINEL 1986, S. 137-150.

31/ NEWTON 1729, II, S. 393.

32/ NEWTON 1729, II, S. 392.

33/ NEWTON 1730, S. cxxiii. (Hervorhebung von mir).

Die von NEWTON erwähnten, in dieser Ausgabe hinzugekommenen Fragen sind die berühmten "ether queries". Sie hatten ein komplettes Revirement der "Queries" erforderlich gemacht: die "Queries" 17-23 der lateinischen Ausgabe von 1706 rücken als "Queries" 25-31 ans Ende; die Lücke füllen die neuhinzugekommenen "Queries" 17-24, die den Äther behandeln.[34] Diese Reihenfolge hat NEWTON beibehalten, sie findet sich noch in der Ausgabe letzter Hand, die 1730 posthum erschien. Die "Äther-Fragen" verdienen in unserem Zusammenhang Beachtung, da dort die mechanische Ursache der Gravitation diskutiert wird.

NEWTON erörtert zunächst die Konsequenzen der Ätherhypothese für die Theorie des Lichts. Der Äther dient als Träger der von den Lichtkorpuskeln beim Eintritt in optische Medien ausgelösten longitudinalen Wellenbewegungen. Daraus werden hypothetische Erklärungen für die Interferenzerscheinungen an dünnen Schichten (Qu. 17), für Wärmestrahlung und Wärmeleitung (Qu. 18), für die Brechung (Qu. 19) sowie die Beugung des Lichts (Qu. 20) abgeleitet. Daran schließt sich die "Frage 21" an, ob der Äther nicht auch die möglichen Ursache der Gravitation sei:

> Is not this Medium much rarer within the dense Bodies of the Sun, Stars, Planets and Comets, than in the empty celestial Spaces between them ? And in passing from them to great distances, doth it not grow denser and denser perpetually, and thereby cause the gravity of those great Bodies towards one another, and of their parts towards the Bodies; every Body endeavouring to go from the denser parts of the Medium towards the rarer ? (...) And though this increase of density may at great distances be exceeding slow, yet if the elastick force of this Medium be exceeding great, it may suffice to impel Bodies from the denser parts of the Medium towards the rarer, with all that power which we call Gravity.[35]

NEWTON macht also die "elastick force" des korpuskularen Äthers für die Gravitation verantwortlich. Anschließend (Qu. 22) wird das sich daraus ergebende Problem des Reibungswiderstandes erledigt: angenommen, der Äther sei 700.000 mal elastischer und 700.000 mal dünner als die Luft, so wäre sein Widerstand 600 Mill. mal geringer als der des Wassers "and so small a resistance would scarce make any sensible alterations in the Motions of the Planets in ten thousand Years."[36] Die Existenz eines derart subtilen Äthers wird durch

---

[34]/ Zur Anordnung der "Queries" s. THACKRAY 1970, S. 22.

[35]/ NEWTON 1730, S. 350-351.

den Vergleich mit elektrischen und magnetischen Effluvia plausibel gemacht. Die Frage nach dem Wirkungsmechanismus bleibt jedoch auffallenderweise ungeklärt: NEWTON macht keinen expliziten Versuch, die Gravitationswirkung aus seiner Äther-Hypothese wirklich herzuleiten.[37] Theoretisch blieb das Problem der mechanischen Ursache der Gravitation also ungelöst.

Wie bereits im "Scholium Generale" (1713) angekündigt, soll der Äther auch die Reizleitung in den Organismen übernehmen.[38] Damit wird deutlich, welches Ziel NEWTON mit der Diskussion des Äthers letztlich verfolgte: die Komplexität der Naturerscheinungen soll reduziert werden, indem sie auf ein einheitliches Wirkungsprinzip, den Äther, zurückgeführt wird. Die Funktion der Äther-Hypothese "was to simplify Newton's world system by referring the observed diversity of forces to the unity of one <certain most subtle spirit>."[39]

Für die Neuausgabe der "Opticks" (1717) hatte NEWTON nicht nur die "Äther-Fragen" geschrieben, sondern auch die letzte Frage, die jetzt die Nummer 31 bekam, wesentlich erweitert. Sie behandelt, grob gesagt, seine Theorie der Materie. Die Entwicklung einer einheitlichen atomistischen Theorie der Materie, und besonders einer theoretischen Chemie auf der Basis mechanischer Prinzipien war eines der zentralen Anliegen NEWTONs.[40] Daß daraus keine zweiten "Principia" geworden sind, sondern nur eine Ansammlung von Spekulationen in der "Query 31", ist nicht auf geringere Anstrengungen seinerseits, sondern vielmehr auf die Komplexität des Problems zurückzuführen.[41]

36/ NEWTON 1730, S. 352-353.

37/ Marie BOAS-HALL ist der Ansicht, daß NEWTON dafür keine Notwendigkeit sah, da er die "letzte Ursache" eben doch in Gottes Wirken vermutete, s. BOAS-HALL 1979, S. 457.

38/ In den Nerven laufen Äthervibrationen von den Sinnesorganen zum Gehirn und vom Gehirn zu den motorischen Organen des Körpers (Queries 23, 24).

39/ THACKRAY 1970, S. 28.

40/ Vgl. dazu seine Schrift De natura acidorum von 1692, publ. in J. HARRIS: Lexicon Technicum: Or, an Universal English Dictionary of Arts and Sciences. London 1710, Vol. II. (Reprint in NEWTON Papers, S. 255-258).

41/ THACKRAY 1970, S. 33.

Für NEWTON ist die Materie aus letzten, d.h. nicht beobachtbaren Atomen aufgebaut: "... it seems probable to me, that God in the Beginning form'd Matter in solid, massy, hard, impenetrabel, moveable Particles...".[42] Diese elementaren Teilchen sind von unterschiedlicher Form, aber konstanter Dichte. Um daraus die Vielzahl verschiedener Stoffe erklären zu können, muß die Existenz des Vakuums vorausgesetzt werden. Körper gleichen Volumens, aber verschiedener Masse unterscheiden sich durch die Zahl der Primärteilchen, die in ihnen enthalten ist: im spezifisch schwereren Körper ist die Materie dichter gepackt. Demzufolge weist jeder Stoff eine spezifische Porosität auf, die seiner spezifischen Schwere umgekehrt proportional ist.

Die letzten, nicht beobachtbaren Primärteilchen kombinieren sich zu größeren Teilchen, diese wieder zu noch größeren usf. bis zu den größten Partikeln, die die Farben der Körper bestimmen und an den chemischen Reaktionen teilnehmen. Die Aufgabe der Chemie besteht nach NEWTON darin, möglichst tief in diese Hierarchie der "first, second, third compositions" einzudringen. Dabei müssen aber von Stufe zu Stufe (composition) stärkere Bindungskräfte überwunden werden. Die Aufgabe der (zukünftigen) Experimental-Philosophie sei es, die diese Kräfte verursachenden Agentien herauszufinden.

Deutlicher noch als die Äther-Fragen verkörpert die Materietheorie das spekulative Element in NEWTONs Werk. Während die Überlegungen zum Äther explizit als Hypothesen (Fragen) deklariert werden, und zudem empirische Befunde vorliegen, die die Existenz eines subtilen Äthers zumindest plausibel erscheinen lassen (HAUKSBEEs Experimente), spricht NEWTON in seiner Theorie der Materie über prinzipiell Nicht-Beobachtbares. Seine Überzeugung, daß materielle Objekte aus Atomen aufgebaut sind, die nicht wahrgenommen werden können, bedeutet, daß er von Dingen spricht, die jenseits möglicher Erfahrung liegen. Inwieweit aber auf der Grundlage von Beobachtungsdaten in Bezug auf das Nicht-Beobachtbare Schlüsse gezogen werden dürfen, wird von NEWTON nicht problematisiert.[43]

42/ NEWTON 1730, S. 400.

43/ Er begeht damit eben das, was der Wissenschaftstheoretiker MANDELBAUM methodologisch als "transdiction" bezeichnet hat; s.: Newton and Boyle and the Problem of "Transdiction", in MANDELBAUM 1964, S. 61-117. Vgl. dazu auch THACKRAY 1970, S. 14.

Damit rückt NEWTONs vielzitiertes Diktum "hypotheses non fingo" ins Blickfeld. Das hier ausgebreitete Material, das zu Beginn des 18. Jahrhunderts (1717) publiziert und damit rezipierbar war, belegt, daß NEWTON nicht grundsätzlich vor Spekulationen zurückschreckte.[44] Damit konnten auch einem unvoreingenommenen Betrachter des 18. Jahrhunderts angesichts des Newtonschen Oeuvres erhebliche Zweifel kommen, ob NEWTON selbst sein dictum als methodologischen Imperativ verstanden wissen wollte.[45] Daß diese Zweifel offenbar selten geäußert wurden, muß der erfolgreichen Propaganda der "aufgeklärten" orthodoxen Newtonianer zugeschrieben werden.[46]

Die "Queries" enthalten NEWTONs Auftrag an die wissenschaftliche Nachwelt. Es war sein erklärtes Ziel, mit seinen Fragen die nach ihm Kommenden zu weiterem Forschen zu ermuntern, um die skizzierten Probleme einer Lösung zuzuführen. Indem NEWTON auf jene Probleme hinweist, deren definitive Lösung ihm selbst versagt blieb, formuliert er ein Forschungsprogramm, dessen reduktionistische Intention klar hervortritt: die Vielfalt der Phänomene soll auf ein einheitliches Wirkungsprinzip zurückgeführt werden. Welche der dazu vorgestellten Hypothesen letztlich zum Ziel führt, bleibt offen.[47] Dies gilt in be-

---

44/ Hier muß erwähnt werden, daß erst die Forschung der letzten Jahrzehnte den "spekulativen NEWTON" entdeckt und sein methodologisches Diktum erheblich relativiert hat. Die Untersuchung von Newtons Handexemplaren der "Principia" sowie von frühen Entwürfen (1693) der "Opticks" "...discloses a coherent philosophy of science that differs somewhat from the one to which an army of commentators on Newton have conditioned us." (COHEN 1966, S. 181).

45/ So argumentiert bereits MANDELBAUM 1964, daß sich NEWTONs methodologisches Bekenntnis in der "Praefatio ad lectorem" ausschließlich auf die in den ersten beiden Büchern der "Principia" verwendete Methode, also nicht auf Buch III ("De mundi systemate"), bezieht und das explizite "hypotheses non fingo", das erst 1713 im "Scholium Generale" auftritt, nur als Verteidigung gegen den Vorwurf der Wiederbelebung "okkulter Qualitäten" intendiert war: "On the basis of all these considerations it would seem clear, that the dictum /hypotheses non fingo/ does not justify the view that Newton himself held to the restrictive and positivistic interpretation of scientific method which has been frequently attributed to him." (MANDELBAUM 1964, S. 71). - In gleichem Sinne auch LAUDAN: "Did he really mean to ban all hypotheses when he wrote hypotheses non fingo?" (LAUDAN 1968, S. 23).

46/ Vgl. den vorangegangenen Abschnitt 2.1.

47/ "The most he showed was a temporary conviction based on available evidence, which he honestly saw not to be wholly convincing." (BOAS-HALL 1979, S. 455). "There is an agent, Newton insisted, but whether it be material or immaterial I leave my readers to consider." (HALL 1979, S. 409).

sonderem Maße für das Problem der Gravitation. NEWTON ging aufgrund der Reibung davon aus, daß die Summe der lebendigen Kräfte im Universum nicht konstant, sondern in beständiger Abnahme begriffen ist. Da er gleichzeitig von der immerwährenden Konstanz der Planetenbahnen überzeugt war, mußte er ein "aktives Prinzip" annehmen, daß die Bewegung im Universum erhält: "Seeing therefore the variety of Motion which we find in the World is always decreasing, there is a necessity of conserving and recruiting it by active Principles, such as are the cause of Gravity...".[48] Welcher Art aber die hier angesprochenen "causes" sein sollen, wird von NEWTON nie definitiv beantwortet, sondern als ungelöstes Problem der Nachwelt hinterlassen: "These Principles I consider, not as occult Qualities (...), but as general Laws of Nature, by which the Things themselves are form'd; their Truth appearing to us by Phaenomena, though their Causes be not yet discover'd,"[49] und "I scruple not to propose the Principles of Motion (...) and leave their Causes to be found out."[50]

Indem NEWTON die mathematisch-formale Beschreibung der Phänomene als zu ihrer "Rettung" ausreichend bezeichnete, leistet er einerseits jener frühpositivistischen Interpretation seiner methodologischen dicta Vorschub, die sich im 18. Jahrhundert als die dominante erweisen sollte. Andererseits hatte er aber auch unmißverständlich klargemacht, daß die Suche nach den letzten Ursachen nicht etwa sinnlos, sondern lediglich für das von ihm verfolgte Vorhaben einer mathematisch formalen Beschreibung des Weltsystems entbehrlich sei. Dabei bestand für ihn kein Zweifel, daß die zweckmäßige und sinnvolle Einrichtung der Welt "can be the effect of nothing else than the Wisdom and Skill of a powerful everliving Agent, who being in all Places, is more able by his Will to move the Bodies within his boundless uniform Sensorium, and thereby to form and reform the Parts of the Universe...".[51] Indem NEWTON hier mit Hilfe des für das physikotheologische Denken typischen "argument from design" auf GOTT als die letzte Ursache ("First Cause"), Seine Allgegenwart im Raum und die Möglichkeit Seines jederzeitigen willentlichen Eingriffes in Seine Schöpfung

---

48/ NEWTON 1730, S. 399 (Query 31).

49/ NEWTON 1730, S. 401 (Query 31).

50/ NEWTON 1730, S. 402 (Query 31).

51/ NEWTON 1730, S. 403 (Query 31).

verweist, favorisiert er klar eine voluntaristische Deutung der Welt. Damit konnte das Newtonische Vermächtnis also auch dahingehend verstanden werden, daß die Kette der Wirkursachen zwischen der "causa proxima" und der "causa ultima" rekonstruierend zu schließen sei, wobei das Augenmerk des Physikers dem Aspekt ihrer Zweckhaftigkeit zu gelten habe.[52]

Im Spannungsfeld zwischen diesen Polen, dem von NEWTON selbst favorisierten physikotheologischen Voluntarismus auf der einen und dem von seinen Epigonen herausgekehrten deistischen Determinismus auf der anderen Seite, bewegte sich die NEWTON-Interpretation des 18. Jahrhunderts. Im Folgenden soll untersucht werden, welche Position die Genfer Aufklärung darin einnahm.

2.3 Die Newton-Rezeption in der Genfer Aufklärung

2.3.1 Spezifika der Genfer Aufklärung

Die Säkularisierung begann in Genf relativ spät. Für die dazu notwendige Emanzipation von der calvinistischen Orthodoxie war der Einfluß der Akademie von Saumur[53] von besonderer Bedeutung. Denn diese französische Akademie, welche durch die Aufnahme cartesianischen Gedankengutes in ihren Lehrbetrieb den etablierten Calvinismus schockiert hatte, war in ihrer Ausrichtung arminianisch. John CAMERON, ein schottischer Anhänger des ARMINIUS,[54] war

---

52/ Die Suche nach den "causae finales" ist also nicht von der Suche nach den "causae efficientes" zu trennen: "Es war ein Grundprinzip, das schon ARISTOTELES aufgestellt hatte (...), daß jede causa finalis eine korrespondierende causa efficiens fordert oder voraussetzt: eine Zweckursache wirkt niemals direkt a fronte, sondern immer nur in indirekter Weise, mittels einer a tergo wirkenden causa efficiens." (Anneliese MAIER: Ausgehendes Mittelalter, I (1964), S. 453.

53/ Provinzstadt zwischen Angers und Tours im heutigen Département Maine-et-Loire. Mit der Beschränkung der religiösen Freiheiten unter LUDWIG XIV. begann der Niedergang dieser calvinistischen Akademie, die mit der Aufhebung des "Edikts von Nantes" (1685) erlosch.

54/ Jakob ARMINIUS (1560-1609) war der Begründer einer als "Remonstranten" bzw. "Arminianer" bekanntgewordenen Partei in der reformierten Kirche der Niederlande. Die Arminianer verwarfen die strikte Prädestinationslehre CALVINs und hoben dagegen die Bedeutung der menschlichen Willensfreiheit und den Vorrang der Bibel vor kirchlichen Dekreten hervor. Auf der Synode von Dordrecht (1619) wurden sie aus der reformierten Kirche ausgeschlossen, ab 1630

nach Saumur gegangen und dort Nachfolger des holländischen Calvinisten GOMARUS geworden. Seitdem war Saumur der Mittelpunkt der protestantischen Aufklärung in Frankreich.[55] In Genf war dagegen seit 1674 der streng calvinistische "Consensus Helveticus" in Kraft. Aus der daraus resultierenden geistigen Unbeweglichkeit wurde die Académie durch Jean-Robert CHOUET (1642-1731) befreit, der, 1669 aus Saumur zurückgekehrt, es geschickt verstand, unter Vermeidung theologischer Konflikte den Cartesianismus im philosophischen Curriculum der Genfer Académie zu verankern.[56]

Die von CHOUET begründete Cartesianische Tradition wurde von seinen Nachfolgern an der Académie fortgeführt, die dabei allerdings nicht dogmatisch, sondern eher eklektisch vorgingen. So beschäftigte sich Antoine LEGER (1652-1719), der CHOUETs Lehrstuhl 1686 übernahm, nicht nur mit DESCARTES und seinen französischen Epigonen, sondern las auch den Atomisten und Physikotheologen Robert BOYLE (1627-1691). Dessen Schriften stießen in Genf offensichtlich auf großes Interesse: zwischen 1677 und 1699 wurden mehr als dreißig lateinische Ausgaben seiner Werke in Genf verlegt.[57]

LEGERs Schüler Jean-Antoine GAUTIER (1674-1729), der ihm 1696 auf den Lehrstuhl für Philosophie nachfolgte und ihn 27 Jahre lang innehatte, schritt in der von seinem Lehrer eingeschlagenen Richtung fort, indem er Experimente in seinen Unterricht integrierte und die Thesen DESCARTES' kritisch von seinen Schülern diskutieren ließ. Darüberhinaus plädierte er für eine Synthese philosophischer und theologischer Inhalte. Hatte CHOUET in Fragen des Glaubens noch eine strikt fideistische Haltung vertreten und es abgelehnt, die Cartesische Philosophie zur Klärung theologischer Fragen zu verwenden, wurden solche rationalistischen Tendenzen unter GAUTIER in Genf zunehmend stärker. Für GAUTIER war die Naturwissenschaft primär ein Weg zur Gotteserkenntnis, da sie die sinnhafte Konstruktion der Welt enthüllte.[58]

aber wieder geduldet. Sie gründeten Gemeinden in Holland, England und Nordamerika.

55/ TREVOR-ROPER: Die Aufklärung und ihre religiösen Ursachen, in TREVOR-ROPER 1970, S. 181-220, hier S. 196.

56/ S. dazu die umfassende Studie von HEYD 1982.

57/ HEYD 1982, S. 183.

Eine rationalistische Theologie impliziert die Anwendung rationaler Prinzipien auf theologische Fragen und damit die Integration der Naturphilosophie, zwischen deren Erkenntnissen und der geoffenbarten Wahrheit es keinen Widerspruch mehr geben kann. Zur Durchsetzung dieser Position war es notwendig, die literalistische Bibelexegese des dogmatischen Calvinismus durch die Wiederbelebung des Akkomodationsprinzips zu überwinden. Damit einher ging die Ablehnung des Voluntarismus, der eines der traditionellen Dogmen des Calvinismus gewesen war. Die uneingeschränkte Willkür GOTTES schien mit der Gesetzlichkeit der Natur unvereinbar. Im Gegenzug gewann eine deterministische Auffassung wieder an Bedeutung, wie sie bereits von dem französischen Gassendisten David DERODON (?-1664) in Genf propagiert worden war,[59] jedoch zu seiner Zeit (1663) bei der "Vênérable Compagnie des Pasteurs" auf strikte Ablehnung stieß. Nach DERODON ist GOTTES Freiheit eingeschränkt, sein Wirken beschränkt sich auf das "in die Welt setzen" von ewigen, unwandelbaren Essenzen ("Essentialismus"). Ein weiterer Schüler CHOUETs, Jean-Alphonse TURRETTINI (1671-1737), verankerte die rationalistische Theologie an der Genfer Académie. Aufgrund seiner Aktivitäten wurde der "Consensus Helveticus" 1706 aufgehoben; ein Datum, das sein Zeitgenosse Jean LECLERC (1657-1736) als den eigentlichen Beginn der Genfer Aufklärung bezeichnet hat.[60]

Mit dieser religiösen Liberalisierung begann in Genf zögernd der Aufschwung der Naturwissenschaften;[61] die gegen die Mitte des 18. Jahrhunderts schließlich, neben Theologie und Jurisprudenz, als "vocation" für Patriziersöhne anerkannt waren.[62] Die Geschichte der Genfer Aufklärung kann damit als ein Be-

---

58/ HEYD 1982, S. 72-80 u. 195-197.

59/ David DERODON: Disputatio de libertate, Genevae 1662. - DERODON versuchte auch, atomistisches Denken in Genf zu etablieren. Vgl. dazu seine Schrift Disputatio de Atomis, Authore D. Davide DERODONE, Professore Philosophiae in Collegio Regio Nemansensi (d.i. Nîmes), Editio altera auctior et locupletior, Genevae 1662.

60/ BARNES 1938. - In gleichem Sinne TREVOR-ROPER: "... wenn wir den gesellschaftlichen Hintergrund betrachten, vor dem sich dieser geistige Wandel vollzog, so entdecken wir, daß die Schweizer Aufklärung auf eine grundlegende Veränderung im Innern - auf die Niederlage der calvinistischen Kirche - folgte." (TREVOR-ROPER 1970, S. 197).

61/ Vgl. CANDOLLE 1911, S. 332.

62/ MONTANDON 1975/a.

leg für die von TREVOR-ROPER geäußerte These genommen werden, daß die calvinistischen Gesellschaften Europas nur insoweit zur Aufklärung beitrugen, wie sie sich schrittweise vom orthodoxen Calvinismus emanzipierten.[63]

Wie MERTON in seiner mittlerweile klassischen Studie über das Aufblühen der Naturwissenschaft im England des 17. Jahrhunderts gezeigt hat,[64] war es für den Etablierungsprozeß der jungen Naturwissenschaft in einer protestantischen Gesellschaft wie der englischen von zentraler Bedeutung, daß sie ihr Tun mit religiösen Argumenten legitimieren konnte. Für Anhänger der Physikotheologie wie BOYLE und NEWTON hatte die Naturwissenschaft gerade deswegen einen so hohen Stellenwert, weil sie die Macht Gottes offenbarte;[65] sie sahen den Sinn ihres naturwissenschaftlichen Handelns in erster Linie "ad majorem Dei gloriam". Diese quasi externe Legitimation begann erst in dem Maße verdrängt zu werden, wie die Wissenschaft durch die Entdeckung ihrer utilitaristischen Funktion an genuinem gesellschaftlichem Ansehen gewann.

Diese Argumentation läßt sich auf die calvinistische Genfer Republik übertragen, mit dem Unterschied, daß der die Naturwissenschaft begünstigende Säkularisierungsprozeß dort, im Vergleich zu England, mit fast einem halben Jahrhundert Verspätung begann. Daher stützte sich die Naturwissenschaft in Genf noch bis über die Mitte des 18. Jahrhunderts hinaus auf Legitimationsstrukturen, wie sie durch religiöse, d.h. physikotheologische Argumente bereitgestellt wurden. Damit blieb aber auch die NEWTON-Interpretation immer physikotheologisch und erreichte nie die Radikalität der französischen Aufklärung. Diese Radikalität, die sich in der Ablehnung metaphysischer Spekulation und der bewußten Begrenzung naturphilosophischen Fragens ausdrückte, war Voraus-

---

63/ Vgl. dagegen die Auffassung von S.F. MASON, der bereits antiautoritäre, antihierarchische Elemente im Denken CALVINs als "a certain congruity between the more abstract elements of the Protestant theologies and the theories of modern science" bewertet (MASON 1953, S. 65).

64/ Von besonderer Wichtigkeit ist darin das fünfte Kapitel u.d.T. "Motive Forces of the New Science" (MERTON 1970, S. 80-111), das in deutscher Übersetzung als "Puritanismus und Wissenschaft" erschienen ist in MERTON 1985, S. 59-85.

65/ Für BOYLEs voluntaristische Argumentationsmuster, in denen GOTT als Chemiker auftritt, s. z.B. Some Physico-Theological Considerations about the Possibility of the Resurrection, in Works 1744 (New ed. 1772, IV, S. 191-202).

setzung dafür, daß der von NEWTON gewählte Ansatz abstrakter Theoriebildung zu seiner vollen Tragfähigkeit im Rahmen einer analytischen Mechanik und Theorie des Himmels entwickelt werden konnte. Im protestantischen Genf dagegen fand NEWTON eine Aufnahme, die, da sie voller Respekt und Aufmerksamkeit für die metaphysischen Implikationen seines Werkes war, eine geringere Effizienz als in der französischen Aufklärung entfaltete.[66]

2.3.2 Der Einfluß des Nicolas Fatio de Duillier

Das Problem der letzten Ursachen stellte sich am schärfsten in Bezug auf die Frage nach der Ursache der Gravitationsanziehung, die als weiterhin ungelöst betrachtet wurde. Da die von der Genfer Schule vorgebrachten Lösungsversuche ihre Wurzeln im 17. Jahrhundert haben, ist eine kurze Rückblende notwendig.

Die Frage nach der Ursache der Schwere war bereits im 17. Jahrhundert intensiv diskutiert worden. DESCARTES hatte in seinen "Principia philosophiae" (1644) die Schwere auf die Wirkung eines Wirbels (vortex) aus subtiler Materie zurückgeführt. 1669 veranstaltete die Pariser "Académie des Sciences" eine große Debatte zu diesem Thema. Dort hatte u.a. Christiaan HUYGENS Gelegenheit, seine Theorie vorzutragen, die eine Modifikation der cartesianischen darstellte.[67] Um den allseits zentripetalen Charakter der Gravitation zu erklären nahm HUYGENS nicht einen, sondern eine Vielzahl konzentrischer Wirbel an, die die Erde in Form von Kugelschalen umgeben.[68]

66/ Vgl. Kapitel 2.1. - Damit ist m.E. auch eine Erklärung gefunden für die bei HEILBRON 1979 so erstaunlich wirkende Tatsache, daß sich jene Anhängerschaft NEWTONs, die als "impulsionnaires" gegen die Fernwirkungstheorie und den Instrumentalismus der "attractionistes" opponierte, in so auffallender Weise auf die protestantische Schweiz konzentrierte. HEILBRON nennt allerdings reichlich verkürzend nur EULER und LESAGE: "What serious opposition there was to instrumentalism among physicists centered on the Eulers, who insisted upon a mechanical account of magnetism and electricity and hoped for one for gravity, and on G.L. Lesage, who found the cause of gravity in a rain of penetrating 'supra mundane' particles." (HEILBRON 1979, S. 72/73).

67/ Bericht über die Debatte von 1669 mit Kurzreferat der vorgetragenen Theorien veröffentlicht u.d.T. "Sur la pesanteur" in HARS Paris 1 (1666-1686, publ. 1733), 63-67.

68/ HUYGENS: Discours de la cause de la pesanteur, als Anhang (SS. 125-180) zu seinem Traité de la lumière (Leyde 1690) veröffentlicht.

Mit der zunehmenden Verbreitung cartesianischen Gedankengutes begann sich allgemein die Auffassung durchzusetzen, daß die mechanische Ursache der Gravitation jener Druck sei, der von einer die Erde umkreisenden subtilen Materie auf alle Körper ausgeübt werde. Grundlage dieser Erklärung war das Impulsionsprinzip, wonach alle Kraftwirkungen auf Druck oder Stoß zurückgehen.

Mit der zeitgenössischen Diskussion über die Natur der Schwere kam der Genfer Mathematiker Nicolas FATIO DE DUILLIER (1664-1753)[69] in Berührung, als er im Frühjahr 1686 auf einer Reise nach Holland HUYGENS kennenlernte. Zwischen beiden entwickelte sich eine enge Zusammenarbeit, in deren Verlauf FATIO die Theorie HUYGENS' intensiv rezipierte. Ein Jahr später, NEWTONs "Principia" waren gerade im Druck, begab sich FATIO nach England. Da er durch seine erfolgreiche Erklärung des 1683 von CASSINI entdeckten Zodiakallichtes bereits wissenschaftlich ausgewiesen war, erhielt er schnell Kontakt zur Royal Society (FRS 1688) und damit zu NEWTON. Am 14. Juli 1688 hatte FATIO Gelegenheit, HUYGENS' Theorie der Schwere vor der "Royal Society" zu erläutern. Zwei Jahre später konnte er die Früchte seines Studiums der "Principia" präsentieren: FATIO legte der "Royal Society" eine Theorie der Gravitation vor (1690), die NEWTONs Gravitationsgesetz mechanisch deutete.[70]

FATIOs Theorie ist der erste Versuch, NEWTONs "wahres System der Welt", so wie es sich in den "Principia" darstellt, mit jener "gesunden Philosophie" DESCARTES' zu verbinden, die auf dem Impulsionsprinzip basiert. Unter dem Einfluß NEWTONs ersetzte FATIO allerdings den Plenismus DESCARTES' durch eine atomistische Konzeption der Materie. Die Gravitation sollte durch die Stöße einer fluiden Materie äußerst geringer Dichte verursacht werden, deren außerordentlich kleine Korpuskeln sich geradlinig und unterschiedslos nach allen Richtungen mit extrem hoher Geschwindigkeit bewegen. Während ein einzelner makroskopischer Körper von allen Seiten gleich stark gestoßen wird und daher keinerlei Antrieb erfährt, erzeugen zwei solcher Körper durch ihre gegenseitige Abschattung ein Ungleichgewicht in der Bilanz der Stöße, wodurch sie zusammengetrieben werden und der Eindruck wechselseitiger Anziehung erweckt wird.

69/ Zu seiner Biographie s. WOLF Biographien, III, S. 67-86.

70/ FATIOs Theorie wurde publiziert u. kommentiert von GAGNEBIN 1949. Zu Genese und Inhalt der Theorie s. ZEHE 1980.

FATIO stellte damit unmißverständlich klar, daß die Gravitation nicht eine der Materie inhärente (und damit "okkulte") Qualität ist, sondern "von außen" verursacht wird, indem Körper auf Körper qua Impulsion einwirken. Damit fügte sich die universale Gravitation in einen mechanischen Kosmos ein, dessen Körper, aus derselben Materie gebildet, sich lediglich durch Größe, Gestalt und Bewegung unterscheiden (Kinetischer Atomismus).[71]

FATIO hat seine Theorie, die er immer wieder überarbeitete, niemals drucken lassen. Zunächst plante er, sie in einer von ihm selbst kommentierten Neuauflage der "Principia" unterzubringen.[72] Nachdem sich dieses Vorhaben zerschlagen hatte, schickte er 1701 eine Abschrift an den Basler Mathematiker Jakob BERNOULLI (1655-1705), der eine Kopie davon seinem Kollegen Jakob HERMANN zugänglich machte. Dadurch wurde FATIOs Theorie zunächst in Basel bekannt.[73] Schriftliche Nachricht von FATIOs Theorie gelangte auch nach Genf. FATIOs Bruder hatte Kopien angefertigt, die er bei seinem Tod (1720) an seinen Neffen Jean-Ferdinand CALANDRINI vererbte, der sie an Gabriel CRAMER (1704-1752) weitergab.[74] Damit kann als gesichert gelten, daß FATIOs Theorie um 1730 in Genf bekannt war und diskutiert wurde.

71/ Zur Wiederbelebung der atomistischen Gedanken der Vorsokratiker von der Renaissance bis hin zu GASSENDI, HOBBES, BOYLE und NEWTON s. STÜCKELBERGER 1972. Unverzichtbar ist auch immer noch LASSWITZ 1890.

72/ ZEHE 1980, S. 27-30. NEWTON und FATIO verband ein enges, ja freundschaftliches Verhältnis, das erst 1704 zerbrach, als sich FATIO einer hugenottischen Sekte anschloß und damit seinen wissenschaftlichen und gesellschaftlichen Ruin einleitete. NEWTON hat sich FATIOs Theorie nicht zu eigen gemacht. Er plante jedoch, in einer Neuauflage der "Principia" auch auf mechanische Hypothesen über die Ursache der Schwere einzugehen, die als zusätzliche "Scholia" zum Buch III berücksichtigt werden sollten (COHEN 1982, S. 121). Dies könnte auf FATIOs Anregung und die zeitgenössische Kritik an den "Principia" zurückgehen. Zu NEWTONs Bereitschaft, auch fremde Hypothesen über die Gravitation in einer Neuauflage zu diskutieren vgl. COHEN 1966.

73/ Ihre Wirkung dort ist bis heute ungeklärt: "Die Frage, ob Jakob HERMANN durch diese Lektüre zu bestimmten Überlegungen in seiner "Phoronomia" (1716) angeregt worden sein könnte, läßt sich (...) ebensowenig beantworten wie die, ob nicht auch die Konzeption der kinetischen Gastheorie in Sectio X der "Hydrodynamica" Daniel BERNOULLIs (1738) von Vorstellungen FATIOs beeinflußt worden sein könnte - auszuschließen ist jedenfalls beides nicht." (ZEHE 1980, S. 279).

74/ ZEHE 1980, S. 279.

2.3.3 Rezeption an der Académie de Genève

An der Genfer Hochschule wurde um diese Zeit auch die Physik NEWTONs rezipiert.[75] Gabriel CRAMER bekleidete ab 1724 zusammen mit Jean-Louis CALANDRINI (1703-1758) zunächst den Lehrstuhl für Mathematik, dann (ab 1734) für Naturphilosophie an der Genfer Académie. Von Mai 1727 bis Mai 1729 unternahm CRAMER eine Studienreise, die ihn zunächst für fünf Monate zu den BERNOULLIs nach Basel führte.[76] Anschließend begab er sich nach London, Oxford und Cambridge, wo er u.a. mit SLOANE, HALLEY und DESAGULIERS zusammenkam. Im Sommer 1728 hielt er sich längere Zeit bei 'sGRAVESANDE in Leiden auf. Die Rückreise nach Genf führte über Paris, wo er u.a. MAUPERTUIS, BUFFON und CLAIRAUT kennenlernte. Die Begegnungen brachten CRAMER die Newtonsche Physik nahe; nach seiner Rückkehr nahm er sie in seine Vorlesungen auf und wurde damit, neben VOLTAIRE und MAUPERTUIS in Frankreich, zu einem ihrer ersten Verfechter auf dem Kontinent.[77] CRAMERs Kollege Jean-Louis CALANDRINI wirkte an der Genfer Ausgabe der "Principia" mit, zu der er einen Teil des umfangreichen Kommentars beisteuerte.[78]

Während NEWTONs mathematische Prinzipien in Genf und Basel auf unwidersprochene Anerkennung stießen, wurde eine kausale, mechanische Erklärung der Gravitation als Desideratum betrachtet. Der von COTES propagierte agnostische Standpunkt in Bezug auf die Kraftursachen wurde nicht geteilt. Die Annahme einer Fernwirkung stellte eine intellektuelle Zumutung dar. Wie sollten Zusammenballungen unbelebter Materie durch den leeren Raum hindurch von der An-

---

75/ Zur gleichzeitigen Rezeption in Frankreich (1713-1732) vgl. HALL 1975.

76/ CRAMER unterhielt von da ab enge Beziehungen zu den BERNOULLIs: er wurde Herausgeber der Opera Omnia von Johann BERNOULLI (Lausanne, Genève 1742) und edierte auf Johanns Bitten hin auch die Opera seines verstorbenen Bruders Jakob (Genève 1744). Von 1743 bis 1751 stand er brieflich in Kontakt mit Leonhard EULER; s. SPEZIALI 1983, S. 421-434.

77/ s. WOLF Biographien, III, S. 203-226, hier S. 211-212. In seiner Vorlesung ging er allerdings undogmatisch und eklektisch vor; so stellte er in der Optik die Systeme NEWTONs und EULERs nebeneinander; s. SPEZIALI 1983, S. 426.

78/ Philosophiae naturalis principia mathematica. Perpetuis Commentariis illustrata, communi studio P.P. Thomae Le Seur et Francisci Jacquier. 3 Vol. Genevae 1739-1742. - Laut WOLF (Biographien, III, S. 209 Fußn. 24) stammen die darin mit *) markierten Anmerkungen von CALANDRINI.

wesenheit anderer Materie wissen und sich gegenseitig zur Anziehung veranlassen? Demgegenüber bot das aus der Cartesianischen Physik überkommene Impulsions-Prinzip den Vorteil unmittelbarer Anschaulichkeit:

> Ce principe de Descartes a quelque chose de frappant, et il paroît si clair au premier abord, qu'on peut s'étonner qu'il ait contesté (...) par nos plus grands Philosophes modernes, tels que Newton, et un grand nombres d'autres que son autorité a entraînés, et qui tous ont introduit le principe de l'attraction mutuelle de la matière, existente et innée dans la matière même, et produite uniquement par la volonté immédiate et efficace de Dieu. Ce principe ne passe-t-il point notre raison? et pouvons nous concevoir que deux corps agissent l'un sur l'autre, malgré un vuide parfait qui les sépare? [79]

Hauptanliegen und vornehmste Aufgabe einer der mechanistischen Tradition verpflichteten NEWTON-Rezeption mußte es also sein, eine kausal-mechanische Theorie der Gravitation zu erstellen, die den unbezweifelbar korrekten mathematischen Formalismus der "Principia" im Sinne einer "gesunden Physik" ergänzen sollte. Während sich die Basler dazu mehr oder minder stark unmittelbar an DESCARTES orientierten und seine plenistischen Vorstellungen weiterentwickelten,[80] wurde in Genf der Plenismus DESCARTES durch eine an NEWTONs Materietheorie orientierte atomistische Konzeption der Materie ersetzt.[81] Dazu konnte an die spekulativen Elemente in NEWTONs Oeuvre, besonders seine Ätherspekulationen, sowie an FATIOs Überlegungen angeknüpft werden.

1731 ließ CRAMER von seinem Schüler Jean-Louis JALLABERT (1712-1768) eine Dissertation verteidigen, die 37 Thesen zur Gravitation enthält. Die Arbeit

---

79/ BERNOULLI, D. 1752. Im gleichen Sinne auch EULER 1752. Vgl. auch EULERs Lettres à une Princesse d'Allemagne (1768), Lettres 77-79, November 1760 (Opera Ser. 3, XI, S. 166-173).

80/ Neben EULER, der einen expliziten Neo-Cartesianismus verfocht, indem er die Schwerkraft, Elektrizität, Licht und Magnetismus auf die mechanischen Wirkungen des Äthers zurückführte, tat dies Johann BERNOULLI; s. BERNOULLI, J. 1752.

81/ In der Genfer Ausgabe der "Principia" weist CALANDRINI in einer Anmerkung zum "Scholium Generale" auf die kausal-mechanischen Spekulationen von Johann und Daniel BERNOULLI über die Ursache der Gravitation hin: "Si causae illae non sunt mechanicae, erunt praeternaturales et miraculo tribuendae; sed magnum Philosophum non decet ad miraculum recurrere, ubi alicujus phaenomeni quaeritur explicatio." CALANDRINI läßt jedoch eine gewisse Distanz zu den Basler Bemühungen erkennen, da sie ihm reichlich Cartesianisch erscheinen (NEWTON 1739-1742, III, S. 673, Fußn. g).

referiert und zitiert die wesentlichen Elemente der "Principia", um anschließend auf die Notwendigkeit einer mechanischen Erklärung der Gravitation zu verweisen.[82] Die Genfer Forderung nach einer kausalmechanischen Erklärung der Gravitation erhielt 1744 zusätzlichen Rückhalt durch das Bekanntwerden eines an Robert BOYLE gerichteten Briefes von NEWTON aus dem Jahre 1678/79, in welchem er seine Ätherspekulationen erläutert und dabei, neben optischen Phänomenen, auch die Gravitation auf eine "gradual subtilty of the parts of the Aether" zurückführt.[83] Zunächst 1744 in der Biographie BOYLEs publiziert, die Thomas BIRCH der von ihm bearbeiteten Werkausgabe vorangestellt hatte, wurde dieser NEWTON-Brief durch einen zusätzlichen Abdruck in der "Bibliothèque Raisonnée" rasch bekannt.[84] Während der Herausgeber in seinem Kommentar auf den zweifelhaften Wert der Newtonschen Spekulation ausdrücklich hinwies,[85] konnte es für Jean JALLABERT, seit 1737 selbst Professor für Mathematik und Experimentalphysik an der Genfer Académie,[86] nun keinen Zweifel mehr geben, daß NEWTON selbst die Gravitation mechanisch erklärt wissen wollte.[87]

82/ Theses Physico-Mathematicae De Gravitate, in quibus Ejus leges ex motibus caelestibus deducuntur, ac circa ejus causam Mechanicam Hypothesis eruditorum examini subjicitur; Quas DEO DANTE, sub praesidio D.D. Gabrielis CRAMER, matheseos professoris, Tueri conabitur, Johannes JALLABERTUS, Author. Genevae: Bousquet 1731. Die letzten acht Thesen beinhalten eine Kurzfassung der Theorie FATIOs, ohne daß dieser namentlich genannt wird.

83/ NEWTON an BOYLE, Brief, Cambridge 28. Februar 1678/79, publ. in Thomas BIRCH: The Life of the Honourable Robert Boyle, in BOYLE Works 1744 (New Edition, I, S. cxi-cxvii).

84/ "Lettre du Chevalier NEWTON à Mr. BOYLE", in Bibliothèque raisonnée des ouvrages des savans de l'Europe 35 (1745), 154-173.

85/ "En effet, quelqu'ingénieuses que soient ces conjectures, et quoiqu'elles ne renferment rien d'impossible, il ne paroit pas qu'elles nous instruisent beaucoup. Il en faut toujours revenir à la volonté du Créateur.", a.a.O. S. 172.

86/ JALLABERT, der 1752 Nachfolger CRAMERs wurde, hatte 1737-1739 eine ähnliche "Pilgerfahrt" zu den Newtonianern in England, Frankreich und Holland unternommen wie CRAMER zehn Jahre zuvor und dabei fast denselben Personenkreis getroffen (WOLF Biographien IV, S. 149-160, hier S. 150-151).

87/ Unter Bezugnahme auf diesen Brief NEWTONs sowie Query 19 u. 20 der "Opticks" schrieb JALLABERT: "C'est au moyen d'un fluide que Newton a essayé d'expliquer divers phenomènes, tels que sont ceux de la lumière et de la pesanteur." (JALLABERT 1748, S. 176).

2.3.4 Rezeption im Privatunterricht

Werfen wir einen Blick auf den nicht-akademischen Bereich des Genfer Bildungswesens, der, sieht man vom Unterricht am altsprachlichen "Collège Calvin" ab, aus Privatunterricht bestand. Dieser Bereich wird bei wirkungsgeschichtlichen Untersuchungen in der Regel ausgeklammert, sei es, weil man nur den akademisch-universitären Bereich überhaupt für relevant hält, sei es, weil über den Bereich des Privatunterrichts nur wenig oder gar kein Material vorliegt, das rezeptionsgeschichtliche Schlußfolgerungen zuläßt. In Bezug auf die Relevanz muß zunächst festgestellt werden, daß dem Privatunterricht in Naturwissenschaften im Genf der Frühaufklärung besondere Bedeutung zukam. Die Schüler rekrutierten sich aus den Söhnen der Patrizierfamilien, die ergänzend zum ausschließlich auf den Erwerb klassischer Sprachen ausgerichteten Unterricht am "Collège Calvin" oder "Auditoire des Belles-Lettres" auch Kenntnisse in Philosophie und Mathematik erwerben wollten. Im Zuge der mit Beginn des Jahrhunderts auch in Genf einsetzenden Säkularisierung entdeckten viele Patriziersöhne, die zunächst für die Ausübung theologischer Ämter bestimmt waren, die Naturwissenschaften als Berufung. Der Keim des Interesses dazu war in der Regel der genossene private Unterricht.[88]

Für unsere Frage nach der NEWTON-Rezeption in der Genfer Aufklärung rückt damit ein Mann ins Blickfeld, der bisher kaum das Interesse der Wissenschaftshistoriographie gefunden hat: Georges-Louis LESAGE <u>der Ältere</u> (1676-1759). Über sein Leben ist wenig bekannt, und das Wenige, das man den Nachschlagewerken entnehmen kann, ist voller Irrtümer. Gelegentlich wird er gar in der Literatur mit seinem bekannteren Sohn gleichen Namens zu einer imaginären Person verschmolzen, indem diesem auch die Schriften des Vaters zugeschrieben werden.[89] Diese Umstände lassen es gerechtfertigt erscheinen, einige Worte auf seine Biographie zu verwenden.[90]

88/ Als Beleg für die Bedeutung privaten Unterrichts läßt sich das Beispiel von G.L. LESAGE (fils) anführen, der, nolens volens in die Fußstapfen seines Vaters tretend, drei Schüler hatte, die später prominente Genfer Naturwissenschaftler wurden: P. PREVOST, Jean-André DELUC und Simon de LHUILLIER.

89/ z.B. bei ADICKES 1922.

90/ Die umfangreichste und zuverlässigste Quelle zu seinem Leben ist die Biographie seines Sohnes von P. PREVOST (PREVOST 1805/a). Zu Vater LESAGE

1676 als Sohn hugenottischer Eltern in Conches (Burgund) geboren verbrachte LESAGE die ersten acht Jahre seines Lebens in Frankreich. 1684, gerade rechtzeitig vor der Aufhebung des Edikts von Nantes, siedelte die Familie nach England über, wo der Vater, François LESAGE DE LA COLOMBIERE, drei Jahre später starb.[91] Der Tod veranlaßte LESAGEs Mutter, eine Enkelin des Hugenotten-Führers Théodore-Agrippa D'AUBIGNE, in ihre Heimatstadt Genf zurückzukehren. 1693 trat LESAGE in die Académie ein.[92] Nachdem er die Artistenfakultät absolviert hatte, begann er 1696 ein Studium der Theologie, das er jedoch, da er wegen seiner unorthodoxen Ansichten Schwierigkeiten mit den Lehrenden bekam, nicht zuendeführte. Um seinen Lebensunterhalt zu bestreiten, ging er 1700 als Privatlehrer nach England, wo er - mit Unterbrechung durch einen kurzen Aufenthalt in Holland 1705 - bis 1711 blieb.[93] Der lange Aufenthalt in England sollte seine philosophischen und politischen Überzeugungen in einer Weise prägen, die ihn nach seiner Rückkehr zu einem Avantgardisten der Genfer Aufklärung werden ließ.[94]

---

s. dort S. 3-4 und besonders S. 141-148. Für eine knappe Zusammenfassung, ebenfalls von PREVOST, s. BU XXIV (1819), S. 277-281. Auf PREVOST stützt sich auch WOLF Biographien IV, 173-176. Auf unpubliziertem Archivmaterial beruht die Studie von GÜR 1968. Dort auch weitere Details zur Biographie.

91/ Nach GÜR lebte G.L. LESAGE bereits seit 1684 in Genf bei dem Bruder seiner Mutter, dem Arzt Georges-Louis D'AUBIGNE, der sich um seine Erziehung kümmerte (GÜR 1968, S. 84).

92/ S. dazu STELLING-MICHAUD I (1959), S. 248.

93/ Von Januar 1710 bis April 1711 wirkte er als Hauslehrer auf dem Landsitz LOWTHER in der Grafschaft Westmorland (Nordwest-England). Er unterrichtete dort Charles LOWTHER, den späteren Vicomte of Lansdale und Gouverneur des Towers of London, sowie seinen Bruder Antoine. <Handschriftl. Notiz von LESAGE auf dem Vorsatz seiner Aphorismata philosophica, Londini 1711. (BPU: S 10107/1 Rés.)>.

94/ Für LESAGE bedeutete der Umstand seiner französischen Abstammung, daß ihm in Genf der Status eines "Habitanten" zukam. Die Erfahrung, einer diskriminierten Bevölkerungsmehrheit (!) anzugehören, bestimmte LESAGEs politisches Verhalten. Als 1743 sein Versuch, für seinen in Genf geborenen und als Arzt ausgebildeten Sohn das Bürgerrecht zu erreichen, das diesem erst die Berufsausübung ermöglicht hätte, mangels finanzieller Mittel scheitert, reagiert er radikal und verbittert. In den 1749 publizierten "Principes naturels des actions des hommes" übt er offene Kritik am oligarchischen Herrschaftssystem der Genfer Aristokratie und macht sich zum radikalen Anwalt für die Rechte der "Natifs". Vier Jahre später wiederholt er den Angriff in einer Abhandlung, deren Titel "L'Esprit des Loix" er in bewußter Anlehnung an die gleichnamige Schrift MONTESQIEUXs (Genf, 1748) gewählt hatte. Unter Berufung auf das Naturrecht stellt LESAGE die Privilegien des Patriziats in Frage und trat mit

Über seinen Aufenthalt in England verfaßte LESAGE einen Bericht, der, 1715 als "Remarques sur l'Angleterre" in Amsterdam gedruckt, in Hinsicht auf die affirmative Schilderung der politische Verhältnisse Großbritanniens die nahezu zwanzig Jahre später publizierten "Lettres sur les Anglois" VOLTAIREs antizipiert. Obwohl sein Interesse damals offensichtlich mehr der Politik, der Religion und der Jurisdiction der Briten galt, wird dennoch klar, daß er in Oxford mit der atomistisch-korpuskularen Philosophie BOYLEs in Berührung kam. Zudem blieb ihm nicht verborgen, daß die Physik DESCARTES dort kaum Anhänger hatte: "Ceux qui ont quitté la vieille Philosophie donnent plus dans les sentimens de Gassendi que dans ceux de Descartes, dont je n'ay jamais entendu dire du bien en Angleterre."[95]

LESAGEs physikalische Schriften waren, abgefaßt in leicht verständliche Aphorismen, für ein nicht-akademisch gebildetes Publikum bestimmt. Es ist anzunehmen, daß LESAGE, der nach seiner Rückkehr in Genf als Privatlehrer für Philosophie und Mathematik wirkte, primär an seine Schüler als Abnehmer gedacht hat. Wenngleich ihm der Zugang zur akademischen Lehre zeitlebens verwehrt blieb, so erreichte er auf diese Weise doch eine Wirkung, die nicht unterschätzt werden sollte.[96] Wie die große Zahl der Neuauflagen seiner Schriften belegt, bestand offensichtlich ein erheblicher Bedarf an elementarer naturphilosophischer Literatur. LESAGEs Schriften konnten - da sie von geringem Umfang, auf billiges Papier gedruckt, broschiert und somit wohlfeil waren - auch von nicht-privilegierten Genfern erworben werden.

Erstmals behandelt wurde die "physica" im Sinne einer allgemeinen Naturlehre in den 1711 noch in England publizierten "Aphorismata Philosophiae". Noch im

---

Nachdruck für die Aufhebung der politischen Diskriminierung der "Habitans" und "Natifs" ein. Die Reaktion des Genfer Establishments war entsprechend: Der "Petit Conseil" befand, die Schrift enthalte "des maximes dangereuses contre la Religion et le Gouvernement" (AEG, RC 252, S. 85, zit. n. GÜR 1968, S. 77). LESAGE wurde zum Verhör vor die Syndics zitiert. Unter Androhung persönlicher Bestrafung mußte er schriftlich versprechen, in Zukunft von der Äußerung und Verbreitung aufrührerischen Gedankenguts Abstand zu nehmen. Seine Schrift wurde eingezogen und 1752 öffentlich verbrannt. Sie erlitt damit das Schicksal, das zehn Jahre später an gleicher Stelle dem "Contrat Social" ROUSSEAUs widerfuhr. (s. GÜR 1968).

95/ LESAGE: Remarques sur l'Angleterre, faites par un voyageur dans les années 1710 et 1711, Amsterdam 1715, S. 75-76.

96/ Sein prominentester Schüler war sein Sohn, G.-L. LESAGE d.J..

gleichen Jahr in Genf in erweiterter Form und französischer Übersetzung als "Cours abrége de philosophie" gedruckt, erlebte das Werkchen insgesamt sechs Auflagen (lat. 1711, 1713-1715, 1721; franz. 1711, 1718, 1728). Dabei schwoll die Zahl der physikalischen Aphorismen ständig an, so daß schließlich eine Abspaltung der Physik in einen separaten Traktat sinnvoll wurde. Dieser "Cours abrége de physique" erlebte zwei Auflagen, zuerst 1732, und mit einem Anhang "Additions et Corrections" versehen, nochmals 1739. LESAGE war offensichtlich darum bemüht, seine Schüler mit der aktuellen Entwicklung der Physik schritthalten zu lassen. Verteilt über einen Zeitraum von 28 Jahren (1711-1739) hat er es acht mal unternommen, die Physik für die Genfer aufzubereiten.[97]

In der Ausgabe des "Cours de Philosophie" von 1711, in dem die "Physik" 257 Aphorismen (95 SS.) umfaßt, hält sich LESAGE noch weitgehend an die traditionelle Physik. Das Licht ist für ihn eine Zitterbewegung (tremblement) der ubiquitären "matière celeste". Diese soll auch die mechanische Ursache der Massenanziehung sein. Denn diese (attraction) sei nur eine pragmatische Sprachkonvention. Eine physikalische Erklärung müsse dagegen auf das Impulsionsprinzip zurückgreifen. Obwohl - wie LESAGE einräumt - damit nicht alle Fragen in Bezug auf das Gewicht geklärt werden können, müsse man davon ausgehen, daß das Gewicht durch die Stöße einer "matière subtile" verursacht werde. Die Schwierigkeiten der Cartesianischen Hypothese werden aber nicht verschwiegen: "tout cela est contraire à l'expérience."[98] Offensichtlich ist für LESAGE zu diesem Zeitpunkt der Glaube an das Cartesianische Weltsystem bereits erschüttert, wenngleich sich noch keine brauchbare Alternative findet.

Diese beginnt sich sieben Jahre später abzuzeichnen. In der Ausgabe von 1718 umfaßt die "Physik" nunmehr 349 Aphorismen (156 SS.), aus denen hervorgeht, daß LESAGE zwischenzeitlich NEWTONs Schriften rezipiert hat. Zwar scheint er in Bezug auf die Natur des Lichts an seiner 1711 gegebenen Erklärung wörtlich festzuhalten. Diese wird jedoch wenige Seiten weiter in Frage ge-

---

97/ LESAGEs Wunsch war es, so eine handschriftliche Notiz in seinem Nachlaß, sein Werk in regelmäßigen Abständen der Entwicklung anzupassen: "Une Dame de Qualité ordonna par son Testament que l'on fit son Portrait tous les dix ans habillé à la Mode du Tems. Si j'étois riche j'ordonnerois que l'on fit la même Chose pour mon Cours de Physique tous le vint ans." (BPU Ms. fr. 2061, S. ix).

98/ LESAGE (p) 1711, S. 100.

stellt. NEWTONs optisches "experimentum crucis" scheint ihm nämlich zu beweisen, "que la lumière est plûtôt une enmuation (sic) du corps lumineux, qu'une impulsion de la matière celeste."[99] Darüberhinaus teilt er NEWTONs Standpunkt in Bezug auf die Erdgestalt.[100] Während hier der Einfluß der Newtonschen Physik bereits deutlich wird, indem es LESAGE für notwendig befindet, NEWTONs Positionen sachlich darzustellen, so bleibt er in Hinsicht auf die Gravitationanziehung kompromißlos: an der Ablehnung der "attraction" wird festgehalten; stattdessen wird versucht, die Massenanziehung mit Hilfe der Huygenschen Theorie verständlich zu machen.[101] Außer mit diesem Theorienpluralismus überrascht LESAGE den Leser nun mit einem expliziten Bekenntnis zum Atomismus: unter Bezug auf DEMOKRIT und EPIKUR erklärt er die Atomhypothese als die geeignetste zur Erklärung der Eigenschaften der Materie.[102] Zahlreiche LUKREZ-Zitate in den Fußnoten dienen LESAGE darüberhinaus zum Beleg dafür, daß der antike Atomismus die Erklärung einer Reihe von Phänomenen vorweggenommen hat.[103]

Hatte sich 1718 bereits abgezeichnet, daß für LESAGE die Newtonsche Optik eine ernsthafte Alternative darstellte, so dauerte es nicht mehr lange, bis er den "Paradigmenwechsel" vollzog: 1729 veröffentlichte er "De la lumière (...) suivant les principes du chevalier Newton". Diese kleine, in 50 Aphorismen (34 SS.) gegliederte Schrift war eine Neubearbeitung des optischen Teils seines "Cours abrégé de Philosophie". Sie bedeutete für LESAGE die Wende zur Newtonschen Physik, allerdings zunächst nur auf dem Gebiet der Optik. Denn die Optik, nicht etwa die Theorie der Gravitation, war für ihn "la partie la plus achévée de la nouvelle Philosophie".[104] LESAGEs Schriftchen ist insofern von besonderer Bedeutung, als es die erste populäre Exposition der Newtonschen Optik in französischer Sprache darstellt. Sieht man von der Übersetzung

---

99/ LESAGE (p) 1718, S. 106.

100/ LESAGE (p) 1718, S. 139.

101/ LESAGE (p) 1718, S. 123.

102/ LESAGE (p) 1718, S. 132.

103/ LUKREZ gehörte zu LESAGEs bevorzugter Lektüre, die er früh seinem Sohn nahebrachte; s. PREVOST 1805/a, S. 149.

104/ LESAGE (p) 1729, S. 8.

der "Opticks" durch Pierre COSTE ab (1720), so ist LESAGEs Schrift die erste französisch-sprachige Darstellung Newtonscher Optik überhaupt. LESAGE kam damit VOLTAIRE, der mit seinen 1734 publizierten "Lettres sur les Anglois" die kontroverse Diskussion um die Physik NEWTONs in Frankreich auslösen sollte, um fünf Jahre zuvor.[105]

Die Schrift zur Newtonschen Optik wurde von LESAGE 1732 in den "Cours abrége de Physique" übernommen, der nunmehr bereits 474 Aphorismen (268 SS.) umfaßte. Dieser gewaltig gewachsene Umfang (72 % mehr Text als 1718) erklärt sich nicht allein aus der detaillierten Behandlung der Optik, sondern auch daraus, daß LESAGE ein umfangreiches Kapitel unter dem Titel "De l'Attraction mutuelle des Corps" hinzugefügt hatte.[106] In diesem Kapitel behandelt er die atomistische Materietheorie NEWTONs. Obwohl NEWTON hier nicht explizit genannt wird, ist allein schon aus der verwendeten Terminologie (LESAGE spricht von "composition première") klar, daß er inzwischen auch NEWTONs Materietheorie, so wie sie 1710 als "De natura acidorum" publiziert worden war,[107] positiv rezipiert hatte. LESAGE geht davon aus, daß es zusätzlich zur Gravitation Kräfte zwischen den Materieteilchen gibt, die stärker als inversquadratisch mit dem Abstand abfallen (z.B. mit $1/r^3$). Bei sehr kleinen Distanzen zwischen den Materieteilchen (Atomen) wird dieser Kraft daher sehr viel größer als die gewöhnliche Massenanziehung. Unter dieser Annahme sowie unter Zugrundelegung der atomistischen, d.h. korpuskularen Struktur der Materie versucht LESAGE eine Erklärung von Kohäsion (§ 238), Elastizität (§ 241) und plastischer Verformung (§ 242). Da nicht nur der Abstand und die Masse der Teilchen, sondern auch ihre Gestalt (figure) Einfluß auf die Stärke der Kraft haben sollen, ergibt sich aus der Annahme unterschiedlicher Atomgestalten die Möglichkeit der Erklärung von Suspension, Dissolution von Salzen, Precipitation, Kristallisation, Diffusion sowie der elektrischen Attraktion.

105/ Entsprechend negativ fiel eine Besprechung von LESAGEs Werk im Journal de Trévoux aus. Es heißt dort: "Jamais hypothèse n'a été plus pleine de suppositions inexpliquables, n'a été plus hypothèse que celle-là. Le plus inconcevable c'est que les Newtoniens croyent prendre tout cela des mains de la nature, comme des faits et de pures expériences." (Journal de Trévoux 29 (1729), 1467-1471, hier S. 1471).

106/ LESAGE (p) 1732, S. 99-108 (§§ 229-259).

107/ NEWTON 1692 (Reprint in NEWTON Papers, S. 255-258).

LESAGE macht sich damit jenes reduktionistische Programm zu eigen, das NEWTON in Query 31 der "Opticks" (1717) erstmalig formuliert hatte und dessen Ziel es war, alle Phänomene der Natur auf Anziehungskräfte nach dem Modell der Gravitation zurückzuführen. LESAGE läßt jedoch auch in dieser Ausgabe, die 1739 noch einmal unverändert nachgedruckt wurde, keinen Zweifel daran, daß die Gravitation selbst mechanisch, d.h. auf der Grundlage des Impulsionsprinzips erklärt werden müsse und daß diese mechanische Erklärung sich in den Rahmen der Metaphysik zu fügen habe. Folgerichtig schließt er seinen "Cours abrégé de Physique" mit einem Hinweis auf die "causes finales":

> Quoi que la connoissance des causes finales, contente moins un esprit curieux, que celles des causes Physiques; cependant, elle est beaucoup plus utile, en ce qu'elle nous donne plus occasion d'admirer la bonté et la sagesse du Créateur.[108]

Dieses Bekenntnis zur Physikotheologie kann als das Credo der Genfer Aufklärung aufgefaßt werden; es sollte für das Physikverständnis der Genfer bis zum Ende des 18. Jahrhunderts bestimmend bleiben.[109]

2.4 Die Naturphilosophie des G.-L. LESAGE d.J.

2.4.1 Die Theorie der Gravitation

Die geschilderten Elemente der Genfer NEWTON-Rezeption beeinflußten sämtlich jenen Mann, in dessen Naturphilosophie der Genfer Wissenschaftsstil seinen deutlichsten und folgenreichsten Ausdruck finden sollte: Georges-Louis LESAGE d.J. (1724-1803). Er genoß zunächst den Unterricht seines gleichnamigen Vaters und studierte anschließend an der Genfer Académie. Es ist anzunehmen, daß er schon während seines Studiums der Naturphilosophie in Genf, Basel und Paris mit der Idee einer korpuskular-mechanischen Theorie der Gravitation in Berührung gekommen ist, da er in Genf bei Gabriel CRAMER und in Basel bei Daniel BERNOULLI Vorlesungen gehört hat.[110] Nach eigener Aussage kam ihm

---

108/ LESAGE (p) 1739, S. 265 (§ 474).

109/ So hatte der Deist VOLTAIRE zeitlebens zu Genfer Naturwissenschaftlern ein gespanntes Verhältnis, da er deren physikotheologische Neigungen (besonders die von Charles BONNET) mit Spott bedachte. Vgl. GABEREL 1857, 134-142.

110/ Zur Biographie von LESAGE d.J. vgl. Kap. 1.2.

die Lösung des Gravitationsproblems erst während seines Studiums in Paris (1746) in den Sinn.[111] Es ist nicht zu übersehen, daß LESAGEs Überlegungen denen FATIOs sehr ähnlich sind, weshalb LESAGE sich auch zeitlebens bemühen mußte, den Verdacht des Plagiats von sich zu weisen.

Fest steht, daß LESAGE bei der ersten Abfassung seiner Theorie in einem "Essai sur l'origine des forces mortes" (1748) die Dissertation von CRAMER/JALLABERT bekannt war. LESAGEs Essai blieb ungedruckt; das Manuskript ist nicht erhalten.[112] Zehn Jahre später gab sich erneut Gelegenheit, an einem Preiswettbewerb teilzunehmen: LESAGE reichte einen "Essai de Chymie Méchanique" bei der Académie in Rouën ein, der preisgekrönt wurde.[113] Darin findet sich auch ein Abriß seiner Gravitationstheorie.[114] Das Werk wurde zwar gedruckt, aber nicht über den Buchhandel vertrieben. LESAGE sandte es lediglich an Freunde zur kritischen Stellungnahme.[115] In seinen wenigen Veröffentlichungen begnügte LESAGE sich mit der Andeutung, daß er an einem mechani-

---

111/ PREVOST 1805/a, S. 50.

112/ Diesen "Essai", versehen mit dem programmatischen Epigramm "plus ultra", sandte er zweimal, 1748 und 1749, an die Pariser Académie des Sciences, in der Hoffnung, einen Preis zu gewinnen und mit der Summe das Bürgerrecht in Genf erkaufen zu können. Beim ersten Mal versäumte er den Termin, beim zweiten Mal ging das Manuskript in Paris verloren; s. PREVOST 1805/a, S. 154-158.

113/ Essai de Chymie méchanique, Couronné en 1758, par l'Académie de Rouën, quant à la seconde partie de cette Question: Déterminer les Affinités qui se trouvent entre les principaux Mixtes, ainsi que l'a commencé Mr. Geoffroy; et trouver un Système Physico-méchanique de ces Affinités. o.O.u.J. (= LESAGE (f) 1758).

114/ LESAGE (f) 1758, S. 14-30.

115/ U.a. an den Tübinger Physiker C.F.V. PFLEIDERER, dessen Exemplar (UBT Bf 16.4°) mir neben einem weiteren aus Genf (BPU V 3422 Res.) zur Verfügung stand. Titelblatt und Zusammenfassung (6 SS.) sind in beiden Fällen handschriftlich. Auf dem Titelblatt ist vermerkt: "Pour faire imprimer le Titre, l'Introduction, le Jugement de l'Académie, etc. l'Auteur attend, d'avoir achevé quelques autres Dissertations analogues, qu'il pourroit bien y joindre sous un Titre commun." Die Bemerkung zeigt, daß LESAGE seine Theorie als nicht abgeschlossen betrachtete. Im Genfer Exemplar findet sich von der Hand PREVOSTs der Hinweis: "Essai de chimie mécanique de LeSage qui, quoique imprimé n'a pas été publié, et peut passer pour manuscrit" (Umschlag).

schen System der Gravitation arbeite, welches er aber erst veröffentlichen wolle, wenn es allen Einwänden standhalte.[116]

Der Öffentlichkeit wurde LESAGEs Theorie erst 1784 zugänglich, als sein "Lucrèce Neutonien" in den Abhandlungen der Berliner Akademie erschien.[117] Größere Wirkung erzielten die 1793 veröffentlichten Briefe DELUCs an den Herausgeber des Pariser "Journal de Physique".[118] DELUC, wie PREVOST ein Schüler LESAGEs, referierte dort das System seines Lehrers in der Absicht, es breiteren Kreisen bekannt zu machen. Trotz dieser Publikationen hielt es PREVOST später immer wieder für erforderlich, in seinen eigenen Veröffentlichungen das System seines Lehrers ausführlich darzustellen.[119]

An der Intention seines Unternehmens ließ LESAGE keinen Zweifel; es handelte sich für ihn darum "de purger la Physique, des chimères métaphysiques dont quelques Auteurs l'ont souillée."[120] LESAGE nahm damit den bereits von LEIBNIZ und WOLFF erhobenen Vorwurf auf, die Lehre von der universellen Gravitation bedeute den Rückfall in das peripatetische Dunkel der "okkulten Qualitäten". Anders als diese war er sich aber im Klaren darüber, daß nicht NEWTON selbst, sondern vielmehr Epigonen wie COTES die Gravitation als essentielle Qualität der Materie bezeichnet und ihr den Charakter einer Fernwirkung beigelegt hatten. Eingedenk des von NEWTON geäußerten Abscheus vor solchen Begriffen sah sich LESAGE als der wahre Erbe NEWTONs, der, die ursprünglichen Intentionen des Meisters respektierend, "fait un pas de plus que ce grand gênie, dans la carrière qu'il a fournie avec tant de succès."[121]

Grundlage der Argumentation LESAGEs ist das Impulsions-Prinzip, das er wie ein Axiom an den Beginn seiner Überlegungen stellt. Beobachtbare Änderungen

---

116/ Vgl. dazu LESAGE (f) 1773.

117/ LESAGE (f) 1784. Daß es zu dieser Veröffentlichung kam, war das Verdienst PREVOSTs, der Mitglied der Akademie war (vgl. Kap 1.5).

118/ DELUC 1793/a/b/c.

119/ Am ausführlichsten noch in PREVOST 1818/a.

120/ LESAGE (f) 1773, S. 258.

121/ LESAGE (f) 1773, S. 257.

des Bewegungszustandes eines Körpers (Beschleunigung, Richtungsänderung) lassen sich stets auf die Impulsion eines anderen Körpers zurückführen. Daraus folgt qua Analogieschluß, daß auch überall dort, wo die Ursache einer Zustandsänderung nicht beobachtbar ist, eine unsichtbare Materie qua Impulsion einwirken muß, denn "Les Effets semblables, proviennent de causes semblables".[122] LESAGE stellt damit das bewährte Impulsions-Prinzip dem "metaphysischen" Kraftbegriff NEWTONs entgegen:

> Je suis surpris: Que Mr. NEWTON; qui sentoit si bien toute la solidité de l'Analogie, & qui en a tant tiré parti dans ses Ouvrages; se soit si fort pressé ici, d'en faire l'application à l'idée creuse de Force en général (Etre Métaphysique, pour ne rien dire pis); plutot que de s'attacher immèdiatement, au Genre prochain de cette Analogie, savoir l'Impulsion.[123]

An die Stelle der "okkulten" Kraft will LESAGE also das "gesunde" Impulsionsprinzip setzen. Dieser mechanische Erklärungsansatz sowie die sich daraus herleitende Terminologie unterscheiden ihn von den "orthodoxen" Newtonianern in Großbritannien, den Niederlanden und Frankreich. LESAGE stellt unter Hinweis auf "Newton-Exegeten" wie GREGORY, HERMANN, 'sGRAVESANDE, PEMBERTON, SIGORGNE und MACLAURIN fest:

> ...je ne pourrois différer de ces Auteurs que par les Expressions. J'appellerois, par exemple, Impermeabilité, Interception, Impulsion, et Approche; ce qu'ils apellent, Force Attractive, Attraction, Sollicitation, et Gravitation: Et je parlerois de Particules Impermeables & de Polygones; au lieu de Points Attractifs & de Courbes.[124]

LESAGE macht anstelle der Newtonschen "Kraft" für die Gravitationsanziehung ein subtiles Fluidum von äußerst geringer Dichte verantwortlich, das aus punktförmigen, absolut harten Korpuskeln besteht, die sich mit einer weit höheren Geschwindigkeit als der des Lichts in alle Raumrichtungen bewegen.[125] Diese Bewegungen verlaufen geradlinig, da sich die Teilchen wegen der geringen Dichte des "fluide gravifique" nicht gegenseitig stören.[126] Während eine ein-

---

122/ LESAGE (f) 1758, S. 14. LESAGE beruft sich dabei auf 'sGRAVESANDE, einen der bedeutendsten Newtonianer der ersten Hälfte des 18. Jahrhunderts.

123/ LESAGE (f) 1758, S. 15.

124/ LESAGE (f) 1758, S. 29. Vgl. PREVOST 1818/a, S. 10.

125/ Die Geschwindigkeit soll das 100.000 fache der Lichtgeschwindigkeit betragen (PREVOST 1818/a, S. 36).

zelne Masse von allen Seiten in gleichem Maße von den Gravitationskorpuskeln gestoßen wird und daher - von geringen Oszillationen abgesehen - keine Beschleunigung erfährt, erzeugen zwei Massen durch ihre gegenseitige Abschattung ein Ungleichgewicht in der Bilanz der Stöße. Dadurch werden die beiden Massen zusammengetrieben, wodurch der Anschein einer wechselseitigen Anziehung entsteht.[127] Jeder Punkt des Raumes kann als Zentrum einer Kugel gesehen werden, deren Schale pro Zeiteinheit von gleichvielen Korpuskeln zentripetal wie zentrifugal durchsetzt wird. Die Dichte und damit die Stoßwirkung der von einem beliebigen Punkt aus divergierenden Teilchen-Ströme verhalten sich umgekehrt wie die von ihnen durchsetzten Kugelflächen und folglich umgekehrt proportional zum Quadrat des Radius.[128] Während somit das Newtonsche Abstandsgesetz unmittelbar aus der Existenz des korpuskularen Fluidums zu folgern ist, ist, um die Proportionalität von Masse und Gewicht zu erklären, eine zusätzliche Annahme notwendig: die Materie muß extrem porös sein. LESAGE nahm dazu an, daß der Abstand der Atome untereinander etwa 10^7 mal größer ist als ihr Durchmesser.[129] Auch die Atome selbst sollen im wesentlichen aus leerem Raum bestehen. LESAGE gibt ihnen die Gestalt eines Gitters oder Käfigs (cage), dessen Stäbe 10^{20} mal länger als dick sind.[130] Der größte Teil

---

126/ LESAGE zieht als Vergleich die Musketensalven zweier feindlicher Armeen (LESAGE (f) 1758, S. 17) bzw. das Licht heran, bei dem auch beliebig viele Strahlen durch ein Nadelöhr gehen, ohne sich gegenseitig zu stören (PREVOST 1818/a, S. 18). Er macht seine Annahme ferner mit dem Argument plausibel, daß mehrere verschiedene "Kräfte" gleichzeitig an ein und demselben Ort wirken können, z. B. Licht, Wärme, Luft, Elektrizität und Magnetismus und Gravitation. Diese Bemerkung zeigt, daß LESAGE alle Kräfte mit spezifischen korpuskularen Fluida identifiziert, die er an die Stelle der bis dato viel diskutierten kontinuierlichen Fluida setzen will.

127/ "Ce qui, dètruit l'èquilibre des deux Impulsions opposées qui se seroient faites sur ce premier Corps (...) poussoit le premier Corps vers ce second." (LESAGE (f) 1758, S. 24). Hier taucht bei LESAGE erstmals der Begriff des Gleichgewichts auf, das auch implizit bereits als ein dynamisches Gleichgewicht begriffen wird! (Vgl. dazu ausführlich Kap. 4).

128/ LESAGE (f) 1758, S. 28.

129/ PREVOST 1818/a, S. 44.

130/ PREVOST 1818/a, S. 55. Daß die Größenordnung von LESAGEs Schätzungen so unrealistisch nicht ist, zeigt ein Vergleich mit den Dimensionen des Atoms nach heutiger Kenntnis: Atomradius/Kernradius = 10^4, Atomvolumen/Kernvolumen = 10^{15}, Anteil des Kerns an der Gesamtmasse 99,95 %.

der Gravitationskorpuskeln wird die Materie also ungehindert durchdringen.[131] Diejenigen Partikeln aber, die mit Materie zusammenstoßen und an ihr reflektiert werden, verlieren einen Teil ihrer lebendigen Kraft.[132]

Dem Gravitationsfluidum wird somit lebendige Kraft entzogen, die ersetzt werden muß. Nun hatte schon NEWTON angenommen, daß die Summe der lebendigen Kräfte im Universum nicht konstant ist. Während er aber auf "active principles" bzw. die "fürsorgende Hand Gottes" verwies, geht LESAGE davon aus, daß GOTT zu Beginn der Schöpfung ein gewaltiges Reservoir ("magasin") angelegt hat, das das Universum in Form einer Kugelschale umgibt. Aus diesem sollen neue Gravitationskorpuskeln, die im Vollbesitz ihrer lebendigen Kraft sind, nachströmen. Wegen ihres Ursprungs werden die Gravitationskorpuskeln von LESAGE als "außerweltliche Teilchen" (corpuscules ultramondains) bezeichnet.[133]

NEWTON sah GOTT in Seiner Schöpfung noch ständig am Werke. Dagegen hatten die radikalen "philosophes" der französischen Aufklärung den für die Naturerklärung als überflüssig erkannten GOTT als "fait-nêant" aus der Natur verbannt.[134] Zwischen diesen beiden extremen Positionen, zwischen Voluntarismus und Determinismus, sucht LESAGE zu vermitteln. Für ihn ist GOTT ein wesentlicher Faktor innerhalb seines Systems der "causes finales". Während NEWTON aber die Art und Weise des göttlichen Eingriffs unbestimmt ließ, ist LESAGE in der Lage, eine gleichsam "mechanische" Lösung des Problems zu liefern: GOTT hat bei der Schöpfung, also ein für allemal, ein Reservoir der

---

131/ Nach LESAGEs Schätzungen beträgt die "Abfangquote" (interception), die eine Erdschicht durchschnittlicher Dichte und 1 toise (1,95 m) Dicke bewirkt, 1/126 Millionstel; für den Gesamtdurchmesser von Erde und Sonne ergeben sich 1/100.000 bzw. 1/125. (PREVOST 1818/a, S. 26-36).

132/ Ein Drittel der Geschwindigkeit der "corpuscules ultramondains" soll beim Stoß verlorengehen; es handelt sich um unvollkommen elastische Stöße (PREVOST 1818/a, S. 61). Vgl. dazu ausführlich Kap. 3.3.4.

133/ LESAGE an MATY, Brief, 19. April 1755, in PREVOST 1805/a, S. 458-465, hier S. 459. Vgl. LESAGE (f) 1758, S. 27.

134/ NEWTONs metaphysische Auffassung konnte in Großbritannien überleben. Sie wurde noch gegen Ende des 18. Jahrhunderts von dem schottischen Naturphilosophen John ROBISON (1739-1804) vertreten, der den Determinismus der französischen Aufklärung als atheistisch brandmarkte und stattdessen eine explizit voluntaristische Theologie nach dem Vorbild NEWTONs propagierte (s. MORRELL 1970). Vgl. auch die Argumentation bei VINCE 1806.

ursächlichen Partikel angelegt, aus dem sich der Basismechanismus der Natur beständig regeneriert.[135] Damit ist GOTT als letzte Ursache festgestellt, der Natur aber trotzdem ihre mechanische Autonomie belassen, da wegen des eigengesetzlichen Wirkens der Gravitationskorpuskeln ein willentlicher Eingriff GOTTES fortan überflüssig ist. Wenngleich also LESAGE - in Fortführung der Tradition der Genfer Aufklärung - die voluntaristische Position NEWTONs überwindet, so steht er dennoch mit seinem physikotheologischen Hinweis auf die zweckhafte Einrichtung der Welt dem Physikotheologen NEWTON eindeutig näher als dessen scheinbar "orthodoxe" Nachfolger: daß aus der chaotischen, regellosen Bewegung der "corpuscules ultramondains" etwas regelhaftes, ein mathematisch beschreibbares Phänomen wie die Gravitation resultiert, ist für LESAGE eine jener Naturerscheinungen, die die Existenz GOTTES beweisen.

Die mechanische Gravitationstheorie des Georges-Louis LESAGE ist, dies hat bereits der Hinweis auf die Ansätze von EULER und den BERNOULLIs gezeigt, keineswegs eine singuläre Erscheinung des 18. Jahrhunderts. Die mit der Annahme einer Fernwirkung verbundene intellektuelle Zumutung wurde von vielen Denkern, die der traditionellen Physik verbunden waren, empfunden und zum Anlaß genommen, über eine mechanische Ursache der Gravitation nachzudenken. Die dazu vorgebrachten Theorien orientierten sich aber entweder an DESCARTES oder an der Bibel, waren also explizit nicht newtonianisch. Keiner der einschlägigen Versuche war so wie derjenige LESAGEs bemüht, den Prinzipien der Physik NEWTONs zu entsprechen.[136]

---

[135]/ Hier drängt sich ein Vergleich zum Determinismus des Gassendisten David DERODON auf (vgl. Kap. 2.3.1): LESAGEs Gravitationsfluidum gleicht einer "Essenz", die, bei der Schöpfung "in die Welt gesetzt", quasi "an Gottes statt" die Dynamik des Kosmos aufrechterhält. Quellen, die eine Einfluß DERODONs auf LESAGE belegen, habe ich keine gefunden; es ist aber durchaus möglich, daß er durch seinen Vater oder den Unterricht an der Académie damit vertraut war.

[136]/ Eine Fluida-Theorie der Gravitation, die im 18. Jahrhundert eine gewissen Vorbildcharakter für Autoren hatte, die der Physikotheologie nahestanden, war diejenige des Briten John HUTCHINSON. Dieser orientierte sich allerdings nicht an NEWTON, sondern an den Aussagen der Bibel: "... he was first and foremost a theologian who claimed that the study of natural philosophy should be founded on the Bible. From this position he stridently opposed almost every aspect of Newton's science and theology." (CANTOR 1983, S. 97-98). Vgl. dazu besonders KUHN 1961.

2.4.2 Die Methodologie der Spekulation

LESAGE war klar, daß er mit seinen Spekulationen der paradigmatischen Methodologie zuwiderhandelte, die von seinen naturforschenden Zeitgenossen vertreten wurde. Wollte er seiner physikalischen Theorie zur Anerkennung verhelfen, mußte er zunächst versuchen, die Methode, mit deren Hilfe sie gewonnen worden war, zu legitimieren.[137] Etwa 1755 verfaßte LESAGE "Sur la méthode d'hypothèse", einen für die "Encyclopédie" bestimmten Beitrag, der jedoch nie abgesandt wurde.[138] LESAGE bricht darin eine Lanze für die hypothetisch-spekulative Methode in der Naturphilosophie; die Schrift ist ein flammendes Manifest gegen die Bevorzugung der induktiven Methode durch die Zeitgenossen.

Für LESAGE hat eine wissenschaftliche Untersuchung mit einer spekulativ gewonnenen Annahme oder Vermutung zu beginnen, die anschließend einer sorgfältigen empirischen Überprüfung unterzogen wird. Die Akzeptierbarkeit der Hypothese ist davon abhängig, inwieweit sie sich in dieser Prüfung zu behaupten vermag. Hypothesen werden bestätigt entweder, indem bei der empirischen Prüfung alle konkurrierenden Hypothesen falsifiziert werden, oder durch erschöpfende Verifikation der aus ihr zu folgernden Konsequenzen. LESAGE betont, daß die Begrenztheit menschlicher Erfahrungsmöglichkeiten nicht immer solch stringente Entscheidung über Hypothesen erlaubt. In solchen Fällen müsse man dann mit Hypothesen zufrieden sein, denen nicht mehr als eine hohe Wahrscheinlichkeit zukomme. Ihre Wahrscheinlichkeit ist umso größer, je größer die Zahl der Phänomene ist, zu deren Erklärung sie dient und je besser die Übereinstimmung zwischen den Beobachtungsdaten und den aus der Hypothese abgeleiteten Konsequenzen ist. Es ist LESAGEs grundlegende methodologische Überzeugung, daß die Wissenschaft tentativ vorzugehen hat; er vergleicht dieses Prozedere mit den Operationen der Mathematik:

> Les extractions de racines, la recherche des diviseurs rationels d'une équation, et plusieurs autres opérations de calcul s'exécutent par ces sortes d'essais, et si l'on peut ainsi parler, de tâtonnemens, suivis de vérifi-

---

137/ Vgl. dazu LAUDAN 1974.

138/ Veröffentlicht wurde in der Encyclopédie nur der Artikel "Inverse" (WOLF Biographien, IV, S. 181). "Sur la méthode d'hypothèse" wurde von PREVOST posthum publiziert (PREVOST 1805/f, II, S. 255-291).

cations; c'est-à-dire, par des hypothèses que confirme leur accord avec les phénomènes.[139]

Die Auseinandersetzung mit der Methodologie der "orthodoxen" Newtonianer steht in LESAGEs Abhandlung an zentraler Stelle. Mit seinem "hypotheses non fingo" habe sich NEWTON offenbar gegen die Irrtümer DESCARTES absetzen wollen. Der Mißbrauch, der mit einer Methode getrieben werden könne, dürfe aber nie als Argument gegen ihren legitimen Gebrauch verwendet werden. Wenn NEWTON sich dies klargemacht hätte, hätte er sein Urteil gegen den Gebrauch von Hypothesen wahrscheinlich weniger streng formuliert. Jedenfalls habe es ihn keineswegs daran gehindert, selbst eine Vielzahl von Hypothesen zu entwickeln. Beispielsweise sei all das, was die ersten beiden Bücher der "Principia" über das zur Demonstration der Schlußfolgerungen des dritten Buches notwendige hinaus enthalten, nichts als eine Ansammlung von Hypothesen.

Man muß LESAGE hier ein unvoreingenommenes Herangehen an NEWTONs methodologische Aussagen bescheinigen. LESAGE läßt sich nicht täuschen; er erkennt, daß in NEWTONs Oeuvre ein Widerspruch zwischen dem verbalen methodologischen Anspruch und seinem tatsächlichen Vorgehen besteht. Er erkennt ferner mit analytischer Schärfe das, was wir mit MANDELBAUM als "transdiction" bezeichnet haben.[140] LESAGE verweist darauf, daß NEWTON nicht nur über die atomare Struktur der Materie, sondern sogar auch über einen Äther als mögliche Ursache der Gravitation spekuliert hat. Wenn also schon NEWTON nicht ohne Hypothesen auskam, so LESAGE weiter, was ist dann von der Forderung der "orthodoxen" Methodologie zu halten, die da verkündet, erlaubte Theorien seien nur solche, die "unmittelbar" aus der Erfahrung abgeleitet wurden? Welche Schlußfolgerungen könne man denn, fragt LESAGE ironisch, "unmittelbar" aus einer Tatsache ziehen? Doch nur die Tatsache selbst, und nichts darüber hinaus![141]

LESAGE geht es hier nicht darum, induktives und analogisches Denken als Methoden der Forschung zu diskreditieren, sondern vielmehr um eine Richtigstel-

---

139/ PREVOST 1805/f, II, S. 261.

140/ Vgl. Kap. 2.2.

141/ PREVOST 1805/f, II, S. 275.

lung: beide Methoden, die induktive wie die analogische, sind genauso anfällig für Irrtümer wie die hypothetische; ergo haben alle drei Methoden ihre Existenzberechtigung nebeneinander. LESAGE tritt damit dem dogmatischen Anspruch der Früh-Positivisten auf den Besitz der allein richtigen Methode, der aus ihrer offensichtlich einseitigen Interpretation von NEWTONs Oeuvre resultiert, mit Entschiedenheit entgegen.

In einer der wenigen methodologischen Äußerungen, die schon zu seinen Lebzeiten veröffentlicht wurden, wird LESAGE noch deutlicher. In einer mit antiken Zitaten gewürzten, rhetorisch brillanten Streitschrift wettert er gegen den "physikalischen Zeitgeist", die Tyrannei einer Methodologie, die die Empirie verherrliche und die Spekulation verdamme. Die meisten Physiker der Gegenwart, unfähig, auch nur eine einzige "cause physique" zu entdecken, wollten den Verzicht auf Spekulationen als weise Zurückhaltung gewertet sehen. Die Betonung der Anwendung, des praktischen Nutzens dürfe aber nicht zur Regel für die gesamte Physik gemacht werden, auch wenn diese Haltung bereits von 99% der zeitgenössischen Physiker geteilt werde.[142] LESAGE brandmarkt die einseitige und damit verfälschende Rezeption der "Autoritäten" (hier waren BACON und NEWTON gemeint) durch das "siècle philosophique":

> Les mêmes occupations ou distractions; qui avaient détourné tant d'Esprits superficiels, d'examiner le fond même des Questions; les ont détournés aussi, de vérifier (par une lecture soigneuse des livres originaux), si leurs Auteurs avaient réellement soutenu les Opinions que le bruit public leur attribue.[143]

Anschließend versucht LESAGE den Nachweis zu führen, daß schon BACON auf die Notwendigkeit hingewiesen habe, mittels der hypothetischen Methode zu forschen, ja daß die hypothetische Methode gleichberechtigt und ergänzend neben die induktive zu stellen sei. Bereits BACON habe die lichtbringenden Experimente (lucifériques) über die fruchtbringenden (fructifériques), d.h. die philosophische Erkenntnis über das technische Wissen gestellt und hervorgehoben, daß es das Ziel der Naturwissenschaft sein müsse, zu den allgemeinen Ursa-

---

142/ LESAGE 1798/a. LESAGE expliziert in diesem Brief seine Methode und sein System, da es nach seiner Meinung von den Redakteuren irreführend wiedergegeben worden war.

143/ LESAGE 1798/b, S. 25.

chen (causes générales) vorzudringen.[144] Durch eine geschickte Auswahl von Zitaten gewinnt LESAGE hier den "Instaurator magnus" als Kronzeugen gegen die dogmatische Verabsolutierung des Induktivismus. Es besteht kein Zweifel daran, daß er mit NEWTON hätte ebenso verfahren können. Die Intention der Polemik ist klar: Da LESAGE den spekulativen Charakter seines Forschens nicht verbergen kann und will, dieser aber dem "Zeitgeist" zuwider ist, muß es ihm darum gehen, die Legitimität seines Vorgehens zu demonstrieren, um den Resultaten seiner spekulativen Physik Anerkennung verschaffen zu können.[145]

Ist die Methode umstritten, so ist das Ziel umso klarer: es gilt, das Gedankengebäude NEWTONs zu vollenden, indem jene "agens imperceptibles" aufgespürt werden, die die Ursachen der Kräfte sind. Dazu sind andere Methoden als die induktive notwendig:

> NEWTON prévoyoit bien, qu'on pourroit aller plus loin que lui; soit, en suivant sa Méthode, l'Analogie' soit surtout, en en suivant quelque autre, plus sure encore (...) Quand deux Problèmes, appartiennent à des Genres aussi différens l'un de l'autre; que le sont, la recherche des Lois, et celle de leurs Agens imperceptibles: Ils exigent des Méthodes fort différentes. Et; le Génie le plus puissant, ne pouvant cependant pas faire face à tout: Il est bien obligé, de laisser glaner quelque chose à ses successeurs; au moins quand il n'est pas entré dans la Route, propre à reussir dans cette seconde Recherche.[146]

Im Folgenden soll gezeigt werden, wie LESAGE versuchte, jene Fragen zu beantworten, die NEWTON offen gelassen hatte.

144/ LESAGE 1798/b, S. 36. Hier handelt es sich zweifellos um Propaganda in apologetischer Absicht: LESAGE mußte bekannt sein, daß sich BACON unmißverständlich ablehnend über die Suche nach Endursachen geäußert hat; er reihte sie unter die "idola tribus" (Novum Organum (1620) Buch I, §§ 48, 66).

145/ Ähnlich noch im frühen 19. Jhdt. PREVOST, der anhand bis dato unveröffentlichter NEWTON-Korrespondenz das Augenmerk der Zeitgenossen auf die spekulativen Elemente im Denken NEWTONs zu lenken versuchte; s. PREVOST 1823/b. Für ein spätes Beispiel s. ISENKRAHE 1879, S. 1-15.

146/ LESAGE 1798/a, S. 129. Hervorhebung von LESAGE.

2.4.3 Die Hierarchie der Fluida

Die von der "Académie des Sciences de Rouën" 1758 gestellte Preisfrage war in gewisser Weise die Neuformulierung eines Problems, das NEWTON in "Query 31" gestellt hatte. NEWTON hatte verschiedene Metalle in Scheidewasser (HNO_3) aufgelöst und dabei festgestellt, daß bei Zugabe eines unedleren Metalls zur Lösung das gelöste edlere Metall ausgefällt wird. NEWTON hatte versucht, daraus eine Rangfolge der Metalle nach ihren Affinitäten abzuleiten.[147] Der französische Chemiker Etienne François GEOFFROY (1672-1731) war bestrebt gewesen, diese Tabelle zu erweitern. Er stellte dabei die allgemeine Behauptung auf, daß immer dann, wenn einer Verbindung aus zwei Substanzen eine dritte genähert wird, zu der eine der beiden verbundenen Substanzen eine Affinität (rapport) aufweist, die stärker ist als jene der Bindung, sich diese Substanz mit der dritten verbindet und ihren ehemaligen Partner freigiebt, der damit ausfällt.[148] Die Arbeit hatte eine Fülle chemischer Spekulationen ausgelöst.[149] Die "Académie des Sciences de Rouën" stellte daher 1758 das Problem: "Déterminer les Affinités qui se trouvent entre les principaux Mixtes, ainsi que l'a commencé Mr. Geoffroy; et trouver un Système Physico-méchanique de ces Affinités". Den Preis für die beste Antwort auf den zweiten Teil dieser Frage erhielt LESAGE für seine Schrift "Essai de Chymie Méchanique".

Als einer der ersten versucht LESAGE hier das von NEWTON in den "Opticks" skizzierte reduktionistische Programm zu verwirklichen. Die Komplexität der Naturphänomene wie Gravitation, Kohäsion, Kapillarität, chemische Affinität, optische, thermische, elektrische und magnetische Wirkungen sollen auf ein einheitliches Wirkungsprinzip zurückgeführt werden. Ähnlich wie NEWTON, für den die Gravitationsanziehung den Prototypus der Kraft darstellte, geht auch LESAGE von der Theorie der Gravitation aus. Während NEWTON aber zum Zwecke ihrer mechanischer Erklärung zeitweilig den Äther in Betracht zog,[150]

147/ NEWTON 1730, S. 380-381.

148/ "Toutes les fois que deux substances qui ont quelque disposition à se joindre l'une à l'autre, se trouvent ensemble; s'il en survient une troisième qui ait plus de rapport avec l'une de deux, elles s'y unit en faisant lâcher prise de l'autre." (GEOFFROY 1741, S. 203).

149/ THACKRAY 1970, S. 37.

ist für LESAGE das aus den "corpuscules ultramondains" bestehende korpuskulare "fluide gravifique" die Basis des (korpuskularmechanischen) Systems der Naturkräfte.[151]

LESAGE beschäftigt sich zunächst mit der Kohäsion, also der Festigkeit der Körper. Unter expliziter Bezugnahme auf NEWTONs Schrift "De natura acidorum" (1710) sowie "Query 31" der "Opticks" versucht LESAGE die Materietheorie NEWTONs weiterzuentwickeln. Kohäsion ist für ihn keine genuine Kraft, sondern eine Wirkung der Gravitation. Da er eine extreme Porosität der Körper voraussetzt, kann er davon ausgehen, daß die Materie in den Stäben der "Käfige" (cages) extrem verdichtet vorliegen muß. Wenn sich also Moleküle in passender Konfiguration so aneinanderlagern, daß der Abstand zwischen ihren Stäben beliebig klein wird, so wird die Gravitationskraft extrem anwachsen, woraus die Festigkeit der Körper resultiert.[152] Die Festigkeit hängt ab von der Dichte der Stäbe, ihrer Ähnlichkeit (ressemblance) und ihrer "Glätte" (poli). LESAGE versucht damit eine Theorie der regulären Kristallisation zu entwickeln: die Struktur eines Körpers wird durch jene Konfiguration seiner Bestandteile bestimmt, in der die Kohäsion maximal wird.[153]

Von der Kohäsion wendet sich LESAGE zu den chemischen Affinitäten, seinem eigentlichen Thema. Er unterscheidet dort zwischen der Anziehung zwischen Ungleichartigen (affinité des hétérogènes) und der Anziehung zwischen Gleichartigen (affinité des homogènes). Letztere soll Erstere an Stärke überwiegen; ein Prinzip, zu dessen Stütze LESAGE neben Phänomenen der Oberflächenspannung auch den antiken Gedanken der Homoïomerie anführt.[154] Sein Ziel

150/ Vgl. Kap. 2.2.

151/ Die folgenden Überlegungen LESAGEs finden sich in PREVOST 1788/a in annähernd derselben Ausführlichkeit wieder. Da der Schüler seinem Meister folgte, wird im folgenden auch auf PREVOSTs Schrift verwiesen. Eine knappe Darstellung des Systems von LESAGE findet sich auch in PICOT 1795, einer unter der Präsidenz von PREVOST verteidigten Dissertation.

152/ Es ist interessant, daß mehr als hundert Jahre später William THOMSON, der spätere Lord KELVIN, exakt dieses Argument wieder aufnahm, um die Kohäsion auf die Gravitation zurückzuführen; s. THOMSON 1862. Vgl. Kap. 6.6.

153/ LESAGE (f) 1758, S. 1-13.

ist, die mechanische Ursache dieses Prinzips zu finden, denn "on manquoit moins, en Chymie, de Physiciens capables de faire des Applications ingénieuses des Principes generaux, que de Mechaniciens qui eussent pris la peine de chercher la première Cause matèrielle de ces Principes."[155]

LESAGEs Grundidee ist nun die Vorstellung, daß Korpuskeln, die bereits einen Körper A passiert haben, einen zweiten identischen Körper A leichter passieren werden als einen davon verschiedenen Körper B. Umgekehrt gilt das gleiche für zwei identische Körper B. Daraus folgt aber, daß die Repulsion, die durch stoßende, d.h. nicht-transmittierte Korpuskeln hervorgerufen wird, zwischen A und B größer ist als zwischen A,A bzw. B,B. Um diesen Gedanken auf das Problem der Affinitäten anwenden zu können, betritt LESAGE nun eine weitere Stufe in der "Hierarchie der Fluida". Das wirkungsvermittelnde Fluidum ist nun nicht mehr der "fluide gravifique" selbst, sondern vielmehr ein aus Korpuskeln unterschiedlicher Größe zusammengesetztes Fluidum. Ein solches "gemischtes" Fluidum nennt LESAGE einen "Äther".[156] Damit ergibt sich folgende Erklärung der Affinitäten: Ein Molekül eines Stoffes besitzt in der Regel Poren, durch deren Anzahl, Größe und Gestalt es charakterisiert wird. Daher weist ein Molekül für jede Komponente des Äthers eine spezifische Durchlässigkeit auf. Werden einige Ätherkomponenten transmittiert, andere hingegen nicht, so kommt es bei Vorhandensein eines zweiten Moleküls zu einer "Anziehung" zwischen den Molekülen, die kausalmechanisch auf die Stöße der nicht-transmittierten Ätherkomponenten zurückgeführt wird. Die Stärke dieser "Anziehung", also die spezifische "Affinität" der beiden Moleküle wird damit durch ihre spezifischen Dichten und ihre innere Struktur (constitution intime) determiniert.[157] Zur quantitativen Bestimmung der Affinität zwischen zwei Stoffen muß demnach zunächst die Impermeabilität jedes Stoffes für jede Ätherkompo-

---

154/ Homoïomerien sind nach ANAXAGORAS die in Gestalt, Farbe und Geschmack verschiedenen Elemente, die unendlich fein im ganzen Weltall verteilt sind. Ihr Zusammentreten (synkrisis) macht das Entstehen, ihr Auseinandertreten (diakrisis) das Vergehen der Einzeldinge aus; vgl. WINDELBAND 1903, S. 33.

155/ LESAGE (f) 1758, S. 34.

156/ LESAGE (f) 1758, S. 43-48. Einen solchen Äther definierte PREVOST als "fluide secondaire", im Unterschied zum Gravitationsfluidum, der "fluide primaire"; vgl. PREVOST 1788/a, S. 55-70.

157/ LESAGE (f) 1758, S. 53-55.

nente bestimmt werden. Die pro Ätherkomponente spezifische Affinität zweier Stoffe ergibt sich aus dem Produkt ihrer Impermeabilitäten. Die Gesamtaffinität ist dann die über alle Komponenten des Äthers genommene Summe dieser Produkte.[158]

Der nächste Problembereich betrifft die Frage nach der Ursache der Elastizität expansibler Fluida. Ihre Eigenschaft, den freien Raum gleichmäßig zu erfüllen, beruht, darin ist sich LESAGE mit Daniel BERNOULLI einig,[159] auf der schnellen Translations-Bewegung ihrer Korpuskeln. Worin aber ist die Ursache für diese Bewegung zu sehen? Diese von BERNOULLI unbeantwortet gelassene Frage beantwortet LESAGE wiederum durch Rückgriff auf die "cause finale", d.h. auf die von GOTT eingesetzten "corpuscules gravifiques". Die Korpuskeln expansibler Fluida sollen eine konkave Form aufweisen. Da die Gravitationskorpuskeln bei ihren Stößen auf die konkave Seite mehr Impuls übertragen als auf die übrigen nicht-konkaven Seiten, weil sie nämlich in der Konkavität "abrollen",[160] wird das Teilchen in die durch die Symmetrieachse seiner Konkavität definierte Richtung beschleunigt. Nach Durchlaufen einer "carrière d'accéleration" erreicht es schließlich seine spezifische Endgeschwindigkeit (vitesse terminale).[161]

Daraus läßt sich ein Antagonismus zweier mechanischer Bewegungsursachen in folgender Weise konstruieren: Ein Molekül eines expansiblen Fluidums kann als ein an einer Stirnseite ausgehöhlter Zylinder aufgefaßt werden, der damit eine Massenverteilung aufweist, die entlang der Zylinderachse inhomogen ist. Wird das Molekül von einem imhomogenen Strom der "corpuscules gravifiques" getroffen, so wie es im Gravitationsschatten irgendeines Körpers immer der Fall ist, so führen deren Stöße aufgrund der inhomogenen Massenverteilung des Zylinders dazu, daß dem Molekül ein Drehmoment mitgeteilt wird, das es in

---

158/ LESAGE (f) 1758, S. 56-60.

159/ Für Daniel BERNOULLIs Konzeption, die allgemein als eine frühe Form der kinetischen Gastheorie betrachtet wird s. das 10. Kapitel in dessen Hydrodynamica sive de viribus et motibus fluidorum commentarii, Argentorati (d.i. Straßburg) 1738. Es ist davon auszugehen, daß LESAGE, der bei BERNOULLI studiert hatte, diese Schrift bekannt war.

160/ Für eine kritische Diskussion s. Kap. 3.3.4.

161/ PREVOST 1818/a, S. 130-138.

eine, durch die Stöße der "corpuscules gravifiques" gedämpfte Rotationsschwingung um seinen Schwerpunkt versetzt. Wenn es aufgrund der Dämpfung schließlich zur Ruhe kommt, hat es eine Drehung vollführt, so daß nun die Symmetrieachse der Konkavität parallel zur Richtung der Gravitationskraft steht. Die Konkavität liegt dabei auf der Seite des "Gravitationsschattens".[162] Ein Molekül kehrt also seine Konkavität immer in die Richtung der resultierenden Gravitationskraft.

Liegen zwei "isolierte" Moleküle vor, so werden diese sich gegenseitig ihre Konkavitäten zuwenden.[163] Da nun die "corpuscules gravifiques" auf die Konkavität mehr Impuls übertragen als auf alle anderen Seiten des Moleküls, resultiert aus der gegenseitigen Zuwendung der Konkavitäten eine "repulsive" Kraft, die der Gravitationsanziehung und der aus den Stößen der nicht-transmittierten Ätherkomponenten resultierenden "Anziehung" (Affinität) entgegenwirkt. Porosität und Gestalt des Moleküls determinieren somit zwei antagonistische Bewegungsursachen. Da die "corpuscules gravifiques" sehr viel kleiner als die Korpuskeln des Fluidums angenommen werden, können die beiden antagonistischen Mechanismen als voneinander unabhängig betrachtet werden. Da Form und Porosität der Korpuskeln verschiedener Fluida in einem weiten Bereich variieren können, können auch die beiden "Kräfte" in den unterschiedlichsten Verhältnissen zueinander stehen:

> La force avec laquelle un élément concave est poussé par les corpuscules roulans dans sa concavité, est en grande partie indépendante de celle qui produit l'affinité des homogènes. (...) Il se peut donc que ces deux forces varient sous toutes sortes de rapports. (...) Il peut donc arriver que deux molécules de fluide expansif s'attirent, ou se fuient, ou n'agissent point l'une sur l'autre, selon diverses circonstances. Les molécules des fluides expansifs peuvent attirer les homogènes plus, moins, ou autant que les hétérogènes.[164]

Damit ist schließlich eine "Universalerklärung" gewonnen, die keine Wünsche mehr offenläßt. Hier zeichnet sich die von LESAGE verfolgte und von PREVOST fortgeführte Strategie ab: die Vielfalt der Kräfte sollte auf eine "Hier-

---

162/ Bildlich gesprochen: das Molekül hat sich parallel zur Windrichtung eingestellt, wobei die konkave Seite windabgewandt ist.

163/ In einem Gas würde dagegen jegliche Vorzugsrichtung fehlen, da sich die Gravitationskräfte gegenseitig aufheben !

164/ PREVOST 1788/a, S. 84.

archie" wirkungsvermittelnder korpuskularer Fluida zurückgeführt werden. Die extreme Subtilität der Fluida[165] garantierte ihre Koexistenz: Stöße zwischen ihren Korpuskeln sollen so selten sein, daß von einer weitgehenden Unabhängigkeit der auf sie zurückgehenden "Basis-Mechanismen" ausgegangen werden kann. Deren gibt es folglich zwei: a) Ungleichheit in der Intensität antagonistischer Teilchenströme, die durch Abschattung erzeugt wird, b) Ungleichheit im Impulsübertrag auf den gestoßenen Körper, die durch die Gestalt des Teilchens erzeugt wird. Diese Mechanismen bilden das Grundgerüst der korpuskular-mechanischen Physik von LESAGE.

2.4.4 Das System der "Kräfte"

LESAGE wollte es nicht bei der kausalmechanischen Erklärung der Kräfte durch Rückführung auf korpuskulare Basismechanismen belassen. Neben die kausalmechanische Erklärung sollte die mathematische Beschreibung der Phänomene treten, so wie sie NEWTON beispielhaft begonnen hatte. Die Krönung seines Systems der Kräfte sollte demnach die Angabe eines universalen Kraftgesetzes bilden, das die Gravitationsanziehung als Spezialfall einzuschließen hatte.

NEWTON hatte in "Query 31" auch die Anregung formuliert, die komplexen Phänomene der Natur als ein Zusammenwirken kurzreichweitiger Anziehungs- und Abstoßungskräfte zu interpretieren. Die Gravitation sollte dabei als "Prototyp" einer Anziehungskraft betrachtet werden. Zusätzlich aber müßten auch, so NEWTON, Abstoßungskräfte postuliert werden, denn "where Attraction ceases, there a repulsive Virtue ought to succeed".[166] NEWTONs Nachfolger sahen sich damit vor das Problem gestellt, wie sich die verschiedenen Anziehungs- und Abstoßungskräfte quantitativ aufeinander beziehen lassen sollten, ja ob möglicherweise ein universelles, alle Anziehungs- und Abstoßungskräfte umfassendes Kraftgesetz formuliert werden könne. Die frühen Exegeten NEWTONs hatten sich weitgehend auf das Argumentieren mit Anziehungskräften beschränkt.[167] Erst DESAGULIERS konnte sich dazu durchringen, der Abstoßung

---

165/ Modern gesprochen: die extrem große freie Weglänge der Korpuskeln.

166/ NEWTON 1730, S. 395.

(Repulsion) einen gleichwertigen Platz im Newtonschen System einzuräumen: 1739 formulierte er eine Hypothese zur Erklärung der Elastizität der Festkörper, die von einem gleichzeitigen Einwirken von Anziehungs- (Ursache der Kohäsion) und Abstoßungskräften (Ursache der Elastizität) ausging.[168] Die Materiepartikeln sollten als Zentren kugelförmiger Verteilungen von Kräften gedacht werden, die mit variierendem Abstand zwischen Anziehung und Abstoßung alternieren. Ob sich die Teilchen anziehen oder abstoßen, sollte also durch ihren jeweiligen gegenseitigen Abstand bestimmt werden.[169]

1764 veröffentlichte LESAGE eine kleine Arbeit, deren Titel als Programm aufgefaßt werden kann: "Loi, qui comprend, malgré sa simplicité, toutes les Attractions et Repulsions, chacune entre des limites conformes aux Phénomènes".[170] LESAGE macht dort den Vorschlag, als universales Kraftgesetz eine Abstandsfunktion $1/(r^2 - r)$ zu wählen. Für Distanzen $r >> 1$ ist die Funktion durch $1/r^2$ zu approximieren, also mit dem Gravitationsgesetz kompatibel. Daraus folgt, da das Gravitationsgesetz im gesamten makroskopischen Bereich gilt, daß die atomare Längeneinheit ($r = 1$) "beaucoup plus petite que toute mesure visible" angenommen werden muß. Für Distanzen, die nur geringfügig größer als diese verschwindend kleine Längeneinheit sind, wächst die Anziehungskraft im Vergleich zur Gravitation enorm an. Daraus ergibt sich nach LESAGE die Erklärung der Kohäsion, also der Festigkeit der Körper. Im Grenzfall $r = 1$ (Kontakt) wird die Anziehungskraft unendlich groß: "Donc, un assemblage de sphérules, dont les diamètres (ou la somme des demi-diamètres de celles qui se touchent) seroient exactement égaux à notre unité, seroient aussi dures que ces sphérules mêmes."[171] Damit ist nach LESAGEs Ansicht die Undurchdringlichkeit (impenétrabilité) der Materie beschrieben. Wird r kleiner als 1, so schlägt die Kraft von Anziehung in Abstoßung um. LESAGE ist der Ansicht, sein Gesetz könne in diesem Bereich durch die Funktion $-1/r$ approxi-

---

167/ HEILBRON 1982, S. 55-57; THACKRAY 1970, S. 103. Bezeichnenderweise wollte PREVOST ohne Repulsionskräfte auskommen; vgl. dazu Kap. 3.1.3.

168/ DESAGULIERS 1739.

169/ DESAGULIERS 1734-1744, hier II, S. 336-350.

170/ LESAGE (f) 1764.

171/ LESAGE (f) 1764, S. 690.

miert werden, wodurch die Elastizität der elastischen Fluida beschrieben werde.[172] Die magnetische Anziehung wird, wie LESAGE einräumt, durch sein Gesetz nicht wiedergegeben, da sie mit $1/r^3$ bzw. $1/r^4$ variieren soll.[173] Trotzdem ist LESAGE von der Universalität seines Gesetzes überzeugt:

> Sans introduire une Loi différente pour des particules de différente espèce, mais en appliquant seulement la même Loi à des particules de différens diamètres, entremêlées différement, on rendra raison des Phénomènes les plus différens, soit dans l'infléxion de la lumière, soit dans les cohésions, soit dans les tubes capillaires, peut-être même dans les affinités chymiques.[174]

Der Schlüssel zur mathematischen Beschreibung der Vielzahl der Kräfte liegt also nach LESAGE in der durch den Durchmesser der Teilchen bestimmten Längeneinheit: liegen mehrere Teilchensorten vor, die gemeinsam wechselwirken, so ist eine entsprechend interpolierte Längeneinheit zur Normierung der Abstandsfunktion anzusetzen.

Bei der Betrachtung von LESAGEs Versuch, ein universales Kraftgesetz mathematisch zu formulieren, drängt sich ein Vergleich mit den Bemühungen seines Zeitgenossen Rudger BOSCOVIC auf. BOSCOVIC hatte DESAGULIERs Gedanken aufgenommen und in mehreren Schriften systematisch ausformuliert.[175] BOSCOVIC nahm unter Beibehaltung einer einheitlichen, d.h. die Existenz verschiedener Fluida negierenden, Materievorstellung an, daß alle Materieteilchen

---

172/ Der Vorschlag einer mit $1/r$ variierenden repulsiven Kraft zwischen den Korpuskeln elastischer Fluida geht auf NEWTON zurück; s. Principia, Buch II, Prop. XXIII.

173/ NEWTON hatte für die magnetische Anziehung die Funktion $1/r^3$ angenommen. Bis zu den experimentellen Untersuchungen von COULOMB (1785), die das $1/r^2$-Gesetz bestätigten, blieb es jedoch bei vagen Vermutungen bzw. ziemlich inexakten Versuchen zur Bestimmung des Kraftgesetzes; vgl. HEILBRON 1979, S. 87-96, sowie das Kapitel 3. dieser Arbeit.

174/ LESAGE (f) 1764, S. 698.

175/ Stellvertretend für BOSCOVIC' zahlreiche, sich inhaltlich teilsweise überschneidende Schriften werden im Folgenden zitiert: a) Dissertatio de lumine, auctore P. Rogerio Josepho Boscovich S.J., Vindobonae 1766 (BOSCOVIC 1766); sowie b) A Theory of Natural Philosophy, put forward and explained by Roger Joseph Boscovich, S.J. Engl. edition from the text of the first Venetian edition published under the personal superintendence of the Author in 1763, /d.i. Theoria Philosophiae Naturalis Redacta ad Unicam Legem Virium in Natura Existentium, Venetiae 1763, engl./ ed. by J.M. CHILD, Cambridge (Mass.) u. London 1966 (BOSCOVIC 1966).

nach einem einheitlichen Kraftgesetz aufeinander wirken. Geht der Abstand zwischen den als punktförmig, masse- und ausdehnungslos betrachteten Materiepartikeln (Atomen) gegen Null, so wächst die zwischen ihnen wirksame repulsive Kraft ins Unendliche, wodurch ein unmittelbarer Kontakt unmöglich wird (Impenetrabilität der Materie). Mit wachsendem Abstand ändert sich der Charakter der Kraft in Anziehung (Kohäsion) und dann wieder in Abstoßung (Fermentation), um nach mehreren solchen "Oszillationen" schließlich in die Gravitationsanziehung einzumünden. Eine wichtige Rolle spielen dabei die Punkte, in denen die Abstandsfunktion der Kraft die Abszisse schneidet. In diesen von BOSCOVIC "limites attractionis et repulsionis" genannten Punkten verschwindet die Kraft bzw. ändert ihr Vorzeichen: entweder findet ein Übergang von Abstoßung in Anziehung oder aber von Anziehung in Abstoßung statt. Die ersteren sind Punkte eines stabilen, die letzteren dagegen Punkte eines instabilen Kräfte-Gleichgewichtes (limites cohaesionis bzw. limites non-cohaesionis).[176] Die qualitative Diskussion dieser Gleichgewichtspunkte sowie der Flächen unter den Kurvenbögen zwischen ihnen ermöglichte BOSCOVIC die Deutung zahlreicher physikalischer und chemischer Eigenschaften der Materie. Er mußte jedoch einräumen, daß er über Anzahl und Abstände der Gleichgewichtspunkte sowie über den Verlauf der Kraftfunktion keine Aussage machen konnte.[177]

Vergleichen wir die Hypothesen von BOSCOVIC und LESAGE miteinander, so lassen sich gravierende Unterschiede feststellen. Für BOSCOVIC war das Kontinuitätsgesetz ein unverzichtbarer Bestandteil einer umfassenden Interpretation der Natur: "In Natura nihil fieri per saltum, sive quod idem est, quaecumque quantitas augeatur, vel minuatur, eam ab una magnitudine nunquam transire ad aliam sine transitu per intermedias."[178] So können sich beispielsweise beim Stoß zweier vollkommen elastischer Kugeln deren Bewegungsgrößen nur ändern, indem sie alle Werte zwischen dem Wert vor dem Stoß bis zum Wert nach dem Stoß (kontinuierlich) durchlaufen. Die Änderung der Geschwindigkeiten bzw. Impulse der Kugeln, d.h. ihre Beschleunigung erfolgt stetig in einem (endlichen) Zeitintervall. In der Natur kann es demnach keine instantanen Wirkungen geben. Die Änderung der Bewegungsgrößen wird durch eine repulsive Kraft ver-

---

176/ BOSCOVIC 1766, S. 77; - Vgl. BOSCOVIC 1966, S. 73.

177/ BOSCOVIC 1966, S. 49.

178/ BOSCOVIC 1766, S. 89. - Vgl. BOSCOVIC 1966, S. 24-27.

mittelt, die schon in einigem Abstand der Kugeln voneinander zu wirken beginnt. Geht der Abstand der hier punktförmig gedachten stoßenden Körper gegen Null, so muß die repulsive Kraft gegen Unendlich streben (Impenetrabilität). Daraus folgt aber, daß es während des Stoßes zu keinem direkten Kontakt der stoßenden Körper kommt: "Ea vis imminutis distantiis in infinitum, ita augetur in infinitum, ut bina corpora nunquam ad contactum mathematicum deveniant."[179] Damit ist das Axiom der mechanischen Physik infragegestellt, wonach "Körper niemals dort wirken, wo sie nicht sind." Grundlage dieser Überlegung ist BOSCOVICs Überzeugung von der Existenz kurzreichweitiger fernwirkender Kräfte. Was die Kurzreichweitigkeit der Kräfte angeht, kann er sich direkt auf NEWTON berufen; die Fernwirkung jedoch ist eine "metaphysische" Zugabe, die er von den Epigonen übernommen hat.[180]

Im Gegensatz dazu geht LESAGE davon aus, daß eine instantane Änderung der Bewegungsgrößen möglich ist. Da er fernwirkende Kräfte als Erklärungsprinzip ablehnt und stattdessen sein System auf dem Impulsionsprinzip aufbaut, haben "Kräfte" prinzipiell einen diskontinuierlichen Charakter: die Gravitation als Prototyp der Kraft ist selbst diskontinuierlich, da sie auf die Stöße der "corpuscules gravifiques" zurückgeht. LESAGE akzeptiert daher den direkten Kontakt stoßender Körper und den instantanen Umschlag von einer (unendlich großen) Anziehungskraft in eine (ebenfalls unendlich große) Abstoßungskraft ($r = 1$). Daß für diesen Abstand der Wert der Kraft nicht mehr definiert ist (Polstelle der Funktion), wird von LESAGE nicht problematisiert. Die mathematische Inkonsistenz ist hier der Preis für die "Mechanisierung" der Kräfte. BOSCOVIC unterstreicht dagegen, daß der Übergang von Anziehung in Abstoßung (bzw. umgekehrt) immer kontinuierlich (d.h. über eine Nullstelle der Abstandsfunktion) zu erfolgen hat.[181] Polstellen wie sie LESAGE zuläßt, hat er aus seinem System verbannt, da kein materieller Punkt eine solche Stelle passieren kann.[182] Solche Punkte können nach BOSCOVIC nur als undurchdringliche

---

179/ BOSCOVIC 1766, S. 90. - Vgl. BOSCOVIC 1966, S. 42.

180/ Vgl. dazu J.M. CHILD: "Introduction", in BOSCOVIC 1966, S. xiii-xx.

181/ BOSCOVIC 1966, S. 50 (§ 104).

182/ BOSCOVIC 1966, S. 74-76 (§§ 185-188).

Grenzen zwischen mehreren möglichen Welten (Universen), die keinerlei Verbindung untereinander haben, gedacht werden.[183]

BOSCOVIC hielt denn auch mit seiner Kritik an LESAGEs Überlegungen nicht zurück.[184] Neben der Verwendung des Impulsionsprinzips und der daraus resultierenden mathematischen Inkonsistenz rügte BOSCOVIC die Annahme eines Gravitationsfluidums als "hypothèse purement arbitraire". Da nach LESAGE die Mehrzahl der "corpuscules gravifiques" überhaupt niemals mit Materie zusammenstoßen soll, erschien ihm das Ökonomieprinzip verletzt, denn es sei "trop peu naturel d'employer une multitude immense de mouvemens inutiles, pour produire ce petit nombre de mouvemens qu'il s'agit d'expliquer."[185]

BOSCOVIC und LESAGE verband zwar die reduktionistische Intention, ein universelles Kraftgesetz zu finden, das alle Phänomene der Natur zu beschreiben vermag. Unabhängig voneinander waren sie zu verschiedenen Vorschlägen bezüglich der Kraftfunktion gekommen. Während aber BOSCOVIC mit Abstraktionen wie punktförmigen Atomen und fernwirkenden Kräften operierte und diese für mathematische "Repräsentationen" der Natur, nicht aber für "wirklich" im ontologischen Sinne hielt, rückte LESAGE "reale" Mechanismen in den Vordergrund: Kräfte waren für ihn keine Ursachen, sondern vielmehr Wirkungen real existierender Fluida. Kräfte treten für LESAGE nur dort auf, wo ihr spezifischer, substantieller "Träger", das Fluidum, vorhanden ist. Um dennoch nicht - wie viele Zeitgenossen - einer ungehemmten "Multiplizierung" der Fluida zu verfallen, die dem reduktionistischen Auftrag NEWTONs widersprochen hätte,

---

183/ BOSCOVIC 1966, S. 71 (§ 171).

184/ Bereits 1763 hatte LESAGE (mit Schreiben vom 20. September) seinen "Essai de chymie méchanique" sowie sein "Kraftgesetz" BOSCOVIC zur Kritik unterbreitet. Die sich daraus entwickelnde Korrespondenz spiegelt ihre grundlegenden Differenzen: sie besteht aus sechs Briefen LESAGEs (20. Sept. 1763; 17. Dez. 1765; 11. April 1766; 30. Mai 1766; 22. Juni 1771; 8. Mai 1772 = "L1-L6") und drei lateinisch abgefaßten Antworten von BOSCOVIC (14. Jan. 1764; 7. Mai 1766; 13. Juli 1771 = "B1-B3") und ist bisher nur fragmentarisch ediert: "B1", "L4", "L5", "B3" und "L6" in Auszügen in PREVOST 1805/a, S. 350-362. "L5" und "L6" komplett in VARICAK 1912. Regesten der gesamten Korrespondenz gibt COSTABEL 1963. Offensichtlich war COSTABEL aber die Publikation bei PREVOST 1805/a unbekannt.

185/ BOSCOVIC an LESAGE, Brief, 13. Juli 1771 ("B3"), zit. n. PREVOST 1805/a, S. 358.

nahm LESAGE eine "Hierarchie der Fluida" an, die es erlaubte, die Bewegung jedes Fluidums (und damit alle Kräfte) schrittweise auf eine letzte, im "fluide gravifique" vermutete Antriebsursache zurückzuführen. Die mathematische Repräsentation bildete demgegenüber eine "cura posterior": das Kraftgesetz wurde gleichsam im Nachhinein der mechanischen Erklärung aufgepfropft, um den Ansprüchen newtonischer Wissenschaft zu genügen.

So standen sich hier zwei "Lösungen" für das von NEWTON formulierten Forschungsprogramm gleichsam polar gegenüber: die "homogene", weil eine einheitliche Materie- und Kraftvorstellung voraussetzende Version BOSCOVICs, die alle Wirkungen, also auch den Stoß, auf fernwirkende, in einem kontinuierlichen funktionalen Zusammenhang stehende Anziehungs- und Abstoßungskräfte zurückzuführen trachtete, und die "inhomogene", weil auf einer Hierarchie wirkungsvermittelnder Fluida beruhende Version LESAGEs, die genau die umgekehrte Intention verfolgte.[186] BOSCOVIC stand vor dem Problem, den Verlauf seiner komplizierten Kraftfunktion nicht genauer bestimmen zu können; LESAGE grübelte über den Details der Interaktionen seiner primären, sekundären und tertiären Fluida. Beide "Theorien" blieben spekulativer Entwurf: es fehlte ihnen die Fähigkeit zu experimentell überprüfbaren Prognosen. Das gemeinsame Ziel einer Zurückführung der Naturphänomene auf ein einheitliches Wirkungsprinzip war unerreicht, als sich PREVOST anschickte, das Werk LESAGEs zu vollenden.

2.5 Zusammenfassung

In Genf wurde das Newtonsche Werk vergleichsweise schnell und zustimmend aufgenommen. Die besondere kulturelle Affinität zwischen Genf und Großbritannien hatte eine außerordentliche Aufgeschlossenheit der Genfer Kultur allem Britischen gegenüber zur Folge. In diesem soziokulturellen Rahmen muß die prinzipiell positive Reaktion der Genfer auf die Newtonsche Physik gesehen werden. Philosophen wie LESAGE d.Ä., TURRETTINI, FATIO, CRAMER und JALLABERT, die direkt oder mittelbar zur Etablierung der Newtonschen Physik in Genf beitrugen, hatten sämtlich durch längere Aufenthalte in England Gelegenheit gehabt, die neue Naturphilosophie "vor Ort" kennenzulernen. Darüber-

[186]/ Zur Terminologie "homogen/inhomogen" s. HEILBRON 1982, S. 57-63.

hinaus herrschte an der Genfer Académie zu Beginn des 18. Jahrhunderts ein undogmatisches Klima: der von CHOUET an die Akademie gebrachte Cartesianismus hatte sich nie zu einem starren System universaler Naturerklärung verfestigen können. LEGER und GAUTIER zeigten sich britischen Einflüssen gegenüber offen. Korpuskulares Denken, repräsentiert vor allem durch die Werke Robert BOYLEs und GASSENDIs, war in Genf zu dieser Zeit präsent.

Während die britischen und französischen Epigonen NEWTONs das "hypotheses non fingo" ihres Meisters als methodologischen Imperativ interpretierten, die spekulativen bzw. physikotheologischen Elemente seines Denkens leugneten und damit NEWTON ein verklärendes "marble image" (HALL) verliehen, knüpften die Genfer bewußt an NEWTONs Spekulationen an. Die angestrebte Überschreitung mathematisch-abstrakter Theoriebildung erschien ihnen als von NEWTON selbst intendiert, aber lediglich nicht mehr durchgeführt. Denn NEWTON hatte es zeitlebens abgelehnt, die Gravitationsanziehung als eine primäre und irreduzible Qualität der Materie zu betrachten. Die Frage nach deren letzter Ursache hatte er jedoch nie definitiv zu entscheiden vermocht. Daß diese Frage nicht "metaphysisch" im Sinne eines ständigen und direkten Eingriffs GOTTES beantwortet werden konnte, stand für die Genfer allerdings außer Zweifel, hatte doch die Genfer Aufklärung die voluntaristischen Positionen des orthodoxen Calvinismus gerade erst überwunden. Das Fragen nach "letzten Ursachen" aber war im Rahmen des seit TURRETTINI an der Akademie etablierten physikotheologischen Denkens, das eine Widerspruchsfreiheit zwischen theologischen und naturphilosophischen Inhalten anstrebte, erneut legitimiert.

Die Genfer weigerten sich beharrlich, die kausal-agnostische (früh-positivistische) Interpretation des Newtonschen Oeuvres mit dem ihr immanenten Begriff der Fernwirkung von den Epigonen NEWTONs zu übernehmen. Der von "orthodoxen" Newtonianern propagierte Kraftbegriff wurde als "metaphysisch", weil irreduzibel, abgelehnt. Während also der mathematische Formalismus der Newtonschen Mechanik akzeptiert und weiterentwickelt wurde, beharrte man darauf, daß die mathematische Naturbeschreibung NEWTONs durch eine physikalisch-mechanische Ursachenerklärung ergänzt werden müsse. Hier kam vermutlich die cartesianische Physik zur Wirkung: "... während NEWTONs mathematische Analyse zwar zeigte, daß die cartesischen Hypothesen zur Erklärung von Schwerkraft, Licht, Magnetismus und so fort völlig irrig waren, so beseitigte sie doch nicht das Bedürfnis nach solchen Hypothesen." (HALL 1963, S. 147). Um dieses Bedürfnis im Einklang mit der Newtonischen Physik zu erfüllen wurde der Plenismus DESCARTES' durch eine atomistische Konzeption der Materie im Sinne NEWTONs ersetzt und mit dem cartesischen Impulsionsprinzip verknüpft. Damit begannen die Unterschiede zwischen Cartesianismus und Newtonianismus zu verschwimmen: es entstand eine "synkretistische" Version des Newtonianismus, die als charakteristisch für die "Genfer Schule" bezeichnet werden kann. Letztlich kann damit DESCARTES als "wirkender Erzeuger des kinetischen Atomismus" (HALL) aufgefaßt werden.

Ziel der Genfer Schule war es also, die von den "orthodoxen" Newtonianern gezogene, aber NEWTON zugeschriebene Grenze des Fragens zu überschreiten. Der Unterschied zur "orthodoxen" Newton-Rezeption läßt sich vielleicht mit dem Gegensatz von Resignation und Hoffnung illustrieren: während "orthodoxe" Newtonianer von der Unzugänglichkeit und Bedeutungslosigkeit der "letzten Ursachen" überzeugt waren, hielt die korpuskular-mechanische Genfer Schule die Hoffnung aufrecht, durch spekulatives Raisonnement zu ihnen vordringen zu können. Wie wir gezeigt haben, gab es in NEWTONs Oeuvre genügend Hinweise, die einen derartigen Ansatz als von ihm selbst intendiert, aber nicht durchgeführt erscheinen ließen. Diese wurden als Anknüpfungspunkte genutzt.

Die von Georges-Louis LESAGE vorgelegte Gravitationstheorie stellt einen solchen korpuskular-mechanischen Lösungsversuch dar. Demnach hat GOTT zu Beginn der Schöpfung, also ein- für allemal, ein Reservoir ursächlicher korpuskularer Partikel angelegt, aus dem sich der Basismechanismus der Natur, die Gravitation, beständig regeneriert. Damit hat ER für die Aufrechterhaltung der Naturmaschine Sorge getragen, gleichzeitig aber der Natur ihre mechanische Autonomie belassen. Mit dieser Auffassung versucht LESAGE zwischen den Extremen, dem Voluntarismus NEWTONs einerseits und dem Determinismus der Aufklärung andererseits, zu vermitteln. Es kann aufgrund des Dargelegten keinen Zweifel geben, daß sich LESAGE selbst als Erbe NEWTONs verstand. Sein Ziel war die Realisierung des von NEWTON skizzierten Forschungsprogramms. Ob dieses Ziel mit der von ihm ausschließlich verfolgten Methode korpuskularer Spekulation allerdings erreicht werden konnte, wird im nächsten Kapitel anhand der Arbeiten seines Schülers PREVOST zu untersuchen sein.

KAPITEL 3:

GESTUS VERSUS SUBSTANZ - WISSENSCHAFTSSTILE IM KONFLIKT

> La fabrique toute entière est ici dans la tête, dans l'imagination fertile du physicien; car ses sens l'abandonnent dès les premiers pas qu'il hasarde dans l'abîme des causes.
>
> Anonymer Kritiker 1818

> Si j'y ai réussi, il est superflu de répondre plus amplement à ceux qui disent que j'ai perdu mon temps. Si je n'y ai pas réussi, qu'ai-je à dire?
>
> PREVOSTs Antwort 1818

3.0 Vorbemerkung

Der spezifische Wissenschaftsstil der Genfer Schule, der seinen vollkommensten Ausdruck in der Naturphilosophie des Georges-Louis LESAGE gefunden hatte, wurde von seinem Schüler PREVOST übernommen in der Absicht, das unvollendet gebliebene Werk seines Meisters zu Ende zu führen. Anders als LESAGE sah sich PREVOST jedoch einer verstärkten Konkurrenz gegenüber: die von der analytischen französischen Schule entwickelte frühpositivistische Methodologie der Wissenschaft begann gegen Ende des 18. Jahrhunderts ihre große Serie von Erfolgen, die zur Entstehung der "neuen Physik" führen sollte. PREVOST stand vor der Aufgabe, die Methodologie LESAGEs in Konkurrenz zur französischen Schule an denselben Problemen zu erproben, die aus der Krise der Physik der Imponderabilien resultierten. Im Folgenden soll anhand der Arbeiten auf den Gebieten Magnetismus und Optik untersucht werden, welcher Erfolg PREVOST mit seinem Unternehmen beschieden war. Das Gebiet der Theorie der Wärme wird wegen seiner besonderen Bedeutung im vierten Kapitel behandelt werden.

3.1 Magnetismus

Eines der großen ungelösten Probleme Newtonischer Physik im 18. Jahrhundert war die Frage nach dem Kraftgesetz des Magnetismus. NEWTON hatte 1713 die Vermutung ausgesprochen, die magnetische Kraft sei näherungsweise der dritten Potenz des Abstands umgekehrt proportional.[1] Newton-Schüler wie Francis HAUKSBEE, Brook TAYLOR sowie Pieter van MUSSCHENBROEK hatten sich daraufhin vergeblich bemüht, das Gesetz experimentell zu bestimmen.[2] Ein ingeniöser, aber wenig beachteter Versuch zu einer theoretischen Herleitung stammte von LESAGEs Lehrer an der Genfer Académie, Jean-Louis CALANDRINI. Dieser kam, indem er die Ablenkung einer Magnetnadel für einen großen Abstand zwischen deren Mittelpunkt und dem Magneten berechnete, zu

---

1/ Principia Buch III, Prop. VI, Coroll. V. In der Erstausgabe von 1687 findet sich die Bemerkung unter Coroll. IV, wo es noch unschärfer heißt: "Estque vis magnetica (...) in recessu verò à magnete decrescit in ratione distantiae plusquam duplicata..." (NEWTON 1687, S. 411).

2/ HEILBRON 1982, S. 79-89.

dem Schluß, daß NEWTONs "Gesetz" korrekt sei.[3] CALANDRINI übersah dabei jedoch, daß es sich keineswegs um das elementare Gesetz handeln konnte, da er nicht die Wirkung eines Magnetpoles, sondern die kollektive Wirkung beider Magnetpole für große Abstände berechnet hatte.[4] In Bezug auf theoretische Ansätze zur Erklärung der magnetischen Kraft waren selbst die "orthodoxen" Newtonianer den Cartesianischen Erklärungsmodellen verpflichtet geblieben, da ihr Meister sie in diesem Punkt im Stich gelassen hatte.[5] So mußte eine theoretische Begründung bzw. experimentelle Herleitung des magnetischen Kraftgesetzes auch für LESAGE eine Herausforderung darstellen, wollte er seinen Anspruch, ein umfassendes System der Naturkräfte erdacht zu haben, aufrechterhalten. Wie oben gezeigt, fehlt der Magnetismus aber in seinen Schriften von 1758 und 1764.[6] Was lag daher näher für ihn, dessen physische und intellektuelle Kräfte bereits nachzulassen begannen,[7] als einen begabten Schüler wie PREVOST auf dieses Problem, mit dessen experimenteller und theoretischer Bewältigung noch wissenschaftliche Lorbeeren zu ernten waren, anzusetzen? Die von PREVOST erdachte Theorie des Magnetismus sollte zu konkreten Prognosen führen und damit zu einem Prüfstein für die Leistungsfähigkeit des Lesageschen Gedankengebäudes werden.

3.1.1 Magnetismustheorien um 1780

Die Anstöße zur Entwicklung der magnetischen Theorie kamen im 18. Jahrhundert durchweg von der Theorie der Elektrizität. Da magnetische Phänomene weit weniger spektakulär als elektrische waren, war das Interesse daran auch weit geringer und der Zuwachs an neuen Erkenntnissen entsprechend langsamer.

3/ In einer kommentierenden Fußnote in der Genfer Ausgabe der "Principia"; s. NEWTON 1739-1742, III (1742), S. 39-42.

4/ Für eine detaillierte Würdigung s. PALTER 1972.

5/ S. dazu ausführlich HOME 1977.

6/ Vgl. Kap. 2.4.4.

7/ Seinen Beschwerden (Schlaflosigkeit, Gedächtnisschwäche, Gedankenflucht, nervöse Erschöpfung) verlieh LESAGE in seinen Briefen immer wieder Ausdruck; vgl. z.B. den Brief an BOSCOVIC ("L6") vom 8. Mai 1772, abgedruckt bei VARICAK 1912, S. 212-216. Fast die Hälfte des Schreibens ist der Schilderung seiner Gesundheit gewidmet.

Die Theorie der Elektrizität übernahm damit für diejenige des Magnetismus eine Vorreiterrolle.

Im Oktober 1746 hatte William WATSON (1715-1787) vor der Royal Society seine Hypothese vorgetragen, nach der beim Laden und Entladen einer Leydenerflasche elektrisches Fluidum weder erzeugt noch vernichtet, sondern lediglich übertragen wird. Alle Körper sollen nach WATSON im neutralen Zustand einen natürlichen Vorrat des elektrischen Fluidums besitzen. Der Vorgang des Ladens besteht demnach in der Ansammlung eines Überschusses an elektrischem Fluidum auf Kosten eines anderen Körpers, der dadurch in den Zustand des Elektrizitätsmangels überführt wird.[8]

Unabhängig von und kurz nach WATSON kam Benjamin FRANKLIN (1706-1790) zur gleichen Hypothese, die er zur unitaren Theorie der Elektrizität ausbaute. FRANKLIN nahm an, daß sich die Teilchen des elektrischen Fluidums untereinander abstoßen und von den Teilchen gewöhnlicher Materie angezogen werden. Bei der Deutung der kapazitiven Wirkung der Leydenerflasche ging FRANKLIN erstmals davon aus, daß Glas für Elektrizität impermeabel ist.[9] Der beim Laden der Flasche auf die äußere Belegung gebrachte Elektrizitätsüberschuß übt durch das Glas hindurch auf das Elektrizitätsfluidum des inneren Belages eine Abstoßung aus, wodurch eine entsprechende Menge von ihm vertrieben wird und ein korrespondierender Elektrizitätsmangel entsteht. Die so von Elektrizität befreite Materie des inneren Belages bindet wiederum qua Anziehung durch das Glas hindurch den Elektrizitätsüberschuß auf der äußeren Belegung. FRANKLINs Erklärung markiert damit den Eintritt Newtonischer Anziehungs- und Abstoßungskräfte in die Theorie der Elektrizität.[10]

8/ William WATSON: Experiments and Observations tending to illustrate the Nature and Properties of Electricity, London 1746. (Nachdruck von Briefen, die zuerst in den Phil. Trans. London 43 (1745), 481-501 und 44 (1746), 41-50 erschienen).

9/ Das als "Elektrikum" bezeichnete Glas wurde als für elektrische Effluvia durchlässig betrachtet. Diese Doktrin behinderte entscheidend das Verständnis des Leydener Experiments; s. HEILBRON 1979, S. 309-316.

10/ Vgl. WHITTAKER 1910 (Repr. 1973), S. 46-47.

Obgleich FRANKLIN hier bereits so etwas wie eine elektrische Fernwirkung postulierte, hielt er dennoch an der Doktrin der elektrischen "Effluvia" fest. Ein Elektrizitätsüberschuß soll sich auf der Oberfläche eines Körpers anhäufen und eine effluviale elektrische "Atmosphäre" um den Körper herum bilden. Daraus folgt aber, daß nur Körper mit Elektrizitätsüberschuß sich gegenseitig abstoßen können, solche mit Elektrizitätsmangel dagegen nicht, da sie keine elektrische Atmosphäre besitzen und die von elektrischem Fluidum befreite Materie untereinander keine Kräfte ausübt.

Dieser offensichtliche Widerspruch zur experimentellen Erfahrung veranlaßte Franz Ulrich Theodor AEPINUS (1724-1802) dazu, die unitare Theorie zu einer konsequenten Fernwirkungstheorie weiterzuentwickeln. An die Stelle der effluvialen Atmosphäre setzte AEPINUS die Vorstellung eines immateriellen Wirkungskreises, der Körper mit Elektrizitätsmangel und Elektrizitätsüberschuß gleichermaßen umgibt, da sich auch die von elektrischem Fluidum entblößten Materieteilchen (matière propre) untereinander abstoßen müssen.[11]

Die Entdeckung, daß sich ein erhitzter Turmalinkristall elektrisch polarisiert, brachte AEPINUS dazu, seine Theorie qua Analogieschluß auf den Magnetismus auszudehnen. Die Pole eines Magneten sollten wie im Turmalin, dem "Elektreten", durch Mangel respektive Überschuß eines magnetischen Fluidums gebildet werden.[12] Den ersten Bericht über seine Entdeckung lieferte AEPINUS 1758 vor der Petersburger Akademie.[13] Darin rechtfertigt er ausführlich die Annahme fernwirkender Kräfte:

> Sonder Zweifel werden sich die meisten (...) daran stoßen, daß ich mich unterstehe, die elektrischen Erscheinungen auf die anziehende und zurückstoßende Kraft zu bringen. Denn diese Kräfte werden von den meisten unter die sogenannten dunklen Kräfte gerechnet. Ich halte aber diese Beschuldigung für sehr unbillig. Denn es giebt wirklich in der Natur dergleichen anziehende und zurückstoßende Kräfte, und sie sind gleichsam die

---

11/ Mit Hilfe des Fernwirkungskonzeptes und unter Annahme der Beweglichkeit des elektrischen Fluidums im Leiter erklärte AEPINUS das Influenzphänomen; vgl. dazu HOFFMANN 1979.

12/ HOME 1976.

13/ F.U.T. AEPINUS: Sermo academicus de similitudine vis electricae atque magneticae, Petropolis (d.i. Petersburg) 1759. Deutsch u.d.T.: Akademische Rede von der Aehnlichkeit der elektrischen und magnetischen Kraft, Leipzig 1760.

> ersten und Grundkräfte, deren Ursache wir zwar nicht wissen, von denen aber (...) unzählige Erscheinungen abhängen. Ich sehe nicht, worinnen derjenige fehlet, welcher die Erscheinungen auf erstere und Grundkräfte bringet: wenn gleich die Entstehung dieser Kräfte noch unbekannt ist.[14]

Dieses Bekenntnis zum kausalen Agnostizismus zeigt, daß AEPINUS die Prinzipien der Newtonischen Wissenschaft in die Theorie des Magnetismus einzuführen gedachte: sein Ziel war eine präzise mathematische Theorie, die sich durch eine korrekte Beschreibung der Phänomene und prognostische Potenz rechtfertigt.[15] Mit AEPINUS fand die Methodologie des "orthodoxen" Newtonianismus auf einem der aktuellsten Problemfelder der Physik des 18. Jahrhunderts Anwendung.[16]

Parallel zu der Weiterentwicklung der unitaren Theorie durch AEPINUS entstand ein alternatives theoretisches Konzept der Elektrizität: die Zwei-Fluida-Theorie des Engländers Robert SYMMER (1707-1763). SYMMER hatte seine Theorie, mit der er an die von Charles DUFAY (1698-1739) entwickelten Vorstellungen einer Harz- und einer Glaselektrizität anknüpfte, 1759 veröffentlicht.[17] SYMMER war durch Experimente mit Seidenstrümpfen zu der Überzeugung gekommen, "that the Principle of Electricity consisted of two distinct and counteracting powers, which produced all the Phenomena of Electricity."[18]

14/ AEPINUS 1760, S. 41-42.

15/ AEPINUS lieferte sie mit seinem Tentamen Theoriae Electricitatis et Magnetismi, Petropolis 1759. Dieses Werk stellt den ersten systematischen Versuch einer mathematischen Behandlung von Elektrizität und Magnetismus dar. Das Ausmaß der Mathematisierung war derart ungewöhnlich, daß René-Just HAÜY eine leichter lesbare, von mathematischem Ballast befreite Übersetzung herausgab: Exposition raisonnée de la théorie de l'électricité et du magnétisme d'après les principes de M. Aepinus, Paris 1787. Diese wiederum bildete die Grundlage der deutschen Ausgabe : Darstellung der Theorie der Elektricität und des Magnetismus nach den Grundsätzen des Herrn Aepinus, aus dem Französischen übersetzt und mit Anmerkungen begleitet von Karl MURHARD, Altenburg 1801. Eine englische Übersetzung des Originals lieferte R.W. HOME: Aepinus Essay on the Theory of Electricity and Magnetism, with introductory monograph and notes by ..., Princeton 1979.

16/ Bis dato waren auch in Kreisen von NEWTON-Anhängern hier cartesianische Vorstellungen vorherrschend gewesen; s. HOME 1977.

17/ Robert SYMMER: New Experiments and Observations Concerning Electricity, in Phil.Trans. London 51 (1759), 340-347; 348-358; 359-370; 371-389.

Während SYMMERs Vorstellungen von den Frankliniten in England weitgehend abgelehnt wurden, fanden sie auf dem europäischen Kontinent interessierte Aufnahme. Besonders der einflußreiche NOLLET (1700-1770) und dessen Anhänger, zu denen an prominenter Stelle der Genfer Jean JALLABERT (1712-1767) gehörte,[19] trugen zur Verbreitung der dualistischen Vorstellungen SYMMERs bei. Sie sahen in ihnen eine Bestätigung von NOLLETs Theorie der "effluence" und "affluence", die ihnen die dringend benötigten Argumente im Kampf gegen die Franklinisten lieferte.[20] Hatte SYMMER noch einen "orthodox" newtonianischen Standpunkt vertreten, indem er vor Hypothesen über die Ursachen seiner fernwirkenden "counter-acting powers" zurückschreckte, wurden diese von NOLLET durch zwei distinkte Fluida ersetzt.[21]

Die "Anwendung" der dualistischen Theorie auf den Magnetismus ließ nicht lange auf sich warten. Bereits 1765 erschienen die "Tentamina philosophica de materia magnetica" des Holländers Anton BRUGMANS (1732-1789).[22] BRUGMANS versuchte darin eine stoffliche dualistische Theorie des Magnetismus zu entwickeln. Er verglich das Eisen mit einem Schwamm, der stets mit magnetischem Fluidum gesättigt ist. Durch die Einwirkung eines Magnets kann dieses Fluidum in "Teilfluida" zerlegt werden:

> Meine Meynung ist also diese (...), daß die Wirkungen der besondern Pole von einer besondern Materie, oder feinen Flüßigkeit abhängen; und daß also die Materie, die wir die magnetische nennen, aus zwey sehr feinen Flüßigkeiten zusammengesetzt sey, von denen eine durch ihre Anhäufung an einem Theile des Magnets den Nordpol, die andre aber, die sich an dem übrigen Theil ansammlet, den Südpol ausmacht.[23]

18/ SYMMER an MITCHELL, Brief, 12. Februar 1760; zit. n. HEILBRON 1976.

19/ JALLABERT (1712-1767) lehrte von 1737 bis 1757 an der Genfer Académie Mathematik und Naturphilosophie; vgl. WOLF Biographien, IV, S. 149-160; sowie Kap. 2.3.3. Zur Beziehung NOLLET-JALLABERT s. BENGUIGUI 1984. -

20/ Vgl. HEILBRON 1979, S. 433-437.

21/ HEILBRON 1979, S. 280-289.

22/ Anton BRUGMANS: Philosophische Versuche über die magnetische Materie, und deren Wirkung in Eisen und Magnet. Aus d. Lat. übers. u. m. Anmerk. und Zusätzen d. Herrn Verfassers vermehrt, hrsg. v. Christian Gotthold ESCHENBACH, Leipzig 1784.

23/ BRUGMANS 1784, S. 120-121.

Magnetische Anziehung and Abstoßung entstehen nach BRUGMANS durch die stofflichen "Atmosphären", die von den Fluida außerhalb des Magneten gebildet werden: "So werden sich also die ungleichnamigen Pole der Magnete anzuziehen scheinen, ob sie gleich, eigentlich zu reden, von der elastischen Kraft der feinen Materie gegen einander getrieben werden."[24] Grundlage der Erklärung ist also bei BRUGMANS wieder das altbekannte und bewährte Impulsionsprinzip. Kurz nach BRUGMANS kam auch der Schwede Johan Carl WILCKE (1732-1796) zu einer fast identischen Theorie des Magnetismus, die er 1766 der Königlichen Akademie in Stockholm vortrug. Im Gegensatz zu BRUGMANS sprach WILCKE von einem positiven und einem negativen Teilfluidum.[25]

Die Zwei-Fluida-Theorie gewann gegenüber der unitaren Theorie des AEPINUS schnell die Oberhand. Dafür gibt es mehrere Gründe. AEPINUS war von der unanschaulichen Fernwirkung ausgegangen, während BRUGMANS auf das anschauliche Impulsionsprinzip zurückgriff. Darüberhinaus war AEPINUS gezwungen gewesen, zur Erklärung desjenigen Pols, der durch "Mangel" an magnetischem Fluidum entsteht, eine repulsive Kraft anzunehmen, die zwischen den von magnetischem Fluidum entblößten Materieteilchen des Magneten wirkt. Diese Annahme schien mit der mechanischen Festigkeit des Magnets unvereinbar. Dieses Problem konnte BRUGMANS ausräumen, indem er die Abstoßung dem zweiten Teilfluidum übertrug. Die der Zwei-Fluida-Theorie zugrundeliegende Vorstellung, das elektrische bzw. magnetische Fluidum bestehe aus zwei Teilfluida, die sich solange gegenseitig kompensieren, wie nicht durch eine äußere Ursache ihre Trennung bewirkt wird, wurde zudem durch chemische Analogien begünstigt. So verglich der Chemiker Tobern Olof BERGMAN (1735-1784) die aus der Kombination der elektrischen Teilfluida gebildete Materie mit einem neutralen Salz.[26] Der Arzt Christian Gottlieb KRATZENSTEIN (1723-1795) identifizierte die Teilfluida der Elektrizität mit "acidum" und "Phlogiston".[27] Die Zwei-Fluida-Theorie schien somit eine Zurückführung der elektrischen bzw. ma-

---

24/ BRUGMANS 1784, S. 143.

25/ J.C. WILCKE: Abhandlung von der Erregung der magnetischen Kraft durch die Elektricität, in Abhandlungen der Königlichen Schwedischen Akademie der Wissenschaften 28 (1766), 306-327.

26/ DAUJAT 1945, S. 491.

27/ SNORRASON 1974, S. 61 u. 111.

gnetischen Fluida bzw. ihrer Bestandteile auf bereits bekannte Fluida zu erlauben und kam damit dem zeitgenössischen Bestreben entgegen, der ungehemmten "Multiplizierung der Fluida" durch Reduktion entgegenzuwirken.[28]

3.1.2 Prevosts Magnetismustheorie

Nach dem im vorangegangenen Abschnitt Dargelegten ist es nicht überraschend, daß PREVOST der Zwei-Fluida-Theorie den Vorzug gab.[29] Die geschilderten Vorteile ließen es aussichtsreich erscheinen, die Theorie des Magnetismus durch eine Weiterentwicklung der Zwei-Fluida-Theorie in das System LESAGEs integrieren zu können. Das Resultat seiner Bemühungen konnte er 1788 der Öffentlichkeit vorlegen: "De l'origine des forces magnétiques."[30] Schon der Titel macht deutlich, was hier geleistet werden soll: eine kausale Begründung der magnetischen Phänomene.[31] Daß es sich dabei nach PREVOSTs Ansicht um ein Desiderat der zeitgenössischen Physik handelt, wird in der Vorrede unterstrichen:

> M. Aepinus a produit dans la théorie du magnétisme une révolution qu'on peut comparer à celle que Newton a opérée dans la physique générale. Newton n'employa qu'un principe pour expliquer les lois de la nature, et ce principe fut la borne qu'il posa lui-même à ses recherches. M. Aepinus emploie un principe analogue pour expliquer les lois du magnétisme, et content de subordonner ce principe à celui que Newton avoit découvert, il s'arrête, comme lui, à ce terme et ne s'efforce pas de le franchir. Cette marche porte l'empreinte du génie, et ce n'est qu'avec une extrême circonspection qu'il est permis de s'en écarter.[32]

28/ Die Vereinheitlichungstendenzen in der Physik der Imponderabilien hatten ein wachsendes Interesse an "dualistischen Entwürfen" zur Folge; vgl. RÜGER 1985.

29/ Zumal da sich auch LESAGE positiv über NOLLETs dualistische Theorie geäußert hatte; vgl. PREVOST 1805/a, S. 254.

30/ Seine Beschäftigung mit dem Problem des Magnetismus hatte PREVOST mit einem ausführlichen Literaturstudium begonnen. Dies geht aus Titellisten hervor, die sich in seinem Handexemplar von De l'origine.. (MHS Sign. Z 181) finden.

31/ Der Titel dürfte in bewußter Anlehnung an LESAGE ("De l'origine des forces mortes", 1748) und EULER ("Recherches sur l'origine des forces", in MARS Berlin 1750 (publ. 1752), 419-447) gewählt worden sein.

32/ PREVOST 1788/a, préface, S. v.

Unbeschadet der großen Wertschätzung, die er den Leistungen der "Revolutionäre" NEWTON und AEPINUS entgegenbringt, sieht PREVOST doch die Zeit gekommen, die genannte Grenze zu überschreiten und zu einer kausalen Erklärung vorzudringen. Die dazu geeigneten Hilfsmittel werden durch die Physik LESAGEs bereitgestellt.[33]

PREVOST teilt sein theoretisches Unternehmen in zwei Abschnitte: zunächst werden die Grundlagen der mathematischen Theorie (principes dynamiques) dargelegt, die anschließend durch die Prinzipien der mechanischen Physik LESAGEs (principes physiques) ihre kausale Begründung erfahren. Interessanterweise soll dieser begründende Teil aber nicht konstitutiv für die Theorie selbst sein: wer die Physik LESAGEs nicht möge, so PREVOST, könne dieses Kapitel überschlagen. Seine Theorie werde dadurch nicht weniger aussagefähig, da die "principes dynamiques" in ihrer Einfachheit unmittelbar einsichtig seien und aufgrund ihres quasi-axiomatischen Charakters auch keiner weiteren Begründung bedürften. Auf diesen signifikanten Widerspruch in der Argumentation PREVOSTs wird noch einzugehen sein.[34] Zunächst soll die Theorie referiert werden, um ihre Qualität anhand empirischer Probleme beurteilen zu können.

PREVOST beginnt in formaler Analogie zur Gravitationstheorie NEWTONs, indem er von der Existenz von Zentralkräften ausgeht und deren Kraftzentren mit den Massenschwerpunkten identifiziert.[35] Er betrachtet eine homogene Verteilung von zwei Sorten punktförmiger, massengleicher Korpuskeln (A,B). Die Anziehungskräfte zwischen den Korpuskeln sollen nach einem inversen Abstandsgesetz variieren, wobei die Gültigkeit des $1/r^2$-Gesetzes vorausgesetzt wird.[36]

33/ PREVOST 1788/a, préface, S. xxi-xxii.

34/ Für mögliche Motive dieser "camouflage" s. Kap. 3.3.1.

35/ Dazu zog PREVOST immer wieder die Principia heran, wie die Annotationen in seinem Handexemplar belegen. Die Zitate konzentrieren sich auf Buch I (De motu corporum), und dort besonders auf die Sectiones XII-XIV, in denen NEWTON die Gravitationsanziehungen berechnet, die von Massenverteilungen verschiedener geometrischer Form auf einen Probekörper ausgeübt werden; angegeben ist die Pagina von MHS Z 181, dahinter die zitierte Stelle (Liber, propositio): 49a(I,83); 111a(I,96); 112b(I,10-12); 198b(I,90); 208b(I,92); 214b(III,6); 220b(I,87); 236b(III,37).

36/ PREVOST konnte sich aber, da das Abstandsgesetz der magnetischen Kraft zur Zeit der Abfassung seiner Theorie noch nicht experimentell bestätigt war, nicht definitiv festlegen. So behauptet er, daß seine Theorie mit leichten Mo-

Zwischen den identischen Korpuskeln eines Fluidums (A,A oder B,B) wirkt statt einer Abstoßungkraft eine Anziehungskraft b, die geringer ist als die Anziehungskraft a, die zwei verschiedenartige Korpuskeln der beiden Fluida (A,B oder B,A) aufeinander ausüben.[37]

Die Korpuskeln werden als Elemente, eine Verbindung aus zwei Elementen wird als Molekül bezeichnet. Sind beide Elemente eines Moleküls gleich, so ist es "rein" (pure); sind sie dagegen verschieden, so ist das Molekül "gemischt" (mixte). Eine Ansammlung von Elementen oder Molekülen bildet ein Fluidum (fluide). Besteht dieses wiederum aus gleichen Elementen oder Molekülen, so ist es seinerseits "rein", andernfalls "gemischt". Ein reines Fluidum aus gemischten Molekülen ist ein kombiniertes Fluidum (fluide combiné).[38] Von dieser Art ist das magnetische Fluidum. Es setzt sich aus den Teilfluida A und B zusammen, die wiederum aus reinen Molekülen AA bzw. BB bestehen.

PREVOST betrachtet in den "Principes dynamiques" nicht die Wechselwirkung zweier Moleküle, sondern stattdessen stets die Kräfte, die in einer linearen Anordnung dreier Moleküle von den beiden äußeren auf das mittlere ausgeübt werden.[39] Wird beispielsweise eine lineare Anordnung von drei Molekülen betrachtet, wobei das linke und das mittlere reine, aber verschiedene Moleküle sind, das rechte aber aus der kombinierten Flüssigkeit stammt (AA, BB, AB), so überwiegt die Anziehungskraft zwischen AA und BB (=2a) diejenige zwischen BB und AB (=a+b), das Resultat ist demnach Anziehung zwischen AA und BB mit der Kraft a-b ("Anziehung zwischen Ungleichnamigen"). Sind das linke und das mittlere Molekül rein, aber gleich (AA, AA, AB), so überwiegt die Anziehung zwischen AA und AB (=a+b) diejenige zwischen AA und AA (=2b), weshalb das mittlere Molekül AA zu AB wandert, also vom linken gleichnamigen Molekül AA mit der Kraft a-b "abgestoßen" wird ("Abstoßung zwischen Gleichnamigen"). Dasgleiche gilt für kugelförmige Verteilungen von je n Molekülen.[40]

difikationen für jedes andere inverse Abstandsgesetz gelten soll, s. PREVOST 1788/a, §§ 27-29, S. 25-32.

37/ PREVOST 1788/a, §§ 2 u. 74.

38/ PREVOST 1788/a, §§ 1-3, S. 1-3.

39/ PREVOST 1788/a, §§ 8-10.

40/ PREVOST 1788/a, §§ 11-12; S. 8-10.

In PREVOSTs Theorie spielt also das kombinierte magnetische Fluidum (AB) die zentrale Rolle. Es ist keineswegs nur in magnetischen Materialien vorhanden, sondern im ungespaltenen Zustand vielmehr "ubiquitär". Diese Ubiquität ist die Voraussetzung dafür, daß das Phänomen der "Abstoßung" erklärbar wird.[41] Nur in magnetisierbaren Materialien kann es durch Einwirkung einer magnetisierenden Ursache in die zwei Teilfluida gespalten werden.[42]

3.1.3 Die Überwindung der Repulsion

PREVOST stellt seine Theorie einem detaillierten Vergleich mit derjenigen des AEPINUS.[43] Dieser Vergleich ist aufschlußreich, da PREVOST seine Theorie bewußt als Alternative zu der unitaren Fernwirkungstheorie des "orthodoxen" Newtonianers AEPINUS konzipiert hat.

Anhand der antagonistischen Kräfte, die auf ein an der Oberfläche des magnetisierten Eisens lokalisiertes Molekül der "fluide combiné" einwirken, demonstriert PREVOST, daß seine Theorie derjenigen des AEPINUS formal gleichwertig ist. Wo bei AEPINUS die Korpuskeln der (einen) magnetischen Flüssigkeit eine abstoßende Kraft "sui generis" _r_ aufeinander ausüben, ist in PREVOSTs Theorie _r_ der Überschuß der Anziehung, die von der _außerhalb_ des Eisens befindlichen "fluide combiné" auf das magnetische Teilfluidum (A) _innerhalb_ des Eisens ausgeübt wird. Wo AEPINUS eine repulsive Kraft zwischen den Molekülen des Eisens selbst annehmen mußte, reicht bei PREVOST der analoge

---

41/ "J'ôte à ces deux fluides (...) toute vertu répulsive. Je substitue à cette vertu l'action de ces mêmes fluides, combinés, remplissant toute l'espace, doués (...) d'une affinité particulière, qui consiste en ce que les molécules de différens fluides s'attirent plus fortement que celles du même fluide." (PREVOST 1788/a, S. 163). Bringt man also zwei Stab-Magnete mit gleichnamigen Polen aneinander, so ergibt sich folgende lineare Verteilung der Fluida: AB (außen), AA, BB, BB, AA, AB (außen). Da die Anziehung zwischen BB und BB schwächer ist als die von AB und AA, die zudem zweimal an den einander abgewandten Polen der Magnete auftritt, werden die Magnete vom äußeren kombinierten Fluidum "auseinandergezogen", wodurch der Eindruck der Abstoßung entsteht.

42/ Weil diesen Materialien eine spezielle Affinität zum magnetischen Fluidum zukommt, die die Spaltung fördert.

43/ PREVOST 1788/a, §§ 101-108, S. 154-173.

Überschuß der Anziehung zum zweiten Teilfluidum (B). Die "Abstoßung" ist nur Schein. An ihre Stelle tritt der Antagonismus zweier entgegengesetzt gerichteter Anziehungskräfte.

Die Tatsache, daß PREVOST den Begriff der Repulsion aufgibt, ist umso bedeutsamer, als eine kausalmechanische Erklärung des Ursprungs der magnetischen Kräfte auf das Impulsionsprinzip zurückgreifen muß. Danach ist es einfacher, die einem "Druck" vergleichbare Repulsion zu erklären als eine Attraktion. Der Verzicht wird aber verständlich, wenn man das Ziel PREVOSTs ins Auge faßt: die Vereinheitlichung der Naturkräfte. Er knüpft dazu an die frühen Newtonianer an, die ebenfalls ohne den Begriff der Repulsion auszukommen und alle Kräfte nach dem Vorbild der Gravitationsanziehung zu formulieren suchten.[44] Auch LESAGE hatte sich bemüht, die Repulsion durch Attraktion zu ersetzen.[45]

Ist die Repulsion eliminiert, muß allein die Attraktion mechanisch, d.h. unter Rückgriff auf das Impulsionsprinzip erklärt werden. Zu beantworten ist die zentrale Frage, weshalb in der "Hierarchie der Anziehungen" die Anziehungskraft zwischen verschiedenen Molekülen (affinité des hétérogènes) diejenige zwischen gleichen (affinité des homogènes) überwiegt. Im System der korpuskularmechanischen Physik wird daraus die Frage, welcher Mechanismus demjenigen der Anziehung zwischen gleichen Molekülen derart entgegenwirken kann, daß verschiedene Moleküle stärker zueinander streben solche von derselben Art. Zur Lösung dieser Aufgabe unternimmt es PREVOST, LESAGEs "Principes physiques" weiterzuentwickeln.

Nach PREVOST liegt die Lösung auf der Hand: da Moleküle expansibler Fluida (ein solches ist auch das magnetische) eine Konkavität aufweisen, erhalten sie durch die Stöße der "corpuscules gravifiques" einen speziellen Antrieb in Richtung der Symmetrieachse jener Konkavität. Andererseits wird aber die "affinité des homogènes" durch die Stöße der vom Molekül nicht transmittierten Korpus-

---

44/ Vgl. HEILBRON 1982, S. 55 zu KEILL, FREIND, 'sGRAVESANDE und PEMBERTON. Die Annahme wird für PREVOST auch dadurch suggestiv, als die Gravitation in Form der "corpuscules gravifiques" den Basismechanismus im System LESAGEs darstellt.

45/ LESAGE (f) 1758, S. 2.

keln des Äthers verursacht. Die Theorie leistet demnach laut PREVOST zweierlei: Eliminierung der Abstoßung sowie Überwindung der Fernwirkung. Ihr Vorzug gegenüber derjenigen des AEPINUS besteht darin, "de reculer un peu les bornes de nos connaissances à cet égard, puisqu'elle substitue des attractions aux répulsions, et même des impulsions aux attractions."[46]

Das Zusammenwirken der antagonistischen Kräfte bleibt jedoch völlig unbestimmt. Die Folge davon ist, daß PREVOST keine Prognose bezüglich des Abstandsgesetzes der magnetischen Kraft aus seiner Theorie ableiten kann.

3.1.4 Das Problem des Abstandsgesetzes

Die Haltung, die PREVOST zum Abstandsgesetz der magnetischen Kraft einnimmt, erscheint zunächst widersprüchlich. Während er einerseits betont, daß seine Theorie für jedes inverse Abstandsgesetz gelten soll (§§ 29, 86) und er darüberhinaus nicht in der Lage ist, aus seinen "Principes physiques" eine Prognose für einen gesetzmäßigen Zusammenhang abzuleiten, so geht er an anderer Stelle von der Gültigkeit des invers-quadratischen Zusammenhangs aus und äußert sich erfreut darüber, daß dieser inzwischen durch die Experimente COULOMBs klar bestätigt worden sei (§§ 77, 115). Die Gründe für diese Haltung sollen im folgenden analysiert werden.

Zwischen 1785 und 1791 veröffentlichte COULOMB (1736-1806) seine berühmt gewordene Folge von sieben Abhandlungen, in denen er die experimentelle Grundlage für die theoretische Erschließung der Elektro- und Magnetostatik lieferte. Die zweite Arbeit der Reihe enthält das herausragendste Ergebnis: die experimentelle Bestätigung des invers-quadratischen Abstandsgesetzes für die elektro- bzw. magnetostatische Kraft (Coulombsches Gesetz).[47] Damit war eine der zentralen Fragen newtonianischer Physik beantwortet: das Gesetz der elek-

---

46/ PREVOST 1788/a, S. 172.

47/ C.A. COULOMB: Sur l'électricité et le magnétisme, deuxième mémoire, où l'on détermine suivant quelles lois le fluide magnétique ainsi que le fluide électrique agissent soit par répulsion, soit par attraction, in MARS Paris 1785 (publ. 1788), 578-611.

tro- bzw. magnetostatischen Kraft muß vollkommen analog zum Newtonschen Gravitationsgesetz formuliert werden.

COULOMBs Erfolg beruhte ganz wesentlich darauf, daß er neben sehr guten Stahlmagneten ein neues empfindliches Meßgerät für kleinste Kräfte, die Torsionswaage, zur Verfügung hatte. Sie war das Resultat seiner langjährigen systematischen Studien zum mechanischen Problem der Torsion, die er 1784 mit der Bekanntgabe des für Metalldrähte gültigen Kraftgesetzes abschließen konnte.[48] COULOMBs Arbeiten zeichnen sich durch langfristig angelegte Planung, systematisches Vorgehen, eine durch detaillierte Versuche entwickelte experimentelle Methodik, durchgreifende Mathematisierung sowie Verzicht auf jegliche spekulative Theoriebildung aus. Sie wurden damit exemplarisch für die Methode eines "Newtonian applied mathematician".[49]

Bei der Abfassung von "De l'origine..." hatte PREVOST Kenntnis von den Experimenten, die COULOMB zur Bestimmung des magnetischen Kraftgesetzes durchgeführt hatte. Er kannte jedoch nicht COULOMBs Originalabhandlung, die erst 1788 erschien. Sie kam ihm erst zu Gesicht, als sein Werk bereits im Druck war, so daß er nur noch mit einer Fußnote reagieren konnte.[50] Seine Kenntnisse bezog PREVOST stattdessen aus HAÜYs 1787 erschienener "Exposition raisonnée de la théorie de l'électricité et du magnétisme".[51]

HAÜYs Bericht ist jedoch wenig geeignet, Zweifler von der experimentellen Verifikation des $1/r^2$-Gesetzes zu überzeugen. Von den drei Verfahren, die COULOMB unabhängig voneinander zur Bestätigung des Abstandsgesetzes verwandte, erwähnt HAÜY nur zwei.[52] Beim Kompensationsverfahren gibt er kei-

---

48/ C.A. COULOMB: Recherches théoriques et expérimentales sur la force de torsion et sur l'élasticité des fils de métal, in MARS Paris 1784 (publ. 1787), 229-269.

49/ Vgl. dazu HEILBRON 1979, S. 95-96; sowie GILLMOR 1971.

50/ PREVOST 1788/a, S. 192 Fußnote A.

51/ PREVOST 1788/a, S. 191: "Ne connaissant encore ses /COULOMBs/ expériences que par l'extrait qu'en a donné M. Haüy ...". - Vgl. dazu HAÜY 1787, S. 183-189.

52/ HAÜY erwähnt die Kompensationsmethode (ein Magnetstab wird in verschiedenen Abständen vom Drehpunkt einer Magnetnadel solange senkrecht zum

nerlei Meßwerte an, sondern behauptet nur eine vollkommene Übereinstimmung von Theorie und Beobachtung.[53] Bei der Schilderung von COULOMBs Messungen mit der Torsionswaage gibt HAÜY statt der von COULOMB später publizierten drei Wertepaare nur zwei, die damit gerade eine einmalige Prüfung des vermuteten mathematischen Zusammenhangs ($1/r^2$) erlauben. Bei dieser Demonstration unterlaufen HAÜY zudem noch Fehler, die zeigen, daß er das Meßverfahren nicht verstanden hat.[54]

Trotz dieser Mängel war PREVOST bereits aufgrund des von HAÜY gegebenen Berichtes so gut wie überzeugt von der Gültigkeit des invers-quadratischen Zusammenhangs: "Ne connaissant encore ses expériences que par l'extrait qu'en a donné M. Haüy, je ne puis que supposer ses résultats dignes de confiance et je ne me permettrai pas d'énoncer aucun scrupule à cet égard."[55] Letzte möglicherweise noch vorhandene Zweifel schwanden bei der Lektüre der Originalabhandlung COULOMBs, deren überlegene Methodik PREVOST beeindruckte.[56]

Von seinem enthusiastischen Urteil über COULOMBs Methode ist PREVOST auch nach sorgfältigem Studium seiner Originalarbeit nicht abgerückt.[57] Dabei hätte ein kritischer Betrachter der Coulombschen Arbeit durchaus Zweifel anmelden können, ob das invers-quadratische Abstandsgesetz in der Tat als verifiziert zu gelten habe. Denn bei aller Genialität und Sorgfalt, die COULOMB auf die Vorbereitung seiner Experimente verwandte, so nutzte er bei der Durchführung keineswegs alle verfügbaren Mittel, um die $1/r^2$-Abhängigkeit der magnetischen Kraft mit möglichst großer Präzision zu demonstrieren. COU-

magnetischen Meridian verschoben, bis die Nadel wieder genau im Meridian steht), sowie die Messungen mit der Torsionswaage. Die Oszillationsmethode (Bestimmung der Schwingungsdauer einer kleinen Magnetnadel in verschiedenen Abständen vom Pol des Magneten) wird von ihm nicht erwähnt.

53/ HAÜY 1787, S. 183.

54/ HAÜY 1787, S. 189. Für die detaillierte Analyse der Fehler s. WEISS 1981, S. 96. - HAÜY hat seinen Irrtum später korrigiert; vgl. HAÜY 1803, II, S. 74.

55/ PREVOST 1788/a, S. 191-192.

56/ "Ces méthodes sont tellement supérieures à celles qui avoient été employées avant lui...". (PREVOST 1788/a, S. 192, Fußnote A).

57/ Wie die Annotationen im Handexemplar (MHS Z 181) belegen.

LOMBs Genauigkeitsansprüche sind so gering, daß er Abweichungen von 5 bis 10 % für belanglos hält. Er zeigt experimentell eigentlich nur, daß die reziproke Entfernung nicht in erster und nicht in dritter, sondern in zweiter Potenz in den Nenner der Gleichung eingeht.[58] Offensichtlich war COULOMB von vornherein fest überzeugt, daß das magnetische Kraftgesetz dem Newtonschen Gravitationsgesetz analog formuliert werden muß.[59] Obwohl PREVOST auf diesen Mangel der Coulombschen Arbeit hingewiesen wurde,[60] zweifelte er keinen Moment an der Richtigkeit ihrer Ergebnisse. Daraus ist zu schließen, daß auch er vom Modellcharakter des Newtonschen Gesetzes überzeugt war.

3.1.5 Das Problem der Polorte

PREVOSTs Theorie erlaubt nur in einer Frage eine konkrete mathematische Prognose: in Bezug auf die Lage der Pole im Magneten. Gerade in diesem Punkt sollte sie mit den experimentellen Resultaten COULOMBs derart kollidieren, daß ihre spezifischen Grundannahmen ins Wanken kamen.

Bei der Formulierung des Problems hatte PREVOST folgende Abstraktionen vorgenommen: Die bei der Magnetisierung durch Spaltung des "fluide combiné" in

58/ "Eine geringe Abweichung von der zweiten Potenz, wie sie infolge von Absorptionserscheinungen denkbar wäre, würde sich völlig seiner Feststellung entzogen haben." (RAMSAUER 1953, S. 104).

59/ Daß COULOMB bei der Formulierung des Gesetzes hypothetisch-deduktiv von der formalen Analogie zum Gravitationsgesetz ausging, wird auch daran deutlich, daß er die magneto- (elektro-)statische Kraft proportional zum Produkt der Polstärken (Ladungen) ansetzte, obwohl ihm noch die Meßgeräte fehlten, um diese Proportionalität auch nachweisen zu können. Stattdessen behauptete er, dieser Teil des Gesetzes bedürfe keines weiteren Beweises. Die Sicherheit dazu konnte er nur durch Rückgriff auf die Analogie gewinnen.

60/ Durch eine detaillierte kritische Analyse der Arbeit COULOMBs, die von PREVOSTs Genfer Gesprächspartner Louis de Manoël de VEGOBRE verfaßt wurde. Diese findet sich, von PREVOST als "Note de M. de Végobre" betitelt, in sein Handexemplar eingeklebt (MHS Z 181, fo. 211b, 212a, 212b). VEGOBRE kommt zu einem Fazit, das sich mit demjenigen RAMSAUERS nahezu deckt: "Il résulte de cet examen que M. C/OULOMB/ a exprimé ses résultats avec une exactitude qui ne se déduisoit pas rigoureusement de ses expériences. Il seroit à souhaiter qu'on les répetat en les variant: si l'on mouvoit toujours les écarts dans le même sens, <u>cela indiqueroit une modification à faire à la loi inverse des quarrés</u>...(ebd., S. 212b, Hervorhebung von mir). PREVOST zeigte sich davon unbeeindruckt und hielt die Abweichungen für korrigierbar.

gleichen Mengen entstehenden Teilfluida A und B verteilen sich symmetrisch in einem als homogen angenommenen Eisenstab. Da die magnetisierende Ursache auf die Enden des Eisenstabes am stärksten einwirkt, werden sich die reinen Teilfluida dort am stärksten ansammeln (§ 91).[61] Der nach dem Magnetisieren im Eisen verbleibende Rest kombinierter Flüssigkeit wird vernachlässigt. Nach Entfernen der äußeren magnetisierenden Ursache wird durch die Einwirkung des entgegengesetzten Poles ein gewisser Rückfluß der Teilfluida zur Mitte des magnetisierten Eisens hin stattfinden. Da dieser Rückfluß aber durch die spezifische Affinität der Fluida zur Eisenmaterie gehemmt wird, wird sich eine stabile Gleichgewichtsverteilung im magnetisierten Eisen einstellen.[62] Die Gleichgewichtsverteilung des magnetischen Teilfluidums in jeder Magnethälfte ist also durch die antagonistischen Einwirkungen des jeweils entgegengesetzten Poles sowie (eines gleich groß angenommenen) Volumens der umgebenden kombinierten Flüssigkeit bestimmt. Das Verhältnis dieser antagonistischen Kräfte ist aber $2\underline{a}/(\underline{a}+\underline{b})$. Setzt man nun die einwirkenden Kräfte unter Berücksichtigung der Lage ihrer Wirkungszentren mit Hilfe des $1/r^2$-Gesetzes zueinander in Beziehung, so liefert eine algebraische Rechnung für die relative Gleichgewichtslage $\underline{x}$ des Pols, gemessen von der Stirnfläche des magnetisierten Eisenstabes:

$$x = (5 + 4\, b/a - 3 \sqrt{2 + 2\, b/a}) / (2 + 4\, b/a).$$

Die Lage des Pols wird also durch das Verhältnis der Anziehungskräfte zwischen gleichen und ungleichen Elementen ($\underline{b}/\underline{a}$) bestimmt. Daraus ergeben sich die folgenden Fallunterscheidungen: Ist die Anziehung zwischen gleichen Elementen gleich derjenigen zwischen ungleichen ($\underline{b} = \underline{a}$), so liegt der Pol in der Mitte der Magnethälfte ($\underline{x} = 0.5$). Wird $\underline{b}$ kleiner als $\underline{a}$, so wandert der Pol in Richtung der Stirnfläche; dies aber nicht beliebig weit, denn ist die Anziehung zwischen gleichen Elementen Null ($\underline{b} = 0$), so liegt der Pol erst bei $\underline{x} = 0.38$. Sollte der Pol dagegen noch dichter an die Stirnfläche rücken, so muß $\underline{b}$ <u>negativ</u> werden. Dies bedeutet aber, daß aus der <u>Anziehungs</u>kraft zwischen gleichen Elementen eine <u>Abstoßungs</u>kraft wird, im Widerspruch zu den Grundannahmen, auf die PREVOST seine Theorie gegründet hatte! Zur Überraschung des Lesers

---

61/ An beiden Enden, denn der magnetisierende Magnetstab wirkt auf der einen, das umgebende kombinierte Fluidum auf der anderen Seite polarisierend.

62/ PREVOST 1788/a, S. 133.

diskutiert PREVOST aber seine Formel über den gesamten physikalisch sinnvollen Bereich der reduzierten Pollage ($0.5 \leq x \leq 0.0$). Dabei variiert das Verhältnis der Kräfte b/a zwischen 1 und -0.875 (vgl. Abb. 2). Welchen Grund gab es für PREVOST, hier von den Grundannahmen seiner Theorie abzuweichen?

COULOMB hatte sein Kompensationsverfahren u.a. auch zur experimentellen Bestimmung der Lage der Pole verwendet. In seinem Vorabbericht deutet HAÜY an, daß COULOMB bei einer Magnetlänge von 25 Zoll den Abstand zwischen Stirnfläche und Polort zu 5/6 Zoll bestimmt habe.[63] Dieses Resultat entspräche in der Theorie von PREVOST einem x = 0.07 und damit einem b/a = - 0.81, also einem negativen Wert für die Kraft b, was gleichbedeutend ist mit einer Repulsion, die aber laut PREVOST ja gerade nicht vorkommen soll.

Damit liegt die Vermutung nahe, daß PREVOST durch die experimentellen Resultate COULOMBs dazu veranlaßt wurde, seine eigene Theorie zu modifizieren. Diese Interpretation wird durch die Annotationen gestützt, die PREVOST nach der Lektüre von COULOMBs Abhandlung in sein Handexemplar von "De l'origine..." eingetragen hat. Dort heißt es: "Il suit des expériences de M. Coulomb que x est fort près de zéro. Il paroît qu'on en peut inférer que b est négatif, et assez près de sa dernière limite -7a/8."[64] An anderer Stelle findet sich der Hinweis: "Je suppose la possibilité d'une attraction négative."[65] Daraus ist zu schließen, daß PREVOST durch COULOMB dazu veranlaßt wurde, den Gedanken einer repulsiven Kraft in Form einer "negativen Anziehung" zwischen gleichen Elementen doch wieder in sein System zu integrieren. Die mechanische Physik LESAGEs ließ diese Möglichkeit offen.[66]

Stellte diese Maßnahme zwar eine bereits gravierende, aber dennoch vertretbare Abweichung von den Grundannahmen seiner Theorie dar, so bot die Tatsache, daß nach COULOMB Anziehungs- und Abstoßungskraft im Betrag gleich groß sind, unüberwindliche Probleme. In der Prevostschen Terminologie bedeutet

---

63/ HAÜY 1787, S. 183.

64/ MHS Z 181, fo. 158b.

65/ MHS Z 181, fo. 20b u. 126b.

66/ Vgl. dazu Kap. 2.4.

dies $\underline{b} = -\underline{a}$, ein Verhältnis, das durch seine Formel für die Polorte nicht dargestellt werden kann. Angesichts dieser Tatsache blieb PREVOST nur noch die Infragestellung seiner eigenen Theorie:

> D'ailleurs ayant substitué les centres de gravité aux centres d'action, il n'y a pas assez de certitude dans le résultat qu'offre ma formule. Et en effet le centre d'action doit être plus rapproché de la surface extérieure du pole (...) que ne l'est le centre de gravité du fluide pur contenu dans ce pole, même sans changer le rapport a:b. [67]

PREVOST kommt zu der Einsicht, daß ihn das Bestreben, seine Theorie in möglichst großer formaler Analogie zur Newtonschen Gravitationstheorie zu formulieren, in die Irre geführt hat: die Annahme, daß das Wirkungszentrum der magnetischen Kraft mit dem Massenschwerpunkt der in der Magnethälfte enthaltenen Elementarpartikeln des magnetischen Fluidums zusammenfällt, hatte zu Schlußfolgerungen geführt, die im Widerspruch zu COULOMBs experimentellen Resultaten standen.

3.2 Licht

3.2.1 Die Situation der Newtonschen Optik um 1800

Für PREVOST ist die korpuskulare Optik den Gesetzen der Newtonschen Dynamik unterworfen, die damit qua Analogieschluß auf den Bereich der kleinen Dimensionen ausgedehnt wird: "Nous ne sommes pas en droit de nier que chaque petite portion d'espace vide qui sépare deux élémens des corps sensibles n'offre des phénomènes analogues à ceux des grands espaces de l'Univers."[68] Damit teilte PREVOST das "optische Paradigma" des 18. Jahrhunderts.

NEWTONs frühe Schüler hatten aus den eher tentativen Äußerungen ihres Meisters über die Natur des Lichts eine optische Theorie destilliert, die unzweideutig die korpuskulare Natur des Lichtes behauptete und die optischen Phänomene mit Hilfe kurzreichweitiger Anziehungs- und Abstoßungskräfte zu erklären suchte. Die physikalische Optik war dadurch in den Gegenstandsbereich der Newtonschen Dynamik integriert worden. Zur Legitimierung dieses Vorge-

---

67/ MHS Z 181, fo. 159a.

68/ PREVOST 1783/c, S. 458.

hens konnte man sich auf die "Principia" berufen. Ihr Erfolg auf dem Gebiet der Himmelsmechanik ließ ähnliches auf dem Gebiet der Optik erwarten.

Als PREVOST um 1790 seine Beschäftigung mit der Optik begann, war aber zunehmend deutlich geworden, daß die Theorie des dynamischen Korpuskularismus die in sie gesetzten Hoffnungen nicht völlig erfüllen konnte. Während in der ersten Hälfte des Jahrhunderts NEWTONs Aussagen über die Natur des Lichts systematisiert und kanonisiert worden waren, begann ab etwa 1750 eine kritische Auseinandersetzung mit der korpuskularen Theorie des Lichts, die u.a. durch die Veröffentlichung von EULERs "Nova theoria lucis et colorum" (1746) ausgelöst wurde.[69] Diese Kritik stimulierte erstmalig seit NEWTON wieder originale Forschungsbeiträge zu Fragen der Optik. Diese neu einsetzende Forschungsaktivität führte dazu, daß sich die Emissions- oder "Projektiltheorie" (CANTOR) des Lichts um 1780 einer Reihe von ungelösten Fragen und verschärfenden Widersprüchen gegenübersah.[70]

NEWTON hatte sich bei seinen Andeutungen in den "Principia" auf den Fall der Reflexion am optisch dünneren Medium, also auf die Totalreflexion im optisch dichteren Medium beschränkt. Die partielle Reflexion im optisch dünneren Medium war deshalb ein zentrales Problem der Newtonschen Optik geblieben. Der üblicherweise gewählte Lösungsweg bestand in der Annahme von parallel zur Grenzfläche angeordneten, übereinandergeschichteten Zonen von Anziehung und Abstoßung. Damit ergaben sich aber für die zur Erklärung der optischen Phänomene postulierte "optische Kraft" vier grundlegende Unterschiede zur Gravitation: a) sie war nicht nur attraktiv, sondern auch repulsiv; b) sie war von kurzer Reichweite; c) sie übertraf die Gravitation an Stärke; d) ihr Abstandsgesetz war ungeklärt. Aufgrund dieser Infragestellung der Gravitationsanalogie bot auch eine dynamische Erklärung der refraktiven Dispersion sowie der Beugung erhebliche Probleme. NEWTONs Erklärung der Farben dünner Schichten mit Hilfe der Theorie der "fits" schließlich ließ sich mit einer dynamischen Theorie der Optik überhaupt nicht vereinbaren; sie wurde, da sie

---

69/ Vgl. HAKFOORT 1986, S. 113-115.

70/ Für eine detaillierte Analyse der Probleme, denen sich die Projektiltheorie gegenübersah, s. CANTOR 1983, S. 50-90.

Äthervibrationen voraussetzte, entweder ganz verschwiegen oder aber als die am wenigsten zufriedenstellende Erklärung offen kritisiert.[71]

Diesem Bündel offener Fragen sah sich PREVOST gegenüber, als er begann, eine korpuskularmechanische Theorie der Optik auf der Grundlage der Prinzipien LESAGEs zu formulieren. Im Folgenden sollen seine Lösungsansätze im Kontext der zeitgenössischen Diskussion analysiert werden.

3.2.2 Prevosts Optik der "puppiformes"

Beim Licht handelt es sich für PREVOST um ein sekundäres Fluidum im Sinne LESAGEs, d.h. um ein expansibles korpuskulares Fluidum, dessen extrem kleine "Moleküle" eine Konkavität aufweisen. PREVOST benutzt das Bild eines Zylinders, der an einer seiner Stirnseiten halbkugelförmig ausgenommen ist. Diese Asymmetrie definiert die ausgenommene Seite als "Heck" (pouppe), die vollständige als "Bug" (proue) des Lichtmoleküls, das als "puppiforme" bezeichnet wird. Da die "corpuscules gravifiques" bei ihren Stößen auf die konkave Seite des Moleküls mehr Impuls übertragen als auf seine übrigen Seiten, wird es in einer durch die Längsachse der Konkavität definierten Richtung beschleunigt. Nach dem Durchlaufen einer Phase der Beschleunigung, der "carrière d'accélération", erreicht das Lichtmolekül dadurch seine spezifische, sehr hohe "vitesse terminale".[72]

Bei Annäherung an die Oberfläche eines Körpers (plan attractif) wird das Lichtmolekül durch die Stöße der "corpuscules gravifiques" gedreht, denn:

> ...le courant impulsif frappant le cylindre dans toute sa longueur avec une égale force, agira plus efficacement sur sa partie la moins massive, c'est-

---

[71]/ "Many textbooks omitted discussion of this impressive phenomenon, presumably because it was considered too complicated for a popular audience and could not readily be presented as a part of the dynamical interpretation of projectile optics. (...) There war moreover a fairly general feeling that the whole theory of fits was one of the least satisfactory parts of the Opticks." (CANTOR 1983, S. 84).

[72]/ Für diesen "Basismechanismus" innerhalb des physikalischen Systems von LESAGE und PREVOST vgl. Kap. 2.4.3. sowie die Kritik in Kap. 3.3.4.

> à-dire que l'axe du cylindre commencera à exécuter une rotation, en vertu de laquelle la pouppe tendra à se diriger vers ce plan.[73]

Damit ist, indem sich das Molekül dem "anziehenden" Körper nähert, die Ursache einer Abstoßung gegeben: die den Körper durchsetzenden Ströme der "corpuscules gravifiques" stoßen das Molekül nun auf seiner konkaven Seite. Indem sie darin "abrollen", übertragen sie mehr Impuls auf das Molekül als bei Stößen auf die übrigen Zylinderflächen; der daraus entstehende Druck (pression) wirkt der Anziehung entgegen: "la répulsion nait de l'attraction".[74] Damit ist für PREVOST auch in der Optik eine genuin repulsive Kraft überflüssig; sie ist vielmehr eine Wirkung der Attraktion, die selbst auf das Grundprinzip der Impulsion zurückgeführt wird.

PREVOST betrachtet sodann die auf das Lichtmolekül einwirkenden Kräfte. Dem Geschwindigkeitszuwachs durch die Gravitationsanziehung steht eine durch die Stöße der "corpuscules gravifiques" in der Konkavität verursachte Geschwindigkeitsabnahme gegenüber. Obwohl die attraktive Kraft bei Annäherung des Moleküls an den Körper mit $1/d^2$ anwächst, kann es dennoch vorkommen, daß sie geringer ist als die durch die Konkavität verursachte "Abstoßung", so daß das Molekül effektiv abgebremst wird. Zur Begründung verweist PREVOST auf die Möglichkeiten der Physik LESAGEs:

> Les molécules d'un fluide expansif peuvent être tellement construites, qu'étant approchées d'un corps quelconque, elles soient attirées par ce corps, ou qu'elles le fuient, ou qu'elles n'en éprouvent aucune action.[75]

Je größer der Einfallswinkel ist, den der Vektor der Anfangsgeschwindigkeit des Lichtmoleküls mit dem Einfallslot bildet, desto eher wird die Vertikalkomponente der Geschwindigkeit zu Null. Da also die Vertikalkomponente abnimmt, während die Horizontalkomponente konstant bleibt, beschreibt das Molekül eine zum Einfallslot symmetrische Parabelbahn. Die Krümmung dieser Parabel ist für den Betrachter nicht sichtbar, da die "Abstoßung" erst in mikroskopischen Dimensionen wirksam wird. Er gewinnt daher den Eindruck einer geradlinigen

---

73/ PREVOST 1818/a, S. 252.

74/ PREVOST 1818/a, S. 253. Ebenso bereits in 1788/a, S. 91.

75/ PREVOST 1788/a, S. 84. In gleichem Sinne in 1818/a, S. 254: "Il peut donc arriver, selon les circonstances, que la répulsion l'emporte sur l'attraction, ou que le contraire ait lieu." (Hervorhebung von PREVOST).

Annäherung und Entfernung des Lichtmoleküls. Da die Bahn symmetrisch zum Einfallslot ist, ist der Eintrittswinkel gleich dem Reflexionswinkel. Mit dieser physikalischen Deutung des Reflexionsgesetzes orientierte sich PREVOST unmittelbar an den Überlegungen NEWTONs.[76]

In Sektion XIV von Buch I der "Principia" beschäftigt sich NEWTON mit den Trajektorien, die sehr kleine Körper unter dem Einfluß einer Zentripetalkraft beschreiben, die von einem sehr großen Körper ausgeübt wird.[77] NEWTON demonstriert zunächst, daß ein Teilchen, das einen von zwei parallelen Ebenen begrenzten Raum durchsetzt, in dem eine konstante Zentripetalkraft wirkt, dort eine parabelförmige Bahn beschreibt: ihre Schnittwinkel mit den begrenzenden Ebenen (Ein- und Austrittswinkel) stehen in einem konstanten Verhältnis zueinander. Durchsetzt das Teilchen mehrere solcher übereinander geschichteter Räume, wobei die Zentripetalkraft von Schicht zu Schicht in diskreten Schritten variieren soll, so befinden sich alle Schnittwinkel in konstanten Verhältnissen zueinander. Anschließend verallgemeinert NEWTON auf infinitesimale Schichtdicken und damit auf eine kontinuierliche Variation der Zentripetalkraft.[78] Allgemein gilt also, daß das Verhältnis von Eintritts- und Austrittsgeschwindigkeit für jede Schicht dem Verhältnis der Sinus von Eintritts- und Austrittswinkel umgekehrt proportional ist: $v_e \sin \alpha_e = v_a \sin \alpha_a$. Betrachtet man eine solche Schicht als Trennfläche zweier (optischer) Medien, so hat man eine synthetische Demonstration des Brechungsgesetzes.[79]

Bei konstant angenommener Eintrittsgeschwindigkeit ist demnach die Austrittsgeschwindigkeit umso geringer, je größer der Einfallswinkel ist. Da die Horizontalkomponente der Geschwindigkeit von der Zentripetalkraft nicht beeinflußt wird, kann also bei großen Eintrittswinkeln, sofern die Zentripetalkraft genügend stark ist, die Vertikalkomponente der Geschwindigkeit zu null werden, so

---

76/ Dies geht aus den Annotationen in MHS Z 181 hervor.

77/ Section XIV: "Of the motion of very small bodies when agitated by centripetal forces tending to the several parts of any very great body" (NEWTON 1729, I, S. 311-321).

78/ NEWTON 1729, I, S. 311-313 (Prop. 94).

79/ "...I say that the velocity of the body before its incidence is to its velocity after emergence as the sine of emergence to the sine of incidence" (NEWTON 1729, I, S. 313-314 (Prop. 95)).

daß das Teilchen die Grenzfläche nicht mehr erreichen kann, sondern "umkehrt". Da die horizontale Geschwindigkeitskomponente dabei unverändert bleibt, beschreibt das Teilchen eine zum Einfallslot symmetrische Parabelbahn. Dies entspräche der "Totalreflexion" des Lichts im optisch dichteren Medium.[80]

Im anschließenden Scholium kommt NEWTON auf die augenfällige Analogie zu den Gesetzen der Optik zu sprechen:

> These attractions bear a great resemblance to the reflexions and refractions of light, made in a given ratio of the secants, as was discovered by Snellius; and consequently in a given ratio of the sines, as was ex-hibited by Descartes.[81]

Aus den Verhältnissen bei der Beugung, beispielsweise an der Schneide eines Messers, schließt NEWTON:

> ... the rays of light that are in our air (...) are bent or inflected round those bodies as if they were attracted to them; and those rays which in their passage come nearest to the bodies are the most inflected, as if they were most attracted...[82]

Aus dieser Analogie schließt NEWTON weiter, daß der optische Ablenkungsprozeß nicht erst beim Auftreffen des Lichtes auf die Grenzfläche, sondern bereits davor stattfindet, also graduell unter Einwirkung einer der Gravitation ähnlichen Kraft verläuft. NEWTON beläßt es hier bei der Feststellung der phänomenologischen Analogie, die jedoch ausdrücklich nicht als eine Aussage über die Natur des Lichts verstanden werden soll.[83] Mit seinem dynamischen Modell, das das Licht betrachtete, als ob es aus materiellen Korpuskeln bestehe, die dem Einfluß von Zentralkräften unterliegen, hatte NEWTON zwar die Körperlichkeit des Lichts suggerieren, nicht aber explizit behaupten wollen. Trotzdem wurde diese Stelle in den "Principia" für NEWTONs Schüler zum An-

---

80/ "...I say that if the line of incidence be inclined continually, the body will be at last reflected, and the angle of reflexion will be equal to the angle of incidence" (NEWTON 1729, I, S. 314-315 (Prop. 96)).

81/ NEWTON 1729, I, S. 316. Hervorhebung von mir.

82/ NEWTON 1729, I, S. 316. Hervorhebung von mir.

83/ NEWTON 1729, I, S. 317.

gelpunkt ihrer Überzeugung, auch NEWTON habe die Optik als einen Teil der Dynamik verstanden.[84]

PREVOST teilte diese Auffassung; allerdings mit dem Vorbehalt, daß es nicht ausreiche, die Phänomene zu beschreiben, vielmehr sei es das Ziel einer korpuskularen Optik, die mechanischen Ursachen der optischen Phänomene freizulegen. Dementsprechend müsse das Licht als ein korpuskulares Fluidum innerhalb des von LESAGE beschriebenen Systems korpuskularer Fluida begriffen werden. Er wertet daher NEWTONs Analogie als den noch recht unvollkommenen Versuch einer physikalischen Erklärung:

> /Mon/ explication et celle de l'attraction Neutonienne (Princip. Lib. I. Prop. XCVI.) n'ont rien de commun. Dans celle-ci la lumière réfléchie a pénétré dans le corps réfléchissant, la réflexion n'a lieu que sous un certain angle d'incidence ou au dessous. La proposition citée de Neuton n'explique que la réflexion des milieux réfringens sous un angle d'incidence très oblique. Au lieu que la réflexion des miroirs (laquelle a lieu sous un angle quelconque) demeure inexpliquée.[85]

Die korpuskularmechanische Deutung, die zusätzlich zur Gravitationsanziehung eine durch "Anziehung verursachte Abstoßung" annimmt, überwindet dagegen diese Schwierigkeit, da sie nicht auf den Spezialfall der Totalreflexion am optisch dünneren Medium beschränkt bleibt, sondern auch eine Erklärung der Reflexion am optisch dichteren Medium bietet. Während damit die Fragen nach der qualitativen Natur der optischen Kraft durch die Basisannahme der Physik LESAGEs von der Konkavität der Lichtmoleküle als gelöst oder zumindest als prinzipiell lösbar gelten durften, bot das Problem des Abstandsgesetzes erheblich mehr Schwierigkeiten.

Der von PREVOST gewählte Weg bestand darin, aus der Form der vom Lichtmolekül beschriebenen Trajektorie auf das Abstandsgesetz der abstoßenden Kraft schließen zu wollen. Die Anregung dazu bezog er aus den "Principia":

> Il me semble (...) que si la force suit la loi directe des distances, la courbe de la lumière sera' une hyperbole ou une parabole, selon que la molécule tend à un centre placé à une distance finie ou unfinie. Newt.princip.L.I.Prop.X.Schol. Si la force est inverse du quarré ce sera une hyperbole. Prop. XII. fine. Ce sera une parabole si l'excès de la

---

[84]/ Vgl. CANTOR 1983, S. 25-42.

[85]/ MHS Z 181, fo. 111a.

force f sur l'attraction croit toujours de même mais fort petite. C'est alors la loi de Galilée en changeant l'attraction en répulsion.[86]

Diese Stelle ist in mehrfacher Hinsicht bemerkenswert. Zunächst läßt sie PREVOSTs oberflächliches Verständnis der "Principia" deutlich werden.

In Buch I, Prop. 10 zeigt NEWTON zunächst, wie aus der Ellipsenform einer Bahnkurve auf das Abstandsgesetz der auf den Mittelpunkt der Ellipse bezogenen Zentripetalkraft geschlossen werden kann: sie ist dem Radiusvektor r direkt proportional.[87] Entartet die Ellipse zur Parabel, indem ihr Mittelpunkt ins Unendliche wandert, ist die Zentripetalkraft konstant (GALILEIs Gesetz).[88] Degeneriert die Parabel zur Hyperbel, so wird, da das Kraftzentrum jetzt außerhalb der Trajektorie liegt, aus der Zentripetalkraft eine Zentrifugalkraft, die ebenfalls mit dem Radiusvektor r variiert.[89] Wird dagegen die Kraft statt auf den Mittelpunkt auf den Brennpunkt der Trajektorie bezogen, so variiert die Zentripetalkraft mit $1/r^2$, und zwar für alle Kegelschnitte gleichermaßen![90]

Da es PREVOST um das Abstandsgesetz für eine (repulsive) optische Kraft geht, müßte also das Kraftzentrum per definitionem außerhalb der Trajektorie (im reflektierenden Körper) liegen. Damit käme also allein eine Zentrifugalkraft in Frage, damit also nur die hyperbolische Trajektorie, da allein bei ihr das Kraftzentrum außerhalb der Bahn (in ihrem Mittelpunkt) gedacht werden kann. Alle andern von PREVOST diskutierten Möglichkeiten sind hinfällig. Offensichtlich sah er aber nur auf die phänomenologische Entsprechung der Bahnkurven

---

86/ MHS Z 181, fo. 112b.

87/ "If a body revolves in an ellipsis: it is proposed to find the law of the centripetal force tending to the centre of the ellipsis" (NEWTON 1729, I, S. 75-77 (Prop. 10)).

88/ "If the ellipsis by having its centre removed to an infinite distance degenerates into a parabola, the body will move in this parabola; and the force, now tending to a centre infinitely remote, will become equable. Which is Galileo's theorem." (NEWTON 1729, I, S. 77 (Scholium)).

89/ "If a body revolves in an ellipsis: it is proposed to find the law of the centripetal force tending to the centre of the ellipsis" (NEWTON 1729, I, S. 75-77 (Prop. 10)).

90/ NEWTON 1729, I, S. 78-85: Prop. 11 (Ellipse); Prop. 12 (Hyperbel); Prop. 13 (Parabel).

ohne dabei darauf zu achten, daß NEWTON deutlich zeigt, daß das Abstandsgesetz von der Trajektorie und der Lage des Kraftzentrum abhängt.[91]

Die Beugung stellte sich für PREVOST ebenfalls als ein sehr hartnäckiges Problem heraus. Ein erster Versuch, der die Beugung auf die Reflexion zurückzuführen trachtete, datiert von etwa 1790.[92] Demnach entsteht die Beugung, etwa an einem Haar dadurch, daß die dicht an der Oberfläche vorbeigehenden Lichtmoleküle dieser ihre Konkavität zuwenden und folglich von ihr abgestoßen werden. Da das Haar, bzw. jeder beugende Gegenstand bei mikroskopischer Betrachtung keinen gleichmäßig runden, sondern eher einen prismatischen Querschnitt aufweist, können durch die an den verschiedenen zueinander geneigten Seitenflächen stattfindenden Reflexionen die Beugungsbilder entstehen. Die Farbfolge darin soll dadurch hervorgerufen werden, daß die Lichtmoleküle je nach ihrer Farbe ein spezifisches, durch die Form ihrer Konkavität verursachtes Verhältnis von Anziehung zu Abstoßung aufweisen. Diese "Erklärung" war jedoch derart "ad-hoc" und den komplexen Beugungsphänomen unangemessen, daß sie von PREVOST nie veröffentlicht wurde.

1798 räumte PREVOST öffentlich ein, daß das ungelöste Problem der Beugung das größte Hindernis auf dem Wege zu einer einheitlichen korpuskularen Optik darstelle: "l'esprit ne sera point satisfait, jusqu'à ce que, par quelque nouvel effort, la flexion soit réunie aux phénomènes de réflexion et de réfraction, par l'unité de principe."[93] Es gab es für ihn keinen Zweifel daran, daß der Schlüssel zur Lösung nirgendwoanders als bei NEWTON zu suchen war.

91/ "Man kann also, wenn man weiß, daß eine Zentralkraft vorliegt, aus der Bahn allein die Abhängigkeit der Kraft vom Abstand vom Zentrum bis auf einen Faktor berechnen." (HUND ²1948, S. 112, Hervorhebung von mir).

92/ MHS Z 181, fo. 110b.

93/ PREVOST 1798/b, S. 330.

3.2.3 Prevost als "défenseur de Newton"

Eine "konservative", unerschütterlich newtonianische Haltung ist demnach charakteristisch für PREVOSTs Umgang mit den Problemen der Optik. Sie wurde besonders in seinen Beiträgen zur zeitgenössischen Debatte manifest.

In Großbritannien begann sich gegen Ende des Jahrhunderts die Einsicht durchzusetzen, daß sich die korpuskulare Optik in einer Krise befand.[94] NEWTONs Optik wurde zwar, in Ermangelung brauchbarer Alternativen, nicht in Bausch und Bogen verdammt, jedoch unterstrich man ihren hypothetischen Charakter. Während sich in Großbritannien die Kritik an NEWTON häufte, zahlreiche Versuche unternommen wurden, die Theorie zu verbessern, und sich bereits eine, wenngleich noch schwache Opposition zu formieren begann, bestand für PREVOST kein Zweifel daran, daß die Lösung bei NEWTON selbst gesucht werden müsse. Er fühlte sich daher aufgerufen, der an NEWTON geübten Kritik entgegenzutreten.

So nahm PREVOST im Jahre 1796 NEWTON energisch gegen den von Edward BANCROFT (1744-1821)[95] geäußerten Vorwurf in Schutz, die "Opticks" enthielten nur Spekulationen und Hypothesen und seien "les derniers efforts d'une tête épuisée".[96] PREVOST zeigte dagegen anhand der "Lectiones Opticae", daß es sich bei der von BANCROFT besonders kritisierten Theorie der "fits" um Gedanken aus der Jugendzeit NEWTONs handelt. Zwar räumt auch PREVOST ein, daß hierin viel hypothetisches enthalten sei, jedoch gibt er der Hoffnung Ausdruck, daß "les nouvelles découvertes des Chimistes peuvent singulièrement éclairer cette partie de la physique."[97] Offenbar war PREVOST der Ansicht,

---

94/ "...the concept of short-range forces became progressively more bankrupt, as its internal inconsistencies and its inability to keep pace with an increasing range of dispersion and flection data were realised. (...) No law of optical force had been discovered..." (CANTOR 1983, S. 87).

95/ Zur Person s. <u>DNB</u> I, S. 1025-1026.

96/ PREVOST 1796/b. BANCROFT hatte diese Auffassung geäußert in seinen <u>Experimental Researches concerning the Philosophy of Permanent Colours</u>, 2 Bde., London 1794, ²London 1813.

97/ PREVOST 1796/b, S. 111.

daß die kürzlich entdeckten chemischen Wirkungen des Lichts (Schwärzung von Silberchlorid) ein starkes Argument zugunsten der Emissionstheorie darstellten.[98]

PREVOST apologetische Haltung fand ihren Ausdruck ebenfalls in einer Kontroverse mit dem schottischen Physiker Henry BROUGHAM (1778-1868).[99] BROUGHAM war, dies sei vorausgeschickt, keineswegs ein Gegner newtonianischer Physik. Vielmehr betrachtete er sich als Sachwalter einer streng induktivistischen Methodologie Reidscher Prägung, die NEWTONs Diktum "hypotheses non fingo" als methodologischen Imperativ interpretierte.[100] Aus diesem Grunde war BROUGHAM ein erbitterter Gegner der Vibrationstheorie, die er, da sie auf der Äther-Hypothese beruhte, aus methodologischen Gründen ablehnen mußte. Durch seine diesbezügliche Attacke auf Thomas YOUNG sollte BROUGHAM bekannt werden.[101]

BROUGHAM war der erste britische Physiker, der sich seit NEWTON mit dem Problem der Beugung auseinandersetzte. Seine 1796 publizierte Arbeit hatte das Ziel, eine konsistente Deutung dieses Phänomens auf der Grundlage kurzreichweitiger Kräfte zu liefern.[102] In seinem experimentellen Vorgehen orientierte sich BROUGHAM unmittelbar an NEWTONs "Opticks". In seinem ersten Experiment projizierte BROUGHAM ein prismatisches Spektrum auf einen Schirm, vor dem er einen dunklen Stab hin- und herbewegte. Der Schatten des Stabes erwies sich als von nicht konstanter Breite: im roten Bereich des Spektrums war er schmaler als im blauen. Daraus schloß er im Einklang mit NEWTON, daß rotes Licht durch die Anziehung des Stabes stärker gebeugt

---

98/ Auch LAVOISIER hatte in seinem Traité élémentaire de chimie (Paris 1789) das Licht als "Element" bezeichnet.

99/ Zu seiner Biographie s. DNB II, S. 1356-1366. Zu größter Berühmtheit gelangte BROUGHAM nicht durch die Naturwissenschaft, sondern durch seine Tätigkeit als Anwalt und Politiker im britischen Parlament.

100/ Zu BROUGHAMs Einbindung in die "schottische methodologische Tradition" vgl. Kap. 6.

101/ CANTOR 1971. - CANTOR unterstreicht dort, daß die Motive für den Angriff nicht, wie vielfach zu lesen ist, in persönlichen Animositäten, sondern vielmehr in BROUGHAMs dogmatischer methodologischer Position zu suchen sind.

102/ Henry BROUGHAM: Experiments and Observations on the Inflection, Reflection, and Colours of Light, in Phil.Trans. London 86 (1796), 227-277.

wird ("most inflected") als blaues. In einem weiteren Experiment ließ BROUGHAM das Licht durch einen Spalt treten, der aus zwei gegeneinander geneigte Messerklingen gebildet wurde. Durch Veränderung der Lage der Klingen erhielt er anhand der Beugungsbilder den Eindruck, daß wiederum die roten Strahlen am stärksten abgelenkt wurden, wobei diesmal die Ablenkung aufgrund der von den Messerklingen ausgeübten Abstoßung in die umgekehrte Richtung erfolgte ("most deflected"). Daraus schloß er, daß sowohl die Abstoßung ("deflection") als auch die Anziehung ("inflection") das rote Licht stärker betreffe als das blaue. Bei der Refraktion lag offensichtlich der gegenteilige Befund vor, da dort das blaue Licht stärker als das rote gebrochen wird. Daraus schloß BROUGHAM: "The sun's light consists of parts which differ in degree of inflexibility and deflexibility, those which are most refrangible being least flexible."[103] Den größten Teil dieser und einer im Jahr darauf publizierten Abhandlung[104] widmete BROUGHAM Problemen der Reflexion. Bei der Reflexion des Lichts an einem dünnen Metalldraht gelte, so meinte BROUGHAM aufgrund seiner Experimente, nicht mehr das Reflexionsgesetz, das die Gleichheit von Einfalls- und Reflexionswinkel für alle Farben vorschreibe. Vielmehr könne er zeigen, daß das reflektierte Licht in ein Spektrum zerlegt werde, wobei das rote Licht einen kleineren Reflexionswinkel (gegen die Normale gemessen) aufweise als das blaue. Diese "differentielle Reflexion" stehe, so BROUGHAM, im Widerspruch mit der von NEWTON beschriebenen farbabhängigen Reflexibilität, wonach die am besten zu reflektierenden mit den am besten zu brechenden Strahlen identisch sein sollen.[105]

PREVOST fühlte sich berufen, gegen diese vermeintliche "Korrektur" der Newtonschen Optik an prominenter Stelle einzuschreiten.[106] In einer Abhandlung, die am 22. März 1798 vor der "Royal Society" gelesen wurde, wies PREVOST zunächst die Kritik zurück, die BROUGHAM an NEWTONs experimentellem Nachweis der farbabhängigen Reflexibilität des Lichts geübt hatte. Mit diesem Begriff hatte NEWTON die Tatsache bezeichnet, daß der Grenz-

---

103/ BROUGHAM 1796, S. 276.

104/ Henry BROUGHAM: Farther Experiments and Observations on the Affections and Properties of Light, in Phil.Trans. London 87 (1797), 352-385.

105/ BROUGHAM 1796, S. 250.

106/ PREVOST 1798/b.

winkel der Totalreflexion im optisch dichteren Medium von der Farbe des Lichts abhängig ist. So wird bei einem bestimmten Winkel der blaue Anteil eines weißen Lichtstrahls bereits totalreflektiert, während die übrigen Komponenten noch transmittiert (ins dünnere Medium gebrochen) werden.[107] In einer scharfsinnigen Analyse von NEWTONs Prismenexperiment zeigte PREVOST, daß NEWTONs Aussage, die am stärksten brechbaren Strahlen seien auch die am besten zu reflektierenden, in diesem Sinne durchaus korrekt ist und durch BROUGHAMs Arbeit in keinster Weise erschüttert wird. Darüberhinaus wies PREVOST nach, daß es die von BROUGHAM behauptete "differentielle Reflexion" nicht geben kann. Der beobachtete Dispersionseffekt komme vielmehr dadurch zustande, daß - genau wie bei der refraktiven Dispersion - die blauen Lichtmoleküle stärker angezogen werden als die roten und daher tiefer in die "sphère d'activité" des reflektierenden Stabes eintauchen. PREVOST demonstrierte, daß durch den kreisförmigen Querschnitt der "sphère d'activité" eine Divergenz der Strahlen zustandekommt, obwohl das Reflexionsgesetz für jede Farbe in gleicher Weise erfüllt ist.[108] In einer im Jahr darauf publizierten Abhandlung zeigte PREVOST schließlich auch experimentell, daß eine "differentielle Reflexion" nicht nachweisbar ist.[109]

Ein weiterer Angriff auf NEWTONs Optik, diesmal nicht aus England, sondern aus Deutschland kommend, gab PREVOST erneut Gelegenheit, entschieden für die Sache NEWTONs einzutreten. 1810 erschien, nachdem die Drucklegung durch die politischen Ereignisse in Deutschland immer wieder herausgezögert worden war, die "Farbenlehre" des J.W. von GOETHE. Zu Beginn des folgenden Jahres hatte PREVOST Gelegenheit, sich mit diesem Werk auseinanderzusetzen. Die von GOETHE in Anlehnung an ein Experiment von LUCAS[110] geäußerte

---

107/ Bekanntlich ist $\sin\alpha_g = 1/n$ bei Reflexion am Vakuum.

108/ BROUGHAM reagierte auf PREVOSTs Abhandlung mit einem umfangreichen, in versöhnlichem Ton gehaltenen Brief, in dem er die Berechtigung der Kritik teilweise anerkennen mußte: "With respect to the reflexibility of Newton, I am perfectly convinced by your statements that the objections which I (perhaps too rashly) urged against it are quite insufficient to invalidate that principle." (BROUGHAM an PREVOST, Brief, 2. Juni 1799, BPU Mss.suppl. 1077, Corresp. fo. 11-18). Vgl. auch TUNBRIDGE 1973/a.

109/ U.a. durch Mehrfachreflexion an zwei parallelen Spiegeln, wobei der von BROUGHAM behauptete Effekt mit zunehmender Zahl von Reflexionen immer deutlicher werden müßte; s. PREVOST 1799/a.

Behauptung, verschiedenfarbiges Licht werde im Wasser nicht verschieden gebrochen, weshalb NEWTON in diesem Punkte widerlegt sei, erregte sofort PREVOSTs Mißtrauen:

> J'ai parcouru il y a quelques semaines l'ouvrage allemand de Goethe sur les couleurs. Il y propose (comme LUCAS) l'expérience des couleurs dans l'eau, et prétend qu'elles ne sont pas vues différemment réfractées. J'ai lieu de croire que cette expérience n'a jamais été bien faite, et je me dispose à le faire. Elle servira de réfutation à ce genre d'attaque contre la théorie newtonnienne.[111]

Die geäußerte Absicht, das Experiment sorgfältig durchzuführen, um den gesuchten Effekt der Dispersion nachzuweisen, erwies sich in der Realisierung schwieriger als erwartet.[112] PREVOST mußte schließlich fremde Hilfe in der Person von Henri BOISSIER (1762-1845) in Anspruch nehmen.[113] Mit Hilfe eines wassergefüllten Visierrohres von 40 cm Länge und 2,7 cm Durchmesser, durch das ein rot-blau gefärbter Papierstreifen betrachtet wurde, gelang es schließlich, die gesuchte Dispersion nachzuweisen.[114] Zufrieden konnte PREVOST feststellen, daß "sein" Paradigma auch in diesem Punkte standgehalten hatte: "Si désormais Mr. Goethe, ou d'autres, élèvent des objections contre la théorie neutonniene, ils devront les tirer de quelque autres sources...".[115]

Damit waren die Angriffe von BROUGHAM und GOETHE zweifellos abgewehrt worden. Dennoch konnte auch PREVOST über den desolaten Zustand der opti-

---

110/ Anthony LUCAS: A Letter from Liege concerning Mr. Newton's Experiment of the coloured Spectrum (25 ix 1676), in Phil. Trans. London 11 (1676), 692-697 (Reprint in NEWTON Papers, S. 163-168).

111/ J.Int. III, Eintrag vom 19. Februar 1811, BPU Ms.fr. 4742, fo 30r.

112/ "J'ai tenté de bien des manières l'expérience de la dispersion des couleurs par l'eau (...) et j'ai eu peu de succès. Je m'en occupe encore." (J.Int. III, Eintrag vom 22. September 1811, BPU Ms.fr. 4742, fo. 31v).

113/ "Au 19 février 1811, je me proposois de répéter l'expérience de Lucas. Je l'ai reprise en effet dès lors sous plusieurs formes, aux frais et avec l'aide d'Henri Boissier, secondé par Gourdon." (J.Int. III, Eintrag vom 16. Juli 1812, BPU Ms.fr. 4742, fo. 34).

114/ PREVOST 1813/a.

115/ PREVOST 1813/a, S. 29. - PREVOST wurde aufgrund dieser Arbeit von GOETHE unter die "Widersacher" eingereiht; s. dessen "Nachträge zur Farbenlehre", in GOETHE 1953, S. 614.

schen Theorie nicht hinwegsehen. Unter Hinweis auf die von NEWTON in Query 4 der "Opticks" formulierte Frage nach der einen, allen optischen Phänomenen zugrundeliegenden Kraft hatte er bereits 1798 feststellen müssen, daß das Ziel immer noch nicht erreicht war: "Telle est la question que se faisoit NEWTON, au commencement du siècle, et qui ne me paroît pas résolue vers sa fin."[116]

3.2.4 Die Krise des Newtonischen Paradigmas

Während des 18. Jahrhunderts war die Theorie des Lichts in der Newtonischen Tradition paradigmatisch fixiert. Zwar hatte EULER mit seiner "Nova theoria lucis et colorum" 1746 die Wellentheorie wiederzubeleben versucht, sein Einfluß blieb jedoch weitgehend auf Deutschland beschränkt.[117] Die optischen Phänomene wurden weithin mit Hilfe der von NEWTON formulierten Hypothesen gedeutet; das Inventar an empirisch demonstrierbaren Eigenschaften des Lichts ging kaum über das von NEWTON in den "Opticks" beschriebene hinaus.

Zu Beginn des 19. Jahrhunderts kam jedoch Bewegung in die Szene. Die mathematischen Rationalisten der Gruppe um LAPLACE und BERTHOLLET bemühten sich um die stringente Mathematisierung korpuskularer Konzepte. Die Optik sollte den methodischen Standards der "physique générale" angepaßt werden, wozu man sich an den Erfolgen der theoretischen Mechanik orientierte. Durch rege Experimentiertätigkeit wurde auch das empirische Inventar erweitert: 1808 entdeckte MALUS (1775-1812) die Polarisation durch Reflexion, die als erneuter Beweis für die Richtigkeit der Newtonschen Korpuskulartheorie gewertet wurde, indem sie die bereits von NEWTON behauptete "Seitlichkeit" der Lichtkorpuskeln zweifelsfrei zu beweisen schien. 1811 fand François ARAGO (1786-1853) die chromatische Polarisation, die ein Jahr später Jean-Baptiste BIOT (1774-1862) als "mobile Polarisation" deutete. Die mit verfeinerten experimentellen Techniken immer komplexer werdenden Polarisationsphänomene erzwangen es, den Lichtkorpuskeln immer kompliziertere Eigenbewegungen zuzuschreiben, da alle Eigenschaften des Lichts durch die Eigenschaften eines jeden individuellen

---

116/ PREVOST 1798/b, S. 327.

117/ Vgl. dazu HAKFOORT 1986, S. 116-167.

Korpuskels repräsentiert sein mußten. Dennoch sollte die Polarisation und ihre theoretische Deutung bis 1821 eine der Stärken der Korpuskulartheorie bleiben.[118]

Den ersten Angriff auf NEWTONs Paradigma führte Thomas YOUNG (1773-1829), der bereits 1801 das allgemeine Interferenzprinzip entdeckt und zur Deutung der Newtonschen Ringe genutzt hatte. Unter Rückgriff auf die Schallanalogie und unter Hinweis auf die Tatsache, daß auch NEWTON selbst keine reine Korpuskulartheorie verfochten, sondern vielmehr longitudinale Äthervibrationen zur Erklärung der "fits" verwendet hatte, versuchte YOUNG im Verein mit RUMFORD eine Wiederbelebung der Wellentheorie zu erreichen. Für das Scheitern dieses Unterfangens lassen sich mehrere Gründe anführen: das zeitgenössische Interesse galt um 1800 hauptsächlich dem Galvanismus und der Chemie, nicht aber der Optik; YOUNGs Ätherhypothese verstieß gegen die optischen Paradigmen des Newtonianismus; sie wurde in der Tradition der Vibrationstheorie von HUYGENS, HOOKE und EULER gesehen, die in Großbritannien als "erledigt" galt, oder aus methodologischen Gründen abgelehnt.[119]

Der Wellentheorie verhalf zwanzig Jahre später ein Außenseiter zum Durchbruch, der sich aufgrund seiner brillianten mathematischen Fähigkeiten innerhalb der Pariser Wissenschaftsgemeinde durchsetzen konnte: Augustin Jean FRESNEL (1788-1827). Als Absolvent der "Ecole Nationale des Ponts et Chaussées" war er zunächst als Straßenbauingenieur in der südfranzösischen Provinz tätig. 1815 veröffentlichte er seine Abhandlung "Sur la diffraction de la lumière", in der er durch direkte Beobachtung von Interferenzmustern unabhängig von YOUNG das Interferenzprinzip bestätigen konnte. Die Verbindung dieses Prinzips mit HUYGENS' Prinzip der Elementarwellen lieferte FRESNEL den Schlüssel zur mathematischen Theorie der Interferenzmuster, die die Interferenz sämtlicher Sekundärwellen durch "FRESNEL-Integrale" berücksichtigt. Durch seinen "Spiegelversuch" konnte FRESNEL zeigen, daß im Widerspruch zur Korpuskulartheorie Interferenz ohne Beteiligung von Beugung zustandekommen kann.[120]

118/ S. dazu KLEMM 1932.

119/ Für eine Analyse s. CANTOR 1983, S. 140-146. Für die Gründe für die Ablehnung des Äthers vgl. auch Kap. 2.1.

120/ SILLIMAN 1967.

Das Jahr 1815 markiert nicht nur den endgültigen Fall NAPOLEONs, sondern auch den Beginn des Einflußverlustes der von NAPOLEON protegierten Gruppe um LAPLACE und BERTHOLLET. Der politische Umbruch begünstigte den intellektuellen:[121] eine neue Generation von Physikern, zu der namentlich FRESNEL, FOURIER, DULONG und PETIT gehörten, erhielt jetzt die Chance, Forschungsansätze zu Gehör zu bringen, die ohne den Rückgriff auf die Newtonischen Paradigmen auskamen.[122]

In dieser Phase des Umbruchs spielte François ARAGO (1786-1853) eine Schlüsselrolle. Im Oktober 1815 hatte FRESNEL seine Arbeit zur Beugung dem "Institut National" vorgelegt. Die darin enthaltene mathematische Theorie der Beugungsbilder stellte die Korpuskulartheorie vor ernste Probleme und lieferte starke Evidenz für die Vibrationstheorie des Lichts.[123] Es war diese Arbeit FRESNELs, die den LAPLACE-Schüler ARAGO für die neue Theorie einnahm. Bereits im Dezember 1815 veröffentlichte er zusammen mit PETIT eine Arbeit zur Refraktion in Gasen, die im Rahmen der Vibrationstheorie argumentiert.[124] Etwa gleichzeitig wurde ARAGO Herausgeber der "Annales de chimie et de physique", der damals bedeutendsten wissenschaftlichen Zeitschrift Frankreichs. ARAGOS Ernennung stellte eine deutliche Machtverschiebung auf Kosten der Laplace-Berthollet-Gruppe dar. Die zügige Publikation der Arbeiten von "Außenseitern" wie FRESNEL und FOURIER im ersten Jahrgang der neuen "Annales" sind ein deutliches Indiz dafür, daß ARAGO von Beginn an seinen

---

121/ LAPLACE und BERTHOLLET hatten sich der besonderen Gunst NAPOLEONs erfreut, die sich unter anderem durch die Zuteilung erheblicher Sinekuren sowie durch die Aufnahme in die "Noblesse d'Empire" ausgedrückt hatte. Sie waren daher in gewisser Weise nach der Restauration politisch kompromittiert (vgl. FISCHER 1986, S. 298 u. passim).

122/ FOX 1974, S. 110.

123/ FRESNEL 1816. Die Arbeit wurde am 15. Oktober 1815 dem Institut eingereicht.

124/ ARAGO/PETIT 1816. Die Arbeit wurde am 11. Dezember 1815 vor dem Institut National gelesen. PREVOST erkannte sofort die Stoßrichtung: "L'esprit de ce mémoire est d'attaquer la théorie attractionelle (qui suppose l'émission) en faisant voir que des substances identiques n'attirent pas de même, savoir sous forme de liquide et sous forme de vapeurs." (BPU Mss.suppl. 1068). PREVOST hielt dagegen, daß Dämpfe eine Verbindung aus der verdampften Substanz und dem "calorique" darstellen, also eben nicht mit der Substanz der Flüssigkeit identisch sind. Daher müsse auch die Dispersion nicht identisch sein.

Einfluß als Herausgeber zugunsten der "neuen", nicht mehr auf die Newtonischen Paradigmen zurückgreifenden Physik geltend machte.[125] Damit begann auch auf institutioneller Ebene manifest zu werden, daß das Ende des Newtonianismus nahe war. Die "zweite wissenschaftliche Revolution" hatte begonnen.[126]

3.2.5 Biot und die Rotation der Lichtmoleküle

BIOT war einer der führenden Vertreter der "Laplace-Berthollet-Gruppe". Seine Arbeiten, die sich an den Problemvorgaben von LAPLACE orientierten, zeichneten sich durch die Betonung der mathematisch-analytischen Methode, große experimentelle Erfahrung sowie Zurückhaltung gegenüber theoretischen Spekulationen aus.[127]

BIOT hatte 1816 seinen monumentalen "Traité de Physique" publiziert.[128] Dieses vierbändige Opus stellte nicht nur sein persönliches Hauptwerk dar, es war auch, indem es BIOTs umfangreiche Forschungen zur Optik zusammenfassend darstellte, das umfassendste Kompendium der korpuskularen Theorie des Lichts überhaupt, das den Höhepunkt dieser theoretischen Tradition markierte.[129] BIOT hatte es verstanden, die seit 1809 in zunehmender Anzahl neu entdeckten optischen Phänomene in den Erklärungsbereich der Emissionstheorie zu integrieren,

---

125/ Besonders FOURIER hatte unter dem hinhaltenden Widerstand des Pariser Wissenschaftsestablishments, der sich in Verschleppung der Publikation seiner Arbeiten manifestierte, zu leiden gehabt; s. HERIVEL 1980.

126/ BRUSH 1976, I, S. 35-51, zu FRESNEL S. 43. - Zu FOURIER u.a. vgl. auch Kap. 5.1.

127/ FRANKEL 1972 u. 1977.

128/ J.B. BIOT: Traité de physique expérimentale et mathématique, 4 Bde., Paris 1816.

129/ Es widmete den Eigenschaften des Lichts fast 1000 Seiten, s. BIOT 1816, III, S. 146-512; IV, S. 1-600. Zur Polarisation s. IV, S. 254-600. "It was his most important work, one which he himself described as 'the principal object of my life'. It was also a vehicle for his new theory of the oscillations of light molecules. More than 40% of the book was devoted to optics and nearly half of this dealt with polarization and related phenomena." (FRANKEL 1972, S. 260).

indem er sein "molécule de lumière" mit immer komplexeren Eigenschaften ausstattete.

Zentrales Element von BIOTs Optik war die Theorie der "mobilen Polarisation". Sie war von ihm erdacht worden, um eine theoretische Deutung des von ARAGO entdeckten Phänomens der chromatischen Polarisation zu liefern. Nach BIOTs Vorstellung sollten die Moleküle eines linear polarisierten Lichtstrahls, die auf eine Scheibe aus Glimmer oder Gips auftreffen, zunächst eine kurze Distanz in diese eindringen, bevor sie, ähnlich wie die Unruhe einer Uhr, um ihre Massenschwerpunkte zu schwingen beginnen. Während die Amplitude dieser Schwingungen für alle Farben konstant ist, soll die Frequenz der Oszillationen von der Farbe des Lichts abhängen. Demnach schwingen die violetten Moleküle am schnellsten, die roten am langsamsten. Bei Austritt der Moleküle aus dem Kristall "frieren" die Schwingungen ein. Wegen der unterschiedlichen Frequenzen sind die Moleküle dann in für die Farbe spezifischen Raumrichtungen, die sie zum Zeitpunkt des Austritts gerade erreicht hatten, polarisiert. Der analysierte Lichtstrahl zeigt dann eine von der Polarisationsrichtung des Analysators abhängige Farbe.[130]

Im Fortgang seiner Untersuchungen hatte BIOT festgestellt, daß es einen fundamentalen Unterschied in den optischen Wirkungen ausmacht, ob es sich bei dem vom polarisierten Licht durchsetzten Kristall um einen parallel zur Kristallhauptachse geschnittenen Glimmer- bzw. Gips-Kristall, oder aber um einen senkrecht zur Kristallhauptachse geschnittenen Quarz handelt.[131] Um diesen Unterschied erklären zu können, nahm BIOT an, daß die Lichtmoleküle unter geeigneten Umständen, d.h. unter der von einem Quarz ausgeübten Anziehungskraft von einer <u>Oszillation</u> in eine <u>Rotation</u> um ihre Ausbreitungsrichtung übergehen können. Die Rotationsfrequenz sollte dabei wiederum mit der Farbe va-

---

130/ BIOT: Mémoire sur un nouveau genre d'oscillations que les molécules de la lumière éprouvent en traversant certains cristaux, in <u>Mém.Inst.</u> 1812 (Prem.Partie), 1-371. Zusammenfassung u.d.T.: Mémoire sur plusieurs propriétés physiques nouvellement découvertes dans les molécules de la lumière, in <u>J.Phys.</u> 76 (1813), 129-139. Exzerpt von PREVOST dazu in BPU Mss.suppl. 1068, Teil 2. Zum Inhalt vgl. KLEMM 1932, S. 63.

131/ Für die Bedeutung der optischen Untersuchungen BIOTs zur Klärung der Kristallstruktur vgl. SCHÜTT 1984, S. 84 u. 92.

riieren.[132] Wegen der unterschiedlichen Frequenzen bei ansonsten konstanter Ausbreitungsgeschwindigkeit im Kristall ergeben sich für jede Farbe charakteristische Wegstrecken, die das Molekül zur Vollendung einer Oszillation bzw. einer Rotation zu durchlaufen hat. Diese Konzeption von BIOT wies eine deutliche Analogie zu NEWTONs "fits" auf: wie diese dienten jene "accès" genannten Strecken dazu, Lichtmoleküle nach ihren Farben periodisch "auszusortieren". BIOT wies selbst auf diese Analogie hin, die er als ein starkes Argument für die innere Konsistenz und damit für die Überlegenheit der korpuskularen Theorie des Lichts ansah.[133]

BIOTs Theorie der "accès" stieß bei PREVOST sofort auf starkes Interesse und löste eine intensive Beschäftigung mit dem Problem der Polarisation aus.[134] Es sollte darum gehen, die Theorie der "puppiformes" als den zentralen Teil einer "théorie générale des fluide élastiques" in die aktuelle Diskussion einzubringen.[135] Um aber dem Versuch, die Mechanismen LESAGEs auf die aktuellen komplexen Probleme der Optik anzuwenden, Durchschlagskraft zu verleihen, bedurfte es - nolens volens - des Einsatzes analytischer Mathematik. Offenbar war PREVOST auch klar, daß es kaum ausreichen würde, dem neuen Wissenschaftsstil, der sich in Paris durchzusetzen begann, ausschließlich mit verbalen

---

132/ BIOT: Examen comparé de l'intensité d'action que la force répulsive extraordinaire du spath d'Islande exerce sur les molécules lumineuses de diverses couleurs (Lu á la Société d'Arcueil le 7 novembre 1813), in Ann.Chim.Phys. 94 (1815), 281-296; Nachdruck in Mém.Soc.Arc. 3 (1817), 371-384. Exzerpt bei PREVOST in BPU Mss.suppl. 1068, Teil 2.

133/ FRANKEL 1972, S. 252-254.

134/ Im Mai 1816 hatte PREVOST den Traité de physique expérimentale et mathématique von BIOT zugeschickt bekommen (BIOT an PREVOST, Brief, 6. Mai 1816, BPU Mss.suppl. 1048, fo. 115-116; PREVOST an BIOT, Absendevermerk mit Dank, 31. Mai 1816, BPU Ms.fr. 4737, fo. 76). Im Oktober notierte er: "Il y a aussi quelque temps que je suis fortement occupé de polarisation." (J.Int. III, Eintrag vom 16. Oktober 1816, BPU Ms.fr. 4742, fo. 46v). Von PREVOST angefertigte Exzerpte fast aller Arbeiten BIOTs zur Polarisation finden sich in BPU Mss.suppl. 1068, Teil 2.

135/ Bereits 1813 hatte PREVOST begonnen, die neuen Phänomene in der Sprache der korpuskular-mechanischen Physik zu formulieren: "J'ai trouvé une explication leSagienne des nouveaux phénomènes d'optique observés par Malus, Arrago (!), Biot, non encore développée, mais jusqu'ici d'accord avec les principaux phénomènes." (J.Int. III, Eintrag vom 4. Februar 1813, BPU Ms.fr. 4742, fo. 36). Seine Argumente gegen die Undulationstheorie faßte er zusammen in PREVOST 1813/b.

Spekulationen entgegenzutreten. Da er sich aber nicht in der Lage sah, diesen "travail, vraiment penible"[136] ganz allein auszuführen, bat er BIOT um Mitwirkung, die dieser gern gewährte.[137]

Wie BIOT, so vermutete auch PREVOST den Schlüssel zur Lösung der Probleme, denen sich die Emissionstheorie gegenübersah, in der Annahme einer Rotation der Lichtmoleküle. Er stellte daher BIOT folgendes Problem:

> Soit une droite matérielle de la nature des corps durs, homogène et de même épaisseur dans toute son étendue; ayant par conséquent son centre de gravité au milieu de sa longueur. Soit appliquée, à un point de cette ligne, une pression invariable et toujours maintenue perpendiculaire à la ligne. On demande, quel sera, pour divers point d'application, la trajectoire du centre de gravité pendant une ou plusieurs rotations.[138]

Die Lösung dieses "problème de la baguette" lieferte BIOT Anfang 1817.[139] Der ein Lichtmolekül repräsentierende Stab habe eine homogen verteilte Masse m=P/g und die Länge 2 l und werde durch eine im Abstand a von seinem Schwerpunkt senkrecht angreifende und permanent wirkende Kraft F = nP in einer durch das Koordinatensystem x, z definierten Ebene in Bewegung versetzt. Diese Bewegung setzt sich, sofern a von Null verschieden ist, zusammen aus einer Translationsbewegung des Schwerpunkts und einer Rotation um den Schwerpunkt. Indem BIOT die Bewegung des Stabes in die Translation des Schwerpunktes und die Rotation um diesen Schwerpunkt zerlegt,[140] berechnet er die Trajektorie des Schwerpunkts in den Koordinaten x, z zu:

136/ J.Int. III, Eintrag vom 4. April 1817, BPU Ms.fr. 4742, fo. 48^r.

137/ BIOT an PREVOST, Brief, reçue 13. Januar 1817, BPU Mss.suppl. 1068.

138/ Eigenzitat von PREVOST in 1818/a, S. 255. Dort deutet PREVOST an, daß er dieses Problem an "deux habiles mathématiciens" gerichtet habe. Laut Absendevermerk in BPU Ms.fr. 4738, fo 3^v vom 11. Dezember 1816 sowie der Vorrede zu 1818/a (S. xxvi-xxvii) war der zweite "fähige Mathematiker" der Genfer Jean-Jacques SCHAUB (1775-1825). Zu seiner Person s. REVILLIOD 1942, S. 9.

139/ BIOT an PREVOST, Brief, reçue 13 Janvier 1817, BPU Mss.suppl. 1068, no. 9.

140/ Die Lösung war nicht neu; sie stammt von Daniel BERNOULLI: Examen physico-mechanicum de motu mixto qui laminis elasticis a percussione simul imprimitur, in Novi Commentarii Academiae Scientiarum Imperialis Petropolitanae 15 (1770), 361f. - Vgl. dazu SZABO [2]1979, S. 467.

$$x = -4\ l^2/3a\ \sin^2 kt^2/2 + ngt \int \sin kt^2\, dt$$

$$z = -4\ l^2/3a\ \sin kt^2 + ngt \int \cos kt^2\, dt$$

Dabei ist $kt^2 = \varphi$ der Rotationswinkel gegen die Horizontale mit der Konstanten $k = 3nga/4\ l^2$. Die Winkelgeschwindigkeit der Rotation ist demnach der Zeit direkt proportional; das Molekül wird umso schneller rotieren, je größer die angreifende Kraft im Verhältnis zum Gewicht (n), je weiter der Angriffspunkt der Kraft vom Schwerpunkt entfernt (a) und je geringer seine Länge (l).

Durch Nachweis, daß die Integrale mit t gegen den Grenzwert $\sqrt{\pi/2k}$ konvergieren, läßt sich für die Trajektorie des Schwerpunkts schreiben:

$$x = -4\ l^2/3a\ \sin^2 kt^2/2 + ngt \sqrt{\pi/2k}$$

$$z = -4\ l^2/3a\ \sin kt^2 + ngt \sqrt{\pi/2k}$$

Der Schwerpunkt des Moleküls beschreibt also eine Trajektorie, die aus einer unter 45 Grad mit konstanter Geschwindigkeit ($v = ng\sqrt{\pi/2k}$) erfolgenden geradlinigen Bewegung besteht, der eine mit kt^2 periodische Störung überlagert ist, die zu alternierenden Beschleunigungen und Verzögerungen führt. BIOT zog daraus die für PREVOST negative Konsequenz:

> Ces alternatives ont quelque rapport avec les accès, et peut-être cette a été aussi votre vue, mais j'y trouve pourtant cette différence capitale que leur période dependant du carré du tems sous les signes sinus et cosinus, sera nécessairement variable et deviendra plus longue à mésure que le tems augmentera au lieu que les périodes des accès paraissent parfaitement constantes.[141]

PREVOST reagierte mit einer Neuformulierung des Problems. Dieses mal sollte BIOT nicht die Trajektorie eines simplen Stabes, sondern vielmehr diejenige eines "cylindre troué" berechnen.[142] Ein ausgehöhlter Zylinder war das von LESAGE und PREVOST gewählte Modell eines "molécule puppiforme". Statt eine

---

141/ BIOT an PREVOST, Brief, reçue 13. Januar 1817, BPU Mss.suppl. 1068, no. 9.

142/ PREVOST an BIOT, Absendevermerk vom 17. Februar 1817, BPU Ms.fr. 4738, fo. 4v.

Lösung zu liefern, versuchte BIOT nun, PREVOST die Problematik seines Unterfangens vor Augen zu führen:

> ...je ne crois pas ce genre de problème aussi simple et aussi accessible à l'analyse que vous paraissez le croire; et hors les circonstances principales du mouvement que l'on entrevoit à travers les formules, on ne peut rien savoir de précis à moins d'effectuer les intégrations. Ceci s'applique également au nouveau problème que vous me proposez sur la rotation du cylindre troué. On ne peut guères aller dans tout celà au delà de ce qu'indiquent les loix générales de la dynamique; et quand on veut entrer dans les details il faut recourir à des intégrations difficiles que bien souvent même on ne peut pas effectuer...[143]

Damit hatte BIOT die Problematik des von PREVOST gewählten Ansatzes umrissen: es schien aussichtslos, die komplexen Phänomene der Optik allein mit den Mitteln von NEWTONs Dynamik beschreiben zu wollen, indem man wie PREVOST die Trajektorien einzelner Lichtmoleküle anzugeben versuchte.

Damit war aber auch das fundamentale Problem der Emissionstheorie angesprochen: die Leistungsfähigkeit der Theorie konnte nur um den Preis der Einführung einer wachsenden Zahl von ad-hoc-Hypothesen erhalten werden, da alle Eigenschaften des Lichts vom individuellen Lichtkorpuskel repräsentiert werden mußten. Die Komplexität der korpuskularen Optik nahm jedesmal zu, wenn Farbphänomene, wie etwa die chromatische Polarisation ins Spiel kamen. Damit wurde die Fähigkeit der Theorie, eine durchgreifende Mathematisierung der Phänomene zu ermöglichen, zunehmend in Frage gestellt. Diese Fähigkeit aber war für BIOT und die Mitglieder der Pariser Wissenschaftsgemeinde das einzige Kriterium, nach dem sich die Brauchbarkeit einer Theorie beurteilen ließ.[144]

3.2.6 Die Optik der "Deux Traités"

Im Hinblick auf die im Dialog mit BIOT deutlich gewordenen unüberwindbaren Schwierigkeiten zog PREVOST den Schluß, daß er bei seiner traditionell spekulativen Methode zu bleiben habe: "Je finirai probablement par publier Le-Sage, puis mes vues."[145] Damit war das Konzept seines nächsten Werkes, der

---

143/ BIOT an PREVOST, Brief, 27. Februar 1817, BPU Mss.suppl. 1068, no. 9.

144/ BIOT 1816, Préface, I, S. xx-xxii.

1818 publizierten "Deux Traités de Physique Mécanique" umrissen, mit denen er den Stand der korpuskularmechanischen Physik à la LESAGE zusammenfassen und in die zeitgenössische Kontroverse einbringen wollte.[146] Die Rotation der Lichtmoleküle sollte darin, rein qualitativ präsentiert, die Hauptrolle spielen. Seine Überlegungen zur Optik gründete PREVOST auf die Überzeugung, daß das Verhalten eines Lichtmoleküls dem eines starren Stabes gleicht, der durch eine außerhalb seines Schwerpunkts angreifende Kraft in eine als Superposition von Translation und Rotation darstellbare Bewegung versetzt wird. Die Rotation erfolgt dabei um eine zur Translationsrichtung senkrechte Hauptträgheitsachse. PREVOST beschränkte sich auf eine verbale Summation der unmittelbar einsichtigen Fälle ohne auf mathematische Details der ihm von BIOT übermittelten Kinematik einzugehen.[147]

Bei PREVOSTs früheren Überlegungen zur Optik war noch die Frage offen geblieben, warum am optisch dichteren Medium nur ein Teil des einfallenden Lichtes reflektiert, ein Teil dagegen transmittiert (gebrochen) wird. Laut PREVOST hängt es von der Orientierung der Lichtmoleküle relativ zur Grenzfläche der Medien ab, ob sie der attraktiven Kraft oder der "repulsiven" Kraft nachgeben. Während er sich in diesem Punkt um 1790 noch recht unsicher zeigte ("suivant certaines circonstances de vitesse et de position"[148]), präzi-

---

145/ PREVOST an BIOT, Absendevermerk vom 10. März 1817, BPU Ms.fr. 4738, fo. 4v.

146/ Einen erheblichen Teil seines 1818 erschienenen Werks widmete PREVOST erneut einer Darstellung der Prinzipien LESAGEs, die, indem er dessen Nachlaß mit heranzog, in ihrem Umfang erheblich über das hinausging, was er bereits 1788 und 1805 publiziert hatte. SS. 1-186 beinhalten die Darstellung des Systems von LESAGE. Zum Teil handelt es sich lediglich um Wiederabdrucke von Teilen des Essai de Chymie mécanique 1758 (=SS. 64-78) bzw. des "Lucrèce Neutonien" 1782 (=SS. 80-86), die von PREVOST gekürzt bzw. neu arrangiert wurden. PREVOST betont mehrfach, daß er lediglich als "simple éditeur" fungiert habe. Beim Zustand von LESAGEs Nachlasses waren die Schwierigkeiten jedoch erheblich; ein Teil des verbindenden Textes dürfte daher von PREVOST selbst stammen. Nach Abschluß der Arbeiten gab PREVOST den Nachlaß an die BPU: "Je viens d'achever l'arrangement des papiers de LeSage en 51 portefeuilles ou boîtes, que je vais incessamment envoyer à la Bibliothèque Publique. - Je les envoie ce jour même avec une lettre aux Bibliothécaires." (J.Int. III, Eintr. vom 3. September 1818, BPU Ms.fr. 4742, fo. 57r).

147/ PREVOST 1818/a, S. 255-265.

148/ MHS Z 181, fo. 110b.

siert er seine Vorstellungen unter dem Einfluß BIOTs nun dahin, daß die Ursache in der Rotation der Lichtmoleküle zu suchen ist. Da diese Rotation im Vergleich zur Translation mit sehr großer Geschwindigkeit erfolgen soll, wirkt jedes Lichtmolekül wie eine Scheibe ("disque apparens"), deren Rand aufgrund der nach außen weisenden Konkavität "gekerbt" ist. In einem unpolarisierten Lichtstrahl sind die Rotationsachsen senkrecht zum Strahl über alle Azimutwinkel verteilt; die Scheiben aller Moleküle beschreiben damit relativ zum Strahl so etwas wie eine Kugel ("sphère armillaire"). Ob ein Molekül letztlich reflektiert oder transmittiert (gebrochen) wird, hängt dann von der Orientierung seiner Scheibe relativ zur Grenzfläche ab. Steht nämlich die "Rotationscheibe" annähernd parallel zur spiegelnden Fläche ("plan attractif"), so muß sich aufgrund der bereits geschilderten Mechanismen die bei der Rotation außenliegende Konkavität des Moleküls zur Fläche hin drehen. Durch die Überlagerung der Rotation mit dieser Einstellbewegung beschreibt das Molekül einen zur Fläche hin offenen Konus mit konkavem Rand. Dieser von PREVOST metaphorisch als "Schirm" ("une espèce de parasol")[149] bezeichnete Konus schließt sich in dem Maße, wie sich das Molekül der Fläche nähert, wobei die von der Rotation ausgeübte Kreiselwirkung die Einstellbewegung in die Flächennormale hemmt. Nimmt die "Anziehung" der Fläche bei Entfernung des Moleküls ab, öffnet sich der "Schirm" wieder.[150] Die durch die Konkavität verursachte "Abstoßung" wächst also in dem Maße wie sich der "Schirm" schließt, da das Molekül dabei seine Konkavität immer mehr der Fläche zuwendet. Steht dagegen die Rotationsebene des Moleküls von vornherein senkrecht zur Fläche, so findet keine "Schirmbildung" statt. In einem solchen Fall bleibt die Konkavität des Moleküls ohne Wirkung, da sie nur während der einen Hälfte der Rotationsperiode der Fläche zugewandt ist und "Abstoßung", während der anderen Hälfte aber eine zusätzliche "Anziehung" hervorruft. Wegen der im Vergleich zur Translationsgeschwindigkeit hohen Rotationsfrequenz werden sich diese Effekte kompensieren. Damit ergibt sich als Konsequenz:

> Si donc une grande vitesse constante, imprimée aux particules, tend à leur faire traverser le plan attractif; celles dont le cercle de rotation est perpendiculaire au plan attractif le traverseront plus aisément, que celles dont la cercle de rotation est parallèle à ce même plan.[151]

149/ PREVOST 1818/a, S. 268.

150/ PREVOST 1818/a, S. 269.

Mit Hilfe dieses Modells formuliert PREVOST eine umständliche Erklärung von Reflexion und Refraktion.[152]

Das Modell liefert darüberhinaus die Grundlage für rein qualitative Spekulationen zum zentralen Thema der Polarisation, indem die Rotationsebene des Moleküls mit der Polarisationsebene gleichgesetzt wird. PREVOST ist aber nicht in der Lage, quantitative Gesetze zu formulieren bzw. abzuleiten. So bekennt er freimütig in Bezug auf seine Vermutungen zur Ursache der Polarisation durch Reflexion: "Je ne sais pas démêler l'effet de ces causes, ni reconnoître si la loi proposée par M. BREWSTER en dérive."[153] Sind die Bemerkungen zur fixen Polarisation schon knapp,[154] so fallen diejenigen zur mobilen Polarisation noch kürzer aus. PREVOST schließt sich hier weitgehend den von BIOT formulierten Thesen an, wobei er allerdings davon ausgeht, daß die Moleküle aus dem Zustand der Rotation in denjenigen der Oszillation übergehen können (bei BIOT umgekehrt). Der Zusammenhang zwischen Farbe und Oszillation bleibt derselbe wie bei BIOT: "les molécules les plus réfrangibles ont des oscillations plus rapides."[155]

Beschränkten sich die Bemerkungen zur Polarisation schon darauf, die hochentwickelte Emissionstheorie des Lichts, so wie sie von BIOT auf mehreren hundert engbedruckten Seiten expliziert worden war,[156] durch kausalmechanische Überlegungen zu "ergänzen", so drückt sich in den ganzen drei Seiten, die PREVOST dem Thema "Beugung" widmete, nur noch Hilflosigkeit aus: "Je ne dirai rien de la flexion ou diffraction; sinon, qu'en l'envisageant sans pénétrer dans les détails, il est difficile de n'y pas reconnoître des attractions et de répulsions exercées à quelques petites distances inégales."[157]

151/ PREVOST 1818/a, S. 273.

152/ PREVOST 1818/a, S. 287-317.

153/ PREVOST 1818/a, S. 329-330.

154/ PREVOST 1818/a, S. 325-335.

155/ PREVOST 1818/a, S. 343.

156/ BIOT 1816, IV, S. 254-600.

157/ PREVOST 1818/a, S. 344.

Die Interferenz als eigenständiges Phänomen findet überhaupt keine Erwähnung. Vielmehr soll eine "gewisse Wechselwirkung zwischen den Lichtmolekülen" ("quelque influence des molécules les unes sur les autres") die Annahme von Wellen zur Erklärung der neuentdeckten Phänomene überflüssig machen. PREVOST beläßt es damit bei einer schon resignativ zu nennenden Bekräftigung seiner Newtonischen Überzeugungen, ohne daß er in der Lage wäre, auf ihrer Grundlage eine Alternative zur Fresnelschen Lösung zu formulieren.

3.3 Kritik

3.3.1 Kritik der Magnetismustheorie

Die Konfrontation der Theorie PREVOSTs mit den Resultaten von AEPINUS und COULOMB hat ihr grundlegendes Dilemma erkennen lassen. PREVOST scheint diese Spannung von Anfang an gespürt zu haben; sein Werk über die Theorie des Magnetismus ist von einem grundlegenden Konflikt geprägt, der schon in seinem Aufbau manifest wird. Auf der einen Seite sollte dem Anspruch Genüge getan werden, eine in der empirischen Prüfung erfolgreiche mathematische Theorie nach Newtonischem Vorbild zu entwickeln (Principes dynamiques), zum anderen sollte eine kausalmechanische Ursachenerklärung (Principes physiques) den Magnetismus in das spekulative System LESAGEs integrieren.

Die mathematischen Axiome seiner Theorie formuliert PREVOST in formaler Analogie zur Gravitationstheorie NEWTONs. Er war vom Modellcharakter der Newtonschen Theorie überzeugt, wie seine Haltung zur Frage des Abstandsgesetzes belegt. Sein Bemühen ging sogar dahin, die formale Analogie durch die Abschaffung des in der Gravitationstheorie nicht vorkommenden Abstoßungsprinzips noch zu vervollkommnen.

Demgegenüber ist die in Weiterentwicklung der Prinzipien LESAGEs formulierte kausalmechanische "Erklärung" durch eine Häufung von ad-hoc-Hypothesen gekennzeichnet. Für die Erklärung der beiden Kraftmaße ($\underline{a}$,$\underline{b}$) muß PREVOST insgesamt drei voneinander als unabhängig postulierte Mechanismen bemühen, über deren Zusammenwirken er keine exakte Aussage treffen kann. Statt einer quantifizierbaren Prognose bezüglich des Kraftgesetzes gewinnt PREVOST ein sich jeglicher Falsifizierung entziehendes Zusammenwirken "sous toutes sortes de rapports".[158] Aufgrund seiner mangelnden experimentalphysikalischen Praxis hielt PREVOST die Resultate COULOMBs für unangreifbar, obwohl sie seine eigene Theorie in Frage stellten. Dabei hätte COULOMBs Vorgehen durchaus Gelegenheit zur Kritik geboten. Stattdessen benutzt PREVOST lieber die scheinbare "Flexibilität" seiner kausalmechanischen Erklärungen, um seine Theorie den Resultaten COULOMBs anzupassen.

PREVOST ist sich der Problematik seines Ansatzes durchaus bewußt gewesen, wie schon aus seinem Vorwort hervorgeht. Während er einerseits die Auffindung mechanischer "letzter" Ursachen als das Ziel und die Absicht seines Werkes definiert, erklärt er gleich anschließend, seine Theorie verliere durch den Verzicht auf die "Principes physiques" nicht an Bedeutung und sei auch ohne diese verständlich. Wer die Physik LESAGEs nicht möge, könne dieses Kapitel überschlagen. PREVOST war sich wohl darüber im Klaren, daß mechanische Hypothesenkonstruktionen à la LESAGE beim zeitgenössischen Fachpublikum nicht mehr "en vogue" waren.

PREVOSTs Befürchtungen waren nicht unbegründet. Sofern sein Werk nicht mit Stillschweigen übergangen wurde, war die Kritik alles andere als enthusiastisch.[159] In einer Rezension wies der Pariser Astronom LALANDE (1732-1807) darauf hin, daß man es hier mit dem Resultat einer überkommenen Denktradition zu tun habe, von der nicht mehr viel erwartet werden dürfe:

> Ainsi quoique les Géomètres semblent avoir renoncé depuis long-temps à des recherches sur la cause de l'attraction, voilà des Physiciens dont la réputation et le mérite sont bien faits pour résusciter nos espérances et pour empêcher du moins qu'on ne méprise les atomes d'Epicure, les tourbillons de Descartes, et les corpuscules ultramondains de M. le Sage.[160]

Diese Ansicht dürfte repräsentativ für die französischen "Géomètres" gewesen sein, die - wie LAGRANGE und LAPLACE - als "orthodoxe" Newtonianer die

158/ PREVOST 1788/a, S. 84.

159/ Ausdrücklich positiv äußerte sich nur Jean-André DELUC, wie PREVOST ein Schüler LESAGEs. DELUC lobte PREVOST "pour assigner à des causes intelligibles, bien des phénomènes abandonnés jusqu'ici à l'imagination." (DELUC 1790/b, S. 127). Die "Besprechung" im J.Encyc. 66 (1788), Heft VIII, S. 3-15 beschränkt sich auf globales Lob und den unkommentierten Komplett-Abdruck von PREVOSTs Vorwort.

160/ Journal des Sçavans 1788 (décembre), 874-878, hier 878.

mathematisierte, auf jegliche Ursachenspekulationen verzichtende Physik zu bisher nicht gekannter Perfektion entwickelt hatten.

Ebenso aufschlußreich ist die Reaktion der Naturphilosophen in Deutschland.[161] Der kinetische Atomismus stieß auf scharfe Kritik der Dynamisten. Wie LALANDE so glaubte auch SCHELLING Antiquiertes zu erkennen:

> Le Sages Principien sind das offenbarste Bekenntniß, daß wir über die letzten Ursachen der Natur nichts wissen, und ein Versuch im Großen, dieses Nichtwissens unerachtet ein System der Natur auszudenken... Unleidlich und kaum zu ertragen muß es doch seyn, von den Naturerscheinungen nichts zu begreifen, da man sich solche Zumuthungen gefallen läßt, wie die, welche in den Systemen der Atomistik, an den Verstand und die Einbildungskraft gemacht werden, nur um jenes drückende Gefühl - wenigsten scheinbar loszuwerden. (...) Sie können die Zeiten eines Des-Cartes, Euler u.s.w. noch immer nicht los werden.[162]

Auch bei anderen deutschen Naturforschern überwog, von LICHTENBERG abgesehen,[163] die Skepsis. PREVOSTs Theorie wurde immer in Zusammenhang mit dem System LESAGEs gesehen. Die von PREVOST vorgenommene "Zweiteilung" wurde nicht verstanden bzw. ignoriert. Damit aber traf PREVOST die gegen den systematischen Ansatz LESAGEs gerichtete Kritik in voller Schärfe: a) das in den Vordergrund gerückte Ursachenproblem werde auch durch den kinetischen

---

161/ Friedrich Albert Carl GREN, der die deutsche Übersetzung von De l'origine anregte, stützte sein positives Urteil über PREVOSTs Theorie auf die von DELUC gegebene Einschätzung. In seiner Vorrede (1794) hielt er aber dennoch eine vorsorgliche Bemerkung für notwendig, in der er sich PREVOSTs Dichotomie zu eigen macht und die deutlich werden läßt, daß LESAGEs Physik damals auch in Deutschland keinen leichten Stand mehr hatte: "Da aber Hrn. Prévosts Theorie der magnetischen Erscheinungen im Grunde von /dem/ System der mechanischen Physik unabhängig ist (...), so werden hoffentlich einige deutsche Naturforscher, die gegen die Grundsätze der mechanischen Physik des Hrn. LeSage mehr oder weniger eingenommen sind, deswegen gegen die eigentliche Theorie des Magnetismus von Hrn. Prévost nicht gleich Widerwillen haben, da sie von erstern leicht abgeschnitten werden kann, und auch im Vortrage selbst davon getrennt ist."

162/ SCHELLING: "Miscellen vom Herausgeber", in Zeitschrift für speculative Physik, Bd. I, 2. Heft, Jena u. Leipzig 1800, S. 123-125. Für weitere Kritik dieser Art s. WINDISCHMANN 1802, S. 116-120; LINK 1806, S. 26-31; LINK 1814, S. 79 u.96.

163/ Für zahlreiche positive Äußerungen LICHTENBERGs zur Physik von LESAGE und PREVOST s. dessen "Sudelbücher"; u.a. Sudelbuch J (1789-1793), in G.C. LICHTENBERG: Schriften und Briefe, hrsg. von Wolfgang PROMIES, II, München 1971, passim.

Atomismus nicht gelöst, sondern lediglich nur verschoben, und b) der kinetische Atomismus sei lediglich eine Variante des längst als antiquiert und unzulänglich diskreditierten cartesianischen Systemrationalismus.[164]

3.3.2 Kritik der Methodologie

Da BIOT mit PREVOST in regem Briefwechsel stand, ist es nicht überraschend, daß dabei auch Fragen der Methodologie zur Sprache kamen. Die sich dabei offenbarende Gegensätzlichkeit der Standpunkte dürfte repräsentativ für jene Kluft sein, die sich zwischen PREVOSTs Methodologie und derjenigen der französischen Schule um LAPLACE und BERTHOLLET, zu deren führenden Vertretern BIOT zählte, auftat.[165]

164/ Der von PREVOST in seinen Recherches physico-mécaniques sur la chaleur, Genève 1792, gelieferte Abriß seiner Theorie findet sich in deutscher Übersetzung in F.A.C. GREN: Grundriss der Naturlehre, Halle ²1793, S. 727. Durch die ebenfalls von GREN angeregte Übersetzung dieses Werks (Halle 1794) wurde PREVOST in Deutschland bekannt. Es wurde in den Göttingischen Gelehrten Anzeigen (1794, Bd. 2, S. 1877-1879) besprochen und fand im gleichen Jahr in der von LICHTENBERG bearbeiteten Neuauflage von J.C.P. ERXLEBEN: Anfangsgründe der Naturlehre, ⁶Göttingen 1794, S. 552 Fußnote, zustimmende Erwähnung. Ein ausführliches Inhaltsreferat folgte dann in J.T. GEHLER: Physikalisches Wörterbuch, Bd. V (Supplementa A-Z), Leipzig 1795, S. 606-611. GEHLER warf PREVOST allerdings eine "undeutliche" Darstellung seiner Theorie vor. Zudem schien ihm "das Willkührliche dabey sehr weit getrieben". Skeptisch äußerte sich auch F.W.A. MURHARD: Historisch-Chronologische Bibliographie des Magnetismus, Kassel 1797: "...ihre Bestätigung wird erst dann vollkommen werden, wenn endlich Herr leSage das leistet, was er versprochen hat und sein größeres Werk, das Newtons Principien ergänzen soll, herausgiebt" (ebd., S. 160). Auch in J.C. FISCHER: Physikalisches Wörterbuch, Bd. III, Göttingen 1800, findet sich PREVOSTs Theorie noch in derselben Ausführlichkeit wie bei GEHLER, wobei aber mit Kritik nicht gespart wird. PREVOSTs Hypothese sei wie alle anderen reine Fiction, die in die Irre führe, denn "so kömmt man zuletzt nothwendig auf cartesische Wirbel oder auf Eulers magnetische Canäle und Ventile u. dergl." (ebd. S. 459-460). Genannt wird PREVOST noch in J.T. MAYER: Anfangsgründe der Naturlehre zum Gebrauche neben Vorlesungen über Experimental-Physik, ⁶Göttingen 1827, S. 551. In der von BRANDES, GMELIN, HORNER, MUNCKE und PFAFF bearbeiteten Neuausgabe von GEHLER: Physikalisches Wörterbuch, Bd. VI.2, Leipzig 1836, das dem Thema Magnetismus insgesamt 557 (!) Seiten einräumt, findet sich PREVOST nicht mehr.

165/ Vgl. zum Folgenden auch die analogen methodologischen Grundsätze von HAÜY, die bereits in Kap. 2.1 zitiert wurden.

Seine an BERTHOLLET gerichtete Vorrede zum "Traité de Physique" mit dem Titel "Sur les principes généraux de la physique" hatte BIOT 1816 zum Anlaß genommen, am Beispiel der sich zuspitzenden Kontroverse um die Natur des Lichts seinen methodologischen Standpunkt zu unterstreichen:

> En effet, que pouvons-nous déterminer autre chose que des lois et des propriétés? une foule d'agens naturels, les plus influens peut-être, ne nous sont pas connus autrement. Parlez-vous de la lumière (...) vous pourrez fixer si exactement les lois de tous ces phénomènes, que vous parviendrez dans tous les cas à les prédire en nombres; vous pourrez encore, en les rapprochant, les réduire à un certain nombre de propriétés générales dont tous les effets dérivent. Mais si, après toutes ces recherches, on vous demande quelle est la nature même de la lumière, il vous sera impossible de le dire avec certitude: les uns voudront y voir des particules matérielles lancées avec une extrême vitesse par les corps lumineux; d'autres, l'effet d'ondulations propagées dans un fluide éminemment élastique; d'autres enfin mélangeront ces deux idées.[166]

Alleiniges Kriterium für die Brauchbarkeit solcher Hypothesen sei, so BIOT, die Beantwortung der Frage, inwieweit sie den empirisch festgestellten Eigenschaften und Gesetzen genügen und die Mathematisierung der Phänomene ermöglichen. Dieses "Wahrheitskriterium" sollte auch auf dem so aktuellen und umkämpften Gebiet der Physik, der Theorie des Lichtes, Klarheit schaffen: die Korpuskulartheorie erweise sich in dieser Hinsicht, so glaubte BIOT, als weit überlegen. Die konkurrierenden Theorien seien demnach als Hypothesen zu betrachten, denen ein unterschiedlicher, von ihrer mathematischen Leistungsfähigkeit abhängiger Grad von Wahrscheinlichkeit beizumessen sei.

Daß BIOT in der aktuellen Kontroverse einen derart die Bedeutung mathematischer Abstraktion betonenden Standpunkt vertrat, stieß bei PREVOST auf deutliche Kritik, die er in drei Punkten zusammenfaßte. Erstens, so PREVOST, dürfe die Anwendung mechanischer Prinzipien auf die Physik niemals allein den Mathematikern (calculateurs) überlassen werde. Denn er sei überzeugt, "que dans ces applications, il y a beaucoup à faire encore, pour l'explication des phénomènes, par les physiciens dont les recherches ne sont pas de pur calcul." Wie könne man sicher sein, so PREVOST weiter, daß die Phänomene allgemeinster Art wie die Newtonsche Anziehung, nicht von einem Agens abhängig seien, von dem sich die "calculateurs" nichts träumen ließen? Es sei doch vielmehr wahrscheinlich, daß auch die von FRESNEL beobachteten Tatsachen

---

[166]/ BIOT 1816, I, S. xx-xxi.

von einem solchen Agens abhingen! Und zweitens, wenn man die besagte Anwendung allgemeinster Prinzipien der "physique générale" in der "physique particulière" vernachlässige, so laufe man Gefahr, falsche oder willkürliche Theorien zu konstruieren, genau wie es die "ondulateurs de la lumière et du calorique" täten, die nicht daran dächten, ihrem Fluidum (Äther) eine Konstitution zu geben, die mit den allgemeinsten und am bestens beobachteten kosmischen Phänomenen im Einklang sei. Und drittens sei zu fragen, ob nicht auch eine elementarere Mathematik zur Darstellung ausreiche. Zwar bestreite er nicht, daß die Mathematik als Hilfsmittel unverzichtbar sei, aber er verfolge das Ziel, die Wissenschaft allgemein zugänglich zu halten. Verliere man dieses Ziel aus den Augen, laufe man Gefahr, der Wissenschaft unrecht zu tun "à peu-près comme les privilèges en font au commerce."[167] Als BIOT dagegen auf seinem Standpunkt beharrte,[168] wurde PREVOST deutlicher:

> ...je viens à votre manière d'envisager la question de la propagation de la lumière; et je vous dirai franchement que je ne l'adopte pas. Vous demeurez dans une sorte d'indifférence, tant que les deux systêmes (l'émission et l'ondulation) expliquent d'une manière exacte (calculée) les phénomènes de la classe dont il s'agit; et vous ne penchez pour l'émission que parceque l'ondulation ne donne pas prise au calcul. - J'avoue que ce point de vue me paroît trop mathématique; et trop peu physique; de la part d'un homme aussi profondement versé dans la physique générale, il me cause quelque surprise; et je ne peux m'empêcher de soupçonner qu'il entre là dedans quelque scrupule délicat en faveur de ceux qui ont adopté l'hypothèse que vous ne préférez pas.[169]

Diese Kritik, die so weit geht, BIOT persönliche Rücksichtnahmen oder gar "Feigheit vor dem Feind" als Motiv für die Wahl seines erkenntnistheoretischen Standpunkts zu unterstellen, zeigt, wie wenig Verständnis PREVOST für die instrumentalistische Haltung der Pariser Wissenschaftsgemeinde aufbringen konnte. Der Agnostizismus, der sich in BIOTs Auffassung manifestierte, war für PREVOST schlichtweg "unphysikalisch". Wir haben hier den interessanten Fall vor uns, daß zwei Physiker, die sich beide derselben optischen Theorie, demselben

---

167/ PREVOST an BIOT, Briefkopie in Auszügen, 14. August 1816 (BPU Ms.fr. 4737, fo. 77^v-78^r).

168/ In seiner Antwort wiederholte BIOT die von ihm im "Préface" dargelegten Argumente, s. BIOT an PREVOST, Brief, Paris 30. August 1816 (BPU Mss.suppl. 1048, fo. 117-118).

169/ PREVOST an BIOT, Briefkopie in Auszügen, 9. September 1816 (BPU Mss.suppl. 1057).

Newtonischen Paradigma verpflichtet fühlen, in Fragen der Methodologie überkreuz geraten.

PREVOST war sich aufgrund der Kontroverse mit BIOT offenbar bewußt, daß sich eine spekulative Physik auf kausalmechanischer Grundlage à la LESAGE in einer schwierigen Lage befand. Der Ton der Vorrede zu den "Deux Traités", die 1818 in Paris und Genf verlegt wurden, ist erstaunlich apologetisch und defensiv. So referiert er zunächst ausführlich die gegen das Fragen nach den Ursachen etwa der Schwere artikulierten Argumente, um anschließend diese in seinem Sinne wenn auch nicht zu entkräften, so doch zumindestens zu relativieren. In einer Welt der Wissenschaft, in der nurmehr Experiment, Mathematik und Anwendung zählen, sei es für Männer "/qui/ soient plus portés à la méditation qu'à l'observation /et qui/ arrivent à certaines combinaisons d'idées qui ne seront pas inutiles, quoiqu'elles s'écartent beaucoup des combinaisons ordinaires", schwer, einen Platz zu behaupten. Aber dennoch müßten, und das klingt bereits wie eine beschwörende Bitte um intellektuelle Toleranz, auch diese gehört werden, denn "...dans cette vaste république des sciences, il y a place pour tous les esprits capables d'un solide raisonnement; et l'on ne doit point refuser le droit de cité, ou tout au moins l'hospitalité, à celui qui vient offrir son humble tribut."[170]

An PREVOSTs "captatio benevolentiae" knüpfte jener Rezensent an, der sein Werk mit einer umfangreichen, von subtiler Ironie geprägten Besprechung in der Genfer "Bibliothèque Universelle" bedachte.[171] Auch hier sollten Fragen der Methodologie im Vordergrund der Kritik stehen. PREVOSTs einleitende Feststellung, die Frage nach der Ursache der Gravitation befinde sich unter den von den Gelehrten seiner Zeit als erledigt betrachteten "inspire une forte prévention en faveur d'un travail qui, tout impopulaire qu'on le confesse, a

---

170/ PREVOST 1818/a, Préface, S. ix-x.

171/ Unter der Rubrik "Physique Spéculative" in Bib.Univ. Ser.Sci.Arts 9 (1818), 3-25. Die Fußnoten des Rezensenten sind mit (R) gekennzeichnet. Vermutlich handelt es sich bei dem Verfasser um den Physiker Auguste de LA RIVE (1801-1873), der, ein halbes Jahrhundert jünger als der Autor des zu besprechenden Werkes, der modernen Methodologie verpflichtet war und daher mit Kritik nicht zurückhielt. Zur Person s. REVILLIOD 1942, S. 15-16.

pourtant été jugé digne, par des physiciens de la force et du talent des deux auteurs, d'occuper un temps dont ils ont été justement avares...".[172]

Die Kritik richtet sich zunächst gegen die Verwendung des Impulsionsprinzips, das nicht als alleinige Ursache von Bewegung betrachtet werden dürfe und darüberhinaus auch nicht, wie von LESAGE behauptet, eine ursächliche Erklärung liefere, sondern vielmehr nur eine Ursachenverlagerung darstelle, denn "...quelle est la cause de cette impulsion? (...) un ancien acte de la volonté du Créateur, pareil à celui qui a une fois mu les planètes.[173] Diese Anspielung auf den Voluntarismus rückt LESAGEs System in die Nähe überkommener Denkweisen. Auch physikotheologische Begründungen, im 18. Jahrhundert das argumentative Rückgrat der Genfer Physik, haben für den Rezensenten keine Überzeugungskraft mehr: "Voilà donc la pesanteur expliquée par une impulsion; celle-ci demeure, il est vrai, non expliquée, si ce n'est par un acte de la suprême volonté; laquelle, soit par nécessité ou par choix, s'est sans doute soumise à ne pas faire agir la matière sur la matière autrement que par impulsion."[174] Die aus LESAGEs Modell des "fluide gravifique" abgeleiteten Konsequenzen werden getreulich referiert, obgleich "C'est au lecteur à aprécier son degré de vraisemblance."[175] Durch diesen Hinweis gewarnt, werden dem Leser PREVOSTs Hypothesen expliziert, mit besonderer Ausführlichkeit dort, wo ihr ad-hoc-Charakter deutlich hervortritt. Gleiches gilt für den Bereich der Optik, wo der Rezensent gelegentlich auf die Angabe von Details der Erklärung mit dem Hinweis verzichtet "que l'auteur est forcé d'employer l'appareil mathématique d'une hypothèse, de quatre théorêmes, cinq corollaires, deux remarques, plus une figure, pour le résoudre."[176] Die Bilanz, die der Rezensent zieht, ist vernichtend. Zunächst bricht er den Stab über die von PREVOST und LESAGE gebrauchte Methode:

172/ Anonymus 1818, S. 4.

173/ Anonymus 1818, S. 6.

174/ Anonymus 1818, S. 9.

175/ Anonymus 1818, S. 9.

176/ Anonymus 1818, S. 21.

> La fabrique toute entière est ici dans la tête, dans l'imagination fertile du physicien; car ses sens l'abandonnent dès les premiers pas qu'il hasarde dans l'abîme des causes; l'expérience, ne lui offre aucune aide; l'analogie, d'après laquelle il voudroit essayer de conclure de l'observé au non observé, (et quelquefois au non observable) est illusoire; enfin son raisonnement logique pèche toujours par énumération imparfaite, parce que nous n'avons, en réalité, qu'un seul sens, qui ne nous apprend que peu de chose sur les propriétés générales de la matière, et rien du tout sur les causes.[177]

Die aus der Unerkennbarkeit der letzten Ursachen resultierende Aussichtslosigkeit des Unterfangens verleiht den Biographien von LESAGE und PREVOST nach Meinung des Rezensenten ein Element des Tragischen:

> Un autre regret suivra probablement la lecture de cet ouvrage, chez les amateurs zélés des sciences-pratiques et d'observation; c'est-que, tant de peine aît été prise, que la longue vie d'un philosophe et une portion considérable de la carrière d'un autre, aient été consumés dans des jeux savans de l'esprits, dans des méditations profondes, mais sans fruit mûr pour la science, sans résultat positif, actuel ni possible...[178]

Um dieser negativen Einschätzung Nachdruck zu verleihen, zitiert der Rezensent abschließend, und das dürfte PREVOST besonders geschmerzt haben, zwei Philosophen der Schottischen Schule des "common sense": ihren Begründer Thomas REID und seinen Schüler John ROBISON, die beide einen strikten kausalen Agnostizismus vertraten. Während er REID mit den Worten zitiert, "celui qui sait le plus est celui qui s'aperçoit qu'il ne sait rien", läßt er ROBISON an jene frühpositivistische Methodologie erinnern, die sich auf NEWTONs dictum "hypotheses non fingo" berief[179] und die nun zu Beginn des 19. Jahrhunderts auch in Genf paradigmatischen Charakter zu erhalten begann:

> ...nous ne devons jamais oublier que le succès de Newton fut la suite de sa modestie. Il résista opiniâtrement à toute tentation d'étendre ses spéculations au-delà des bornes assignées à l'intelligence humaine, persuadé que tout ce qu'il nous est donné d'atteindre dans la science consiste à établir soigneusement les lois de la nature; et que toute tentative pour expliquer une loi finale de cette même nature est absurde en elle-même; qu'elle répugne aux lois reconnues du jugement, et qu'elle conduira très-certainement à l'erreur. Ce n'est qu'en suivant son exemple que nous pouvons espérer le même succès.[180]

177/ Anonymus 1818, S. 23.

178/ Anonymus 1818, S. 23.

179/ Vgl. dazu Kap. 2.1.

Die von LESAGE und PREVOST zum Programm erhobene Absicht, die von NEWTON gezogene Grenze des Fragens spekulativ überschreiten zu wollen, schien dem Rezensenten als Verstoß gegen die Regeln der menschlichen Vernunft und bare Vermessenheit.[181] Indem LESAGE und PREVOST dieser Versuchung erlagen, mußten sie im "Abgrund der Ursachen" scheitern.

PREVOST reagierte betroffen.[182] In seiner Entgegnung konnte er dem Rezensenten zwar in inhaltlichen Fragen einige Ungenauigkeiten bei der Wiedergabe seiner Auffassungen nachweisen; in Bezug auf methodologische Fragen jedoch erwies er sich als hilflos, wie die ungewohnt polemische Schärfe seiner Replik beweist. Zunächst mußte PREVOST einräumen, daß auch der von ihm so verehrte Dugald STEWART den methodologischen Standpunkt von REID und ROBISON teilte.[183] PREVOST blieb nur, an die Arbeit von LESAGE aus dem Jahre 1798 zu erinnern, wo dieser u.a. BACON als britischen Zeugen für die Berechtigung spekulativer Physik angeführt hatte.[184] In Bezug auf NEWTON, an dessen methodologischen Standpunkt ROBISON erinnert hatte, bekräftigte PREVOST seinen Respekt, jedoch: "Le respect pour les grands hommes consiste à marcher, mais non à ramper, sur leurs traces."[185] Zur Legitimierung des Vordringens "dans les régions de la pensée, en-deçà desquelles NEWTON s'ést arrêté" erinnerte PREVOST seinerseits an die von den Rationalisten der Aufklärung verdrängten spekulativen Elemente in NEWTONs Denken.[186]

180/ Anonymus 1818, S. 25.

181/ Es sei hier an LESAGEs programmatisches Epigramm "plus ultra" ("immer weiter hinaus") erinnert, das schon der Habsburger Kaiser KARL V. (1500-1558) im Wappen führte.

182/ PREVOST 1818/b.

183/ Vgl. Kap. 1.9.

184/ Vgl. Kap. 2.5.

185/ PREVOST 1818/b, S. 200.

186/ "Il ne sera donc pas hors de place de rappeler que NEWTON interjeta, dans ses Questions à la suite de l'Optique, une hypothèse sur la cause de la pesanteur; qu'il désavoua la préface de COTES, qui présentoit la gravité comme essentielle à la matière; et qu'il insista sur l'absurdité (c'est ainsi qu'il s'exprime) de supposer qu'un corps puisse agir sur un autre á distance et á travers le vide (Voyez sur tout celà les quatre Lettres de NEWTON à BENTLEY...)." (PREVOST 1818/b S. 201; - vgl. dazu Kap. 2.1 u. 2.2).

So berechtigt diese Erinnerung an die rezeptive Einäugigkeit der orthodoxen Newtonianer auch war,[187] PREVOST gelang es nicht, den zentralen Einwand, der sich auf die Nutzlosigkeit seiner Forschungen richtete, zu entkräften. Ja er schien ihn nicht einmal so recht verstehen zu wollen. Seine Entgegnung, Naturerkenntnis sei auch wertvoll, wenn sie ohne Anwendung bleibe, wenn sie also, um in LESAGEs Baconischer Terminologie zu reden, "lucifère" statt "fructifère" sei, geht an dem Kern des methodologischen Einwandes seiner Gegner bereits vorbei. Diese bestritten in ihrer positivistischen Überzeugung nämlich nicht nur die Anwendbarkeit, sondern den Sinn eines solchen, spekulativ gewonnenen Wissens. Daß mit dem Vorwurf der Nutzlosigkeit ("inutilité") die Legitimations seines Denkens in Frage gestellt wurde, vermochte PREVOST, "champion décidé des idées anciennes", nicht einzusehen.[188]

In einer Untersuchung über den Traum, die er fünf Jahre vor seinem Tod niederschrieb, erkannte PREVOST: "...nous donnons confiance aux images comme à des réalités."[189] Wohl ohne sich darüber im Klaren zu sein, hatte er damit die Problematik seines physikalischen Denkens auf den Begriff gebracht. Die Bildhaftigkeit seiner Sprache war ein Relikt des "vorwissenschaftlichen Denkens" des 18. Jahrhunderts. Der Grund seines Scheiterns lag damit in seinem Wissenschaftsstil begründet, der - um mit Gaston BACHELARD zu reden - methodisch in einer "mißbräuchlichen Ausweitung geläufiger Bilder" bestand.[190]

3.3.3 Fresnels Kritik der "puppiformes"

PREVOST bekam bald zu spüren, daß man seinen Arbeiten innerhalb der Pariser Wissenschaftsgemeinde, seit sich dort die "neue Generation" durchzusetzen begonnen hatte, mit noch größerer Zurückhaltung begegnete. Hatte bereits BIOT als Vertreter der newtonianisch gesinnten Laplace-Berthollet-Gruppe in punkto Methodologie nicht mit Kritik gespart, so sollte sich jetzt, da die

---

187/ Vgl. die Darstellung dieser Argumente in Kap. 2.2.

188/ Vgl. Kap. 1.12.

189/ PREVOST 1834/c, S. 232.

190/ BACHELARD 1978, S. 127-139.

Newtonischen Paradigmen ins Wanken kamen, die Kritik an der "Genfer Physik" radikalisieren.[191]

Im Dezember 1818 hatte PREVOST seine "Deux Traités de physique mécanique" dem "Institut National" zugeschickt, das ARAGO mit einer Stellungnahme beauftragte. Diese wurde entweder nie erstattet, oder aber sie fiel derart aus, daß man eine Veröffentlichung nicht verantworten konnte.[192] Eine im selben Jahr übersandte Arbeit zur Aberration des Lichts wurde von ARAGO zunächst nicht zur Publikation angenommen.[193] Mit der überarbeiteten Version erging es PREVOST nicht besser; im Dezember 1819 ließ ihm ARAGO mitteilen, er habe darin ein Mißverständnis entdeckt.[194] Die inhaltliche Klärung zog sich hin, so daß PREVOSTs Arbeit zur Aberration des Lichts erst 1821 erschien.[195]

Die Tatsache, daß sich ARAGO nicht öffentlich zu PREVOSTs Buch äußerte, heißt jedoch nicht, daß es völlig mit Stillschweigen übergangen worden wäre. Vielmehr hat Jean-Augustin FRESNEL ausführlich zu PREVOSTs Hypothesen Stellung genommen und sie einer detaillierten Kritik unterzogen. Es spricht einiges dafür, daß dies in ARAGOs Auftrag geschah. ARAGO unternahm es nämlich anläßlich eines Besuchs in Genf persönlich, PREVOST die Kritik FRESNELs zur Stellungnahme zu übermitteln.[196]

191/ Vgl. Kap. 1.11 u. 3.2.4.

192/ PVAS VI, S. 395, Eintrag vom 21. Dezember 1818: "L'Académie reçoit les ouvrages suivants (...) Deux Traités de Physique mécanique par Pierre Prevost de Genève. M. Arago pour un compte verbal." Es finden sich in den gedruckten PVAS als auch im AAS selbst keine Hinweise darauf, daß ARAGO jemals den verlangten Bericht erstattet hat.

193/ Sie war betitelt: Sur une expérience particulière relative à l'aberration et sur les conséquences qu'on peut en tirer; Absendevermerk vom 23. März 1818 in BPU Ms.fr. 4738, fo. 11.

194/ Billet, 29. Dezember 1819, BPU Mss.suppl. 1048, fo. 17.

195/ PREVOST 1821/a. Wegen der langen Verzögerung hatte PREVOST die Arbeit inzwischen auch bei der Zeitschrift der Genfer "Société de Physique et d'Histoire Naturelle" eingereicht, so daß sie im selben Jahr nicht nur in den Ann.Chim.Phys., sondern auch in MSPHN erschien.

196/ Dies geht aus einem Eintrag PREVOSTs in seinem "Journal intime" hervor: "...le 31 juillet /1820 B.W./ Arago est arrivé à Genève. Il m'a remis un mémoire de Fresnel, intitulé Analyse des deux traités de phys. méc. publiés

In seinen "Deux Traités" war PREVOST nur mit wenigen Worten auf das Problem der Beugung eingegangen. Unter Bezug auf die 1816 erschienene Arbeit von FRESNEL hatte er lediglich seiner Überzeugung Ausdruck verliehen, daß das zugrundeliegende Phänomen der Interferenz auch ohne die Annahme von Wellen erklärbar sein müsse: "Si l'on admet quelque influence des molécules lumineuses les unes sur les autres, je crois que l'on n'aura pas besoin de recourir à l'ondulation pour expliquer ces nouveaux faits."[197] Aufgrund der Tatsache, daß PREVOST dieses so zentrale Problem der Optik mit wenigen vagen Worten abgetan hatte, könnte man erwarten, daß FRESNEL mit seiner Kritik genau an diesem Punkt, dem so aktuellen Problem der Beugung anknüpfen würde. Dies tat er aber nicht, ja er beschränkte sich nicht einmal auf seine Domäne, die theoretische Optik; seine radikale Kritik zielte vielmehr auf die zentrale Annahme der korpuskularmechanischen Physik von LESAGE und PREVOST, wonach die "molécules puppiformes" durch die Stöße der "corpuscules gravifiques" innerhalb einer "carrière d'accéleration" auf eine "vitesse terminale" beschleunigt werden. Dieser Angriff kam auch für PREVOST völlig unerwartet: "L'attaque principale s'est dirigée d'un côté que j'avois laissé sans défense. J'entends parler de la vitesse terminale des particules puppiformes."[198] FRESNEL machte es sich zur Aufgabe, die Haltlosigkeit der Hypothese der "puppiformes" mathematisch zu demonstrieren, um damit die Physik à la LESAGE und PREVOST radikal infragezustellen. Seine Argumentation läßt sich mit den von PREVOST hinterlassenen Notizen rekonstruieren.[199]

par P.P. etc. destiné aux Annales et battant en ruine les puppiformes. - J'en suis occupé dès lors." (J.Int. III; BPU Ms.fr. 4742 fo. 71^{v}).

197/ PREVOST 1818/a, S. 345.

198/ BPU Mss.suppl. 1073/5, fo. 101^{v}.

199/ Das Original dieser nie publizierten Abhandlung scheint verschollen zu sein; eine intensive Suche in Pariser Archiven blieb ohne Ergebnis. Möglicherweise blieb das Manuskript im Besitz ARAGOs und fiel nach dessen Tod (1853) an dessen Erben, die aus seinem Nachlaß materiellen Gewinn schlugen (mündl. Mitt. von P. COSTABEL, Paris), oder aber es fiel jener "Triage" zum Opfer, die der Physiker H. de SENARMONT als Herausgeber der "Oeuvres Complètes" zwischen 1861 und 1862 vornahm; vgl. die "Introduction" von Emile VERDET, in FRESNEL Oeuvres. PREVOST hat einen Auszug aus dem Manuskript angefertigt; s. "Extrait des calculs de Fresnel dans son Analyse de mes Deux Traités, qu'Arago m'a communiquée le 31 juillet 1820 en manuscrit, et sans en avoir prévenu Fresnel" (BPU Mss.suppl. 1073/5, fo. 97-100). Die Analyse dieses Auszuges, dessen Existenz schon SPEZIALI (1957) erwähnt, ist die Grundlage der hier erstmals dargelegten Rekonstruktion.

FRESNEL betrachtet ein Molekül der Masse M, das von den Korpuskeln eines subtilen Fluidums gestoßen wird. Die Gesamtmasse aller Korpuskeln, die das Molekül pro Zeiteinheit "von hinten" ("par derrière") stoßen sei m, die Masse des von vorn stoßenden Korpuskelnstromes sei m-δ. Damit ist also δ die Massendifferenz der antagonistischen Teilchenströme, deren Korpuskeln sich ausnahmslos mit der Geschwindigkeit v bewegen sollen. Angenommen, die Momentangeschwindigkeit des gestoßenen Moleküls sei u, so ergibt sich seine Geschwindigkeit als Funktion der Zeit zu

$$u = u_t \; (1 - \exp (- (4mv/M) \; t).$$ [200]

Dies ist die Funktion einer logarithmischen Kurve, die mit t asymptotisch gegen den Grenzwert u_t geht, und zwar umso schneller, je kleiner die Masse (M) des angetriebenen Moleküls im Verhältnis zur Gesamtmasse der stoßenden "corpuscules gravifiques" (m) ist (s. Abb. 3). Da im System LESAGEs die Geschwindigkeit (v) der "corpuscules gravifiques" konstant ist und die Bedingung $\delta << m$ wegen der extremen Porosität der Materie immer erfüllt ist,[201] kann die Gleichung allgemeine Gültigkeit beanspruchen (für Details s. den Anhang I).

Mit diesem Resultat hatte die "théorie générale des fluides élastiques" zum ersten Mal eine umfassende mathematische Darstellung erfahren, die von LESAGE und PREVOST immer gewünscht, aber nie geleistet worden war. Für sie bedauerlich war nur, daß sich aus dem mathematisierten Modell Konsequenzen ableiten ließen, die einer Widerlegung der mechanischen Grundpostulate gleichkamen.

FRESNEL zog nämlich Schlußfolgerungen, die sich wie folgt zusammenfassen lassen: an der Erdoberfläche (r = const.) ist die Gravitationsbeschleunigung bekanntlich konstant (du/dt = const.). Daher nimmt die Fallgeschwindigkeit eines Körpers (im Vakuum) proportional seiner Fallzeit zu (GALILEIs Gesetz). Nach PREVOSTs Theorie aber ist die Beschleunigung geschwindigkeitsabhängig; sie nähert sich mit zunehmender Geschwindigkeit asymptotisch dem Wert Null. Die

---

200/ Für die Details der Herleitung s. Anhang I.

201/ Vgl. Kap. 2.4.1. - Die "Interzeption" betrug für die Erde 1/100.000; für die Sonne 1/125.

empirisch bestätigte Proportionalität von Fallzeit und Fallgeschwindigkeit gilt damit nur für den Anfang der Beschleunigungsphase (vgl. Abb. 3). Da es aber kein meßbares Limit für die Fallgeschwindigkeit im Schwerefeld der Erde gibt, bedeutet dies, soll PREVOSTs Theorie nicht im Widerspruch zu den Phänomenen stehen, daß u_t enorm groß, größer als jede bisher gemessene Fallgeschwindigkeit sein muß, woraus ebenfalls eine gewaltige Ausdehnung der "carrière d'accélération" resultieren würde.[202]

PREVOST hatte nun aber behauptet, daß die Moleküle eines korpuskularen Fluidums durch die Stöße der "corpuscules gravifiques" innerhalb einer extrem kurzen "carrière d'accélération" auf eine konstante Geschwindigkeit beschleunigt werden.[203] Dies würde, da e proportional δ ist, einen Wert von δ erfordern, der wesentlich kleiner als der an der Erdoberfläche gültige wäre. Dies stünde damit im Widerspruch zu PREVOSTs Annahme, daß Gasmoleküle durch ihr Gewicht, d.h. durch die Stöße der "corpuscules gravifiques", auf die Endgeschwindigkeit beschleunigt werden.[204]

202/ FRESNEL (zit. n. PREVOST): "Aucun phénomène astronomique n'a indiqué jusqu'à présent que la vitesse d'un corps (...) apportât un changement à la loi de la gravitation; il faut donc supposer que la carrière d'accélération du corps grave a une étendue immense...". (BPU Mss.suppl. 1073/5 fo. 99^v).

203/ Vgl. PREVOST 1818/a, S. 204: "...que la vitesse produite par la pesanteur, dans les particules d'un fluide constitué comme nous l'avons fait, arrive trés-vite á une certaine vitesse-terminale." PREVOST hatte diese Annahme mit dem Hinweis plausibel zu machen versucht, daß der auf die Konkavität der Moleküle einwirkenden Druck eine Repulsion verursacht, die, da die Moleküle ihre Konkavität ja bekanntlich dem anziehenden Körper zuwenden, der Gravitation entgegenwirkt. Diese konstante Geschwindigkeit hatte PREVOST zur Erklärung der mit der Höhe variierenden Dichte der Erdatmosphäre verwendet.

204/ FRESNEL (zit. n. PREVOST): "La carrière d'accélération des molécules gazeuses est au contraire extrèmement bornée... Par conséquent, le δ qui occasionne l'agitation des molécules gazeuses doit être incomparablement plus petit que celui qui résulte de la gravitation à la surface de la terre, par exemple. Ainsi les molécules d'air ne pourroient avoir par elles-mêmes aucun mouvement ascensionnel, ce qui détruit l'explication que L/ESAGE/ et P/ierre/ P/REVOST/ donnent de la loi de densité des couches atmosphériques." (BPU Mss.suppl. 1073/5, fo. 99^v-100^r). Damit war auch die von PREVOST gegebene Erklärung für die mit der Höhe variierende Dichte atmosphärischer Schichten hinfällig, da sie auf der Voraussetzung beruht, daß die durch das Gewicht verursachte Geschwindigkeit der Moleküle konstant ist.

Die Überlegungen gelten auch für das Licht, von dem LESAGE behauptet hatte, es bewege sich etwa mit 1/100.000 der Geschwindigkeit der "corpuscules gravifiques". Mit Gleichung 4.[205] und $u_t/v = 10^{-5}$ ergibt sich aber nach FRESNEL ein $\delta/m = 1/25.000$; ein Wert, der seinerseits erheblich größer ist als derjenige, der an der Erdoberfläche Gültigkeit haben soll.

Außerdem fallen alle Körper im Schwerefeld der Erde gleich schnell. Demnach muß mit Gleichung 13., da die Geschwindigkeit der "corpuscules gravifiques" (v) nach LESAGE konstant ist, auch das Verhältnis m/M für alle ponderablen Körper konstant sein. Damit ist aber auch die zum Durchlaufen der "carrière d'accéleration" notwendige Zeit (Gleichung 12.) für alle Körper dieselbe, und zwar unabhängig von δ ![206] Auch dies stünde also im Widerspruch zu PREVOSTs Annahmen.

Die radikale Attacke FRESNELs auf die Grundannahmen der korpuskularmechanischen Physik wurde nie veröffentlicht. Über die Gründe dafür kann nur spekuliert werden. Es ist wahrscheinlich, daß ARAGO hier die entscheidende Rolle spielte. Knapp ein halbes Jahr nachdem er die Kritik FRESNELs an PREVOST übermittelt hatte, spitzte sich in Paris der "Paradigmenkonflikt" auf dramatische Weise zu. Am 4. Juni 1821 erstattete ARAGO vor dem "Institut National" seinen berühmten Bericht über FRESNELs Arbeiten, in welchem er deren Bedeutung herausstrich und gleichzeitig behauptete, daß BIOTs Theorie der mobilen Polarisation dadurch widerlegt sei.[207] Die sich daran anschließende Kontroverse zwischen BIOT und ARAGO nahm die Form einer von persönlichen Ressentiments gefärbten Auseinandersetzung an, die ARAGO voll beanspruchte. Es steht zu vermuten, daß er zu diesem Zeitpunkt kein Interesse daran hatte,

---

205/ S. den Anhang I.

206/ FRESNEL (zit. n. PREVOST): "Le temps nécessaire aux molécules puppiformes pour parvenir à leur vitesse terminale, présente encore une nouvelle objection; car en supposant toujours δ très-petit par rapport à m, on trouve (...) la durée de l'accélération (...) toujours la même, quelle que soit la valeur de δ. Elle est donc la même dans les molécules gazeuses que dans les graves. Car d'ailleurs le rapport m/M est le même pour tous les corps pondérables, puisque la gravitation leur imprime des vitesses égales. (...) Ainsi les molécules gazeuses (...) seroient plusieurs années avant de parvenir à leur vitesse terminale approchée...". (BPU Mss.suppl. 1073/5, fo. 100^r).

207/ ARAGO Werke, X (1859), S. 329-347.

durch die Publikation der Kritik FRESNELs an dem mit BIOT freundschaftlich verbundenen PREVOST eine "zweite Front" zu eröffnen.[208]

FRESNELs Kritik blieb aber dennoch nicht ohne Folgen. Man darf davon ausgehen, daß die Distanz, die ARAGO den physikalischen Arbeiten PREVOSTs entgegenbrachte, dadurch erheblich vergrößert wurde. Seine Redaktionspolitik legt davon Zeugnis ab. Der von PREVOST etwa gleichzeitig gestartete Versuch, eine korpuskularmechanische Theorie der Beugung zu formulieren, um damit die in den "Deux Traités" von 1818 klaffende Lücke zu schließen, fand vor ARAGOs Augen keine Gnade mehr; die Arbeit wurde nie in den "Annales" publiziert.[209] Unter ausdrücklicher Bezugnahme auf den "Krach" vor dem "Institut National" ließ ARAGO gegenüber PREVOST erkennen, daß er den Sieg des neuen Paradigmas nur noch für eine Frage der Zeit hielt:

> /La théorie de la lumière B.W.;/ a été récemment, à l'Institut, l'objet des plus vifs débats entre Mr. Biot et moi. (...) Les expériences qui seront bientôt publiées, porteront je pense le dernier coup à la théorie de l'émission. Il ne restera plus alors aux ondulateurs qu'un désir à former: Ce sera de voir le camp ennemi abandonné par des savans tels que MM. Laplace et Prevost...[210]

Diesen Wunsch hat ihm PREVOST nicht mehr erfüllt.

208/ "For BIOT, whose self-esteem was so much tied up with his reputation in the scientific world, it was intolerable that a report which in any way could be thought to mirror the views of the Académie, should openly express criticism of his laws and theories." (FRANKEL 1972, S. 318). "A stormy discussion ensued. Debate became so bitter that neither the report nor the remarks it excited were deemed fitting for inclusion in the official procès-verbal of the session." (SILLIMAN 1968, S. 234).

209/ Sie war betitelt: Idée offerte pour expliquer dans le système de l'emission un phénomène de diffraction; sie war von ARAGO besonders heftig kritisiert worden; vgl. ARAGO an PREVOST, Brief, 1. Februar 1820, Mss.suppl. 1048, fo. 13-14.

210/ ARAGO an PREVOST, Brief, 1. Juli 1821, BPU Mss.suppl. 1048, fo. 15.

3.3.4 Vom Elend korpuskularmechanischer Physik

In einer umfangreichen Entgegnung, die er an ARAGO übersandte,[211] setzte sich PREVOST mit FRESNELs Attacke auseinander. Dabei versuchte er bezeichnenderweise nicht, die mathematische Herleitung FRESNELs zu kritisieren, sondern argumentierte vielmehr auf ihrer Grundlage in der Absicht, ihre Anwendbarkeit auf die Theorie der "puppiformes" in Zweifel zu ziehen.[212]

FRESNEL hatte die beschleunigende Kraft auf eine Differenz δ in den Massen antagonistischer Teilchenströme zurückgeführt, woraus sich für die beschleunigende Kraft ergab: $M\, du/dt = \delta\, (v+u)^2 - 4mvu$. PREVOST bezweifelt nun, daß sich beide Basiskräfte seines Systems ("gravifique" und "puppiforme") in dieser Weise darstellen und vergleichen lassen wie FRESNEL es getan hatte. Nach PREVOSTs Ansicht gibt es spezifische Unterschiede zwischen den beiden Wirkungsmechanismen. Denn die aus der Konkavität der Moleküle resultierende Kraft (puppiforme) hat einen prinzipiell anderen Charakter:

> A l'instant où il /le corpuscule, B.W./ touche la surface concave, il commence à en suivre la courbure; ainsi lorsque le corpuscule suivant atteint la surface, le premier a décrit un arc et a opéré une pression. Cette pression est donc plus rapide; elle a des momens d'accélération plus courts, que la simple pression corpusculaire directe (qui est la gravifique).
>
> Dans la pression puppiforme, si l'on veut la résoudre en ses élémens, on remarquera, que la vitesse moyenne du corpuscule pressant, réduite en un certain sens constant, dépend de la nature de la courbure, et qu'elle varie à chaque instant. La masse (quand on considère un seul corpuscule à un seul point) est comme infiniment petite, mais si on la considère pendant le court temps où le corpuscule décrit l'arc quelconque qui sépare son entrée de sa sortie, la masse (quant à son effet) est le corpuscule multiplié par l'arc.[213]

Daher läßt sich die aus der Konkavität resultierende Kraft nicht mehr mit derjenigen der Gravitation vergleichen, denn:

211/ "Mes Observations, c.d. Ma réponse à l'Analyse de mes Deux Traités, que j'ai envoyée en renvoyant l'Analyse, le 12 7bre 1820." (BPU Mss.suppl. 1073/5 fo. 101-117).

212/ Dies führte zum Entwurf einer Abhandlung u.d.T.: "Des accélérations gravifiques et puppiformes", die auf der Grundlage von FRESNELs Rechnungen argumentiert (BPU Mss.suppl. 1073/5, fo. 118-122). Der Entwurf ist Fragment, da ein Teil, der unauffindbar blieb, herausgeschnitten wurde.

213/ BPU Mss.suppl. 1073/5, fo. 109.

Dans la pression gravifique, la résistance <4mvu> est diminuée du produit de la masse gravifique par le carré de la vitesse du courant antérieur < $\delta\ (v+u)^2$>; tandis que dans la pression puppiforme la résistance n'éprouve pas cette diminution. Cette différence devient d'autant plus sensible que δ devient plus grand, ou que ce que δ représente croît, ou que la force de la pression puppiforme est plus considérable."[214]

Diese "Widerlegung" der Argumentation FRESNELs ist ein Musterbeispiel an korpuskularmechanischer "Sophistik". Sie beruht auf dem Postulat, daß sich ein Stoß eines "corpuscule gravifique" auf einer konkaven Fläche nach anderen Gesetzen vollzieht als der auf einer planen oder konvexen.

Hier ist es an der Zeit, die grundsätzlichen Mißverständnisse in der Stoßtheorie von LESAGE und PREVOST bloßzulegen. Dabei soll es sich nicht um positivistische Beckmesserei "a posteriori" handeln; vielmehr ist es notwendig, die Irrtümer darzulegen, damit verständlich wird, warum die Theorie nicht das leisten konnte, was sie nach LESAGE und PREVOST leisten sollte. Die Stoßtheorie ist darüberhinaus ein Gebiet der "physique générale", das sich, wie gerade die Wissenschaftsgeschichte zu belegen vermag, immer der Beurteilung durch den "gesunden Menschenverstand" entzogen hat. Die Zahl der historisch belegbaren Irrtümer zeigt, daß zur Bewältigung derartiger Fragen mathematischer Sachverstand vonnöten war, der LESAGE und PREVOST abging.[215]

Nach LESAGE handelt es sich bei den "corpuscules gravifiques" um punktförmige und absolut harte, d.h. starre und unzerbrechliche Korpuskeln, die keinerlei Elastizität besitzen sollen (privés de toute élasticité).[216] Diese Feststellung, mit der sich LESAGE gegenüber FATIO absetzen wollte,[217] beinhaltet bereits einen terminologischen Widerspruch. Denn gerade absolut harte Körper,

---

214/ BPU Mss.suppl. 1073/5, fo. 110.

215/ Zur Geschichte der Stoßtheorie und ihrer notorischen Irrtümer s.: Die Anfänge der Stoßtheorie, in SZABO ^{2}1979, S. 427-459.

216/ LESAGE in PREVOST 1818/a, S. 5.

217/ "La considération des courans de retour, est une des plus fortes objections que l'on puisse faire à élasticité parfaite des élémens et des corpuscules, admise par Nic. FATIO. Car cette élasticité étant admise, les courans de retour ont un mouvement précisément égal à celui des courans arrivant; et par conséquent il n'y a plus aucun effet produit par la cause supposée." (LESAGE in PREVOST 1818/a, S. 62).

wie etwa Kugeln aus Stahl, Glas oder (in geringerem Maße) Elfenbein, erfüllen beim Zusammenstoß die Bedingungen eines vollkommen elastischen Stoßes.[218] Genau dieser aber soll nach LESAGE nicht stattfinden. Er geht vielmehr davon aus, daß die Korpuskeln beim Zusammenstoß mit Materie Geschwindigkeit einbüßen müssen.[219] Nun wäre dies natürlich auch bei vollkommen elastischen Stößen möglich. Da LESAGE aber voraussetzt, daß die "corpuscules gravifiques", da sie selbst eine unvorstellbar kleine Masse besitzen, immer nur mit Massen zusammenstoßen, die erheblich größer als ihre eigene sind,[220] muß es sich folglich um unvollkommen elastische Stöße handeln.[221]

218/ Auch HUYGENS, NEWTON und FATIO war der Zusammenhang zwischen "Härte" und "Elastizität" unklar. FATIO selbst nahm an, daß die "letzten Teilchen" absolut hart, aber ohne "Federkraft" sein müßten; vgl. ZEHE 1980, S. 191-205. Die absolute "Härte" der letzten Teilchen war eines der traditionellen Dogmen des Atomismus; vgl. DUHEM 1908, S. 16.

219/ Da es sonst keinen Gravitationseffekt gäbe: da bei vollkommen elastischen Stößen die Korpuskeln keine Geschwindigkeitseinbuße erleiden, sind reflektierte Korpuskeln transmittierten Korpuskeln vollkommen gleichwertig. Die reflektierte Komponente der einfallenden (zentripetalen) Teilchenströme würde mithin den durch die nichttransmittierten Komponenten der austretenden (zentrifugalen) Teilchenströme entstandenen "Verlust" ausgleichen, den "Abschattungseffekt" der Massen mithin zunichte machen! Vgl. LESAGEs Kritik an FATIO (Fußnote 217).

220/ "...l'élément est conçu sphériquement et comme infini en grosseur, par rapport au corpuscule..." (LESAGE in PREVOST 1818/a, S. 60).

221/ Betrachtet man den Stoß zweier Massen m_1, m_2, die sich mit den Geschwindigkeiten c_1, c_2 aufeinander zu bewegen, so gilt für ihre Geschwindigkeiten v_1, v_2 nach dem Stoß:

$$v_1 = \langle (m_1 - k\ m_2)\ c_1 + (1 + k)\ m_2 c_2 \rangle \ /\ (m_1 + m_2)$$

$$v_2 = \langle (m_2 - k\ m_1)\ c_2 + (1 + k)\ m_1 c_1 \rangle \ /\ (m_1 + m_2)$$

Für die Relativgeschwindigkeit der Stoßpartner gilt: $v_1 - v_2 = k\ (c_1 - c_2)$. (Vgl. dazu Handbuch der Physik, hrsg. von A. WINKELMANN, 6 Bde., Leipzig [2]1905-1909, I, S. 771). Dabei ist k der "Restitutionskoeffizient", der den Grad der Elastizität des Stoßes angibt: k=0 absolut unelastisch; k=1 absolut elastisch. Wäre der Stoß völlig unelastisch, so gäbe es keine Reflexion der "corpuscules gravifiques", da für $k=0$ $v_1 = v_2$ wird, das "corpuscule gravifique" sich also fortan mit der gestoßenen Masse bewegen würde. Im Falle eines vollkommen elastischen Stoßes (k=1) und $m_2 \gg m_1$ würde das "corpuscule gravifique" dagegen ohne Geschwindigkeitseinbuße reflektiert, wobei - wie in der Optik - der Reflexionswinkel gleich dem Einfallswinkel wäre. Mit der von LESAGE gemachten Angabe, daß die Geschwindigkeit der reflektierten "corpuscules gravifiques" etwa noch 2/3 derjenigen der auftreffenden betragen soll, läßt sich unter der Annahme von $m_2 \gg m_1$ und $c_2 = 0$ der Restitutionsfaktor für den Stoß der "corpuscules gravifiques" zu 0,66 abschätzen.

Betrachten wir nun den zweiten Basismechanismus der korpuskularmechanischen Physik nach LESAGE: den Antrieb, der aus den Stößen der Gravitationskorpuskeln auf die konkaven Seiten der Körper resultieren soll ("puppiforme"). Bei einem solchen Stoß handelt es sich, wenn man vom relativ seltenen Fall eines orthogonalen Auftreffens der Korpuskeln auf die Oberfläche absieht, um einen schiefen Stoß, der wegen $m_2 >> m_1$ und $c_2=0$ (Voraussetzung wie oben) wie ein schiefer Stoß gegen eine feste Wand behandelt werden kann. Erfolgt ein solcher Stoß vollkommen unelastisch (k=o), so rollt das auftreffende Teilchen nach dem Stoß an der Wand weiter, und zwar desto schneller, je schiefer es aufgestoßen ist ($v = c \sin \alpha$). Nimmt man wie PREVOST an, daß die Wand konkav gekrümmt ist, so bleibt bei dem als reibungsfrei angenommenen Rollen der Betrag der Geschwindigkeit konstant; wegen der durch die Krümmung erzwungenen Richtungsänderung übt das abrollende Teilchen eine Zentrifugalkraft auf die Wand aus, die ihrem Krümmungsradius umgekehrt proportional ist.[222] Diesen Mechanismus hatte LESAGE offenbar im Auge, als er die Theorie der "puppiformes" formulierte. Hierzu wäre also ein vollkommen unelastischer Stoß erforderlich, da sonst auch bei Stößen auf konkave Oberflächen Reflexion stattfindet. Offenbar war LESAGE zunächst vom vollkommen unelastischen Stoß ausgegangen, später aber davon abgerückt, da dieser eine Akkumulation von "corpuscules gravifiques" an Massen, mithin eine zeitliche Massenzunahme zur Folge gehabt hätte. Da das andere Extrem, der vollkommen elastische Stoß, ebenfalls ausschied (s.o.), blieb nur der unvollkommen elastische Stoß übrig, was den impliziten Widerspruch der Theorie zur Folge hatte.[223]

222/ Diese Zentrifugalkraft berechnete EULER für eine an einer Bande stoßfrei abrollende Kugel zu Z= 2mv/r; s.: Recherches sur l'origine des forces, in MARS Berlin 1750 (publ. 1752), 419-447 (Opera Omnia, Ser. II, V, S. 109-131).

223/ Vgl. dazu PREVOST, der als Herausgeber der "Deux Traités" auf LESAGEs diesbezügliche Probleme hinweist: "L'auteur dans ses premières méditations, n'avoit pas songé au retour des corpuscules. Dans son Essai de chimie mécanique, il annonce deux démonstrations de la vitesse des corpuscules gravifiques, dont la seconde suppose l'accumulation de ces corpuscules sur les corps qu'ils rencontrent. Lorsqu'il fit imprimer quelques additions et corrections à cet essai, il rectifia cette erreur, p. 85. C'est en 1758 qu'il reconnut que les corpuscules ne s'entassoient pas, mais revenoient en diverses directions. Il calcula d'abord la vitesse de retour des corpuscules d'une manière erronée, comme on le voit dans ces mêmes additions (...). Mais il rectifia ensuite ce calcul, et corrigea à la main l'erreur de l'imprimé, sur tous les exemplaires qu'il eut occasion de donner à ses amis depuis cette époque." (PREVOST 1818/a, S. 58 Fußnote). Tatsächlich ist die handschriftliche Korrektur von LESAGE sowohl im Tübinger als auch im Genfer Exemplar des "Essai" auf S. 86 (!) vorhanden.

3.4 Zusammenfassung

Das hier manifest gewordene Scheitern des Prevostschen Ansatzes ist symptomatisch ist für die Situation korpuskular-mechanischer Physik im frühen 19. Jahrhundert. Zu reden ist von der Diskrepanz zwischen Intention und Resultat, zwischen Gestus und Substanz. Es kann keinen Zweifel daran geben, daß sich PREVOST wie schon LESAGE vor ihm als Newtonianer verstand. Sein Ziel war die Realisierung des von NEWTON skizzierten Forschungsprogramms. PREVOST arbeitete an den im Rahmen dieses Programms anstehenden Themen: Kraftgesetz und Theorie des Magnetismus, Weiterentwicklung der korpuskularen Optik. Seinen kausalmechanischen Überlegungen dazu formulierte er bewußt in Auseinandersetzung mit "orthodoxen" Newtonianern wie AEPINUS und BROUGHAM. Sowohl sein Glaube an die Gültigkeit des $1/r^2$-Gesetzes beim Magnetismus als auch die Verteidigung der Newtonschen Optik belegen PREVOSTs Vertrauen in die Autorität NEWTONs; eine Autorität, die in der "physica particularis" zu Beginn des 19. Jahrhunderts zunehmend infragegestellt wurde.

Jedoch war es nicht die Infragestellung der Newtonschen Paradigmen, die PREVOSTs Physik scheitern ließ. Es war vielmehr die unerkannte Diskrepanz zwischen dem Anspruch und der Leistungsfähigkeit seiner Theorie, also letztlich eine Frage der unzulänglichen Methodologie. Bereits die Diskussion mit BIOT, einem Physiker, der mit PREVOST die Anhängerschaft zum Newtonischen Paradigma der korpuskularen Theorie des Lichtes teilte, hatte grundlegende Differenzen in Fragen der Methode offenbart. Der überlegenen mathematisch-analytischen Methode der französischen Rationalisten hatte PREVOST nichts gleichwertiges entgegenzusetzen. Offensichtlich unter dem Zwang, sich den methodischen Standards der Zeit anzupassen, hatte PREVOST zwar ebenfalls versucht, mathematisch formulierbare Prognosen aus seinen kausal-mechanischen Hypothesen abzuleiten. Ihre Widerlegung war, wie das Beispiel COULOMBs gezeigt hat, unmittelbar erfolgt. Die Ursache dafür ist in einer Methodologie zu sehen, die primär auf die heuristische Kraft der Metapher vertraute.

Stießen PREVOSTs Bemühungen bereits bei Vertretern der Laplace-Berthollet-Gruppe, die mit ihm noch durch die Newtonischen Paradigmen verbunden waren, auf große Skepsis, so offenbarte sich die ganze Unzulänglichkeit des kausalmechanischen Denkens in Konfrontation mit der "neuen Physik". FRES-

NEL, der - von ARAGO unterstützt - die Unzulänglichkeit des Prevostschen Ansatzes mathematisch offenbarte, gehörte zu den Protagonisten der "zweiten wissenschaftlichen Revolution", die - nun explizit positivistisch argumentierend und die Newtonischen Paradigmen überwindend - die erfolgreiche mathematische Repräsentation der Phänomene zum alleinigen Kriterium physikalischer Wahrheit erhoben. So war es nicht primär die Spekulation, die PREVOST scheitern ließ, sondern vielmehr die mangelnde Fähigkeit, die Mathematik als Korrektiv im physikalischen Erkenntnisprozeß einzusetzen. Schon PREVOSTs Studium der "Principia" NEWTONs hatte mathematische Verständnismängel offenbart. Bei der Berechnung der Trajektorien der Lichtmoleküle mußte er die Hilfe BIOTs in Anspruch nehmen. Der von FRESNEL geübten Kritik stand er hilflos gegenüber. Die Widersprüche der Stoßtheorie LESAGEs vermochte er nicht zu lösen.

Angesichts der komplexen Probleme in Optik und Magnetismus aber mußte eine Physik, die sich nicht mathematisch-analytischer Methoden bediente, sondern allein auf der Imagination mechanischer Bilder beruhte, auf kurz oder lang versagen. Bevor es soweit war gelang PREVOST ein bedeutender Erfolg auf dem Gebiet der Wärmelehre, dem wir uns im Folgenden zuwenden müssen.

KAPITEL. 4:

DIE ANKUNFT DES NEUEN -
DIE ENTSTEHUNG DER THEORIE DES "CALORIQUE RAYONNANT"

Diese Wirkung war ausser allem Zweifel, und machte mich anfänglich nicht wenig bestürzt...

M.A. PICTET 1790

Die Vorstellung, daß auch nach Erreichung des Wärmegleichgewichts der Strahlungsaustausch nicht aufhört, muß als eine der großartigsten Leistungen wissenschaftlicher Phantasie (...) bewertet werden. Sie bildet das Fundament der gesamten Strahlungstheorie.

M. STRAUSS 1960

4.0 Vorbemerkung

Nachdem im letzten Kapitel die Bemühungen PREVOSTs auf den Gebieten Magnetismus und Optik untersucht wurden, soll im Folgenden die Entstehung der Theorie des "calorique rayonnant" rekonstruiert werden, durch deren Formulierung PREVOST Berühmtheit erlangte. Zentraler Bestandteil dieser Theorie, die sich in den Kontext der Wärmestofftheorie einfügt, ist der Begriff des dynamischen Temperaturgleichgewichts. Die spezifischen Voraussetzungen, die es PREVOST ermöglichten, zu diesem Begriff auf spekulativem Wege zu gelangen, sollen analysiert werden. Anschließend wird gezeigt, wie sich die Theorie des "équilibre mobile" in der Konfrontation mit der konkurrierenden Vibrationstheorie der Wärme behaupten konnte und weiterentwickeln ließ. Der Erfolg verschaffte PREVOST auch innerhalb der Pariser Wissenschaftsgemeinde Beachtung. Besonderes Augenmerk gilt daher den Reaktionen aus dem Bereich der analytischen französischen Schule.

4.1 Genese

4.1.1 Frühe Genfer Forschungen zur strahlenden Wärme

Horace Bénédict de SAUSSURE (1740-1799) hatte schon während seines Studiums an der Genfer Académie ein starkes Interesse für die Phänomene der Wärme gezeigt. Dabei stand die Frage im Vordergrund, wie die in den Bergen herrschende Kälte zu erklären sei. 1756/57 experimentierte er mit Brenngläsern in Genf und auf dem Salève um zu zeigen, daß ihre Wirkung von der Meereshöhe nicht beeinflußt wird.[1] 1759 schrieb er seine Dissertation über Wärmephänomene, in welcher er den zeitgenössischen Stand des Wissens zusammenfaßte.[2]

Leitmotiv der Forschungen SAUSSUREs war die Frage, "si les rayons directs du soleil, auroient, sur la cime d'une haute montagne, la même efficace que

---

[1]/ SAUSSURE Voyages, II (1786), S. 363.

[2]/ Dissertatio physica de igne (...) praeside D.D. Gedeone Turretini, J.U.D. Philosophiae Professore, publicè tueri conabitur H. Benedictus de Saussure, Genevensis, Author, Genevae 1759.

dans la plaine."[3] Um diese Frage experimentell beantworten zu können, erfand SAUSSURE 1767 das Heliothermometer, dessen Konstruktion in gewisser Weise diejenige der heutigen Sonnenkollektoren vorwegnimmt.[4] SAUSSURE konstruierte dazu einen möglichst effizienten Absorber, der durch eine Mehrfachverglasung vor Wärmeverlusten an die Luft geschützt war. Die Idee der Mehrfachverglasung basierte auf einer alltäglichen Erfahrung

> ...qu'une chambre, un carosse, une couche sont plus fortement réchauffés par le soleil, lorsque ses rayons passent au travers de verres ou de châssis fermés, que quand ces mêmes rayons entrent dans les mêmes lieux ouverts et dénués de vitrages. On sait même que la chaleur est plus grande dans les chambres dont les fenêtres ont un double châssis.[5]

SAUSSUREs ursprüngliche Versuchsanordnung, bestehend aus fünf ineinandergeschachtelten, halbierten Würfeln aus Böhmischem Glas, wurde 1774 von BUFFON veröffentlicht.[6] Die spätere verbesserte Version des Geräts bestand aus einem einseitig offenen, mit gerußtem Kork ausgekleideten Holzkasten. Die optisch offene Seite, durch die das Sonnenlicht eintrat, bestand aus drei parallel angeordnete Glasscheiben.[7]

Mit dieser Konstruktion war SAUSSURE der erste, der die Sperrwirkung des Normalglases, die auf der Undurchlässigkeit für Infrarot-Strahlung beruht (Treibhauseffekt), für eine physikalische Messung ausnutzte, ohne natürlich von diesem Zusammenhang zu wissen. Wie seine Versuchsbeschreibung zeigt, ging es ihm vielmehr darum, die durch das Aufsteigen erhitzter Luft verursachten Wärmeverluste (Konvektion) möglichst zu vermeiden. Sein Ziel war es, die gesamte von der Sonne eingestrahlte Wärmemenge der Messung zugänglich zu machen und dabei den Einfluß der Umgebungsluft möglichst auszuschalten. Dazu schien ihm eine bestmögliche thermische Isolation durch mehrere parallele Luftschichten das optimale Mittel zu sein.

3/ SAUSSURE Voyages, II (1786), S. 365.

4/ JUNOD 1982.

5/ SAUSSURE 1784.

6/ BUFFON 1774, S. 32-34 (Fußnote g).

7/ SAUSSURE Voyages, II (1786), S. 365.

Mit dem Heliothermometer konnte SAUSSURE zwischen 1767 und 1774 durch zahlreiche Messungen zeigen, daß die von der Sonne eingestrahlte Wärmemenge annähernd unabhängig von der Meereshöhe ist, auf der die Messung stattfindet. Während ein frei aufgehängtes Referenzthermometer mit blanker Kugel einen deutlichen, der Meereshöhe proportionalen Abfall der Lufttemperatur anzeigte, stieg das Heliothermometer immer auf annähernd 70°R. Damit antizipierte SAUSSURE die korrekte Messung der Solarkonstante.[8]

Wenn also die von der Sonne eingestrahlte Wärmemenge annähernd unabhängig von der Meereshöhe ist, wie ist dann die Tatsache zu erklären, daß die Temperatur der Luft mit der Höhe deutlich abnimmt? Für SAUSSURE lag es auf der Hand, daß dafür die geringere Absorption verantwortlich sein muß. Licht könne nur dann Wärme in den Körpern hervorrufen, wenn es von ihnen absorbiert werde. In den Bergen nehme aber mit zunehmender Höhe die Transparenz der Luft zu und die absorbierende Bodenfläche ab, die zudem noch, mit Schnee und Eis bedeckt, die Strahlung reflektiere.[9]

SAUSSUREs Interesse mußte also vorrangig Problemen gelten, die mit der Absorption von Strahlung zu tun hatten. Damit drängte sich aber auch die Frage auf, in welchem inneren Zusammenhang Licht und Wärme zu sehen waren. War die Wärme eine essentielle Qualität des Lichts? War das Licht das "élément même du feu dans l'état da sa plus grande pureté"? Oder handelte es sich um

---

8/ Definition: eingestrahlte Energiemenge pro Flächenelement und Zeiteinheit bei senkrechtem Strahlungseinfall und mittlerer Entfernung der Erde von der Sonne. Die Tatsache, daß das Heliothermometer in Courmayeur (Aostatal, 1228 m ü.d.M.) ein Grad weniger angezeigt hatte als auf dem Gipfel des Crammont (2742 m ü.d.M.) führte SAUSSURE zu Recht auf die in der dazwischenliegenden Luftschicht erfolgte Absorption der Sonnenstrahlung zurück. Die Präzision der Messung zeigt folgende Überlegung. Nach heutigen Werten (LEXIKON Physik, III, S. 1530) beträgt die Solarkonstante in Meereshöhe 8,768 J/m^2s; für 4400 m ü.d.M. 11,680 J/m^2s. Die höhenproportionale Differenz ist demnach für 4400 m: 2,912 J/m^2s; für die Höhendifferenz der Meßorte SAUSSUREs (1509 m): 0,999 J/m^2s. Da die Temperatur der eingestrahlten Energie proportional ist, ergibt eine Energiedifferenz von etwa 1 J (auf eine konstante Fläche bzw. dieselbe Apparatur bezogen) eine Temperaturdifferenz von etwa einem Grad (1°R = 5/4°C), was SAUSSURE auch gemessen hatte.

9/ SAUSSURE Voyages, II (1786), S. 367-372. SAUSSURE verweist auf die Auffassung von BOUGUER, der darauf hingewiesen hatte, daß die hohe Transparenz der Luft und die steile Neigung des Terrains für die große Kälte in den Kordillieren verantwortlich sein müsse (BOUGUER 1749, S. 52).

zwei distinkte Fluida Licht und Feuer, die erst in Verbindung miteinander die Wärme hervorbrachten, indem das erste das zweite gleichsam "aktivierte", so wie es von DELUC behauptet wurde?[10] Die von SAUSSURE angestellten Überlegungen verwiesen auf das zentrale Problem: die Natur der strahlenden Wärme. Diese, erst wenige Jahre zuvor als Forschungsgegenstand entdeckt, war Thema einer zunehmend kontroversen Diskussion.

Zwischen 1768 und 1773 hatte der aus Stralsund stammende Chemiker Carl Wilhelm SCHEELE (1742-1786) eine Reihe von Experimenten durchgeführt, die die "Eigenschaften der Hitze" zum Gegenstand hatten. Ausgangspunkt von SCHEELEs Überlegungen war das Experiment von ZAHN[11] gewesen, bei dem die Hitze von glühenden Kohlen, die sich im Brennpunkt eines metallenen Hohlspiegels befinden, wiederum Feuer entfacht, wenn sie, durch einen zweiten derartigen Spiegel aufgefangen und gebündelt, in dessen Brennpunkt auf entflammbares Material trifft.[12] SCHEELE stellte sich die Frage, "ob die Hitze dieser hellglühenden Kohlen, oder das Licht allein, oder beyde zugleich diese Wirkung hervorbringen?"[13] Die von SCHEELE bei seinen Experimenten benutzte Strahlungsquelle war ein offener Ofen, in dem Holz mit voller Flamme brannte. SCHEELE stellte zunächst fest, daß sich die Hitze nicht nur in vertikaler Richtung als Strömung erhitzter Luft ausbreitet (Konvektion), sondern auch in dazu senkrechter Richtung durch Strahlung. Diese Strahlung konnte nach seiner Ansicht jedoch nicht mit dem Licht identisch sein, da durch eine zwischen Beobachter und Ofen gebrachte gewöhnliche Glasscheibe die Empfindung der Wärme im Gegensatz zu der des Lichts unterbunden werden konnte.[14]

10/ Vgl. DELUC 1790/a.

11/ Johannes ZAHN (1641-1707), Canonicus Regularis des Prämonstratenserordens in Celle bei Würzburg. Zur Person s. BU XXXXV, S. 340.

12/ "Quo ab ardentibus carbonibus ad viginti et plures adhuc pedes remotis candela vel cereus accendi potest." (ZAHN [2]1702, S. 753).

13/ SCHEELE: Chemische Abhandlung von der Luft und dem Feuer, Leipzig u. Upsala 1777. Auch in Sämmtliche Physische und Chemische Werke, hrsg. v. Sigismund Friedrich HERMBSTADT, 2 Bde., Leipzig 1793, I, S. 1-244. Hier zit. d. Ausgabe von W. OSTWALD, Leipzig 1894, (Ostwald's Klassiker 58), S. 42.

14/ Diese Beobachtung hatte auch schon 1679 Edme MARIOTTE gemacht; s. dessen Bericht darüber in HARS Paris, 1 (1666-1686, publ. 1733), 304 u. 334 und seinen Traité de la nature des couleurs, Paris 1681, S. 560-564.

Das Glas schien die Hitze vom Licht zu trennen. Diese so vom Licht getrennte Strahlung hatte einige Eigenschaften mit dem Licht gemein: geradlinige Ausbreitung, Reflexion an polierten Metallflächen, ungehinderte Ausbreitung in Luft. SCHEELE gab ihr den Namen "strahlende Hitze" und kam damit zu folgender Antwort auf seine eingangs gestellte Frage: "Es ist (...) die strahlende Hitze, so diese Entzündung /im Brennpunkt des zweiten Spiegels, B.W./ verursachet, welche unsichtbar und vom Feuer unterschieden ist."[15]

Etwa zu derselben Zeit wie SCHEELE hatte sich auch Johann Heinrich LAMBERT in Berlin mit Experimenten zur strahlenden Wärme beschäftigt, deren Ergebnisse 1779, zwei Jahre nach seinem Tod, veröffentlicht wurden. LAMBERT war unabhängig von SCHEELE zu einem ähnlichen Resultat gekommen:

> Man halte ein sehr durchsichtiges Glas vor das Gesicht, so ist man gegen das stärkste Caminfeuer geschützt, so lange das Glas nicht selbst nach und nach erwärmt wird. (...) Das Glas, und eben so auch andere durchsichtige Körper, sondern demnach das Licht des irdschen Feuers von dessen übrigen Wärme ab, weil sie das Licht theils zurückwerfen, größtentheils aber durchfallen lassen, ohne das Zeit darüber vergienge.[16]

LAMBERT betonte die Vorstellung von der Existenz zweier qualitativ verschiedener, weil durch das Glas trennbarer Strahlungsformen unter der Voraussetzung, daß die Strahlung von einer irdischen Strahlungsquelle (Ofen) herrührte. Im Gegensatz dazu schien die Bündelung des Sonnenlichtes durch eine Glaslinse deutlich zu machen, daß dies für die von der Sonne stammende Strahlung nicht gilt, da im Brennpunkt starke Hitze spürbar ist. Will man dagegen die Hitze einer irdischen Strahlungsquelle bündeln, so muß man statt Glaslinsen Metallspiegel einsetzen, wie LAMBERT, mit Bezug auf ZAHN, hervorhebt.[17]

Die Gedanken von SCHEELE und LAMBERT wurden von SAUSSURE intensiv rezipiert. Das war, zumindestens im Falle LAMBERTs, nicht selbstverständlich. LAMBERTs umfangreiche, in deutscher Sprache publizierte "Pyrometrie" erregte zunächst kaum Interesse. Sie wurde international nur in wenigen Exemplaren verbreitet und schnell vergessen. Die Weitschweifigkeit und stellenweise obskure

---

15/ SCHEELE 1894, S. 47.

16/ J.H. LAMBERT: Pyrometrie oder vom Maaße des Feuers und der Wärme, hrsg. v. Joh. Gustav KARSTEN, Berlin 1779, S. 210.

17/ LAMBERT 1779, S. 211.

Argumentation des Autors mögen dazu beigetragen haben.[18] SAUSSURE war, neben seinem Schüler PICTET, der einzige zeitgenössische Autor, der das Werk LAMBERTs zitiert und (kritisch) kommentiert hat.[19]

Die von SCHEELE und LAMBERT geschilderten Experimente brachten SAUSSURE auf einen entscheidenden neuen Gedanken: um die Natur der Wärmestrahlung zu klären, müsse man diese "chaleur obscure" für sich allein betrachten, d.h. sie vom Licht isolieren und dann ihre Eigenschaften untersuchen. Diese Frage sei für den Fortschritt der Theorie von zentraler Bedeutung.[20] In Ermangelung eigener Apparate übertrug SAUSSURE diese Aufgabe seinem Assistenten Marc-Auguste PICTET, der ein "cabinet de physique" unterhielt. Dieser schilderte 1785 sein umfangreiches Forschungsprogramm:

> Je travaille à force à des expériences sur la chaleur, absolument nouvelles et qui m'offrent des faits bien intéressants (...) je détermine la vitesse de la chaleur, ses modifications dans divers milieux, le vide compris, sa réflexibilité, ses différences essentielles d'avec la lumière, en un mot je la traite comme on ne l'a pas encore traitée.[21]

Wie SAUSSURE, so konzentrierte auch PICTET sein Augenmerk zu diesem Zeitpunkt bereits auf die Unterschiede zwischen dem Licht und der strahlenden Wärme. Zunächst versuchte er systematisch, den Einfluß von Gasen auf die Ausbreitung und Absorption strahlender Wärme zu bestimmen, indem er die Experimente unter dem Rezipienten einer Pumpe ausführte:

> ...j'ai déjà bien établi que par une même cause les corps se réchauffent plus promptement, et se réfroidissent plus lentement dans le vuide que dans l'air et que la différence est considérable. Il me reste à chercher l'influence de la présence ou de l'absence des vapeurs dans l'air que la chaleur traverse, et les variétés que les différens fluides aëriformes traités successivement de la même manière, introduiront dans les résultats.[22]

18/ FOX 1979, S. 336-338.

19/ SAUSSURE 1783, S. 232; ferner Voyages II (1786), S. 351.

20/ SAUSSURE Voyages II (1786), S. 353-354.

21/ PICTET an PREVOST, Brief, 11. Februar 1785, zit. nach BICKERTON 1979, S. 101.

22/ PICTET an SAUSSURE, Brief, 20. November 1785, BPU Ms. Saussure 3, fo. 109.

Im Dezember 1785 rückte schließlich die Reflexion der Wärmestrahlung in den Vordergrund des Interesses.[23]

PICTET und SAUSSURE verwendeten zwei Hohlspiegel aus Zinn von einem Fuß Durchmesser und 4,5 Zoll Brennweite, die sie im Abstand von etwa 12 Fuß einander zugewandt aufstellten. Als Strahlungsquelle diente eine Eisenkugel von zwei Zoll Durchmesser, die sie zunächst auf starke Rotglut erhitzten und dann solange abkühlen ließen, bis auch in völliger Dunkelheit kein Leuchten mehr feststellbar war. Im Brennpunkt des einen Spiegels befand sich ein empfindliches Thermometer, das eine Lufttemperatur von $4^{O}R$ anzeigte. Wurde die Kugel in den Brennpunkt des zweiten Spiegels gebracht, so stieg das Thermometer in sechs Minuten um etwa $10^{O}R$, während ein in gleicher Entfernung von der Strahlungsquelle, aber außerhalb des Brennpunkts aufgestelltes Kontrollthermometer nur um etwa $2^{O}R$ anstieg. Acht Grad Temperaturanstieg waren damit auf die Einwirkung der von beiden Spiegeln reflektierten "dunklen Wärme" zurückzuführen. Der Effekt ließ sich ebenfalls, wenngleich weniger deutlich hervorrufen, wenn statt der Eisenkugel eine mit siedendem Wasser gefüllte Küvette als Strahlungsquelle verwendet wurde. Wurde das Thermometer aus dem Brennpunkt gerückt, so fiel es auf den vom Kontrollthermometer angezeigten Wert; ein klarer Beleg dafür, daß auch die <u>dunkle</u> strahlende Wärme[24] der Reflexion an Metallflächen fähig ist.

Obwohl dieses Experiment eine Qualität der strahlenden Wärme demonstriert hatte, die auch beim Licht in völlig analoger Weise vorhanden ist, griff SAUSSURE bei der Interpretation der Ergebnisse auf die Analogie zum Schall zurück: die Vorstellungen DELUCs und LAMBERTs kritisierend dachte sich SAUSSURE einen "fluide continu", in dem sich Wärme-Wellen ähnlich denen des Schalls fortpflanzen. Seiner Meinung nach habe das Experiment gezeigt, daß

23/ PICTET an SAUSSURE, Versuchsprotokoll, 11. bis 15. Dezember 1785, BPU Ms. Saussure 3, fo. 132. Dieses Protokoll enthält die Daten, die von SAUSSURE im folgenden Jahr veröffentlicht wurden; s. SAUSSURE <u>Voyages</u> II (1786), S. 354.

24/ Die indifferente Verwendung der Termini "fluide igné", "chaleur obscure" sowie "principe de la chaleur proprement dite" durch PICTET zeigt die terminologische Unsicherheit, die aus der theoretisch ungeklärten Natur der strahlenden Wärme resultierte.

die "oscillations /calorifiques/ sont susceptibles d'être réflêchies, comme le sont les ondulations sonores."[25]

4.1.2 Die "Reflexion der Kälte"

Der zweite Band der "Voyages dans les Alpes" war gerade im Druck, als die Forschungen PICTETs im März 1786 ein scheinbar neuartiges Phänomen zu Tage brachten: die "Reflexion der Kälte". Anlaß zu PICTETs Experiment war die Frage seines Genfer Kollegen Louis BERTRAND gewesen,[26] ob nicht in Analogie zur strahlenden Wärme auch die "strahlende Kälte" durch Metallspiegel reflektiert werden könne. PICTET hielt einen negativen Ausgang des Experiments für sicher, da "die Kälte nur Mangel an Wärme" sei. In seinem Versuchsbericht, den er 1790 veröffentlichte, heißt es aber dann:

> Je disposai l'appareil précisément comme pour la réflexion de la chaleur, j'employai les deux miroirs d'étain à la distance de 10 pieds 1/2 l'un de l'autre; au foyer de l'un étoit un thermomètre d'air qu'on observoit avec les précautions requises, et au foyer de l'autre un matras plein de neige. A l'instant où le matras fut en expérience, le thermomètre placé à l'autre foyer descendit de plusieurs degrés, il remonta dès qu'on enleva le matras. Après avoir remis le matras au foyer, et fait ainsi descendre le thermomètre jusqu'à un certain degré, où il demeura stationnaire, je versai de l'acide nitreux sur la neige, et le froid ainsi produit fit à l'instant descendre le thermomètre de 5 à 6 degrés plus bas.[27]

PICTET war zunächst im Glauben, einen völlig neuartigen Effekt entdeckt zu haben. SAUSSURE wies ihn jedoch bald darauf hin, daß bereits die "Accademia del Cimento" einen ähnlichen Versuch erfolgreich durchgeführt habe, ohne jedoch zu einem definitiven Urteil zu gelangen.[28]

Die theoretische Deutung des beobachteten Effekts bereitete SAUSSURE und PICTET Schwierigkeiten. Die Existenz einer Kältestrahlung schien zweifelsfrei

---

25/ SAUSSURE <u>Voyages</u>, II (1786), S. 356.

26/ Zu BERTRAND s. SENEBIER 1786, III, S. 145.

27/ PICTET 1790, S. 81-82.

28/ SAUSSURE an PICTET, brouillon, 11. März 1786, BPU Ms. Saussure 67/2, S. 22. Zum Experiment der "Accademia del Cimento" s. MIDDLETON 1971, S. 205-206.

bestätigt zu sein, und ein oberflächlicher Beobachter hätte daraus den Schluß ziehen können, daß es neben dem Wärmestoff "calorique" noch einen speziellen Kältestoff geben müsse.[29] Zur Deutung des Experiments unterstrich SAUSSURE, daß die eisgefüllte Küvette im Brennpunkt des einen Spiegels an die Stelle eines gleich großen, aber wärmeren Luftvolumens trete. Die verdrängte Luft, die sich auf Zimmertemperatur befunden habe, könne dann nicht mehr auf das Thermometer im Brennpunkt des zweiten Spiegels einwirken. Ob aber der Wegfall dieser geringen Wärmemenge ausreiche, den Effekt zu erklären, müsse experimentell geklärt werden:

> ...il faudroit disposer bien regulièrement les miroirs, placer le thermomètre sensible au foyer de l'un d'eux tandis qu'il n'y aura au foyer de l'autre que l'air de la chambre qui s'y trouve naturellement; puis au bout de quelques instans couvrir subitement ce même miroir et voir si le thermomètre placé au foyer de l'autre et qui se trouveroit alors privé de la réverberation de la chaleur de l'air baisseroit d'une manière sensible.[30]

Ob dieser Vorschlag SAUSSUREs von PICTET ausgeführt wurde, ist nicht zu ermitteln; das Resultat wäre negativ gewesen.[31]

In seiner Antwort an SAUSSURE machte PICTET bereits klar, daß ein Kältestoff zur Erklärung des Experiments unnötig ist: der kalte Körper sei vielmehr wie ein Schlund (gouffre), in den sich die Wärme "hineinstürze". Dies habe einen Abfall des Drucks (pression) zur Folge, den die Wärme der Umgebung auf das Thermometer ausübe. Daher könne Wärme vom Thermometer "abfließen", wodurch seine Temperatur abnehmen müsse. Folglich sei in diesem

---

29/ Die Lehre vom Kältestoff bzw. einem Prinzip der Kälte hat eine lange Tradition. Sie geht letztlich auf die platonisch-aristotelische Lehre von der "antiperistasis" zurück (vgl. SOLMSEN 1960, S. 412-413). Mit der erneuten Rezeption des antiken atomistischen Denkens im 17. Jahrhundert wurde die Diskussion um einen Kältestoff (primum frigidum, matière frigorifique) wieder aktuell. Obwohl bereits damals heftig kritisiert und als "Chimäre der alten Physik" gebrandmarkt (vgl. E. MARIOTTE: Sur le chaud et le froid, in HARS Paris 1 (1666-1686, publ. 1733), 268-270), hielt sich die Lehre bis zum Ende des 18. Jahrhunderts (vgl. Stichwort "Kalt-machende Materie" in J.H. ZEDLER: Großes vollständiges Universal-Lexikon aller Wissenschaften und Künste, 64 Bde., Halle u. Leipzig 1732-1750, XV (1737), Spalte 142). Zur Rezeption der "calorique"-Hypothese vgl. Kap. 4.1.3.

30/ SAUSSURE an PICTET, brouillon, 11. März 1786, BPU Ms. Saussure 67/2, S. 22.

31/ Das thermische Gleichgewicht wird auch durch Abdecken des Spiegels nicht verändert, sofern die Abdeckung dieselbe Temperatur wie die Luft aufweist.

Falle das Thermometer der strahlende Körper. Im Vergleich zum Experiment mit heißen Kohlen habe sich der Vorgang umgekehrt: "un rayon d'émanation (...) deviendra un d'absorption."[32]

Dieses quasi hydraulische Erklärungsmodell, daß mit Begriffen wie Druck (pression) bzw. Spannung (tension) operiert, wurde von PICTET, nur leicht modifiziert, 1790 veröffentlicht. Die Wärme wird als ein kontinuierliches Fluidum betrachtet, das die Körper in Form von Atmosphären umgibt. Haben die Körper in den Brennpunkten der beiden Spiegel dieselbe Temperatur, so findet keine Strahlung statt, weil die Federkräfte ("ressorts tendus") ihrer Wärmeatmosphären sich die Waage halten. Es herrscht demnach ein statisches Gleichgewicht: "... le feu ne peut se mouvoir, parce qu'il se résiste partout également à lui-même."[33] Wird aber ein kälterer Körper in einen der Brennpunkte gebracht, so wird das Gleichgewicht gestört: "la présence du corps froid ouvrira une éspèce de gouffre à la chaleur de toute la chambre, il absorbera d'autant plus puissament celle du thermomètre, qu'elle y arrivera comme par un éntonnoir."[34] Die Ausbreitung der Wärme ist also nach PICTET nur bei Auftreten eines Druck- oder Spannungsgefälles, d.h. in Richtung vom wärmeren zum kälteren Körper hin möglich. Die Spiegelanordnung wirkt dabei wie ein Trichter: die Ausbreitung wird durch ihn gelenkt.

Die Publikation seines "Essai sur le feu" (1790) stellte den vorläufigen Abschluß von PICTETs Forschungsprogramm dar. Abgesehen von der zweifelsfreien Bestätigung der Reflexionsfähigkeit der "dunklen" Wärme, der spektakulären Wiederentdeckung der "Reflexion der Kälte" sowie ihrer Entlarvung als "scheinbar" war PICTET wenig Erfolg beschieden gewesen. Es war ihm nicht gelungen, die Refraktion (Brechung) der strahlenden Wärme nachzuweisen. Seine Versuche mit Glaslinsen waren gescheitert, und sein Vorschlag, stattdessen Linsen aus Metall auszuprobieren, zeigt, daß er hier auf dem falschen Weg war.[35] Auch

---

32/ PICTET an SAUSSURE, Brief, März 1786, BPU Ms. Saussure 3, fo. 163.

33/ PICTET 1790, S. 83.

34/ PICTET 1790, S. 84.

35/ Ein Weg, der auch von anderen beschritten wurde, indem unter Vernachlässigung des Unterschiedes zwischen Wärme-Leitung und Wärme-Strahlung von der hohen Wärmeleitfähigkeit der Metalle auf eine mögliche Transmission und Redie Ausbreitungsgeschwindigkeit der Strahlung hatte sich (bei einer Meßentfernung von 69 Fuß!) nicht bestimmen lassen. Eine konsistente theoretische Deutung der Phänomene fehlte ebenfalls: die Erklärung der Reflexion der Kälte war, wie sich bald zeigen sollte, in sich widersprüchlich. Darüberhinaus verhielt sich PICTET in theoretischer Hinsicht pluralistisch: gleichberechtigt neben sein hydraulisches Modell stellte er die auf der Analogie zum Schall basierende Undulationshypothese SAUSSUREs.

Trotz dieser Mängel war PICTETs Buch erfolgreich. Noch im selben Jahr wurde es ins Deutsche, im Jahr darauf auch ins Englische übersetzt.[36] Dafür dürfte vor allem der Neuigkeitswert seiner Experimente, besonders derjenige der "Reflexion der Kälte", verantwortlich gewesen sein. Der Versuch mit den konjugierten Spiegeln sollte als "Pictetsches Experiment" in die Literatur eingehen. Die dazu notwendige Apparatur gehörte fortan zum Inventar eines jeden gut ausgestatteten "cabinet de physique".[37]

Während also der Effekt wegen seines scheinbaren Neuigkeitswertes bereits rezipiert wurde, stand seine exakte theoretische Deutung noch aus. Diese sollte die Kenntnis der "neuen" Chemie LAVOISIERs und der mit ihr verbundenen Theorie des "calorique" zur Voraussetzung haben.

fraktion geschlossen wurde. Ein Beispiel für diesen irrigen Analogieschluß lieferte noch 1814 der Karlsruher Professor C.W. BÖCKMANN: "Ich ward unter anderem dadurch veranlasst, mir Linsen von Blei giessen und schleifen zu lassen (...); ich glaubte nämlich, Metall, Blei, sei vielleicht für die strahlende Wärme, was das Glas für das Licht?" (BÖCKMANN an PREVOST, Brief, 2. Juni 1814, BPU Mss.suppl. 1048, fo. 188). Für den korrekten Weg zur "Wärmeoptik" s. Kap. 5.3.4.

36/ Versuch über das Feuer, Tübingen 1790. An Essay on Fire, transl. by W. BELCOMBE, London 1791.

37/ So notierte etwa Johann Gottfried SCHMEISSER anläßlich eines Besuches der noch jungen "Ecole Polytechnique": "Hier war es ferner, wo ich den von PICTET erfundenen Apparat sah, wodurch das Abstrahlen der Hitze und die Wirkung derselben deutlich gezeiget wird..." (SCHMEISSER 1797, S. 65-66).

4.1.3 Die Rezeption der calorique-Hypothese in Genf

1786 hatte SAUSSURE seinen Lehrstuhl für Philosophie an der Genfer Akademie aufgegeben. Sein Nachfolger wurde auf sein Betreiben hin Marc-Auguste PICTET.[38] PICTET übernahm von seinem Lehrer die Aufgeschlossenheit gegenüber neuen Entwicklungen in den Naturwissenschaften: bereits 1789 ergriffen SAUSSURE und PICTET die Partei der modernen Chemie LAVOISIERs.[39] Die "neue Chemie" implizierte eine substantialistische Theorie der Wärme.[40]

LAVOISIER hatte 1784 zusammen mit LAPLACE eine experimentelle Abhandlung veröffentlicht, in der sie ihr Eiskalorimeter vorstellten. Mit diesem Gerät konnten erstmalig Wärmemengen quantitativ erfaßt werden.[41] Obwohl LAVOISIER schon zu diesem Zeitpunkt der stofflichen Theorie der Wärme den Vorzug gab, stellten die Autoren die stoffliche und die mechanische Theorie der Wärme als einander gleichwertig gegenüber, ohne zwischen den Alternativen eine Entscheidung zu treffen.[42] Diese Zurückhaltung sollte LAVOISIER jedoch bald aufgeben. Seinen "Traité élémentaire de chimie", der 1789 erschien, begann er mit einer ausführlichen Darlegung der mit der Theorie des "calorique" verbundenen heuristischen Vorteile. Laut LAVOISIER ist es naheliegend, im "calorique" einen Stoff zu sehen, denn es sei schwierig, "de concevoir ces phénomènes sans admettre qu'ils sont l'effet d'une substance réelle et matérielle, d'un fluide très-subtil qui s'insinue à travers les molécules de tous les corps et qui les écarte...".[43] Zwar räumt er, wohl als Zugeständnis an den instru-

---

38/ Zu den Umständen s. CANDAUX 1974, II, S. 273.

39/ DESHUSSES 1961. Vgl. auch DESHUSSES 1957.

40/ Die erste systematische Exposition der stofflichen Theorie der Wärme stammt allerdings nicht von LAVOISIER, sondern von William CLEGHORN (1754-1783), einem Schüler des schottischen Chemikers Joseph BLACK (1728-1799), der diese Theorie in seinen Vorlesungen propagierte, aber bis zu seinem Tode nichts darüber publizierte. Vgl. dazu den Nachdruck von CLEGHORNs Dissertatio de Igne (1779) in MCKIE/HEATHCOTE 1958.

41/ LAVOISIER; LAPLACE: Mémoire sur la chaleur, in MARS Paris 1780 (publ. 1784), 355-408.

42/ Vgl. dazu ADICKES 1922, S. 348-349; ferner DSB XV (Suppl.1978), S. 273-403, hier S. 312-316.

mentalistischen Zeitgeist, ein, daß es für eine mathematisch-abstrakte Behandlung der Phänomene ausreichend sei, unter "calorique" eine "cause répulsive quelconque" zu verstehen. Er läßt aber keinen Zweifel daran, daß er selbst der stofflichen Konzeption den Vorzug gibt.[44]

Ausgangspunkt der Lavoisierschen Theorie war die Beobachtung gewesen, daß sich die Körper bei Erwärmung ausdehnen und bei Wiederabkühlung auf ihre Ausgangstemperatur in ihre ursprüngliche Form zurückkehren. LAVOISIER hatte daraus auf einen Antagonismus zweier Kräfte geschlossen: der Attraktion der Moleküle wirkt die durch den "calorique" verursachte Repulsion entgegen. Wärmestoff (calorique) und Wärme (chaleur) stehen im Verhältnis von Ursache und Wirkung zueinander. Der "calorique" durchdringt alle Stoffe; seine Wirksamkeit wird jedoch durch zwei Gegenkräfte determiniert: die Attraktion der Moleküle und die Stärke des Luftdrucks. Unter Berücksichtigung dieser Gegenkräfte bestimmt der "calorique"-Gehalt eines Körpers seine Temperatur und damit auch seinen Aggregatzustand: "... ces trois états d'un même corps dépendent de la quantité de calorique qui lui est combinée."[45] Die Wärmekapazität eines Körpers ("capacité des corps pour contenir la matière de la chaleur") wird nach LAVOISIER durch Größe, Gestalt und gegenseitigen Abstand der Moleküle bestimmt. Damit gelingt es ihm, seine Theorie mit einer atomistisch-korpuskularen Materievorstellung Newtonianischer Prägung in Einklang zu bringen.

Aufschlußreich ist, wie LAVOISIER seine Hypothese zu legitimieren versucht. Er bedient sich dazu einiger althergebrachter mechanischer Analogien, deren suggestive Kraft er auszunutzen trachtet, denn "on ne sauroit trop s'aider dans les choses abstraites de comparaisons sensibles."[46] So vergleicht er den "calorique" gleich dreimal: a) mit Feinsand, der die Zwischenräume von Bleikugeln ausfüllt, die in einem Glas gestapelt sind; b) mit Wasser, das in die Poren von Hölzern eindringt, und diese, je nach Holzsorte, zum Schwellen veranlaßt; und schließlich c) mit Wasser, das einen ausgetrockneten Schwamm durchdringt und

---

43/ LAVOISIER: Traité élémentaire de chimie, présenté dans un ordre nouveau et d'après les découvertes modernes, 2 Bde., Paris 1789, I, S. 4.

44/ LAVOISIER 1789, S. 5-6.

45/ LAVOISIER 1789, S. 17.

46/ LAVOISIER 1789, S. 19.

dabei schwellen läßt.[47] Diese Analogien, darunter besonders die letzte, hat BACHELARD als "mißbräuchliche Ausweitung geläufiger Bilder" bezeichnet, die für das vorwissenschaftliche Denken des 18. Jahrhunderts typisch gewesen sei.[48] Hier geht es nicht darum, LAVOISIERs Theorie BACHELARDs Kritik zu unterwerfen, sondern vielmehr um die Feststellung, daß auch LAVOISIER zur Legitimation seiner Theorie auf im 18. Jahrhundert gebräuchliche, mechanistische "topoi" zurückgriff.[49]

Bereits in seinem "Essai sur le feu" (1790) gab PICTET seiner Sympathie für die Vorstellungen LAVOISIERs Ausdruck. Zwar betont er, auch im Hinblick auf die alternativen Deutungen der "Reflexion der Kälte", daß "noch die größten Physiker unserer Zeit über die Natur des Feuers nicht einig sind".[50] LAVOISIERs Erklärung der Aggregatzustände durch den Antagonismus von intermolekularer Anziehung und "ausdehnender Kraft des Feuers" erscheint ihm aber "viel zu schön, und der Beschaffenheit der Phänomene und der Einfachheit der Natur viel zu angemessen zu seyn, als daß ich sie nur für eine Hypothese halten könnte."[51] Bei der Erklärung der Wärmekapazität lehnt er sich eng an LAVOISIER an, wobei er die Schwammanalogie übernimmt.[52] Schließlich referiert er zustimmend die Messungen mit dem Eiskalorimeter um abschließend zu bemerken, daß er "das Glück gehabt hätte, in der Vorstellungsart einiger Ideen auf eine ganz auffallende Weise mit Hrn. Lavoisier auf einem Weg zusammenzutreffen."[53]

47/ LAVOISIER 1789, S. 18-26.

48/ BACHELARD 1978, S. 127-139.

49/ BACHELARD belegt die Verwendung der "Schwamm-Metapher" u.a. bei DESCARTES, REAUMUR, FRANKLIN, MARAT und BRUGMANS; LAVOISIER ist ihm dagegen entgangen.

50/ PICTET 1790, S. 4.

51/ PICTET 1790, S. 4.

52/ PICTET 1790, S. 11-12.

53/ PICTET 1790, S. 15 Fußnote.

Da Pierre-François TINGRY, "démonstrateur pour la chimie" an der Akademie,[54] hartnäckig die Phlogiston-Theorie vertrat, entschloß sich PICTET bereits 1790, Exkurse über die "neue Chemie" in seine Philosophie-Vorlesung einzubauen, damit die Studenten Gelegenheit erhielten, auch die neue Theorie kennenzulernen. In welcher Weise er dabei die Theorie der Wärme berücksichtigte, läßt sich einer Vorlesungsmitschrift von 1791 entnehmen.[55]

PICTET begann seine Behandlung der "physica specialis" mit einer kurzen Nennung der vier klassischen Elemente, um sich dann ausführlich dem Feuer (ignis) zu widmen. Dieses unsichtbare Element mache sich durch zwei Wirkungen, Wärme (calor) und Ausdehnung (dilatatio) bemerkbar und werde von den modernen Chemikern als "calorique" bezeichnet. Diesem sei eine "tendance antigrave" zuzuschreiben, die auch experimentell demonstriert werden könne.[56] Neben den physikalischen Wirkungen seien die chemischen Wirkungen des Feuers von Bedeutung, wobei es teils frei (sensibilis), teils gebunden (elementaris) auftrete. Bei der Ausbreitung müsse die durch Strahlung (per radiis calorificis) von derjenigen durch erhitzte Luft unterschieden werden. Es folgt eine Beschreibung seiner Experimente zur Reflexion der strahlenden Wärme. Die Ausbreitungsgeschwindigkeit des Feuers sei unterschiedlich: unmeßbar schnell bei Strahlung (radians), sehr langsam bei Leitung (transmissus). Ausbreitung sei nur möglich, wenn eine Spannung vorliege: "Dicetur tensio vis qua ignis a corpore ad aliud tendit." Wird diese Spannung jedoch durch eine gleich starke kompensiert, so findet keine Ausbreitung der Wärme statt; der bewegungslose Gleichgewichtszustand definiert die Temperatur: "...hoc aequilibrium dicitur temperies."

54/ SENEBIER 1786, III, S. 236.

55/ Von der Hand Henri COLLADONs, MHS Z 112 III.

56/ PICTET zeigte folgendes Experiment: "Adhibuit tubum vitreum 3 pedibus longum et aere vacuum, medio tubi aderat virga cuprea, in cujus extremis inserti sunt globi duorum thermometrorum perfecte similium et aequaliter dispositorum. Tum tubo verticali directus est mediam in virgam lentis ustoriae focus, visum quod faciliori ignis ascensu, citius ascensit thermometrum superius, et ne id a thermometro improbo penderet averso tubo id repetitum idemque observatum est. Nunc admittere possumus quod vere ignis habet tendentiam antigravem." (ebd.) Der Effekt dürfte auf der schlechten Qualität des Vakuums in der Glasröhre und der daher vorhandenen Konvektion der Luft beruhen.

Auch LAVOISIER war von einem statischen thermischen Gleichgewicht ausgegangen; Bewegung des "calorique" war auch für ihn nur bei einem Temperaturgefälle möglich; im Falle des Gleichgewichts "il n'y a point de mouvement, point de transport du calorique."[57] PICTET sah daher keinen Anlaß, von seiner Tensionstheorie, die einen statischen Gleichgewichtsbegriff implizierte, abzurücken; sie war mit der Theorie des "calorique" ohne weiteres vereinbar.

Auch PREVOST beschäftigte sich zu dieser Zeit bereits intensiv mit der Natur der Wärme. Sein Interesse daran war durch die Frage ausgelöst worden, welcher Zusammenhang zwischen Wärme und Magnetismus bestehen könnte, denn es war seit langem bekannt, daß magnetische Materialien bei Erhitzung (Glühen) ihren Magnetismus verlieren. Die Zwei-Fluida-Theorie begünstigte die Hoffnung, die magnetischen Fluida bzw. Teile von ihnen mit bereits bekannten Fluida identifizieren zu können und damit einem Verständnis der komplexen Abhängigkeiten der magnetischen Phänomene von der Temperatur und dem metallurgischen Zustand des Materials näher zu kommen. Die Lösung dieser Aufgabe erwartete PREVOST zunächst von der phlogistischen Chemie. Diese sollte die Zusammensetzung der Teilfluida sowie die Natur des Eisens klären. Unter dem Einfluß von BERGMANs "Disquisitio de attractionibus electivis"[58] spekulierte er:

> ...peut-être est-il permis de conjecturer que cette substance /la matière magnétique, B.W./ n'est pas simple, mais que la chaleur ou le phlogistique ou quelque partie des élémens de ces fluides, ou d'autres fluides analogues, entrent dans la composition de l'un des élémens du fluide magnétique.[59]

57/ LAVOISIER 1789, I, S. 22.

58/ BERGMAN 1783. - In diesem weitverbreiteten Werk (engl.+ deutsche Übers. 1785, frz. 1788, ital. 1801) versucht BERGMAN eine umfassende Klassifikation der chemischen Affinitäten auf der Grundlage der Phlogiston-Theorie. BERGMAN favorisiert dort die Auffassung SCHEELEs, wonach Wärme eine Verbindung aus Phlogiston und Lebensluft darstellt. Das Phlogiston soll auch eine Rolle beim Zustandekommen des Magnetismus spielen. Magnetismus entsteht immer dann, wenn der Eisenkalk unter dem Einfluß von Wärme Phlogiston in einer geringen, zu seiner Reduktion noch nicht ausreichenden Menge aufnimmt (ebd. § 47).- PREVOST schloß daraus: "On peut donc supposer que la chaux de fer a avec le fluide magnétique et le phlogistique une affinité très-forte qui cesse de se manifester au même point et diminue considérablement à une époque antérieure à la réduction." (MHS Z 181, fo. 117a).

59/ PREVOST 1788/a, S. 207-208.

Wie aus seinem physikalischen Skizzenbuch der Jahre 1788 bis 1792 hervorgeht, trat kurz darauf die neue Oxydationstheorie gleichberechtigt neben die Theorie des Phlogistons:

> Selon les modernes françois, la calcination s'opère uniquement par l'introduction et combinaison de l'air vital qui dès qu'il perd son élasticité se nomme oxygène. Ainsi, selon eux, le phlogistique est un être de raison. Il faut donc appliquer à cet oxygène (mais dans une ordre inverse) ce qui est dit (...) de l'affinité du phlogistique.[60]

In Bezug auf die Theorie der Wärme war PREVOST bald darauf damit beschäftigt, eine Synthese aus den korpuskular-kinetischen Vorstellungen LESAGEs und der "calorique"-Hypothese LAVOISIERs zu entwickeln. Allerdings sah sich die stoffliche Konzeption der Wärme mit einer Schwierigkeit konfrontiert, über die auch PREVOST nicht hinwegsehen konnte. Sie resultierte aus der Frage nach dem Gewicht der Wärme:

> ... comme il paroit par les expériences des chimistes françois (sur tout Lavoisier) qu'on retrouve dans les expériences aërostatiques de la combustion toujours les mêmes poids, quoique les chaleurs latentes changent, il semble qu'il faut renoncer à cette explicabilité.[61]

Die Theorie LESAGEs ermöglichte es PREVOST aber auch hier, die Zweifel beiseite zu schieben und die stoffliche Konzeption der Wärme gegen Einwände zu immunisieren, die aus ihrer Unwägbarkeit resultierten. Der Wärmestoff ließ sich als ein sekundäres Fluidum im Sinne der von LESAGE gebenen Aether-Definition interpretieren.[62] Sein unmeßbares Gewicht (légèreté spécifique du feu) erklärte PREVOST damit, daß ein Teil der Wärmekorpuskeln seine Konkavität der Erde zuwendet und daher einen der Gravitation entgegengesetzten Antrieb erfährt.[63] Besonders deutlich stellte sich das Problem der fehlenden Gewichtszunahme bei Gasen und Dämpfen. Die Theorie LESAGEs schien auch hier eine Lösung bereitzuhalten:

60/ MHS Z 181, fo. 225a.

61/ MHS Z 181, fo. 100b.

62/ PREVOST 1788/a, S. 54; sowie in MHS Z 181 fo. 71a.

63/ Moleküle sekundärer Fluida weisen nach LESAGE eine Konkavität auf. Da die "corpuscules gravifiques" beim Stoß auf die Konkavität an dieser "abrollen" und daher (angeblich) mehr Impuls übertragen als bei Stößen auf der konvexen Seite, werden die Moleküle in eine durch die Symmetrieachse der Konkavität definierte Richtung beschleunigt; vgl. Kap. 2.

> En concevant les fluides expansifs à la manière de M. le Sage leur pesanteur dépend des chocs, c'est-à-dire de l'excès des chocs sur le fond du récipient par dessus les chocs contre le couvercle. N'arrivera-t-il pas de là que la molécule portée par le feu aura un poids apparent différent de celui qu'elle a lorsqu'elle repose comme une masse immobile et dégagée du feu?[64]

Die Unwägbarkeit der Wärme war also für PREVOST kein Argument gegen die Annahme ihrer Stofflichkeit. Ein weiteres Argument für die Stofflichkeit gewann er aus der Tatsache, daß das Licht und die strahlende Wärme ähnliche Eigenschaften aufweisen: auch NEWTON habe das Licht als Körper behandelt, obwohl es niemals gewogen worden sei.[65]

Damit liegen die Gründe klar, warum SAUSSURE, PICTET und PREVOST rasch bereit waren, die neue Theorie aktiv zu vertreten. Die Arbeit LAVOISIERs zeichnete sich zum Einen durch eine methodische Exaktheit aus, die neue Maßstäbe setzte. Die ausgefeilte Konstruktion des Eiskalorimeters, das die Möglichkeit bot, exakte Daten über einen zentralen Bereich der Wärmephänomene zu erhalten, sowie das Bemühen um die Abschätzung bzw. Ausschaltung möglicher Fehlerquellen dürften auf Experimentalphysiker wie SAUSSURE und PICTET vorbildlich gewirkt haben. Es war immer SAUSSUREs erklärte Intention gewesen, die Genauigkeit physikalisch-meteorologischer Meßgeräte zu steigern.[66] Zum Anderen aber war die "calorique"-Hypothese ein Resultat mechanistischen Denkens. Die Vorstellung eines Wärmestoffs war bequem in korpuskular-kinetische Vorstellungen zu integrieren, die an der Genfer Akademie Tradition hatten. SAUSSURE, PICTET und PREVOST ließen sich daher bereitwillig von einer substantialistischen Theorie der Wärme einnehmen, die sich zu ihrer Veranschaulichung bewährter mechanistischer Bilder wie der "Metaphysik des Schwamms" (BACHELARD) bedienen konnte.

64/ MHS Z 181, fo. 100b.

65/ So argumentierte PREVOST noch 1809 (1809/a, S. 10).

66/ Einen Auftrag, den sich besonders DELUC zu eigen machte; vgl. HEILBRON 1982, S. 68.

4.1.4 Der Begriff des dynamischen Gleichgewichts

Bei den Studien, die der Abfassung seiner Magnetismustheorie vorangingen, hatte PREVOST auch eine Abhandlung herangezogen, die Daniel BERNOULLI und sein Bruder Johann 1746 der Pariser Académie des Sciences auf ihre Preisfrage, wie der Magnetismus ursächlich zu erklären sei, eingereicht hatten.[67] Die BERNOULLIs betrachten darin die magnetische Materie als ein korpuskulares elastisches Fluidum. Sein Expansionsstreben führen sie auf die innere Bewegung seiner Korpuskeln zurück. Getreu den Grundsätzen der auch von ihnen vertretenen kausal-mechanischen Physik muß für diese Bewegung eine mechanische Ursache anzugeben sein. Daher beantworten die BERNOULLIs die Frage "en quoi consiste la fluidité et l'élasticité des fluides?" durch einen Vergleich mit dem Fluidum, das der Erfahrung am nächsten ist, der Luft:

> ...l'air est un amas de petits corps agités en tout sens; non contigus, mais laissant de grands intervalles entr'eux. Ces petits corpuscules s'entrechoquant continuellement, changent les uns la direction des autres; et cette agitation confuse doit sans doute être entretenue par un fluide beaucoup plus subtile, qui traverse l'air.[68]

Die Expansibilität der Fluida wird demnach wiederum auf Fluida zurückgeführt, deren Subtilität größer ist als diejenige des gerade betrachteten.

Für PREVOST, der mit den Schriften von SCHEELE, LAMBERT, SAUSSURE, PICTET und LAVOISIER vertraut war, lag es nahe, den von den BERNOULLIs erwähnten "fluide beaucoup plus subtile, qui traverse l'air" mit dem freien korpuskularen Wärmestoff zu identifizieren. Wie für LAVOISIER, so sind es auch für PREVOST die Korpuskeln des "calorique", die die Elastizität der Gase und Dämpfe verursachen, indem sie sich unter Aufgabe ihrer Strahlungseigenschaften an deren Moleküle anlagern: "Le feu cause l'expansibilité de plusieurs fluides; savoir les airs et les vapeurs. Il porte en quelque sorte les molécules pesantes (telles que l'eau, l'oxygène, l'hydrogène) sur ses ailes."[69]

67/ D. et J. BERNOULLI: Nouveaux principes de mécanique et de physique tendans à expliquer la nature et les propriétés de l'aiman, in Recueil 5 (1752), III, 117-144. PREVOST zitiert diese Schrift in PREVOST 1788/a, S. 42.

68/ BERNOULLI 1752, S. 121.

69/ PREVOST in MHS Z 181 fo. 99a.

Allerdings hatte schon LAVOISIER darauf hingewiesen, daß eine solche Deutung nur eine Verschiebung bedeutet, die das eigentliche Problem ungelöst läßt: "...il faut convenir que c'est expliquer l'élasticité par l'élasticité; qu'on ne fait par-là que reculer la difficulté, qu'il reste toujours à expliquer ce que c'est l'élasticité, et pourquoi le calorique est élastique."[70] Während sich LAVOISIER zur Beantwortung dieses Problems damit begnügte, eine selbstrepulsive Tendenz des "calorique" zu postulieren, ist PREVOST durch Rückgriff auf die Prinzipien der korpuskular-mechanischen Physik seines Lehrers LESAGE in der Lage, zu einer "ursächlichen" Erklärung vorzudringen. Der "calorique" ist ein sekundäres Fluidum, ein Aether im Sinne der Definition LESAGEs; seine Expansibilität wird daher auf die Stöße der "corpuscules gravifiques" zurückgeführt.[71] Damit kann aber PREVOST die von den BERNOULLIs formulierte Auffassung von der Natur expansibler Fluida auf den freien Wärmestoff übertragen, der sich demnach in Bezug auf den "fluide gravifique" genauso verhält wie es von den BERNOULLIs für die Luft in Bezug auf den "fluide beaucoup plus subtile" beschrieben worden war. Indem PREVOST gedanklich "l'air" durch "le feu" ersetzt[72] und auf diese Weise die "Hierarchie der Fluida" um eine Stufe nach unten verlängert, gewinnt er ein zur Gaskinetik der BERNOULLIs analoges Modell für den freien Wärmestoff.

Strahlende Wärme ist demnach ein Gemenge aus Korpuskeln, die sich mit hoher Geschwindigkeit in sämtliche Raumrichtungen bewegen. Ihre Abstände untereinander sind so groß, daß Stöße außerordentlich selten auftreten. Die Ausbreitung erfolgt daher prinzipiell geradlinig. Betrachtet man einen Raum konstanter Temperatur, so ist dieser mit einer der Temperatur entsprechenden Menge freien Wärmestoffs erfüllt, dessen Korpuskeln den Raum durchsetzen. Betrachtet man einen beliebigen Punkt dieses Raumes, so kann dieser als ein Zentrum gesehen werden, von dem weg und zu dem hin aus allen Raumrichtungen Korpuskeln streben. Denkt man sich um diesen Raumpunkt als Zentrum eine kugelförmige Hülle, so wird diese folglich pro Zeiteinheit von ebensovielen

---

70/ LAVOISIER 1789, I, S. 24.

71/ S. Kap. 2.4.3.

72/ PREVOST spricht zu diesem Zeitpunkt nicht von "calorique", sondern von "feu". Dies ist jedoch keine inhaltliche Frage, sondern eine solche der Nomenklatur. Vgl. dagegen die Terminologie von PICTET (Kap. 4.1.1).

Korpuskeln einwärts wie auswärts durchsetzt. Da die Temperatur des Raumes konstant ist, herrscht aber thermisches Gleichgewicht. Ergo muß der Gleichgewichtszustand im Wärmefluidum als ein permanenter Austausch von Stoffmengen betrachtet werden, die sich gegenseitig kompensieren, so daß die Bilanz jederzeit ausgeglichen ist.[73] Damit ist aber das thermische Gleichgewicht als ein "dynamisches" charakterisiert.[74]

Der Gedankengang, der PREVOST zum Begriff des "équilibre mobile" brachte, war allerdings so neu nicht. Er ist implizit bereits in der Preisschrift der BERNOULLIs von 1746 enthalten, wo diese bei der Diskussion korpuskularer Fluida ganz beiläufig bemerken: "Il semble que la nature évite le repos constant et parfait, et que ce que nous appellons ordinairement équilibre, ne consiste que dans des allées et venues réciproques, imperceptibles et égales."[75] Demnach ist die Vorstellung eines dynamischen Gleichgewichts die unmittelbare Konsequenz einer "mikroskopischen" Betrachtung eines korpuskularen Fluidums, sofern dabei vorausgesetzt wird, daß sich dessen Korpuskeln in einer permanenten Bewegung befinden. Eine derartige korpuskular-kinetische Auffassung der Fluida war bereits von Daniel BERNOULLI, allerdings für Gase, entwickelt worden.[76] PREVOSTs Gedanke war, diese Konzeption auf den freien Wärmestoff zu übertragen, ihn selbst als ein gasgleiches, korpuskulares Fluidum zu begreifen. Dies hatte zur Folge, daß den Wärmekorpuskeln auch im thermischem Gleichgewicht eine permanente Bewegung zugedacht werden mußte.[77]

73/ Für eine ausführliche Darstellung dieses Gedankenganges s. PREVOST 1809/a, S. 18-21.

74/ Zur Terminologie: gemeint ist ein bewegliches (kinetisches) Gleichgewicht. PREVOST selbst spricht immer von "équilibre mobile"; im Englischen ist "movable equilibrium" üblich. Die im Deutschen eingebürgerte Begriffsbildung "dynamisches Gleichgewicht" wird im Folgenden beibehalten, obwohl sie leicht irreführend ist, da es sich hier eben nicht um Kräfte, sondern um den Austausch von Stoffmengen handelt.

75/ BERNOULLI 1752, S. 124.

76/ BERNOULLI, D. 1738, S. 200. BERNOULLIs Überlegungen werden allgemein als Vorstufe zur kinetischen Gastheorie betrachtet; s. TRUESDELL 1968, S. 277-282.

77/ PREVOST bemerkte später selbst in Bezug auf die Begriffsgenese: "...la théorie du calorique discret et agité (...) a engendré celle de l'équilibre mobile." (1809/a, S. 17).

Eine derartige Annahme stellte für PREVOST kein Problem dar, da die korpuskular-mechanische Theorie LESAGEs auch eine "letzte Ursache" für die Erhaltung dieser Bewegung anzugeben vermochte. Im Gegensatz dazu waren LAVOISIER, PICTET und andere davon ausgegangen, daß sich der "calorique" nur bewegen kann, wenn ein Temperaturgradient vorhanden ist, was zur Folge hat, daß der Gleichgewichtszustand statisch gedacht werden muß.

PREVOST erhielt 1791 Gelegenheit, den heuristischen Wert seiner dynamischen Gleichgewichtskonzeption unter Beweis zu stellen. Die von PICTET gegebene Erklärung der "Reflexion der Kälte" war in sich widersprüchlich. Wärmeausbreitung sollte nur bei Auftreten eines Spannungsgefälles, d.h. in Richtung vom wärmeren zum kälteren Körper hin möglich sein. Wenn sich aber, wie PICTET annahm, strahlende Wärme nur in Richtung abnehmender Spannung bewegen kann, wieso sollte dann die Wärme des im Brennpunkt befindlichen Thermometers noch zum dazugehörigen Spiegel strahlen, um dort reflektiert zu werden? Befand sich doch das Thermometer näher an der eisgefüllten Küvette als der Spiegel! Wäre somit nicht ausschließlich eine direkte Abstrahlung vom Thermometer in Richtung der Küvette zu erwarten, die Reflexion an den Spiegeln mithin im Widerspruch zum Experiment gar nicht möglich?

Auf diese Unzulänglichkeit der hydraulischen Erklärung PICTETs hingewiesen[78] formulierte PREVOST im Februar 1791 den Entwurf einer korpuskular-kinetischen Deutung des Pictetschen Experiments. Grundlage dafür war der Begriff des dynamischen Temperaturgleichgewichts:

> ... si le fluide est sensiblement rayonnant (c'est-à-dire s'il nous paroit se mouvoir instantanément, en ligne droite, à de grandes distances), deux portions voisines peu considérables, (c.d. moindres que les distances auxquelles le fluide rayonne sensiblement) seront incessament melées. Donc l'équilibre de deux portions contiguës d'un fluide rayonnant consiste en ce que chacune de ces portions donne autant qu'elle reçoit.[79]

78/ Von seinem Genfer Diskussionspartner Louis de Manoël de VEGOBRE. Obwohl als Jurist tätig lieferte VEGOBRE zahlreiche wertvolle Hinweise in physikalischen Fragen. Zur Biographie s. BPU Recueil Le Fort VII, no. 22; ferner STELLING-MICHAUD IV, no. 6282.

79/ BPU Mss.suppl. 1073/2, fo. 60-61; betitelt von PREVOSTs Hand als "Première esquisse adressée à M. de Végobre dans les premiers jours de février 1791", hier fo. 60^r.

Die schnelle Bewegung der Korpuskeln sowie ihre große freie Weglänge führen somit dazu, daß sich im Zustand des Gleichgewichts die zwischen zwei gleich großen Volumina ausgetauschten Korpuskelnzahlen (Wärmemengen) kompensieren. Gilt dies für aneinander angrenzende oder nur wenig voneinander entfernte Volumina des "Strahlungsgases", so kann diese Vorstellung auch auf den Austausch zwischen Körpern verallgemeinert werden, die sich in einiger Entfernung voneinander befinden. Ein thermisches Gleichgewicht zwischen zwei Körpern muß demnach ebenfalls in einer Gleichheit der zwischen ihnen pro Zeiteinheit ausgetauschten Wärmemengen (Korpuskelnzahlen) bestehen. Daran ändert sich nichts, wenn beide Körper in die Brennpunkte metallischer Hohlspiegel gebracht werden:

> Supposons (...) deux miroirs concaves paraboliques égaux et semblables opposés sur leur axe, ayant à leur foyer chacun un corps (tel que la boule d'un thermomètre). Que ces deux corps focaux /soient/ exactement pareils à tous égards et l'air ambiant et les miroirs et toute la chambre soient au même degré de température. Chaque corps focal lance incéssament (ainsi que tous les autres) le feu rayonnant. Mais il en reçoit autant qu'il en lance. Faisons abstraction de tout le feu lancé et reçu, excepté de celui que les corps focaux se lancent mutuellement. Il est clair d'abord qu'on peut négliger celui que ces corps se lancent immédiatement, si ces corps sont petits, éloignés, et les miroirs très-grands. (...) Reste à considérer la partie que les corps se renvoient par réflexion. Et il est évident (...) que chacun en envoie autant qu'il en reçoit. C'est-à-dire que ces deux portions se font équilibre.[80]

Die "Reflexion der Kälte" ist nichts anderes als eine Störung des Gleichgewichts; eine Ungleichheit in der Bilanz der ausgetauschten Wärmemengen:

> Rompez cet équilibre, soit en échauffant soit en réfroidissant l'un ou l'autre de ces corps focaux. Il arrivera nécessairement que l'autre se conformera à cette nouvelle température. Par exemple réfroidissez le corps focal A, aussitôt le corps focal B reçoit moins de feu rayonnant qu'il n'en envoie. Il est tout simple que le thermomètre accuse ce défaut.[81]

80/ BPU Mss.suppl. 1073/2, fo. 60^{v}.

81/ ebd. fo. 61^{r}. In seiner ansonsten präzisen Erklärung unterläuft PREVOST hier der Fehler anzunehmen, daß das Thermometer im Brennpunkt des einen Spiegels die Temperatur des kalten Körpers im Brennpunkt des anderen Spiegels anzeigen wird, wenn erst das Gleichgewicht wiederhergestellt ist. Das Thermometer wird aber einen geringeren Temperaturabfall anzeigen, der sich aus dem durch seine Wärmekapazität dividierten Wärmeverlust ergibt. Das Thermometer steht nämlich im Gleichgewicht mit seiner gesamten Umgebung, von der der kalte Körper nur einen Bruchteil einnimmt. (Aus PICTETs Versuchsbericht ist dementsprechend zu entnehmen, daß das Thermometer nur um einige Grade fiel: bei Verwendung einer Kältemischung aus Eis und Salpetersäure 5-6°R).

Mit dieser korpuskular-kinetischen Erklärung war eine in sich widerspruchsfreie Deutung des Pictetschen Experimentes möglich.[82] In seiner zwei Monate später publizierten Abhandlung machte PREVOST deutlich,[83] daß dazu erstens die Wärme als korpuskulares Fluidum aufgefaßt und zweitens der Pictetsche statische Gleichgewichtsbegriff durch einen dynamischen ersetzt werden muß. Das thermische Gleichgewicht bedeutet für PREVOST den Austausch äquivalenter Stoffmengen. "L'immanation compensera l'émanation exactement."[84]

Der positive Gehalt dieses Austauschtheorems bestand in der Aussage, erstens, daß auch im Falle des thermischen Gleichgewichts Strahlung stattfindet, und zweitens, daß alle Körper eine ihrer Temperatur entsprechende Menge strahlender Wärme emittieren, und zwar unabhängig von ihrer Umgebung.[85] Die Formulierung dieses Austauschtheorems war das Resultat einer erfolgreichen Synthese aus traditionell korpuskular-kinetischen Vorstellungen und der "neuen" substantialistischen Theorie der Wärme.[86]

Dieser Anteil läßt sich prozentual berechnen aus dem Raumwinkel, den der Spiegel relativ zum Thermometer definiert, dividiert durch 2π.

82/ Was auch PICTET sofort einräumen mußte: "Je vous remercie Mon cher Prevost de votre communication qui a rectifié mes idées sur l'équilibre du feu, je substitue bien volontiers les échanges égaux à l'équilibre resultant d'une tension égale et je trouve parfaitement clair tout ce que vous dites là dessus...". (PICTET an PREVOST, Brief, Februar 1791 /PREVOSTs Datierung/, BPU Mss.suppl. 1073/2 fo. 58-59).

83/ PREVOST 1791/a.

84/ PREVOST 1791/a, S. 318.

85/ Für moderne Definitionen des heute meist als Prevostscher Satz bezeichneten Austauschtheorems vgl. u.a. LEXIKON Physik, II, S. 1296. Die Definition ist ahistorisch, da sie den Begriff der Strahlungsenergie verwendet.

86/ S. dazu (gekürzt) WEISS 1984.

4.1.5 Magnetische und chemische Gleichgewichte

Da PREVOST seine Gleichgewichtskonzeption aus einer Analyse korpuskularer Fluida gewonnen hatte, in deren Rahmen das "Feuer" nur einen besonders aktuellen Spezialfall darstellte, ist es nicht erstaunlich, daß er sich der Allgemeingültigkeit seines dynamischen Gleichgewichtsbegriffs bewußt war.[87] Bereits in seiner Abhandlung versäumte er nicht den Hinweis:

> Le feu n'est pas le seul fluide de son espèce. On connoît plusieurs fluides discrets, rayonnans et non rayonnans. On a souvent occasion de considérer ces fluides dans l'état d'équilibre. La détermination du vrai sens de ce mot peut donc avoir beaucoup d'importance, même indépendamment de la théorie du feu.[88]

Im Oktober 1790, wenige Monate vor seiner Konfrontation mit dem Problem der "Reflexion der Kälte", war PREVOST auch dem Begriff eines dynamischen chemischen Reaktionsgleichgewichts auf der Spur. Anlaß zu Überlegungen in dieser Richtung gab ein Problem aus dem Gegenstandsbereich des Magnetismus: wie sollte die Variation, d.h. die Schwankung in der scheinbaren Lage des geomagnetischen Nordpols im Rahmen der Zwei-Fluida-Theorie des Magnetismus zu erklären sein?[89] Für eine tentative Lösung dieser Frage knüpfte PREVOST an die Fluida-Konzept von Jean-André DELUC an, mit dem er in intensivem Gedankenaustausch über derartige Fragen stand.[90]

DELUC betrachtete ein expansibles Fluidum in Analogie zu einem Dampf (vapeur), der entsteht, indem sich der für das Fluidum charakteristische Stoff (matière) mit einem dispergierenden Fluidum (fluide déférent) verbindet. Erst

---

[87]/ Für die Bedeutung des dynamischen Gleichgewichtsbegriffs für weitere Phänomene aus Chemie und Physik s. GUYE 1912.

[88]/ PREVOST 1791/a, S. 322.

[89]/ Für PREVOSTs Variante dieser Theorie s. Kap. 3.1.2.

[90]/ Der intensive Briefwechsel zwischen DELUC in Windsor und PREVOST in Genf aus den Jahren 1787-1796 findet sich, über mehrere Dossiers verstreut, in PREVOSTs Nachlaß. Die extrem langen Briefe DELUCs, die teilweise den Umfang von Abhandlungen erreichen, behandeln fast ausschließlich Fragen der Theorie von Elektrizität und Magnetismus. PREVOSTs Ziel war die Vereinfachung und stärkere "Mechanisierung" der Delucschen Vorstellungen; DELUC seinerseits hoffte auf den baldigen "Durchbruch" der "physique mécanique" LESAGEs; s. z.B. DELUC an PREVOST, Brief, Windsor 7. Dezember 1787 (BPU Mss.suppl. 1049, fo. 138-149).

indem dieses dispergierende Fluidum zum charakteristischen Stoff hinzutritt und diesen quasi aktiviert, entsteht das elastische, expansible Fluidum.[91] Wichtigste Konsequenz dieses Delucschen Konzeptes ist eine "Chemie der Fluida", denn "alle ausdehnbaren Flüssigkeiten (...) sind zusammengesetzt. Sie können ohne Aufhören entstehen und vergehen, und von dieser ihrer Zersetzung und Zusammensetzung hängen die vorzüglichsten physischen Phänomene ab."[92]

PREVOST entwickelt damit die Hypothese eines oberflächlichen, von der Sonneneinstrahlung verursachten Magnetismus der Erde: das Sonnenlicht (fluide déférent) verbindet sich bei Absorption in der Erdkruste mit einem dort bereits vorhandenen Stoff (matière magnétique), wodurch eines der magnetischen Teilfluida, das "élément magnétique solaire" gebildet wird. Dieses Fluidum entsteht auf der Nordhalbkugel in größerer Menge als auf der Südhalbkugel der Erde, da jene im Jahresdurchschnitt mehr Sonnenstrahlung empfängt.[93] Diese Hypothese eines solaren Magnetismus besaß den Vorteil, mit der Asymmetrie der Sonneneinstrahlung eine direkte Ursache für den Erdmagnetismus angeben zu können, ohne dazu einen "a priori" als magnetisch angenommenen Erdkern voraussetzen zu müssen. Demgegenüber bot aber die Erklärung der täglichen Variation erhebliche Schwierigkeiten.[94] Wie sollte die Sonneneinstrahlung Magnetismus erzeugen, wo sie ihn doch offensichtlich schwächte, wie die tägliche Wanderung der Magnetnadel es zu beweisen schien?

91/ DELUC Lettres. Lettre 142 enthält eine Skizze der Theorie expansibler Fluida. Für Details s. DELUC 1790/a.

92/ LAMPADIUS 1793, S. 53. LAMPADIUS referiert DELUCs Theorie ausführlich auf SS. 51-84.

93/ Dieser Ansatz findet sich bereits in PREVOST 1788/a, S. 200-228. - Als Beleg für seine These nahm PREVOST die höhere Jahresdurchschnittstemperatur der Nordhalbkugel, die er in Anlehnung an AEPINUS 1759 auf die dort längere Dauer des Sommerhalbjahres zurückführte. Später bezog PREVOST die Landmassenverteilung zwischen Nord- und Südhalbkugel in die Überlegungen ein; s. PREVOST 1792/a bzw. 1798/a, S. 117-135.

94/ George GRAHAM (1675-1751) hatte erst 1722 entdeckt, daß die Magnetnadel in Europa vormittags nach Westen wandert, um zwischen 12 und 16 Uhr ihre größte Abweichung (Deklination) zu erreichen. Im weiteren Verlauf des Tages strebt sie dann in ihre Ausgangslage zurück. Zu diesem um 1790 viel diskutierten Phänomen s. BALMER 1956, S. 215-216.

Die Lösung dieses Problems teilte PREVOST im Oktober 1790 DELUC mit.[95] Danach entsteht gleichzeitig mit dem von der Sonnenstrahlung gebildeten Fluidum im Erdmantel auch Wärme, die den Magnetismus schwächt. Dieser Antagonismus stellt jedoch kein prinzipielles Problem dar, da wegen der asymmetrischen Einstrahlung das "élément magnétique solaire" auf der Nordhalbkugel in größerer Menge als auf der Südhalbkugel erzeugt wird. Dieser Effekt überwiegt den schädlichen Einfluß der größeren Wärme. Die Langzeitbalance zwischen Magnetismus und Wärme auf der Nordhalbkugel wird aber offensichtlich durch die tägliche Sonneneinstrahlung kurzzeitig gestört. PREVOST stellt hier die Frage nach dem Wirkungsmechanismus. Die Ursache der Störung liegt in der Fähigkeit der Wärme, die Verbindung, die die magnetische Materie der Erdkruste mit dem Sonnenlicht eingegangen ist, wieder zu spalten und so die Zersetzung des "élément magnétique solaire" zu bewirken. Dessen Bestand als Reaktionsprodukt unterliegt somit zwei permanent wirkenden, antagonistischen Einflüssen: "...le feu décomposant, la lumière composant, ces deux effets contraires peuvent suivant les circonstances se surpasser mutuellement."[96]

Die Hypothese PREVOSTs impliziert damit den Begriff eines dynamischen Reaktionsgleichgewichts. Die Tatsache, daß die scheinbare Schwächung des Erdmagnetismus wieder verschwindet, nachdem die Sonne ihren höchsten Stand überschritten hat, erklärt PREVOST nämlich mit der ad-hoc-Annahme, daß das Sonnenlicht das Feuer schneller als das "élément magnétique solaire" erzeugt. Zu Tagesbeginn wird daher zunächst nur magnetisches Fluidum gespalten; im Tagesverlauf dagegen entsteht zunehmend mehr magnetisches Fluidum, so daß sein Bestand wieder aufgefüllt wird. Das dynamische Gleichgewicht ist dann erreicht, wenn die Magnetnadel an den Umkehrpunkten verharrt, d.h. wenn sich die pro Zeiteinheit gebildeten und gespaltenen Mengen des magnetischen Fluidums gerade kompensieren. In welcher Weise die "Reaktionsgeschwindigkeiten" von den Konzentrationen der beteiligten Stoffe abhängen sollen, wird nicht erörtert.

95/ PREVOST: "Extrait d'une lettre à M. de Luc du 15 octobre 1790", MHS Z 181, fo. 237a-238b.

96/ MHS Z 181, fo. 238b.

PREVOST hat diese skizzenhaften Überlegungen zur Theorie des Geomagnetismus nicht weitergeführt.[97] Sein Interesse konzentrierte sich auf Phänomene der Wärmestrahlung, so daß der Gedanke eines chemischen Reaktionsgleichgewichts in seinen Notizen verborgen und damit wirkungslos geblieben ist.[98]

4.2 Konsolidierung

4.2.1 Die Reaktion der Laplace-Berthollet-Gruppe

In deutlichem Gegensatz zu den Experimenten von SAUSSURE und PICTET, die wie erwähnt weite Beachtung fanden, wurde PREVOSTs Theorie des "équilibre mobile" von der wissenschaftlichen Welt um 1800 zunächst weitgehend ignoriert. Von besonderer Relevanz ist in dieser Hinsicht die Reaktion der Pariser Wissenschaftsgemeinde, die zu dieser Zeit als die führende Europas gelten konnte.

Die Naturwissenschaften im Napoleonischen Frankreich wurden durch das von LAPLACE und BERTHOLLET definierte Forschungsprogramm dominiert. Erklärtes Ziel war es, die aus dem 18. Jahrhundert überkommene Imponderabilienvielfalt mit Hilfe verfeinerter experimenteller und mathematisch-analytischer Techniken zu überwinden. Die theoretische Orientierung dazu lieferten die kurzreichweitigen Anziehungs- und Abstoßungskräfte, die NEWTON zur Lösung der in den "Queries" der "Opticks" skizzierten Probleme vorgeschlagen hatte.[99] LAPLACE und BERTHOLLET lieferten nicht nur die Problemvorgaben auf den Gebieten von Physik und Chemie; sie besaßen während des "Consulat" und "Empire" genügend Einfluß, den gesamten Wissenschaftsbetrieb in Paris in ihrem Sinne zu kontrollieren.[100] Bei der Durchführung des von ihnen definierten

---

97/ In PREVOST 1792/a widmete er dem Problem der täglichen Variation nur einige Zeilen, in denen er seine Hypothese eines solaren Magnetismus bekräftigte, ohne aber in eine Diskussion einzutreten; vgl. 1798/a, S. 179-180.

98/ So nimmt es nicht wunder, daß PREVOSTs Gedanken in der Geschichte des dynamischen Gleichgewichtsbegriffs der Chemie keine Rolle gespielt haben. Zur Entstehung dieses Begriffes, die eng mit der Entdeckung des Massenwirkungsgesetzes zwischen 1864 und 1879 verknüpft ist, s. u.a. KING 1981.

99/ FOX 1974.

100/ CROSLAND 1967.

Forschungsprogramms fiel der Generation ihrer Schüler, zu der namentlich BIOT, POISSON, MALUS und GAY-LUSSAC gehörten, wesentliche Aufgaben zu.

Die Reaktion dieser Laplace-Berthollet-Gruppe auf PREVOSTs Theorie ist geeignet, erneut den Konflikt zweier Wissenschaftsstile zu verdeutlichen, die sich, in ihrem Newtonianischen Selbstverständnis und ihrer reduktionistischen Intention übereinstimmend, doch in ihren Methoden und den damit erzielten Erfolgen unterschieden.[101]

Im Oktober 1801 hielten sich PICTET und RUMFORD gemeinsam in Paris auf, wo sie mehrfach Gäste der "Société d'Arceuil" und des "Institut National" waren.[102] Bei dem dort stattfindenden Gedankenaustausch kam auch die "Reflexion der Kälte" zur Sprache: "Bertholet thought we could explain Pictet's experiment on the reflection of cold in a manner perfectly satisfactory but we convinced him at last that the matter was by no means so clear as he had imagined it to be."[103] Diese Diskussion, bei der auch PREVOSTs Erklärung erwähnt worden sein dürfte, hat bei BERTHOLLET offensichtlich nur einen geringen Eindruck hinterlassen. In seinem "Essai de statique chimique" (1803) zitiert er zwar die Genfer Experimente zur strahlenden Wärme und gibt eine an PICTET orientierte Deutung der "Reflexion der Kälte";[104] im Gegensatz dazu findet PREVOSTs Deutung auf der Grundlage der Theorie des "équilibre mobile" mit keinem Wort Erwähnung.

Für BERTHOLLET war die strahlende Wärme, der freie "calorique" offenbar von geringem Interesse, denn "...il ne faut pas perdre de vue qu'il ne produit un effet réell sur les corps, que lorsqu'il entre en combinaison avec eux, et

---

101/ Vgl. dazu Kap. 3 für die Bereiche Magnetismus und Optik.

102/ PICTET hatte am 8. und 13. Oktober vor dem "Institut National" über seine Englandreise berichtet, auf der er RUMFORD getroffen hatte; vgl. dazu CROSLAND 1967, S. 138. Zu RUMFORDs Beziehung zu NAPOLEON vgl. FISCHER 1986, S. 150.

103/ RUMFORD: /Journal of a/ Journey from London to Munich and from Munich to London in the Autumn of 1801, mss. Tagebuch, Eintrag vom 8. November 1801, ULB MSS 6/iv/29, S. 45-46.

104/ "...c'est surtout le citoyen Pictet qui en a fait connaître les propriétés par des expériences très-délicates." (BERTHOLLET 1803, I, S. 184).

que son existence n'est encore prouvée que dans les fluides élastiques."[105] Für den Chemiker BERTHOLLET waren demnach nur die Verbindungen relevant, die der "calorique" mit anderen Stoffen einging. Dies mag die äußerst knappe Behandlung erklären, die der strahlenden Wärme widerfuhr.[106] Warum aber wurde PREVOSTs Theorie völlig übergangen? Die Gründe dafür müssen in dem erkenntnistheoretischen Status gesucht werden, den BERTHOLLET dem "calorique" beimaß.

BERTHOLLET und mit ihm auch die anderen Mitglieder der "Laplace-Berthollet-Gruppe" vertraten gegenüber der Hypothese des "calorique" eine instrumentalistische Position: es könne sich um eine Kraft mit bekannten Wirkungen, oder aber genauso um einen Stoff mit definierten Eigenschaften handeln. Für die Theorie sei es lediglich relevant, die chemischen Wirkungen zu klären. Zu diesem Zweck sei es nützlich, die Wirkung des "calorique" analog zu derjenigen eines Stoffes aufzufassen, der sich in Form eines expansiblen Fluidums mit anderen Stoffen verbinde. Da man diesen "calorique" weder wägen noch sonstwie messen könne, sei die Übereinstimmung der aus der Annahme seiner Existenz abgeleiteten Schlußfolgerungen mit den Phänomenen das einzige Kriterium für die Brauchbarkeit dieser Annahme. Die zufriedenstellende "Rettung der Phänomene" berechtige damit zur Hypothese einer substantiellen Natur des "calorique".[107]

Neben diesem "ontologischen Vorbehalt" gab es eine weitere gravierende Differenz, die die "calorique"-Interpretation BERTHOLLETs von derjenigen PREVOSTs unterschied. Nach BERTHOLLET weist der "calorique" zu jeder chemischen Substanz eine spezifische Affinität auf, die die spezifische Wärme dieser Substanz determiniert. Im Gegensatz zu LAVOISIER ist es für BERTHOLLET nicht etwa der Zwischenraum zwischen den Molekülen, der die spezifische Wärme bestimmt, sondern vielmehr die spezifische Kraft (Affinität), die zwischen dem "calorique" und der jeweiligen Substanz wirksam ist. Demnach ist der "calorique" für BERTHOLLET, der LAVOISIERs bildhafte "Schwammanalogie" ablehnt,

---

105/ BERTHOLLET 1803, I, S. 188.

106/ Es waren 5 von 125 Seiten dem "calorique rayonnant" gewidmet, also gerade 4 % des Kapitels.

107/ BERTHOLLET 1803, I, S. 172.

nicht durch seine korpuskularen Eigenschaften, sondern vielmehr durch seine Kraftwirkung definiert: die repulsive Kraft des "calorique" wirkt der wechselseitigen Anziehung der Moleküle des Stoffs und dem äußeren Druck entgegen. Die Vorstellung antagonistischer Kräfte aber hatte eine unmittelbare Konsequenz für BERTHOLLETs Gleichgewichtsbegriff: bei konstanter Temperatur herrscht ein statisches Gleichgewicht der Kräfte, das die Ausdehnung der Substanz bzw. des Körpers bestimmt.

BERTHOLLETs Gleichgewichtsbegriff war repräsentativ für die Chemie des späten 18. und frühen 19. Jahrhunderts. In Verfolgung des von NEWTON skizzierten Forschungsprogramms hatte man die chemischen Affinitäten ihrer Stärke nach geordnet und als kurzreichweitige Anziehungskräfte zu interpretieren gesucht.[108] "Vom Beginn bis in die 70er Jahre des 18. Jahrhunderts bestimmte die allmähliche Übertragung des Kraftbegriffs aus der Mechanik auf die Chemie die Entwicklung der chemischen Affinitätsauffassung."[109] Ein Gleichgewicht mechanischer Kräfte ist jedoch immer ein statisches Gleichgewicht.[110] Damit zog die Einführung des mechanischen Kraftbegriffs in die Chemie die Einführung eines statischen Gleichgewichtsbegriffs nach sich, wie auch folgende Überlegung LAMBERTs zum Wärmegleichgewicht belegt:

> Bey Kräften kann ein Gleichgewicht vorkommen, und dieses leitet ganz ungezwungen auf etwas statisches. In so fern lässt sich also eine Pyrostatic gedenken. Was der Kraft des Feuers oder der Wärme das Gleichgewicht hält, ist eben deswegen auch eine Kraft, weil nur gleichartige Dinge einander gleich gesetzt werden können.[111]

BERTHOLLET hatte den umgekehrten Schluß vollzogen: was der Attraktionskraft zwischen den Molekülen die Waage hält, kann nur wieder eine Kraft sein. Die mechanische bzw. Kraft-Tradition in der Chemie erreichte damit in der chemischen Statik BERTHOLLETs ihren Höhepunkt.[112]

108/ Vgl. die Versuche von GEOFFROY und BOSCOVIC, Kap. 2.

109/ KIPNIS 1984, S. 49.

110/ Zur Entwicklung des Gleichgewichtsbegriffs der Mechanik vgl. WEISS 1987.

111/ LAMBERT 1779, S. 7-8.

112/ KIPNIS 1984, S. 52.

Nicht nur BERTHOLLET hatte PREVOSTs Theorie ignoriert. In dem auf NAPOLEONs Anregung hin von René-Just HAÜY für den naturwissenschaftlichen Unterricht an den "Lycées nationaux" verfaßten und daher weitverbreiteten "Traité élémentaire de physique" (1803) fehlt sie ebenfalls. Auch HAÜY zitiert zwar ausführlich die Genfer Experimente zur strahlenden Wärme, gibt aber eine an PICTET orientierte Deutung der "Reflexion der Kälte".[113]

PREVOST traf diese Ignoranz derart, daß er in Paris schriftlich protestierte.[114] Die Reaktion darauf wurde ihm von BIOT übermittelt: Ursache sei schlicht und einfach ein Versehen HAÜYs, der seinen Fehler sofort eingesehen habe und PREVOSTs Auffassung in einer zweiten Auflage des "Traité" berücksichtigen werde.[115] Trotz der wortreichen Entschuldigung, der noch eine solche von HAÜY folgte,[116] ist gerade angesichts der bereits analysierten Haltung BERTHOLLETs klar, daß das Versäumnis Ausdruck des Stellenwertes war, den die "Laplace-Berthollet-Gruppe" der Theorie PREVOSTs einräumte.

Die Gründe für die Pariser Zurückhaltung lassen sich demnach in vier Punkten zusammenfassen:

1. Die Anwendbarkeit der Prevostschen Theorie schien auf einen Spezialfall, den der "Reflexion der Kälte" beschränkt zu sein, der sich, oberflächlich betrachtet, ebensogut mit dem Pictetschen Modell deuten ließ.

113/ Wie PICTET geht auch HAÜY davon aus, daß das Vorhandensein der eisgefüllten Küvette die Wärmeemission des Thermometers steigert: der vom Thermometer abgestrahlte "calorique" verteilt sich sphärisch isotrop, solange wie kein Spiegel vorhanden ist. Wird das Thermometer in den Brennpunkt eines Hohlspiegels gebracht, so lenkt dieser einen erheblich größeren Teil des emittierten "calorique" auf das absorbierende Eis als es ohne Spiegel der Fall wäre, "...et cet effet, qui se répètera continuellement, déterminera une émission beaucoup plus abondante et plus rapide du calorique rayonnant fourni par le thermomètre, que celle qui auroit eu lieu sans l'intervention des miroirs." (HAÜY 1803, I, S. 100-101). HAÜY übernimmt PICTETs hydraulisches Modell.

114/ PREVOST an BIOT, Absendevermerk, 12 brumaire XII (3. November 1803), BPU Mss.suppl. 1053, fo. 69v.

115/ BIOT an PREVOST, Brief, reçue 27 novembre 1803, BPU Mss.suppl. 1048, fo. 103.

116/ HAÜY an PREVOST, Brief, 3 frimaire XII, BPU Mss.suppl. 1049, fo. 322.

2. Die Theorie PREVOSTs verstieß, indem sie sich aus der korpuskularmechanischen Tradition der "Genfer Schule" herleitete, gegen das "short-range-force paradigm" der Laplace-Berthollet-Gruppe.
3. Sie stand im Gegensatz zu der etablierten "Chemie der Kräfte", die einen statischen Gleichgewichtsbegriff implizierte.
4. PREVOSTs Wärmestoffkonzept verwies auf die erkenntnistheoretische Differenz, die zwischen der Genfer und der Pariser Wissenschaftsgemeinde bestand: kinetischer Atomismus hier, mathematischer Rationalismus dort.[117]

Die "Laplace-Berthollet-Gruppe" faßte daher das dynamische Gleichgewicht als eine Hypothese auf, die nur insoweit legitimiert war, wie sie ein brauchbares, d.h. die Mathematisierung förderndes Hilfsmittel darstellte. Genau wie dem "calorique" und den übrigen Fluida-Konzepten brauchte ihr nicht notwendigerweise ein Realitätswert zuzukommen. BIOT hatte es nicht versäumt, PREVOST auf diese fundamentale methodologische Differenz hinzuweisen:[118]

> ... votre équilibre mobile (...) est à ce qu'il nous semble la manière la plus simple de concevoir le Phénomène, bien entendu que ce mode d'action, ainsi que les fluides électrique, magnétique, et lumineux ne sont que des hypothèses propres à représenter les Phénomènes, sans liaison nécessaire avec les causes réelles, à peu près comme on représente les observations par des courbes qui en donnent la loi et la série.[119]

4.2.2 Rumfords Vibrationstheorie

Im Gegensatz zu PICTET und PREVOST und der Mehrzahl seiner mit der Theorie der Wärme befaßten Zeitgenossen propagierte Benjamin Thompson Count RUMFORD (1753-1814) die Auffassung, daß es sich bei der Wärme nicht um einen Stoff, sondern vielmehr um eine Art der Bewegung handeln müsse. In Rückgriff auf die Vorstellungen Hermann BOERHAAVEs (1668-1738) behauptete RUMFORD, die Wärme bestehe in einer vibratorischen Bewegung der Moleküle,

---

117/ Vgl. das in Kap. 2.1 zitierte erkenntnistheoretische "Manifest" von HAÜY.

118/ Zu BIOTs Position vgl. Kap. 3.3.2.

119/ BIOT an PREVOST, Brief, reçue 27 novembre 1803, BPU Mss.suppl. 1048, fo. 103.

deren Schnelligkeit mit der Temperatur zunehme.[120] Gegen die stoffliche Theorie der Wärme führte RUMFORD an, daß sich die Wärme durch Reibung quasi unerschöpflich produzieren läßt, ohne daß eine Änderung der Wärmekapazität des geriebenen Stoffes feststellbar ist.[121]

Seit 1796 unterhielt RUMFORD eine intensive Korrespondenz mit PICTET.[122] Dieser ließ ihm im selben Jahr ein Exemplar seines "Essay on Fire" zukommen. Das Experiment zur "Reflexion der Kälte" erregte sofort RUMFORDs Interesse, "... as its result was not only unexpected, but most extraordinary."[123] RUMFORD versuchte anschließend, die "strahlende Kälte" selbst experimentell nachzuweisen. Ein Experiment, bei dem er einen "Eiskuchen" einem empfindlichen, spiralförmig gewundenen Thermometer gegenüberstellte, scheiterte jedoch.[124] Erst im Oktober des Jahres 1800 bot sich RUMFORD anläßlich eines Besuches in Edinburgh Gelegenheit, das Pictetsche Experiment selbst zu sehen. Thomas Charles HOPE (1766-1844), der Nachfolger BLACKs auf dem Lehrstuhl für Chemie an der Universität Edinburgh, hatte es zusammen mit Sir James HALL im Frühjahr 1800 erfolgreich reproduziert.[125] Die Bestätigung des von PICTET beschriebenen Effektes veranlaßte RUMFORD zu der Feststellung: "I

120/ Für eine historische Übersicht über frühe Bewegungstheorien der Wärme, die besonders im 17. Jahrhundert Konjunktur hatten, s. ADICKES 1922.

121/ RUMFORD: An Experimental Inquiry Concerning the Source of the Heat Which is Excited by Friction, in Phil.Trans. London 88 (1798), 80-102 (Complete Works, I, S. 469-493). Zu Genese und Inhalt von RUMFORDs Theorie s. ELLIS 1871, S. 458-489; ferner BROWN 1949, BROWN 1952 und besonders BROWN 1979 und schließlich SPARROW 1964, S. 229-231.

122/ Die insgesamt 46 Briefe RUMFORDs an PICTET aus den Jahren 1796 bis 1813 befinden sich in ARG, dossier N1. Ablichtungen sind im Besitz der American Academy of Arts and Sciences (AAA), Cambridge (Mass.). Ich verdanke Mr. Stanley W. BROWN, Chief of Special Collections, Dartmouth College Library, Hanover (New Hampshire) die Beschaffung von Kopien dieser Ablichtungen. Die Briefe PICTETs sind verschollen.

123/ RUMFORD an PICTET, Brief, 5. Januar 1797, AAA copy 2.

124/ ebd.

125/ "Ces mêmes expériences ont été répétées en dernier lieu par le Dr. Hope à Edimbourgh, et Sir James Hall qui étoit présent m'a dit que les résultats avoient très bien correspondu avec ceux que Mr. Pictet a publiés." (MARCET an PREVOST, Brief, 28. April 1800, BPU Mss.suppl. 1073/2, fo. 43)

am now convinced that Light is not an emanation. The slow vibrations of ice in the bottle cause the thermometer to sing a lower note."[126]

Die erfolgreiche Wiederholung des Pictetschen Experimentes war offensichtlich für RUMFORD der Anlaß, erneut darüber nachzudenken, wie seine Vibrationstheorie auf Strahlungsphänomene ausgedehnt werden könne. Zu diesem Zweck griff er auf die Schallanalogie zurück: die Temperatur eines Körpers bestimmt die Geschwindigkeit der Vibrationen seiner Moleküle. Er verhält sich damit analog zu einer Schallquelle definierter Frequenz. Zur Ausbreitung der Strahlung bedarf es aber eines Mediums, in dem sich die Wärmevibrationen analog den Schallwellen fortpflanzen können. Die Luft kam dazu nicht in Betracht, da RUMFORD bereits selbst experimentell gezeigt hatte, daß sich die Wärme auch im Torricellischen Vakuum ausbreitet.[127] Stattdessen postulierte er die Existenz eines ubiquitären, unendlich elastischen, masselosen Äthers, wie er schon von HUYGENS im Rahmen seiner Wellentheorie des Lichts beschrieben worden war.[128] Mit seinen Überlegungen stand RUMFORD nicht allein: sein Mitarbeiter an der "Royal Institution", Thomas YOUNG, eröffnete zur selben Zeit seine Offensive zur Wiederbelebung der Wellentheorie des Lichts.[129]

126/ RUMFORD an PICTET, Brief, 18. Oktober 1800, AAA copy 28.

127/ RUMFORD: Of the Propagation of Heat in Various Substances, in Phil.Trans. London 76 (1786), 273-304 und 82 (1792), 48-80 (Complete Works, I, S. 401-468).

128/ C. HUYGENS: Traité de la lumière, Leyde 1690 (Reprint Bruxelles 1967), S. 3-11. Schon für HUYGENS war die Schallanalogie ein konstitutives Element der Begründung einer Wellentheorie des Lichts. Vgl. SHAPIRO 1973.

129/ Mit seiner am 16. Januar 1800 vor der Royal Society gelesenen Abhandlung: Outlines of Experiments and Inquiries Respecting Sound and Light, in Phil.Trans. London 90 (1800), 106-150 (Works, I, S. 64-98). Im Mittelpunkt seiner Argumentation stand die Analogie zwischen Licht und Schall; s. ebd. S. 78-83. YOUNG schloß die Darlegung seiner Argumente für die Auffassung "that light is a propagation of an impulse communicated to this ether by luminous bodies" mit der Frage, "how far the excellent experiments of Count Rumford, which tend very greatly to weaken the evidence of the modern doctrine of heat /gemeint ist der "calorique", B.W./, may be more or less favourable to one or the other system of light and colours." (ebd. S. 83). In seiner "Bakerian Lecture", die am 12. November 1801 vor der Royal Society gelesen wurde (Works, I, 140-169), erklärt YOUNG unter Bezugnahme auf die Experimente von PICTET, HERSCHEL und RUMFORD, "it seems highly probable that light differs from heat only in the frequency of its undulations or vibrations." (ebd. S. 168). Die strahlende Wärme sollte demnach aus Äthervibrationen bestehen, deren Frequenzen geringer als die des Lichtes sind. Vgl. Kap. 3.2.4.

Im Winter 1802/1803 stellte RUMFORD in München eine Serie von Experimenten an, die neue Evidenz für die nichtmaterielle Natur der strahlenden Wärme erbringen sollten.[130] Die Untersuchungen sollten zunächst der Klärung der bereits im Oktober 1802 gemachten Beobachtung dienen, daß sich Metallkörper unterschiedlicher Oberflächenbeschaffenheit unterschiedlich schnell abkühlen: je polierter die Oberfläche, desto langsamer die Abkühlung.[131] Das von ihm erfundene Differentialthermometer ermöglichte es RUMFORD, das Strahlungsverhalten derartig modifizierter Metalloberflächen unabhängig von Variationen der Raumtemperatur und mit großer Empfindlichkeit zu untersuchen.[132] Dabei stellte er fest, daß sowohl der aufheizende Einfluß eines heißen Körpers als auch die kühlende Wirkung eines kalten Körpers durch Überzüge aus Lampenruß, Stoff, Tierhaut und ähnlichem gefördert werden. Zur Erklärung dieser experimentellen Befunde formulierte RUMFORD erstmalig explizit seine Vibrationstheorie der strahlenden Wärme. Darin wird die durch Oberflächenmodifikation vermehrte Absorption von Wärmestrahlung durch Körper, die kälter sind als ihre Umgebung, als vermehrte Emission von Kältestrahlung gedeutet: "... we may conclude, that those circumstances which are favourable to the copious emission of calorific rays from the surfaces of hot bodies are equally favourable to a copious emission of frigorific rays from similar bodies when they are cold."[133] Ob es sich um Wärme- oder Kältestrahlung handelt, wird durch das Vorzeichen der Temperaturdifferenz zwischen dem strahlenden Körper und seiner Umgebung bestimmt. Demnach wirkt die Strahlung des wärmeren Körpers beschleunigend (frequenzerhöhend, "wärmeerzeugend") auf die Vibrationen der kälteren Umgebung, während deren Strahlung wiederum verzögernd (frequenzerniedrigend, "kälteerzeugend") auf die Vibrationen des wärmeren Körpers ein-

---

130/ Zur Datierung der Experimente s. RUMFORD: Une notice historique des diverses expériences sur la chaleur, qui ont été faites par l'auteur à différentes époques, in RUMFORD 1804/a, S. vii-lxviii. (Engl. in Complete Works, II, S. 188-240). Diese Schrift war von RUMFORD verfaßt worden, um seine Prioritätsansprüche gegenüber LESLIE zu untermauern; BROWN ²1981, S.269.

131/ RUMFORD: An Inquiry Concerning the Nature of Heat and the Mode of Its Communication, in Phil.Trans. 94 (1804), 77-182 (Complete Works, II, S. 23-130). Auszüge daraus erschienen französisch in Bib.Brit. Ser.Sci.Arts 25 (1804), 185-221 u. 273-311; sowie im J.Phys. 58 (1804), 343-362 u. 427-446. Die vollst. franz. Übers. in RUMFORD 1804/a, S. 1-128.

132/ Vgl. dazu BROWN 1954.

133/ RUMFORD 1804/b, S. 126.

wirkt. Das wechselseitige Beschleunigen und Verzögern geht so lange vor sich, bis daß sich die Frequenzen der Vibrationen angeglichen haben. Im Falle des thermischen Gleichgewichts sind demnach die Vibrationen des strahlenden Körpers und seiner (ebenfalls strahlenden) Umgebung in Resonanz ("have become isochronous").[134]

Die "Reflexion der Kälte" findet damit folgende Erklärung: die von der eisgefüllten Küvette ausgesandte Kältestrahlung wird durch die Spiegel auf das Thermometer reflektiert, wo sie eine Verlangsamung der Vibration, also eine Abkühlung bewirkt. Für RUMFORD ist daher PICTETs Experiment "the most indisputable proof of the radiation of cold bodies, and that the rays which proceed from them have a power of generating cold in warmer bodies which are exposed to their influence...".[135] Der von PICTET und PREVOST überwunden geglaubte Begriff der Kältestrahlung wird damit von RUMFORD wiederbelebt und mit demselben Realitätswert wie die Wärmestrahlung versehen: "... we may venture to conclude, that, at equal intervals of temperature, the rays which generate cold are just as real, and just as intense, as those which generate heat; or, that their actions are equally powerful in changing the temperatures of neighbouring bodies."[136] Diese Begriffsbildung sollte in der Folge für die Vertreter der Emissionstheorie den Hauptangriffspunkt darstellen, da sie die qualitative Unterscheidung zweier distinkter Strahlungsformen zu beinhalten schien.[137]

134/ RUMFORD 1804/b, S. 157-158. - Das thermische Gleichgewicht wird hier von RUMFORD - wie schon zuvor von PREVOST (vgl. Fußnote 81) mit identischen Temperaturen zwischen Strahler und Thermometer gleichgesetzt. Dies ist jedoch in der Realität kaum der Fall, da in die Bilanz eben nicht nur die Strahlung der in den Brennpunkten der Spiegel befindlichen Körper, sondern auch die der Umgebung einbezogen werden muß. Gleichgewicht herrscht folglich dann, wenn die Verteilung der Temperatur konstant bleibt. Dies sollte PREVOST erst in der Kontroverse mit RUMFORD klarwerden (s. Kap. 4.2.4).

135/ RUMFORD 1804/b, S. 114.

136/ RUMFORD 1804/b, S. 124.

137/ Ein zweifellos vordergründiges Argument, daß sich im wesentlichen an der von RUMFORD ungeschickt gewählten Terminologie entzündete. Aus RUMFORDs Äußerungen geht jedoch deutlich hervor, daß sich nicht die Qualität der Strahlung (Vibrationen im Äther), sondern lediglich deren Frequenz mit der Temperaturdifferenz ändert.

4.2.3 Die Kontroverse zwischen Rumford und Prevost

Auch in RUMFORDs Theorie ist das thermische Gleichgewicht dynamisch zu denken: die Vibrationen der Körper hören im Fall des Gleichgewichts keineswegs auf, sondern bestehen isochron, d.h. mit einer der Temperatur entsprechenden Frequenz fort. Erreicht wurde das Gleichgewicht durch eine Wechselwirkung (reciprocal action) zwischen dem kalten und dem warmen Körper, die, durch die Undulationen im Äther vermittelt, auch im Zustand des Gleichgewichts aufrechterhalten wird. Damit vertrat RUMFORD quasi eine undulatorische Variante der Prevostschen Austauschtheorie, ohne dies zugeben zu wollen. PREVOST erkannte dies sofort und reagierte entsprechend ungehalten:

> ...elle /la théorie de RUMFORD, B.W./ n'étoit absolument rien autre chose que la traduction littérale, mais bien malheureuse, de ma théorie de l'équilibre mobile.[138]
>
> Dans l'explication de quelques phénomènes et nommément de la réflexion du froid, il /RUMFORD/ semble admettre un entrecroisement de rayons ondulatoires. Et si l'on presse ses expressions il paroît retomber dans un véritable équilibre mobile, qui ne diffère de celui qui avoit été proposé dès longtemps que par cette seule circonstance que la forme oscillatoire y est substituée à l'émission."[139]

Angesichts der indifferenten Haltung, die die Pariser Wissenschaftsgemeinde gegenüber seiner eigenen Theorie an den Tag legte,[140] ist es nur zu verständlich, daß PREVOST das Gefühl beschlich, RUMFORD wolle sich hier durch einen "Etikettenwechsel" mit fremden Federn schmücken. Die Tatsache, daß der Begriff des dynamische Gleichgewichts auch in RUMFORDs Theorie sinnvoll ist, verweist bereits auf die fundamentale, von speziellen Annahmen über die Natur der Wärme unabhängige Gültigkeit dieses Prinzips, was zu diesem Zeitpunkt aber niemandem auffiel.[141]

138/ PREVOST an PICTET, Brief, 24. April 1804, ARG dossier B5, no. 6.

139/ PREVOST an MARCET, Brief, 31. März 1805, BPU Mss.suppl. 1073/3, fo. 10.

140/ Vgl. Kap. 4.2.1.

141/ Erst FOURIER sollte erkennen, daß das Konzept des Austauschs, also der Begriff des dynamischen Gleichgewichts, prinzipiellen Charakter hat und somit von Annahmen über die Natur der Strahlung unabhängig ist; vgl. Kap. 4.2.5.

RUMFORDs erklärte Absicht war es, die stoffliche Theorie der Wärmestrahlung zu widerlegen, um damit seinem Ziel, "to drive caloric off the stage",[142] näherzukommen. Er mußte daher die korpuskular-kinetische Interpretation der "Reflexion der Kälte" angreifen, die PREVOST formuliert hatte.[143] Der Begriff des dynamischen Gleichgewichts erschien RUMFORD als ein konstitutiver Bestandteil der Theorie des strahlenden Wärmestoffs, weshalb er ihn ablehnen zu müssen glaubte. Dadurch wurde ihm der Blick für den heuristischen Wert dieses Prinzips, das unabhängig von speziellen Annahmen über die Natur der Wärme gültig ist, verstellt. Zunächst wandte sich RUMFORD gegen die Auffassung, daß der Wärmestoff von einem Körper gleichzeitig sowohl emittiert als auch absorbiert werden kann:

> ... besides the difficulty of explaining how, or by what mechanism, it can be possible for the same body to receive and retain, and reject and drive away, the same kind of substance, at one and the same time, (an operation not only incomprehensible, but apparently impossible, and to which there is nothing to be found analogous, to render it probable,) many other reasons might be brought to show, that this hypothesis, of the supposed continual interchanges of caloric between neighbouring bodies, is very improbable...[144]

RUMFORD schildert anschließend ein von ihm erdachtes Experiment, das die Theorie des strahlenden Wärmestoffs widerlegen soll: Die Kugel eines Thermoskops wird genau in die Mitte zwischen zwei horizontal angeordnete hohle Metallzylinder (A,B) gebracht, die ihre Bodenflächen dem Thermoskop zuwenden. Werden die beiden Zylinder mit Wasser unterschiedlicher Temperatur gefüllt, so wird das Thermoskop eine Temperatur anzeigen, die dem arithmetischen Mittel aus den Temperaturen der beiden Zylinder entspricht. RUMFORD räumt ein, daß es dafür eine plausible Erklärung auf der Grundlage der stofflichen Austauschtheorie gibt: "... it is reasonable to suppose that the thermoscope receives just as much more caloric from B than it gives to it as it gives to A more than it receives from it."[145] Werden dann die Bodenflächen beider Zy-

---

142/ RUMFORD an Lady PALMERSTON, zit. n. BROWN ²1981, S. 268.

143/ RUMFORD setzt sich mit der korpuskular-kinetischen Deutung des Experiments auseinander, ohne PREVOST namentlich zu erwähnen. Allerdings muß er einräumen, daß diese Deutung unter denjenigen, die einen Wärmestoff voraussetzen, "one of the most plausible" sei; RUMFORD 1804/b, S. 171.

144/ RUMFORD 1804/b, S. 171.

145/ RUMFORD 1804/b, S. 173.

linder mit Ruß geschwärzt und das Experiment unter ansonsten identischen Bedingungen wiederholt, so zeigt das Thermoskop wieder dieselbe Temperatur an. Dies aber ist nach RUMFORDs Ansicht mit der stofflichen Austauschtheorie unvereinbar: die Schwärzung erhöhe die Emission beider Zylinderflächen. Daher müsse die Kugel des Thermoskops nicht nur von der wärmeren Fläche, sondern auch von der kälteren Fläche mehr Wärmestoff als im ersten Fall erhalten. Nach der Theorie des strahlenden Wärmestoffs sei daher ein Temperaturanstieg zu erwarten, der im Experiment ausbleibe. Das Argument, die Schwärzung der kälteren Fläche führe eben auch zu einer vermehrten Wärmeaufnahme, läßt RUMFORD nicht gelten; dies sei eine "supposition perfectly gratuitous." RUMFORD schließt seine Kritik mit der Feststellung: "The results of the two last mentioned experiments appear to me very important; and I do not see how they can be reconciled with the opinions of modern chemists, respecting the nature of heat."[146] Dagegen biete seine Vibrationstheorie eine zwanglose Erklärung: die Schwärzung steigere die Emission beider Zylinderflächen; also werde die Intensität der Kältestrahlung in demselben Maße zunehmen wie die der Wärmestrahlung, so daß sich deren Wirkungen gegenseitig aufheben und die Temperatur unverändert konstant bleibt.

Im Mai 1803 hatte RUMFORD seine Experimente und deren theoretische Deutung abgeschlossen. Anstatt die daraus entstandene Abhandlung sofort zu veröffentlichen, begnügte er sich damit, die wesentlichen Resultate seinen Korrespondenten in England und Frankreich mitzuteilen.[147] Im Juni 1803 begab er sich, seine Apparate und das gerade abgeschlossene Manuskript im Gepäck, nach Genf, um in dieser "Hochburg der korpuskularen Emissionstheorie"[148] seine Ergebnisse zur Diskussion zu stellen. Am 1. September hielt RUMFORD einen Experimentalvortrag vor der "Société de Physique et d'Histoire Naturelle

---

146/ RUMFORD 1804/b, S. 175.

147/ RUMFORD 1804/a, S. lx.

148/ Die Redakteure der Bibliothèque Britannique schlossen ihre Zusammenfassung der Rumfordschen Arbeit von 1804 mit dem kritischen Nachsatz: "...tout caloristes que nous avons été jusqu'à présent, et attachés de préférence au système de l'émission réelle, nous sommes prêts à adopter le frigorisme et l'hypothèse des vibrations, quand des conséquences rigoureuses d'expériences décisives et incontestable nous auront convaincus." (Brit.Brit. Ser.Sci.Arts 25 (1804), 185-221 u. 273-311; hier S. 311 Fußnote).

de Genève", bei der auch PREVOST anwesend war. In der anschließenden Diskussion prallten die konkurrierenden Theorien aufeinander.[149]

Durch RUMFORDs Auftritt herausgefordert bemühte sich PREVOST in den folgenden Tagen intensiv darum, die experimentellen Befunde im Rahmen der Emissionstheorie zu deuten, wobei er sich zunächst auf den Zusammenhang zwischen dem Emissions- und dem Reflexionsvermögen konzentrierte. Dabei entwickelte er den Gedanken, die geringe Emission von gut reflektierenden Metallflächen habe ihre Ursache in "innerer Reflexion" (réflexion intérieure). Da ihm aber detaillierte schriftliche Informationen über RUMFORDs Ergebnisse fehlten, beschloß er, die weitere Auseinandersetzung mit dem Problem auszuschieben, bis daß ihm RUMFORDs Abhandlung gedruckt vorläge.[150] RUMFORDs Arbeit erschien im Frühjahr 1804.[151] Am 18.April konnte PREVOST befriedigt notieren: "Tout se réduit à ceci: à une même température un corps non-réflecteur rayonne plus qu'un réflecteur."[152] Ende des Monats hatte er seine korpuskular-kinetische Deutung der Experimente RUMFORDs abgeschlossen. Eine Kurzfassung der Ergebnisse ging sofort an HAÜY und BIOT nach Paris.[153]

Nach PREVOST ist zum Verständnis der Reflexion strahlender Wärme an Metalloberflächen nicht die Analogie zum Schall, sondern vielmehr die Analogie zum Licht maßgeblich: "L'analogie peut faire appliquer au feu ou calorique

---

149/ PREVOST wies sofort darauf hin, daß die von RUMFORD festgestellte geringe Emission von Metalloberflächen mit hohem Reflexionsvermögen auf der Grundlage seiner stofflichen Austauschtheorie erklärt werden könne. (J.Int. III, BPU Ms.fr. 4742, fo. 4). PREVOST versuchte noch am gleichen Tag, RUMFORD seine Argumente schriftlich nahezubringen (PREVOST an RUMFORD, brouillon, 1. September 1803, BPU Mss.suppl. 1053, fo. 164-165). In seiner Antwort begnügte sich RUMFORD mit Höflichkeiten, ohne in eine inhaltliche Diskussion einzutreten (RUMFORD an PREVOST, Brief, 2. September 1803, BPU Mss.suppl. 1051, fo. 396-397).

150/ PREVOST: J.Int. III, BPU Ms.fr. 4742, fo. 5.

151/ Die Arbeit wurde am 2. Februar 1804 vor der Royal Society gelesen; s. RUMFORD 1804/b.

152/ PREVOST: J.Int. III, BPU Ms.fr. 4742, fo. 8^{v}.

153/ PREVOST an HAÜY, Absendevermerk, 1. Mai 1804, BPU Mss.suppl. 1053, fo. 73^{v}. PREVOST übersandte ihm eine Kurzfassung seiner Ergebnisse; eine Kopie war zur Weiterleitung an BIOT bestimmt. RUMFORD hielt sich zu dieser Zeit in Paris auf; vgl. den folgenden Abschnitt.

rayonnant toute la théorie de la lumière réfractée et réfléchie, surtout après les belles expériences du Dr. Herschell."[154] RUMFORD habe festgestellt, daß die Abstrahlung (Emission) der Wärme bei einem Körper umso geringer sei, je besser seine Oberfläche die strahlende Wärme reflektiere. Ein solcher Körper brauche auch entsprechend länger, um sich der Temperatur seiner Umgebung durch Strahlung anzupassen (Absorption). Um diesen Zusammenhang zu verstehen, müsse, so PREVOST, die Oberfläche in Analogie zur Grenzfläche zweier optischer Medien mit unterschiedlichem Brechungsindex gesehen werden: die Grenzfläche reflektiere nicht nur ins optisch dünnere, sondern auch ins optisch dichtere Medium. Trifft demnach ein aus dem optisch dichteren Medium kommender Lichtstrahl auf die Grenzfläche, so wird ein Teil reflektiert, ein Teil gebrochen ("emittiert"). Die geringere Emission eines Reflektors sei daher eine Folge seines Reflexionsvermögens: "Une surface dirimante doit être conçue comme réfléchissant en même quantité les rayons caloriques incidens, soit d'un côté, soit de l'autre."[155] Reflexionsvermögen und Emissions- bzw. Absorptionsvermögen einer Oberfläche stehen also in einem konstanten Verhältnis zueinander: je besser die Reflexion ist, desto geringer sind Emission und Absorption. Wird das Reflexionsvermögen einer Oberfläche (z.B. durch Berußen) herabgesetzt, erhöhen sich Emissions- und Absorptionsvermögen in gleichem Maße. Damit löst PREVOST die von RUMFORD gegen die stoffliche Austauschtheorie erhobene Schwierigkeit: das Thermoskop zeigt auch bei Verwendung berußter Metallzylinder dieselbe Temperatur an, da durch den Ruß nicht nur die Emission, sondern in gleichem Maße auch die Absorption der Metallflächen erhöht oder, wie PREVOST es formuliert, ihre innere Reflexion herabgesetzt wird:

> Si /les corps/ sont des demi-réflecteurs, on en peut conclure que le corps chaud repousse intérieurement et le corps froid extérieurement, chacun 1000 particules de toutes celles qui se présentent à leurs surfaces respectives, en vertu de la différence de température entre chacun d'eux

---

154/ PREVOST 1807/b, S. 7. PREVOST bezieht sich auf F.W. HERSCHELs Entdeckung aus dem Jahre 1800, daß dem sichtbaren Sonnenspektrum eine spektrale Verteilung strahlender Wärme überlagert ist; vgl. CORNELL 1938. HERSCHEL hatte zunächst geglaubt, "unsichtbares Licht" entdeckt zu haben, sich jedoch schon im November 1800 zur Annahme zweier distinkter Strahlungen (Licht und strahlende Wärme) entschlossen; vgl. LOVELL 1968. Für PREVOST waren HERSCHELs Ergebnisse der langerwartete Beweis dafür, daß auch die strahlende Wärme in Analogie zum Licht der Brechung (Refraktion) unterliegt.

155/ PREVOST 1807/b, S. 9.

> et le milieux. Or dans le second cas (les corps étant non-réflecteurs) ces particules ne seront plus repoussées. Donc le corps chaud lancera 1000 particules de plus; le corps froid (absorbera 1000 particules de plus, ou) lancera 1000 particules de moins, que dans le premier cas. Par conséquent l'équilibre subsistera.[156]

PREVOST kam damit durch die von ihm herbeigezogene Analogie zum Licht zu der Einsicht, daß Emission und Absorption immer zusammen gesehen werden müssen. Emissions- und Absorptionsvermögen von Oberflächen stehen in einem konstanten Verhältnis zueinander. Diese Einsicht kann als ein bedeutender Schritt auf dem Weg zum Strahlungsgesetz von KIRCHHOFF-STEWART gesehen werden.[157]

4.2.4 Rumfords "experimentum crucis"

Ende Oktober 1803 war RUMFORD von Genf kommend in Paris eingetroffen, wo er die Gelegenheit wahrnahm, seine Experimente auch vor dem "Institut National" zur Diskussion zu stellen. Dabei kam ihm die Idee, den Theorienkonflikt mittels eines "experimentum crucis" zugunsten seiner Vibrationstheorie entscheiden zu wollen. Grundlage der Überlegung war die Schallanalogie:

> Si les émanations des corps (chauds et froids) sont des ondulations dans un fluide extrêmement rare et élastique, que l'on a désigné sous le nom d'éther, la communication de la chaleur et du froid doit être analogue à la communication du son; et tous les moyens mécaniques que l'on a inventés pour augmenter l'intensité du son, doivent également être applicables à l'augmentation des effets produits par les émanations des corps chauds et froids...[158]

Demnach sollten sich Wärme-und Kältestrahlung genau wie der Schall mit Hilfe eines Sprachrohres (Schalltrichters) bündeln lassen.[159] Im Gelingen einen solchen

---

156/ PREVOST 1807/b, S. 10.

157/ Vgl. dazu SIEGEL 1976; ferner KANGRO 1972.

158/ RUMFORD: Mémoire sur la chaleur, lu à la séance publique de l'Institut National le 6 Messidor an XII (25. Juni 1804), in RUMFORD 1804/a, S. 129-156, hier S. 146. (Engl. in <u>Complete Works</u>, II, S. 166-187). In dieser Arbeit gab RUMFORD ein Résumé seiner Pariser Arbeiten; vgl. auch RUMFORD 1804/a, S. lxviii.

159/ RUMFORD hatte bereits während seines einjährigen Aufenthaltes in München 1802/1803 mit Schalltrichtern experimentiert. Er verwendete sie zur Kon-

Experimentes sah RUMFORD einen unmittelbaren Beweis für die Existenz der Kältestrahlung und gegen die Theorie des strahlenden Wärmestoffs: "Ce fut à /MM. LAPLACE, DELAMBRE, PRONY, BIOT/ et à M. BERTHOLET, que je proposai l'expérience du corps froid et le porte-voix (...) comme un moyen de terminer nos disputes (...) sur l'existence du calorique."[160] Nachdem ein Schalltrichter aus poliertem Kupfer eigens angefertigt worden war, wurde im physikalischen Kabinett des "Institut National" folgendes Experiment durchgeführt: Im Abstand von zwölf Zoll von einer Kugel des Differentialthermometers wurde eine kleine Kupferkugel aufgestellt, die mit gestoßenem Eis gefüllt war. Nach kurzer Zeit hatte sich das Thermoskop unter der Einwirkung der Kältestrahlung auf einen stabilen Wert eingestellt. Sodann wurde der Schalltrichter zwischen die Kupferkugel und das Thermoskop geschoben, wobei die größere Öffnung dem Kältestrahler, die kleinere der Kugel des Thermoskops zugewandt war. Resultat: das Thermoskop zeigte eine Verdreifachung des abkühlenden Effektes an! Dieses Ergebnis entsprach genau RUMFORDs Erwartungen:

> Pour me servir d'une métaphore un peu forte, mais qui exprime parfaitement l'idée que j'ai conçue de l'opération mécanique dont il est question, je dirai que la boule froide parlait devant la grande ouverture du porte-voix, pendant que la boule du thermoscope écoutait derrière sa petite ouverture.[161]

Damit schien die auf der Schallanalogie basierende Vibrationstheorie eine spektakuläre Bestätigung erfahren zu haben. Am 19. März 1804 konnte RUMFORD dem "Institut National" über seinen Erfolg berichten.[162]

Durch PICTET wurde PREVOST über RUMFORDs Pariser Auftritt informiert. Derart erneut von RUMFORD herausgefordert, sah er sich vor die Notwendigkeit gestellt, eine korpuskular-kinetische Deutung des Schalltrichterexperiments zu liefern, um RUMFORDs Anspruch, die Theorie des strahlenden Wärmestoffs widerlegt zu haben, entgegentreten zu können. Dabei schien Eile geboten: "...je

---

struktion von "Richt-Thermometern" (directional thermometers). Dabei diente der Kegelstumpf nicht als Reflektor, sondern als Absorber, da seine Innenseite geschwärzt war; vgl. BROWN 1981, S. 262.

160/ RUMFORD 1804/a, S. lxv-lxvi.

161/ RUMFORD 1804/a, S. 146.

162/ RUMFORD: Premier Mémoire sur la chaleur, lu le 28 ventose an XII (19. März 1804), in Mém.Inst. 6 (1806), 71-78. (Collected Works, II, S. 25-30; nicht in Complete Works).

ne veux pas perdre un moment, pour lever le scandale."[163] Indem PREVOST gegenüber PICTET die prinzipielle Bedeutung des Theorienkonfliktes unterstrich, gelang es ihm, diesen für die Mitarbeit zu gewinnen: "...l'expérimentateur /gemeint ist RUMFORD, B.W./ qui, voulant nous battre en ruine, complique et varie ses moyens, en cherchant toutes les avenues mal gardées...".[164]

In enger Zusammenarbeit mit PICTET erarbeitete PREVOST eine Abhandlung, die bereits im Maiheft der "Bibliothèque Britannique" erschien.[165] Darin wird RUMFORDs Experiment so gedeutet:

> Deux points libres font entr'eux des échanges égaux. Mais il n'en est pas de même des deux points séparés par le cornet. Celui de la trompe ne reçoit qu'un rayon direct de son antagoniste placé à la pointe. Et il lui renvoie en échange, outre un pareil rayon direct, une multitude de rayons, qui, étant d'abord dirigés ailleurs, vont rencontrer le cornet intérieurement, et par une ou plusieurs réflexions arrivent enfin à la pointe comme à une espèce de foyer. Ainsi le point de la trompe reçoit beaucoup moins de rayons de celui de la pointe, que celui-ci n'en reçoit de celui-là.[166]

Diese austauschtheoretische Interpretation des Experiments weckte jedoch eine experimentelle Erwartung, auf die PREVOST selbst hinwies: wird einem empfindlichen, mit seiner Umgebung im thermischen Gleichgewicht befindlichen Thermometer plötzlich ein Schalltrichter mit der spitzen Seite genähert, so müßte, wäre PREVOSTs Interpretation korrekt, das Thermometer kurzzeitig eine Erhöhung der Temperatur anzeigen. PREVOST und PICTET versuchten vergeblich, diesen Effekt nachzuweisen. Das negative Resultat ihrer Bemühungen schrieben sie der mangelnden Empfindlichkeit des von ihnen verwendeten Thermometers zu. PREVOST äußerte die Vermutung, das Gleichgewicht habe sich bereits wieder eingestellt, bevor das Thermometer überhaupt reagieren

---

163/ PREVOST an PICTET, Brief, 11. April 1804, ARG dossier B5, no.3. Vgl. auch PREVOST 1809/a, S. 108 Fußnote.

164/ PREVOST an PICTET, Brief, 19. April 1804, ARG Dossier B5, no. 4.

165/ PREVOST 1804/g. Teile des Entwurfs zu dieser Abhandlung stammen von der Hand PICTETs (BPU Mss.suppl. 1073/8, fo.8-9).

166/ PREVOST 1804/g, S. 25.

könne.[167] Die Schwierigkeit wurde damit von der theoretischen auf die experimentelle Ebene verschoben.[168]

Die Lösung des Rätsels kam schließlich aus England. PREVOST hatte einen Auszug seiner Abhandlung an seinen in London ansässigen Schwager Alexandre MARCET (1770-1822) geschickt,[169] der das Manuskript an den Physiker William Hyde WOLLASTON (1766-1828) weiterleitete. In seiner Antwort wies dieser auf die Geometrie des Experiments (vgl. Abb. 4) hin:

> If in my fig. f be the most distant point which receives rays by one reflection from P it is also evident that all other rays as fe are more oblique and come from some point as 2 more distant than P: consequently that any point more distant even than f will receive no rays by reflection. -
> Further it may be said in general that by whatever course rays can pass whether by one or more reflections from P to F, by the same course can the same number of rays return from F to P.[170]

Dieser Hinweis WOLLASTONs auf das aus der geometrischen Optik bekannte Prinzip der Umkehrbarkeit des Lichtwegs entlarvte die vermeintliche experimentelle Schwierigkeit als theoretisches Mißverständnis und brachte PREVOST zur korrekten korpuskular-kinetischen Deutung des Experiments. Am 11. Juli wurden RUMFORDs Schalltrichter-Experimente in PICTETs Labor wiederholt.[171] Die Ergebnisse und ihre austauschtheoretische Interpretation wurden im August in der "Bibliothèque Britannique" veröffentlicht.[172]

167/ PREVOST 1804/g, S. 26 Fußnote.

168/ Um dieses Problem entspann sich im April/Mai 1804 eine intensive Diskussion zwischen PREVOST, PICTET und DE VEGOBRE. Für PICTET s. BPU Mss.suppl. 1073/8 fo. 6-14; für PREVOSTs Anworten s. ARG dossier B5.

169/ Zu MARCET s. Kapitel 1.7.

170/ WOLLASTON an MARCET, Brief, 12. Juni 1804, BPU Mss.suppl. 1052, fo. 341. Der Brief erreichte PREVOST am 5. Juli 1804 (mss. Eingangsvermerk).

171/ PREVOST 1809/a, S. 106.

172/ PREVOST 1804/i. PREVOST deutet dort an, daß er durch den Hinweis eines "célèbre physicien" zu seiner korrekten Deutung des Experiments gelangt sei. Den Verzicht auf die Preisgabe von Namen und Nationalität dieses Physikers begründete er wie folgt: "La distance des lieux m'empêche de demander à ce savant et ingénieux physicien la permission de le nommer ici...". (1804/i, S. 208 Fußnote). Seit dem 16. Mai 1803 herrschte Krieg zwischen Frankreich und England, so daß sich die Postverbindung sehr schwierig und umständlich gestal-

Laut PREVOST stellt der Schalltrichter nur den Spezialfall eines thermischen Reflektors dar. Dessen Wirkung ist mit dem Ersatzprinzip zu erklären, denn "chaque rayon réfléchi remplace un rayon direct."[173] Wird ein solcher Reflektor in einen Raum von gleichförmiger Temperatur gebracht, so wird er an keinem Punkt dieses Raumes eine Veränderung der Temperatur hervorrufen, da das thermische Gleichgewicht nicht gestört wird. (Deshalb mußte der erwartete Temperaturanstieg am Thermoskop ausbleiben). Bringt man jedoch den Reflektor so zwischen einen relativ zum Raum kalten Körper und ein Thermoskop, daß er vom kalten Körper ausgehende Strahlen auf das Thermoskop lenkt, so wird es einen Temperaturabfall anzeigen:

> ... le filet des rayons réfléchis (qui émanoient du corps froid) est moins abondant en particules calorifiques, que n'est le filet direct supprimé (qui émanoit de quelque point de l'espace plus chaud).[174]

Die Wirkung des Schalltrichters basiert also darauf, daß er die strahlende Wärme zum Einen mit seiner Innenseite per Reflexion auf das Thermoskop lenkt, zum Anderen jedoch mit seiner Außenseite per Reflexion (oder Absorption) abschirmt. Dadurch werden im Falle des Rumfordschen Experimentes Wärmestrahlen größerer Intensität, die aus der Umgebung kommen, durch solche geringerer Intensität, die vom "Kältestrahler" kommen, ersetzt.[175] Der daraus resultierende Abkühlungseffekt ist umso deutlicher, je größer die auf das Thermoskop bezogene Zahl der "ersetzten" Strahlen ist; d.h je stärker die fokussierenden Eigenschaften der Reflektorgeometrie sind. Dieses geometrische Ersatzprinzip erlaubt damit eine in sich widerspruchsfreie korpuskular-kinetische Deutung des Schalltrichterexperiments.

Die durch die Auseinandersetzung mit RUMFORD gewonnenen Einsichten stellte PREVOST zunächst thesenartig zusammen.[176] In einer am 25. Oktober 1804 vor der Berliner Akademie der Wissenschaften gelesenen Abhandlung machte er klar, daß alle von RUMFORD ersonnenen und durchgeführten Experimente im

---

tete. Der Grund für die Diskretion dürfte allerdings in politischer Rücksichtnahme zu sehen sein; vgl. BICKERTON 1979.

173/ PREVOST 1807/b, S. 6.

174/ PREVOST 1807/b, S. 6.

175/ Der umgekehrte Fall ist natürlich genauso möglich.

176/ PREVOST 1804/j.

Rahmen der Theorie des strahlenden Wärmestoffs verstanden werden können. Das korrekte Analogon zur Wärmestrahlung sei nicht etwa der Schall, sondern vielmehr das Licht.[177]

Die von RUMFORD aus der Schallanalogie abgeleitete Prognose, daß sich die Wärmestrahlung mit Hilfe eines metallenen Schalltrichters bündeln lassen müsse, war durch das Experiment bestätigt worden. Diese Tatsache hatte jedoch keine Entscheidung zwischen den konkurrierenden Theorien der strahlenden Wärme erlaubt, da PREVOSTs korpuskular-kinetische Theorie, die die Lichtanalogie heranzog, eine äquivalente Deutung des Experiments liefern konnte. Tatsächlich bündelt ein metallenes Sprachrohr Licht, Wärmestrahlung und Schall in ganz analoger Weise.[178] Daher konnten sich die an der korpuskularen Optik orientierte Theorie des strahlenden Wärmestoffs und die an der vibratorischen Akustik orientierte Undulationstheorie der Wärmestrahlung in Bezug auf die Deutung des Experiments als gleich potent herausstellen. RUMFORD hatte den Anspruch, ein "experimentum crucis" erdacht zu haben, nicht einlösen können.[179]

War RUMFORDs Theorie in Bezug auf die Deutung des Schalltrichterexperimentes der Theorie des strahlenden Wärmestoffs immerhin ebenbürtig, so zeigte sich ihre Unterlegenheit bei der Interpretation des Emissions- und Absorptionsverhaltens strahlender Körper. Die Schwäche der Rumfordschen Argumentation lag in der einseitigen Betonung der Emission. Über die Absorption der Ätherschwingungen machte er keine Angaben; insbesondere blieb unklar, wie die zum Erreichen des thermischen Gleichgewichts (Resonanz) erforderlichen Frequenzänderungen zustandekommen sollten.[180]

177/ PREVOST 1807/b.

178/ "Es findet in der That jeder Versuch über die Zurückwerfung des Lichts einen analogen bei der Zurückwerfung des Schalles." (TYNDALL [2]1874, S. 16). Vorausgesetzt ist dabei, daß die Wellenlänge des Schalls klein gegen die Dimensionen des Schalltrichters ist; vgl. RAYLEIGH 1879, II, S. 128-131.

179/ Zur wissenschaftstheoretischen Problematik des "experimentum crucis" vgl. DUHEM 1908, S. 249-253. Laut DUHEM wäre eine Entscheidung zwischen zwei Hypothesen wie im hier vorliegenden Falle auch prinzipiell unmöglich.

180/ RUMFORD: Second Mémoire sur la chaleur, in Mém.Inst. 6 (1806), 79-87. (Collected Works, I, S. 434-441). Die Arbeit war am 5 Germinal an XII (26. März 1804) vor dem Institut National gelesen worden.

RUMFORDs Versuch, die Theorie des strahlenden Wärmestoffs zu widerlegen, war damit gescheitert. Seine Methode, ausschließlich die Schallanalogie zur Interpretation und Planung von Experimenten auszubeuten, hatte sich als nur begrenzt tragfähig erwiesen. Anstatt eine Schwächung der Emissionstheorie der strahlenden Wärme zu erreichen, bewirkte sein Vorstoß vielmehr das Gegenteil. PREVOST war zur Überarbeitung und gedanklichen Verfeinerung seiner Theorie gezwungen worden, wodurch ein Erkenntnisfortschritt erzielt wurde: zum Verständnis von Experimenten mit Wärmestrahlung genügt es offenbar nicht, nur die Austauschbilanz zwischen dem (relativ) heißeren und dem (relativ) kälteren Körper zu betrachten, vielmehr muß die Umgebung einbezogen werden. Diese beeinflußt zwar nicht die Emission der strahlenden Körper, da diese allein durch deren Temperatur und Oberflächeneigenschaften bestimmt ist. Jedoch muß die Emission der Umgebung in der Bilanz berücksichtigt werden. Dies geschieht mit Hilfe des geometrischen Ersatzprinzips.

Indem PREVOSTs Theorie RUMFORDs Angriff widerstand, verschaffte sie sich gleichzeitig Beachtung innerhalb der Pariser Wissenschaftsgemeinde. Die Pariser Anhängerschaft RUMFORDs begann merklich zu bröckeln. BIOT meldete aus Paris: "M. le comte Rumford paroit modifier peu à peu sa théorie, en raison de la résistance qu'il éprouve. Il ne parle plus guères de son frigorifique"[181] und HAÜY begann zu spotten: "Que deviendroit le charme de la musique si deux corps qui rendent deux sons différens dans un même lieu se troubloient mutuellement dans leurs vibrations, et finissoient par se mettre à l'unisson?"[182] In der zweiten Auflage seines "Traité élémentaire de physique" (1806), in der PREVOSTs Theorie jetzt ausführliche Berücksichtigung fand,[183] bezog er denn auch recht eindeutig Stellung:

> ...si dans l'ignorance ou nous sommes sur la véritable nature et sur la manière d'agir de la chaleur, la préférence doit être pour l'hypothèse qui offre à l'esprit des conceptions plus nettes, et dont il s'accomode plus facilement, nous sommes portés à croire que nous avons bien choisi. Le double rayonnement du calorique par émission, et les échanges réels qui en résultent entre les corps ont quelque chose de plus intelligible que les

---

181/ BIOT an PREVOST, Brief, ca. März 1804, BPU Mss.suppl. 1048, fo. 132-133).

182/ HAÜY an PREVOST, Brief, 16. Oktober 1804, BPU Mss.suppl. 1049, fo. 324.

183/ HAÜY ^{2}1806, I, S. 84 und 97. - Vgl. auch TREMERY 1806.

actions réciproques des rayons calorifiques et frigorifiques, admises par M. de Rumford.[184]

Von dem ontologischen Vorbehalt abgesehen, der erneut bekräftigt wurde, schien HAÜY die Theorie PREVOSTs die brauchbarere zu sein, da sie sich durch größere Einfachheit und Plausibilität auszeichnete. Diese instrumentalistische Interpretation, die von PREVOST natürlich nicht geteilt wurde,[185] sollte für die Haltung der französischen mathematischen Rationalisten zur korpuskular-kinetischen Strahlungstheorie bestimmend bleiben.[186]

4.2.5 Die Formalisierung der Theorie durch Fourier

Jean Baptiste Joseph FOURIER (1768-1830), seit 1802 Präfekt des Départment Isère, beschäftigte sich in seiner Freizeit mit dem Problem der Wärmeausbreitung im Festkörper. Durch seine politische Funktion an Grenoble gebunden und somit vom Pariser Wissenschaftsbetrieb isoliert, nahm er keinen Anteil an der dort stattfindenden Kontroverse um die Natur der Wärme. Stattdessen ging er das Problem der Wärmeleitung mit Hilfe der Analysis an, mit der er durch seine Ingenieursausbildung bestens vertraut war.[187]

FOURIER war sich aufgrund seiner explizit positivistischen Methodologie von Anfang an darüber im Klaren, daß die mathematischen Gesetze der Wärmeleitung von einer speziellen Hypothese über die Natur der Wärme unabhängig sein müssen. Dennoch war es nötig, ihrer Herleitung eine physikalische Modellvorstellung über den Wärmeleitungsprozeß im Festkörper zugrundezulegen. FOU-

---

184/ HAÜY ^{2}1806, I, S. 115-116.

185/ HAÜY hatte seinen "Traité" PREVOST zur Stellungnahme übersandt (HAÜY an PREVOST, Brief, 11. September 1806, BPU Mss.suppl. 1049, fo.326). In seiner Antwort machte PREVOST deutlich, daß er zwar seine Theorie ausreichend gewürdigt fand, diese jedoch für eine getreue Beschreibung der Realität hielt: "Je suis charmé de penser que cet aspect de la nature que je crois une image fidèle de la vérité, se présente au public sous de si favorables auspices." (PREVOST an HAÜY, brouillon, 1. Oktober 1806, BPU Mss.suppl. 1053, fo. 120).

186/ Vgl. BIOT 1816, IV, 647-659; sowie TREMERY 1813.

187/ Zur Biographie s. DSB V, S. 93-99 u. HERIVEL 1975.

RIER betrachtete dazu den wärmeleitenden Körper als eine lineare Reihe diskreter, im Vakuum angeordneter Körper. Der Wärmetransport zwischen ihnen sollte mit Hilfe von Oberflächenelementen infinitesimaler Masse erfolgen, die zwischen jedem Paar der Körper in der Reihe periodisch hin- und herpendeln. Diese "Austauscher" sollten durch Kontakt Wärme vom jeweils heißeren Körper aufnehmen und auf die gleiche Weise an den jeweils kälteren Körper abgeben, wobei die pro Transportvorgang zwischen zwei Körpern übertragenen Wärmemenge durch das Produkt aus der infinitesimalen Wärmekapazität des "Austauschers" und der Temperaturdifferenz zwischen den beiden Körpern bestimmt sein sollte.[188]

Mit der Wahl eines diskreten Modells für ein kontinuierliches physikalisches Phänomen bediente sich FOURIER einer gebräuchlichen mathematischen Technik: das Kontinuum wird in eine Reihe von n diskreten Körpern aufgelöst; ein System von n linearen Differentialgleichungen wird formuliert, die möglichst integrierbar sein sollen, und schließlich wird der Grenzübergang für $n \to \infty$ durchgeführt.

Die von FOURIER gewählte Modellvorstellung eines mechanischen "Austauschers" wirkte auf die Zeitgenossen recht künstlich. Er hätte stattdessen, wie LAPLACE später vorschlug, auch einen Strahlungsaustausch zwischen den n Körpern annehmen können.[189] Offenbar war FOURIER die Vorstellung, die Wärme könne sich auch im Festkörper per Strahlung ausbreiten, zu Beginn seiner Arbeit unbekannt. Es gibt keine Anzeichen dafür, daß er sich bereits 1802/1803 mit Strahlungsphänomenen beschäftigt haben könnte. Darüberhinaus war die Frage, ob dem gewählten Modell auch eine physikalische Wahrscheinlichkeit zukomme, für FOURIER eine "cura posterior". Entscheidend war für

---

188/ Dieser Ansatz erwies sich allerdings als nur begrenzt tragfähig. Zur Lösung der gestellten Aufgabe sollte eine mühsame Weiterentwicklung mathematischer Techniken notwendig sein. Für die Genese von FOURIERs Theorie der Wärmeleitung s. GRATTAN-GUINNESS 1972, S. 23-82.

189/ LAPLACE bezeichnete 1809 FOURIERs Modellvorstellung eines mechanischen "Austauschers" als "supposition inexacte" und schlug stattdessen den Strahlungsaustausch vor, da die Hypothese der "inneren Strahlung" eine gewisse physikalische Wahrscheinlichkeit besitze; s. LAPLACE 1809 /Note/.

ihn einzig und allein, inwieweit das Modell geeignet war, die mathematische Behandlung des Phänomens zu erleichtern.[190]

Am 24. August 1804 trafen FOURIER und PREVOST in Genf zusammen.[191] Dieser Begegnung kommt eine historische Bedeutung zu, da sich FOURIER bei dieser Gelegenheit umfassend über den Stand der aktuellen Diskussion bezüglich der Natur der Wärme informieren konnte. PREVOSTs Interesse hatte seit mehr als fünfzehn Jahren der Theorie der Wärme gegolten. Im Gegensatz zu FOURIER, der in Grenoble kaum Zugang zu aktuellen Informationen hatte, profitierte PREVOST von allen Vorteilen, die die Stadt Genf in ihrer Funktion als Drehscheibe wissenschaftlicher Information im Napoleonischen Frankreich bot.[192] So besaß PREVOST bereits ein Exemplar des voluminösen Werks, das der Schotte John LESLIE (1766-1832) über die Phänomene der Wärmeausbreitung veröffentlicht hatte.[193] In experimentellen Untersuchungen hatte LESLIE die Emissions- und Absorptionseigenschaften der Körper untersucht und war dabei zu Ergebnissen gekommen, die mit denjenigen RUMFORDs übereinstimmten.[194]

190/ FOURIER war aufgrund der von LAPLACE geübten Kritik gezwungen, in seiner "Preisschrift" von 1811 explizit auf den Modellcharakter seines "Austauschers" hinzuweisen und zu betonen: "... on ne suppose point que la transmission de la chaleur dans les corps solides continus s'opère d'une manière semblable à celle que l'on vient de décrire, on veut seulement déterminer par le calcul le résultat d'une telle hypothèse." (FOURIER 1824, S. 343, Hervorhebung von mir).

191/ Im August hatte sich FOURIER nach Turin begeben, von wo ihn vermutlich ein Abstecher nach Genf führte (LETONNELIER 1923, S. 137).

192/ Vgl. dazu Kapitel 1.8 und 1.10 sowie BICKERTON 1979.

193/ J. LESLIE: Experimental Inquiry into the Nature and Propagation of Heat, London 1804. Für FOURIER und PREVOST war die Studie brandaktuell: die ersten Exemplare waren erst am 2. Juli 1804 in Paris eingetroffen (RUMFORD 1804/a, S. lxii).

194/ PREVOST hielt LESLIEs Ergebnisse für so bedeutsam, daß er umfangreiche Passagen von LESLIEs Abhandlung wörtlich ins Französische übersetzte (PREVOST 1809/a, S. 133-232). "... j'y discute avec soin les belles expériences de votre illustre ami /d.i. Leslie; B.W./." (PREVOST an PICTET, Brief, 7. April 1809, ARG dossier B5, no. 10). - LESLIEs Briefe an PICTET sind in ARG dossier G8. - PREVOST interpretierte LESLIEs Resultate in der Sprache seiner korpuskular-kinetischen Austauschtheorie.

Bei ihrem Treffen diskutierten PREVOST und FOURIER über das von LESLIE experimentell verifizierte Gesetz, nach dem die Intensität der abgestrahlten Wärme dem gegen die Oberflächentangente gemessenen Sinus des Emissionswinkels proportional ist ("Sinusgesetz"). Man erörterte zunächst, daß die Annahme eines thermischen Gleichgewichts zwischen einem Probekörper und einer diesen einschließenden Hülle konstanter Temperatur die Gültigkeit des Sinusgesetzes erzwingt. Anschließend ging es um die Frage, welche physikalische Erklärung es für die Gültigkeit dieses Gesetzes gebe. Dabei entwickelte FOURIER den Gedanken, daß die Oberfläche eines strahlenden Körpers aus mehreren Molekühllagen bestehend gedacht werden müsse. Die isotrop emittierte Strahlung jedes Moleküls dieser Schicht trägt zur Strahlung des Körpers bei. Sie wird aber umso stärker durch Absorption in der Schicht geschwächt, je tiefer das Molekül relativ zur (mathematischen) Oberfläche angeordnet ist und je größer der Abstrahlungswinkel relativ zur Oberflächennormale ist. So bestimmt sich die Dicke der zur Gesamtemission beitragenden Oberflächenschicht durch die Distanz, die die Strahlung bei zur Oberfläche senkrechter Emission maximal überwinden kann, ohne dabei völlig absorbiert zu werden. Die Integration dieses Effektes über alle Moleküle der Oberflächenschicht ergibt das Sinusgesetz.[195]

Mit dieser Deutung hatte sich FOURIER zwei fundamentale Annahmen PREVOSTs zu eigen gemacht: erstens, die Wärme kann sich auch im Festkörper durch Strahlung ausbreiten (Prinzip der inneren Strahlung) und zweitens, auch für den Strahlungsaustausch zwischen Molekülen gilt das Prinzip des dynamischen Gleichgewichts (Austauschprinzip). FOURIER hatte damit bereits das Instrumentarium zur Hand, mit dessen Hilfe er später die Formalisierung der Strahlungstheorie vornehmen sollte. Offensichtlich stellte er aber dieses Problem in der Rangfolge seiner Interessen zurück. Die Bewältigung der mit der formalen Beschreibung der Wärmeleitung im Festkörper verbundenen mathematischen Schwierigkeiten stand für ihn im Vordergrund. Die Theorie der strahlenden Wärme war im Vergleich dazu mathematisch anspruchslos.[196] In der dem

195/ PREVOST: Extrait de la conversation de Mr. Fourier, 24 août 1804 (BPU Mss.suppl. 1073/6, fo. 31). Von PREVOST selbst publiziert in 1832/a, S. 85.

196/ Während FOURIER für die Theorie der Wärmeleitung 370 Druckseiten brauchen sollte, genügten ihm später für die Strahlungstheorie ganze 35 SS.

"Institut National" 1807 eingereichten Abhandlung über die Wärmeausbreitung ist von der strahlenden Wärme noch keine Rede.[197]

Im April 1807, zu einem Zeitpunkt also, als er das Problem der Wärmeleitung mathematisch im Griff hatte, knüpfte FOURIER den Kontakt zu PREVOST wieder an, indem er ihn dringlich um die Beschaffung von Literatur zur strahlenden Wärme bitten ließ.[198] Daran bestand bei ihm offensichtlich erheblicher Nachholbedarf.[199] Die Auswahl dieser Literatur sowie die Frage, ob man in Genf Erfahrungen mit LESLIEs Photometer gesammelt habe und ob man ein solches Instrument dort erwerben könne, lassen den Schluß zu, daß sich FOURIER gerade zu einer intensiven Beschäftigung mit der strahlenden Wärme entschlossen hatte.[200] Die mathematische Theorie der Wärmestrahlung stellte FOURIER rasch fertig. Bereits im Oktober 1809 konnte er sie als Supplement zu seiner Abhandlung von 1807 an das "Institut National" senden.[201] Im Folgenden soll gezeigt werden, wie FOURIER darin die Prinzipien PREVOSTs zur Formalisierung der Strahlungstheorie ausnutzte.[202]

197/ FOURIER: Théorie de la propagation de la chaleur dans les solides. Zu Inhalt und Schicksal dieser zu Lebzeiten FOURIERs unveröffentl. Abhandlung s. GRATTAN-GUINNESS 1972.

198/ Mit zwei von seinem Sekretär Jacques-Joseph CHAMPOLLION-FIGEAC abgefaßten Briefen vom 4. April und 23. Juni 1807, BPU Mss.suppl. 1048, fo. 308-311.

199/ FOURIER bestellte LESLIEs "Experimental Inquiry into the Nature and Propagation of Heat" (1804), RUMFORDs "Mêmoires sur la chaleur" (1804), PICTETs "Essai sur le feu" (1790) und auf Anraten PREVOSTs noch LAMBERTs "Photometria" (1760) sowie die Jahrgänge 1803-1805 der "Bibliothèque Britannique". Ferner bat er PREVOST um ein Exemplar seines "Mêmoire sur l'équilibre du feu" (1791).

200/ FOURIER hat in der Tat Strahlungsexperimente angestellt, bei denen er Photometer als Thermoskope einsetzte und die bis heute unveröffentlicht sind; s. BNP MFF 22526, fo. 132-133. Sie sind leider nicht datiert.

201/ Dieses Supplement ist nur noch als Fragment erhalten: EPC MS 1851, Extrait. Vgl. GRATTAN-GUINNESS 1972, S. 24.

202/ Anhand der "Preisschrift" aus dem Jahre 1811, die FOURIERs älteste erhaltene Abhandlung zur strahlenden Wärme enthält. Sie wurde erst 1826 veröffentlicht; es kann jedoch vorausgesetzt werden, daß sie in den Kreisen des "Institut National" bekannt war: Théorie du mouvement de la chaleur dans les corps solides, Seconde Partie, in MARS Paris N.S. 5 (1821/1822, publ. 1826), 153-246 (Oeuvres, II, S. 3-96). Diese Arbeit beinhaltet die Anwendung der

FOURIER begann die Darlegung seiner Theorie mit der bereits 1804 im Gespräch mit PREVOST skizzierten Überlegung, wonach ein Körper, der in einer luftleeren und auf konstanter Temperatur gehaltenen Hülle eingeschlossen ist, über kurz oder lang die Temperatur dieser Hülle annehmen wird. Weder sein Material, noch seine Form oder seine Lage innerhalb der Hülle können die Tatsache in Frage stellen, daß sich zwischen ihm und der Hülle ein thermisches Gleichgewicht einstellen wird. Da die Hülle luftleer angenommen ist, kann der Temperaturausgleich zwischen dem Probekörper und der Hülle nur per Strahlung erfolgen. Jeder Punkt der Oberflächen von Körper und Hülle kann als das Emissionszentrum beliebig vieler Wärmestrahlen betrachtet werden, die isotrop in eine Halbkugel emittiert werden.

FOURIER demonstriert zunächst, daß das thermische Gleichgewicht sich nur einstellen kann, wenn die Intensität der von jedem Oberflächenpunkt emittierten Strahlen dem Sinusgesetz gehorcht. Dazu nimmt er einen Probekörper (molécule sphérique) in Hüllen unterschiedlicher geometrischer Form (Kugel, Zylinder etc.) an. Indem FOURIER dabei die von der Hülle eingestrahlte Wärmemenge der vom Probekörper abgestrahlten Wärmemenge gleichsetzt und diese Gleichheit mit dem thermischen Gleichgewicht identifiziert, verwendet er den Prevostschen Begriff des dynamischen Gleichgewichts. Er zeigt dann, daß bei isotroper Strahlungsintensität die Temperatur des Probekörpers von seiner Lage innerhalb der Hülle abhängig wäre - ein klarer Widerspruch zur Voraussetzung des thermischen Gleichgewichts. Der Widerspruch verschwindet, wenn die Intensitätsfunktion dem Sinusgesetz gehorcht.[203]

FOURIER verallgemeinert sodann auf den Strahlungsaustausch zwischen zwei infinitesimalen Flächenelementen s und σ , die sich im Abstand y voneinander befinden und gegen ihre Verbindungsgerade um beliebige Winkel P und Φ geneigt sein sollen. Die Voraussetzung des thermischen Gleichgewichts erzwingt auch hier die Gültigkeit des Sinusgesetzes. Befinden sich die beiden Flächenelemente auf unterschiedlichen Temperaturen a und b, so ergibt sich die vom heißeren zum kälteren Körper effektiv übertragene Wärmemenge mit Hilfe des

Theorie der Wärmeleitung auf die Erde, die Theorie der strahlenden Wärme sowie FOURIERs Experimente zur Wärmeleitung.

203/ FOURIER Oeuvres, II, S. 28-29.

Prevostschen Austauschtheorems als Differenz der zwischen den Flächenelementen s und σ pro Zeiteinheit ausgetauschten Wärmemengen:

$$(a - b)\, g \frac{s \sin P \quad \sigma \sin \Phi}{y^2} .$$ [204]

FOURIERs Analyse liefert somit für den Strahlungsaustausch zwischen zwei Flächenelementen das bereits 1726 von Pierre BOUGUER (1698-1758) formulierte photometrische Gesetz.[205]

Im Anschluß an diese synthetische Demonstration des Sinusgesetzes behandelte FOURIER die konstante Beziehung zwischen dem Emissions- und dem Absorptionsvermögen von Oberflächen. Grundlage seiner Überlegungen dazu ist PREVOSTs Prinzip der "inneren Reflexion":

> Cette même cause, inconnue jusqu'ici, qui s'oppose à l'admission des rayons incidents et en réfléchit une partie, est également contraire à la projection des rayons que les corps échauffés tendent à envoyer dans l'espace; elle tend aussi à les réfléchir vers l'intérieur des corps, et ne laisse échapper dans l'espace qu'une partie de ces rayons. Toutes les fois que, par un changement quelconque opéré à la surface, on diminue la faculté d'admettre les rayons incidents, on diminue aussi, et dans le même rapport, la faculté de les projeter au dehors.[206]

Zur Begründung benutzt FOURIER keinerlei Hypothese bezüglich der Kräfte, die die innere Reflexion verursachen sollen, sondern beschränkt sich darauf zu zeigen, daß ein Körper den Zustand des thermischen Gleichgewichts "von sich aus" verlassen müßte, wären nicht die Reflexions- und Transmissionskoeffizienten für beide Seiten der mathematischen Oberfläche dieselben.

Das von PREVOST in der Auseinandersetzung mit RUMFORDs Schalltrichterexperiment gewonnene Ersatzprinzip wird von FOURIER ebenfalls zur Erläuterung der Funktion eines thermischen Reflektors verwendet:

204/ FOURIER Oeuvres, II, S. 43. Die Oberflächeneigenschaften werden durch den Emissionsfaktor g berücksichtigt.

205/ /Bericht o.T. über Pierre BOUGUER: Comparaison de la force de la lumière du soleil, de la lune et des plusieurs chandelles/, in HARS Paris 1726 (publ. 1753), 11-13.

206/ FOURIER Oeuvres, II, S. 48-49. Hervorhebung von mir.

Il faut bien remarquer que les rayons qui sortent de l'intérieur du solide, et qui, après avoir rencontré une surface propre à les réfléchir, changent de direction en continuant de se propager dans l'espace, conservent toujours leur température primitive; celle de la surface réfléchissante ne peut ni augmenter ni diminuer la température des rayons réfléchis, en sorte que le corps qui absorbe ces derniers rayons en reçoit la même impression que s'ils lui étoient envoyés directement.[207]

Den Schlußstein zu FOURIERs mathematischer Theorie der Strahlung bildet die synthetische Demonstration des Sinusgesetzes als Resultat des kollektiven Effekts isotrop strahlender Moleküle in einer Oberflächenschicht geringer Dicke. Die dabei von FOURIER gebrauchte Argumentation unterscheidet sich nur durch den mathematischen Formalismus von der bereits 1804 gemeinsam mit PREVOST gegebenen physikalischen Deutung.[208]

Durch FOURIERs Analyse wurde die Theorie der strahlenden Wärme aus der qualitativen, an substantialistischen Fluida-Konzepten und chemischen Vorstellungen orientierten "physica particularis" herausgelöst und zu einem Zweig der "neuen", von einer explizit positivistischen Methodologie geprägten mathematischen Physik.[209]

4.3 Zusammenfassung

1791 formulierte PREVOST erstmals die Theorie des dynamischen Temperaturgleichgewichtes. Dies geschah im konzeptuellen Rahmen der Theorie des Wärmestoffs (calorique). Diese von LAVOISIER ausformulierte Theorie hatte in Genf frühzeitig eine positive Aufnahme gefunden, da sich die bei LAVOISIER implizite Vorstellung eines korpuskularen Wärmestoffes problemlos in die Genfer Tradition des kinetischen Atomismus integrieren ließ. Darüberhinaus entsprach die von LAVOISIER gebrauchte Terminologie in ihrer mechanistischen Bildhaftigkeit dem Genfer Wissenschaftsstil. Indem PREVOST den korpuskularen "calorique" in Analogie zu LESAGEs Ätherkonzeption interpretierte, gelangte er zum Begriff des dynamischen Gleichgewichts. LESAGEs Postulat, daß das Gravitati-

---

207/ FOURIER Oeuvres, II, S. 51-52.

208/ FOURIER Oeuvres, II, S. 55-57.

209/ Vgl. dazu FRIEDMAN 1977.

onsfluidum die letzte Bewegungsursache für die Korpuskeln eines Äthers darstellt, erleichterte PREVOST die bahnbrechende Annahme, daß auch im thermischen Gleichgewicht Strahlung stattfindet. Zudem konnte er auf entsprechende Andeutungen der BERNOULLIs zurückgreifen, die bereits in den vierziger Jahren auf das Austausch-Gleichgewicht in korpuskularen Fluida hingewiesen hatten. Der Begriff des dynamischen (oder besser: kinetischen) Gleichgewichts war demnach ein genuines Produkt der korpuskular-kinetischen Denktradition.

PREVOSTs Theorie fand zunächst wenig Beachtung. Die dynamische (besser: kinetische) Auffassung des Gleichgewichts stand im Widerspruch zur etablierten chemischen Theorie BERTHOLLETs, die sich am Newtonschen Kraftbegriff orientierte und folglich den statischen Gleichgewichtsbegriff der Mechanik voraussetzte. Erst die erfolgreiche Auseinandersetzung mit RUMFORDs Vibrationstheorie der strahlenden Wärme sollte hier den Durchbruch bringen. Durch RUMFORDs "experimentum crucis" herausgefordert gelangte PREVOST zu einem vertieften Verständnis seiner eigenen Theorie, sowie zu zwei bedeutenden Resultaten: a) jeder reflektierte Strahl ersetzt einen solchen identischer Richtung jedoch abweichender Temperatur, der von der Außenfläche des Reflektors abgeschirmt wird (geometrisches Ersatzprinzip), und b) durch Veränderungen der Oberfläche eines strahlenden Körpers werden sein Emissions- und Absorptionsvermögen in gleichem Maße beeinflußt. Mit Hilfe dieser Prinzipien erwies sich die Theorie des "calorique rayonnant" RUMFORDs Vibrationstheorie als überlegen. Diese Überlegenheit führte dazu, daß die von PREVOST formulierte Austauschtheorie innerhalb der Pariser Laplace-Berthollet-Gruppe Anerkennung fand.

Ein gravierende Differenz ergab sich allerdings in der Interpretation ihres physikalischen Gehaltes; eine Differenz, die aus dem Gegensatz der Wissenschaftsstile resultierte. Während PREVOST davon überzeugt war, mit dem "calorique rayonnant" eine physikalische Realität zu beschreiben, war dessen Existenz für die mathematischen Rationalisten der Laplace-Berthollet-Gruppe eine reine Hypothese. Die Qualität einer Hypothese bestimmte sich für sie lediglich danach, inwieweit sie die mathematische Formalisierung der Phänomene ermöglicht.

FOURIER schließlich machte sich die Prevostschen Prinzipien zunutze, als er zwischen 1807 und 1809 die Theorie der Wärmeausbreitung durch Strahlung mathematisch formulierte. Seiner explizit positivistischen Methodologie entsprechend benutzte er den "calorique rayonnant" dabei lediglich als eine die Mathematisierung der Phänomene erleichternde mechanische Modellvorstellung.

KAPITEL 5:

DIE AUFLÖSUNG DES ALTEN - DER NIEDERGANG DER THEORIE DES "CALORIQUE RAYONNANT"

.. M. Prévost, de Genève, a embrassé tous les phenomènes du rayonnement du calorique dans une théorie ingénieuse ...

J.B. BIOT 1813

..it /Prevost's theory/ can hardly be conceived as otherwise than partially hypothetical.

B. POWELL 1832

5.0 Vorbemerkung

In diesem Kapitel soll die Rezeption der Prevostschen Theorie des "calorique rayonnant" bis zu ihrem endgültigen Niedergang um 1835 untersucht werden. Wie bereits in den Kapiteln drei und vier deutlich geworden ist, war PREVOSTs Wissenschaftsstil bereits vor der Restauration in den führenden Kreisen der französischen Wissenschaft auf Widerstand gestoßen. Die von ihm formulierte Theorie des "calorique rayonnant" war zu Beginn der "zweiten wissenschaftlichen Revolution" von FOURIER ihres anschaulichen Gehaltes entkleidet und auf einen mathematischen Formalismus reduziert worden, der mit dem Wissenschaftsstil der "neuen Physik" kompatibel war.

Dieser Stil setzte sich allerdings nicht überall so schnell durch wie gerade in Frankreich. In Großbritannien und in Deutschland brauchte die Anpassung der Wissenschaftsstile mehrere Dezennien. Während aber die Romantische Naturphilosophie, die zu Beginn des 19. Jahrhunderts in Deutschland ihren dominierenden Einfluß zu entfalten begann, dem atomistisch-korpuskularen Denken skeptisch bis ablehnend gegenüberstand und zudem in den Phänomenen der stofflichen Umwandlungen sowie des Galvanismus, nicht aber auf dem Gebiet der Wärmestrahlung ihre bevorzugten Forschungsgegenstände erblickte,[1] konnte in Großbritannien das atomistische Denken an eine bis ins frühe 17. Jahrhundert zurückreichende Tradition anknüpfen, die in den Werken von BOYLE und NEWTON ihre einflußreichen Höhepunkte erreicht hatte. Dies mag ein Grund dafür sein, daß die Prevostsche Theorie des "calorique rayonnant" in Großbritannien, soviel sei hier vorweggenommen, bis in die dreißiger Jahre hinein intensiv und kontrovers diskutiert wurde, während sie in Deutschland auffallenderweise so gut wie keine Resonanz fand.[2]

Im Gegensatz zu Großbritannien erschwerte in Deutschland zudem die notorische politische Zersplitterung, die sich nach den Befreiungskriegen in einem zunehmend schmerzlicher empfundenen Mangel nationaler Identität manifestierte,

---

[1]/ Vgl. die Bemerkung von SCHELLING in Kap. 3.3.1.

[2]/ Dies läßt sich schon allein daran ablesen, daß, wie in diesem Kapitel sehr deutlich werden wird, die zur Klärung der Natur der strahlenden Wärme beitragenden Arbeiten nahezu ausschließlich von Franzosen und Briten, vor allem aber von Genfern und Schotten, nicht aber von Deutschen stammen.

nicht nur die Aktivitäten naturwissenschaftlicher Forschung insgesamt, sondern behinderte auch die Herausbildung definierter nationaler bzw. regionaler Forschungsstile.[3] In Bezug auf unsere zentrale Frage nach der Wissenschaft im nationalen Kontext soll es daher im Folgenden erlaubt sein, unter Ausschluß der Wissenschaftsentwicklung Deutschlands die Rezeption der Theorie des "calorique rayonnant" lediglich für Frankreich und Großbritannien vergleichend gegenüberzustellen. Diese Einschränkung erscheint uns umso mehr legitimiert zu sein, als der calvinistischen Genfer Kultur, wie bereits eingangs festgestellt,[4] eine spezifische Mittlerfunktion zwischen Frankreich und Großbritannien im Allgemeinen, und Frankreich und Schottland im Besonderen zukam, deren Bedeutung im Folgenden erneut deutlich werden wird.

5.1 Die "zweite wissenschaftliche Revolution"

Die Tatsache, daß FOURIER die Leistung PREVOSTs anerkannte[5] und sich, wie gezeigt, seine Prinzipien voll zu Nutze machte, darf nicht über den fundamentalen Gegensatz in den erkenntnistheoretischen Positionen der beiden Physiker hinwegtäuschen. Die von FOURIER gelieferte Begründung für die Wahl der Prevostschen Hypothese läßt ihn manifest werden:

> ...l'hypothèse proposée par M. le professeur Prevost de Genève (...) fournit des explications claires de tous les phénomènes connus; elle se prête plus facilement qu'aucune autre aux applications du calcul; il nous paraît donc utile de la choisir, et l'on peut même l'employer avec avantage pour se représenter le mode de la propagation de la chaleur dans les corps solides.[6]

3/ Vgl. dazu etwa STICHWEH 1984.

4/ Vgl. Kap. 1.8.

5/ Die ausführlichste Würdigung PREVOSTs findet sich im unveröffentlichten "Précis historique sur la théorie de la chaleur" (BNP MFF 22525, fo. 152-156, 163-168, hier 163^v^). Namentlich genannt wird PREVOST von FOURIER ferner in: Note sur la chaleur rayonnante, Ann.Chim.Phys. 4 (1817), 128-145; Questions sur la théorie de la chaleur rayonnante, Ann.Chim.Phys. 6 (1817), 259-303; Théorie du mouvement de la chaleur dans les corps solides, Seconde Partie, MARS Paris N.S. 5 (1821/1822, publ. 1826), 153-246; Résumé théorique des propriétés de la chaleur rayonnante, Ann.Chim.Phys. 27 (1824), 236-281 (Alle auch in FOURIER Oeuvres, II).

6/ FOURIER Oeuvres, II, S. 29-30.

Hiermit behob FOURIER den genannten Einwand von LAPLACE: an die Stelle der Wärmeübertragung durch den mechanischen "Austauscher" kann auch der Strahlungsaustausch treten, der damit zur zentralen Ordnungsvorstellung für alle Phänomene der Wärmeausbreitung, ob im Körper oder außerhalb, wird. Jedoch ist dies keine zwingende Notwendigkeit, denn:

> .. si l'on examine attentivement les lois mathématiques que suivent les effets de la chaleur, on voit que la certitude de ces lois ne repose sur aucune hypothèse physique. Quelque idée qu'on puisse se former de la cause qui lie tous les faits entr'eux, et dans quelque ordre qu'on veuille disposer ces faits, pourvu que le système qu'on adopte les comprenne tous, on en déduira toujours les lois mathématiques auxquelles ils sont assujettis.[7]

Diese Begründung kann als das "positivistische Credo" des mathematischen Physikers FOURIER bezeichnet werden.[8]

Während PREVOST davon überzeugt war, mit seiner korpuskular-kinetischen Auffassung des "calorique rayonnant" eine physikalische Realität zu beschreiben, war diese bereits für die mathematischen Rationalisten der Laplace-Berthollet-Gruppe eine reine Hypothese gewesen. Die Qualität einer Hypothese bestimmte sich für sie danach, inwieweit sie die mathematische Formalisierung der Phänomene erleichtert. Darüberhinaus konnte bei Bewährung ihr physikalischer Gehalt als potentiell real in Betracht gezogen werden.[9]

FOURIER ging über diesen Standpunkt erheblich hinaus. Zwar ließ auch er keinen Zweifel daran, daß PREVOSTs Hypothese mit dem ihr immanenten Begriff des dynamischen Gleichgewichts sehr geeignet war, die Mathematisierung zu fördern. Er machte jedoch klar, daß diese Qualität im Prinzip auch anderen Hypothesen zukommen kann, sofern diese nur korrekt konstruiert sind. Die Naturgesetze gelten für ihn unabhängig von spezifischen Hypothesen, die lediglich

---

7/ FOURIER Oeuvres, II, S. 29-30.

8/ Für Auguste COMTE (1798-1857) war FOURIERs methodisches Vorgehen derart vorbildlich, daß er ihm seinen Cours de philosophie positive (6 Bde., Paris 1830-1842) widmete und die analytische Theorie der Wärmeleitung den Lektionen 30 und 31 (Considérations générales sur la thermologie physique / sur la thermologie mathématique) zugrundelegte.

9/ Vgl. die von LAPLACE an FOURIER geübte Kritik, in der LAPLACE darauf bestanden hatte, daß den Hypothesen, die der Wärmeausbreitung zugrundegelegt werden, eine physikalische Wahrscheinlichkeit zukommen müsse (Kap. 4.2.5).

die Funktion von "Bildern" haben. Indem FOURIER von der Prevostschen Theorie nur noch den formalen Kern, das Prinzip des Austausches der Strahlung übrig ließ, wurde der "calorique rayonnant" zu einer mechanischen Modellvorstellung bzw. "visuellen Denkhilfe" abgewertet.[10] Als PREVOST gegen diese ontologische Abwertung protestierte, beschied ihn FOURIER mit den Worten: "La connaissance de la cause a été remplacée par son expression mathématique ce qui suffit presque toujours à la mésure des phénomènes."[11]

Präziser als hier durch FOURIER geschehen ließe sich der grundlegende Wandel, der sich im erkenntnistheoretischen Anspruch der Physik während des 19. Jahrhunderts vollziehen sollte, kaum zusammenfassen. In dem Maße, wie sich dieser positivistische Standpunkt sowie die mathematisch-analytische Methode in der Physik durchsetzte, wurde eine intellektuelle Umwälzung vollzogen, die BRUSH (1976) und BELLONE (1980) als die "zweite wissenschaftliche Revolution" bezeichnet haben.[12] Der Konservative PREVOST war nicht mehr in der Lage, diesen Schritt hin zur modernen Physik zu tun, den der Revolutionär FOURIER als einer der ersten vollzogen hatte.[13]

Mit der Formalisierung der Strahlungstheorie durch FOURIER wurde deutlich, daß das korpuskular-kinetische "Bild" des "calorique rayonnant" für die Bewältigung von Problemen der Strahlungstheorie von zweitrangiger Bedeutung ist. Entscheidend ist vielmehr der analytische Formalismus, der den positiven Gehalt der Prevostschen Theorie, das Austauschprinzip, transportiert ohne dazu

---

10/ FOURIERs Haltung entspricht vollkommen der heutigen Auffassung von der Funktion von Modellen in Bezug auf die Theorienkonstruktion in der Physik: es gibt prinzipiell beliebig viele Möglichkeiten, einen naturgesetzlichen Zusammenhang mit Hilfe eines mechanischen Modells zu "visualisieren", vgl. dazu HESSE 1954 und HESSE 1966.

11/ FOURIER an PREVOST, Brief, 22. Oktober 1817, BPU Mss.suppl. 1049, fo. 252-253; auch in PREVOST 1832/a, S. 89.

12/ Zur Definition s. BRUSH 1976, I, S. 35-51. Ferner besonders BELLONE 1980. Zu FOURIER s. dort S. 168-169.

13/ Die Bezeichnung "Konservativer" und "Revolutionär" scheint mir hier umso berechtigter zu sein, als sie in der politischen Biographie der beiden Kontrahenten ihr Korrelat hat; zur PREVOSTs während der Revolution vgl. Kap. 1.6 u. 1.11; für FOURIER, der sich während der Revolution als enthusiastischer Jakobiner erwies und während der Phase des "terreur" Präsident des Revolutionskommites von Auxerre war, vgl. HERIVEL 1975, S. 27-68.

noch auf den korpuskularen "calorique" in irgendeiner Form Bezug zu nehmen. In dem Maße wie FOURIERs Theorie und die ihr implizite Methodologie in Frankreich bekannt wurden, begann daher der "calorique rayonnant" in den Hintergrund gedrängt zu werden. Aufschlußreich ist in diesem Zusammenhang die Reaktion der Pariser Wissenschaftsgemeinde auf das Buch des Schottischen Arztes William-Charles WELLS (1757-1817)[14], in welchem dieser das rätselhafte Phänomen des Taus erstmals korrekt unter Zuhilfenahme der Prevostschen Austauschtheorie deutet. Eine französische Übersetzung davon erschien 1817.[15]

BIOT betrachtete die Entdeckung von WELLS als Bestätigung von PREVOSTs Prinzip des "équilibre mobile". Dieses war für ihn zwar mit dem "calorique rayonnant" verbunden; er ließ jedoch keine Möglichkeit aus, auf den hypothetischen Charakter dieses "Stoffes", der gleichsam nur ein Name für eine bisher ungeklärte Kraftursache war, hinzuweisen.[16] Mit dieser Haltung entsprach BIOT der methodologischen Position der Laplace-Berthollet-Gruppe, die angesichts der Leistungen der "neuen Generation", namentlich FRESNEL und FOURIER, bereits unter zunehmenden Erfolgszwang geriet.[17] LAPLACE selbst operierte zwar noch 1821 mit dem Begriff des "calorique" und verwendete das Austauschprinzip, um in Anlehnung an NEWTONs Hypothesen die Elastizität der Gase zu erklären.[18] Aber in seiner Arbeit findet sich kein Hinweis auf den Urheber des "équilibre

---

14/ Zur Person s. DSB XIV, S. 253-254.

15/ Essai sur la Rosée, et sur divers phénomènes qui ont des rapports avec elle. Par Charles-William Wells, D.M. Traduit de l'anglais sur la 2e édition, par Aug. J. Tordeux, maitre en pharmacie. Paris: Crochard 1817. - Für Details zum Inhalt dieses bedeutenden Werkes s. Kap. 5.2.2.

16/ BIOT 1817, II, S. 522-529. Zu PREVOST heißt es dort: "Tel est le principe ingénieux de l'équilibre mobile imaginé par le professeur Prevost de Genève, principe dont l'application, dirigée avec justesse, et combinée avec les propriétés particulières aux diverses surfaces, explique tous les phénomènes dans la distribution du calorique rayonnant." (ebd. S. 525). Das Werk BIOTs wurde mit Dekret der Kommission für den öffentlichen Unterricht vom 22. Februar 1817 an allen öffentlichen Lehranstalten Frankreichs als Lehrbuch eingeführt und erlebte 1821 und 1824 neue Auflagen, in denen die Einschätzung PREVOSTs unverändert beibehalten wurde. In Deutschland erschien es i.d. Übers. von Friedrich WOLFF als Anfangsgründe der Erfahrungs-Naturlehre, 2 Bde., Berlin 1819. - Zu BIOTs Methodologie vgl. auch Kap. 3.3.2 und 4.2.1.

17/ Zu BIOT vgl. Kap. 3.3.2; zu BERTHOLLET vgl. Kap. 4.2.1.

18/ LAPLACE 1821. Zur Details dieser Gastheorie s. Kap. 6.

mobile" und dessen Theorie des "calorique rayonnant". Das intellektuelle Klima der "zweiten wissenschaftlichen Revolution" ließ solche Bezüge offensichtlich nicht mehr zu. Auch bei ihren Versuchen, die mathematische Theorie der Strahlung weiterzuentwickeln, knüpften die Mitglieder der Laplace-Berthollet-Gruppe unmittelbar an FOURIER an, so beispielsweise 1824 Siméon Denis POISSON (1781-1840), der in seiner ambitionierten Arbeit lediglich noch LA-PLACE, FOURIER, BERARD, DELAROCHE, DULONG und PETIT zitierte.[19]

ARAGO nahm WELLS Schrift zum Anlaß für einen historisch-systematischen Abriß der Theorie der Taubildung.[20] Dort wird PREVOST nur in Verbindung mit der Deutung der Experimente Bénédict PREVOSTs erwähnt;[21] kein Wort von der Bedeutung seiner Austauschtheorie.[22] Ganz ähnlich auch die Reaktion von DULONG, der für das "Journal des Savants" eine umfangreiche Besprechung verfaßte. DULONG lobt darin die prägnante Darstellung von WELLS, um zum Schluß pauschal darauf zu verweisen, daß sein Werk Vorarbeiten von PIC-TET, PREVOST, LESLIE und RUMFORD zur Voraussetzung hatte. Die für WELLS' Argumentation zentrale Austauschtheorie wird nicht mehr mit PRE-VOST in Verbindung gebracht; DULONG setzt sie als selbstevident voraus.[23]

DULONG war es auch, der 1818 zusammen mit PETIT begann, die von FOU-RIER angegebenen Versuchsanordnungen in die Praxis umzusetzen. Als Behälter für einen Probekörper von definierter Geometrie und Oberflächenbeschaffenheit,

---

19/ POISSON 1824. - PREVOST notierte sich dazu lakonisch: "Il entre bientôt dans les calculs relatifs aux lois observés. Ce mémoire s'entend immédiatement dans le sens de l'émission, quoique les ondulateurs puissent à leur manière l'interpreter autrement." (BPU Mss.suppl. 1073/6, fo. 11).

20/ Ein Extrait aus der französischen Übersetzung des Buches von WELLS über den Tau erschien in Ann.Chim.Phys. 5 (1817), 183-216. Die SS. 207-216 enthalten den von ARAGO verfaßten redaktionellen Teil u.d.T.: "Details historiques". In der Werkausgabe finden sie sich u.d.T.: Sur le rayonnement de la chaleur à travers l'athmosphère (Oeuvres VIII, S. 83-146).

21/ Für Details s. Kap. 5.2.2; zur Person vgl. Kap. 1.1.

22/ PREVOST fühlte sich daraufhin von ARAGO schlecht behandelt; er versuchte klarzustellen, daß ARAGO in seinem historischen Abriß RUMFORD und YOUNG Verdienste zugeschrieben hatte, die teilweise ihm (PP) gebührten; s. PREVOST 1817/a. Zu dem zu dieser Zeit bereits gespannten persönlichen Verhältnis zwischen ARAGO und PREVOST vgl. Kap. 3.3.

23/ DULONG 1817.

dessen Abkühlung qua Strahlung untersucht werden sollte, diente ihnen ein evakuierter und auf konstanter Temperatur gehaltener Metallballon, dessen Innenwand zur Sicherstellung eines definierten Emissivität mit Lampenruß geschwärzt war (E = A = 1). Den Wärmeverlust des Probekörpers bestimmten sie theoretisch nach dem Austauschprinzip: "La perte de chaleur éprouvée par un corps dans un espace vide est la différence entre la quantité de chaleur qu'il émet et celle qu'il reçoit de l'enceinte." Die Abkühlungsgeschwindigkeit ergab sich aus den absoluten Temperaturen von Körper und Hülle sowie aus Form, Größe und Emissivität des Probekörpers.[24] DULONG und PETIT verwandten dabei den abstrakten mathematischen Formalismus FOURIERs, ohne auf die Theorie des "calorique rayonnant" überhaupt noch irgendeinen Bezug zu nehmen.

Die experimentellen Untersuchungen von DULONG und PETIT wurden 1844 von PROVOSTAYE und DESAINS wieder aufgenommen, indem diese den Einfluß der Oberflächeneigenschaften der Hülle sowie die Temperaturabhängigkeit der Emissivität des Probekörpers in die Untersuchung des Abkühlungsgesetzes einbezogen. Wie zu erwarten lassen auch ihre Arbeiten keinen Bezug auf den "calorique rayonnant" mehr erkennen.[25]

Daß von PREVOSTs Theorie des "calorique rayonnant" in Frankreich nicht mehr viel Aufhebens gemacht wurde, liegt also daran, daß hier spätestens ab Mitte der zwanziger Jahre FOURIERs mathematische Theorie der Strahlung den Stand der Diskussion markierte. Durch FOURIER aber hatte das Austauschprinzip eine abstrakte, von der ontologischen Behauptung des "calorique" unabhängige Formulierung erfahren. Die neue, von FOURIER geschaffene Wissenschaft der "Thermologie" (Auguste COMTE) löste zwar keineswegs alle mit der Wärmestrahlung zusammenhängenden Probleme. So ließ sie beispielsweise die Frage nach der Natur der Strahlung unbeantwortet. Diese Frage konnte jedoch, wie die Arbeiten von DULONG und PETIT, PROVOSTAYE und DESAINS belegen, für zahlreiche Zwecke ohne weiteres zurückgestellt werden, da Probleme der Wärmeausbreitung, wie FOURIER demonstriert hatte, auch ohne eine Aussage über die physikalische Natur der Wärme bearbeitet werden konnten.

24/ DULONG/PETIT 1818.

25/ PROVOSTAYE/DESAINS 1844; 1845; 1846.

5.2 Großbritannien und die kontinentale Physik

5.2.1 Die behinderte Kommunikation

Das Pictetsche Experiment erfreute sich in Großbritannien einer fast sprichwörtlichen Bekanntheit, wie eine Durchsicht der einschlägigen Zeitschriften belegt.[26] Das spektakuläre Experiment mag auf die der Empirie zugeneigten Briten unmittelbar "appealing" gewirkt haben. In Bezug auf seine theoretische Deutung war man allerdings zu Beginn des 19. Jahrhunderts noch kaum über PICTET hinausgekommen. Gelegentlich wurde PICTETs Priorität zugunsten der "Accademia del Cimento" in Frage gestellt,[27] oder (vergeblich) versucht, die von ihm gegebene Deutung des Experiments zu verbessern.[28] Die von PREVOST gegebene widerspruchsfreie Deutung des Experiments fand dagegen erstaunlicherweise keine Erwähnung. Welche Gründe mag es dafür gegeben haben?

Zunächst einmal war es RUMFORD gewesen, der dazu beigetragen hatte, das Pictetsche Experiment in England und besonders auch in Edinburgh bekanntzumachen. Der Theorie PREVOSTs dagegen ließ er diese Ehre verständlicherweise nicht zuteil werden. RUMFORD vermied es, PREVOST namentlich hervorzuheben und tat alles, um stattdessen seine eigene Theorie der "frigorific undulations" zu verbreiten.[29] Dazu kam, daß ein schottischer Autor kurz nach PREVOST und wohl unabhängig von ihm das dynamische Gleichgewicht der strahlenden Wärme entdeckt hatte. Es handelt sich um den schottischen Geologen James HUTTON (1726-1797).[30] HUTTON hatte 1794 seine umfangreiche "Dissertation on the Philosophy of Light, Heat and Fire" veröffentlicht. Ausgangspunkt

---

26/ So konnte der Redakteur von Nicholson's Journal bereits 1802 feststellen: "C.Pictet's experiment related in his essay on fire (...) is well known." (On the reflection of obscure heat, in Nicholson's J.Nat.Phil. 3 (1802), 223).

27/ ENGLEFIELD 1805. - Der Autor, FRS seit 1778, (zur Person s. DNB VI, S. 792) wurde jedoch prompt von einem Korrespondenten des Journals belehrt, daß PICTET sehr wohl auf die Priorität der "Accademia" hingewiesen hatte; s. Letter from a correspondant, relating to the apparent Reflection of Cold, in Nicholson's J.Nat.Phil. 10 (1805), 92.

28/ MARTIN 1808. - Zur Person des Autors s. DNB XII, S. 1170.

29/ Vgl. Kap. 4.

30/ Zur Person s. DSB VI, S. 577-589.

seiner Überlegungen waren nach eigener Aussage die Genfer Experimente von SAUSSURE und PICTET zur Reflexion von Wärme und Kälte gewesen.[31]

Nach HUTTON ist die Erscheinungsform der Wärme (heat) auf Körper beschränkt, wo sie entweder als fühlbare Wärme (sensible heat) Ausdehnung oder als latente Wärme (latent heat) Verflüssigung hervorruft. Eine von Körpern unabhängige Bewegung durch den leeren Raum hindurch ist dagegen unmöglich. Es gibt demnach keine strahlende (dunkle) Wärme, sondern vielmehr (neben dem sichtbaren) auch unsichtbares Licht (invisible light). Mit wachsender Temperatur geht dabei das unsichtbare Licht in sichtbares über. Erst bei seiner Absorption in Körpern wird es in Wärme umgewandelt. Wärme und Licht sind als gewichts- und trägheitslose Stoffe ineinander wandelbar (transmutable). Mit dieser theoretischen Vorstellung antizipierte HUTTON HERSCHELs Entdeckung der unsichtbaren Wärmestrahlen im Sonnenspektrum, die sechs Jahre später erfolgte.[32]

Bemerkenswert ist, daß HUTTON auch im Zustand des thermischen Gleichgewichts einen Strahlungsaustausch annimmt. Die Ausbreitungsprozesse von Licht und Wärme, d.h. Strahlung <u>und</u> Leitung (diffusion), streben laut HUTTON nach Einhaltung bzw. Wiederherstellung des (dynamischen) Gleichgewichtszustandes. Nach HUTTONs eigenen Angaben kam er auf diesen Gedanken durch eine Reinterpretation der "Reflexion der Kälte". Es sei unmöglich und gegen alle Analogie, so HUTTON, daß der Zustand des Absorbers (der eisgefüllten Küvette) die Emissionseigenschaften der Wärmequelle (des Thermometers) beeinflussen könne - wie dies von PICTET angenommen werde. Vielmehr strahlen <u>alle</u> Körper (sichtbares oder unsichtbares) Licht ab und zwar proportional dem Grad ihrer fühlbaren Wärme (sensible heat). Demnach ergibt sich die Erklärung der "Reflexion der Kälte" aus einer Gleichgewichtsbetrachtung:

> We shall now easily perceive, that the supposed state of a perfect equilibrium, or equal temperature among bodies, is, like that of their conceived equalities, a thing merely ideal; and that, supposing it actual, it could not subsist a moment. (...) ...as bodies emit invisible light only in proportion to their sensible heat, we find, in this, an opposite source of equalization, tending to restore that equilibrium which is also conti-

---

31/ HUTTON 1794, Preface, S. i-iv. - Diese Arbeit wurde im Mai, Juni, Juli, August und Dezember vor der Royal Society in Edinburgh gelesen; Abstract in <u>Trans.Roy.Soc.</u> Edinburgh 4 (1798) History, 7-16.

32/ Vgl. dazu WATANABE 1978.

> nually lost. Things therefore are not kept in any state of inactivity, when we perceive no change; but, they are often preserved apparently stationary, when there is truly nothing fixed, and when opposite powers are alternately prevailing, or continually balancing each other.[33]

Diese Erklärung gleicht PREVOSTs Theorie des dynamischen Gleichgewichts; der statistische Charakter des Gleichgewichts ist sogar deutlicher herausgestellt.

Offensichtlich war HUTTON PREVOSTs Schrift von 1791 unbekannt geblieben. Jedenfalls wird PREVOST von ihm nicht zitiert. Sollte er PREVOSTs Theorie dennoch gekannt, ihn also mit Absicht übergangen haben, - eine Annahme, zu deren Rechtfertigung es keinen Anhalt gibt -, so könnte ein Grund dafür in ihren gegensätzlichen Auffassungen über die Natur der Wärme zu suchen sein. HUTTON war ein entschiedener Gegner der Emissionstheorie von Licht und Wärme. Er akzeptierte zwar die wesentlichen Fortschritte, die von LAVOISIER in die Theorie der Wärme eingebracht worden waren, vertrat jedoch die Meinung, man habe die Phlogistontheorie zu früh aufgegeben. Dementsprechend lehnte HUTTON den "calorique" LAVOISIERs ab. Vielmehr sind für ihn Wärme, Licht und Elektrizität verschiedene Erscheinungsformen (Qualitäten) einer aktiven "solaren Substanz". Diese wiederum soll das Phlogiston (fixed light) als einen von mehreren Bestandteilen enthalten. Die Tatsache, daß HUTTON unabhängig von der Hypothese des "calorique" zum Begriff des dynamischen Gleichgewichts gelangen konnte, illustriert erneut die von FOURIER formulierte Einsicht, daß die Austauschtheorie von speziellen Hypothesen über die Natur der Strahlung unabhängig ist.[34]

HUTTONs Theorie wurde von seinem Freund und Biographen John PLAYFAIR (1748-1819), der von 1785 bis 1819 in der einflußreichen Stellung eines Professors für Mathematik, später Naturphilosophie an der Universität Edinburgh wirkte, propagiert und auf geologische Probleme angewandt.[35] Ein aufschlußreiches Beispiel dafür liefert die Kontroverse zwischen ihm und seinem

---

33/ HUTTON 1794, S. 90-91. Abstract in Trans.Roy.Soc. Edinburgh 4 (1798) History, 7-16; hier S. 12.

34/ Vgl. dazu Kap. 4.2.5.

35/ Bekannt wurde PLAYFAIR vor allem durch die Weiterentwicklung von HUTTONs geologischen Theorien. Zur Biographie s. DSB XI, S. 34-36.

Kollegen John MURRAY (?-1820), Professor der Chemie, Pharmazie und Materia Medica ebendort,[36] über die Wärmeverteilung innerhalb der Erde.

MURRAY hatte sich gegen die von HUTTON ausgesprochene These, der Erdball besitze einen heißen Kern, mit dem Argument gewandt, in einer festen homogenen Kugel müsse sich wegen der Tendenz der Wärme, nach Gleichverteilung zu streben, über kurz oder lang eine Einheitstemperatur einstellen. Die niedrige Oberflächentemperatur der Erde widerlege damit HUTTONs "hypothesis of central heat".[37] PLAYFAIR verteidigte HUTTONs Theorie, indem er zeigte und an konkreten Beispielen durchrechnete, daß sich durch die Diffusion der Wärme lediglich eine konstante Temperatur<u>verteilung</u> einstellen muß; die Temperatur also von einer sehr hohen Temperatur im Erdinnern logarithmisch auf einen niedrigen Wert an der Erdoberfläche abnehmen kann.[38] Grundlage seiner Argumentation war der Zustand des dynamischen Gleichgewichts, der sich innerhalb einer Reihe von Körperelementen einstellen muß, dessen äußerstes A mit einer Wärmequelle in Verbindung steht:

> The state, however, to which the system will tend, and at which, after a certain time, it must arrive, is one in which the momentary increase of the heat of each body is just equal to its momentary decrease; so that the temperature of each individual body becomes fixed, all these temperatures together forming a series decreasing from A downwards.[39]

In gleicher Weise gilt für die Erdschichten:

> Each of these must in time come to a temperature, at which it will give out as much heat to the contiguous stratum on the outside, as it receives from the contiguous stratum on the inside; and, when this happens, its temperature will remain invariable.[40]

Das thermische Gleichgewicht besteht also nicht, wie MURRAY irrtümlich annahm, in einer Einheitstemperatur im ganzen Körper, sondern vielmehr darin, daß sich Inkrement und Dekrement der Wärme für jedes Körperelement (bzw.

36/ Zu seiner Biographie s. <u>DNB</u> XIII, S. 1285-1286.

37/ MURRAY 1806-1807, III, appendix, S. 49-51.

38/ PLAYFAIR 1812/b.

39/ PLAYFAIR 1812/b, S. 356.

40/ PLAYFAIR 1812/b, S. 357.

jede Schicht der Erde) die Waage halten, woraus eine konstante Verteilung der Temperatur resultiert. Daß PLAYFAIR hier derart korrekt mit dem dynamischen Gleichgewicht argumentiert, zeigt, daß er mit diesem Konzept, wohl durch seinen Vorgänger HUTTON, bestens vertraut war und es für derart selbstverständlich hielt, daß ihm eine Quellenangabe entbehrlich schien. PLAYFAIR schrieb die Originalität dieser Überlegungen ausschließlich HUTTON zu;[41] von PREVOST scheint er keine Notiz genommen zu haben.[42]

Die offensichtliche Ähnlichkeit der Erklärungsansätze von PREVOST und HUTTON führte dazu, daß PREVOSTs Theorie, sofern sie überhaupt bekannt war, in einem Atemzug mit derjenigen von HUTTON genannt wurde, wenn es um die korrekte Deutung der "Reflexion der Kälte" ging.[43] PREVOST, dem diese Einseitigkeit nicht entging,[44] war darüber verständlicherweise wenig erfreut, sah er doch seine Priorität gefährdet. Wohl aus diesem Grunde setzte er sich 1809 öffentlich mit HUTTONs Erklärungsansatz auseinander.[45] Dabei war er sichtlich bemüht, die Mängel von HUTTONs Erklärung herauszuarbeiten.[46]

PREVOSTs Klarstellung blieb aber so gut wie ohne Wirkung. Auf dem Höhepunkt der Kontinentalsperre, die NAPOLEON zur wirtschaftlichen Abschließung des europäischen Festlandes gegen Großbritannien verhängt hatte (Dekret von

---

41/ PLAYFAIR 1805, S. 81.

42/ Dabei war zu diesem Zeitpunkt PLAYFAIR die Gravitationstheorie LESAGEs sowie PREVOSTs Schriften dazu nachweislich bekannt; s. PLAYFAIR 1812/a sowie Kap. 6.2.

43/ So etwa bei THOMSON 1802 bzw. 1809, II, S. 248.

44/ Eine ausführliche kritische Stellungnahme von PREVOST dazu datiert vom 20. April 1834: "Il semble qu'à cette époque, ni Hutton, ni Playfair n'avoient connoissance exacte de mon mémoire de 1791; car comment sans celà auroient-ils produit l'explication d'Hutton (bonne ou mauvaise) comme neuve et originale?" (BPU Ms.fr. 4752, "Notes diverses", fo. 35) Vgl. auch Mss.suppl. 1073/5, fo. 129.

45/ PREVOST 1809/a, S. 437-445.

46/ So strich er heraus, daß HUTTON behauptet hatte, ein Thermometer im Brennpunkt eines Konkavspiegels müsse, bei thermisch gleichförmiger Umgebung, kurzzeitig einen Temperaturanstieg anzeigen. Dieser Einwand war zwar berechtigt, aber nicht sehr fair. Wie wir gezeigt haben, war PREVOST zunächst selbst dieser Ansicht gewesen und erst durch die Auseinandersetzung mit den Experimenten RUMFORDs 1804 eines Besseren belehrt worden (Vgl. Kap. 4.2).

Berlin, 21. November 1806), fanden nur wenige wissenschaftliche Werke den Weg über den Kanal.[47] So mußte MARCET, PREVOSTs in London ansässiger Schwager, als er 1813 sein privates Exemplar von PREVOSTs "Du calorique rayonnant" an einen Freund verlieh, darauf hinweisen, es handele sich dabei um eines von insgesamt zwei in Großbritannien vorhandenen Exemplaren![48]

Daher kann es nicht weiter überraschen, daß der bereits genannte MURRAY in seinen Edinburgher Vorlesungen immer dann, wenn die Rede auf den "caloric" kam, zwar das Pictetsche Experiment und das von RUMFORD erdachte Schalltrichterexperiment vorführte, diese Versuche aber noch im Jahre 1815, ganz nach RUMFORD, als Beweise für die Existenz von Kältestrahlung interpretierte![49] Es läßt sich damit feststellen, daß die Behinderung der wissenschaftlichen Kommunikation sowie die theoretische Gegnerschaft von HUTTON, PLAYFAIR und RUMFORD ein umfassendes Bekanntwerden der Prevostschen Theorie in Großbritannien bis etwa 1815 so gut wie verhindert hat.[50]

47/ YOUNG beschwerte sich zu diesem Zeitpunkt über "the paucity of the continental publications which have of late found their way into Great Britain." (YOUNG 1809, S. 107).

48/ WELLS 1814, S. 79 Fußnote. Vgl. den folgenden Abschnitt.

49/ Vgl. dazu DAVENPORT 1815. Dem Artikel ist ein Brief an den Herausgeber THOMSON vorangestellt, in dem DAVENPORT auf seine Erlebnisse in MURRAYs Vorlesung verweist, die ihm den Anlaß zur Auseinandersetzung mit dem Thema gegeben hatten.

50/ Eine Ausnahme bildete Thomas YOUNG, dem PREVOSTs Schriften offensichtlich bekannt waren; vgl. dazu den Abschnitt 5.2.4. Zu seiner detaillierten Kenntnis der kontinentalen Literatur vgl. CROSLAND/SMITH 1978, S. 11.

5.2.2 Die Theorie der Taubildung

Eine Zäsur in der Rezeptionsgeschichte der Prevostschen Theorie in Großbritannien markiert die Publikation der Theorie der Taubildung durch William Charles WELLS.[51]

Das merkwürdige Phänomen des Taus war seit der Antike Gegenstand gelehrter Betrachtung gewesen. Bereits ARISTOTELES hatte vermutet, es handele sich um einen Art von Regen, der in den unteren Luftschichten entsteht, sobald die Kälte der Nacht die wässrigen Dämpfe dort zum Kondensieren bringt.[52] Mit dieser Theorie unvereinbar war aber die Tatsache, daß auch Gegenstände Taubildung zeigen können, die sich unter einem Dach befinden, während glatte Metallflächen diesen Effekt nicht zeigen, auch wenn sie offen der Luft ausgesetzt sind. Zur Lösung dieser Schwierigkeit war im 18. Jahrhundert die Hypothese aufgebracht worden, der Tau steige aus der Erde.[53] Diese Annahme schien durch die Erfahrung gestützt, daß sich Gegenstände umso schneller mit Tau bedecken, je näher sie dem Erdboden sind. Verwirrenderweise tun sie das aber gerade dann in besonders starkem Maße, wenn sie auf einer schlecht wärmeleitenden Platte liegen, die sie gegen den Erdboden abschirmt. Charles LEROY brachte zum ersten Mal den Gedanken vor, daß die Temperatur der taubildenden Körper eine wesentliche Rolle spielen müsse. Er nahm an, sie müsse geringer sein als die Temperatur der Erde, damit die sich von dort niederschlagenden Dämpfe nicht wieder verdunsten.[54] Mit der zunehmenden Beschäftigung mit der Wärmestrahlung wurde das Problem zu Beginn des 19. Jahrhunderts vermehrt aktuell. So versuchte etwa auch der Schotte John LESLIE eine Deutung, bei der er mit dem Begriff der Kältestrahlung operierte und - wie vor ihm schon zahlreiche Autoren seit ARISTOTELES - vermutete, der

---

51/ William Charles WELLS: An Essay on Dew, with several Appearances Connected with it, London 1814.

52/ Meteorologica, Buch I, § 10-11.

53/ GERSTEN 1733.

54/ Charles LEROY (1726-1779): Mémoire sur l'élévation et la suspension de l'eau en air et sur la rosée, in LEROY 1771, S. 1-60.

Tau entstehe durch Kondensation in den unteren Schichten der Atmosphäre, von wo er dann niederfalle.[55]

Klarheit in dieses Dunkel brachte WELLS, der die bisher vorgebrachten Hypothesen kritisch anhand von umfangreichen Versuchsreihen geprüft hatte, um anschließend zur korrekten Lösung des Rätsels zu gelangen. Danach kühlen sich während klarer Nächte die in der Nähe des Erdbodens befindlichen Gegenstände durch Strahlung ab, und zwar umso stärker, je größer ihre Emissivität ist. Unterschreitet ihre Temperatur dann diejenige der Umgebungsluft, kondensiert an ihnen die in der Luft enthaltene Feuchtigkeit. Ein bedeckter Himmel mindert diesen Effekt bis zum Verschwinden, da die Strahlung der Wolken eine starke Abkühlung am Erdboden verhindert.

Daß WELLS zu dieser klaren Deutung gelangen konnte, verdankte er nicht nur seinem experimentellen Geschick, sondern auch der Kenntnis der Arbeiten dreier Genfer, Marc-Auguste PICTET sowie Bénédict und Pierre PREVOST, die wesentliche Hinweise in dieser Richtung gegeben hatten. Die Information darüber bezog WELLS, der als Sohn schottischer Eltern in den USA geboren und aufgewachsen war, seine medizinische Ausbildung aber an der Universität Edinburgh absolviert hatte und seitdem in London lebte, von seinem ärztlichen Kollegen Alexandre MARCET, mit dem er gut bekannt war.[56]

Bereits PICTET hatte im Rahmen der umfangreichen Untersuchungen, die er 1790 in seinem "Essai sur le feu" veröffentlichte, die Temperaturverteilung in bodennahen Luftschichten untersucht. Dabei hatte sich herausgestellt, daß die Temperatur der Luft während klarer Nächte nicht etwa mit wachsendem Bodenabstand geringer wird, sondern daß vielmehr das bodennächste Thermometer

---

55/ LESLIE 1813.

56/ Die beiden dürften sich in London kennengelernt haben, wo WELLS von 1795 bis zu seinem Tode 1817 am St. Thomas Hospital praktizierte. MARCET seinerseits wirkte seit 1800 am Guy's Hospital in London, wo er ab 1802 auch eine Professur für Chemie wahrnahm. (Vgl. dazu DNB XII, S. 1007 sowie Kap. 1.7). MARCET hatte WELLS im Sommer 1813 sein Exemplar von PREVOSTs "Du calorique rayonnant" mit der Bemerkung geliehen, dies sei wohl zur Zeit, abgesehen von einem weiteren in Edinburgh, das einzige Exemplar dieses Werks in Großbritannien. (WELLS 1814, S. 79 Fußnote).

die geringste Temperatur aufweist, während ein im Boden eingegrabenes Thermometer die höchste Temperatur aller Meßpunkte anzeigt.[57]

Bénédict PREVOST (1755-1819), ein Cousin PREVOSTs, der sich neben seiner theologischen Profession als Amateurwissenschaftler betätigte, hatte 1802 eine umfangreiche experimentelle Untersuchung über die Umstände der Taubildung veröffentlicht, in der er sich besonders auf den Einfluß von Metalloberflächen konzentriert hatte.[58] Bénédict PREVOST war von der Alltagserfahrung ausgegangen, daß sich während klarer kalter Winternächte auf der Innenseite von Fenstern Feuchtigkeit niederschlägt. Beklebt man eine solche Scheibe von innen mit Metallfolie, so wird der Niederschlag an der beklebten Stelle vermehrt auftreten, beklebt man sie dagegen von außen, wird er vermindert! Im ersten Falle behindert das Metall wegen seiner hohen Reflexion die Nachlieferung der Wärme aus dem Raum, die Scheibe kühlt sich deshalb im beklebten Bereich stärker ab; im zweiten Fall wird die Wärmeabstrahlung der Scheibe nach außen durch die geringe Emissivität des Metalls vermindert, weshalb sie sich weniger stark abkühlt als im ersten Fall. Zu dieser korrekten, die Kenntnis des Strahlungsverhaltens der Metalle voraussetzenden Interpretation kam Bénédict PREVOST 1802 aber noch nicht.[59] Auch RUMFORD in München begann ja gerade erst, sich mit diesem Problem zu beschäftigen.[60]

Mit einem in der Auseinandersetzung mit RUMFORD und LESLIE geschärften Blick für das Wesentliche war es für Pierre PREVOST einige Jahre später keine Schwierigkeit, die Experimente seines Cousins korrekter zu interpretieren. PREVOST erkannte, daß es dabei auf die im Vergleich zum Glas sehr viel höhere Reflexion der Metalle ankommt. Damit war eine Erklärung für den unterschiedlichen Ausgang der beiden Experimente gegeben; was PREVOST jedoch nicht bemerkte, war, daß die allgemeine Bedingung für den Niederschlag von

---

57/ PICTET Versuch 1790, S. 160-184. PICTET hatte bis zu 25 m Höhe gemessen, indem er Thermometer an einem Holzmast hochzog.

58/ Bénédict PREVOST 1802.

59/ Bénédict PREVOST meinte vielmehr im umgekehrten Sinne erkannt zu haben: "Les métaux donnent au verre, près duquel ils se trouvent placés, la propriété d'enlever plus promptement le calorique à l'air chaud, et de le céder au contraire, plus promptement à l'air froid." (1802, S. 86).

60/ Vgl. Kap. 4.2.2.

Flüssigkeit darin besteht, daß die Temperatur der Scheibenoberfläche diejenige der sie berührenden Luft unterschreiten muß. PREVOST versäumte es damit, seine Erklärung zu einer allgemein Theorie der Taubildung auszubauen; er beließ es bei der Interpretation der Versuchsanordnung Bénédict PREVOSTs.[61]

Daß PREVOST hier sehr knapp am Ziel vorbeiging wird noch deutlicher wenn man bedenkt, daß er bereits 1792 unter Bezug auf die Beobachtungen PICTETs darauf hingewiesen hatte, daß in klaren Nächten die Temperatur bodennaher Luftschichten bei aufziehender Bewölkung wieder ansteigt, und daß bei ständig bewölktem Himmel keine Taubildung stattfindet, wofür er die Wärmestrahlung der Wolken verantwortlich machte.[62] William Charles WELLS schloß nun die von PREVOST gelassenen Lücke. Mit der Prevostschen Austauschtheorie hatte er den Schlüssel für die Deutung seiner Experimente zur Hand, was er auch in aller Fairneß anerkannte.[63]

Das Buch von WELLS war, wohl wegen seiner Behandlung eines lange mysteriös gebliebenen meteorologischen Phänomens, von allgemeinem Interesse und daher auf dem Buchmarkt außerordentlich erfolgreich.[64] In den Zeitschriften wurde es z.T. kontrovers rezensiert. Die sich in der Folge daraus entwickelnde Diskussion machte PREVOSTs Theorie in Großbritannien erst richtig bekannt.

5.2.3 Kontroverse Diskussion

Die Kritik an WELLS' Buch richtete sich vornehmlich gegen die dort gegebene Interpretation der Experimente Bénédict PREVOSTs. Zunächst war es PREVOST selbst, der über MARCET mitteilen ließ, die Reinterpretation dieser Experi-

---

61/ Er "versteckte" sie noch dazu unter der unscheinbaren Kapitelüberschrift: "Application de la théorie à quelques expériences relatives à l'eau que l'air dépose sur certains corps" (PREVOST 1809/a, S. 233-257). Das Kapitel enthält eine Zusammenfassung der Experimente von Benedict PREVOST.

62/ PREVOST 1792/a bzw. 1798/a, S. 26 u. 146-148.

63/ WELLS 1814, S. 67, 79, 90, 105.

64/ Weitere Auflagen laut NUC: London 1815, London 1818, Philadelphia 1838, London 1866, London 1877. Übersetzungen ins Französische und ins Deutsche erschienen bereits 1817 (Paris) und 1821 (Zürich).

mente sei unnötig, da er (PREVOST) sie in "Du calorique rayonnant" bereits korrekt interpretiert habe. Wie wir bereits gezeigt haben, war dem aber nicht ganz so. So konnte WELLS in seiner Entgegnung zu Recht feststellen, daß PREVOST dort die wesentliche Bedingung unerwähnt gelassen hatte, daß nämlich zum Niederschlag von Tau auf der Außenseite der Scheibe die Temperatur ihrer äußeren Oberfläche geringer sein muß als die der Außenluft.[65] Im übrigen verwies WELLS, dem an einem direkten schriftlichen Austausch mit PREVOST ganz offensichtlich nicht gelegen war,[66] auf seine Entgegnung auf die ganz ähnliche Kritik von Thomas YOUNG.

Thomas YOUNG hatte versucht, die Originalität von WELLS' Werk mit dem Hinweis herunterzuspielen, die von WELLS gemachten Erfahrungen seien in der Praxis des Gartenbaus seit langem bekannt und die von ihm formulierte Tautheorie sei darüberhinaus eine offensichtliche Konsequenz der Theorie von LESLIE. Darüberhinaus hatte YOUNG den Vorwurf erhoben, WELLS habe unerwähnt gelassen, daß PREVOST bereits in seinen "Recherches physico-mécaniques sur la chaleur" (1792) sowie er selbst (YOUNG) in seinen "Lectures on Natural Philosophy" (1807) das Problem der Taubildung und den Einfluß der Wolken darauf behandelt hatten.[67] WELLS mußte einräumen, daß ihm PREVOSTs früheres Werk unbekannt geblieben war; es fiel ihm jedoch nicht schwer zu zeigen, daß sowohl PREVOST als auch YOUNG an der präzisen Erklärung der Phänomene vorbeigegangen waren, da sie die entscheidende Voraussetzung für die Entstehung des Taus nicht erkannt hatten.[68]

Parallel zur Diskussion um das Werk von WELLS entwickelte sich ein zweiter thematischer Schwerpunkt, der ebenfalls das Werk PREVOSTs betraf. In einem

---

65/ WELLS an MARCET, Brief, 19. Februar 1815, BPU Mss.suppl. 1052, fo. 327-328.

66/ Die Kommunikation lief entweder über die "Annals of Philosophy" oder aber über MARCET. Insgesamt sind fünf Briefe von WELLS an MARCET aus der Zeit 19. Februar 1815 bis 5. April 1816 erhalten, die sämtlich die Diskussion um das Tauproblem betreffen; s. BPU Mss.suppl. 1052, fo. 325-328 und Mss.suppl. 1073/7 fo. 33-36.

67/ Anonym in Quart.Rev. 12 (1814), 91-99. Daß YOUNG der Verfasser war, ergibt sich aus der Entgegnung von WELLS.

68/ WELLS 1815/a.

Aufsatz in den "Annals of Philosophy" hatte Richard Alfred DAVENPORT (1777-1852), ein "Gentleman-Scientist",[69] die Tatsache, daß MURRAY in seinen Edinburgher Vorlesungen immer noch RUMFORDs alte Irrtümer vertrat, zum Anlaß genommen, das Pictetsche Experiment und das Konusexperiment auf der Grundlage der Prevostschen Austauschtheorie zu interpretieren. Obwohl DAVENPORT, wie er selbst angab, PREVOSTs Theorie nur aus zweiter Hand kannte, da ihm seine Werke nicht zugänglich waren, argumentierte er brilliant mit dem Prevostschen "Ersatzprinzip" und lieferte eine klare Zusammenfassung seiner Austauschtheorie.[70] Die Dringlichkeit dieser überfälligen Klarstellung veranlaßte PREVOST selbst zu einer ergänzenden Stellungnahme, in der er die Prinzipien seiner Theorie knapp zusammenfaßte und mehrfach darauf hinwies, daß er dies alles bereits in "Du calorique rayonnant" dargelegt habe.[71]

Durch PREVOSTs Intervention war die Diskussion erst richtig in Gang gekommen. Seinen Artikel zur Kontroverse zwischen DAVENPORT und MURRAY hatte PREVOST mit der Frage an WELLS verbunden, was er (WELLS) denn an seiner (PREVOSTs) Erklärung der Experimente Bénédict PREVOST auszusetzen habe. WELLS antwortete PREVOST mit dem Hinwies, daß er (PREVOST) es versäumt habe, darauf hinzuweisen, daß die Temperatur der Scheibenaußenseite geringer sein muß als die der Außenluft, damit sich Tau niederschlagen kann. Jedoch bemerkte er gleich anschließend "much of what has been written by this Gentleman upon them seems to me entirely just."[72]

Während sich zwischen den "Austauschtheoretikern" WELLS und PREVOST eine Einigung anbahnte,[73] beharrte MURRAY hartnäckig auf seinen Irrtümern. In

---

69/ Zur Person s. DNB V, S. 562.

70/ DAVENPORT 1815. Die Arbeit erschien auch in franz. Übers. in Bib.Brit. Ser.Sci.Arts 60 (1815), 3-23.

71/ PREVOST 1815/a.

72/ WELLS 1815/b. Vgl. dazu PREVOST in BPU Mss.suppl. 1073/7 fo. 32. In der zweiten Auflage seines Essay (1815) bemühte sich WELLS, den Verdiensten PREVOSTs klarer gerecht zu werden, indem er einige PREVOST betreffende Fußnoten änderte; s. auch WELLS an MARCET, Brief, 22. Oktober 1815, BPU Mss.suppl. 1073/7 fo. 33.

73/ PREVOST 1816/b. - Nachdem PREVOST die von WELLS an YOUNG gerichtete Entgegnung gelesen hatte, war er zufriedengestellt: "... after reading your

Entgegnung auf DAVENPORT behauptete er erneut, die Prevostsche Theorie stehe im Widerspruch zur experimentellen Erfahrung: da eine schwarze Fläche bei jeder Temperatur stärker strahle als eine gut reflektierende, müsse sich ein Thermometer gegenüber der schwarzen Fläche eines mit einer Kältemischung gefüllten Kanisters weniger stark abkühlen als gegenüber der gut reflektierenden, da es im ersten Fall mehr Wärmestrahlen erhalte.[74]

In seiner Antwort wies DAVENPORT darauf hin, daß die Gesamtbilanz der Wärmestrahlung betrachtet werden müsse: befindet sich der Kanister auf Zimmertemperatur, so zeige bekanntlich das Thermometer immer dieselbe Temperatur an, gleich vor welcher der Flächen es sich befinde. Jede der beiden Flächen ersetze denjenigen Teil der Umgebungsstrahlung, den sie vom Thermometer abschirme. Die gut reflektierende Fläche tue dies qua Reflexion, die schwarze Fläche qua Emission. Werde nun der Kanister mit Eis gefüllt, so nehme die Emission mit der Temperatur ab, während das Reflexionsvermögen temperaturunabhängig sei. Demnach müsse sich laut PREVOSTs Theorie das Thermometer gegenüber der schwarzen Fläche stärker senken, genau wie dies die Praxis zeige![75]

Diesen guten Argumenten gegenüber zeigte sich MURRAY nicht zugänglich. Er weigerte sich beharrlich, den Gedanken der Gesamtbilanz in die Erklärung einzubeziehen.[76] Stattdessen liebäugelte er noch 1819 mit der Tensionstheorie von PICTET, die ihn jedoch bereits bei der Erklärung der Taubildung in Schwierigkeiten brachte: wie soll der Erdboden Wärme abstrahlen können, wo doch Luftschichten darüberliegen, die eine höhere Temperatur aufweisen als der Erdboden selbst?[77] PREVOSTs Theorie schien ihm keine Alternative, denn "it will be found deficient when applied to all the phenomena, and in particular appears

letter in which you discuss the criticisms of Dr. T. Young, I thought I perceived an agreement between us, not only respecting the facts, but likewise the explanation of them." (PREVOST 1816/c, S. 109).

74/ MURRAY 1816/a.

75/ DAVENPORT 1816.

76/ MURRAY 1816/b.

77/ MURRAY [4]1819, I, S. 358-371.

inconsistent with the effects of different surfaces in radiating cold."[78] MURRAYs hartnäckige Gegnerschaft nahm der Reverend Thomas Crompton HOLLAND zum Anlaß, in einer 1820 vor der Royal Society in Edinburgh gelesenen Abhandlung erneut auf die Bedeutung von PREVOSTs Theorie hinzuweisen und im Hinblick auf MURRAYs Einwände klarzustellen, "that the circumstances which have been supposed to be the strongest objections against it, are in fact necessary consequences from it."[79]

Die Diskussion um die Tautheorie erstreckte sich bis in die Mitte der zwanziger Jahre.[80] Um eine Alternative zur Prevostschen Theorie bemühte sich derzeit auch noch John LESLIE (1766-1832) in Edinburgh.[81] LESLIE, der John PLAYFAIR zunächst auf den Lehrstuhl für Mathematik (1805), und nach dessen Tod 1819 auch auf denjenigen für Naturphilosophie nachgefolgt war, arbeitete noch immer an seiner synkretistischen Theorie der strahlenden Wärme.[82]

LESLIE lehnte aus methodologischen Gründen jegliche Art von Imponderabilien ab.[83] Dies hatte zur Folge, daß er sowohl die Theorie des "calorique rayonnant" als auch die Vibrationstheorie RUMFORDs bekämpfen mußte, da diese die Annahme eines imponderablen Äthers implizierte. Von HUTTON hatte LESLIE die Idee übernommen, daß Wärme erst entsteht, wenn sich die Korpuskeln des Lichts mit denen der Materie verbinden. Andererseits war er aber davon überzeugt, daß die Luft als Medium für die Ausbreitung seiner "calorific and frigorific undulations" unabdingbar ist, denn "the impressions of heat or cold

---

78/ MURRAY [4]1819, I, S. 361.

79/ HOLLAND 1821. - HOLLANDs Ziel war es, die bereits von DAVENPORT gebrauchten Argumente gegen MURRAY didaktisch klarer darzustellen. PREVOST war die Darstellung aber immer noch nicht klar genug; er verwies erneut auf seine eigene in "Du calorique rayonnant", die in Großbritannien offenbar immer noch kaum bekannt war (BPU Mss.suppl. 1073/8, fo. 33-34).

80/ Vgl. etwa HARVEY 1823/a und 1823/b. Dazu Notizen von PREVOST in BPU Mss.suppl. 1068, Teil 3.

81/ Zur Person s. DSB VIII (1973), S. 261-262.

82/ Vgl. OLSON 1970.

83/ Eine typische Konsequenz der Tatsache, daß er ein Anhänger der schottischen Philosophie des "common-sense" war. Vgl. dazu OLSON 1975, S. 210-219, sowie Kap. 6.2.2.

are conveyed through the air with a spreading and progressive tendency, in the same manner as the pulses of sound."[84] Die Wärmeteilchen, die sich vom strahlenden Körper ablösen, sollten durch Schwingungen der Luft fortgetragen werden. Diese Theorie setzte ein statisches Wärmegleichgewicht voraus, denn "the process now described never obtains, unless where a difference of temperature occurs; and it only contributes, along with other active causes, to restore the equilibrium of heat."[85]

Werfen wir einen Blick auf die bisher an der zeitgenössischen Diskussion in Großbritannien beteiligten Akteure, so fällt sofort auf, daß es sich nahezu ausnahmslos um Personen handelte, die an der Universität Edinburgh tätig oder zumindest, wie im Falle von WELLS, dort ausgebildet waren. Seit den Zeiten von BLACK, CLEGHORN und CRAWFORD bildete offensichtlich die Theorie der Wärme einen bevorzugten Forschungsgegenstand der Edinburgher Naturphilosophen.[86] Unbeschadet ihrer im Detail gegensätzlichen Auffassungen perpetuierten die genannten HUTTON, PLAYFAIR, LESLIE, MURRAY, WELLS, HOLLAND u.a. eine spezifisch schottische Forschungstradition.

Schon PREVOST war es nicht entgangen, daß eine spezifische nationale Tradition die Rezeption seiner Theorie erheblich behinderte, denn 1834 bemerkte er zum Artikel "Radiant Heat" der "Edinburgh Encyclopedia":

> ...en lisant l'article radiant heat, je le trouve inexact ou plutôt indifférent, sur quelques indications, jusqu'à l'injustice. Il me paroît trop ECOSSOIS et semble dicté par Leslie (...). Il suffit de voir l'ordre et la marche de l'article (...). Cette marche est celle-ci. On explique la réflexion de la chaleur, avec clarté et avec mention des auteurs. Là on s'arrête pour entrer dans une discussion très-étrangère au sujet, presque toute relative au système et aux expériences de Leslie, plus celles de Rumford, etc. Enfin on revient plus tard à la réflexion du froid. On barbouille des explications qui n'expliquent pas; et l'on dit en somme (sans aucune distinction) que ce sujet a occupé Pictet, Prevost, et Martin.[87]

84/ LESLIE 1818, S. 473. - In dieser Arbeit stellte LESLIE sein "Aethrioskop" vor, das die "Kältestrahlung" des Himmels sichtbar machte. Es bestand aus einem im Brennpunkt eines Parabolspiegels angeordneten Thermoskop.

85/ LESLIE 1818, S. 473.

86/ Zu BLACK und CLEGHORN vgl. Kap. 4.1.3., Fußnote 40.

87/ PREVOST an s. Sohn Alexandre, brouillon, 20. April 1834, BPU Ms.fr. 4752, fo. 35.

Der von PREVOST beklagte Einfluß von LESLIE und RUMFORD beschränkte sich allerdings nicht auf Schottland, sondern erstreckte sich auf Großbritannien insgesamt. So mußte noch 1830 AINGER, der Experimentalvorlesungen vor der "Royal Institution" hielt, in Bezug auf Experimente wie das Pictetsche feststellen, "/that they/ are by no means generally understood, and are unexplained in all English works upon this branch of science."[88]

AINGER wandte sich insbesonders gegen den von MURRAY perpetuierten Einwand, die polierte Fläche eines mit Eis gefüllten Metallwürfels müsse eine geringere abkühlende Wirkung zeigen als die geschwärzte: "This is the point which is not cleared up in any English work." Um diesem Mangel abzuhelfen, befand es AINGER für notwendig, an PREVOSTs "ingenious and fortunate hypothesis" zu erinnern: "It accounts for all the phenomena hitherto observed, and relieves the mind from the unphilosophical idea of a separate principle of cold...".[89] Der von AINGER zu Recht gebrachte Hinweis, daß die Austauschtheorie ohne eine "particular assumption concerning the nature or cause of heat" auskomme, wurde jedoch offensichtlich nicht verstanden.[90]

Den Artikel von AINGER nahm der Reverend Baden POWELL (1796-1860), Verfasser zahlreicher experimenteller Arbeiten zum Thema strahlende Wärme,[91] im Jahre 1832 zum Anlaß, um sich auf dem diesmal in Oxford stattfindenden zweiten Meeting der "British Association for the Advancement of Science" in aller Öffentlichkeit von PREVOSTs Theorie zu distanzieren:

> ...it /Prevost's theory/ can hardly be conceived as otherwise than partially hypothetical. The idea, viz. that bodies even of a lower temperature than those about them actually give out a small degree of heat, is extremely

88/ AINGER 1830, S. 378.

89/ AINGER 1830, S. 383.

90/ Eine gewisse Ausnahme bildet hier Dionysius LARDNER (1793-1859), der Professor in London war. PREVOSTs Prinzip des dynamischen Gleichgewichts wird von ihm zustimmend expliziert (LARDNER 1836, S. 156-159), obwohl er sich ansonsten hauptsächlich auf LESLIE stützt.

91/ Zur Person s. DSB XI (1975), S. 115-116. POWELL war einer der frühen Propagandisten der Wellentheorie des Lichts in Großbritannien; vgl. dazu den folgenden Abschnitt 5.2.4.

> difficult to conceive; and it does not appear absolutely essential to the explanation of the facts.[92]

POWELL erschien es zur Erklärung der Experimente von PICTET und RUMFORD völlig ausreichend anzunehmen, daß eine Bewegung der Wärme nur bei Vorhandensein einer Temperaturdifferenz und nur in Richtung vom warmen zum kalten Körper stattfinden könne. Im Übrigen unterstrich POWELL seinen strikt empirisch-phänomenologischen Standpunkt: über die strahlende Wärme gebe es bisher lediglich eine Sammlung mehr oder weniger exakt bestimmter Fakten, während im Hinblick auf ihre Theorie "any general laws can hardly be said to be established with that certainty which can substantiate their claim to be received as legitimate physical theories."[93] In die gleiche Kerbe hieb vor demselben Forum, das drei Jahre später in Dublin tagte, auch noch Henry HUDSON.[94] Das Pictetsche Experiment erschien ihm im Rahmen einer Emissionstheorie der Wärme als völlig unerklärlich. Vielmehr sei es notwendig, eine wie auch immer geartete Undulationstheorie der Wärme anzunehmen, wobei diejenige von LESLIE als Diskussionsgrundlage dienen könne.[95]

Ziehen wir eine Bilanz der hier rekonstruierten Diskussion, so läßt sich zunächst feststellen, daß im Gegensatz zu Frankreich in Großbritannien die Theorie des "calorique rayonnant" noch bis 1835 kontrovers diskutiert wurde. Der prinzipielle, also hypothesenunabhängige Charakter des Prevostschen Austauschtheorems blieb unerkannt. Vielmehr wurde das Prinzip, so wie es schließlich auch von PREVOST selbst intendiert war, in unmittelbarer Verknüpfung mit konkreten Hypothesen über die Natur der Wärme gesehen. Der Pluralismus konkurrierender Theorien, die sämtlich mit sich widersprechenden ontologischen Aussagen über die Natur der Strahlung verbunden waren, behinderte zwar das theoretische Verständnis der Phänomene der Wärmestrahlung, hielt aber den "calorique rayonnant" bis in die dreißiger Jahre hinein "am Leben".

92/ POWELL 1835/a, S. 261.

93/ POWELL 1835/a, S. 297.

94/ HUDSON 1836.

95/ Sein theoretisches Rüstzeug bezog HUDSON ausschließlich von LESLIE, so daß Macedonio MELLONI nach der Lektüre mit Recht feststellen konnte, die dort ausgebreiteten Argumente seien "bien arrièrés" (MELLONI an Auguste DE LA RIVE, Brief, Paris 12. November 1835, BPU Ms.fr. 2318, fo. 14-15).

Im Folgenden soll der Frage nachgegangen werden, worin die Ursachen für den sich in der Rezeptionsgeschichte der Prevostschen Theorie zwischen Frankreich und Großbritannien manifestierenden Unterschied zu sehen sind. Es steht zu vermuten, daß eine Differenz der Forschungsstile dafür verantwortlich ist.

5.2.4 Die Rezeption der Wellentheorie des Lichts

Mit dem Wiedererstarken des wissenschaftlichen Austausches zwischen Frankreich und Großbritannien wurde die Fresnelsche Wellentheorie des Lichts in den zwanziger und frühen dreißiger Jahren auch in Großbritannien bekannt.[96] Die Rezeption der Theorie erfolgte aber mit großer Zurückhaltung, so daß sie dort zunächst kaum Anhänger gewann. Die beiden einzigen zusammenfassenden Darstellungen zur Optik, die Anfangs der zwanziger Jahre in Großbritannien erschienen, stammten von zwei Vertretern der Korpuskulartheorie: BREWSTER und BIOT. Ihre theoretische Überzeugung prägte die Art ihrer Darstellung: beide Autoren betonten zwar die Gültigkeit des Interferenzprinzips im Sinne eines Naturgesetzes, widmeten jedoch der mathematischen Theorie FRESNELs kaum Aufmerksamkeit.[97]

Eine erste öffentliche Anerkennung fand die Fresnelsche Theorie in Großbritannien erst 1827, als FRESNEL kurz vor seinem Tode von der Royal Society die RUMFORD Medaille verliehen bekam. Aus Anlaß dieser Auszeichnung wurde YOUNG beauftragt, eine Übersetzung einer Arbeit FRESNELs anzufertigen, die eine populäre Darstellung seiner Theorie unter weitgehendem Verzicht auf Mathematik enthielt. Diese erschien zwischen 1827 und 1829 in acht Fortsetzungen im "Quarterly Journal of Science". Sie sollte bis zur Jahrhundertmitte die einzige Übersetzung einer Fresnelschen Arbeit in Großbritannien bleiben und

---

96/ Vgl. dazu CROSLAND/SMITH 1978, S. 36-48; sowie besonders CANTOR 1983, S. 159-187.

97/ BREWSTER 1820. Für BIOT s. CODDINGTON 1823. - Dieses Buch, das im wesentlich eine elementare Darstellung der geometrischen Optik beinhaltet, bringt als Anhang (S. 142-186) die engl. Übersetzung einer von BIOT verfaßten Überblicksdarstellung, die zunächst u.d.T. "Additions à l'optique" als Anhang zu der von BIOT übersetzten französischen Ausgabe von FISCHERs Lehrbuch der mechanischen Naturlehre erschienen war (FISCHER [3]1819). FRESNELs Arbeiten werden von BIOT darin lediglich erwähnt, wohingegen er die Theorie der "beweglichen Polarisation" ausführlich referiert. (Vgl. CANTOR 1983, S. 161).

war kaum geeignet, einen Eindruck von der mathematischen Raffinesse der Theorie zu vermitteln.[98] Zudem konnte YOUNG es sich nicht verkneifen, in kommentierenden Fußnoten die Bedeutung FRESNELs herunterzuspielen und seine eigenen Prioritätsansprüche geltend zu machen.[99]

Zum Verständnis der Fresnelschen Theorie war eine gewisse Versiertheit in der analytischen Mathematik unabdingbar. Das mathematische Raisonnement, das durch die experimentell bestätigte Prognose des Poissonschen Flecks einen demonstrativen Beweis seiner heuristischen Potenz geliefert hatte, war ein integraler Bestandteil dieser abstrakten Theorie. Die analytische Mathematik war in Großbritannien jedoch zu Beginn des 19. Jahrhunderts noch weitgehend unbekannt. Abgesehen vom Studium der Mechanik und der Himmelsmechanik hatten die Britischen Naturphilosophen des 18. Jahrhunderts wenig Gebrauch von der Mathematik gemacht. Dort wo sie aber angewandt wurde, galt die von NEWTON in den "Principia" verwendete geometrisch-synthetische Methode sowie der von ihm entwickelte Fluxionskalkül als paradigmatisch. Durch diese methodische Fixierung, die in den Lehrbüchern von Colin MACLAURIN und Robert SIMSON tradiert wurde, sowie durch die aus der empiristischen Tradition der britischen Philosophie resultierende Bevorzugung experimenteller Untersuchungen war ein erheblicher Rückstand gegenüber dem Kontinent entstanden.[100]

Dieser Zustand begann sich zu Beginn des 19. Jahrhunderts erst zögernd zu ändern. Die analytische Mathematik des Kontinents etablierte sich zunächst an der Universität Cambridge,[101] wo traditionsgemäß auch die angewandte

---

98/ FRESNEL: Elementary view of an (sic) undulatory theory of light. From the supplement to the translation of THOMSON's Chemistry transl. by T. YOUNG, in Quart.J.Sci. 23 (1827), 127-141, 441-454; 24 (1828), 113-135, 431-448; 25 (1828), 198-215, 26 (1829), 168-191, 389-407; 27 (1829), 159-165.

99/ Vgl. CANTOR 1983, S. 161-162.

100/ "...by the outbreak of the French Revolution the centre of gravity of European mathematics had shifted from the person of Newton in London to the continent of Europe... Apart from MacLaurin Newton had found in Britain no successor of genius... British mathematics and mathematical physics had entered a long period of stagnation...". (HERIVEL 1973, S. 40-41). - Vgl. dazu auch CARDWELL ²1972, S. 36-40.

101/ Das erste einer ganzen Serie von Lehrbüchern über analytische Mathematik wurde 1803 von Robert WOODHOUSE (1773-1827) in Cambridge veröffentlicht. Vgl. dazu DUBBEY 1963.

Mathematik ("mixed mathematics") zum Lehr- und Prüfungsstoff zählte. Das in Cambridge übliche Unterrichtssystem begünstigte darüberhinaus die schnelle Verbreitung neuartiger Inhalte an Studenten.[102] 1812 wurde dort die mit programmatischem Anspruch auftretende "New Analytical Society" gegründet. Daher war es die Universität Cambridge, aus der zu Beginn der zwanziger Jahre junge Mathematiker hervorgingen, die in der Analysis versiert waren.[103]

Aus diesem Grunde ist es nicht überraschend, daß auch die Fresnelsche Wellentheorie des Lichts zunächst in Cambridge Anerkennung fand, wo sie im Rahmen der "Cambridge Philosophical Society" diskutiert wurde.[104] Der junge Astronom und Mathematiker George Biddell AIRY (1801-1892)[105] begann 1828 die Vorzüge der Wellentheorie in seinen Vorlesungen in Cambridge zu diskutieren. Seinem Lehrbuch der Himmelsmechanik fügte er 1831 einen umfangreichen Anhang über die Wellentheorie bei in der Absicht "to turn the Cambridge mathematics to physical applications."[106] An der Universität Oxford wurde die Wellentheorie durch Baden POWELL (1796-1860) eingeführt, der dort seit 1827 als "Savilian Professor of Geometry" wirkte.[107] POWELL war bemüht, die Wellentheorie in der Formulierung zu propagieren, die sie durch CAUCHY gefunden hatte.[108] Einen öffentlichen Fürsprecher fand die Wellentheorie 1834 auch in Humphrey LLOYD (1800-1881) aus Dublin,[109] der in seinem Bericht an das vierte Meeting der "British Association for the Advancement of Science" die konkurrierenden Theorien miteinander verglich und dabei, allerdings unter

---

102/ BALL 1889, S. 160.

103/ GUNTHER 1937 (Reprint 1969), S. 61.

104/ Vgl. hierzu WILSON 1968.

105/ Zur Person s. DSB I, S. 84-87.

106/ AIRY ^{2}1831. Die erste Auflage erschien 1826 in Cambridge und enthielt noch keinen Anhang zur Wellentheorie des Lichts.

107/ DSB XI, S. 115-116.

108/ POWELL 1835/b. - Vgl. die Ankündigung dieser Arbeit in Phil.Mag. 4 (1834), 396-397, wo über "the slowness with which continental researches find their way into England" Klage geführt wird.

109/ Zur Person s. DSB VIII, S. 426-427.

Verzicht auf mathematisches Raisonnement, die Vorzüge der Wellentheorie herausstrich.[110]

Die Einführung der Wellentheorie an den schottischen Universitäten stieß zunächst auf starke Widerstände, die in der Regel aus der völlig unzureichenden mathematischen Ausbildung der Studenten resultierten, welche ihrerseits wiederum eine Folge der mathematischen Tradition der Schotten war: "On philosophical and pedagogical grounds the analytical form of the calculus was rejected while the fluxional form, and geometry in general, was preferred."[111]

5.2.5 Die Rezeption der analytischen Theorie der Wärme

Das für die Durchsetzung der Wellentheorie Festgestellte gilt in verstärktem Maße für die Etablierung von FOURIERs analytischer Theorie der Wärme. Sie fand in Großbritannien erst in den dreißiger Jahren Eingang in die Diskussion, wobei auch hier der Anstoß aus Cambridge kam.[112]

Einer breiteren wissenschaftlichen Öffentlichkeit wurde FOURIERs analytische Theorie durch einen Bericht bekannt, den William WHEWELL (1794-1866),[113] ein Vertreter der Cambridger Mathematiker-Schule und engagierter Propagandist der Wellentheorie, im Jahre 1835 der "British Association" erstattete.[114] WHEWELL war sich im Klaren darüber, daß der hohe mathematische Anspruch, der sich mit FOURIERs Theorie verband, ihre Aufnahme in einem Großbri-

---

110/ LLOYD 1835.

111/ CANTOR 1983, S. 165.

112/ "When Fourier eventually published his treatise Théorie analytique de la chaleur in 1822, little attention seems to have been paid to it in Britain at first. (...) Not until the 1830s did Fourier's treatise receive more notice from British mathematicians and natural philosophers." (CROSLAND/SMITH 1978, S. 51).

113/ "Whewell contributed to the attempt to bring the mathematical methods of the French analysts into Cambridge scientific education." (DSB XIV, S. 292-295, hier S. 293).

114/ WHEWELL 1836. - Vgl. auch die häufige Bezugnahme auf FOURIER in WHEWELL 1837, II, S. 520-555; bzw. deutsch in WHEWELL 1840-1841, II, S. 502-535.

tannien behindern mußte, in dem "all the cultivators of science, except a very few, well equipped for the mathematical race, have been left behind by the course of discovery, and have almost lost sight of their leaders."[115] Abhilfe sei hier nur durch neue Lehrbücher zu schaffen, in denen FOURIERs Theorie "shall be presented in a manner sufficiently elementary to be accessible to mathematicians of common attainments."[116]

Es bleibt fraglich, ob eine simplifizierende Darstellung, wie sie von WHEWELL intendiert war, der Theorie FOURIERs hätte gerecht werden können. Die revolutionäre Methodik FOURIERs bestand ja gerade in der Anwendung neuartiger mathematischer Verfahren wie etwa der später nach ihm benannten Reihen und Integrale auf komplexe physikalische Problemstellungen, die sich einer Darstellung mit Hilfe herkömmlicher mathematischer Verfahren entzogen.

Da wir bereits auf die spezifisch schottische Forschungstradition hingewiesen haben, die sich auf dem Gebiet der Theorie der Wärme in Edinburgh etabliert hatte, ist die Frage von besonderem Interesse, wann und vor allem wie die analytische Theorie der Wärme in Schottland rezipiert wurde.

Der Erkenntnis, daß der direkte Einstieg in die analytische Mathematik für das Verständnis der "neuen Physik" unabdingbar ist, konnte sich auch James David FORBES nicht verschließen, der von 1828 bis 1830 bei LESLIE studiert hatte. In dem Bewußtsein, dort nicht mehr viel lernen zu können, begab er sich 1831 nach Cambridge, wo er mit führenden Vertretern der "Cambridge-School" wie den bereits genannten WHEWELL, AIRY und PEACOCK zusammentraf.[117] Beeindruckt von dem dortigen Niveau begann er nach seiner Rückkehr nach Edinburgh mit einem intensiven Selbststudium, wobei er sich in der Auswahl der Texte durch WHEWELL brieflich beraten ließ. Dieser empfahl ihm neben Schriften von POISSON und AIRY auch FOURIERs 1822 publizierte "Theorie

---

115/ WHEWELL 1836, S. 29. - Die von FOURIER entwickelten mathematischen Hilfsmittel (Entwicklung in FOURIER-Reihen) waren erst 1833 vor der "British Association" bekannt gemacht worden; s. PEACOCK 1834. PEACOCK war ebenfalls ein Mathematiker der "Cambridge-School" (s. DSB X, S. 437-438).

116/ WHEWELL 1836, S. 33.

117/ SHAIRP/TAIT/ADAMS-REILLY 1873, S. 68-73.

analytique de la chaleur" mit dem Hinweis, dies sei "a very instructive example of the application of analysis".[118]

Im Sommer 1832 unternahm FORBES eine ausgedehnte Studienreise auf den Kontinent, die ihn auch nach Genf führte, wo er PREVOST und MAURICE traf. George MAURICE (1799-1839), Professor für analytische Mechanik an der Genfer Acadêmie, war im Auftrag von PREVOST, der FOURIERs Mathematik nicht verstand,[119] gerade dabei, eine Zusammenfassung der Fourierschen Strahlungstheorie zu erarbeiten,[120] die sofort FORBES Interesse fand. MAURICE schickte FORBES, der wegen des Todes von LESLIE vorzeitig nach Edinburgh zurückkehren mußte,[121] das Manuskript dorthin nach, worauf dieser es umgehend für das "Philosophical Magazine" übersetzte.[122] Wie FORBES in seinem begleitenden Schreiben an den Herausgeber BREWSTER feststellte, leistete er (und damit indirekt der Genfer MAURICE) für Schottland Pionierarbeit.[123]

Im Jahr darauf folgte FORBES seinem Lehrer LESLIE auf den Lehrstuhl für "Natural Philosophy" an der Universität Edinburgh. Seine Position gab ihm von nun an Gelegenheit, die im Selbststudium erworbenen Kenntnisse an seine Studenten weiterzugeben. Damit hielt die "neue Physik" auch an der Universität Edinburgh Einzug ins Curriculum, wenngleich die Zahl der Studenten, die bereit war, sich in die analytische Mathematik einzuarbeiten, zunächst noch sehr ge-

---

118/ WHEWELL an J.D. FORBES, Brief, 14. Juli 1831; zit.n. SMITH 1976, S. 26.

119/ Vgl. dazu Kap. 1.11.

120/ Sie bildete einen zentralen Bestandteil von PREVOSTs Exposition élémentaire (PREVOST 1832/a, S. 32-47). Für die Umstände der Entstehung der Zusammenarbeit s. Kap. 1.11.

121/ DNB VII, S. 398-400, hier S. 398. - FORBES brach seine Reise in Genf ab, als ihn dort die Nachricht vom Tode LESLIEs erreichte, und kehrte von dort nach Schottland zurück.

122/ Abstract of the principal Demonstrations of M. Fourier, relative to the Mathematical Law of the Radiation of Heat. By Baron MAURICE (...), Translated by James D. FORBES, in Phil.Mag. (Ser. 3) 2 (1833), 103-110.

123/ "As I have not observed any account of this part of Fourier's labours in English works (and, indeed, the writings of that distinguished man are too little known in this country), I think the present notice may not be unacceptable...". (FORBES 1833, S. 103).

ring blieb. Die endgültige Wende hin zu einer Reform des Unterrichts markierte 1838 die Neubesetzung des Lehrstuhls für Mathematik durch den in Cambridge ausgebildeten Mathematiker Phillip KELLAND (1808-1879), für dessen Berufung sich FORBES verwendet hatte. Durch diese hart erkämpfte Entscheidung fand die Notwendigkeit der Vermittlung von Kenntnissen in analytischer Mathematik auch an der Universität Edinburgh offizielle Anerkennung.[124]

An der Universität Glasgow hatte seit 1803 William MEIKLEHAM den Lehrstuhl für "Natural Philosophy" inne. Wie FORBES so erwies sich auch MEIKLEHAM als ein Reformer des Curriculums: seinen Studenten empfahl er bereits zu Beginn der dreißiger Jahre die Lektüre der Werke kontinentaler Mathematiker wie LEGENDRE, LAGRANGE und LAPLACE.[125] Unter seinen Schülern befanden sich James THOMSON d.Ä., der 1832 den Lehrstuhl für Mathematik in Glasgow einnahm, sowie dessen Sohn William, der spätere Lord KELVIN.

William THOMSON (1824-1907)[126] wurde zunächst durch seinen Vater, dann während seines Studiums, das er 1834 in Glasgow aufnahm, durch MEIKLEHAM mit der analytischen Mathematik konfrontiert. Er gehörte damit zu der ersten Generation schottischer Studenten, die die Möglichkeit hatten, die "neue Physik" an einer heimischen Universität kennenzulernen. 1840 vertiefte er sich in die Lektüre von FOURIERS "Théorie analytique de la chaleur", die ihn nachhaltig beeinflußte. Nach einem mehrjährigen Studienaufenhalt in Cambridge kehrte er 1845 nach Glasgow zurück, wo er ein Jahr später den Lehrstuhl von MEIKLEHAM übernahm. THOMSON wurde damit der erste Hochschullehrer in Schottland, der sich in der Lage sah, FOURIERs Theorie weiterzuentwickeln.[127]

124/ Für den hartnäckigen Widerstand der Traditionalisten gegen diese Berufung, der sich aus der Befürchtung speiste, das nationale Kulturerbe Schottlands werde verraten, s. "The 1838 Contest for the Edinburgh Mathematical Chair", in DAVIE ^{3}1981, S. 105-126; u. Kap. 6.2.

125/ SMITH 1976, S. 13-14.

126/ William THOMSON wurde zwar in Belfast (Irland) geboren, lebte aber seit seinem achten Lebensjahr in Glasgow, wo er den Großteil seiner Ausbildung erhielt. Es kann damit davon ausgegangen werden, daß er von der intellektuellen Tradition Schottlands geprägt war (DSB XIII, S. 374-388).

127/ Vgl. dazu HERIVEL 1973.

Die Einführung der "neuen Physik" gelang also in Großbritannien erst in dem Maße, wie gleichzeitig eine Gemeinschaft mathematischer Physiker entstand.[128] Diese konzentrierte sich anfänglich auf die Universitäten Cambridge und Dublin.[129] Die Mitglieder dieser Gemeinschaft verschafften sich von dort aus sukzessive Einfluß zunächst in der Cambridge Philosophical Society, dann in der Royal Society London und schließlich auch, wenngleich in geringerem Umfang, in der "British Association for the Advancement of Science". Ihren Standpunkt propagierten sie zunächst in Buchpublikationen und einer wachsenden Zahl von Forschungsbeiträgen. Schließlich gelang es zu Beginn der vierziger Jahre durch die Erringung von Lehrstühlen auch in Schottland, die neuen Theorien im Curriculum der Universitäten zu verankern.[130]

Die verzögerte Rezeption der "neuen" Physik der kontinentalen Schule ist damit als Ursache dafür anzusehen, daß die Theorie des "calorique rayonnant" nicht, wie es in Frankreich um 1820 bereits der Fall war, durch die analytische Theorie FOURIERs verdrängt werden konnte. Vielmehr ist festzustellen, daß sowohl die anschaulich-konkrete Modellvorstellung PREVOSTs als auch der analytisch-abstrakte Formalismus FOURIERs in Großbritannien gegen Ende der dreißiger Jahre im Bewußtsein der wissenschaftlichen Öffentlichkeit präsent waren. Dennoch waren auch in Großbritannien die Tage des "calorique rayonnant" gezählt. Den Gründen für den späten Niedergang, der seine Ursache in einem Paradigmenwechsel hatte, wollen wir uns im Folgenden zuwenden.

128/ HERIVEL datiert diese Entstehung anhand der Anwendung Fourierscher Methoden: "...that from around 1840 onwards these concepts and methods had become as much part of the ordinary stock in trade of British mathematicians as was already the case for continental mathematicians such as Cauchy, Poisson and Dirichlet." (HERIVEL 1973, S. 44). Derart global ausgedrückt gilt dies sicher nur für Cambridge.

129/ "Of the 16 (94%) wave theorists who attended university all but two were educated at either Cambridge or Trinity College Dublin. ... these were the two major centres of analytical mathematics in the early decades of the century; hence these figures confirm the historical connection between the new mathematics and the rise of the wave theory." (CANTOR 1983, S. 174).

130/ In Bezug auf die Wellentheorie s. CANTOR 1983, S. 190.

5.3 Die Identität von Licht und strahlender Wärme

5.3.1 Problemstellung

Das über die strahlende Wärme seit Ende des 18. Jahrhunderts gesammelte empirische Material hatte zwar immer wieder auf die analogen Eigenschaften der beiden Strahlungsformen verwiesen; dennoch sollte bis etwa 1830 allgemein die Auffassung vorherrschen, es hier mit zwei distinkten Strahlungen zu tun zu haben. Daß die qualitative Identität von Licht und strahlender Wärme bis dahin nur von wenigen Außenseitern behauptet wurde,[131] hatte seinen Grund in den Transmissionseigenschaften des gewöhnlichen Glases: Glas transmittiert bei Verwendung von Strahlungsquellen niedriger Temperatur nur das sichtbare Licht, nicht aber die unsichtbare Wärmestrahlung. Die strahlende Wärme wurde daher als eine dem Licht ähnliche, jedoch von diesem durch Glas abtrennbare Erscheinung aufgefaßt.[132] Da die Natur des Lichts in der Newtonianischen Tradition paradigmatisch fixiert war, lag es nahe, in der strahlenden Wärme ein korpuskulares Fluidum ähnlich dem Licht zu vermuten. Die substantialistische Theorie der Wärme kam dieser Vermutung entgegen: es konnte sich bei der strahlenden Wärme nur um den freien Wärmestoff (calorique libre) handeln.[133]

Diese Trennung der Phänomenbereiche, die sich in der Annahme distinkter Fluida ausdrückte, ist auch als Ursache dafür anzusehen, daß die Austauschtheorie für die frühe Geschichte der Spektralanalyse bis hin zu STEWART und KIRCHHOFF keine Rolle gespielt hat.[134] PREVOST hatte seine Theorie in der Sprache des Wärmestoffes formuliert und FOURIERs abstrakte Theorie bezog sich ebenfalls allein auf die Wärmestrahlung. Die Geschichte der Spektralana-

---

131/ U.a. von HUTTON 1794. Vgl. WATANABE 1978. Obwohl WATANABE von einer Entdeckung spricht, handelte es sich bei HUTTON nicht um einen experimentellen Nachweis, sondern lediglich um eine Spekulation!

132/ Diese Beobachtung machte erstmalig Edme MARIOTTE; s. den Bericht über seine Beobachtung aus dem Jahre 1679 in HARS Paris 1 (1666-1686, publ. 1733), 304 u. 334. Vgl. auch MARIOTTE 1681, S. 560-564; sowie LAMBERT 1779, S. 210-211.

133/ Vgl. Kap. 4.1; sowie CORNELL 1936.

134/ Für eine knappe Übersicht über die historische Entwicklung der Spektralanalyse s. DANZER 1969. - Brauchbar ist ferner WOOLF 1964. - KANGRO argumentiert eher systematisch denn historisch, wenn er PREVOSTs Theorie mit der Spektralanalyse in Verbindung bringt; vgl. KANGRO 1972.

lyse nahm aber ihren Ausgang im Bereich des sichtbaren Lichtes, als 1802 WOLLASTON (1766-1828) und später (1814) FRAUNHOFER (1787-1826) die dunklen Absorptionslinien im Sonnenspektrum entdeckten. Dabei hätte das von PREVOST formulierte Prinzip des dynamischen Gleichgewichts unmittelbar ein theoretisches Verständnis der Linienumkehr ermöglicht, wäre der abstrakte Gedanke des dynamischen Gleichgewichts auf jede "Qualität" der Strahlung, hier also auf die spezifische Wellenlänge (Farbe) des Lichtes ausgedehnt worden.[135] Dies leistete erst 1858 der Schotte Balfour STEWART unter spezifischen Umständen, von denen noch die Rede sein wird.[136] Inzwischen mußten ANGSTRÖM (1814-1874) und STOKES (1819-1903), die sich um 1855 als erste mit der theoretischen Deutung der von FOUCAULT festgestellten Linienumkehr befaßten,[137] das Prinzip des dynamischen Gleichgewichts gleichsam neu entdecken. Bezeichnenderweise griffen sie nicht auf PREVOSTs Theorie, sondern auf das Bild der akustischen Resonanz, also auf die aus der Optik wohlbekannte Schallanalogie zurück, die eine quantitative Differenzierung der Strahlung analog zur Wellenlänge (Tonhöhe) des Schalls erlaubte.[138]

Der zögernden Herausbildung der Erkenntnis, daß es sich beim Licht und der strahlenden Wärme lediglich um quantitativ zu unterscheidende Formen ein- und desselben Phänomens, nämlich der Strahlung schlechthin handelt, soll im Folgenden untersucht werden. PREVOST hatte an dieser Entwicklung, die seiner Theorie des "calorique rayonnant" den Boden entzog, beträchtlichen Anteil.

135/ Die Bindung des Austauschprinzips an die Hypothese des korpuskularen "calorique" erschwerte jedoch den Gedanken an eine quantitative Differenzierung der Strahlung; s. dazu Kapitel 5.2., besonders 5.2.3.

136/ S. dazu Kap. 6.1.

137/ Dieses Phänomen wurde 1849 erstmals von Lêon FOUCAULT (1819-1868) beschrieben; s. FOUCAULT 1849. "...Foucault threw sunlight on the light from a carbon arc to superimpose the spectra. From his observation that the double bright yellow line of the arc was identical with the double dark line in the solar spectrum (D line from sodium), he concluded that the arc could absorb the same light that it emitted, but the generalization of this observation to explain the Fraunhofer lines was left to Kirchhoff in 1859." (DSB V, S. 84-87).

138/ ANGSTRÖM 1855. - Zu STOKES, der angeregt durch eine Unterredung mit FOUCAULT die Resonanzhypothese 1855 formulierte, aber nicht publizierte, s. G.G. STOKES: "Extracts Relating to the Early History of Spectrum Analysis", in STOKES Papers, [2]1880-1905 (Reprint 1966), IV, S. 127-136.

5.3.2 Das Problem der Instantanen Transmission

Bereits 1790 hatte PICTET die Transmission untersucht, indem er mit Metallamalgam bzw. Ruß beschichtete Schirme aus Glas zwischen die Strahlungsquelle und das Luftthermometer brachte. Dabei stellte er fest, daß der vom Thermometer angezeigte Temperaturanstieg umso geringer ist, je besser die der Quelle zugewandte Oberfläche des Schirms die strahlende Wärme reflektiert. Den trotz des Schirms vom Thermometer verzeichneten Temperaturanstieg führte er auf den transmittierten Teil der strahlenden Wärme zurück.[139]

Auch William HERSCHEL beschäftigte sich im Anschluß an seine Entdeckung der unsichtbaren Strahlen im Sonnenspektrum mit der Frage, ob es sich bei den wärmenden Strahlen um "unsichtbares Licht" oder um eine distinkte Strahlung von genuinem Charakter handelt. In umfangreichen Versuchsreihen versuchte HERSCHEL die relative Transmission verschiedener Materialien zu bestimmen, indem er jeweils zwei Thermometer für die Dauer von fünf Minuten dem Einfluß verschiedener Strahlungsquellen (Sonnenlicht, Kohlenfeuer) aussetzte; das eine Thermometer erhielt die Strahlung auf direktem Wege, das zweite durch einen dünnen Schirm aus dem zu messenden Material hindurch. Für jedes der beiden Thermometer wurde der innerhalb der Meßzeit auftretenden Temperaturanstieg bestimmt; den Quotienten der beiden Werte nahm HERSCHEL als Maß für die relative Transmission des Schirmmaterials.[140] Aufgrund dieser Untersuchungen kam HERSCHEL, der in seiner ersten Arbeit aus dem Jahre 1800 noch die Identität von Licht und strahlender Wärme bejaht hatte, nun zum gegenteiligen Resultat.[141]

HERSCHELs Messungen nahm PREVOST zum Anlaß einer scharfsinnigen Kritik, die am 1. Juli 1802 der Royal Society zur Kenntnis gebracht wurde. Nach HERSCHEL nahm die Transmission mit der Zeit zu; der Temperaturanstieg zeigte während der Meßzeit eine deutliche Beschleunigung. PREVOST stellte

---

139/ PICTET Versuch 1790, S. 60-62.

140/ HERSCHEL 1800.

141/ LOVELL 1968. Daß HERSCHEL somit subjektiv garnicht der Entdecker des "Unsichtbaren Lichts" war, wird bis heute meistens übersehen; vgl. z.B. KLEINERT 1984.

klar, was HERSCHEL offensichtlich übersehen hatte: durch Absorption heizt sich das Schirmmaterial während der Meßzeit auf, wodurch es selbst zum Wärmestrahler wird! PREVOST machte die Unzulänglichkeit des von HERSCHEL verwendeten Meßverfahrens deutlich, das mit seiner langen Meßzeit kaum geeignet war, die Transmission direkt zu bestimmen.[142]

Mit seiner Kritik hatte PREVOST auf ein zentrales Problem bei der experimentellen Untersuchung der strahlenden Wärme hingewiesen: kann strahlende Wärme überhaupt direkt (immédiatement) transmittiert werden oder wird sie vielleicht immer nur re-emittiert? Die Klärung dieser Frage war von unmittelbarem theoretischem Interesse: wenn die strahlende Wärme eine Form des Lichtes wäre, dann müßte sie wie dieses quasi instantan transmittiert werden können. Die Suche nach der instantanen Transmission stieß allerdings, wie das Verfahren von HERSCHEL zeigte, auf erhebliche experimentelle Schwierigkeiten: wie sollte man die direkt transmittierte von der re-emittierten Strahlung unterscheiden?

In seiner Untersuchung über die Natur und Ausbreitung der Wärme, die 1804 veröffentlicht wurde, hatte auch LESLIE umfangreiche Versuchsreihen zur Transmission beschrieben. Als Wärmequelle diente ihm dabei ein mit siedendem Wasser gefüllter Metallkubus ("LESLIE-Würfel"); zum Nachweis der strahlenden Wärme fand ein Differentialthermometer Verwendung, dessen absorbierende Kugel zur Steigerung der Meßempfindlichkeit im Brennpunkt eines metallenen Hohlspiegels angeordnet wurde. Strahler und Hohlspiegel waren einander zugewandt in einer Entfernung aufgestellt, die es bequem erlaubte, Schirme aus verschiedenen Materialien dazwischenzuschieben.[143] LESLIE zeigte, daß ein Metallschirm, der ein hohes Reflexionsvermögen auf der dem Strahler zugewandten Seite aufweist, den Strom der Wärme fast vollständig unterbricht, wohingegen seine abschirmende Wirkung erheblich zurückgeht, sobald er auf dieser Seite mit Ruß beschichtet wird. Sie nimmt weiter ab, wenn auch noch die dem Thermometer zugewandte Oberfläche berußt wird. Aufgrund dieser Befunde kam LESLIE zu der Überzeugung, daß die "transmittierende" Wirkung der verwendeten Schirme auf zwei Effekten beruht: "their aptitude to receive heat, and

---

142/ PREVOST 1802/a. Vgl. auch PREVOST 1809/a, S. 62-86.

143/ LESLIE 1804, S. 26-43.

their power to discharge it."[144] Wie sehr ein Schirm den Strom der Wärme "durchläßt" bestimmt sich demnach durch drei Eigenschaften: Absorption, Leitfähigkeit und Emission. Mit anderen Worten: damit überhaupt Wärme "transmittiert" werden kann, ist es notwendig, daß sich der Schirm zunächst aufheizt, damit er selbst zum Wärmestrahler wird! Damit war für LESLIE klar, daß strahlende Wärme nicht instantan transmittiert werden kann.[145]

Wiederum war es PREVOST, der sich kritisch gegen vorschnelle Schlußfolgerungen wandte: LESLIE habe übersehen, daß die Empfindlichkeit der verwendeten Nachweisgeräte entscheidenden Einfluß auf den Ausgang der Transmissionsexperimente habe. Er hätte daher nur behaupten dürfen, daß es ihm mit seiner Versuchsanordnung nicht möglich gewesen war, eine instantane Transmission nachzuweisen.[146]

In einer experimentellen Untersuchung, die er in Zusammenarbeit mit PICTET und BOISSIER im Februar 1810 durchführte, versuchte PREVOST, dem Problem der instantanen Transmission auf den Grund zu gehen.[147] Zu diesem Zwecke wurden als Nachweisgeräte Luftthermoskope großer Empfindlichkeit verwendet.[148] Um die Aufheizung der Schirme möglichst auszuschließen, kam PREVOST auf den Gedanken, dieselben beweglich anzuordnen. Im Falle von Glas wurden Scheiben senkrecht zur Ausbreitungsrichtung der Strahlung verschoben: die Thermoskope zeigten auch bei schneller Bewegung eine Erhöhung der Temperatur: "La conséquence de cette expérience est qu'on ne peut guère douter qu'il n'y ait quelque transmission immédiate et instantanée."[149] Im Gegensatz

---

144/ LESLIE 1804, S. 33.

145/ LESLIE kam u.a. aufgrund dieser Experimente zu dem Schluß, daß zur Ausbreitung der von ihm angenommenen Wärmevibrationen das Vorhandensein von Luft erforderlich ist.

146/ PREVOST 1809/a, S. 165-190.

147/ Ausgangspunkt dieser Untersuchung war die Korrektur einiger Feststellungen LESLIEs, so z.B. seiner Behauptung, strahlende Wärme werde von Eis und von Wasser perfekt abgeschirmt.

148/ Sie variierte nach PREVOSTs Angaben zwischen 4,25 und 22,5 Linien pro Grad Reaumur (umgerechnet 7 bis 36 mm/°C).

149/ PREVOST 1811/b, S. 181. (Hervorhebung von mir).

dazu zeigte sich bei Verwendung einer rotierenden Scheibe aus Papier kein Effekt, solange diese in Bewegung war. Erst einige Zeit nach Stillstand der Scheibe begann das Thermoskop zu steigen. "On peut conclure de cette expérience (...), que la transmission par le papier se fait médiatement et par voie d'echauffement, puisque lorsque l'écran devient mobile et n'a pas le temps de s'échauffer, la transmission n'a pas lieu, ou du moins est presqu'imperceptible."[150]

Neben Glas und Papier fand auch ein Schirm aus fließendem Wasser Verwendung. Hier zeigte das Thermoskop erst einen Effekt, nachdem seine Kugel geschwärzt und der Abstand zwischen ihm und dem Strahler (erhitzte Eisenkugel bzw. brennende Kerze) auf wenige Zentimeter verringert worden war: der Anstieg betrug auch dann lediglich ein Siebtel °R ! Daraus schloß PREVOST: "Il paroît (...) que la quantité du calorique, transmise immédiatement par l'eau, n'est qu'une partie fort petite de tout celui qui se présente pour la traverser, peut-être sa partie la plus subtile."[151]

Wenngleich diese einfallsreichen Experimente auch Ansatzpunkte für Kritik boten,[152] so war es doch PREVOSTs unbestreitbares Verdienst, mit dieser Arbeit erstmals eine klare terminologische Unterscheidung zwischen mittelbarer, also auf Absorption, Leitung und Re-emission beruhender und unmittelbarer ("instantaner"), also auf "Durchstrahlung" beruhender Transmission vorgenommen zu haben. Darüberhinaus schienen die Experimente anzudeuten, daß diaphane Materialien wie Glas oder Wasser die strahlende Wärme in einem gewissen, allerdings äußerst geringem Maße direkt transmittieren. PREVOST schloß daraus auf eine innere Inhomogenität des "calorique", die sich für jedes Schirmmaterial in spezifischer Weise bemerkbar machen müßte.

Mit der Kritik an LESLIE und seinen Schlußfolgerungen stand PREVOST keineswegs allein: etwa zur selben Zeit war MAYCOCK in Edinburgh aufgrund ei-

---

150/ PREVOST 1811/b, S. 182. (Hervorhebung von mir).

151/ PREVOST 1811/b, S. 185. (Hervorhebung von mir).

152/ Der üblicherweise vorgebrachte Einwand lautete, daß sich auch bewegte Schirme, so groß ihre Geschwindigkeit auch sein mag, aufheizen müßten; vgl. POWELL 1835/a.

ner kritischen Prüfung der von LESLIE durchgeführten Experimente zu dem Schluß gelangt, "that radiant caloric, under favourable circumstances, penetrates glass, and perhaps other diaphanous media, independently of raising their temperature."[153] MAYCOCK hatte keine beweglichen Schirme verwandt, sondern vielmehr darauf hingewiesen, daß eine klare Glasscheibe unter sonst gleichen Umständen erheblich mehr Wärme transmittiert als eine beidseitig berußte. Dies stand im Widerspruch zu LESLIEs These "that dense media are impervious to caloric radiated from surfaces artificially heated."[154]

5.3.3 Die Temperaturabhängigkeit der Transmission

Die Arbeit von MAYCOCK enthielt neben der berechtigten Kritik an LESLIE eine weitere bemerkenswerte Schlußfolgerung. MAYCOCK hatte nicht wie LESLIE nur siedendes Wasser als Strahlungsquelle bei seinen Untersuchungen verwendet, sondern auch ein siedendes Gemisch aus Schwefelsäure und Wasser, das eine Temperatur von etwa 500 ^{o}F (260 ^{o}C) aufwies, sowie eine Kerzenflamme. Die Verwendung von Strahlungsquellen unterschiedlicher Temperatur brachte ihn auf die Vermutung, die Temperatur des Strahlers könne von entscheidendem Einfluß auf die Transmission sein:

153/ MAYCOCK 1810, S. 111. - Der als Brief an den Herausgeber formulierte Beitrag datiert vom 5. April 1810; die Veröffentlichung erfolgte im Mai- und Juni-Heft des Journals. Bereits im November 1810 erschien eine Übersetzung in der "Bibliothèque Britannique"; s.: Remarques sur la doctrine de la chaleur rayonnante, du Prof. LESLIE; avec des expériences destinées à montrer que le calorique peut passer au travers des milieux transparens sans les réchauffer, in Bib.Brit. Ser.Sci.Arts 45 (1810), 213-228. Es ist aber unwahrscheinlich, daß PREVOST die Arbeit von MAYCOCK noch vor der Abfassung seiner eigenen zu Gesicht bekommen hat, da er diese nämlich bereits am 16. August 1810 vor der "Société de Physique et d'Histoire Naturelle de Genève" verlas. Es scheint sich vielmehr um einen Fall von "Parallelentdeckung" zu handeln. Der Redakteur der "Bibliothèque Britannique" (PICTET) sah sich denn auch zu einer Anmerkung genötigt: "Notre savant ami le Prof. Prevost a profité du froid de l'hiver dernier pour faire, antérieurement à la recherche dont nous allons rendre compte, une suite d'expériences sur un sujet assez analogue et par des procédés ressemblans à ceux de l'auteur." (ebd., S. 213).

154/ MAYCOCK 1810, S. 75.

> Now as diaphanous bodies admit some rays of caloric to pass through their substance, and intercept others, it seems a probable conjecture, that all the rays of caloric have not the same degree of velocity; and that, the higher the temperature of a body is, the greater number of rays will it project with such a velocity, as fits them for passing through a dense medium.[155]

Während sich also PREVOST noch mit dem vagen Hinweis auf die innere Inhomogenität des calorique begnügt hatte,[156] war diese von MAYCOCK konkretisiert und mit der Geschwindigkeit der Korpuskeln in Verbindung gebracht worden. Es blieb jedoch François DELAROCHE (1781-1813)[157] vorbehalten, den von MAYCOCK angedeuteten Zusammenhang quantitativ zu präzisieren.[158]

Die Anregung zu seinen Untersuchungen verdankte DELAROCHE unmittelbar der erwähnten Abhandlung PREVOSTs.[159] Besonders beeindruckt hatte ihn darin der Gedanke der Inhomogenität: "Ce sont les conjectures que vous aviez émises (...) sur la probabilité de l'existence de deux ou de plusieurs fluides differ-

---

155/ MAYCOCK 1810, S. 109.

156/ Offenbar hatte PREVOST so etwas wie ein Gemisch von Korpuskeln unterschiedlicher Größe im Auge, da er von "la partie la plus subtile" spricht. Der Gedanke an eine Geschwindigkeitsverteilung der Korpuskeln findet sich in seiner Theorie des "calorique rayonnant" an keiner Stelle.

157/ Der Vater von François DELAROCHE, Daniel DELAROCHE (1743-1812), entstammte einer französischen Familie, die in Genf 1731 das Bürgerrecht erhalten hatte. Daniel DELAROCHE war Arzt und "Naturaliste" und erwarb sich einen Namen durch seine Mitarbeit an der Pharmocopea Genevensis. 1775 wurde er Mitglied des Conseil des Deux Cents; nach den politischen Unruhen von 1782 verließ er Genf und ließ sich in Paris nieder, wo er als Arzt am Hôpital Necker tätig war. Sein Sohn François übernahm diesen Posten von seinem Vater. (HBLS II, 648-649). Daniel DELAROCHE war mit PREVOST befreundet gewesen. Diese Tatsache dürfte François die Kontaktaufnahme zu PREVOST erleichtert haben. PREVOST hatte ihm bereits 1809 ein Exemplar von Du calorique rayonnant zugeschickt (s. Dankschreiben von DELAROCHE an PREVOST, 6. November 1809, BPU Mss.suppl. 1049, fo. 125-126).

158/ DELAROCHE 1812.

159/ In einem Brief an PREVOST, in dem er die Ergebnisse seiner Arbeit vorab zusammenfaßte, schrieb DELAROCHE im Oktober 1811: "J'avois depuis longtems lorsque je le lus /votre mémoire/ le desir de faire quelques recherches sur ce sujet mais sans avoir encore d'idées bien arretées sur ce travail; mais lorsque j'eus connoissance de vos intéressantes recherches je ne voulus pas tarder davantage a en faire moi même quelques unes sur ce sujet...". (DELAROCHE an PREVOST, Brief, 2. Oktober 1811, BPU Mss.suppl. 1049, fo. 129-130).

ens dans le calorique rayonnant, qui m'ont donné l'idée de la plupart de mes expériences sur ce sujet...".[160] Unter Bezugnahme auf die Arbeiten von PREVOST stellte DELAROCHE zunächst fest, daß es keinen Zweifel an der Existenz instantaner Transmission geben kann. Ihre Stärke bestimmte er in Anlehnung an MAYCOCK dadurch, daß er zunächst eine klare Glasplatte, dann eine beidseitig geschwärzte Platte gleicher Dicke in den Strahlengang brachte. Die dabei auftretenden Differenzen in den Temperaturanstiegen, die vom Thermometer binnen einer Minute verzeichnet wurden, nahm er als relatives Maß für den direkt transmittierten Anteil der strahlenden Wärme.[161] Durch Verwendung von Strahlungsquellen hoher Temperatur (siedendes Quecksilber, glühendes Kupfer) konnte DELAROCHE zeigen, "/que/ la quantité de chaleur rayonnante qui traverse immédiatement le verre, est d'autant plus grande (...) que la température de la source qui l'émet est plus élevée."[162] Diese bedeutende Tatsache führte DELAROCHE, wie PREVOST, auf die Inhomogenität der strahlenden Wärme zurück: "Les rayons émis par un même corps chaud, diffèrent entre eux par rapport à leur faculté de traverser le verre."[163]

Offenbar veränderte sich aber die Zusammensetzung der Strahlung mit wachsender Temperatur des Strahlers dahingehend, daß der Anteil der vom Glas direkt transmittierten Strahlen zunahm. Da gleichzeitig bei hohen Temperaturen der strahlende Körper zu leuchten begann und seine Leuchtkraft mit zunehmender Temperatur anwuchs, schien auch für DELAROCHE, der sich ansonsten jeglicher Hypothesen enthielt, der Schluß unvermeidlich "de voir dans ce phénomène un motif assez puissant à ajouter à ceux qui ont engagé quelques phy-

---

160/ DELAROCHE an PREVOST, Brief, 24. Februar 1812, BPU Mss.suppl. 1049, fo. 131-132. Vgl. die Hinweise auf PREVOST in DELAROCHE 1812, S. 201 u. 213.

161/ Das Meßverfahren wurde später von PREVOST mit dem Hinweis kritisiert, wegen der kurzen Meßzeit von nur einer Minute könne aufgrund der schlechten Wärmeleitfähigkeit des Glases die Re-emission des Schirms noch garnicht ihren vollen Wert erreicht haben (BPU Mss.suppl. 1073/6, fo. 2-4). Da sich aber DELAROCHE in beiden Fällen (klare u. geschwärzte) Platte auf diese Zeit beschränkte und es ihm nur um die direkte Transmission ging, ist PREVOSTs Einwand nicht relevant.

162/ DELAROCHE 1812, S. 202.

163/ DELAROCHE 1812, S. 212.

siciens à regarder le calorique comme une simple modification de la lumière, ou plutôt la lumière comme un état particulier du calorique."[164]

PREVOST nahm DELAROCHEs Befunde als Bestätigung seiner Hypothese von der Inhomogenität des "calorique". Da DELAROCHE u.a. festgestellt hatte, daß bei Hintereinanderschaltung mehrerer dünner Schirme aus demselbem Material der erste die Strahlung prozentual am stärksten schwächt, dachte sich PREVOST einen solchen Schirm - ganz in der Tradition korpuskularmechanischer Physik à la LESAGE - wie ein "Sieb", das die gröberen Korpuskeln des "calorique" herausfiltert: "Le calorique, composé probablement d'élémens inégaux, se tamise en passant par le premier écran; et a beaucoup moins à perdre en passant par le second."[165]

DELAROCHEs Arbeit fand auch in Frankreich eine sehr positive Resonanz.[166] Der Erfolg dürfte zwei Gründe haben. Zum Einen entsprach die Darstellung den methodologischen Standards der "neuen Physik": Verzicht auf Hypothesen (was BIOT und HAÜY lobend hervorhoben), tabellarische Darstellung der Meßwerte, Diskussion möglicher Fehlerquellen, Kritik des eigenen experimentellen Vorgehens. Zum Anderen enthielt sie ein weiteres bedeutendes Ergebnis: das Newtonsche Abkühlungsgesetz, wonach die abgestrahlte Wärmemenge der Temperaturdifferenz zwischen dem Strahler und seiner Umgebung proportional ist,[167] gilt nur für kleine Temperaturdifferenzen. In einem ausgeklügelten Verfahren, in dem er den Begriff des dynamischen Gleichgewichts benutzte, wies DELAROCHE nach, daß die Abstrahlung mit wachsender Temperaturdifferenz überproportional stark ansteigt.[168]

164/ DELAROCHE 1812, S. 215.

165/ PREVOST 1813/b, S. 213. In dieser Arbeit läßt auch PREVOST Sympathie für die Identitätshypothese erkennen.

166/ Vgl. den positiven Bericht, den BIOT und HAÜY im Namen einer Untersuchungskommission am 9. März 1812 dem "Institut National" erstatteten, in PVAS V (1812-1815), S. 28-31.

167/ Vgl. dazu GRIGULL 1978.

168/ Wofür, wie wir heute wissen, das Stefan-Boltzmann-Gesetz verantwortlich ist. Zur Bedeutung von DELAROCHE für die Geschichte des Abkühlungsgesetzes vgl. COMPAN 1902, S. 3.

Auch in Großbritannien wurden DELAROCHEs Arbeiten positiv aufgenommen. Die Autorität LESLIEs wurde zugunsten der Identitätshypothese erschüttert. So schrieb der Schotte Thomas THOMSON, Herausgeber der "Annals of Philosophy", bereits 1817 in seinem "System of Chemistry": "These experiments of De la Roche (...) destroy the conclusions deduced from Mr. Leslie's observations, that there is an essential difference between the radiation of light and heat. There would appear on the contrary to be a close analogy between them. (...) It would not be surprising if the power of producing heat and light were properties of the same substance."[169] Und sein Landsmann William RITCHIE (1790-1837)[170] nahm die Ergebnisse von DELAROCHE Anfang der zwanziger Jahre zum Anlaß, die bereits von MAYCOCK ausgesprochene Vermutung zu bekräftigen, daß die Geschwindigkeit der Teilchen des "caloric", die von einem Körper emittiert werden, von dessen Temperatur abhängen müsse. Die von DELAROCHE festgestellte Inhomogenität der strahlenden Wärme in Bezug auf die Transmission lasse darüberhinaus vermuten, "that the atoms of caloric, emanating from the same source, do not all move with the same velocity."[171] Unter der Annahme, daß sich diese Geschwindigkeitsverteilung mit wachsender Temperatur zu immer höheren Geschwindigkeiten hin verschiebe, lasse sich, so RITCHIE, die mit der Temperatur wachsende Transmission erklären. Der Unterschied zwischen dem Licht und der strahlenden Wärme bestehe dann lediglich in der Geschwindigkeit der Korpuskeln: "...radiant heat moves with every possible velocity, till it verge into that of light. Having arrived at such a velocity, it will then pass through the various humours of the eye, and produce an impression upon the retina. Hence it is probable that light is merely caloric moving with an increased velocity."[172] Die Identitätshypothese fand damit auch in Schottland um 1820 ihre ersten Fürsprecher.

169/ THOMSON ⁵1817, I, S. 47-48.

170/ Zur Person s. <u>DNB</u> XVI, S. 1212.

171/ RITCHIE 1824, S. 286.

172/ RITCHIE 1824, S. 286. -Das daraus resultierende Problem, daß folglich auch die Lichtgeschwindigkeit von der Farbe abhängig sein müßte, wird von RITCHIE nicht problematisiert.

5.3.4 Der Nachweis der instantanen Transmission

Den Nachweis der Existenz instantaner Transmission, der seiner Überzeugung von der Identität von Licht und strahlender Wärme zugrundelag, hatte RITCHIE auch durch eigene Experimente zu führen versucht. Dazu hatte er u.a. einen heißen, nichtleuchtenden Gegenstand in die Nähe der sehr dünn ausgeblasenen Kugel eines Differentialthermometers gebracht. Der vom Thermometer nachgewiesene Strahlungseffekt ließ sich dadurch vermehren, daß die vom Strahler abgewandte Hälfte der Thermometerkugel geschwärzt wurde. Durch die Schwärzung wurde also scheinbar ein Anteil strahlender Wärme zusätzlich nachgewiesen, der bereits die vordere Glaswand und die eingeschlossene Luft der Thermometerkugel ungehindert durchdrungen hatte. Wäre die hintere absorbierende Schicht nicht vorhanden gewesen, so hätte er offensichtlich das Thermometer durchstrahlt ohne nachgewiesen worden zu sein. Demnach gab es für RITCHIE keinen Zweifel, daß ein Strahlungsanteil existiert, der von Glas und Luft ohne Absorption, also instantan, transmittiert wird.[173]

RITCHIEs Schlußfolgerung wurde von Baden POWELL in Zweifel gezogen. POWELL wies darauf hin, daß die Schwärzung der Thermometerkugel auch ihre Abstrahlung erhöhe. Die vermehrte Abstrahlung habe, so POWELL, Abkühlung und damit eine Kontraktion der Thermometerkugel zur Folge; die aus der Kontraktion resultierende Volumenverminderung täusche den von RITCHIE für eine thermische Expansion der Luft gehaltenen Effekt lediglich vor.[174]

RITCHIE war jedoch in der Lage, den von POWELL vorgebrachten Einwand experimentell zu entkräften: werden zwei von den Abmessungen her identische Thermoskope der Strahlung ausgesetzt, so wird dasjenige, bei dem die hintere Hälfte der Thermometerkugel geschwärzt ist, einen höheren Effekt anzeigen als jenes, bei dem die Schwärzung auf die obere Hälfte der Kugel aufgebracht wurde. Nach POWELL aber müßten beide, da ihre Abstrahlung aufgrund der gleichen Flächenbedeckung identisch ist und die Kontraktion demnach gleich sein müßte, denselben Wert anzeigen.[175]

173/ RITCHIE 1824, S. 281-286.

174/ POWELL 1826.

175/ RITCHIE 1826.

Die kontroverse Diskussion um die Aussagekraft der Transmissions-Experimente von PREVOST und DELAROCHE sowie der daraus resultierende Streit um die Existenz der instantanen Transmission wurde von den Kontrahenten bis vor die "Royal Society" getragen. Auch dort konnte keine definitive Entscheidung gefällt werden.[176] Die Unentscheidbarkeit resultierte nicht zuletzt aus den Eigenschaften der verwendeten Strahlungsmeßgeräte: die sämtlich auf dem Prinzip des Luftthermometers beruhenden Differentialthermoskope nach LESLIE und RUMFORD wiesen untereinander beträchtliche Toleranzen auf und bestanden zudem selbst aus Glas, dessen Eigenschaften in Bezug auf die Transmission man ja gerade untersuchen wollte.[177]

Die Frage nach der instantanen Transmission gehörte damit in Großbritannien noch zu den kontroversen Themen, als in Parma ein junger italienischer Physiker namens Macedonio MELLONI (1798-1854)[178] beschloß, sich der Untersuchung der Wärmestrahlung zuzuwenden. Grundlage für MELLONIs Interesse an der strahlenden Wärme war die noch in Parma zusammen mit Professor NOBILI gemachte Erfindung eines neuartigen thermischen Meßgerätes, des "Thermomultiplicators". Es bestand aus einer Thermosäule "...aus 38 Paaren Antimon- und Wismutplatten (...) von abgeplatteter prismatischer Form, abwechselnd unter sehr scharfen Winkeln an einander gelöthet und in mehren parallelen Reihen geordnet...".[179] Eine zwischen den beiden Reihen von Lötstellen einwirkende Temperaturdifferenz führt zu einer Spannung am Ende der Kette, die von einem Galvanometer ("Multiplikator") angezeigt wird. Das Gerät erwies sich als außerordentlich empfindlich[180] und hatte darüberhinaus gegenüber den her-

---

176/ POWELL 1825. - RITCHIE 1827.

177/ Die Mängel waren bekannt, ohne daß Abhilfe in Sicht war. POWELL sprach von einer "acknowledged uncertainty which attaches to the action of such an instrument", die so erheblich sei, "/that/ we can hardly feel implicit confidence in any results deduced with it." (POWELL 1826, S. 16).

178/ Zur Person s. BU XXVII, S. 587; ferner NBG XXXIV, Sp. 857-859 und DSB IX, S. 264-265. Der im DSB abgedruckte Artikel von BUCHWALD wird MELLONI jedoch kaum gerecht. Zuverlässiger ist GUARESCHI 1908 mit ausführl. Werk-Bibliographie; ferner SCHETTINO 1987.

179/ NOBILI/MELLONI 1831, S. 440.

180/ Das Gerät sollte noch Temperaturdifferenzen von einem Dreitausendstel Grad, bei Umpolung sogar 1/6000.tel Grad anzeigen! Dagegen hatte es LESLIEs

kömmlichen Thermometern den Vorteil, daß es kein wärmeabsorbierendes Glas enthielt, die Strahlung also "direkt" und schnell nachgewiesen werden konnte.[181]

Der Besitz eines derartig innovativen Beobachtungsinstrumentes legte es nahe, an der Exaktheit aller bisher erzielten Ergebnisse in Bezug auf Transmission und Polarisation der strahlenden Wärme zu zweifeln. MELLONIs Absicht war es daher, in einem umfassenden Forschungsprogramm mit Hilfe des Thermomultiplikators alle Phänomene der strahlenden Wärme Revue passieren zu lassen.[182] MELLONI machte sich daher zunächst an die Überprüfung der Resultate DELAROCHEs. Der Nachweis der von PREVOST und DELAROCHE behaupteten instantanen Transmission gelang einwandfrei für transparente Substanzen wie Gips, Glimmer, Oel, Alkohol und Salpetersäure, nicht aber für Wasser, was MELLONI auf dessen chemische Besonderheit zurückführte.[183]

Durch den Besitz des empfindlichen Thermomultiplikators war MELLONI erstmals in der Lage, den Effekt der Schirmaufheizung ausschließen zu können: Da der direkt transmittierte Anteil der Strahlung vom Abstand zwischen dem Schirm und der Thermosäule unabhängig ist, die Sekundärstrahlung (re-emittierte Strahlung) jedoch mit dem Quadrat dieses Abstands abfällt, muß der Abstand Schirm-Thermosäule so groß wie möglich gewählt werden. Die Realisierung dieser Bedingung setzt jedoch wiederum einen großen Abstand zwischen der Strahlungsquelle und dem thermischen Meßgerät voraus, was auf Kosten der Strahlungsintensität geht. Wegen der großen Empfindlichkeit des Thermomultiplikators stellte dies jedoch für MELLONI kein Problem dar, so daß er den Einfluß der Sekundäremission beliebig gering halten konnte.

Um zu klären, ob die Absorption von der "Qualität" der Strahlung abhängt, entwarf MELLONI unter Verwendung eines Kronglasprismas ein Spektrum des

---

"Aethrioskop", das bis dato als das empfindlichste Gerät galt, lediglich auf vier Hundertstel Grad gebracht; vgl. NOBILI 1833.

181/ Für eine Rekonstruktion der Experimente MELLONIs s. CODASTEFANO/SCHETTINO 1984.

182/ MELLONI an PREVOST, Brief, Parma 25. April 1830, BPU Mss.suppl. 1051, fo. 84-85.

183/ MELLONI/NOBILI 1831.

Sonnenlichts. Die darin mit Hilfe des Thermomultiplikators bestimmte Temperatur stieg vom Violetten aus kontinuierlich an, erreichte im Roten ihr Maximum, um dann im unsichtbaren Bereich jenseits des Roten annähernd symmetrisch wieder abzufallen. MELLONI teilte diese Verteilung in "isotherme Zonen": jeder Zone im sichtbaren Bereich wurde eine Zone gleicher Temperatur im dunklen Bereich jenseits des Roten zugeordnet. Wurde nun zwischen das Prisma und den Thermomultiplikator ein dünner Schirm aus Wasser gebracht und erneut die Temperatur für jede Zone bestimmt, so ergab sich aufgrund der Absorption der Strahlung im Wasser eine verminderte Temperatur. Die Differenz der Temperaturen lieferte, wenn sie jeweils zu der ohne Schirm gemessenen Temperatur in Relation gesetzt wurde, die relative Transmission. War die Verteilung der Temperatur annähernd symmetrisch gewesen, so zeigte die relative Transmission nun eine kontinuierliche Abnahme vom violetten bis zum dunklen Ende des Spektrums. MELLONI stellte fest, "...die Wärmestrahlen erleiden beim Durchgange durch Wasser einen desto größeren Verlust, je geringer ihre Brechbarkeit ist." Diese Inhomogenität der Wärme in Bezug auf die Brechbarkeit "scheint mir /so MELLONI/ für den Wärmestoff gewissermaßen das zu seyn was die Farbe für das Licht ist."[184]

Trotz dieser Parallele unterstrich MELLONI aber den Unterschied zum Licht: da die Intensitätsverhältnisse der prismatischen Farben durch den Schirm aus Wasser nicht geändert worden waren, schien das Licht im Gegensatz zur Wärme keiner mit der Brechbarkeit variierenden Absorption zu unterliegen. Dadurch kam MELLONI zu einer folgenschweren Schlußfolgerung: "Wärme und Licht stammen also von zwei verschiedenen Agentien her; oder, wenn sie von demselben Agens erzeugt werden, können sie wenigstens nur aus zwei wesentlich verschiednen Abänderungen seiner Daseynsweise erfolgen."[185]

Die hiermit begonnene Serie von Experimenten setzte MELLONI in Genf fort. Die Verbindung dorthin hatte er bereits 1826 von Parma aus geknüpft, als er noch als Professor der Physik an der dortigen Universität wirkte. Während dieser Zeit beschäftigte er sich primär mit Problemen der Hygrometrie und Barometrie, und ein Problem der Hygrometereichung war es auch, das ihn im

---

184/ MELLONI 1832, S. 645.

185/ MELLONI 1832, S. 648.

Oktober 1826 den Kontakt zu PREVOST aufnehmen ließ.[186] PREVOST verwies ihn, da er selbst über kaum Erfahrung auf diesem Gebiet verfügte, an seinen Nachfolger auf dem Lehrstuhl für Physik an der Genfer Académie, den Physiker Auguste DE LA RIVE (1801-1873), dem er auch die Beantwortung der Anfrage übertrug.[187] Die hiermit angeknüpfte Verbindung sollte sich für MELLONI nur kurze Zeit später als von existentieller Bedeutung erweisen: durch seine liberalen politischen Überzeugungen während der Juli-Revolution in Konflikt mit der Herzogin von Parma geraten, mußte er nach Paris fliehen, wo er mit Unterstützung von ARAGO eine Stelle als Professor am Collège de Dôle vermittelt bekam.[188] Bereits im Frühjahr 1832 kündigte er die Stelle jedoch, da ihm die dortigen Arbeitsbedingungen keine Möglichkeiten für eigene Forschung ließen. Hilfesuchend wandte er sich an PREVOST mit der Bitte, ihm Apparate und Literatur in Genf zur Verfügung zu stellen. Die recht direkt erbetene Hilfe ("j'ai besoin de vous et vôtre ville")[189] wurde ihm bereitwillig gewährt: DE LA RIVE stellte sein Laboratorium zur Verfügung. MELLONI hatte damit während seines von Mai bis Oktober 1832 dauernden Aufenthaltes in Genf[190] Gelegenheit, seine Untersuchungen über die Wärmestrahlung fortzuführen.[191]

Bei seinen in Genf durchgeführten Untersuchungen konzentrierte sich MELLONI weiterhin auf Probleme der (instantanen) Transmission. Systematisch wurden

186/ MELLONI an PREVOST, Brief, 6. Oktober 1826, BPU Mss.suppl. 1051, fo. 82-83.

187/ DE LA RIVE an MELLONI, Brief, 18. Oktober 1826, BPU Ms.fr. 2318, fo. 3-4. Den Brief legte PREVOST seinem eigenen Schreiben bei: brouillon, 19. Oktober 1826, BPU Ms.fr. 4738, fo. 108. Aus der sich anschließenden Korrespondenz zwischen DE LA RIVE und MELLONI sind 2 Briefe MELLONIs vom 29. Oktober 1826 und 6. Januar 1827 erhalten (BPU Ms.fr. 2318, fo. 1-4).

188/ Provinzstadt zwischen Besançon und Dijon im Dép. Jura.

189/ MELLONI an PREVOST, Brief, 9. April 1832, BPU Mss.suppl. 1068, Inv.No. 1068.14. Auszüge aus diesem Brief, die MELLONIs Experimente betreffen, in PREVOST 1832/c.

190/ PREVOST notierte am 3. Oktober 1832: "Ce jour Melloni est parti pour Paris" (<u>J.Int.</u> IV, BPU Ms.fr. 4743, fo. 57^r).

191/ MELLONI stellte seine Genfer Ergebnisse im Sommer 1833 in Paris dem "Institut National" vor; Zusammenfassungen seiner dort gelesenen Abhandlungen erschienen in den Nrn. 8, 12, 25, 28 u. 65 des <u>L'Institut</u>. Diese werden im Folgenden zitiert werden. Die Abhandlungen wurden in extenso publ. in <u>Ann.Chim.Phys.</u> 53 (1833), 5-73 u. 55 (1833), 337-397.

zunächst farbige Gläser,[192] dann zahlreiche andere feste und flüssige Stoffe der Wärmestrahlung von Quellen unterschiedlicher Temperatur ausgesetzt um herauszufinden, in welcher Weise die Transmission a) von den Stoffeigenschaften und b) von den Strahlungseigenschaften abhängig ist.

MELLONI stellte zunächst fest, daß optische Transparenz (Diaphanie) keineswegs immer mit thermischer Durchlässigkeit ("Diathermie") einhergeht. Vielmehr gab es undurchsichtige Substanzen wie Rauchquarz oder Schwarzglas, die mehr Wärmestrahlung transmittierten als beispielsweise eine optisch klare Substanz wie Alaun.[193] Ferner fand MELLONI wie schon DELAROCHE vor ihm, daß die Dicke des verwendeten Schirmmaterials einen vergleichsweise geringen Einfluß auf die Transmission hat: bereits die erste dünne Schicht verändert durch selektive Absorption die Zusammensetzung der Strahlung derart, daß die darauf folgenden Schichten die so bereits "gesiebte" Strahlung in einem immer geringeren Maße schwächen. Diese Befunde nahm MELLONI als Bestätigung dafür, daß optische und thermische Transmission Prozesse sind, die verschiedene Agentien betreffen: "Il ne peut donc rester le moindre doute sur l'indépendance presque complète des deux transparences calorifiques et lumineuses...".[194]

Die hier deutlich werdende Überzeugung MELLONIs von der Nicht-Identität von Licht und strahlender Wärme sollte für seine weiteren Forschungen bestimmend bleiben: er begab sich auf die Suche nach Unterschieden. Inwieweit MELLONI in dieser seiner anfänglichen Auffassung möglicherweise von PREVOST beeinflußt war, ist schwer zu sagen. Der greise PREVOST nahm an MELLONIs Untersuchungen jedenfalls regen Anteil. So notierte er 1832: "J'ai vu, avec interêt, il y a 2 ou 3 jours, les appareils et quelques expériences de Melloni (en particulier celles des phénomènes de transmission de la chaleur rayonnante et nommément l'emploi sous ce rapport du sel gemme et de l'alun)."[195]

192/ MELLONI 1833/a.

193/ MELLONI 1833/b.

194/ MELLONI 1833/c. Dieser dritte Auszug erschien auch in der Bib.Univ. Ser.Sci.Arts 54 (1833), 191-213; hier S. 204 (Hervorhebung von MELLONI).

195/ J.Int. IV, BPU Ms.fr. 4743, fo. 56^v; Eintrag vom 10. September 1832.

PREVOST betrachtete MELLONIs Ergebnisse als Bestätigung seiner bereits 1811 geäußerten Vermutung, der "calorique rayonnant" müsse aus Komponenten unterschiedlicher "Subtilität" bestehen. Er interpretierte sie als Beweis einer "hétérogénéité des parties du calorique relativement à la transmission", die sich beispielsweise durch eine "diversité de grosseurs" erklären lassen müsse. PREVOST argumentierte also auch 1832 noch auf der Grundlage der "Äther"-Vorstellungen LESAGEs, die die qualitative Inhomogenität eines Fluidums immer auf ein Gemisch aus Teilfluida von unterschiedlicher Korpuskelgröße zurückführte. Darüberhinaus stellte er sich die Frage, wie die Absorptionskoeffizienten für jede dieser unterschiedlich großen Komponenten des "calorique" experimentell bestimmt werden könnten.[196] Wie MELLONI war auch PREVOST prinzipiell ein Gegner der Identitätshypothese.[197]

MELLONIs Genfer Forschungen brachten noch ein sensationelles Resultat zu Tage. Während sich in Bezug auf die Abhängigkeit der Transmission von den Eigenschaften der Strahlung die von DELAROCHE gefundenen Ergebnisse vollständig bestätigen ließen,[198] gab es eine überraschende Ausnahme: Steinsalz! Diese Substanz transmittierte strahlende Wärme in einem extrem hohen (92%) und von der Temperatur der Quelle weitgehend unabhängigem Maße! Also war die Transmission des Steinsalzes offensichtlich unabhängig von der Brechbarkeit ("Farbe") der Strahlung. MELLONI konnte aber nachweisen, daß beim Steinsalz Dispersion auftritt, daß also Wärmestrahlung unterschiedlicher Brechbarkeit auch verschieden stark gebrochen wird. Demnach bildet Steinsalz (sel gemme) für strahlende Wärme das, was das Glas für das sichtbare Licht ist: eine transpa-

---

196/ PREVOST: Calorique hétérogène dans ses parties pour la transmission, Mss. datiert 30. September 1832, BPU Mss.suppl. 1068. Die Frage wurde von PREVOST an MELLONI weitergeleitet.

197/ Auf MELLONIs brieflich bekräftigte Auffassung von der Nicht-Identität (MELLONI an PREVOST, Brief, 3. Juli 1832, BPU Mss.suppl. 1051, fo. 86-87) reagierte PREVOST seinerseits mit der Feststellung: "...je n'ai jamais été fort décidé sur l'identité de la lumière et du calorique." (PREVOST an MELLONI, Absendevermerk, 4. Juli 1832, ebd.).

198/ Die Transmission nimmt für alle Substanzen mit steigender Temperatur der Strahlungsquelle zu; die Strahlung selbst ist bei konstanter Temperatur der Quelle in Bezug auf die Transmission inhomogen, enthält also mehr oder minder transmittierbare Komponenten; die Transmission nimmt umso stärker mit der Dicke des Schirms ab, je geringer die Temperatur der Quelle ist, etc. Vgl. auch Kap. 5.2.3.

rente (diathermane), aber dispersive Substanz. Demnach sollte es fortan möglich sein, Linsen und andere optische Elemente für Wärmestrahlung zu konstruieren, also eine regelrechte Wärmeoptik zu betreiben![199]

Trotz dieser verblüffenden Analogie zur klassischen Optik sah MELLONI keinen Grund, von seiner Überzeugung, daß es sich bei Licht und strahlender Wärme um völlig distinkte Agentien handeln müsse, abzurücken. Den Fall des Steinsalzes betrachtete er als Anomalie. Bestärkt wurde er in seiner Ansicht dadurch, daß sein Versuch, die Polarisation der Wärme mithilfe von Turmalin-Kristallen nachzuweisen, scheiterte: die Polarisierbarkeit schien ihm damit als eine nur für das Licht charakteristische Eigenschaft festgestellt.[200]

Während also MELLONI durch den Einsatz einer neuen experimentellen Technik um 1832 die instantane (unmittelbare) Transmission der Wärmestrahlen experimentell unzweifelhaft festgestellt und damit ein gewichtiges Argument zugunsten der Hypothese der Identität von Licht und strahlender Wärme gewonnen hatte, beharrte er dennoch auf der gegenteiligen Auffassung.[201] Es bedurfte weiterer Parallelen, um auch ihn schließlich zu überzeugen.

5.3.5 Der Nachweis der Polarisation

Die Experimente, die MELLONI in Genf mit dem neuartigen Gerät des Thermomultiplikators durchgeführt hatte, erregten breite Aufmerksamkeit. Der Schotte James David FORBES (1809-1868), seit Januar 1833 Nachfolger LESLIEs auf dem Lehrstuhl für Natural Philosophy an der Universität Edin-

---

199/ MELLONI 1833/c. Dieser dritte Teil, der eine Zusammenfassung darstellt, erschien in der Genfer Bib.Univ. Ser.Sci.Arts 54 (1833), 191-213, hier S. 208.

200/ MELLONI 1834.

201/ Diese Haltung brachte ihn in Gegensatz zur Pariser Wissenschaftsgemeinde, wo man ihm vorwarf, er stelle mit der Identität von Licht und Wärme eine solide etablierte Theorie in Frage (MELLONI an A. DE LA RIVE, Brief, Paris 5. Januar 1834, BPU Ms.fr. 2318, fo. 5). Für die positive Reaktion der Pariser "community" auf DELAROCHE vgl. weiter oben.

burgh,[202] machte sie durch ein Referat auf dem Dritten Meeting der "British Association", das 1833 in Dublin stattfand, auch in Großbritannien bekannt.[203]

FORBES, der die große Bedeutung der Experimente MELLONIs erkannt hatte,[204] bestellte in Paris umgehend einen Thermomultiplikator, um selbst Experimente zur Wärmeoptik durchführen zu können. Die im Winter 1834/1835 in Edinburgh durchgeführten Experimente brachten neben der Bestätigung der Wärmebrechung im Steinsalz auch den Beweis, daß die strahlende Wärme polarisierbar ist.

FORBES war jedoch nicht der erste, der sich auf die Suche nach dieser zum Licht analogen Eigenschaft der strahlenden Wärme gemacht hatte. Zu der Zeit, als DELAROCHE seine Untersuchungen in Paris durchführte, war die Frage nach der Identität von Licht und strahlender Wärme in der Pariser "scientific community" bereits intensiv diskutiert worden.[205] Wohl in diesem Kontext ist es zu sehen, daß BERTHOLLET zwei Mitglieder der "Société d'Arcueil", Jacques-Etienne BERARD (1789-1869) und Etienne Louis MALUS (1775-1812) damit beauftragte, HERSCHELs Experimente zur Wärmeverteilung im Sonnenspektrum mit genaueren Mitteln zu wiederholen. Zu diesem Zwecke ließ MALUS für das physikalische Kabinett der "Société d'Arcueil" eigens einen Heliostaten konstruieren, der es erlaubte, die am Sonnenlicht notwendig werdenden Untersuchungen unter konstanten geometrischen Bedingungen vorzunehmen. Da MALUS am 23. Februar 1812 verstarb, mußte BERARD die Untersuchungen allein fortführen. Am 21. Dezember 1812 berichtete er dem "Institut National".[206]

202/ Zur Person s. DNB VII, S. 398-400.

203/ FORBES 1834.

204/ "The (...) truths at which M. MELLONI has arrived are of capital importance." (FORBES 1834, S. 381). FORBES bezog sich dabei besonders auf die von MELLONI entdeckte diathermane Eigenschaft des Steinsalzes: "It gives the means of making experiments hitherto physically impossible." (ebd., S. 382).

205/ Das Thema hatte dort bereits eine gewisse Tradition; BERTHOLLET hatte sich bereits 1802 aufgrund chemischer Überlegungen für die Identität ausgesprochen; s. BERTHOLLET 1802.

206/ BERARD 1817.

BERARD konnte die Ergebnisse, die HERSCHEL in Bezug auf die Ausdehnung des Wärmespektrums erhalten hatte, im wesentlichen bestätigen. Die Lage des Wärmemaximums fand er jedoch nicht wie HERSCHEL außerhalb, sondern hart innerhalb des roten Bereichs. Den vergleichsweise naheliegenden Gedanken, die Ursache für diese Diskrepanz könne in der für das Prisma verwendete Glassorte zu suchen sein,[207] verfolgte BERARD nicht weiter, sondern konzentrierte sich vielmehr auf die Frage, ob die Reflexion der Strahlung am Spiegel des Heliostaten eine Veränderung derselben bewirkt haben könne. Die Überprüfung dieses Gedankens mit Hilfe der von MALUS erdachten Polarisationsapparatur aus zwei planparallelen Glasplatten "prouvait d'une manière évidente que la chaleur qui accompagne la lumière solaire est polarisée en même tems que la lumière, et à très-peu près sous le même angle."[208] Wurde anstelle des Sonnenlichtes die Strahlung einer erhitzten, aber nicht mehr leuchtenden Kupferkugel verwendet, zeigte sich derselbe Effekt, so daß es für BERARD keinen Zweifel mehr geben konnte: "Le calorique rayonnant peut donc, comme la lumière, être polarisé."[209]

BERARDs Entdeckung bekräftigte die Hypothese der Identität von Licht und strahlender Wärme. Durch BIOT fanden seine Ergebnisse sowie die von DELAROCHE Eingang in die Lehrbücher und damit ab 1816 zunächst auf dem Kontinent weite Verbreitung.[210] Im gleichen Zuge begann das Postulat, das da die Qualität "Licht" mit "Sichtbarkeit" gleichsetzte, zunehmend infragegestellt zu werden.[211] Die experimentellen Resultate BERARDs erwiesen sich jedoch -

---

207/ Auf die Abhängigkeit des Wärmemaximums von der verwendeten Glassorte sollte wenig später Thomas Johann SEEBECK (1770-1831) hinweisen. Seine Experimente hatte er nach eigenen Angaben bereits 1806-1808 durchgeführt, aber erst zehn Jahre später publiziert; s. SEEBECK 1818.

208/ BERARD 1817, S. 25.

209/ BERARD 1817, S. 28.

210/ So favorisierte BIOT in seinem weitverbreiteten "Traité" von 1816 die Identität: "La chaleur et la lumière ont offert des rapports nouveaux et imprévus, qui semblent les rapprocher dans leur essence, comme si le calorique n'était que de la lumière invisible, et la lumière du calorique modifié de manière à devenir perceptible à nos yeux." (BIOT 1816, I, S. vi (Préface). Vgl. auch die explizite Behandlung der Polarisation ebd. IV, S. 615-617).

211/ BIOT hatte bereits in seinem 1813 dem "Institut National" erstatteten Bericht über BERARDs Abhandlung, der von CHAPTAL und BERTHOLLET mitunwegen fehlender Angaben und der bereits erwähnten mangelnden Empfindlichkeit der Nachweisgeräte - als nicht reproduzierbar. Erst FORBES sollte hier der Durchbruch gelingen.

FORBES verwendete bei seinen Experimenten wie MELLONI parallel zur Kristallachse geschnittene Scheiben aus Turmalin. Im Gegensatz aber zu MELLONI, der behauptet hatte, keine Polarisation nachweisen zu können, erkannte FORBES, daß die Absorption der Wärme im Turmalinkristall zu einer starken Sekundäremission führt, die ungünstigstenfalls den gesuchten Effekt der Polarisation überdeckt. Durch die Einhaltung genügend großer Abstände zwischen Strahler und Polarisator gelang es ihm, die Polarisation durch Refraktion und Reflexion, die Doppelbrechung sowie die zirkulare und elliptische Polarisation nachzuweisen.[212] Die in den folgenden Jahren von FORBES durchgeführten Experimente bekräftigten seine ersten Ergebnisse und brachten eine Evidenz zugunsten der Identität von Licht und Wärme, die schlicht als erdrückend bezeichnet werden mußte.[213]

Selbst MELLONI, der zunächst die Aussagekraft der Arbeiten von FORBES infragestellt hatte, gab seine Gegnerschaft schließlich auf und bekannte sich, nicht zuletzt aufgrund der Resultate seiner eigenen Experimente, zur Identitätshypothese. Im Jahre 1841 schrieb er zur Begründung:

> ...je vois toutes les objections soulevées contre l'identité du calorique, de la lumière et des radiations chimiques s'abattre successivement, et les analogies devenir tellement pressantes, que tous ces agents ne peuvent plus être maintenant pour moi que des manifestations diverses d'une cause unique, modifiée de la même manière, parfaitement semblable enfin, dans tous les cas, par sa constitution générale."[214]

---

terzeichnet wurde, die Subjektivität des "Sichtbarkeitskriteriums" hervorgehoben: "Ne serait-il pas tout naturel que la vision ne pût s'opérer dans nos yeux qu'entre certaines limites de refrangibilité, et que le trop ou le trop peu rendît les rayons également inhabile à produire cet effet. Peut-être ces rayons seraient-ils visibles pour d'autres yeux que les nôtres...". (BIOT/BERTHOLLET/CHAPTAL 1813, S. 323).

212/ FORBES 1836/a.

213/ FORBES 1836/b und FORBES 1840.

214/ MELLONI an Auguste DE LA RIVE, Brief, Neapel 7. Oktober 1841, BPU Ms.fr. 2318, fo. 29-30.

Indem aus der Hypothese der Identität Gewißheit zu werden begann, verwies die Frage nach der Natur der Wärmestrahlung nunmehr auf die Frage nach der Natur des Lichts, bzw. der Strahlung allgemein. Während MELLONI seine (neue) Überzeugung zunächst noch in der alten Terminologie des "calorique rayonnant" formulierte,[215] hatte FORBES seine Experimente bereits auf der Grundlage der Wellentheorie des Lichtes interpretiert,[216] die zu diesem Zeitpunkt auch in Großbritannien Fuß gefaßt hatte.[217] Für FORBES als einem überzeugten Verfechter der Wellentheorie konnte es keinen Zweifel mehr geben, daß es sich beim Licht und der strahlenden Wärme um zwei Formen derselben Strahlung handelt, die sich lediglich in der Frequenz der Undulationen unterscheiden.[218]

In dem Maße also, wie sich die Wellentheorie des Lichtes etablierte und gleichzeitig die Evidenz für die qualitative Identität von Licht und strahlender Wärme manifest wurde, wurde es auch zwingend, die strahlende Wärme als Wellenphänomen zu betrachten. Damit aber hatte die von PREVOST zeitlebens propagierte Vorstellung eines strahlenden Wärmestoffs nicht nur aus methodologischen, sondern auch aus physikalischen Gründen als widerlegt zu gelten.[219]

215/ Die erste Abhandlung, in der MELLONI explizit die Identität verteidigte, erschien 1842 u.d.T.: Sur l'identité des diverses radiations lumineuses, calorifiques et chimiques, in Compt.Rend. 15 (1842), 454-460 (Deutsch in (Poggendorf's) Ann.Phys. 57 (1842), 300-307). Dort bekannte sich MELLONI auch explizit als Anhänger der Wellentheorie des Lichts: "L'auteur s'y déclare partisan décidé de la théorie des ondulations. Suivant lui, l'hypothèse de l'émission ne saurait plus se soutenir." (MELLONI 1842, S. 454).

216/ Bereits in seiner ersten Arbeit zur Polarisation der Wärme hatte FORBES versucht, deren Wellenlänge zu bestimmen. Für ihn gab es keinen Zweifel "that obscure heat has longer undulations than luminous heat." (FORBES 1836/a, S. 166).

217/ Vgl. Kap. 5.2.4.

218/ "With such evidence before me I cannot for a moment doubt that the waves (if such there be either in light or heat) produced by non-luminous hot bodies are identical in character with those producing light, that is, that the vibrations are transversal." (FORBES 1836/c, S. 248).

219/ Vgl. dazu BRUSH 1970. - Wir unterstützen die von BRUSH geäusserte These, daß es nicht genuine Probleme der Wärmetheorie waren, die den Niedergang der stofflichen Theorie der Wärme herbeiführten, sondern daß die Strahlung das Gebiet war, auf dem die Theorie des "calorique" zuerst versagte!

5.4 Zusammenfassung

Die Interaktion und die Kommunikation zwischen den Naturphilosophen in Frankreich und Großbritannien wurde durch die politischen Umbrüche im Europa NAPOLEONs bis 1815 behindert. Dies galt auch für Genf, das ab 1798 der französischen Politik unterlag. Die Analyse der zeitgenössischen Diskussion zeigte, daß PREVOSTs erfolgreiche Widerlegung von RUMFORDs "experimentum crucis" (1804) sowie sein zusammenfassendes Werk zur Strahlungstheorie (1809) in Großbritannien bis etwa 1815 so gut wie unbekannt geblieben waren. DAVENPORT und PREVOST mußten 1815 mit denselben Argumenten, die PREVOST bereits 1804 entwickelt hatte, Einwände von MURRAY entkräften, die jenen aufs Haar glichen, die RUMFORD bereits 1803/1804 gegen die Theorie des dynamischen Gleichgewichts vorgebracht hatte. Hier war, bedingt durch die politischen Umstände in Europa, gegenüber dem Kontinent ein Rückstand von mehr als zehn Jahren entstanden.

Insbesondere ließ sich anhand der an der Diskussion beteiligten Akteure belegen, daß sich an der Universität Edinburgh auf dem Gebiet der Theorie der Wärme eine spezifisch schottische Forschungstradition etabliert hatte. Prominente Vertreter dieser Tradition wie HUTTON, PLAYFAIR, LESLIE und MURRAY, scheinen die Prevostsche Theorie zunächst ignoriert zu haben. Nachdem jedoch WELLS 1814 eine erfolgreiche Theorie der Taubildung daraus abgeleitet hatte, wurde die Prevostsche Theorie in Schottland, etwa von LESLIE, als ernstzunehmende Konkurrenz für die eigenen theoretischen Vorstellungen aufgefaßt, die es folglich zu überwinden galt. Die Prevostsche Theorie wurde daher bis in die dreißiger Jahre hinein in Großbritannien kontrovers diskutiert.

Dennoch zeigte sich in dieser Zeit in Großbritannien eine erstaunliche Rückständigkeit in Bezug auf die theoretische Durchdringung der Strahlungsphänomene. Die intensive Diskussion, die sich ab 1820 zu entwickeln begann, sorgte zwar für einen Ausgleich der Informationsdefizite, änderte aber nichts an den durch die nationalen Forschungsstile vorgegebenen Präferenzen. Unter dem Einfluß einer stark empirisch geprägten Tradition der Naturforschung waren in Großbritannien experimentelle Untersuchungen bevorzugt worden; entscheidende experimentelle Fortschritte auf dem Gebiet der Strahlung hatten daher Angelsachsen geliefert: RUMFORD, LESLIE, HUTTON und WELLS, um die wichtigsten zu nennen. Theoretische Untersuchungen, die teilweise eine erhebliche Versiertheit in der analytischen Mathematik voraussetzten, kamen jedoch ausnahmslos vom Kontinent, d.h. von den in der algebraisch-analytischen Methode bewanderten Physikern LAPLACE, BIOT, POISSON und FOURIER.

Die in England und besonders in Schottland nur zögernd erfolgende Annäherung an die algebraisch-analytische Mathematik der französischen Schule, die eine korrespondierende Verzögerung in der Rezeption der "neuen Physik", namentlich von FRESNELs Wellentheorie des Lichts und FOURIERs analytischer Theorie der Wärme zur Folge hatte, bietet also eine Erklärung für die Tatsache, daß in Großbritannien und vor allem in Schottland die Theorie des "calorique rayonnant" nicht wie auf dem Kontinent frühzeitig verdrängt werden konnte. Im Gegensatz dazu wurde in Frankreich die Prevostsche Theorie bereits in den zwanziger Jahren durch FOURIERs analytische Theorie der Wärme ersetzt, die - einer explizit positivistischen Methodologie gehorchend - ohne kausale Hypothesen über die bis dato ungeklärte Natur der Wärme auskam.

YOUNG und RUMFORD hatten bereits behauptet, daß sich Licht und strahlende Wärme nur durch die Frequenz ihrer Äthervibrationen unterscheiden. Die von DELAROCHE in Bezug auf die Transmission festgestellte Inhomogenität der strahlenden Wärme war im Kontext der Vibrations- bzw. Wellentheorie leicht zu interpretieren: die für die Inhomogenität verantwortliche Variable war die Frequenz. Im Rahmen der Emissionstheorie stellte die Inhomogenität ein erheblich größeres Problem dar: wie sollte hier die Variable aussehen? Anhänger der Identitätshypothese wie MAYCOCK und RITCHIE sahen sie in der Geschwindigkeit der Korpuskeln des "calorique". Damit war die Inhomogenität der strahlenden Wärme in Bezug auf die Transmission zweifellos erklärbar, indem mit der höheren Geschwindigkeit ein höheres Durchdringungsvermögen assoziiert wurde; problematisch erwies sich aber die dann notwendige Übertragung dieses Argumentes auf den sichtbaren Bereich. Die Mehrzahl der Vertreter der Emissionstheorie neigte daher dazu, in der von PREVOST und DELAROCHE festgestellten Inhomogenität ein Argument gegen die Identität zu sehen. PREVOST und POWELL dachten an Komponenten unterschiedlicher "Subtilität", die, abhängig von der Größe ihrer Korpuskeln, entweder direkt oder mittelbar transmittierbar sein sollten. Die Identitätshypothese war damit ein "sensibles"

Thema, das auf den Streit um die Natur des Lichts zurückverwies: Argumente pro Identität waren auch Argumente zugunsten der Wellentheorie des Lichtes.

Durch den Einsatz eines neuen, auf der Anwendung des thermoelektrischen Effektes beruhenden und sehr empfindlichen Nachweisgerätes gelang FORBES in den Jahren 1835-1840 der zweifelsfreie Nachweis der instantanen Transmission sowie der Polarisation der strahlenden Wärme. Damit wurde die Einsicht in die qualitative Identität von Licht und strahlender Wärme unabweisbar. Gleichzeitig wurde FRESNELs Wellentheorie des Lichts in Großbritannien bekannt und die Einsicht in ihre Überlegenheit auch dort unvermeidbar. Damit hatte die Theorie des "calorique rayonnant" als physikalisch widerlegt zu gelten.

Es bleibt festzuhalten, daß die längere Lebensdauer, die die Prevostsche Theorie des "calorique rayonnant" in Großbritannien genoß, primär durch einen Antagonismus der in Frankreich und Großbritannien im ersten Drittel des 19. Jahrhunderts vorherrschenden Forschungsstile verursacht war. Der Gegensatz manifestierte sich vor allem in der Bewertung der algebraisch-analytischen Mathematik zum Zwecke der Darstellung naturwissenschaftlicher Sachverhalte. Offenbar war dieser Gegensatz besonders ausgeprägt zwischen Frankreich und Schottland, da dort der Widerstand gegen die kontinentale Mathematik und die sich ihrer Methoden bedienenden Theorien der "neuen Physik" besonders lange anhielt. Darüberhinaus hatte sich in Schottland, vor allem an der Universität Edinburgh, eine spezifische Forschungstradition etabliert, die der Theorie der Wärme bevorzugte Aufmerksamkeit schenkte. FORBES, der die Identität von Licht und strahlender Wärme nachweisen konnte, war einerseits Erbe dieser Tradition, andererseits jedoch auch der erste Lehrstuhlinhaber, der sowohl die algebraisch-analytische Mathematik als auch die Theorien der "neuen Physik" um 1840 im Curriculum der Universität Edinburgh etablieren konnte.

KAPITEL 6:

DAS NEUE IST STETS AUCH DAS ALTE - EIN EPILOG ZUR WIRKUNGSGESCHICHTE

> Lesage himself would have made a more important contribution to science, if, before calculating the results of the impact of his corpuscules, he had studied the few sentences in which Newton demonstrates the true laws of impact.
>
> J.C. MAXWELL 1871

6.0 Vorbemerkung

Die Analyse der Forschungsstile in Frankreich und Großbritannien hatte Gegensätze offenbart, die sich im Falle der Prevostschen Theorie des "calorique rayonnant" als wirkungsgeschichtlich relevant erwiesen haben (Kap. 5). Auch die Gegenüberstellung der Stile der französischen und der Genfer Schule (Kap. 3 u. 4) hatte erhebliche Differenzen, vor allem in Bezug auf methodologische Überzeugungen offenbart. Die zunächst abstrakt wirkende Frage, ob es in der von den Briten resp. Schotten und von den Genfern am Wissenschaftsstil der französischen Schule geübten Kritik möglicherweise einen gemeinsamen Nenner gab, also Elemente des französischen Wissenschaftsstils, in deren Ablehnung man sich einig war, gewinnt besonderes Interesse angesichts der Tatsache, daß die korpuskular-kinetischen Vorstellungen von LESAGE und PREVOST in den sechziger Jahren des 19. Jahrhunderts eine "Renaissance" erlebten, die ganz auffallenderweise von Schottland ausging. Im Folgenden soll zunächst die Art dieser Renaissance genauer gekennzeichnet werden. Anschließend soll eine Antwort auf die Frage versucht werden, warum diese Renaissance ausgerechnet in Schottland stattfand. Es steht zu vermuten, daß hier spezifisch nationale Momente zum Tragen kamen. Um diese Vermutung substantiieren zu können, wird es erforderlich sein, den Wissenschaftsstil der Schottischen Schule wesentlich detaillierter zu betrachten, als es im vorangegangenen Kapitel geschehen ist.

6.1 Das Strahlungsgesetz von Balfour Stewart

Der in Edinburgh geborene Balfour STEWART (1828-1887) hatte 1845/46 an der dortigen Universität bei James David FORBES ein Studium der Naturwissenschaften begonnen. Nach mehrjähriger Unterbrechung seines Studiums wurde er 1856 FORBES' Assistent. Unter seinem Einfluß begann er, sich der experimentellen Erforschung der Wärmestrahlung zuzuwenden. Nach zwei Jahren der Tätigkeit mit FORBES gelang ihm die bedeutende Entdeckung des "Gesetzes der gleichen und unabhängigen Strahlung", für die er 1868 die Rumford-Medaille der "Royal Society" erhielt.[1] Zur Herleitung dieses Gesetzes hatte STEWART explizit auf PREVOSTs Austauschtheorie zurückgegriffen. Sein experimentelles

---

[1]/ Zur Person s. <u>DNB</u> XVIII, S. 1160-1163.

und theoretisches Programm hatte er von Anfang an auf eine Weiterentwicklung der Prevostschen Austauschtheorie hin angelegt.

Bereits Benjamin THOMPSON Graf RUMFORD (1753-1814) und John LESLIE (1766-1832) hatten zu Beginn des 19. Jahrhunderts experimentell festgestellt, daß zwischen dem Vermögen der Körper, strahlende Wärme zu emittieren und zu reflektieren, ein fester Zusammenhang besteht: je besser das Emissionsvermögen ihrer Oberfläche desto geringer das Reflexionsvermögen und umgekehrt. PREVOST hatte sich um eine theoretische Deutung dieses Zusammenhangs bemüht und war dabei auf den Gedanken der "inneren Reflexion" verfallen. Die Oberfläche eines Körpers mit hohem Reflexionsvermögen sollte demnach nicht nur Wärmestrahlung reflektieren, die von außen auf diese Oberfläche trifft, sondern auch die, die aus dem Inneren des Körpers selbst stammt. Ein guter Reflektor kann also kaum Strahlung emittieren (und absorbieren), da seine Oberfläche fast die gesamte Strahlung nach innen (und nach außen) reflektiert. Voraussetzung dieser Erklärung war die Annahme, daß sich Wärmestrahlung auch im Innern der Körper ausbreiten kann (Theorie der "inneren Strahlung").[2] FOURIER hatte sich dieser Deutung angeschlossen und sie mathematisch entwickelt.[3] In den dreißiger Jahren war durch die Arbeiten von MELLONI und FORBES schließlich klar geworden, daß sich die strahlende Wärme als eine langwellige Form des Lichts auch im Festkörper strahlend ausbreitet und dabei den Gesetzen der Optik unterliegt.[4]

STEWART nahm den Gedanken der "inneren Strahlung" wieder auf. Er hatte experimentell festgestellt, daß die Intensität der Wärmeemission diathermaner Materialien mit der Dicke der verwendeten Platten zunimmt. Der Effekt war umso ausgeprägter, je diathermaner das Material, also je geringer sein Absorptions- bzw. Emissionsvermögen war. STEWART deutete dieses Ergebnis mit Hilfe der Theorie der "inneren Strahlung": nicht nur die Oberfläche, sondern das ganze Volumen eines Körpers trägt zur Strahlung bei, indem jedes Molekül Strahlung emittiert. Diese Hypothese der "gleichen und unabhängigen Strahlung" führt direkt auf die Frage, "why (...) does not a piece of double the thickness

---

[2]/ PREVOST 1809/a, S. 111-131.

[3]/ Vgl. Kap. 4.2.5.

[4]/ Vgl. Kap. 5.3.4.

give nearly a double radiation, and so on, the radiation increasing very nearly as the thickness?"[5]

Die Antwort darauf gab das Prevostsche Austauschprinzip: Auch innerhalb eines Körpers wird das thermische Gleichgewicht durch den Strahlungsaustausch zwischen den Molekülen bzw. Atomen aufrechterhalten. Daraus folgt, daß die Moleküle nicht nur Strahlung einer bestimmten Qualität emittieren, sondern genau diese Strahlung ebenfalls bevorzugt absorbieren müssen:

> For whatever be the absorption of a particle for any description of heat, its radiation must necessarily be precisely the same in order that the stream of heat in passing the particle may be just as much recruited by its radiation as it is reduced by its absorption...[6]

Ein jeder Stoff ist also gegenüber seiner Eigenstrahlung vergleichsweise undurchsichtig (Selbstabsorption). Bei stark absorbierenden Materialien ist diese dafür verantwortlich, daß die Emission von der Plattendicke kaum beeinflußt wird, da schon eine geringe Materialdicke ausreicht, die innere Strahlung so weit zu absorbieren, daß nichts mehr von ihr nach außen dringt. Auf der Grundlage dieser Überlegungen formulierte STEWART ein dem Satz von KIRCHHOFF gleichwertiges Gesetz:[7] "The absorption of a plate equals its radiation, and that for every description of heat."[8] Daß STEWART seine zunächst recht neutrale Terminologie ("description of heat") kurz darauf im Sinne der Wellentheorie konkretisierte und seine Überlegungen von der Wärmestrahlung auf das Licht ausdehnte,[9] kann nicht weiter überraschen, hatte doch sein Lehrer FORBES diese Theorie als erster in Edinburgh propagiert und einen entscheidenden Beitrag zum experimentellen Nachweis der Identität von Licht und Wärmestrahlung geleistet.[10]

5/ STEWART, B. 1861/a, S. 12.

6/ STEWART, B. 1862, S. 329.

7/ Vgl. SIEGEL 1976; sowie KANGRO 1972.

8/ STEWART, B. 1861/a, S. 13.

9/ STEWART, B. 1861/b.

10/ Vgl. Kap. 5.3.5.

STEWARTs Herleitung ist weniger allgemein und mathematisch weniger elaboriert als diejenige KIRCHHOFFs, da sie die Strahlungsbilanz nur innerhalb eines Körpers und nicht zwischen zwei verschiedenen Körpern betrachtet.[11] Sie stellt aber eine interessante Erweiterung der Prevostschen Austauschtheorie dar, da sie die Strahlungsbilanz für jede Wärmequalität (Wellenlänge, Temperatur) getrennt aufstellt. PREVOSTs Begriff des dynamischen Temperaturgleichgewichts hatte sich als ein heuristisches Werkzeug erwiesen, das es ermöglichte, die Theorie über den von FOURIER beschriebenen Stand hinaus zu entwickeln. Was aber mochte STEWART dazu veranlaßt haben, sich anders als KIRCHHOFF der Prevostschen Austauschtheorie zu entsinnen? Um diese Frage einer Klärung näherzubringen, ist nochmals ein Rekurs auf das Prevostsche Oeuvre notwendig.

6.2 Gastheorie und Innere Strahlung

LESAGE hatte mit seinem korpuskularen "fluide gravifique" ein Modell für ein korpuskulares Gas geringer Dichte geliefert. Dieses Modell vor Augen hatte PREVOST eine allgemeine Theorie korpuskularer Fluida (théorie générale des fluides élastiques) zu entwickeln gesucht, die auch die mechanische Konstitution der Gase umfassen sollte.[12] Ausgangspunkt der Überlegungen PREVOSTs war ein ungelöstes Problem der Physik NEWTONs gewesen. In Buch II, Propositio XXIII seiner "Principia" hatte NEWTON behauptet, daß aus dem Boyle-Mariotteschen Gesetz folge, daß es eine zwischen den Gasmolekülen wirkende repulsive Kraft geben müsse, die diese wechselseitig auf Distanz halte und die folglich dem intermolekularen Abstand umgekehrt proportional sei.[13] NEWTON hatte damit eine kurzreichweitige repulsive Kraft postuliert, deren Ursache er im Dunkeln ließ. Während NEWTONs Vorstellung einer statischen Gasstruktur

---

11/ S. dazu den detaillierten Vergleich der Ansätze von KIRCHHOFF und STEWART bei SIEGEL 1976, S. 584.

12/ PREVOST 1818/a, S. 189-200.

13/ "Particulae viribus quae sunt reciproce proportionales distantiis centrorum suorum se mutuo fugientes componunt Fluidum Elasticum, cujus densitas est compressioni proportionalis. Et vice versa, si Fluidi ex particulis se mutuo fugientibus compositi densitas sit ut compressio, vires centrifugae particularum sunt reciproce proportionales distantiis centrorum." (NEWTON 1687, S. 301).

im 18. Jahrhundert paradigmatischen Charakter erhielt, stellte die Frage nach der Herkunft der ihr zugrundeliegenden Kraft ein ungelöstes Problem dar.[14]

In Kenntnis der Ideen Daniel BERNOULLIs und LESAGEs war es für PREVOST zunächst keine Frage, daß die Elastizität der Gase und Dämpfe nicht statisch, sondern korpuskular-kinetisch, d.h. durch die Stöße der Gasmolekeln erklärt werden müsse. Die Ursache ihrer Bewegung sollte im "calorique" zu suchen sein, der die Molekeln gleichsam "auf seinen Flügeln trägt".[15] Damit stand er im Gegensatz zu NEWTON, der nur elastische Schwingungen der Molekeln um ihre Ruhelage zugelassen hatte. Während PREVOST diese Auffassung auch 1818 noch unverändert beibehielt, kam er 1827 zu einer anderen Auffassung. Die Umstände dieses Sinneswandels hat er seinem "Journal Intime" anvertraut:

> Je rencontrai (...) un mêmoire d'Emmett,[16] citant três-légèrement l'opinion de Newton sur les fluides élastiques. Je songeai à le réfuter. Mes vues se bornoient à relever quelques erreurs de ce genre et à en prévenir de nouvelles. Il arriva en m'occupant de ce sujet, que celui de la constitution réelle des fluides élastiques, dont je me suis dès longtemps occupé, m'entraina. Je ne songeai plus à Emmett. Je relus le mémoire de Laplace (que j'avois extrait lorsqu'il parut).[17] J'y revis avec plaisir, ce que j'y avois dejà vu, que ce mathématicien et à peu-près tous les autres convenoient (avec Newton) que les fluides élastiques devoient être envisagés comme discrets. Tout imbu de la constitution le Sagique (ou de Dan/iel/ Bernoulli) je restai longtemps sans avancer. Frappé enfin de l'objection de la résistance, j'imaginai de supposer l'immobilité (ou à peu-près) des molécules, à l'exemple de Newton et de presque tous les physiciens modernes, en employant comme eux le calorique à ma manière (c.d. rigoureusement et sans hypothèses gratuites d'attraction et de répulsion).[18]

PREVOST kehrte hiermit zu der von NEWTON vorgeschlagenen statischen Gasstruktur zurück und erwies sich damit einmal mehr als getreuer Knappe des

---

14/ Für eine Kritik vgl. TRUESDELL 1968, S. 274.

15/ Vgl. ausführlich Kap. 4.1.4.

16/ J.B. EMMETT: On the Physical Construction of Solids and Liquids, in Phil.Mag. 1 (1827), 411-414.

17/ LAPLACE: Sur l'attraction des sphères et sur la répulsion des fluides élastiques, in Ann.Chim.Phys. 18 (1821), 181-190; ders.: Eclaircissemens de la théorie des fluides élastiques, ebd., 273-280. - PREVOST fertigte einen Auszug aus dieser Arbeit (BPU Mss.suppl. 1068, Teil 3) und zitierte sie ferner in seiner Abhandlung von 1828.

18/ J.Int. IV, BPU Ms.fr. 4743, fo. 34; Eintrag vom 3. Dezember 1827 (Hervorhebung von mir).

britischen Ritters.[19] Gleichzeitig wurde er damit aber noch mit fünfundsiebzig Jahren zum "Deserteur", da er, zumindestens zeitweilig, vom kinetischen Atomismus BERNOULLIs und LESAGEs abrückte.[20] Dies geschah jedoch nicht ohne Grund. Die von PREVOST erwähnte Abhandlung von LAPLACE, die für seinen Sinneswandel verantwortlich war, stammte aus dem Jahre 1821. LAPLACE versuchte dort, die Gasgesetze aus dem Newtonschen Kraftgesetz abzuleiten, indem er auf das von PREVOST favorisierte "Prinzip der Inneren Strahlung" zurückgriff. Demnach sollte der Austausch von Wärmestrahlung zwischen den im Raum statisch angeordneten Gasmolekülen die Ursache ihrer wechselseitigen Abstoßung sein. Damit ergab sich für LAPLACE die Definition der Temperatur aus dem Strahlungsdruck:

> Un espace qui renferme un système de corps jouit d'une temperature constante lorsque chaque corps y rayonne autant de calorique qu'il en éteint. La densité du calorique répandu par les rayonnemens dans cet espace croît avec la température; elle peut ainsi lui servir de mesure, et même de définition.[21]

Die Intensität dieser "inneren Strahlung" steht nach LAPLACE im zusammengesetzten Verhältnis aus der Wärmedichte pro Volumeneinheit (densité du calorique contenu dans l'espace pris pour unité) und der spezifischen Wärmekapazität der Gasmoleküle (chaleur propre à chaque molécule). Letztere sei der Quadratwurzel aus der Gasdichte umgekehrt proportional. Bei Kompression eines Gases nimmt demnach die Wärmekapazität ab, weshalb Wärme in Form von Strahlung freigesetzt wird.

Während LAPLACE die Ursache der Strahlungsfreisetzung in der Selbstrepulsion des Wärmestoffs (la répulsion du calorique par le calorique) vermutete, ging es PREVOST darum, LAPLACEs Vorstellungen im Sinne der Korpuskularmechanik LESAGEs zu konkretisieren. Die zwischen den Gasmolekeln wirkende repulsive Kraft ließ sich auf das bewährte Impulsionsprinzip zurückführen, wenn man annahm, daß die Stöße des korpuskularen "calorique rayonnant" die Gasmolekeln auseinandertreiben. Damit wurde dem mathematischen Gesetz endlich eine ver-

---

19/ Vgl. dazu Kap. 3.

20/ Diese späte Umkehr zur statischen Gastheorie ist wohl als Grund dafür anzusehen, daß PREVOSTs Gastheorie in BRUSHs Studie zur Genese der kinetischen Theorie der Gase (1976) überhaupt nicht gewürdigt wird.

21/ LAPLACE 1821, S. 189.

nünftige physikalische Erklärung unterlegt, denn "L'incertain est la répulsion mutuelle des particules. Le certain est la loi de cette répulsion, si la répulsion existe."[22] PREVOST ging es anschließend um den Nachweis, daß das von NEWTON postulierte Abstandsgesetz der repulsiven intermolekularen Kraft auf der Basis seiner Hypothese ableitbar ist. Während relativ zwanglos folgt, daß die Absorption der von den Molekeln emittierten Strahlung im Gas dem Quadrat des intermolekularen Abstands (r) umgekehrt proportional ist, war es andererseits notwendig, die Intensität der von den Molekülen emittierten Strahlung als direkt proportional zu r anzunehmen, damit aus dem Produkt aus Intensität und Absorption die von NEWTON geforderte Proportionalität zu 1/r resultierte. Laut PREVOST sollte demnach der "Strahlungsdruck" im Gas der Kubikwurzel aus der Gasdichte umgekehrt proportional sein.[23]

Die hierin wiederum deutlich werdende Unterwerfung unter das Diktat der Newtonischen Paradigmen brachte PREVOST bald in argumentative Schwierigkeiten.[24] Während er das Manuskript seiner Arbeit bereits am 3. Dezember 1827 fertiggestellt und einen Abriß (esquisse) davon am 16. Mai 1828 vor der "Société de Physique et d'Histoire Naturelle de Genève" gelesen hatte, der auch in ARAGOs "Annales" publiziert wurde,[25] kamen ihm immer wieder Zweifel ob der Richtigkeit seiner Argumentation, die schließlich in dem Entschluß gipfelten, die Arbeit nicht in den "Mémoires" der Genfer Gesellschaft zu publizie-

---

22/ PREVOST 1828/b, S. 3-4.

23/ PREVOST 1828/b, S. 23-27.

24/ So zeigten Messungen von Auguste DE LA RIVE und François MARCET, die der Abhängigkeit der spezifischen Wärme vom Druck galten, eine mit abnehmendem Druck wachsende Diskrepanz zwischen der Berechnung und den Meßergebnissen; die Wärmekapazität des untersuchten Gases (hier Luft) nahm wesentlich langsamer mit dem Druck ab als von PREVOST vorausgesagt; vgl. PREVOST 1828/f. Die von DE LA RIVE und MARCET gemessene Abnahme der spezifischen Wärme ist auf ihr Meßverfahren zurückzuführen, bei dem der durch das Aufheizen bedingte Temperaturanstieg des Gases durch den gleichzeitig erfolgenden Druckanstieg gemessen wurde, wobei neben absoluter Dichtigkeit des Behälters auch die Gültigkeit der idealen Gasgleichung vorausgesetzt wird. - Ihr Resultat verwies auf ein grundsätzliches Problem der kalorischen Gastheorie: de fakto ist nämlich die Wärmekapazität eines Gases bei konstantem Volumen unabhängig vom Druck eine gasspezifische Konstante c_v; eine Tatsache, die sich nur im Rahmen der kinetischen Theorie der Gase verstehen läßt!

25/ PREVOST 1828/c. - PREVOST verweist dort (S. 41 Fußnote) auf seine Abhandlung in MSPHN, die aber nie erschienen ist.

ren. PREVOST kaufte die bereits gedruckten Bögen auf und ließ daraus einen Separatdruck von 400 Exemplaren herstellen, die er an seine Freunde und Korrespondenten mit der Bitte um Kritik und Kommentierung weitergab.[26]

Wenngleich PREVOSTs auf der Grundlage eines "calorique impulsif" basierende Gastheorie damit nur eine begrenzte Verbreitung erreichte, so stellt sie doch den interessanten Versuch dar, die Gastheorie mit Hilfe des "Prinzips der inneren Strahlung" in die Theorie des "calorique rayonnant" zu integrieren. Wir können davon ausgehen, daß einige Exemplare seiner Schrift, die die Idee des Strahlungsaustausches zwischen Molekülen propagierte, auch ihren Weg nach Schottland gefunden haben, wobei sogar FORBES die Rolle des Übermittlers zugekommen sein könnte.[27]

In Schottland wurde die Konsequenzen der Theorie des Wärmestoffes noch bis zur Jahrhundertmitte diskutiert. William THOMSON hatte bei seinem Aufenthalt in Paris 1845 die Carnotsche Theorie der Wärmekraftmaschinen, die ja auf der Annahme eines Wärmestoffs beruhte, in der analytischen Darstellung von CLAPEYRON (1834) rezipiert und nach seiner Rückkehr in Schottland bekannt gemacht.[28] Zu diesem Zeitpunkt unterhielt THOMSON eine ambivalente Ansicht bezüglich der stofflichen Theorie der Wärme: der Bildung von Hypothesen über nicht-beobachtbare Entitäten aus methodologischen Gründen abgeneigt, stand er der Annahme eines Imponderabiliums skeptisch gegenüber. Zudem war FOURIER in seiner analytischen Theorie ja ohne jegliche Hypothesen über die Natur der Wärme ausgekommen. Andererseits aber schien THOMSON die Vorstellung eines Wärmestoffes, der beim thermischen Kreisprozeß erhalten bleibt, für die Car-

---

26/ Für die Summe von 208 Franken. Dieser Hergang ist dokumentiert in J.Int. IV, Einträge zwischen dem 3. Dezember 1827 und 7. Juli 1828 (BPU Ms.fr. 4743, fo. 34-39).

27/ Man denke an den direkten Kontakt zwischen MAURICE, PREVOST und FORBES anläßlich dessen Besuch in Genf im Jahre 1832; vgl. Kap. 5.2.5. Direkte Beweise fehlen. Der Nachlaß von FORBES befindet sich heute im Archiv der University of St. Andrews (Schottland). Laut Auskunft von Mr. Robert N. SMART, Keeper of Manuskripts, enthält der Nachlaß kein PREVOST betreffendes Material (Schreiben vom 23. Juli 1985).

28/ THOMSON 1849.

notsche Theorie der Wärmekraftmaschinen, von deren heuristischer Potenz er überzeugt war, unabdingbar zu sein.[29]

Die Skepsis, die THOMSON gegenüber dem "calorique" hegte, wurde dadurch unterstützt, daß er 1847 in Oxford auf dem Meeting der British Association mit JOULE zusammentraf. JOULE versuchte, THOMSON von der Unrichtigkeit der Carnotschen Theorie zu überzeugen und plädierte stattdessen für den Begriff der Energie ("work"), die, prinzipiell unzerstörbar, in den Umwandlungsprozessen der Natur erhalten bleibt.[30] Aber erst als es THOMSON gelang, CARNOTs Theorie auf der Basis des Energiebegriffs neu zu formulieren und in den Rahmen einer "dynamischen Theorie der Wärme" zu integrieren, gab er den Begriff des Wärmestoffs endgültig auf.[31] Also erst indem während der fünfziger Jahre die Wärme als eine Art mikroskopischer Bewegung erkannt und damit der Energiebegriff als vereinheitlichendes Konzept in die Theorie der Wärme integriert wurde, sollte die Vorstellung eines Wärmestoffes auch in Schottland endgültig zu Fall kommen.[32]

Die letzte Bastion der Wärmestofftheorie aber war die statische Theorie der Gase. Die von LAPLACE, und in modifizierter Form auch von POISSON, AMPERE und PREVOST vertretene statische Theorie der Gase[33] hatte sich in mehrfacher Hinsicht als erfolgreich erwiesen, so unter anderem bei der Herleitung der Schallgeschwindigkeit aus den spezifischen Wärmen der Gase. Im Gegensatz dazu war dieses Problem für die konkurrierende kinetische Theorie der Gase noch im Jahre 1858, als sich STEWART in Edinburgh mit der Wärmestrahlung auseinandersetzte, ungelöst:

> By 1858 the theory of sound-propagation was in an embarrassing position. The Laplace-Poisson theory appeared to be physically sound as long as one considered only the macroscopic properties of gases, i.e. the concept of adiabatic compression allowed one to infer a correct relation between the ratio of specific heats and the speed of sound. But the theory appea-

---

29/ S. oben. Vgl. auch DSB XIII, 374-388, hier S. 378.

30/ Vgl. dazu CARDWELL 1971, S. 235.

31/ THOMSON 1850.

32/ Vgl. FOX 1971; CARDWELL 1971; TRUESDELL 1980.

33/ Für eine Zusammenstellung s. SEBASTIANI 1982.

> red to depend on a conception of atomic structure and heat that had been completely rejected. On the other hand the kinetic theory was compatible with mid-century notions of atomic structure and heat but had not been as successful in explaining sound propagation as the Laplace-Poisson theory.[34]

Was lag also für die Apologeten der kinetischen Theorie der Gase näher, als sich mit der konkurrierenden Theorie auseinanderzusetzen? Diese basierte aber, wie wir gesehen haben, auf der Annahme, daß die repulsive Kraft zwischen den Gasmolekeln durch einen Strahlungsaustausch, also durch innere Strahlung, verursacht wird. Wenn wir voraussetzen können, daß die Arbeiten von LAPLACE und PREVOST zwischen 1856 und 1858 in Edinburgh in Zusammenhang mit der Ausformulierung der kinetischen Theorie der Gase kritisch diskutiert wurden, so können wir auch davon ausgehen, daß das Konzept der inneren Strahlung in der Diskussion präsent war. Wie gezeigt, hatte aber gerade der Gedanke der inneren Strahlung in STEWARTs Herleitung des Gesetzes der "gleichen und unabhängigen Strahlung" die zentrale Rolle gespielt. In diesem wirkungsgeschichtlichen Kontext ist es also zunächst plausibel, daß STEWART 1858 auf den Gedanken vom Strahlungsaustausch zwischen Molekülen zurückgreifen konnte. Ähnliches hätte jedoch auch auf KIRCHHOFF zutreffen können, der gleichzeitig mit ihm dasselbe Thema bearbeitete, ohne aber dabei den geringsten Bezug auf PREVOSTs Überlegungen zu nehmen.

Wie bereits SIEGEL (1976) festgestellt hat, offenbaren die voneinander unabhängigen Ansätze von STEWART und KIRCHHOFF zwei gegensätzliche Wissenschaftsstile: während der aus der analytischen Schule des Kontinents stammende KIRCHHOFF auf eine möglichst abstrakte und allgemeine Herleitung Wert legte, war der aus der schottischen Schule des J.D. FORBES hervorgegangene STEWART weit mehr der Anschauung verhaftet geblieben. Damit stellt sich die Frage nach dem wirkungsgeschichtlichen Zusammenhang erneut, diesmal unter dem allgemeineren Gesichtspunkt, ob der im Rahmen der schottischen Schule tradierte Forschungsstil die Renaissance der Prevostschen Überlegungen begünstigt, wenn nicht gar erst ermöglicht hat? Diese Hypothese wird dadurch gestützt, daß auch LESAGEs Ideen zur selben Zeit eine "Renaissance" erlebten, die im Folgenden untersucht werden soll.

34/ BRUSH 1976, I, S. 152.

6.3 Lesage redivivus

LESAGEs Gravitationstheorie hat bereits recht früh in Edinburgh Beachtung gefunden. In einer vor der Royal Society in London gelesenen Bakerian Lecture hatte sich der Reverend Samuel VINCE (1749-1821), Archdeacon of Bedford und Plumian Professor of Astronomy and Experimental Philosophy,[35] 1806 mit jenen Hypothesen auseinandergesetzt, die traditionell zur mechanischen Erklärung der Gravitation vorgebracht worden waren.[36] VINCE referierte dazu kritisch die Hypothesen von KEPLER, DESCARTES, HUYGENS, Johann BERNOULLI und SAUSSURE (!), um sich anschließend ausführlich der von NEWTON in Query 21 ausgesprochenen Vermutung zu widmen, die Gravitation könne möglicherweise durch einen Äther verursacht sein, dessen Dichte mit dem Abstand von der Sonne radial zunehme.[37] Mit Hilfe einer mathematischen Überlegung kam VINCE zu dem Schluß, daß ein solches Medium prinzipiell nicht denkbar, NEWTONs Vermutung also widerlegt sei.[38] Von derartigen dem Atheismus Vorschub leistenden Spekulationen sei abzulassen;[39] stattdessen "we ought to conclude, that the Deity, in his government, does not act by such instruments, but that the whole is conducted by his more immediate agency, without the intervention of material causes."[40] VINCE plädierte damit für die ursprünglich Auffassung NEWTONs, daß GOTT in seiner Schöpfung unvermittelt wirke.

John PLAYFAIR (1748-1819), Professor für Natural Philosophy an der Universität Edinburgh, widmete dieser Schrift eine außerordentlich umfangreiche Be-

---

35/ Zur Person s. DNB XX, S. 355-356. -

36/ Samuel VINCE: Observations on the Hypotheses which have been assumed to Account for the Cause of Gravitation from Mechanical Principles, Cambridge 1806.

37/ Vgl. Kap. 2.2.

38/ Diese, in sich zudem nicht schlüssige "Widerlegung" NEWTONs könnte der Grund dafür sein, daß VINCEs Lecture keine Aufnahme in die Phil.Trans. London fand, worüber der Autor im Vorwort seiner Schrift Klage führt.

39/ Mit diesem Vorwurf gegen NEWTONs Ätherspekulationen stand VINCE keineswegs allein; auch John ROBISON (1739-1804) in Edinburgh hatte jegliche Art von Fluida-Konzepten als atheistisch verdammt und stattdessen die voluntaristische Auffassung NEWTONs betont; vgl. MORRELL 1970.

40/ VINCE 1806, S. 26.

sprechung, die 1808 anonym in der "Edinburgh Review" erschien.[41] Den von VINCE konstruierten Zusammenhang zwischen kausalmechanischer Erklärung der Gravitation und Atheismus nachdrücklich negierend[42] demonstrierte PLAYFAIR zunächst die Fehlerhaftigkeit der von VINCE vorgeführten mathematischen Argumentation. Während er seine Befriedigung darüber nicht verhehlte "having vindicated Newton from the imputation of having invented a theory that is mathematically false", so räumte er dennoch bereitwillig ein, daß NEWTONs Hypothese aus physikalischen Gründen als unwahrscheinlich bezeichnet werden müsse. Umso bedauerlicher sei es, so PLAYFAIR, daß VINCE das System von LESAGE, "which appears to us by far more ingenious and satisfactory than any of the three just mentioned", so falsch wiedergegeben habe, daß nicht einmal der Name des Autors stimme. Diese Unkenntnis war nach PLAYFAIRs Ansicht eine typisch englische:[43]

> ... there is no country in the same state of civilization, where knowledge, that is the growth of another soil, makes its way so slowly as in England. (...) Were it not so, is it possible that one of the most scientific men in the most scientific university of England, when professedly examining the systems that have been imagined to explain the phenomena of gravitation, should be found hardly acquainted with the most remarquable of them, and should mistake the name of its author![44]

Es ist wohl kein Zufall, daß PLAYFAIR in Edinburgh über die kausalmechanische Physik LESAGEs besser informiert war als VINCE in Cambridge, stellt

---

41/ Edinburgh Review 13 (1808), 101-115. - Für die Identifikation dieser Rezension sowie die bedeutende Rolle, die PLAYFAIRs Beiträge in der liberalen Edinburgh Review für die intellektuelle Öffnung Schottlands gegenüber der kontinentalen Physik gespielt haben, vgl. MORRELL 1970, S. 56-59 u. 63.

42/ "His policy was clearly to either smoothly ignore or genially minimize the religious problems associated with natural philosophy. (...) in contrast with Robison, Playfair felt that the discovery of more physical mechanical causes and agents did not exclude God's governance from nature and thereby encourage atheism..." (MORRELL 1970, S. 58).

43/ Dieser Vorwurf muß wohl relativiert werden, stellt man die politische Situation in Rechnung, die die Kommunikation zwischen dem Kontinent und Großbritannien zu diesem Zeitpunkt erheblich behinderte; vgl. Kap. 5.1.1. Zu den nationalen Spannungen zwischen England und Schottland, die PLAYFAIR zu dieser "sottise" veranlaßt haben könnten, vgl. Kap. 5.3.

44/ PLAYFAIR 1808, S. 112.

man die engen kulturellen Beziehungen zwischen Genf und Edinburgh sowie die besondere Aufgeschlossenheit PLAYFAIRs in Rechnung.[45]

Dem eklatanten Mangel suchte PLAYFAIR durch ein ausführliches Referat der Theorie LESAGEs abzuhelfen, zu welchem er alle einschlägigen, auch die von PREVOST publizierten Texte, heranzog.[46] Wenngleich er die Einwände, die u.a. von BOSCOVIC gegen LESAGEs System erhoben worden waren,[47] nicht verschwieg, so machte PLAYFAIR doch deutlich, daß für ihn die Frage der mechanischen Erklärung der Gravitation noch nicht erledigt war: "we think it cannot be affirmed that the utmost has been done with respect to the object we are treating of; nor are we entitled to say that the attempts made have been all completely abortive."[48]

Als PLAYFAIR auf den "vergessenen" LESAGE hinwies, wurde die Ätherhypothese in Schottland aus methodologischen Gründen verdammt.[49] Stellt man den Einfluß der "common-sense" Philosophen in Rechnung, ist es nicht erstaunlich, daß LESAGEs Überlegungen keine weitere Resonanz fanden.[50] Zu Beginn der dreißiger Jahre begann der Einfluß der von Thomas REID entwickelten orthodoxen Methodologie des "common sense",[51] auf die die Verdammung jeglicher Spekulationen über Äthermedien zurückging, jedoch auch in Edinburgh zu schwinden. Studenten wie FORBES, die zwischen 1820 und 1836 die Universität besuchten, "were not systematically exposed to the philosophy and methodology

---

45/ Vgl. Kap. 1.8.

46/ 1807 hatte PLAYFAIR die von PREVOST verfasste LESAGE-Biographie (PREVOST 1805/a) besprochen; s. Edinburgh Review 10 (1807), 150. - Zustimmung zu einer dort publizierten Rechnung LESAGEs findet sich in PLAYFAIR 1812/a, S. 213-214.

47/ Vgl. dazu Kap. 2.4.4.

48/ PLAYFAIR 1808, S. 104.

49/ Vgl. Kap. 6.4.

50/ Für eine ausführliche "common-sense" Begründung der Ablehnung mechanischer Hypothesen zur Erklärung der Gravitation s. BROWN,T. [2]1824, I, S. 146-168. - Auch bei Dugald STEWART war LESAGEs Theorie auf wenig Gegenliebe gestoßen; s. STEWART an PREVOST, Brief, Paris 6. Oktober 1806 (BPU Mss.suppl. 1052, fo. 151-181). Vgl. Kap. 1.9.

51/ Zur schottischen Methodologie s. ausführlich Kap. 6.4 und 6.5.

of science."[52] Auf dieses Nachlassen in der Vermittlung orthodoxer methodologischer Prinzipien, das nach 1833 noch durch FORBES' Reform verstärkt wurde, ist es wohl zurückzuführen, daß Äthervorstellungen in Edinburgh eine gewisse Renaissance erleben konnten. Die Etablierung der Wellentheorie des Lichtes, die ja die Existenz eines Äthers implizierte, dürfte darüberhinaus die Tendenz, Spekulationen über den Äther zu rehabilitieren, zusätzlich verstärkt haben.

Ein erstes Indiz für dieses gewandelte intellektuelle Klima liefert eine Schrift von John James WATERSTON (1811-1883).[53] In Edinburgh geboren und aufgewachsen hatte WATERSTON die Gelegenheit ergriffen, neben seiner Ausbildung zum Ingenieur an der Universität bei LESLIE Mathematik und Physik zu studieren. Mit neunzehn Jahren (1831) veröffentlichte er eine Abhandlung, in der er die Gravitation korpuskular-mechanisch zu erklären und zur Grundlage eines alle Phänomene der Natur umfassenden Systems der Kräfte zu machen versuchte. Ein Gravitations-Äther, bestehend aus einer unendlichen Anzahl absolut harter Korpuskeln von zylindrischer Gestalt, soll durch Stöße mit herkömmlicher Materie die Gravitationsanziehung hervorbringen.[54]

Obwohl WATERSTONs Intention mit derjenigen LESAGEs übereinstimmt, so ist sein Gedankengang doch ein ganz anderer. WATERSTON setzt die Materie als nicht porös voraus und nimmt stattdessen an, daß die Bewegung der Korpuskeln aus zwei Komponenten, Translation und Rotation, besteht. Das Verhältnis dieser beiden Komponenten wird bei Stößen zugunsten der Rotation verschoben und beeinflußt seinerseits die Dichteverteilung der Korpuskeln. Aus der mit dem Abstand zwischen zwei Massen variierenden Dichte des Äthers soll sich die Gravitationsanziehung herleiten. Die Originalität von WATERSTONs Gedanken läßt vermuten, daß er LESAGE nicht gekannt hat, obwohl nicht auszu-

---

52/ OLSON 1975, S. 225.

53/ Zur Biographie s. DSB XIV 1976, 184-186. Vgl. ferner BRUSH 1957 sowie BRUSH 1961. Eine Zusammenfassung dieser Arbeiten ferner bei TRUESDELL 1968, S. 292-299.

54/ WATERSTON: An Exposition of a New Dynamic-Chemical Principle. Für eine Inhaltsanalyse dieser Arbeit sowie ihre Übereinstimmung mit den Prinzipien des "common-sense" s. OLSON 1975, S. 238-245.

schließen ist, daß er während seines Studiums in Edinburgh mit PLAYFAIRs Rezension in Berührung kam und durch sie angeregt wurde.[55]

WATERSTONs Gravitationstheorie blieb lediglich ein spekulativer Entwurf. Sie bildete jedoch die Vorlage für eine umfangreichere Abhandlung von ihm, die er 1845 der Royal Society einreichte und die die wesentlichen Prinzipien der kinetischen Gastheorie enthält.[56] Die Arbeit wurde, weil zu spekulativ, von den "Referees" der "Royal Society" nicht zur Publikation angenommen. Sie verschwand im Archiv, wo sie 1891 von Lord RAYLEIGH wiederentdeckt wurde.[57]

Uns geht es hier weniger um die Behauptung einer wirkungsgeschichtlichen Beziehung, als vielmehr um das Aufzeigen einer bemerkenswerten und möglicherweise signifikanten historischen Parallele: ein von der schottischen Denktradition geprägter Naturphilosoph konstruiert mittels Rückgriff auf den kinetischen Atomismus eine korpuskular-mechanische Gravitationstheorie mit dem Anspruch, damit den Basismechanismus aller Natur-Phänomene gefunden zu haben.

Spekulatives Denken in reduktionistischer Intention läßt sich auch bei William THOMSON (1824-1907), dem späteren Lord KELVIN, nachweisen. THOMSONs erklärtes Ziel war es, die Vielfalt der Phänomene mit Hilfe eines "unifying principle" auf die Newtonsche Dynamik zurückzuführen. Als vereinheitlichendes

---

55/ BRUSH widmete WATERSTON zwar mehrere Abhandlungen und in seiner Studie zur Genese der kinetischen Gastheorie viel Raum, der Einfluß von LESAGE auf ihn bleibt jedoch ungeklärt. Einerseits heißt es dort: "This idea /LeSage's "ultramondane corpuscles"/ played an important role in the history of kinetic theory, by stimulating Herapath and Waterston to think about forces resulting from the bombardment of particles." (1976, I, S. 21). Wenige Seiten später: "But its primary historical interest is that some of the thinkers who proposed the kinetic theory of gravity were then led to contemplate a kinetic theory of gases (LeSage, DeLuc, Herapath, and Waterston). Nevertheless the early kinetic theorists were not able to convert the intuitiv appeal of this explanation of gravity into support for their explanation of gas pressure, and the kinetic theory of gravity was of little importance in the revival of the kinetic theory of gases after 1845." (ebd., S. 48). Belege für den Einfluß von LESAGE gibt BRUSH keine, so daß hier ein offenes Problem der Forschung zu existieren scheint.

56/ John James WATERSTON: On the Physics of Media that are Composed of Free and Perfectly Elastic Molecules in a State of Motion, in WATERSTON Papers, S. 207-319.

57/ Vgl. dazu TRUESDELL 1968, S. 296.

Prinzip bot sich für THOMSON nach 1850 der Energiebegriff an. Unter dem Eindruck der Schriften von JOULE und HELMHOLTZ zur Energieerhaltung versuchte THOMSON in einer 1854 erschienenen Arbeit mit Hilfe eines erklärt spekulativen Raisonnements, die vielfältigen Transformationen der Energie zu beschreiben. Gleichzeitig stellte er die Frage nach der Herkunft der Energie. In einer Argumentationskette führt THOMSON zunächst alle auf der Erde stattfindenden Umwandlungsprozesse auf die Einwirkung der Sonnenstrahlung zurück, um anschließend nach der Quelle der Energie der Sonne zu fragen. Diese soll ebenso wie die Bewegung der Planeten aus einem Kontraktionsprozeß (process of conglomeration) stammen, der aus der Gravitationsanziehung der Massen resultiert. Somit wird von THOMSON der Vorrat an potentieller Energie der Gravitation als die letzte Quelle aller Energie im Universum erkannt; ein Vorrat, der, von Schöpferhand angelegt, sich langsam erschöpfen muß: "the potential energy of gravitation may be in reality the ultimate created antecedant of all the motion, heat, and light at present in the universe."[58]

THOMSON kam hier, indem er die Gravitation als letzte Ursache erkannte, zu einer Schlußfolgerung, die bereits LESAGE gezogen hatte.[59] Seine Zielsetzung unterschied sich darüberhinaus nicht von derjenigen LESAGEs, der ebenfalls versucht hatte, das System der Natur auf die Dynamik NEWTONs zu gründen. Gleichwohl bleibt festzuhalten, daß THOMSON zu diesem Zeitpunkt noch keine Veranlassung sah, auf eine mögliche mechanische Ursache zu rekurrieren.

Dies änderte sich jedoch, als THOMSON unter den Einfluß der Vorstellungen von W.J.M. RANKINE (1820-1872)[60] geriet. Auch RANKINE hatte von 1836-1838 bei FORBES studiert, aber erst 1850 begonnen, über physikalische Themen zu veröffentlichen.[61] Obwohl er sich zunächst mit der Theorie der Wärme beschäftigte, war es sein erklärtes Ziel, eine umfassende Theorie der Materie zu schaffen. Zu diesem Zweck konstruierte er die Hypothese der "molekularen Wirbel" (molecular vortices). Demnach ist die Materie aus Atomen aufgebaut.

58/ THOMSON 1855 (THOMSON Papers, II, S. 34-40).

59/ Vgl. Kap. 2.4.1.

60/ Vgl. DSB XI, 291-295; sowie OLSON 1975, S. 271-277.

61/ RANKINE 1853. Eine Zusammenfassung erschien bereits zwei Jahre früher, s. RANKINE 1851/b.

Das Volumen eines Atoms wird von seiner elastischen "Atmosphäre" bestimmt, die den im Vergleich dazu sehr kleinen Kern umgibt. Die in der Atmosphäre wirbelförmig um den Kern als Zentrum strömende Materie tendiert wegen der Zentrifugalkraft zur Ausdehnung, woran sie aber durch die Atmosphären der benachbarten Atome gehindert wird. Festigkeit und Ausdehnung eines Körpers werden damit durch die repulsive Kraft der Atmosphären bestimmt, denen die zwischen den Kernen wirkende Anziehungskraft entgegenwirkt. Die Zentrifugalkraft ist der absoluten Temperatur proportional, weshalb eine Zufuhr von Wärme zur Expansion führt. Das aus den Kernen der Atome gebildete Gitter hingegen stellt das Medium dar, in dem sich Licht und strahlende Wärme fortpflanzen können, indem sie die Kerne zu lateralen Schwingungen anregen.[62]

Unter dem Einfluß von RANKINE formulierte THOMSON Mitte der fünfziger Jahre seine Theorie der "Wirbelatome" (vortex atoms). Gleichzeitig begann er über die Konstruktion eines mechanischen Modells des Äthers nachzudenken, das in der Lage sein sollte, die phänomenologischen Theorien von Licht, Wärme, Elektrizität, Magnetismus sowie der Konstitution der Materie zusammenzufassen.[63] Für THOMSON markierten diese Überlegungen einen signifikanten Sinneswandel: während er zunächst "unobservable quantities" und imponderable Entitäten aus der Physik verbannt hatte, begann er nun über die Mikrostruktur des Äthers zu spekulieren und physikalische Hypothesen darüber zu bilden, wie dessen Eigenschaften dynamisch, d.h. allein auf der Grundlage von Materie und Bewegung, zu erklären seien.[64] Ein ubiquitäres Medium ("universal

---

62/ Vgl. RANKINE 1851/a.

63/ "... Rankine's hypothesis of molecular vortices provided the direct stimulus for William Thomson's (...) vortical interpretation of magnetism in 1856." (OLSON 1975, S. 273).

64/ "In 1855 Thomson wrote John Tyndall a letter in which he referred to the "mechanical qualities" of the medium that pervades all space. He now believed the ultimate explanation of the electromagnetic phenomena lay in the structure of that medium, conceived dynamically." (DSB XIII, S. 384). Auf den von THOMSON ab 1856 entwickelten Vorstellungen über die mechanische Mikrostruktur des Äthers basierte u.a. MAXWELLs Theorie des elektromagnetischen Feldes: "It was this vision of Thomson's that Maxwell seized upon between 1857 and 1862 in his search for a new approach to electromagnetic theory." (DSB XIII, S. 384). Vgl. auch BLUMTRITT 1986, S. 288-292.

plenum") mit definierten mechanischen Eigenschaften sollte die Erklärung auch der elektromagnetischen Phänomene liefern.[65]

Genau in diese Phase der Wiederbelebung mechanischer Ätherhypothesen fällt STEWARTs erneute und fruchtbare Diskussion der Prevostschen Austauschtheorie.[66] Damit tritt zu dem in Kap. 6.2 festgestellten theoretischen Kontext, der die Diskussion der Austauschtheorie im Rahmen der Gastheorie beinhaltete, ein zweites, möglicherweise noch bedeutenderes wirkungsgeschichtliches Element: ein intellektuelles Klima, ein "physikalischer Zeitgeist", der offensichtlich die Spekulation über mechanische Hypothesen rehabilitiert hatte. Daß die von STEWART ausgelöste Renaissance der Prevostschen Gedanken eine solche derjenigen LESAGEs nach sich ziehen sollte, kann auf den ersten Blick kaum überraschen, da PREVOST in seinen Schriften bei jeder sich nur bietenden Gelegenheit auf seine intellektuelle Verpflichtung gegenüber LESAGE hingewiesen hatte. Jedoch wäre der Hinweis auf LESAGE allein wohl kaum ausreichend gewesen, seinen Gedanken auch Beachtung zu verleihen. Der spezifische Kontext der zeitgenössischen Physik in Schottland war es aber, der es erlaubte, sie als mechanisches Modell zu interpretieren und damit in die aktuelle Diskussion einzubringen.[67]

Angeregt durch eine Arbeit von Rudolf CLAUSIUS[68] hatte nämlich MAXWELL gerade im Frühjahr 1859 damit begonnen, eine kinetische Theorie der Gase zu entwickeln in der Absicht "to draw up a theory of the motions of free par-

---

65/ KNUDSEN 1972. - Die ebd. aus Lord KELVINs Notizbuch publizierten Äther-Spekulationen, die auch "the doctrine of the Universal Plenum" behandeln, stammen aus dem Jahre 1859.

66/ Vgl. Kap. 6.1.

67/ Zum Stellenwert mechanischer Modelle im Rahmen der intellektuellen Tradition Schottlands vgl. Kap. 6.5.

68/ Rudolf CLAUSIUS: Ueber die mittlere Länge der Wege, welche bei der Molecularbewegung gasförmiger Körper von den einzelnen Molecülen zurückgelegt werden, nebst einigen anderen Bemerkungen über die mechanische Wärmetheorie, in Ann.Phys. 105 (1858), 239-258. Erschien im Februar 1859 engl. u.d.T.: On the Mean Length of Paths described by separate Molecules of gaseous Bodies, in Phil.Mag. 17 (1859), 81-91. - Die Grundlagen der Theorie hatte CLAUSIUS allerdings schon zwei Jahre zuvor in einer Arbeit veröffentlicht, die umgehend auch in Großbritannien erschienen war: Ueber die Art der Bewegung, welche wir Wärme nennen, in Ann.Phys. 100 (1857), 353-380. Engl. u.d.T.: The kind of motion we call heat, in Phil.Mag. (Ser. 4) 14 (1857), 108-127.

ticles acting only by impact."[69] Innerhalb von vier Monaten formulierte MAXWELL das Modell eines korpuskularen Gases aus elastischen Kugeln, deren Geschwindigkeiten nicht mehr wie noch bei CLAUSIUS konstant, sondern vielmehr statistisch um einen durch die Temperatur definierten Mittelwert verteilt sein sollten.[70]

Die kinetische Gastheorie entstand aber nicht erst mit CLAUSIUS und MAXWELL, sondern konnte auf eine Reihe von Vorläufern zurückblicken, zu denen Daniel BERNOULLI und LESAGE gerechnet werden müssen.[71] BERNOULLIs kinetische Theorie war jedoch, da sie sich schlecht in den Kontext der zeitgenössischen Physik einfügen ließ, im 18. Jahrhundert rasch vergessen worden, während der kinetische Atomismus in Gestalt von LESAGEs Gravitationstheorie überlebt hatte.[72] Die Theorie von MAXWELL erlaubte es nun, LESAGEs Gravitationstheorie in einen neuen konzeptuellen Rahmen einzuordnen: der "fluide gravifique" konnte als Analogon eines Gases betrachtet werden. LESAGE hatte mit seinem korpuskularen Gravitationsfluidum ein "Modell" für ein korpuskulares Gas geringer Dichte geliefert. Dieses Modell vor Augen hatte bereits PREVOST eine allgemeine Theorie korpuskularer Fluida (théorie générale des fluides élastiques) zu entwickeln gesucht, die auch die mechanische Konstitution der Gase umfassen sollte.[73] LESAGE und PREVOST wurden daher im Zuge der Ausformulierung der kinetischen Gastheorie um 1860 als Vorläufer dieser Theorie regelrecht "wiederentdeckt".[74]

69/ OLSON 1975, S. 311. - Zur Anregung durch CLAUSIUS vgl. ferner GARBER 1970, S. 299; BRUSH 1976, I, S. 72.

70/ MAXWELL stellte seine Gastheorie am 21. September 1859 auf dem Meeting der "British Association for the Advancement of Science" in Aberdeen vor; s.: Illustrations of the Dynamical Theory of Gases, in MAXWELL Papers I, S. 377-409. Er nennt dort (S. 377) lediglich Daniel BERNOULLI, HERAPATH, JOULE, KRÖNIG und CLAUSIUS, nicht aber LESAGE als Vorläufer.

71/ vgl. dazu Kap. 4.1.4.

72/ BRUSH 1976, I, S. 20-21 u. 48.

73/ PREVOST 1818/a, S. 189-200.

74/ Für ein "frühes" Beispiel s. Rudolf CLAUSIUS (1862): "In neuester Zeit bin ich auf ein von Prevost herausgegebenes Buch aufmerksam gemacht <gemeint ist PREVOST 1818/a>, welches zwei Abhandlungen enthält, eine von G.L. Le Sage, welche Prevost nach dessen Tode herausgegeben hat, und eine von Prevost selbst, in welcher die Ansichten von Le Sage weiter entwickelt sind. In

Es spricht in diesem Kontext Einiges dafür, daß sich auch THOMSON ab etwa 1860 mit den Theorien von LESAGE auseinandergesetzt hat. Denn genau zu dem Zeitpunkt, als STEWART erneut die Prevostsche Austauschtheorie diskutierte und MAXWELL die kinetische Theorie der Gase zu formulieren begann, nahm THOMSON von seinem Modell der Wirbelatome Abstand und ersetzte es durch die Hypothese der Käfigatome ("cage-atoms").

Ein erstes Indiz bietet eine Arbeit aus dem Jahre 1862, in der THOMSON versucht, die Kohäsion auf die Gravitation zurückzuführen. Demnach bestehen die Atome aus Stäben von quadratischem Querschnitt (square bars), in denen die Materie hochverdichtet vorliegt. Die zu Kuben (cubes) angeordneten Stäbe haben untereinander Abstände, die groß sind im Vergleich zu ihren Durchmessern. Gelingt es, die Würfel so aneinanderzulagern, daß sich die Stäbe mit ihren Stirnflächen berühren, so entsteht eine Kraft, die beliebig stark gedacht werden kann, denn: "The attraction between each two such conterminous bars, however small their masses are, may be increased without limit, by diminishing the area of its section, and keeping its mass constant."[75]

Wenngleich THOMSON in dieser 1862 publizierten Arbeit LESAGE nicht namentlich nennt, so kann wohl kaum ein Zweifel bleiben, daß er bereits zu diesem Zeitpunkt LESAGEs Materietheorie rezipiert hatte. Die Argumentation, mit der er die Kohäsion auf die Gravitation zurückzuführen versucht, ähnelt auf

diesen Abhandlungen findet sich ebenfalls die Idee ausgesprochen und behandelt, dass die Moleküle der Gase sich in fortschreitenden Bewegungen befinden, auch wenn in Bezug auf die Entstehung und Erhaltung dieser Bewegungen manches darin vorkommt, was von meinen Ansichten sehr abweicht, so ist doch die Art, wie die Expansivkraft des Gases daraus erklärt wird, im Wesentlichen dieselbe." (CLAUSIUS 1862, S. 2 Fußnote 1). - Da diese Arbeit 1862 auch im Phil.Mag. erschien, ist anzunehmen, daß durch sie das Interesse an LESAGE in Großbritannien noch verstärkt wurde. - Als William THOMSON im Jahre 1871 MAXWELL um eine Zusammenfassung der historischen Entwicklung der kinetischen Gastheorie bat, nannte dieser ausdrücklich auch LESAGE und PREVOST als Vorläufer für die von ihm selbst maßgeblich formulierte kinetische Theorie der Gase. MAXWELL sparte allerdings nicht mit Kritik: "Lesage himself would have made a more important contribution to science, if, before calculating the results of the impact of his corpuscules, he had studied the few sentences in which Newton demonstrates the true laws of impact." (BERNSTEIN 1963, S. 211). Vgl. dazu unsere Analyse in Kap. 3.3.4.

75/ THOMSON 1862, S. 605.

das Verblüffendste derjenigen, die LESAGE 1758 in seinem "Essai de Chymie Méchanique" dargelegt hatte.[76]

Die erneute Auseinandersetzung mit den Ideen LESAGEs fand dann ihren ersten expliziten Niederschlag in einer 1865 von dem Astronomen John HERSCHEL (1792-1871)[77] publizierten Abhandlung über den Ursprung der Kräfte. Während jedoch HERSCHEL die Theorie LESAGEs als "too grotesque to need serious consideration"[78] ablehnte, erlebte sie wenig später gerade durch THOMSON ein explizites "Comeback". THOMSON erarbeitete eine aktualisierte Version der Gravitationstheorie LESAGEs, innerhalb derer er die Probleme mit der Energiebilanz, die sich aus der notwendigen Annahme inelastischer Stöße ergeben, durch die Anregung innerer Freiheitsgrade lösen zu können glaubte: jener Verlust an Translationsenergie, den ein "corpuscule ultramondain" bei einem inelastischen Stoß erleidet, soll durch einen Anstieg seiner Vibrations- bzw. Rotationsenergie kompensiert werden.[79]

THOMSONs Versuch, die Gravitationstheorie von LESAGE wiederzubeleben, fand eine breite Resonanz. In Schottland waren es namentlich TAIT und Balfour STEWART, die mit ihren Schriften zur Verbreitung der Theorie von LESAGE/THOMSON beitrugen.[80] Sie lösten damit eine kontroverse Diskussion aus, die sich keineswegs auf Schottland beschränkte.[81] Die Kontroverse um die physikalische Vertretbarkeit einer derartigen mechanischen Theorie der Gravitation

---

76/ Vgl. Kap. 2.4. - Insbesondere übernahm THOMSON das Argument der beliebig steigerbaren Dichte der Materie. Wie THOMSON von dieser doch recht raren Schrift LESAGEs erfahren haben könnte, ist mir nicht bekannt. Es sollte aber erwähnt werden, daß sich THOMSON 1847 anläßlich seiner Studienreise einen Monat lang in Genf aufgehalten hat "making acquaintance with the university professors." (THOMPSON 1910, I, S. 205).

77/ Für HERSCHELs Nähe zur Methodologie des "common-sense" s. OLSON 1975, S. 252-270.

78/ HERSCHEL 1865, S. 438.

79/ THOMSON 1873.

80/ TAIT 1876, S. 298-300; STEWART/TAIT 1882, S. 146-148.

81/ Kritisch der Amerikaner TAYLOR 1877, S. 217-221. Für Deutschland s. die heftige Polemik contra THOMSON/LESAGE in ZÖLLNER Abhandlungen, I (1878), S. 107-116; kritisch auch dessen Landsmann ISENKRAHE 1879, S. 62-74, der allerdings eine eigene mechanische Theorie der Gravitation vertritt.

wurde jedoch bereits 1875 von MAXWELL zuungunsten von THOMSON/LESAGE entschieden. MAXWELL betrachtete das Gravitationsfluidum LESAGEs als ein Gas, so daß er die unlängst von CLAUSIUS und ihm selbst formulierte kinetische Theorie der Gase darauf anwenden konnte. Danach ist die Temperatur eines Gases der mittleren kinetischen Energie seiner Moleküle proportional. Eingedenk der immensen kinetischen Energie, die die Theorie den Gravitationskorpuskeln zuschreibt, müßte sich demnach die in das Gravitationsgas "getauchte" Materie innerhalb kürzester Zeit auf Weißglut erhitzen, sofern nur, wie anzunehmen, beim Stoß ein Bruchteil der kinetischen Energie der Korpuskeln in Wärme umgesetzt wird, denn: "The temperature of bodies must tend to approach that at which the average kinetic energy of a molecule of the body would be equal to the average kinetic energy of an ultramundane corpuscle."[82] Ergo ist die Theorie von THOMSON/LESAGE mit dem zwischen der Materie und dem Gravitationsgas als notwendig vorauszusetzenden thermischen Gleichgewicht unvereinbar.

Für uns ist hier weniger dieses späte, aber endgültige Scheitern der Lesageschen Gravitationstheorie als vielmehr die Tatsache von Interesse, daß die korpuskular-mechanische Theorie LESAGEs von HERSCHEL, THOMSON, TAIT, STEWART und MAXWELL erneut intensiv diskutiert wurde. Die Tatsache, daß es sich bei ihnen ausnahmslos um Physiker handelte, die der methodologischen Tradition Schottlands entstammten, verweist auf den Einfluß eines spezifischen Wissenschaftsstils. Dieser soll im Folgenden konkretisiert werden.

6.4 Schottlands methodologische Tradition

Bedingt durch den zunehmenden Einfluß der Wellentheorie kam es in den dreißiger Jahren in Großbritannien zu einer heftigen Debatte um die Theorie des Lichts, die bis über die Jahrhundertmitte andauern sollte. Die lange Zeitdauer dieser Kontroverse war auf die Langlebigkeit der engagiertesten und prominentesten Gegner der Wellentheorie zurückzuführen: David BREWSTER (1781-1868) und Henry Lord BROUGHAM (1778-1868). Neben BREWSTER und

---

[82]/ S. dazu J.C. MAXWELL: Artikel "Atom" in Encyclopedia Britannica, 9th ed. 1875, III (MAXWELL Papers, II, S. 445-484). Zu LESAGE s. dort S. 473-474, hier S. 476).

BROUGHAM griffen zeitweilig auch John LESLIE, Thomas MELVILL, John PLAYFAIR und Thomas THOMSON zugunsten der Emissionstheorie des Lichts in die Debatte ein.[83] Betrachtet man die Ausbildung bzw. Karrieren dieser Wissenschaftler, so fällt auf, daß sie sämtlich an der Universität Edinburgh tätig bzw. ausgebildet worden waren. Diese Universität war das regionale Zentrum jenes konservativen Widerstandes gegen die "neue Physik", die von Cambridge aus das Land zu erobern begann. Die Auseinandersetzung nahm gelegentlich die Züge eines von nationalistischen Ressentiments gefärbten "Nord-Süd-Konfliktes" an. So beschwerte sich BREWSTER, als 1841 die Royal Society eine seiner Arbeiten ablehnte, bei BROUGHAM "that the Society is in the hands of a Cambridge faction hostile to all Scotsmen."[84]

Die Kontroverse erstreckte sich dabei keineswegs mehr allein auf Probleme der Theorie des Lichts, sondern betraf ganz allgemein Fragen nach Ziel und Methoden der Wissenschaft. Sie spiegelte damit letztlich den Konflikt zweier konkurrierender Wissenschaftsstile wieder. Während sich die "Cambridge faction" am analytischen Wissenschaftstil der kontinentalen Schule orientierte, bezogen die Schotten ihre Argumente aus einer spezifischen intellektuellen Tradition, der "Scottish methodological tradition."[85]

Im Gegensatz zu England verfügte Schottland bereits im 18. Jahrhundert über eine wohletablierte akademische Tradition in der "Natural Philosophy", die sich an bedeutenden Lehrstühlen wie demjenigen der Universität Edinburgh ablesen läßt, den John ROBISON (ab 1774), John PLAYFAIR (ab 1805), John LESLIE (ab 1819), James David FORBES (ab 1832) und Peter Guthrie TAIT (ab 1860) sukzessive innehatten.[86] Kennzeichnend für diese Tradition war die enge wechselseitige Verbindung zwischen Moral- und Naturphilosophie. Die bereits von David HUME in den Rang einer empirischen Wissenschaft erhobene Moralphilosophie fand das Interesse der Naturphilosophen, während Moralphilosophen wie Thomas REID, Dugald STEWART und Thomas BROWN sich intensiv mit Fragen

---

83/ Vgl. die Aufstellung bei CANTOR 1983, S. 206-208.

84/ BREWSTER an BROUGHAM, Brief, 14. Dezember 1841, zit. n. CANTOR 1983, S. 175.

85/ Für eine knappe Charakerisierung s. CANTOR 1971.

86/ Vgl. MORRELL 1971.

der Naturphilosophie auseinandersetzten. Aus dieser wechselseitigen Verflechtung heraus ist es zu verstehen, daß der schottische Zugang zur Natur von den Prinzipien des "common-sense" geprägt wurde.[87]

Die von Thomas REID (1710-1796) begründete "common-sense-philosophy" war in der Auseinandersetzung mit dem Skeptizismus HUMEs entstanden. Während HUME behauptet hatte, sicheres Wissen über die Natur sei prinzipiell unerreichbar, wollte es REID nicht bei dieser resignativen Perspektive belassen: er sah den Ausweg in der Formulierung einer strengen Methodologie, deren Befolgung es ermöglichen sollte, wahres Wissen über die Natur zu erreichen.[88]

REID orientierte sich an NEWTON, dessen Diktum "hypotheses non fingo" er zum kategorischen methodologischen Imperativ verdichtete. Er unterstrich zudem die Bedeutung des von NEWTON als erste "Regula philosophandi" formulierten "vera-causa-Prinzips", wonach nur solche Ursachen zur Erklärung der Phänomene zugelassen werden sollen, die sich gleichzeitig als wahr und als zur Erklärung ausreichend erweisen.[89] Damit wurden Hypothesen, Vermutungen und spekulativen Theorien - etwa über "unobservable causes" wie den Äther oder andere wirkungsvermittelnde Fluida - aus der Wissenschaft verbannt, da sie nach REID lediglich Hindernisse auf dem Weg zu mathematisch formulierbaren Gesetzmäßigkeiten darstellen, die auf der Grundlage von Beobachtungsdaten durch induktive Verallgemeinerung erreicht werden.[90]

87/ Vgl. dazu die umfassende Studie von OLSON 1975. - Der enge persönliche Kontakt, den die Natur- und Moralphilosophen an der kleinen Universität Edinburgh miteinander pflegten, gab ihnen fast täglich Gelegenheit zu informellem Gedankenaustausch, weshalb es ex post schwierig ist festzustellen, wer wen unmittelbar beeinflußt hat. (ebd., S. 157).

88/ "The new system admits only of the principles of common sense as a first principle, and pretends, by strict argumentation, to deduce all the rest from it." Die "principles of common sense" sind "the furniture which nature has given to the human understanding" (REID ^{2}1765, S. 369).

89/ Principia, ^{2}1713, Buch III "De mundi systemate", Regula Prima.- "We are to admit no more causes of natural things, than such as are both true and sufficient to explain their appearances." (NEWTON 1729, II, S. 202).

90/ Der Einfluß der Philosophie REIDS läßt sich am deutlichsten noch bei John ROBISON (1739-1805) und seinem Nachfolger John PLAYFAIR (1748-1819) nachweisen; vgl. dazu OLSON 1975, S. 157-168; sowie SMITH 1976.

Die von REID formulierte strikt induktivistische, antispekulative Methodologie wurde von seinen Nachfolgern aber bereits relativiert. REIDs Schüler Dugald STEWART und Thomas BROWN räumten ein, daß REIDs strikter Induktivismus viel zu radikal war.[91] Sie erkannten, daß der Gebrauch von Hypothesen für den Fortschritt der Wissenschaft akzeptabel, ja sogar unabdingbar ist. Mit Problemen der Naturphilosophie konfrontiert, hatten auch ROBISON, PLAYFAIR, LESLIE und BROUGHAM feststellen müssen, daß sie nicht völlig ohne Hypothesen auskamen.[92] BREWSTER ging gar soweit, die Wellentheorie des Lichts als brauchbare Hypothese zu diskutieren, obwohl er von der Unrichtigkeit ihrer Grundannahmen zutiefst überzeugt war. Die zeitweilige und gleichsam provisorische Verwendung von Hypothesen schien durch ihre Nützlichkeit legitimiert, sofern man sich nur über ihren kognitiven Status als Hypothese im Klaren war und sich nicht etwa dazu verstieg, die ihr zugrundeliegenden Annahmen als Tatsachen auszugeben.[93] Mit dieser pragmatischen Sanktionierung des Hypothesengebrauchs setzten sich die schottischen Naturphilosophen sowohl gegen den Vater des "common sense" REID als auch gegen die Positivisten ab, die das Nachdenken über effiziente Ursachen als von vornherein sinnlos verdammt hatten. "Having rejected simplistic induction on the one hand and blatant hypothesizing on the other, the Scottish natural philosophers found a middle path calculated to assist the progress of science more effectively."[94]

Dennoch blieb ein Reidsches Erbe: die strikte Ablehnung der "unobservable causes". Dieses Verdikt betraf in erster Linie die spekulativen Elemente im Denken NEWTONs, insbesonders seine Überlegungen zum Äther.[95] Da man sich in methodologischer Hinsicht aber an NEWTON orientierte und seine mathematischen Errungenschaften über die Maßen verehrte, war man in einer gewissen Verlegenheit, wie man sein "marble image" retten sollte. Dugald STEWART

91/ STEWART,D. 1814, S. 406. - BROWN, T. [15]1845, S. 47.

92/ OLSON sieht dies als Wirkung der Lehre Dugald STEWARTs, der auf dem Gebrauch von Hypothesen "as indispensable aids to memory and as guides to further experiment and discovery" insistiert hatte (OLSON 1975, S. 188).

93/ Vgl. OLSON 1975, S. 178-188, der dort ähnliches auch für BROUGHAM und LESLIE feststellt.

94/ CANTOR 1971, S. 78 (Hervorhebung von mir).

95/ Vgl. Kapitel 2.2.

warnte davor, NEWTONs Vermutungen allzu wörtlich zu nehmen.[96] John LESLIE betrachtete NEWTONs Ätherspekulationen eher als Sündenfall, den man besser zu vergessen habe: "In an evil hour he threw out those hasty conjectures concerning Aether, which have since proved so alluring to superficial thinkers, and which in a very sensible degree impeded the progress of genuine science."[97]

Die Ablehnung des Äthers war der Grund dafür, daß die Wellentheorie des Lichts, die ja die Existenz eines Äthers voraussetzte, von denjenigen Naturphilosophen, die sich der schottischen methodologischen Tradition verpflichtet fühlten, hartnäckig abgelehnt wurde.[98] Gefördert wurde diese Ablehnung im Falle von BREWSTER und BROUGHAM durch ihre mangelnde Versiertheit in der analytischen Mathematik, die ihnen die Einsicht in die heuristische Potenz der neuen Theorie verstellte. Sie waren mangels geeigneter Ausbildung nicht in der Lage einzusehen, daß die analytische Mathematik für die "neue Physik" ein konstitutives Element darstellt.[99]

Die hier zum Ausdruck kommende Geringschätzung der Analysis hielt sich in Schottland besonders lange, wofür wiederum der Einfluß der "common-sense" Philosophie verantwortlich zu machen ist. Die Mathematik galt den Philosophen des "common-sense" als Rationalitätsideal und Modellwissenschaft, weshalb sich selbst Moralphilosophen wie REID und STEWART intensiv mit den erkenntnistheoretischen Grundlagen der Mathematik auseinandersetzten. Dabei vertraten sie, wie bereits David HUME vor ihnen, eine abstraktionistische Position: alle

---

96/ STEWART, D. 1814, S. 402.

97/ LESLIE 1804, S. 146.

98/ Die Hauptkritikpunkte der Schotten an Äther-Medien waren a) "they were subject to no proof of existence independent of that inferred from their explanatory power", b) "in many cases a careful consideration of the proper notion of cause obviated any logical need to introduce intermediate entities to connect events", c) "the modes of action of etherial media were themselves quite inexplicable" (OLSON 1975, S. 170).

99/ "Both failed to appreciate that in an abstract theory like the wave theory, sophisticated mathematics was crucial to the very exposition of the theory. Moreover compared with their opponents (...)/they/ were relatively unskilled in the higher branches of mathematics and were thus unable to appraise the wave theory critically at this level." (CANTOR 1983, S. 183).

Erkenntnis hat ihre Basis in der sinnlichen Erfahrung, aus deren Daten qua Abstraktion Begriffe, auch die Begriffe der Mathematik, gebildet werden. Diese können als intuitiv sicher gelten, solange sie ein Korrelat in der Erfahrungswelt haben. Diese Bedingung wird von den Begriffen der (synthetischen) Geometrie erfüllt, nicht aber von jenen der Analysis, die mit Absurditäten wie negativen oder komplexen Zahlen operiert. Die Analysis entzieht sich zudem, da sie abstrakte Symbole anstelle geometrischer Figuren verwendet, der Kontrolle durch die Anschauung, weshalb das Denken Gefahr läuft, durch sie in die Irre geleitet zu werden. Diesem erkenntnistheoretischem Argument folgte das pädagogische auf dem Fuße: zum Training intellektueller Fertigkeiten schien die Geometrie, die die relative Mühseligkeit des Argumentierens mit anschaulicher Klarheit belohnt, ungleich geeigneter als die abstrakte Analysis, die zwar schneller und direkter zum Ziele führt, dafür aber ein "blindes", mechanisches, lediglich technische Fertigkeiten erforderndes Verfahren darstellt.[100]

Diese negative Einschätzung der Analysis, der W.R. HAMILTON (1805-1865) in seinem "Tunnelgleichnis" sehr anschaulich Ausdruck gab,[101] blieb im Bildungswesen Schottlands bis zur Jahrhundertmitte dominierend: "it was (...) by the whole collection of well entrenched moral philosophers that this pedagogical doctrine was propagated, and no educated Scotsman could escape their influence."[102] Die aus methodologischen Gründen[103] motivierte Skepsis der Schotten

---

100/ OLSON 1971. Vgl. auch OLSON 1975, S. 188-192.

101/ "The mathematical process in the symbolical method /i.e. the algebraic/ is like running a rail-road through a tunnelled mountain; that in the ostensive /i.e. the geometrical/ like crossing the mountain on foot. The former carries us, by a short and easy transit, to our destined point, but in miasma, darkness and torpidity, whereas the latter allows us to reach it only after time and trouble, but feasting us at each turn with glances of the earth and of the heavens, while we inhale health in the pleasant breeze, and gather new strength at every effort we put forth." (William Rowan HAMILTON: Letter to the Lord Provost 1838, zit.n. DAVIE [3]1981, S. 127).

102/ OLSON 1971, S. 44.

103/ Wenngleich die ideologische Motivierung dieses Widerstandes historisch gut belegt ist, so muß hier doch kritisch angemerkt werden, daß sowohl DAVIE 1961 als auch OLSON 1975 diesen Widerstand idealisieren. Wie MORRELL 1971 gezeigt hat, kannte die Universität Edinburgh keinerlei Eingangsvoraussetzungen, sie war also eine "offene Volksuniversität", deren Hörer aus allen Schichten stammten. Die Professoren bezogen ihr Salär ausschließlich aus Kolleggeldern, waren demnach auf große Hörerzahlen angewiesen und mußten dafür eine gute

gegenüber der Analysis bildete demnach das Haupthindernis, das bei der Einführung der "neuen Physik" des Kontinents überwunden werden mußte.[104]

6.5 Die Methodologie der Analogie-Modelle

Die Tatsache, daß FORBES die analytische Mathematik und kontinentale Physik Ende der dreißiger Jahre im Curriculum der Edinburgher Universität hatte verankern können, markierte den Beginn des Niedergangs der spezifischen kulturellen Tradition Schottlands.[105] Dennoch blieb auch der Einfluß traditionell schottischer Vorstellungen noch lange spürbar. Mit der analytischen Mathematik und der "neuen Physik" wurde nämlich keineswegs der Wissenschaftsstil der kontinentalen Schule einfach übernommen. Vielmehr fand eine Verschmelzung der Stile statt, aus der sich in der Physik eklektizistische Forschungsansätze entwickelten.[106]

Promotor dieser Synthese war FORBES selbst. FORBES, in seinen frühen Jahren ein enthusiastischer Anhänger der Cambridge-School, vertrat in seinen späteren Jahren, als die analytische Mathematik und die neue Physik in Edinburgh bereits anerkannt war, eine gemäßigtere Position, die das Ziel hatte, den Gegensatz der beiden großen intellektuellen Traditionen, der schottischen und der kontinentalen, in einer umfassenden, die mathematische wie die experimentelle Methode gleichermaßen verbindenden Synthese aufzuheben. Zwar machte FORBES dabei keine Abstriche von seiner Überzeugung, daß der wissenschaftliche Fortschritt auch weiterhin auf dem Gebrauch der mathematisch-analytischen Methode basieren werde; jedoch wandte er sich entschieden gegen die beson-

---

für eine gute "Show" liefern. Daraus folgt, daß der Professor für Natural Philosophy kaum Interesse daran haben konnte, seine Zuhörer durch analytische Mathematik zu verschrecken.

104/ Wie erwähnt hatte es für FORBES großer Anstrengungen bedurft, genügend Schüler für seine mathematisch anspruchsvollen Physikkurse zu finden und die Berufung des in Cambridge ausgebildeten Mathematikers Phillip KELLAND im Jahre 1838 durchzusetzen. Vgl. Kap. 5.2.5 u. G.E. DAVIE: "The 1838 Contest for the Edinburgh Mathematical Chair", in DAVIE [3]1981, S. 105-126.

105/ Vgl. dazu OLSON 1975, S. 235-236.

106/ Zur Analyse von Organisation und Begründungsstrukturen der Wissenschaften in Schottland s. BLUMTRITT 1986, S. 206.

ders in Cambridge und Oxford propagierte positivistische Fortschrittsideologie, die sich auf eine pragmatisch-utilitaristische, an der kontinentalen Schule orientierte Wissenschaftsauffassung stützte. In dieser sah FORBES Gefahren für die moralische Qualität wissenschaftlichen Handels, da der Wissenschaftler nurmehr den ökonomischen Nutzen, nicht aber die philosophischen Implikationen seines Tuns im Auge habe. FORBES ging es darum, die weltanschauliche Orientierung, die so typisch für die schottische Wissenschaft war, gegen den in Großbritannien um sich greifenden Positivismus zu verteidigen.[107]

FORBES' Distanz gegenüber dem Positivismus fand auch in seinen Äußerungen zur Methodologie ihren Niederschlag. Er warnte davor, im blinden Vertrauen auf die Potenz der Mathematik die Naturerkenntnis allein von der Elaboration mathematischer Formalismen abhängig zu machen, denn "sound mathematics lead to false results if applied to insufficient or wrongly assumed data."[108] Daher bedürfe die mathematische Argumentation der Kontrolle durch die Anschauung, was aber nur gewährleistet sei, wenn die mathematische Theorie durch intuitive physikalische Einsicht, wie sie sich in Analogien und Modellen ausdrückt, ergänzt wird.[109] Diese Überzeugung, daß mathematische Formalismen stets der Ergänzung und Kontrolle durch physikalische Einsicht bedürfen, gab FORBES an seine Schüler weiter, unter denen sich neben Balfour STEWART, W.J.M. RANKINE und P.G. TAIT auch J.C. MAXWELL befand.[110]

FORBES hatte MAXWELLs Begabung früh erkannt und seine erste wissenschaftliche Arbeit 1846 in der "Royal Society of Edinburgh" vorgetragen. Aus der Bekanntschaft resultierte ein freundschaftliches Verhältnis.[111]

107/ Zu der von FORBES angestrebten Synthese traditioneller schottischer Werte mit der neuen analytischen Mathematik des Kontinents vgl. DAVIE ³1981, S. 179-191.

108/ FORBES 1858; zit.n. OLSON 1975, S. 234.

109/ Vgl. dazu OLSON 1975, S. 225-236.

110/ Es studierten bei FORBES: RANKINE von 1836-1838; STEWART von 1845-1846, 1856 ff.; MAXWELL von 1847-1849.

111/ Das seinen Ausdruck darin fand, daß MAXWELL während seines Studiums an der Universität Edinburgh (1847-1849), während dessen er die Physik-Vorlesungen von FORBES hörte, freien Zugang zum physikalischen Labor hatte. Vgl. CAMPBELL/GARNETT 1969, S. 79-83. BLUMTRITT 1986, S. 238.

MAXWELL war darüberhinaus während dieser Zeit mit dem um sieben Jahre älteren William THOMSON befreundet, bei dessen Familie, die mit derjenigen MAXWELLs bekannt war, er Teile seiner Ferien verbrachte.[112] THOMSON hatte von 1841 bis 1845 in Cambridge studiert und danach eine ausgedehnte Studienreise auf den Kontinent unternommen, die ihn nicht nur nach Paris, sondern auch nach Genf führte, wo er einen Monat blieb.[113] Frucht von THOMSONs intensiver Auseinandersetzung mit der kontinentalen Physik war eine "Methodology of scientific explanation", die MAXWELL neben der Methodologie FORBES' am stärksten beeinflussen sollte.[114]

THOMSON unterschied darin streng zwischen "elementaren mathematischen Gesetzen" und "physikalischen Hypothesen". Mit physikalischen Hypothesen waren Annahmen bezüglich der Existenz von physikalischen Größen gemeint, die sich der Beobachtung entziehen ("unobservable entities"). Demgegenüber stellten "elementare mathematische Gesetze" formale Aussagen dar, die ausschließlich beobachtbare Größen betreffen, weshalb sie sich unmittelbar auf experimentelle Situationen beziehen lassen. THOMSON entdeckte, daß sich formale Äquivalenzen zwischen scheinbar konkurrierenden Theorien herstellen lassen, indem alle hypothetischen Elemente in ihnen eliminiert werden. Diese Strategie der Elimination physikalischer Hypothesen zum Zwecke der Vereinheitlichung von Theorien war jedoch nur begrenzt tragfähig. Es konnte nicht allein darum gehen, formale Äquivalenzen zwischen konkurrierenden Theorien aufzuzeigen, die ein- und denselben Phänomenbereich (z.B. Magnetismus) beschreiben, sondern es mußte zum Zwecke der Vereinheitlichung der Physik auch möglich sein, Theorien miteinander in Beziehung zu setzen, die verschiedene, wenngleich verwandte Phänomene (z.B. Elektrizität und Magnetismus) betreffen. Dies ließ sich, wie THOMSON feststellte, mit Hilfe von "Äquivalenten" bewerkstelligen, die konkret die Form <u>mechanischer Analogien</u> annahmen. "It was the qualities of clarity and unity that equivalents brought to disparate areas which ultimately had the greatest influence on Maxwell's early work."[115]

112/ BLUMTRITT 1986, S. 238.

113/ THOMPSON 1910, I, S. 205.

114/ <u>DSB</u> XIII, S. 375.

115/ <u>DSB</u> XIII, S. 377.

Mit der Durchsetzung der Wellentheorie des Lichtes war auch die Frage nach dem Äther wieder relevant geworden. Die Akzeptanz gegenüber der Wellentheorie implizierte eine solche gegenüber dem Äther, dessen Struktur und Mechanik jedoch ein ungelöstes Problem darstellte. Ähnlich die Situation in der Theorie der Wärme: FOURIERs Theorie bot zwar eine effiziente mathematische Beschreibung, ließ die Frage nach der Natur der Wärme aber unbeantwortet. Seine Theorie der Wärme war hypothesenunabhängig und gehorchte ihren eigenen Gesetzen. Allein analoge mathematische Strukturen zwischen der Wärmelehre und der Dynamik ließen sich feststellen; was fehlte, war die konzeptuelle Verbindung zwischen beiden. Für THOMSON stellte sich damit die Frage nach anschaulichen Modellen. Diese konnten aber offensichtlich nur spekulativ gewonnen werden, so daß eine methodische Wende notwendig wurde: "The view which considered the nature of heat involved abandoning a non-hypothetical philosophy of science."[116]

Die Notwendigkeit des Gebrauchs mechanischer Hypothesen in der Physik unterstrich auch W.J.M. RANKINE (1820-1872), der sich bereits während seines Studiums bei FORBES intensiv mit Fragen der Methodologie auseinandergesetzt hatte.[117] Laut RANKINE ist es die Funktion einer Hypothese "/to/ substitute a supposed for a real phenomenon (...); the object being to deduce the laws of the real phenomenon from those of the supposed one."[118] Sofern das angenommene Phänomen einfacheren Gesetzen gehorcht als das zu erklärende reale, erlaubt es die Hypothese, die Wissenschaft "zu vereinfachen". Da die Gesetze der Bewegung von besonderer Einfachheit sind, ist demnach die Konstruktion eines mechanischen Modells das Mittel der Wahl. Eine Hypothese kann zwar nie absolut bewiesen werden, auch dann nicht, wenn ihre Ergebnisse mit denen der Beobachtung übereinstimmen; es gibt aber einen Grad ihrer Wahrscheinlichkeit, der im Verhältnis mit der Zahl der von ihr erklärten Phänomene anwächst: "The highest degree of probability is attained when a hypothesis leads to the prediction of laws, phenomena, and numerical results which are after-

---

116/ SMITH 1976, S. 16.

117/ RANKINE studierte von 1836 bis 1838 bei FORBES in Edinburgh und schrieb "a prize-winning essay on "Methods of Physical Investigation" for Forbes' advanced natural philosophy class in 1837/1838." (OLSON 1975, S. 272).

118/ RANKINE 1864, S. 126.

wards verified by experiment."[119] Für RANKINE ist damit die hypothetische Methode, über deren Grenzen er sich voll im Klaren ist, die zentrale Methode zum Erwerb von Wissen über die Natur: die Konstruktion einer mechanischen Hypothese ist der erste, aber unverzichtbare Schritt auf dem Wege zu einer leistungsfähigen Theorie.[120]

Die von FORBES, THOMSON und RANKINE unterstrichene Notwendigkeit spekulativ gewonnener Modelle fand ihren elaboriertesten Ausdruck in MAXWELLs Methodologie der "Analogie-Modelle", die er in kritischer Auseinandersetzung mit der Erkenntnistheorie des Positivismus entwickelte. Im Gegensatz zu FOURIER und den ihm nacheifernden Mathematikern der Kontinentalen Schule, die die Physik auf die Analysis zu reduzieren trachteten, wollte MAXWELL nicht auf den anschaulichen Gehalt physikalischer Theorien verzichten. "It was precisely in the attempt to supply a physical content to investigations (...) that Maxwell's method of analogies was born."[121] Der Begriff der Analogie wurde damit für MAXWELL zum zentralen Begriff seiner Methodologie. Zwar übernahm er das Instrumentarium der Analysis; ihre Anwendung mußte sich jedoch aus der physikalischen Intuition begründen. Der Mathematik wurde damit von MAXWELL lediglich ein instrumenteller Charakter zugebilligt; sie ist nützlich insoweit sie zur Ausformulierung eines mechanischen und damit anschaulichen Modells dient. In seinem Wunsch nach Veranschaulichung ging MAXWELL sogar soweit, imponderable Fluida einzusetzen, wobei ihm natürlich klar war, daß ihnen keine reale Existenz zukam: "It is merely a collection of imaginary properties which may be employed for establishing certain theorems in pure mathematics in a way more intelligible to many minds and more applicable to physical problems than that in which algebraic symbols alone are used."[122] Mechanische Modelle können demnach zwar nicht den kognitiven Status "realer Repräsentationen" beanspruchen, sie sind aber aufgrund ihrer heuristischen Funktion als "scientific illustrations" unverzichtbar. Das Kriterium der Anschaulichkeit bestimmte auch MAXWELLs Haltung bei der Wahl der mathematischen

---

119/ RANKINE 1864, S. 127.

120/ Vgl. dazu OLSON 1975, S. 277-287.

121/ KARGON 1969, S. 432.

122/ James Clerk MAXWELL: On Faraday's Lines of Force, in MAXWELL Papers, I, S. 155-229, hier S. 160.

Methoden: wo immer es ging, bevorzugte er die Geometrie, denn sein Ziel war "to present the mathematical ideas to the mind in an embodied form, as systems of lines or surfaces, and not as mere symbols, which neither convey the same ideas nor readily adapt themselves to the phenomena to be explained."[123] Damit erwies sich MAXWELL als der letzte große Erbe der schottischen intellektuellen Tradition. Die von FORBES intendierte Synthese der Wissenschaftsstile inkarnierte gleichsam in seiner Person, da er aus der Zusammenschau der Traditionen, der schottischen und der kontinentalen, eine spezifische Methodologie entwickelt hatte.[124]

Für die neue Generation schottischer Naturphilosophen, zu denen wir neben FORBES und THOMSON vor allem RANKINE, WATERSTON, MAXWELL, STEWART und TAIT rechnen, war, dies gilt es festzuhalten, der Gebrauch von Hypothesen in Form spekulativ gewonnener mechanischer Modelle ein zentrales Element ihrer Methodologie und damit ein Charakteristikum ihres Wissenschaftsstils. Die Spekulation als Erkenntnisinstrument war wieder zugelassen.

6.6 Die Kongruenz der Forschungsstile

Im Folgenden soll versucht werden, Gründe für die spezifische Rezeption der Genfer Theorien in Schottland anzugeben. Unsere These ist, daß sich in den Wissenschaftsstilen der Genfer und der Schotten übereinstimmende Elemente ausmachen lassen, deren Anzahl so groß und Bedeutung so schwerwiegend ist, daß sie ein Verständnis dieser spezifischen Rezeption als durch eine "Kongruenz der Wissenschaftstile" verursacht ermöglicht. Im Folgenden soll versucht werden, durch einen Vergleich der Forschungsstile ihre kongruenten Elemente zu bestimmen und in ihrer wirkungsgeschichtlichen Bedeutung einzuschätzen.[125]

123/ MAXWELL Papers, I, S. 187.

124/ Für eine detaillierte Analyse s. OLSON 1975, S. 287-321. MAXWELLs Bindung an die intellektuelle Tradition betonen auch DAVIE ³1981, S. 190-197 sowie BLUMTRITT 1986, S. 235-262.

125/ Vgl. dazu die bereits in der Einleitung zitierte Definition bei CANTOR 1983, S. 189.

6.6.1 Newtons wahre Erben

Genfer wie LESAGE und PREVOST verstanden sich als NEWTONs "wahre Erben", indem sie das vermeintlich von NEWTON zwar intendierte, aber nicht mehr durchgeführte Programm der Suche nach den Ursachen der Gravitation zu ihrem eigenen machten und in ihren Schriften zu legitimieren suchten.[126] Genau denselben Anspruch erhoben auch Schotten wie PLAYFAIR, BROUGHAM und BREWSTER, wenngleich mit einer anderen Begründung: sie sahen sich als die allein rechtmäßigen Verwalter des Newtonischen Erbes, da sie die methodologischen Äußerungen des Meisters in einem strengen antispekulativen und damit, wie sie meinten, allein korrekten Sinne interpretierten. Das Bewußtsein der Verpflichtung diesem Erbe gegenüber gab den Anstoß zu einer Reihe historischer Abhandlungen, verfaßt in der Absicht, das korrekte Bild des Meisters der Nachwelt zu überliefern und den eigenen methodologischen Standpunkt zu rechtfertigen.[127] Charakteristisch für beide Wissenschaftsstile ist demnach die Unterwerfung unter die Autorität NEWTONs. Das von NEWTON in den "Opticks" skizzierte Forschungsprogramm lieferte die Problemvorgaben, die es zu lösen galt. Zur Bewältigung dieser Aufgaben wurde zwar experimentiert, der Schlüssel zur theoretischen Deutung neuer experimenteller Befunde wurde jedoch innerhalb des Newtonschen Werks vermutet. So griffen BROUGHAM und PREVOST zur Deutung der Beugungsexperimente direkt auf NEWTON zurück, wobei lediglich Uneinigkeit in Fragen der Terminologie bestand.[128]

Ein zentraler gemeinsamer Forschungsgegenstand war die Frage nach der Natur und den Eigenschaften des Lichts. Hier bestand kein Zweifel, daß die Projektiltheorie, die den Gegenstandsbereich der Optik der Newtonschen Dynamik unterzuordnen erlaubte, der korrekte Lösungsansatz sein müsse. Zwar

---

126/ Vgl. Kap. 2.4.

127/ John PLAYFAIR: Dissertation, Exhibiting a general View of the Progress of Mathematical and Physical Science, since the Revival of Letters in Europe, in PLAYFAIR Works, II, S. 5-445; zu NEWTON s. dort S. 269-440. - David BREWSTER: Memoirs of the Life, Writings, and Discoveries of Sir Isaac Newton, 2 Bde., Edinburgh 1855. - Henry Peter BROUGHAM: Dissertations on Subjects of Science connected with Natural Theology, 2 Bde., London 1839, zu NEWTONs Principia s. dort II, S. 243-479. Ferner ders.: Analytical View of Sir Isaac Newton's Principia, Edinburgh 1855 (Reprint New York 1972).

128/ Vgl. Kap. 3.2.3.

schien es gelegentlich notwendig, die von NEWTON gemachten Ansätze im Sinne einer Vereinheitlichung oder Homogenisierung der Theorie zu korrigieren (BROUGHAM durch Abschaffung der fits bzw. Äthervibrationen, PREVOST durch Abschaffung der repulsiven Kräfte); diese partielle Kritik änderte jedoch nichts an der Überzeugung, daß die Newtonsche Theorie erkenntnisleitend bleiben müsse. So gehörten BROUGHAM und BREWSTER in Schottland und PREVOST auf dem Kontinent zu den hartnäckigsten, und, weil sie ein hohes Lebensalter erreichten, letzten Anhängern der korpuskularen Theorie des Lichts. Selbst LESLIE, der die Vibrationstheorie des Lichts favorisierte, orientierte sich bei der theoretischen Behandlung der strahlenden Wärme an NEWTON, da er dazu auf eine Vermutung NEWTONs in den "Queries" verweisen konnte.

Während auf dem Kontinent die Newtonischen Paradigmen der korpuskularen Theorie des Lichts und der kurzreichweitigen Anziehungs- und Abstoßungskräfte im Zuge der "zweiten wissenschaftlichen Revolution" bereits ab etwa 1815 zunehmend in Frage gestellt wurden, blieb das Newtonische Erbe sowohl bei den schottischen Denkern als auch bei PREVOST bis über das Jahr 1835 hinaus quasi sakrosankt. Auch danach blieb im Denken von THOMSON und MAXWELL die auf NEWTON zurückgehende Intention lebendig, alle physikalischen Prozesse dynamisch, d.h. allein auf der Grundlage der Prinzipien von Materie und Bewegung im Rahmen mechanischer Modelle zu verstehen.

6.6.2 Die Funktion von Hypothesen

Während in den verbalen Bezügen auf das Newtonsche Erbe zwischen Genf und Schottland Übereinstimmung besteht, scheint sich in Bezug auf die Methode des Erkenntnisgewinns eine gravierende Differenz zu offenbaren: sie betrifft die Einschätzung von Hypothesen bzw. die Interpretation von NEWTONs methodologischem Diktum "hypotheses non fingo". Während die Schotten diesen Satz in der Nachfolge REIDs als methodologischen Imperativ interpretierten, dessen Befolgung u.a. die Diskriminierung der spekulativen Elemente in NEWTONs Werk zur Folge hatte, sahen LESAGE und PREVOST hierin eher eine temporäre Äußerung, eine weise Selbstbeschränkung NEWTONs in der Absicht, den nach ihm Kommenden das Problem der letzten Ursachen zur Lösung zu überlassen. In ihrem Bemühen, die von NEWTON gesetzte Grenze des Fragens zu überschreiten, griffen sie zu ihrer Legitimation gerade auf die spekulativen Elemente in NEWTONs Werk zurück.

Der hier skizzierte Gegensatz erweist sich bei näherer Betrachtung jedoch als scheinbar. Zunächst bleibt festzustellen, daß für beide Stile die Behandlung von Fragen der Methodologie entscheidende Bedeutung hatte. LESAGE und BROUGHAM versuchten gleichermaßen, die von ihnen verwendete Methode in entsprechenden methodologischen Schriften, in denen sie auch vor der Verwendung von Polemik nicht zurückschreckten, zu verteidigen. Wie wir gezeigt haben, hatte sich LESAGE in seinen methodologischen Schriften mit flammenden Appellen gegen die einseitige Bevorzugung der induktiven Methode durch das "siècle philosophique" gewandt und stattdessen die Bedeutung der hypothetisch deduktiven Methode hervorgehoben.[129] Im Gegensatz dazu hatte REID als typischer Vertreter des "siècle philosophique" die hypothetisch-deduktive Methode als unbrauchbar verdammt. Sein Schüler Dugald STEWART war jedoch von diesem harschen Urteil bereits wieder abgerückt und hatte die Bedeutung von Hypothesen im Sinne von verallgemeinernden Schlußfolgerungen anerkannt. Unter seinem Einfluß waren auch BROUGHAM und BREWSTER zu der Einsicht gekommen, daß generalisierende Hypothesen für die Naturwissenschaft unverzichtbar sind. Der strikte Induktivismus REIDs wurde damit auch in der "common-sense-philosophy" durch eine ausgewogenere Haltung ersetzt. Ebenso hatte LESAGE ja keineswegs die induktive Methode verdammen wollen, sondern vielmehr betont, daß zur Vollendung der Newtonschen Physik die hypothetische Methode neben die induktive zu stellen sei.

Der methodologische Gegensatz schwindet weiter, wenn man die Haltung der Schotten zur Frage der Endursachen, der "final causes" analysiert. LESAGE hatte unmißverständlich klargemacht, daß das Ziel der Naturphilosophie in der Aufdeckung der Endursachen bestehen müsse. LESAGE hatte sich dabei aber mit der Schwierigkeit konfrontiert gesehen, daß Francis BACON die Suche nach der "causa finalis" unter die "idola tribus" eingereiht hatte.[130] Auch für BROUGHAM war es keine Frage, daß das Ziel der Erkenntnis in den Endursachen zu suchen sei. Da er der "scottish-methodological-tradition" entstammte,

---

129/ Vgl. Kap. 2.4.2.

130/ Ebd.

war es für ihn noch dringlicher, sich gegenüber der auf BACON zurückgehenden empiristischen Tradition zu rechtfertigen. Er tat dies mit Argumenten, die in verblüffender Weise jenen gleichen, die bereits LESAGE verwandte.[131] BACON habe, so BROUGHAM, die Suche nach der "causa finalis" nur deshalb kritisiert, um sich gegen den damit betriebenen Mißbrauch in der scholastischen Philosophie abzusetzen.[132] Keineswegs aber habe BACON die Suche nach den Endursachen als "barren speculation" verdammt.

Mit dem Werk STEWARTs begannen sich die beiden Newtonianischen Traditionen in ihrer Methodologie anzunähern. PREVOST selbst gelangte zu philosophischen Positionen, die der Schottischen "common-sense-philosophy" nahekamen: von seinem Berliner Lehrer MERIAN zur Kritik der skeptizistischen Philosophie HUMEs angeregt, war er zu ähnlichen Schlüssen wie Dugald STEWART in Bezug auf die enge Verflechtung von Moral- und Naturphilosophie gekommen. Mit STEWART unterhielt er enge intellektuelle Beziehungen und machte ihn durch seine Übersetzungen auf dem Kontinent bekannt. STEWART wiederum brachte PREVOST und seinem Denken Wertschätzung entgegen.[133]

6.6.3 Universalität versus Spezialisierung

Die von uns vorausgesetzte Definition des Wissenschaftsstils hatte nicht nur die Bedeutung "verwandter Begriffe" (related concepts) betont, sondern auch darauf hingewiesen, daß "institutionelle Nischen" für die Ausprägung bzw. Durchsetzung eines Wissenschaftsstils von entscheidender Wichtigkeit sein können. Institutionen, die mit der Vermittlung der Wissenschaftspraxis betraut sind, sind aber Bestandteile des Bildungssystems. Damit stellt sich die Frage, ob sich Parallelen zwischen dem Bildungssystem in Genf und Schottland ausmachen lassen.

131/ Henry Peter BROUGHAM: A Discourse of Natural Theology, showing the Nature of the Evidence and the Advantages of the Study, London 1835.

132/ "Lord Bacon may very probably have conceived a prejudice against the subject altogether, from the abuses, or indeed perversions, to which a misplaced affection for it had given rise in some of the ancient schools of philosophy." (BROUGHAM 1835, S. 139).

133/ Vgl. Kap. 1.9.

Die Spezifika des schottischen Universitätsunterrichts haben durch G.E. DAVIE (1961) eingehend Darstellung gefunden. Kennzeichnend für den schottischen Universitätsunterricht war demnach der universalistische Bildungsanspruch, der Vorrang vor jeglicher Spezialisierung genoß. Dementsprechend wurde mit einer weltanschaulich-philosophisch orientierten Ausbildung der Studenten begonnen, in der der Philosophie bzw. den erkenntnistheoretischen Grundlagen der Wissenschaften überragende Bedeutung beigemessen wurde, hinter der die Versiertheit in praktischen Verfahren zurückzustehen hatte. Dieses Bildungsziel führte u.a. in Bezug auf die Mathematik zu einer Bevorzugung der antiken, d.h. griechischen Geometrie, die das pädagogische und erkenntnistheoretische Ideal darstellte. Dieser "mathematische Hellenismus" (DAVIE) ging einher mit der Auffassung, daß in der Ausbildung der Studenten Philosophie, Mathematik und alte Sprachen eine untrennbare Einheit bilden. Die Studenten wurden methodisch dazu angehalten, ihren Standpunkt in freier Rede allgemeinen Prinzipien folgend darzulegen, woran sich eine allgemeine Diskussion in der Klasse anschloß. Diese "sokratische Methode" des freien Diskurses hatte absoluten Vorrang vor Experimenten oder praktischen Übungen, so daß man von einem "scholastischen Intellektualismus" (DAVIE) sprechen kann.[134]

Elemente dieser spezifischen Tradition des universitären Unterrichts, deren Einfluß sich kein gebildeter Schotte entziehen konnte, lassen sich auch an der Genfer Académie feststellen. Auch hier galt die Geometrie in ihrer anschaulichen Klarheit als Ideal evidenten Wissens. Schon JALLABERT und TURRETTINI priesen die Geometrie als Schule der Urteilskraft, die geeignet sei, ihre Absolventen gegen die Fehlurteile von Skeptikern, Deisten und Atheisten zu immunisieren.[135] Die Bevorzugung der Geometrie ging, davon legen sowohl LESAGE als auch PREVOST Zeugnis ab, auf Kosten der Versiertheit in der Analysis. Die primär auf die Bedürfnisse calvinistischer Prediger ausgerichtete Ausbildung zeichnete sich vielmehr durch eine Bevorzugung der klassischen Sprachen aus. Auch hier lieferte die Antike das Anschauungsmaterial für den Unterricht, etwa in Bezug auf Geschichte und Geographie, so daß man in Bezug auf Genf von einem "literarischen Hellenismus" sprechen könnte. Nach einer intensiven sprachlichen Ausbildung am "Auditoire des Belles-Lettres" traten die Studenten

134/ DAVIE ³1981, S. 3-25.

135/ Vgl. dazu HEYD 1982, S. 219-225.

in das "Auditoire de Philosophie" über, so daß insgesamt vier Jahre auf diese Grundlagenfächer verwandt wurden, bevor eine Spezialisierung auf Theologie oder Jurisprudenz möglich wurde. Die generalistische Attitüde des Genfer Universitätsunterrichts läßt sich am Beispiel von PREVOST illustrieren, der in seinen Vorlesungen Fragen der Moral- und Naturphilosophie gleichermaßen zu behandeln verstand und den Studenten das "sokratische Ideal" nahebrachte.[136]

Der durch die geringe Größe der Universität geförderte intellektuelle Austausch führte zu einer auffallenden Konstanz der Forschungsgegenstände; eine Konstanz, die regelrechte Forschungstraditionen zur Folge hatte. In Genf wie in Edinburgh bildete die Suche nach der Natur der strahlenden Wärme einen Schwerpunkt der naturwissenschaftlichen Untersuchungen. Während sich in Genf vornehmlich de SAUSSURE, PICTET, PREVOST und DELUC mit diesem Themenbereich beschäftigten, waren es in Schottland BLACK, HUTTON, MURRAY, THOMSON, PLAYFAIR, LESLIE, FORBES und STEWART. Jeder Inhaber des Lehrstuhls für "Natural Philosophy" an der Universität Edinburgh übernahm offenbar von seinem Vorgänger das Interesse an der strahlenden Wärme und "vererbte" es wiederum auf seinen Nachfolger. Ähnliches läßt sich für den Bereich der Geologie (SAUSSURE, HUTTON, FORBES) feststellen.

Der Konservatismus in Bezug auf die Forschungsgegenstände korreliert mit der geringen Reformfreudigkeit beider Universitäten. Beide Kommunitäten, die Genfer wie auch die Schottische, waren nach dem Verlust ihrer politischen Autonomie (Schottland 1707, Genf 1798) gezwungen, ihre nationale Identität durch die Betonung kultureller Eigenständigkeit zu wahren. Dem wachsenden Anpassungsdruck, der von der englischen bzw. französischen Kultur auf die zwangsintegrierten Minderheiten ausgeübt wurde, versuchte man durch Erhaltung und Pflege tradierter Institutionen entgegenzuwirken. Neben den Universitäten kam dabei der reformierten Staatskirche eine präponderante Rolle zu.[137]

136/ Vgl. Kap. 1.6.

137/ Für Schottland s. DAVIE ³1981; für Genf MONTANDON 1975/a sowie auch Kap. 1.

6.6.4 Calvinismus und die Kongruenz der Werte

LESAGE und PREVOST entstammten dem calvinistischen Milieu der Genfer Acadêmie. PREVOST hatte dort eine Ausbildung zum Theologen durchlaufen. Wie MONTANDON betont hat, war es für das Aufblühen der Naturwissenschaften im Genf des 18. Jahrhunderts entscheidend, daß die Ziele der Naturwissenschaft mit calvinistischen Wertvorstellungen wie der "recherche de la verité" und dem "sens du devoir" übereinstimmten.[138] Diese Kongruenz der Werte, die die Naturforschung zu einer religiös wie gesellschaftlich legitimierten, ja sogar gebotenen Tätigkeit werden ließ, bestand in Schottland ebenfalls.

BROUGHAM und BREWSTER waren wie die meisten ihrer aus Südschottland stammenden naturforschenden Landsleute Mitglieder der Presbyterianischen Staatskirche (Church of Scotland, "Kirk"), die aus der von dem calvinistischen Reformator John KNOX geführten Reformbewegung hervorgegangen war. So war auch für BREWSTER die Suche nach der Wahrheit das seiner Naturforschung zugrundeliegende Motiv: "In Brewster's Calvinistic ethic of science the experimenter was the honest artisan of science who discovered new and true facts."[139] Während BREWSTER einzig im Experiment den Weg zur Wahrheit sah, bestanden LESAGE und PREVOST darauf, daß auch die spekulativ gewonnene Hypothese zum Ziele führe, sofern sie nur nicht im Widerspruch zu experimentellen Befunden stand. Übereinstimmung bestand in dem Kriterium, dem eine Ursache zu genügen hatte, sollte sie das Prädikat "wahr" erhalten: "...the cause must have a real existence, presumably being either open to sensory examination or adequately related to matter through the analogy of nature."[140]

Wenn auch BREWSTER dieses Kriterium wesentlich strenger auslegte als PREVOST, so ändert das nichts an der Tatsache, daß sie eine agnostische Position in Bezug auf die Kraftursachen, wie sie typisch für den Wissenschaftsstil der "neuen Physik" war, aus religiösen Gründen ablehnten: wenn Gott die Welt geschaffen hat, dann hat er auch dafür Sorge getragen, daß der Mensch in der Lage ist, mit Hilfe der Naturwissenschaft ihre wahre Struktur zu erkennen

---

138/ MONTANDON 1975/a, S. 42-47 u. besonders S. 70-77.

139/ CANTOR 1983, S. 178.

140/ CANTOR 1983, S. 180.

oder sich dieser Struktur zumindestens stark anzunähern.[141] Da der Erkenntnisprozeß des Naturwissenschaftlers harte Arbeit bedeutet, kommt er in seiner wissenschaftlichen Praxis gleichzeitig der durch die calvinistische Arbeitsethik verordneten aktiven und tätigen Lebensweise, dem "sens du devoir", nach.

Die internalisierten Werte des Calvinismus bestimmten auch die Rezeption, die dem Newtonschen Werk in Schottland widerfuhr. Bereits PLAYFAIR hatte darauf verwiesen, daß es keinen Widerspruch zwischen der mechanischen Erklärung der Natur und der Erkenntnis Gottes geben könne.[142] Sein Schüler BROUGHAM versäumt es nicht zu betonen, daß alle erfolgreichen Naturforscher (successful cultivators of natural science), namentlich BOYLE und NEWTON, "have, as if under the influence of an irresistible impulsion, indulged in the sublime contemplations of Natural Religion."[143] BROUGHAM bemühte sich daher intensiv, die Natürliche Theologie als Gegenstand philosophischen Interesses zu rehabilitieren. Er reihte sie gleichberechtigt unter die induktiven Wissenschaften.[144] Der weltanschauliche Gehalt der Wissenschaft, der darin besteht, daß sie einen zweiten Weg zur Gotteserkenntnis eröffnet, sollte, wie noch FORBES hervorhob,[145] erhalten und bewahrt werden. Die frühpositivistische Newton-Interpretation bildet hier den gemeinsamen Stein des Anstoßes:[146] so wie schon LESAGE die von COTES gegebene Definition der Gravitation als einer der Materie inhärenten Eigenschaft als ein gegen die Intentionen NEWTONs

---

141/ "Whewell's argument /für die Existenz des Äthers; B.W./ offended Brewster's Calvinism since it was an affront to God, if not downright heresy, to forsake the search for what God created, and instead to speculate on what He might have created." (CANTOR 1983, S. 181). Für MAXWELL s. ausführlich BLUMTRITT 1986, S. 256.

142/ Vgl. dazu MORRELL 1970.

143/ BROUGHAM 1835, S. 149.

144/ "The composition of this Discourse was undertaken in consequence of an observation which I had often made, that scientific men were apt to regard the study of Natural Religion as little connected with philosophical pursuits. (...) It therefore appeared to me desirable to define, more precisely than had yet been done, the place and the claims of Natural Theology among the various branches of human knowledge." (BROUGHAM 1835, S. 1).

145/ Vgl. Kap. 6.5.

146/ Vgl. Kap. 2.1.

verstoßendes Sakrileg gewertet hatte,[147] so kam auch noch MAXWELL, der die schottische Newton-Rezeption für die allein korrekte hielt, in Bezug auf COTES zu dem Verdikt, "/that he/ in spite of his clever exposition of Newton's ideas, must be considered the earliest traitor in the Newtonian camp."[148] Die Kongruenz bestimmt sich hier also ex negativo, d.h. durch Bezugnahme auf eine erkenntnistheoretische Position, die gemeinsam abgelehnt wird. Es ist die pragmatisch-utilitaristische Wissenschaftsauffassung des französischen Positivismus, in deren Ablehnung man sich einig ist. STEWART und TAIT gingen schließlich soweit, eine umfassende Synthese traditioneller theologischer Postulate und aktueller naturwissenschaftlicher Überzeugungen anzustreben, wozu sie noch 1875 auf den Physikotheologen NEWTON Bezug nahmen.[149] Ähnliche explizit physikotheologische Bemühungen finden sich bei John HERSCHEL, J.C. MAXWELL und G.G. STOKES. Betrachtet man die Geschichte physikotheologischen Denkens im 19. Jahrhundert, so ist die Dominanz schottischer Naturwissenschaftler augenfällig.[150]

Wir haben darauf hingewiesen, daß die Naturforschung in Genf nie die Radikalität der britischen oder französischen Aufklärung erreichte, weil sie in ihrer Newton-Interpretation stets physikotheologisch blieb.[151] Darüberhinaus hatten, auch dies sei hier noch einmal betont, die schottische Philosophie des "common-sense" als auch die Philosophie PREVOSTs eine gemeinsame historische Wurzel: die kritische Auseinandersetzung mit dem Atheismus des Skeptikers und Physikotheologie-Kritikers David HUME.[152] Wenngleich die Bedeutung physikotheologischer Argumente nicht für alle Schotten der neuen Generation wie beispielsweise FORBES und THOMSON in gleicher Weise behauptet werden kann, so zeigt sich ihre Verpflichtung gegenüber der intellektuellen Tradition im Festhalten an einer vom Calvinismus geprägten Ethik der Wissenschaft.

147/ Vgl. Kap. 2.4.

148/ CAMPBELL/GARNETT 1969, S. 437.

149/ STEWART/TAIT 1882, S. 146 u. passim.

150/ Vgl. M.H. CARRE: "Physicotheology", in The Encyclopedia of Philosophy, ed. by Paul EDWARDS, 8 Bde., New York 1967, hier VI, S. 300-305.

151/ Vgl. Kap. 2.3.

152/ Vgl. Kap. 1.9.

6.7 Zusammenfassung

Die Rezeption der kontinentalen Physik in Schottland war, wie wir gezeigt haben, primär via Cambridge, d.h. über England erfolgt. In England aber war PREVOSTs Theorie des "calorique rayonnant" noch bis in die Mitte der dreißiger Jahre kontrovers diskutiert worden. Es brauchte ebenfalls bis in die dreißiger Jahre, bis FOURIERs abstrakte Theorie der strahlenden Wärme in Schottland Eingang fand. Beide Formen der Strahlungstheorie, die anschauliche korpuskular-kinetische wie die abstrakte mathematisch-formale, lagen demnach in Schottland gleichzeitig vor, weshalb FORBES und STEWART um 1840 größere Chancen hatten, die Prevostsche Theorie zu rezipieren als ihren Kollegen auf dem Kontinent. Während sich STEWART allerdings auf den formalen Gehalt der Prevostschen Theorie, das Austauschprinzip konzentrierte und es, wie gezeigt, geschickt zur Weiterentwicklung der Strahlungstheorie einsetzte, wurden kurz darauf in Schottland auch die korpuskular-kinetischen Mechanismen à la LESAGE und PREVOST wieder diskutiert. Die Frage nach den Gründen machte es erforderlich, auf den Stil der schottischen Wissenschaft zu rekurrieren.

Die von FORBES propagierte eklektische Methode erlaubte es MAXWELL, STEWART und THOMSON, sowohl das abstrakt-mathematische Prinzip der Austauschtheorie, so wie es in der analytischen Theorie FOURIERs transportiert wurde, als auch deren konkret-anschauliches Element, hier als mechanisches Modell interpretiert, zu würdigen. Im Grunde taten sie letztlich das gleiche wie LESAGE und PREVOST: sie versuchten spekulativ die den mathematischen Gesetzen unterliegenden materiellen Strukturen zu konstruieren. Während allerdings LESAGE und PREVOST noch an die ontologische Qualität ihrer korpuskularen Mechanismen glauben konnten, waren sich MAXWELL und THOMSON darüber im Klaren, daß es sich dabei eben nur um mentale "Konstrukte" im Sinne mechanischer Modelle handeln kann, zu denen es eine Vielzahl möglicher Alternativen gibt. Das für sie verbindliche Wahrheitskriterium war allein die Leistungsfähigkeit der mathematischen Theorie; ein mächtiges Korrektiv, auf das PREVOST und LESAGE weitgehend verzichteten. Das Ziel, dem sich THOMSON und MAXWELL gemeinsam verpflichtet fühlten, war, in den Theorien der Physik die größtmögliche mechanische Einfachheit ("ultimate mechanical simplicity") zu erreichen. Dieses Ziel hatten, wenngleich mit bescheideneren und weniger geeigneten Mitteln, auch LESAGE und PREVOST verfolgt.

Die schottischen Physiker des 19. Jahrhunderts waren mehrheitlich von der Philosophie des "common-sense" geprägt, die in Schottland unter Bezugnahme auf NEWTON als Gegenposition zur skeptizistischen Philosophie David HUMEs entwickelt worden war. Die Philosophen des "common-sense" aber hatten der Frage, inwieweit Analogien und Modelle für die Bildung physikalischer Theorien unverzichtbar sind, besonderes Interesse entgegengebracht. Sie unterstrichen den heuristischen Wert von Modellen, die die Möglichkeit boten, wissenschaftliche Sachverhalte anschaulich zu illustrieren. Anschauungsgebundenheit war ein charakteristisches Merkmal des schottischen Wissenschaftsstils. Daraus ist zu verstehen, daß auch die korpuskular-kinetischen Theorien der Genfer Schule wieder an Wert gewinnen konnten. Nicht mehr ihre ontologischen Behauptungen, sondern die implizierten mechanischen Modellvorstellungen waren nun gefragt. Diese "Uminterpretation" erlaubte es Schotten wie MAXWELL, STEWART und THOMSON auch noch zu Beginn der zweiten Hälfte des 19. Jahrhunderts, mit den auf dem Kontinent diskreditierten und vergessenen Theorien von LESAGE und PREVOST sinnvoll umzugehen und sie zur Lösung aktueller physikalischer Probleme in Strahlungs- und Gastheorie einzusetzen. Sie konnten sie als das nehmen, was sie im eigentlichen Sinne waren: mechanische Bilder ("scientific illustrations"). Die zur Gewinnung der Modelle von den Schotten eingesetzte Methode war aber die der Spekulation; eine Methode, deren Verwendung innerhalb der Naturwissenschaft bereits durch die "common-sense"-Philosophen rehabilitiert worden war. Angesichts der scheinbar hemmungslosen Imagination mechanischer Bilder kann es nicht überraschen, daß der Wissenschaftsstil der Schotten den Abscheu eben jenes eingangs zitierten Pierre DUHEM erregen mußte, der ihn als Ausdruck des "umfassenden, aber schwachen Denkens der englischen (besser wäre hier schottischen, B.W.) Schule" abwertete.[153]

Die zwischen Frankreich und Großbritannien bzw. Schottland festgestellten Differenzen in der Rezeption der korpuskular-kinetischen Denkweise der Genfer Schule lassen sich, so meine These, als "Diskrepanz bzw. Kongruenz von Wissenschaftsstilen" interpretieren. Der hier zugrundegelegte Begriff des Wissenschaftsstils folgt dabei der Definition, wie sie von CANTOR (1983) gegeben wurde. Danach wird ein Forschungsstil nicht nur durch methodisch-inhaltliche,

153/ Zur Verwendung der Genfer korpuskularen Hypothesen durch William THOMSON vgl. DUHEM 1908, S. 106-108.

sondern ebenso durch philosophische und theologisch-weltanschauliche Elemente bestimmt und kann häufig in "institutionellen Nischen" sozial lokalisiert werden.

Während PREVOSTs Theorie als Ausdruck des spezifischen Genfer Wissenschaftsstils in Frankreich bereits um 1820 mit methodologischen Argumenten durch den Wissenschaftsstil der französischen Schule verdrängt zu werden begann, konnte dies in Schottland nicht geschehen, da dieser Wissenschaftsstil dort auf erhebliche Widerstände traf und sich folglich erst erheblich später und mit erheblichen Einschränkungen zu etablieren begann. Die von den Positivisten in der Tradition der französischen Aufklärung zugunsten einer Maximierung theoretischer Effizienz vorgenommene radikale Negation aller metaphysisch-religiösen Bindungen der Naturwissenschaft wurde in Schottland nicht hingenommen.[154] Die philosophisch-metaphysische Bindung der Naturwissenschaft war dort nie ganz gelöst worden; sie wurde durch ein an den Idealen des Humanismus orientiertes Bildungssystem tradiert, das sich, da es von den Schotten als Teil ihres nationalen kulturellen Erbes verstanden und verteidigt wurde, bis weit über die Jahrhundertmitte hinaus (1858) allen Modernisierungsversuchen erfolgreich widersetzen konnte. Die Hartnäckigkeit, mit der die Schotten ihr metaphysisches Erbe verteidigten, veranlaßte den englischen Zivilisations-Historiker und Positivisten Henry Thomas BUCKLE (1821-1862), vom "Versagen der Schottischen Aufklärung" zu sprechen, da diese sich zu "einem Kompromiß zwischen Wissenschaft und Glauben" habe zwingen lassen.[155] Ähnliches kann, aus dieser positivistischen Perspektive heraus betrachtet, auch für die Genfer Aufklärung behauptet werden, die, wie wir gesehen haben, ebene jene für die französische Aufklärung typische Radikalität hatte vermissen lassen.

Die "Kongruenz der Forschungsstile" bestimmt sich damit in erkenntnistheoretischer und methodologischer Hinsicht am klarsten "ex negativo", d.h. durch den Widerstand gegen die pragmatisch-utilitaristische Wissenschaftsauffassung des französischen Positivismus. Dieser Widerstand kann - in Genf wie in Schottland - auch als Akt der Selbstbehauptung gegenüber dem kulturellen Anpassungsdruck interpretiert werden, der in beiden Fällen von der benachbar-

---

154/ Übrigens beschränkte sich diese Ablehnung des Positivismus nicht auf die Naturwissenschaften; gleiches läßt sich für den Bereich der Rechtsphilosophie feststellen; vgl. DAVIE ^{3}1981, S. 54.

155/ DAVIE ^{3}1981, S. 189.

ten, zwar gleichsprachigen, aber anderskonfessionellen und politisch dominierenden Kultur ausgeübt wurde. In diesem Widerstand kam jenes, noch von Jean CALVIN und John KNOX im 16. Jahrhundert geknüpfte und im 17. und 18. Jahrhundert durch die "Internationale der Hugenotten" (LÜTHY) in vielfacher Hinsicht gestärkte Band der gemeinsamen calvinistischen Kultur zum Tragen; ein Band, an dessen Erhalt und Festigung auch Pierre PREVOST zeitlebens in vielfältiger Weise mitgewirkt hat.

Die hier angedeuteten Parallelen zwischen den intellektuellen Traditionen, die als Kongruenzen in den nationalen Forschungsstilen konkretisiert wurden, liefern sicher keine simple "Erklärung". Sie sind jedoch evident und geeignet deutlich zu machen, daß sich die Rezeption und Entwicklung physikalischer Theorien nicht allein auf der kognitiven Ebene vollzieht, sondern vielmehr durch Rahmenbedingungen determiniert wird. Wissenschaft ist ein soziales System, in dem kommunikative Prozesse eine entscheidende Rolle spielen. Kommunikation setzt aber nicht nur Sender, Empfänger und zu übertragende Information voraus. Wissenschaftliche Information bedarf, damit sie wirksam werden kann, auch eines bewußten, aktiven Wahrgenommenwerdens, einer intellektuellen Offenheit, für die die geschilderten Kongruenzen die Grundlage bilden können. Die Tatsache, daß kongruente Forschungsstile zu verschiedenen Zeiten und in verschiedenen nationalen Traditionen auftreten können, verweist letztlich auf soziale Faktoren. Die engen Verflechtungen ökonomischer und kultureller Art zwischen Genf und Schottland, deren Kenntnis demnach die Grundlage eines vertieften Verständnisses wirkungsgeschichtlicher Zusammenhänge darstellte, waren aber nicht der Gegenstand dieser Untersuchung. Sie fallen in das Ressort der Sozialgeschichte und müssen zukünftigen Untersuchungen vorbehalten bleiben.

ANHANG I: Fresnels Widerlegung der "puppiformes"(1)

FRESNEL betrachtet ein Molekül der Masse M, das von den Korpuskeln eines subtilen Fluidums gestoßen wird. Die Gesamtmasse aller Korpuskeln, die das Molekül pro Zeiteinheit "von hinten" ("par derrière") stoßen sei m, die Masse des von vorn stoßenden Korpuskelnstromes sei m−δ. Damit ist also δ die Massendifferenz der antagonistischen Teilchenströme, deren Korpuskeln sich ausnahmslos mit der konstanten Geschwindigkeit v bewegen sollen. Angenommen, die Momentangeschwindigkeit des gestoßenen Moleküls sei u, so ergibt sich die resultierende Kraft zu:(2)

1) $$M\, du/dt = m(v-u)^2 - (m-\delta)(v+u)^2 = \delta(v+u)^2 - 4mvu$$

Erreicht das Molekül nach der "carrière d'accéleration" schließlich die "vitesse terminale" u_t, wird die Beschleunigung, die das Molekül erfährt, zu Null; also $\delta(v+u_t)^2 - 4mvu_t = 0$. Auflösen der quadratischen Gleichung liefert:

2) $$u_{1/2} = v\,(2m/\delta-1 \pm \sqrt{(2m/\delta-1)^2 - 1}\,)$$

1/ Das Manuskript dieser nie publizierten Abhandlung scheint verschollen zu sein; eine intensive Suche in Pariser Archiven blieb ohne Ergebnis. PREVOST hatte jedoch einen Auszug daraus angefertigt; s. dessen "Extrait des calculs de Fresnel dans son Analyse de mes Deux Traités, qu'Arago m'a communiquée le 31 juillet 1820 en manuscrit, et sans en avoir prévenu Fresnel" (BPU Mss.suppl. 1073/5, fo. 97−100). Dieser Auszug, dessen Existenz schon SPEZIALI 1957 erwähnt, ist die Grundlage der hier erstmals dargelegten Rekonstruktion (vgl. Kap. 3.3).

2/ Offensichtlich ist diese Gleichung nicht dimensionsrichtig, da hier eine Kraft einer Energie gleichgesetzt wird. Korrekt wäre vielmehr:

$$\int (M\, du/dt)\, dr = 1/2 \; \langle\, m(v-u)^2 - (m-\delta)(v+u)^2 \,\rangle.$$

Die Gleichsetzung von mechanischer Arbeit (links) und kinetischer Energie (rechts) unter Einbeziehung des die numerische Gleichheit sicherstellenden Faktors 1/2 wurde jedoch erstmals 1829 von Gaspard Gustave de CORIOLIS (1792−1843) eingeführt; s. dessen "Du calcul de l'effet des machines, ou considérations sur l'emploi des moteurs et sur leur évaluation pour servir d'introduction à l'étude spéciale des machines", Paris 1829, S. iv. (vgl. KUHN 1978, S. 160). Es ist somit wahrscheinlich, daß FRESNEL selbst diese Gleichung so geschrieben hat und der Fehler nicht auf PREVOST zurückgeht.

Da die Endgeschwindigkeit des Moleküls nicht größer sein kann als v, ist die negative Wurzel zu wählen, also:

3) $$u_t = v\,(\,2m/\delta-1 - \sqrt{(2m/\delta-1)^2 - 1}\,)$$

Da LESAGE davon ausging, daß die Materie für die "corpuscules gravifiques" sehr durchlässig ist, kann man davon ausgehen, daß $\delta \ll m$.(3) Damit ist aber $2m/\delta \gg 1$; also läßt sich die Wurzel in Gleichung 3) entwickeln zu $2m/\delta-1-1/(4m/\delta-2)$. Durch Einsetzen in Gl. 3) erhält man für die "vitesse terminale":

4) $$u_t = v\,\delta/(4m-2\delta) \approx v\,\delta/4m$$

Unter der Voraussetzung, daß die Massendifferenz der antagonistischen Ströme sehr klein ist, folgt also, daß die Endgeschwindigkeit des Moleküls dieser Massendifferenz direkt proportional ist. Sei nun e die vom Molekül in der Beschleunigungsphase zurückgelegte Strecke (carrière d'accéleration), so gilt, da $de = u\,dt$ ist, mit Gleichung 1):

5) $$de = M\,u\,du\,/\,(\delta\,(v+u)^2 - 4\,muv)$$

Zerlegt man den Nenner mit 2) in seine Linearfaktoren, so wird:

6) $$de = M\,u\,du\,/\,(\delta\,(u-u_1)(u-u_2))$$

Damit ist das Integral zu lösen:

$$e = M/\delta \int u\,du\,/\,((u-u_1)(u-u_2))$$

Mit $1/(u-u_1)(u-u_2) = 1/(u_1-u_2)\;(1/(u-u_1) - 1/(u-u_2))$ wird das Integral zu:

$$e = M/\delta\;1/(u_1-u_2)\left\langle \int u\,du/(u-u_1) - \int u\,du/(u-u_2)\right\rangle$$

3/ Im Schwerefeld der Erde ist δ/m etwa 10^{-5}; vgl. Kap. 2.4.1.

Integration liefert:

$$e = M/\delta \; 1/(u_1-u_2) \; (C - u_1 + u_2 + u_1 \log(u-u_1) - u_2 \log(u-u_2))$$

Aus der Randbedingung $e = 0$, $u = 0$, ergibt sich die Integrationskonstante $C = u_1 - u_2 - u_1 \log(-u_1) + u_2 \log(-u_2)$, und damit für e:

$$e = M/\delta \; 1/(u_1-u_2) \; (u_1 \log((u_1-u)/u_1) - u_2 \log((u_2-u)/u_2))$$

Nun ist aber mit Gl. 3) $u_2 = u_t$, folglich wird in Folge der Beschleunigung, d.h. mit $u \to u_t$, der Bruch $(u_2-u)/u_2$ gegen Null gehen. Damit wird sein Logarithmus so stark wachsen, daß der erste Summand der Klammer vernachlässigt werden kann. Folglich erhält man für die "carrière d'accéleration":

9) $$e = - M/\delta \; u_2/(u_1-u_2) \; \log((u_2-u)/u_2)$$

Trotz des negativen Vorzeichens ist e positiv, da der Wert des Logarithmus negativ ist. Mit $f = u/u_2 = u/u_t$ ist:

10) $$e = - M/\delta \; u_2/(u_1-u_2) \; \log(1-f)$$

Eine Untersuchung des Bruchs $u_2/(u_1-u_2)$ zeigt, wenn man die Lösungen aus Gl. 2) einsetzt, daß mit $\delta \ll m$, also $\delta/m \ll 1$, der Bruch durch $\delta^2/16m^2$ approximiert werden kann. Damit wird:

11) $$e = - M\delta/16m^2 \; \log(1-f)$$

Für zum Durchlaufen der "carrière d'accélération" notwendige Zeit ergibt sich analog zu:

12) $$t = - M/4mv \; \log(1-f)$$

Damit ist die "Fallgeschwindigkeit" als Funktion der Zeit:

13) $$u = u_t \langle 1 - \exp(-(4mv/M)\, t) \rangle$$

Dies ist die Funktion einer logarithmischen Kurve, die mit t asymptotisch gegen den Grenzwert u_t geht, und zwar umso schneller, je größer das Verhältnis m/M (die Geschwindigkeit v ist eine Konstante!), also je kleiner die Masse des angetriebenen Moleküls im Verhältnis zur Gesamtmasse der stoßenden "corpuscules gravifiques" ist (s. Abb. 3). Da die Bedingung $\delta << m$ wegen der extremen Porosität der Materie immer erfüllt ist, können die Gleichungen 12) und 13) allgemeine Gültigkeit beanspruchen.(4)

4/ Man beachte die strukturelle Analogie dieser Gleichung zu derjenigen für den Fall eines Körpers in einer viskosen Flüssigkeit. Dort ergibt sich für die Geschwindigkeit des fallenden Körpers:

$$u = u_t \langle 1 - \exp (- (F/mu_t)\ t) \rangle.$$

Dabei bedeuten u_t die Grenzgeschwindigkeit, m die Masse des fallenden Körpers und F den Betrag der (konstanten) beschleunigenden Kraft (Gewicht des Körpers). Die Grenzgeschwindigkeit ist dann $u_t = F/K\Theta$, wobei K den Formfaktor und Θ die Viskosität bedeuten. In unserem Falle läßt sich mit $4m = v\delta/u_t$ (Gleichung 4.) die Gleichung 13) schreiben als:

$$u = u_t \langle 1 - \exp (- (v^2\delta/Mu_t)\ t) \rangle.$$

Somit ist $v^2\delta$ die konstante, von den "corpuscules gravifiques" in Erdnähe ausgeübte beschleunigende "Kraft", der eine vom Gravitationsmedium ausgeübte "Reibungskraft" $R = uv\ (2\delta - 4m) + u^2\delta$ entgegenwirkt, die von der Molekülgeschwindigkeit u nichtlinear abhängig ist.

ANHANG II: Prevosts Mitgliedschaften und Ehrungen

Jahr Gesellschaft (Ort) <Diplom, Nachweis in:>

1780 Académie Royale des Sciences et Belles-Lettres (Berlin)
<Mss.suppl. 1055/2, dat. 7 septembre 1780>

1789 Gesellschaft Naturforschender Freunde (Berlin)
<Mss.suppl. 1055/3>

1795 Société pour l'Avancement des Arts (Genève)
<Mss.suppl. 1055/4, dat. 10 août 1795>

1796 Royal Society (Edinburgh)
<Mss.suppl. 1055/5, dat. 28 septembre 1796>

1798 Société de Physique et d'Histoire Naturelle (Genève)
<Mss.suppl. 1055/6, dat. 1 janvier 1798>

1798 Société des Arts (Montauban)
Membre associé
<Mss.suppl. 1055/8>

1799 Société Philotechnique (Paris)
<Mss.suppl. 1055/7, dat. 12 germinal an VII>

1801 Institut National (Paris)
Associé non résidant de la Classe des Sciences Morales et Politiques, Section d'Analyse des Sensations et des Idées
<Mss.suppl. 1055/9, dat. 5 pluviose an IX>

1803 Institut National (Paris)
Correspondant de la Classe d'Histoire et de Littérature Ancienne
<FRANQUEVILLE II, 146>

1806 Royal Society (London)
Foreign Member
<Ms.fr. 4748>

1815 Société Helvétique des Sciences Naturelles (Genève)
<Mss.suppl. 1055/11, 7 octobre 1815)

1816 Institut National (Paris)
Correspondant de l'Académie des Inscriptions et Belles-Lettres
<FRANQUEVILLE II, 146>

1829 Société Helvétique d'Utilité Publique (Genève)
<Mss.suppl. 1055/13, dat. 16 septembre 1829>

1832 Institut Royale de France (Paris)
Membre de l'Académie des Sciences Morales et Politiques, Section de Philosophie
<Mss. suppl. 1055/16; FRANQUEVILLE II, 146>

1835 Academia Scientiarum et Literarum Panormitana (Palermo)
<Mss.suppl. 1055/14, dat. 30 mars 1835>

1839 Accademia Gioenia di Scienze Naturali (Catania)
<Mss.suppl. 1055/17, dat. 23 fevrier 1839>

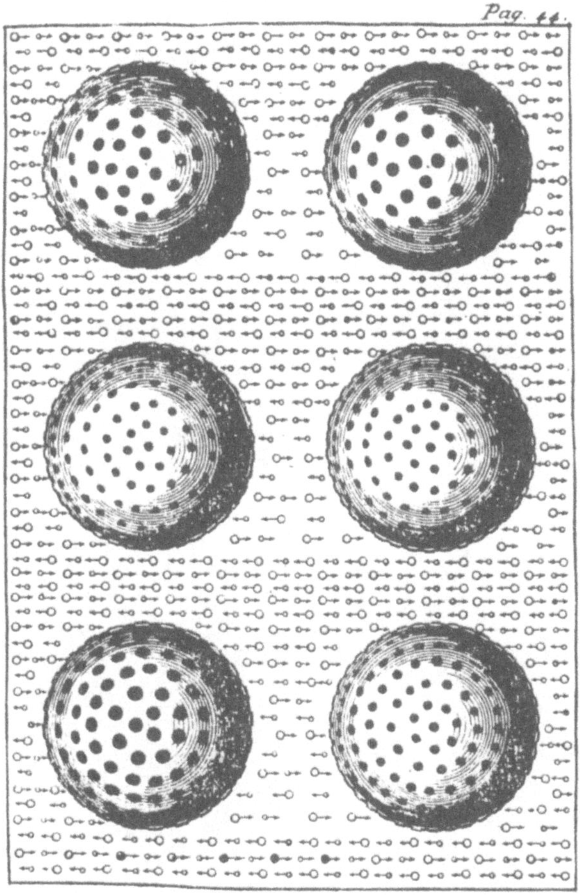

Abb. 1: Zu LESAGEs Theorie der Affinitäten (vgl. Kap. 2.4.3): Vergleich der "affinité des homogènes" (oben u. mitte) mit der "affinité des hétérogènes" (unten). Erste Reihe: A,A; zweite Reihe B,B; dritte Reihe A,B. (aus LESAGE (f) 1758, S. 44).

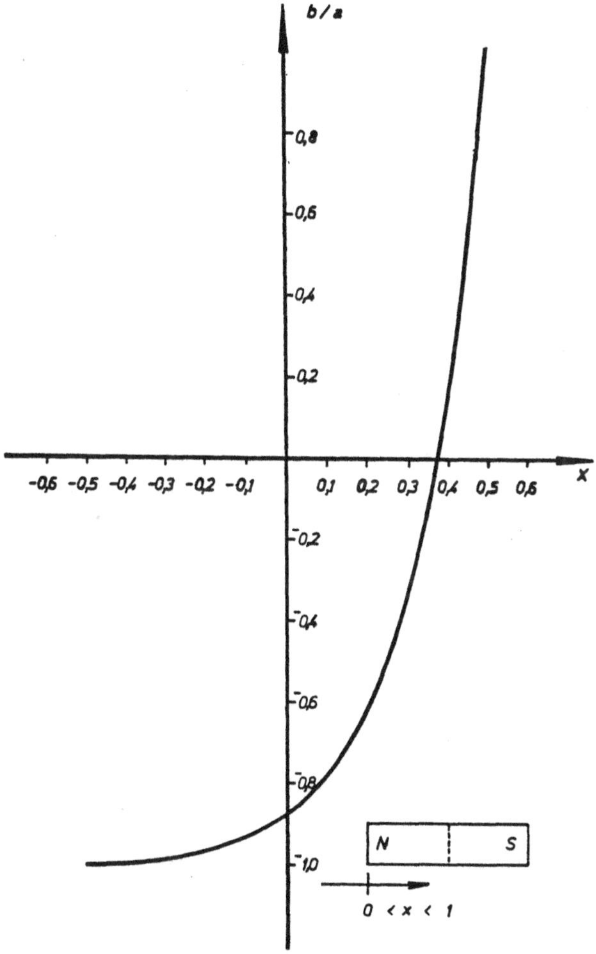

Abb. 2: Zu PREVOSTs Magnetismustheorie (vgl. Kap. 3.1.5): Verhältnis der Molekularkräfte b/a als Funktion des reduzierten Polabstandes x, gemessen von der Stirnfläche des Magneten. Für entgegengesetzt gerichtete, aber betragsgleiche Anziehungskräfte (b/a = -1) läge der Pol außerhalb des Magneten! (Rekonstruktion nach PREVOST 1788/a).

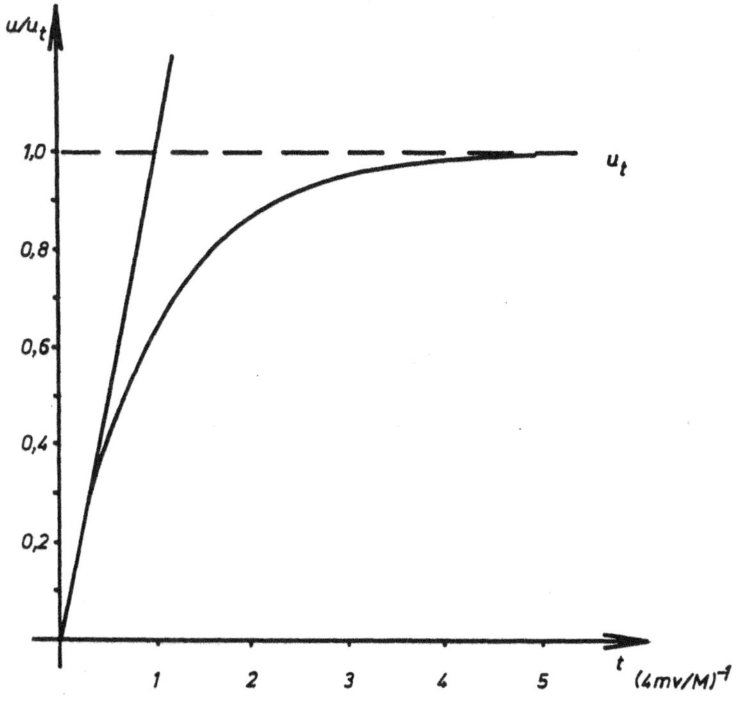

Abb. 3: Zu PREVOSTs Theorie der "puppiformes" (vgl. Kap. 3.3.3): Geschwindigkeit u in Einheiten u_t eines von den "corpuscules gravifiques" gestoßenen Moleküls der Masse M als Funktion der Zeit t. u_t gibt die nach PREVOST maximal erreichbare Fallgeschwindigkeit an. Die Gerade zeigt dagegen die lineare Zunahme der Geschwindigkeit für den Fall, daß keine "Reibung" durch die "corpuscules gravifiques" vorliegt. (Rekonstruktion nach BPU Mss.suppl. 1073/5, fo. 97-100).

Dear Sir

I return your abstract of Mr Prevost's paper with many thanks for the loan of it —

It is not probable that any observation of mine can be worth communicating to him, unless it be on the mathematical part of §3, in which if the figure be correct he seems to have made an oversight.

If the point F. fig. 2. be as far as the vertex of the cone it can receive <u>no</u> rays by reflection.

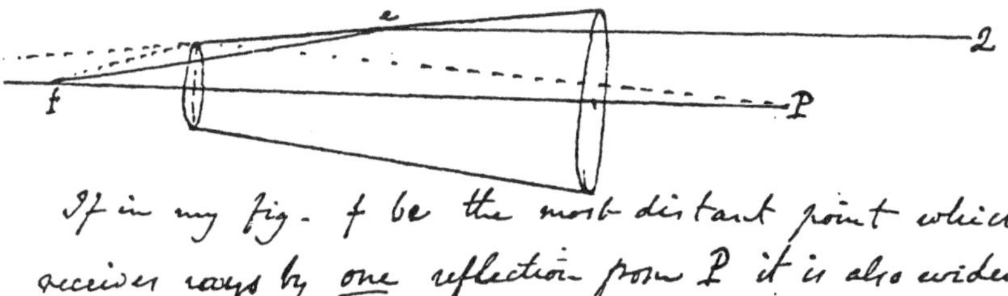

If in my fig. f be the most distant point which receives rays by <u>one</u> reflection from P it is also evident ~~that~~ all other rays as fe are more oblique & come from some point as Q more distant than P; consequently that

Abb. 4: Zu RUMFORDs "experimentum crucis" (vgl. Kap. 4.2.4): Geometrie des Schalltrichterexperiments. Brief von WOLLASTON an MARCET, datiert vom 12. Juni 1804 (BPU Mss.suppl. 1052, fo. 341).

QUELLEN

Archivmaterialien und deren Siglen

Nachlaß Prevost

Die aus 39 Dossiers bestehende Repositur gelangte 1905 in die "Bibliothèque Publique et Universitaire de Genève" (BPU Mss.suppl. 1048-1080). Die ersten fünf Dossiers enthalten den Großteil der wissenschaftlichen Korrespondenz (ca. 775 Briefe von 260 Korrespondenten). 1970 kam das 54 Dossiers umfassende private Archiv der Familie PREVOST als Geschenk von M. Jean LULLIN dazu (BPU Ms.fr. 4731-4784; Zug.Nr. 1970/33). Aus derselben Provenienz stammen auch die noch 1980 zugegangenen Signaturen (Ms.fr. 4741A, 4785, 4786; Zug.Nr. 1980/19).

Mss.suppl.

1048: lettres reçues A-C
1049: lettres reçues D-H
1050: lettres reçues I-L
1051: lettres reçues M-R
1052: lettres reçues S-Z
1053: notes d'envoi et copie de lettres
1054: lettres reçues de Dugald Stewart
1055: diplômes
1056: matériaux pour la biographie
1057: mécanique, hydraulique, astronomie
1058: mathématique
1059: droit, économie, finances publiques
1060: économie politique
1061: éducation, instruction publique
1062: histoire de l'université
1063: histoire, géographie
1064: morale, réligion, théologie, droit naturel
1065: arts et métiers
1066: littérature, grammaire, antiquités
1067: probabilités, témoignages
1068: physique particulière
1069: notes de voyage 1780
1070: notes de cours
1071: de probabilitate (imprimé)
1072: commission de subsistance
1073: calorique
1074: lettres de Huber-Lullin conc. les abeilles
1075: finances, lettres privées
1076: pièces diverses concernant la famille
1077: magnétisme, bolides
1078: manuscrits publiés
1079: documents relatifs à l'hôpital
1080: miscellanei commentarioli PP (1771-1776)

Ms.fr.

4731: A: quelques notes de la famille par P.P. (1827)
B: histoire des Prevosts par Jean-Louis P.
4732: cinq contrats de Marc P. (1589-1648)
4733: collectanea quaestiones de Abraham P.
4734: correspondance Jean-Marie Bellamy
4735: correspondance familière
4736: correspondance privée reçue
4737: copie de lettres 1808-1816
4738: copie de lettres 1816-1838
4739: papiers personnels
4740: papiers personnels
1: deuxième mariage
2: documents de notariat
4741: journal intime 1771-1772
A: journal intime 1791-1802
4742: journal intime 1803-1822
4743: journal intime 1823-1837
4744: pensées, remarques
4745: journal politique 1826-1831
4746: carnets de voyage 1769-1824
4747: objets domestiques, santé 1795-1836
4748: diplôme Société Royale de Londres
4749: recueil littéraire 1765-1766
4750: brouillons des poèmes, chansons
4751: mots et tours
4752: notes diverses 1771-1831 <u.a. zu Rousseau>
4753: correspondance de Jenny Marcet (1774-1840)
4754: Alexandre-Louis P.: correspondance
4755: Alexandre-Louis P.: voyage à Londres 1808
4756: Alexandre-Louis P.: journal 1817-1854
4757: Alexandre-Louis P.: journal 1871
4758: maladies de Pierre P., mort
4759: Alexandre-Louis P.: documents 1808-1852
4760: Alexandre-Louis P.: notes du cours de Grec
4761: Guillaume P.: Virgil 1811-1813
4762: Guillaume P.: Cicero, Homer
4763: Guillaume P.: physique de Pictet 1816/1817
4764: Guillaume P.: physique de Pictet 1817
4765: Guillaume P.: cours de Pictet 1817
4766: Guillaume P.: cours de Pierre P.: calorique
4767: Guillaume P.: mathématique de L'Huillier
4768: Guillaume P.: algèbre de Peschier
4769: Guillaume P.: botanique de Candolle 1816/17
4770: Guillaume P.: chimie de Peschier 1817
4771: Guillaume P.: chimie de Pictet 1818
4772: Guillaume P.: procédure civile 1820
4773: Guillaume P.: notes personnelles 1872
4774: Georges P.: philosophie de Pierre P. 1818

Sonstige Archivmaterialien

Unpublizierte Archivmaterialien werden in den Anmerkungen zu dieser Arbeit jeweils mit ihrer vollständigen Signatur zitiert. Der Signatur ist ein aus drei Buchstaben bestehendes Sigle der aufbewahrenden Bibliothek bzw. des aufbewahrenden Archivs vorangestellt. Folgende Bibliotheken und Archive, deren im Rahmen in dieser Arbeit verwendeten Siglen hier aufgeführt werden, stellten unpublizierte Quellenmaterialien zur Verfügung:

AAA American Academy of Arts and Sciences (Cambridge, Mass.)

AAS Archives de l'Acadêmie des Sciences (Paris)

AAW Archiv der Akademie der Wissenschaften der DDR (Berlin)

AEG Archives d'Etat (Genève)

ARG Archives Rilliet, Privatbesitz (Genève)

ARS Archive of the Royal Society (London)

BAP Bibliothèque de l'Arsenal (Paris)

BCU Bibliothèque Cantonale et Universitaire (Lausanne)

BIF Bibliothèque de l'Institut de France (Paris)

BNP Bibliothèque Nationale (Paris)

BPU Bibliothèque Publique et Universitaire (Genève)

EPC Ecole Nationale des Ponts et Chaussées (Paris)

MHS Musée d'Histoire des Sciences (Genève)

LUE Library of the University of Edinburgh (Edinburgh)

LUA Library of the University of St. Andrews (St. Andrews)

SPK Staatsbibliothek Preußischer Kulturbesitz (Berlin-W.)

UBB Universitätsbibliothek Basel (Basel)

UBT Universitätsbibliothek Tübingen (Tübingen)

ULB University Library Birmingham (Birmingham)

Schriften Pierre Prevosts

Eine Bibliographie des umfangreichen wissenschaftlichen und literarischen Schrifttums Prevosts, die auch nur annähernd Vollständigkeit beanspruchen könnte, existierte bisher nicht. Daher wurde hier der Versuch unternommen, ein möglichst umfassendes Verzeichnis zu erstellen.

Hinweise auf zahlreiche Prevost-Schriften finden sich bei den frühen Biographen CHERBULIEZ (1839) und DE CANDOLLE (1839). Die Angaben beschränken sich aber meistens auf selbständige Veröffentlichungen oder die Akademieschriften aus der Berliner Zeit. Die bibliographischen Angaben sind durchweg fragmentarisch.

Nützlich bei der Erfassung der Monographien und Übersetzungen, die selbständig erschienen sind, waren die gedruckten Bestandskataloge der Library of Congress (Washington), der Bibliothèque Nationale (Paris), der British Library (London) sowie der Zettelkatalog der Bibliothèque Publique et Universitaire (Genf). Eine Liste von Zeitschriftenbeiträgen findet sich im Catalogue of Scientific Papers der Royal Society. Dieser verzeichnet nur naturwissenschaftliche Arbeiten, die ab 1800 erschienen sind. Die dort aufgeführte Liste von 63 Titeln ist nicht vollständig und gelegentlich fehlerhaft.

Eine Zusammenstellung von Prevosts Beiträgen zur Bibliothèque Britannique (1796-1815) bringt BICKERTON 1979, S. 677-680. Die Überprüfung der insgesamt 50 Titel ergab zahlreiche Ungenauigkeiten. Daß darüberhinaus eine Reihe von Beiträgen nicht erfaßt wurden, liegt an der Schwierigkeit, die Beiträge zur Reihe Littérature zu identifizieren. Es handelt sich dabei in der Regel um Literaturauszüge aus angelsächsischen Werken, die von Prevost während der Zeit seiner redaktionellen Mitarbeit an der Bibliothèque Britannique (1803-1815) übersetzt und redaktionell bearbeitet wurden. Die Aufnahme dieser Referate in die Bibliographie erscheint mir aus zwei Günden gerechtfertigt: erstens belegen sie, welche Literatur von Prevost wann intensiv rezipiert wurde (vornehmlich Schriften zur Nationalökonomie und Moralphilosophie schottischer Autoren!), zweitens hat sich Prevost fast nie mit einem schlichten Referat begnügt, sondern Kommentare bzw. Fußnoten (Observations du rédacteur, Remarques du traducteur) hinzugefügt, die seinen eigenen Standpunkt belegen. Diese Anmerkungen sind mit dem Kürzel "PPp" (Pierre Prevost professeur) signiert. Dieses Signum, das Prevost auch in seinen handschriftlichen Notizen verwendet hat, erlaubt es, diese redaktionellen Beiträge zu identifizieren.

Prevosts Beiträge zu den Archives Littéraires schließlich sind, von wenigen Ausnahmen abgesehen, sämtlich anonym erschienen. Die Identifizierung gelang mit Hilfe zweier im Nachlaß aufgefundener Listen von seiner Hand (Mss.suppl. 1056, 1069), die die Zuschreibung sicherstellen.

Die Anordnung der Schriften erfolgt chronologisch. Die Kennziffer gibt das Jahr der Drucklegung an. Übersetzungen (Ü), Literaturreferate (R) oder Herausgaben (H), sind entsprechend markiert. Kommentare finden sich in spitzen <> Klammern. Bei seltenen, schwer zugänglichen Drucken ist die Signatur der BPU bzw. der BNP angegeben.

1771/a
R.P. BERTIER: Principes physiques, dans lesquels la Nature, consultée par des Expériences nouvelles, décide des questions qui partageoient tous les Physiciens modernes. <Anonyme Rezension; Zuschr. lt. CHERBULIEZ 1839>. J.Beaux Arts 1771, IV, 332-341.

1771/b
Disquisitio ethico-theologica de musica in sacris, quam favente summo numine, sub praesidio D.D. Antonii Mauricii ... publicae disputationi subjiciet Petrus Prevost, Genevensis, auctor, die veneris proxima maii 3a hora locoque solitis. Genevae: ex typographia P.Pellet et filii 1771. 24 SS. in-4. <Thèse, Auditoire de Théologie de l'Académie de Genève.> -BPU: BF 739 (2); BVA 2; P 152 I(1).

1773/a
De vulgari et pupillari substitutione. <Juristische Dissertation, Académie de Genève, Zuschreibung lt. STELLING-MICHAUD>.

1782/a
Discours de réception. NMARS Berlin 1780 (publ. 1782), 11-12.

1782/b
Observations sur les méthodes employées pour enseigner la morale. (Lues le 14 septembre 1780). NMARS Berlin 1780 (publ. 1782), 414-429. <Zusammenfassung in J.Encycl. 1783, III, 393-401>.

1782/c
Sur les principes de la théorie des gains fortuits. Premier mémoire. (Lu le 11 avril 1782). NMARS Berlin 1780 (publ. 1782), 430-472.

1783/a
Sur les principes de la théorie des gains fortuits. Second mémoire. NMARS Berlin 1781 (publ. 1783), 463-471.

1783/b
Mémoire sur le mouvement progressif du centre de tout le système solaire.(Lu le 3 juillet 1783). NMARS Berlin 1781 (publ. 1783), 418-421.

1783/c
Mémoire sur l'origine des vitesses projectiles, contenant quelques recherches sur le mouvement du système solaire. (Lu le 11 septembre 1783). NMARS Berlin 1781 (publ. 1783), 422-462. <Zusammenfassung u.d.T.: Ueber die Fortrückung unsers Sonnen-Systems, in Astron.Jb. 1783 (publ. 1786), 259-260>.

1783/d
Supplément au mémoire sur l'origine des forces projectiles contenant quelques recherches sur le mouvement du système solaire. NMARS Berlin 1781 (publ. 1783), 472.

1783/e (Ü)
Les tragédies d'Euripide, traduites du grec par Pierre Prevost, professeur et membre de l'académie royale des sciences et belles-lettres de Berlin. 3 Bde. in-12. Paris: chez Pissot 1783. -BPU: Hc 264. <Rezension in J.Encycl. 1784, IV, 276-286, 454-461>.

1783/f
Ueber den vorgeblichen Einfluß des Sterns Kapella. Ein Brief an die Herausgeber. Berl.Monats. 2 (1783), 537-541.

1783/g
De l'économie des anciens gouvernemens comparée à celle des gouvernemens modernes. Lu dans l'assemblée publique de l'académie royale des sciences et belles-lettres du 5 juin 1783. NMARS Berlin 1783 (publ. 1785), 380-414. <Zusammenf. in J.Encycl. 1783, VII, 199-210>. Auch als Separatdruck Berlin: G.J. Decker 1783. in-8, 66 S. -BPU: E 63; -SPK: Q 6188.

1784/a
Ueber den Erfinder der fliegenden Luftmaschinen. Berl.Monats. 3 (1784), 129-142.

1784/b
Noch etwas ueber die aerostatischen Maschinen, vorzueglich ueber deren Lenkung. Berl.Monats. 4 (1784), 39-49.

1784/c
Lettre aux auteurs de ce Journal, sur les matières qu'on peut employer à la construction des globes aërostatiques, etc. J.Encycl. 1784, II, 113-122.

1784/d
Ueber ein Paar Stellen in dem neuesten Stük des Göttingischen Magazins,nebst einem Anhang über Wetterprophezeiungen. An die Herausgeber der Berlinischen Monatsschrift. Berl.Monats. 4 (1784), 238-246.

1785-1789 (Ü)
Théatre des Grecs, par le R.P. BRUMOY, de la compagnie de Jesus. Nouvelle édition, augmentée de la traduction entière des pièces grecques dont il n'existe que des extraits dans toutes les éditions précédentes; et de compa-raisons, d'observations et de remarques nouvelles, par MM. de ROCHEFORT et du THEIL... et par M.***. Paris: Cussac 1785-1789. 13 Bde. in-8.<NUC Pre-1956 Impr. vol. 80 no. 887867; Prevost wirkte mit bei den Bdn. 5 u. 7-11>.

1787/a
Mémoire sur le principe des beaux-arts: ou, réponse à cette question: Quelle est la cause du plaisir qu'excitent en nous les beaux-arts et en particulier la poësie ? NMARS Berlin 1785 (publ. 1787), 263-303. <Zusammenfassung in J.Encycl. 1789, II, 13-19>.

1788/a
De l'origine des forces magnétiques. Par M. P. Prevost, de l'académie royale des sciences et belles-lettres de Berlin, et professeur honoraire à l'académie de Genève. Genève: chez Barde, Manget et cie, et se trouve à Paris, chez Buisson 1788. in-8, 231 SS. 2 Tfln. -BPU: La 281. <Besprechung in J.Encycl. 1788, VIII, 3-15>.

1789/a
Trois lettres adressées au Journal de Genève sur une question de finances. Sans lieu (Neufchâtel, 1789). 16 SS., in-8. <Diskutiert die Frage, wie dem Mangel an Münzgeld in Genf abgeholfen werden könne>. -BPU: Gf 657 (5).

1790/a
Parallèle de deux revolutions. Par Pierre Prevost. Paris: chez Grégoire, libraire, rue du Coq Saint Honoré 1790. 24 SS. -BPU: Gf 657 (4).

1790/b
Sur l'éducation publique. Journal de Genève 21 août 1790. <Zuschreibung lt. CHERBULIEZ 1839>.

1791/a
Mémoire sur l'équilibre du feu; par P. Prevost, Professeur honoraire à Genève, de la Société des Arts de la même Ville, de l'Académie de Berlin, et de la Société des Curieux de la Nature. Observ.Phys. 38 (1791), 314-323. Auch in J.Encycl. 1791, IV, 243-252, 375-379. Deutsch in J.Phys. 6 (1792), 325-342.

1791/b
Sur la limite des alisés. Premier Mémoire. Second Mémoire. Observ.Phys. 38 (1791), 365-370, 370-374. Auch in J.Encycl. 1791, V, 225-233, 233-240.

1792/a
Recherches physico-mécaniques sur la chaleur, par Pierre Prevost. Genève, Aux dépens de l'auteur chez Barde, Manget et Cie. 1792. in-8, xvi, 232 SS., 1 Tfl. -BPU: La 160; <avec envoi de l'auteur au Prof. Pictet: La 160 W>.

1792/b
La Cocarde. L'an 257 de la république genevoise. 7 décembre 1792, Sans lieu, 6 SS. <Anonym publizierte Streitschrift>. -BNP: MZ 4967; -BPU: Gf 657 (9).

1792/c
Relation de la cérémonie militaire par laquelle les Genevois ont témoigné leur amour pour la patrie, et leur respect pour leurs magistrats. 13 octobre 1792, Sans lieu. 13 SS. -BPU: Gf 657 (8).

1792/d
Lettre d'un Genevois à un François de l'armée de Montesquiou. octobre 1792, Sans lieu, 14 SS. -BPU: Gf 657 (7).

1792/e
L'Egalité. Publié le 1er décembre 1792, Sans lieu, 8 SS. -BPU: Gf 657 (6).

1792/f
Auszug eines Briefes des H. P. Prevost v. 27 Febr/uar/ 91 an H. D. Pelisson. <Berichtet über ein im Winter 1790/1 in Genf mit einem der Gebrüder MONTGOLFIER geführtes Gespräch über den "Regenwind">. SGNF Berlin 10 (1792), 407-411.

1793/a
Réflexions sur la chaleur solaire, occasionnées par un Mémoire du P. Cotte, adressées à M. DelaMétherie, par P. Prevost, Professeur honoraire à Genève, Membre de l'Académie de Berlin et de celle des Curieux de la Nature. Observ.Phys. 42 (1793), 81-87.

1793/b
Genève. Egalité, Indépendance, Liberté. Genève 9 janvier 1793. in-12, 45 SS. <anonym publizierte Streitschrift>. -BPU: Gf 657 (1).

1794/a
Vom Ursprunge der magnetischen Kräfte. A. d. Franzoesischen uebersetzt von David Ludewig Bourguet. Mit einer Vorrede von D. Friedrich Albrecht Carl Gren. Halle: i. Verl. d. Waisenhaus-Buchhandlung 1794. <1788/a deutsch>.

1794/b
De probabilitate. Genève 1 janvier 1794, in-12, 71 SS. -BPU: Gf 657 (2); KC 160.

1795/a
Examen d'une difficulté relative à la théorie de l'électricité, par P. Prevost, Professeur de philosophie à Genève. Mag.Encycl. 6 (1795), 145-151.

1795/b
Quelques propositions sur la cause de l'élasticité des fluides et des solides, par Jean PICOT, étudiant en Philosophie. Soumises au débat public qui aura lieu le Samedi 20 juin 1795 (...) sous la présidence de M. Pierre Prevost. <Dazu Prevost in seinem J.Int. II (BPU Ms.fr. 4741 A, fo. 17^v): "Tout cet opuscule est un exposé fidèle des principes de Mr. LESAGE. La rédaction de ce qui concerne les solides m'appartient directement. Quant au reste la part que je puis y avoir (outre avis et corrections) est d'avoir enseigné cette matière à l'auditoire dans l'année académique qui viens (sic) d'expirer".>

1796/a
Lettre de Mr. le Prof. Prevost aux Auteurs de la Bibliothèque Britannique. Genève, ce 21 octobre 1796. <Verteidigt die Originalität von Adam SMITHs Researches on the Wealth of Nations. Die Redakteure der Bib.Brit. hatten den Eindruck erweckt, SMITH habe seine Gedanken von TURGOT entlehnt>. Bib.Brit. Ser.Litt. 3 (1796), 404-407.

1796/b
Lettre de Mr. Prevost, Professeur de Philosophie, sur un reproche fait à NEWTON. <Nimmt NEWTONs Opticks gegen Edward BANCROFT (1744-1821) in Schutz, der in seinen Experimental Researches concerning the Philosophy of Permanent Colours (London 1794) behauptet hatte, sie seien "les derniers efforts d'une tête épuisée">. Bib.Brit. Ser.Sci.Arts 3 (1796), 109-111.

1797/a (Ü)
Essais philosophiques de Adam SMITH. Précédés d'un précis de sa vie et de ses écrits, par Dugald STEWART. Traduits de l'anglois par P. Prevost. Paris: H. Agasse 1797. 2 Bde.in-8· <Übers. von Adam SMITH (1723-1790): Essays on Philosophical Subjects, to which is prefixed an account of the life and writings of the author by Dugald STEWART (Dublin and Edinburgh 1795)>.

1798/a
Physisch-mechanische Untersuchungen ueber die Waerme. Aus dem Franzoesischen uebersetzt von D. David Ludewig Bourguet. Halle: im Verl. d. Waisenhaus-Buchhandlung 1798. <1792/a deutsch>.

1798/b
Quelques Remarques d'Optique, principalement relatives à la Réflexibilité des Rayons de la Lumière. (...) Communicated by Sir Charles Blagden, Knt. F.R.S., Read March 22, 1798. Phil.Trans. London 88 (1798), 311-331. <Gekürzte Fas-

sung in engl. Sprache in Phil.Trans. London Abridged. 18, 320-326. -Handschriftl. Original ARS L&P.XI.53>.

1798/c
Aux Auteurs de la Bibliothèque Britannique. <Kritischer Kommentar zu William GODWIN (1756-1836): The Enquirer (1797) und Verteidigung der Theorie von Adam SMITH>. Bib.Brit. Ser.Litt. 7 (1798), 285-292.

1798/d (Ü)
De l'influence des idées associées sur nos jugemens; tiré d'un ouvrage de Mr. Dugald STEWART. <Übersetzung eines Auszuges aus STEWARTs Elements of the Philosophy of Human Mind, Bd. I, Edinburgh 1792, versehen mit einer Einleitung u.d.T.:"Aux Auteurs du Journal", S. 409-410>. Bib.Brit. Ser.Litt. 8 (1798), 409-434.

1799/a
De la diverse réflexibilité des rayons élémentaires dont la lumière blanche est composée. (Lu à la Société de Physique et d'Histoire naturelle de Genève, le 16 messidor an VII, par P. Prevost, professeur de philosophie à l'Académie de Genève, de l'Académie de Berlin, F.R.S.E., etc.). Observ.Phys. 49 (1799), 273-293.

1799/b
(mit S. LHUILLIER) Mémoire sur l'art d'estimer la probabilité des causes par les effets. (Lu le 6 novembre 1794). MARS Berlin 1796 (publ. 1799) Classe de phil. spec., 3-24.

1799/c
(mit S. LHUILLIER) Sur les probabilités. (Lu à l'Académie, le 12 novembre 1795). MARS Berlin 1796 (publ. 1799) Classe de math., 117-142.

1799/d
(mit S. LHUILLIER) Remarques sur l'utilité et l'étendue du principe par lequel on estime la probabilité des causes. (Lu à l'Académie le 26 novembre 1796). MARS Berlin 1796 (publ. 1799) Classe de phil. spec., 25-41.

1799/e
Aux Auteurs de la Bibliothèque Britannique. <Kommentar zu Samuel VINCE (1749-1821): A Complete System of Astronomy, 3 Bde., Cambridge 1797>. Bib.Brit. Ser.Sci.Arts 12 (1799), 97-104.

1800/a
(mit S. LHUILLIER) Mémoire sur l'application du calcul des probabilités à la valeur du témoignage. (Lu le 23 août 1797). MARS Berlin 1797 (publ. 1800) Classe de phil. spec., 120-152.

1800/b
Des signes envisagés relativement à leur influence sur la formation des idées. Paris: Baudouin, imprimeur de l'Institut National an VIII. 70 SS. -BPU: Cb 1292; -BNP: Rz 3547.

1801/a
Lettre aux Rédacteurs sur le mot "Indien". Bib.Brit. Ser.Litt. 18 (1801), 139-140.

1802/a
Quelques Remarques sur la Chaleur, et sur L'Action des Corps qui l'interceptent. Communicated by Thomas YOUNG, M.D., F.R.S. (Read July 1, 1802). <Mss. Original in ARS L&P.XII.36>. Phil.Trans. London 92 (1802), 403-447. Auch in Bib.Brit. Ser.Sci.Arts 22 (1803), 25-54; sowie Zusammenfassung durch BERTHOLLET in Ann.Chim. 45 (1803), 254-255.

1802/b
Remarques sur l'époque de la chute d'une pierre. Observ.Phys. 56 (1802), 465-467.

1803/a
(mit F. MAURICE) Mémoire sur le mouvement propre de quelques étoiles de 1756 à 1797. MARS Berlin 1801 (publ. 1803) Classe de math., 118-131.

1803/b
Remarque sur une assertion de LAVOISIER, répétée par d'habiles chimistes. Ann.Chim. 50 (1803), 58-65.

1803/c
Lettre du Prof. Prevost aux Rédacteurs de la Bibliothèque Britannique sur le météore de l'an VI. Avec note du même sur les traditions anciennes de pierres tombées du ciel. Bib.Brit. Ser.Sci.Arts 23 (1803), 113-118.

1803/d
Seconde lettre du Prof. Prevost sur la date indiquée dans quelques relations de la chute d'une pierre comparée à celle d'un bolide de l'an VI. Bib.Brit. Ser.Sci.Arts 23 (1803), 218-223.

1803/e
Troisième lettre du Prof. Prevost sur les Pierres tombantes. Bib.Brit. Ser.Sci.Arts 23 (1803), 320-331.

1803/f
Quatrième lettre du Prof. Prevost sur les pierres météoriques. Bib.Brit. Ser.Sci.Arts 24 (1803), 86-94. "Réflexions des Rédacteurs", S. 95-99.

1803/g
Cinquième lettre du Prof. Prevost sur les Pierres météoriques, ou aërolithes. Bib.Brit. Ser.Sci.Arts 24 (1803), 188-204.

1803/h
Lettre du Prof. P. Prevost aux Rédacteurs de la Bib. Brit. sur quelques Bolides et Pierres tombées dont il est question dans deux lettres du Prof. BIOT. Bib.Brit. Ser.Sci.Arts 24 (1803), 295-296.

1803/i
Extrait d'une lettre de P. Prevost à M.A. PICTET. Bib.Brit. Ser.Sci.Arts 24 (1803), 393-397. Deutsch in Ann.Phys. 19 (1805), 220-235.

1804/a
Lettre du Professeur Prevost de Genève, sur J.J. ROUSSEAU, aux Rédacteurs des Archives Littéraires de l'Europe. Arch.Litt. 2 (1804), 201-209.

1804/b
Quelques remarques sur l'âme humaine, suivies de l'explication d'un passage du Timée. (Lu le 16 septembre 1802). MARS Berlin 1802 (publ. 1804) Classe de phil. spec., 75-100.

1804/c
Observations d'un météore lumineux, et quelques remarques sur ce phénomène. Observ.Phys. 59 (1804), 29-42.

1804/d
Note du Prof. Prevost sur les Aérolithes. Bib.Brit. Ser.Sci.Arts 25 (1804), 85-88.

1804/e
Remarque sur la température de l'année 1803. Bib.Brit. Ser.Sci.Arts 25 (1804), 325-333.

1804/f
Remarques sur trois suites d'observations cyanométriques de H.B. de SAUSSURE, tendant à établir une comparaison entre ces observations et un calcul précédent. (Lues à la Société de physique et d'histoire naturelle de Genève, le 3 floréal an IX). Observ.Phys. 57 (1804), 372-383. Deutsch in Ann.Phys. 24 (1806), 69-84.

1804/g
Considérations sur les nouvelles recherches du Comte de RUMFORD relatives au mode d'action du calorique, adressées aux Rédacteurs de la Bibliothèque Britannique. Bib.Brit. Ser.Sci.Arts 26 (1804), 13-28.

1804/h
Lettre du Prof. Prevost sur les bolides. <Weist darauf hin, daß bereits 14 Jahre vor CHLADNI (1780) RITTENHOUSE erkannt habe, daß es sich bei Meteoriten um Steine handelt>. Bib.Brit. Ser.Sci.Arts 26 (1804), 101-104.

1804/i
Suite des considérations sur le mode d'action du calorique. Bib.Brit. Ser.Sci.Arts 26 (1804), 205-219.

1804/j
Résumé des considérations sur le mode d'action du calorique. Bib.Brit. Ser.Sci.Arts 26 (1804), 309-314.

1804/k
Réponse. Genève, ce 15 prairial an XII. <Antwortet auf einen Brief von Tardy de la BROSSY (loc.cit. S. 298-307) über die Wahrnehmung der Farben>. Bib.Brit. Ser.Litt. 26 (1804), 307-322.

1804/l
Note relative à la manière de voir les couleurs. Bib.Brit. Ser.Litt. 27 (1804), 448-453.

1804/m
Lettre de M. Prevost aux Rédacteurs, à l'occasion des rapprochemens météorologiques du P. COTTE, insérés dans le cahier précédent de ce recueil. Bib.Brit. Ser.Sci.Arts 27 (1804), 163-167.

1804/n (Ü)
Extraits, Remarques. <Auszüge aus und Anmerkungen zu James Maitland LAUDERDALE (1759-1839): An Enquiry into the Nature and Origin of Public Wealth (Edinburgh 1804), mit Hinweis auf die gegenteiligen Positionen von Adam SMITH; vgl. 1806/f>. Bib.Brit. Ser.Litt. 27 (1804), 3-24, 145-171, 279-302, 423-448.

1804/o (Ü)
De la disette, par B. BELL, de la Sociéte Royale d'Edimbourgh, des Sociétés d'Agriculture d'Ecosse et de Bath, traduit de l'anglois par P. Prevost. in-8. Genève: J.J. Paschoud 1804. <Übers. von Kap. 4: "Of scarcity of provisions and dearth" aus Benjamin BELL (1749-1806): Essays on Agriculture, with a plan for the speedy and general improvement of land, Edinburgh 1802>.

1804/p (Ü)
Sur le jeu d'échecs des chinois, par M. EGLES-IRWIN, dans une lettre écrite de Canton, le 14 mars 1793. (Tiré des Mémoires de l'Académie de Dublin, tome V). Traduit de l'Anglois. Arch.Litt. 3 (1804), 233-239. <anonym, Zuschreibung lt. BPU Mss.suppl. 1056>.

1804/q (H)
Sur le style des ouvrages philosophiques, par G.L. LESAGE de Genève. (Préface: "L'éditeur, qui est dépositaire de ses nombreux manuscrits, a cru pouvoir en détacher quelques pensées, dont la justesse fait le mérite"). Arch.Litt. 4 (1804), 34-42. <anonym, Zuschreibung lt. BPU Mss.suppl. 1056>.

1805/a
Notice de la vie et des écrits de Georges-Louis LeSage de Genève, membre de diverses académies, de la Société royale de Londres, et ci-devant de celle de Montpellier; correspondant de l'académie royale des sciences de Paris, et depuis correspondant de l'Institut national de France, rédigée d'après ses notes par P., Prevost, suivie d'un opuscule de Le Sage sur les Causes finales, du Lucrèce neutonien, d'extraits de sa correspondance avec divers savans et personnes illustres, telles que le duc de la Rochefoucauld, madame la duchesse d'Enville, madame Necker, d'Alembert, Bailly, Clairaut, La Condamine, Stanhope, Euler, Lambert, Charles Bonnet, Boscowich, et d'un extrait de la correspondance de Bachet de Méziriac avac Nathan d'Aubigné, trisaïeul de Le Sage. Paris, Genève: J.J. Paschoud 1805. 600 SS. -BPU: La 454; Te 7360; S 12503.

1805/b (Ü,R)
Essai sur le principe de population, ou exposé des effets passés et présens de l'action de cette cause sur le bonheur du genre humain, suivis de quelques recherches relatives à l'espérance de guérir ou d'adoucir les maux qu'elle entraîne. Nouvelle édition considérablement augmentée par T.R. MALTHUS. Londres 1803. <Übers. von Thomas Robert MALTHUS (1766-1834): An Essay on the Principle of Population as it effects the Future Improvement of Society, 2nd. ed., London 1803>. Bib.Brit. Ser.Litt. 28 (1805), 166-180, 285-311, 429-463; 29 (1805), 3-34, 176-206, 311-334, 433-466; 30 (1805), 10-45, 141-178, 269-295, 397-430. <Buchausgaben: s. 1809/b>.

1805/c (Ü,R)
Philosophie de l'esprit humain. (Extrait de FERGUSON, Principles of moral and political science, Edinburgh 1792, I,3). Bib.Brit. Ser.Litt. 28 (1805), 21-36, 145-165; 29 (1805), 153-175; 31 (1806), 299-321, 431-457.

1805/d
Remarque historique sur la manière de voir les couleurs, occasionée par un écrit de Robert BOYLE. Bib.Brit. Ser.Litt. 30 (1805), 3-9.

1805/e
Lettre du Prof. Prevost au Prof. Pictet, sur une difficulté relative à l'estimation de l'aberration astronomique. Bib.Brit. Ser.Sci.Arts 30 (1805), 69-78, 192-196.

1805/f
Essais de Philosophie, ou étude de l'esprit humain. Premier Essai: Analyse des facultés de l'esprit humain. Deuxième Essai: Logique. Par le même: suivi de quelques opuscules de G.L. Le Sage, correspondant de l'Académie des Sciences et de l'Institut National, etc. 2 Bde. in-8. Paris, Genève: J.J. Paschoud an XIII (1804/5). -BPU: Ca 620.

1805/g
De la philosophie d'Euripide. Arch.Litt. 5 (1805), 417-430; 6 (1805), 19-34, 219-240.

1805/h
Beobachtungen der Feuerkugel am 8ten März 1798 und Bemerkungen über dieses Phänomen. Ann.Phys. 19 (1805), 220-235.

1805/i (Ü)
Cours de rhétorique et de belles-lettres, par Hugues BLAIR, traduit de l'anglais par M. P. Prevost, 4 Bde., Genève: Manget et Cherbuliez 1805.

1806/a
Quelques remarques suggérées par l'ouvrage de M. MALTHUS sur le Principe de population. Bib.Brit. Ser.Litt. 31 (1806), 23-55.

1806/b
Du mariage envisagé sous le rapport de la population, Ou exposé des principes de M. MALTHUS sur la contrainte morale. Arch.Litt. 9 (1806), 349-379; 10 (1806), 14-46, 342-375.

1806/c
Remarque préliminaire relative aux observations suivantes de M. le Prof. ODIER <loc.cit. 171-184>, qui ont été occasionées par un chapitre de l'ouvrage de M. MALTHUS sur le principe de population. Bib.Brit. Ser.Litt. 31 (1806), 165-171.

1806/d
Recherches historiques sur la population à différentes époques de l'existence sociale, Extraites de l'ouvrage de M. MALTHUS, sur le principe de population. Arch.Litt. 10 (1806), 342-375; 12 (1806), 187-215.

1806/e (Ü,R)
Philosophie de l'esprit humain. <Auszüge aus: Elements of the Philosophy of the Human Mind, by Dugald STEWART, London 1802, 2nd edition, one vol. in-8, 587 pages>. Bib.Brit. Ser.Litt. 31 (1806), 155-164; 32 (1806), 137-152, 409-433; 33 (1806), 3-16, 133-154, 271-287, 413-462.

1806/f (Ü,R)
Sur l'effet de la distribution des richesses; Extrait de l'ouvrage de Lord LAUDERDALE, sur la nature et l'origine de la richesse publique <An Inquiry into the Nature and Origin of the Public Wealth, etc., Edinburgh 1804, umfangreiche "Remarque du Traducteur", loc. cit. 304-309; vgl. 1804/n>. Bib.Brit. Ser.Litt. 33 (1806), 288-309.

1806/g
Poëtique. Remarque sur une phrase de JOHNSON relative à la versification anglaise. Bib.Brit. Ser.Litt. 32 (1806), 470-493.

1806/h (Ü,R)
Grammaire générale. <Auszüge von und Kommentar zu: An Essay on Punctuation (London 1785) und A Few Thoughts Upon Pointing (London 1763), mit Beispielen der Interpunktion LESAGEs>. Bib.Brit. Ser.Litt. 31 (1806), 378-393; 32 (1806), 56-72.

1806/i (Ü)
Lettre de Christoph Colomb au Roi d'Espagne. (Traduit de l'Anglois après l'ouvrage de M. LONG sur la Jamaïque). <anonym, Zuschreibung lt. BPU Mss. suppl. 1056>. Arch.Litt. 11 (1806), 408-414.

1806/j (Ü)
Quelques exemples remarquables de la finesse de l'odorat. (Extraits des Mémoires de l'Académie de Copenhague). <anonym, Zuschreibung lt. BPU Mss.suppl. 1056>. Arch.Litt. 12 (1806), 131-135.

1807/a
Remarque sur un raisonnement du Dr. Michel ARALDI, relatif à l'emploi des deux yeux pour bien juger de la distance des objets. Bib.Brit. Ser.Litt. 36 (1807), 3-13.

1807/b
Extrait d'un Mémoire intitulé Essai d'application de la théorie de l'équilibre mobile à divers phénomènes de la nature. (Lu le 25 octobre 1804). MARS Berlin 1804 (publ. 1807) Classe de phil. exp., 3-11.

1807/c
Petites remarques relatives à la langue et à l'orthographie. Arch.Litt. 13 (1807), 123-136.

1807/d
Exposé succinct d'une recherche expérimentale, relative à cette question: Tous les hommes ont-ils les mêmes sensations par les mêmes objets ? Arch.Litt. 13 (1807), 137-164.

1807/e
Des obstacles qu'éprouve la population en Afrique. (Ce morceau est extrait de l'ouvrage de M. MALTHUS, sur le principe de la population, qui nous a déjà fourni quelques autres). <Anonym, Zuschreibung lt. BPU Mss.suppl. 1056>. Arch.Litt. 14 (1807), 104-125.

1807/f
Esquisse du plan d'éducation tracé par Quintilien dans ses institutions oratoires. Arch.Litt. 15 (1807), 55-74, 143-168.

1807/g
Notice sur Jacques BRUCE. <Biographie des schottischen Afrikareisenden, anonym, Zuschreibung laut BPU Mss.suppl. 1056>. Arch.Litt. 13 (1807), 31-56.

1807/h (Ü)
Quelques traits de la description de Pétersbourg de H. STORCH. <Anonym, Zuschreibung lt. BPU Mss.suppl. 1056>. Arch.Litt. 13 (1807), 257-264.

1807/i (Ü)
Recherches géographiques ordonnées par le congrès des Etats-Unis d'Amérique. <Übers. des am 19. Februar 1806 vor dem Congress gelesenen Berichtes des Präsidenten JEFFERSON über die Resultate der von ihm angeordneten Exploration des Missouri; anonym, Zuschreibung lt. BPU Mss.suppl. 1056>. Arch.Litt. 13 (1807), 286-310.

1807/j (Ü)
Lettre du Capitaine CLARK à son frère, Saint-Louis, 23 septembre 1806. <Ergänzung zum vorst. Bericht; anonym, Zuschreibung lt. BPU Mss.suppl. 1056>. Arch.Litt. 13 (1807), 311-320.

1807/k
Quelques remarques occasionnées par celles de Mr. D. STEWART sur les songes. Bib.Brit. Ser.Litt. 34 (1807), 23-29.

1807/l (Ü)
Remarques générales de M. Dug. STEWART sur quelques sujets traités dans le Chapitre de l'Association des Idées. Bib.Brit. Ser.Litt. 34 (1807), 163-170.

1807/m
Reponse. <Antwort auf einen Brief von J.A. DELUC (fils) "sur le vers héroïque anglais", (loc. cit. 289-297)>. Bib.Brit. Ser.Litt. 34 (1807), 298-302.

1808/a
Note du Prof. Prevost sur les distances des Planètes. Bib.Brit. Ser.Sci.Arts 37 (1808), 146-160.

1808/b
Essai d'appréciation du mouvement du système solaire, qu'indiquent les mouvemens propres apparens de quelques étoiles. Bib.Brit. Ser.Sci.Arts 39 (1808), 197-210.

1808/c
Bévues littéraires. <anonym; Zuschreibung lt. BPU Mss.suppl. 1056 u. Mss.suppl. 1069>. Arch.Litt. 17 (1808), 52-70.

1808/d (Ü)
Elémens de la philosophie de l'esprit humain, par M. Dugald STEWART, professeur de philosophie morale à l'Université d'Edimbourg, de diverses Sociétés savantes, traduit de l'anglois par Pierre Prevost. 2 Bde., in-8. Paris, Genève: J.J. Paschoud 1808. <Übers. von Dugald STEWART (1753-1828): Elements of the Philosophy of Human Mind, 2nd ed., Edinburgh 1802; (Erstausgabe 1792)>.

1808/e (Ü)
Cours de rhétorique et de belles-lettres, par Hugues BLAIR. 4 Bde., in-8, Genève: Manget et Cherbuliez 1808. -BNP: 8° Oo 941-944; -BPU: Ha 94; ^{2}1821: S 1920.

1808/f
Lettre du Prof. Prevost aux Rédacteurs. <Korrigiert die Auffassung der Redakteure, die Erkenntnis, daß die Bevölkerung geometrisch, die Nahrungsmittelproduktion aber nur linear wachse, stamme von PALEY. Dieser habe sie vielmehr von MALTHUS entlehnt>. Bib.Brit. Ser.Litt. 38 (1808), 286-288.

1809/a
Du calorique rayonnant. Paris: J. Paschoud; Genève: chez le même Libraire 1809. 463 SS.

1809/b (Ü)
Essai sur le principe de population, ou Recherche de l'influence de ce principe sur le bonheur de l'espèce humaine dans les tems anciens et modernes, suivie de l'examen des moyens propres à adoucir les maux dont ce même principe est la cause, et du tableau des espérances que l'on peut concevoir à ce sujet. Par T.R. MALTHUS, maître-es-arts, associé du collège de Jésus de Cambridge, professeur d'histoire et d'économie politique au collège des Indes Orientales dans le Comté d'Hertford, traduit de l'Anglois par Pierre Prevost. 3 Bde., in-8. Paris, Genève: J.J. Paschoud 1809. (^{2}Genève 1819, ^{3}Genève 1823 in 4 Bdn.; ^{4}Genève 1830). Neuausgabe als: Essai sur le principe de population. Trad. par (Pierre) et (Guillaume) Prevost. Introd. par (Pellegrino) ROSSI. Notice par Ch/arles/ COMTE. Notes des traducteurs et de J/oseph/ GARNIER. -Paris: Guillaumin 1852. 8°, 687 SS. (Collections des principaux économistes, 7).

1809/c
Supplément à l'essai d'appréciation du mouvement du système solaire. <Korrigiert die Annahme, die Deklination habe keinen Einfluss auf die Parallaxe>. Bib.Brit. Ser.Sci.Arts 40 (1809), 22-29.

1811/a
Lettre du Prof. Prevost au Prof. PICTET sur le Météore du 15 mai (Genève 28 mai 1811). Bib.Brit. Ser.Sci.Arts 47 (1811), 110-111. Englisch in J.Nat.Phil. 30 (1811), 218-220.

1811/b
Mémoire sur la Transmission du calorique à travers l'eau et d'autres substances. (Lu à la Société de Physique et d'Histoire Naturelle de Genève, le 16 août 1810). J.Phys. 72 (1811), 168-186.

1811/c
Lettre de M. le Prof. Pierre Prevost au Prof. PICTET, l'un des Rédacteurs de ce Recueil, sur l'observation d'un Halo lunaire. Bib.Brit. Ser.Sci.Arts 46 (1811), 310-313.

1812/a
Recherche d'un méthode pour reconnoître l'influence de la pluie sur le baromètre. (Lu à la Société de Physique et d'Histoire Naturelle de Genève, le 5 juin 1806). Bib.Brit. Ser.Sci.Arts 50 (1812), 290-300.

1812/b
Mémoire sur les pronostics (!) barométriques, faisant suite à la recherche d'une méthode pour reconnoître l'influence de la pluie sur le baromètre. (Lu à la Société de Physique et d'Histoire Naturelle, le 16 juillet 1812). Bib.Brit. Ser.Sci.Arts 51 (1812), 17-30.

1812/c
Sur le rapport de la quantité d'eau produite par la pluie à la quantité dont baisse le baromètre. Bib.Brit. Ser.Sci.Arts 51 (1812), 214-220.

1812/d (Ü)
Voyage en Abyssinie, par Mr. Henry SALT. Traduit de l'anglois et extrait des voyages de Lord VALENTIA. Paris et Genève: J.J. Paschoud 1812. 2 Bde., in-8. -BNP 8° O^{3} e.6.

1813/a
Quelques remarques d'optique, par Pierre Prevost, lues à la Société de Physique et d'Histoire Naturelle de Genève, le 30 juillet 1812. Bib.Brit. Ser.Sci.Arts 53 (1813), 18-36.

1813/b
Quelques remarques relatives à la mésure et à la propagation de la lumière; adressées aux Rédacteurs par P. Prevost. Bib.Brit. Ser.Sci.Arts 54 (1813), 203-221.

1815/a
Some Remarks on the Theory of the Equilibrium of Radiant Heat, and on some Difficulties started against that Theory. Ann.Phil. 6 (1815), 379-385. (Vgl. 1816/a).

1815/b (Ü,R)
Philosophie de l'esprit humain. <Auszüge aus: Elements of the Philosophy of the Human Mind, by Dugald STEWART, vol. II, Edinburgh 1814>. Bib.Brit. Ser.Litt. 57 (1815), 141-149; 58 (1815), 23-55, 133-156, 249-286, 423-443; 59 (1815), 24-54, 139-159, 409-432.

1816/a
Quelques remarques sur la théorie de l'équilibre mobile, du calorique rayonnant et sur certaines difficultés élévées contre cette théorie. <d.i. 1815/a franz. + "note finale">. J.Phys. 82 (1816), 317-325.

1816/b
Note by Professor P. Prevost respecting Dew, in consequence of the Answer of Dr. WELLS inserted in no. 36 of the Annals of Philosophy. (Geneva 1815). Ann.Phil. 7 (1816), 71.

1816/c
Letter to Dr. WELLS respecting Dew, from Professor Prevost, of Geneva. (Geneva 30. 11. 1815). Ann.Phil. 7 (1816), 109-111.

1816/d
Quelques Réflexions sur la constitution physique des corps, adressées aux Rédacteurs de ce Recueil. Bib.Univ. Ser.Sci.Arts 2 (1816), 288-291.

1816/e
Lettre aux rédacteurs de la Bibliothèque universelle sur la notation numérique. Bib.Univ. Ser.Sci.Arts 3 (1816), 306-309.

1817/a
Remarques sur deux citations relatives à la théorie du rayonnement. Ann.Chim.Phys. 6 (1817), 412-417.

1817/b
Dialogue sur le prix des pommes de terre. Genève 1817, in-8, 8 SS. <Attribué par une note ms. au Prof. P. Prevost>. -BPU: P 152 III; Gf 567i4.

1818/a
Deux traités de Physique Mécanique, publiés par Pierre Prevost, comme simple éditeur du premier et comme auteur du second. in-8. Genève, Paris: J.J. Paschoud 1818, xliii + 352 SS. <Rez. in Bib.Univ. Ser.Sci.Arts 9 (1818), 3-25>.

1818/b
Discussion de quelques critiques. (Physique spéculative). Bib.Univ. Ser.Sci.Arts 9 (1818), 192-201.

1818/c
Notice de la vie et des écrits de Louis ODIER, Docteur et Professeur de Médecine, Correspondant de l'Institut de France, Membre de plusieurs Sociétés savantes. Paris, Genève: J.J. Paschoud 1818. in-8, 43 SS. -BPU: Na 52; Q 21eo.

1819/a
Extrait d'une lettre de M. Pierre Prevost à M. ARAGO sur les vents que l'on éprouve dans les orages. Ann.Chim.Phys. 11 (1819), 87-93.

1819/b
"LESAGE, Georges-Louis", in: Biographie Universelle, publiée par Louis Gabriel MICHAUD et François MICHAUD. (Paris 1813-1838), hier XXIV (1819), 277-281.

1820/a
Notice de la vie et des écrits de Bénédict Prevost. Paris, Genève: J.J. Paschoud 1820. in-8. 110 SS. -BPU: Gf 570 I.

1820/b
Sur l'inclinaison mutuelle des axes visuels. Ann.Chim.Phys. 14 (1820), 397-410.

1821/a
De l'effet du mouvement d'un plan réfringent sur la réfraction. MSPHN Genève 1 (1821), 25-32. Auch in: Ann.Chim.Phys. 16 (1821), 183-192.

1821/b
Mémoire sur les moyens d'améliorer l'éducation des jeunes gens, Genève 1821. <Auteur présumé>. -BPU: Br 374; Gf 567/100.

1822/a
Sur l'effet thermométrique d'un miroir concave dirigé vers la lune. (Lu à la Société de Physique et d'histoire Naturelle de Genève, le 20 décembre 1821). Bib.Univ. Ser.Sci.Arts 19 (1822), 35-37.

1822/b
Tentative faite dans le but de concilier deux principes fondamentaux de la théorie de l'électricité. Bib.Univ. Ser.Sci.Arts 21 (1822), 178-188.

1823/a
Note sur une analogie remarquée dans le système planétaire. Bib.Univ. Ser.Sci.Arts 24 (1823), 252-252; 25 (1824), 30.

1823/b (H)
Fragmens de lettres de divers savans contemporains de NEWTON, précédés d'une remarque sur quelques hypothèses de NEWTON lui-même. <Theorie der Gravitation; Publikation von Briefen von HUYGENS, Jakob BERNOULLI und LEIBNIZ an FATIO, aus dem Nachlass von LESAGE>. Bib.Univ. Ser.Sci.Arts 22 (1823), 245-258; 23 (1823), 3-11, 81-89.

1824/a
De quelques phénomènes dépendans de la radiation du calorique. (Lu à la Société de Physique et d'Histoire Naturelle de Genève, le 7 août 1823). MSPHN Genève 2.2 (1824), 161-199.

1824/b
Esquisse d'un cours d'optique élémentaire, adressé à des élèves de force inégale, et fréquemment répété pendant une trentaine d'années. Genève: J.J. Paschoud 1824. in-16, ii + 38 SS., Tafel. -BPU: Gf 3460h4.

1825/a
Tentative faite en vue d'expliquer certains phénomènes de physique mécanique par les principes communs et bien reconnus de cette science. Bib.Univ. Ser.Sci.Arts 30 (1825), 32-36.

1825/b
Lettre adressée aux rédacteurs sur le rapprochement de l'époque d'un orage à Londres et de celle où il a eu lieu à Genève. Bib.Univ. Ser.Sci.Arts 29 (1825), 319.

1826/a
Note occasionnée par celle de M. GAY-LUSSAC sur le calorique du vide. Ann.Chim.Phys. 31 (1826), 429-432.

1826/b
Note du Prof. P. Prevost sur l'influence magnétique du soleil. Bib.Univ. Ser.Sci.Arts 32 (1826), 19-24. Englisch in Edinb.Phil.J. 1 (1826), 289-291; sowie in Quart.J.Sci. 22 (1827), 196-197.

1826/c (H)
Mouvements produits par le contact mutuel de diverses substances, et explication de ces mouvements, par feu Bénédict Prevost, redigé par Pierre Prevost. (Lu à la Société de Physique et d'Histoire Naturelle le 20 avril et le 4 mai 1826). MSPHN Genève 3.2 (1826), 97-113.

1826/d (H)
Sur une apparence de décomposition de la lumière blanche par le mouvement du corps qui la réfléchit, par feu Bénédict Prevost; extrait de ses manuscrits par Pierre Prevost, professeur émérite. (Lu à la Société de Physique et d'Histoire Naturelle le 21 septembre 1826). MSPHN Genève 3.2 (1826), 121-129. Auch in Bib.Univ. Ser.Sci.Arts 35 (1827), 167-175.

1826/e
De l'influence que la dépression du sol peut avoir sur la gelée des plantes pendant la nuit. (Lu à la Société de Physique et d'Histoire Naturelle, le 21 juillet et le 18 août 1826). MSPHN Genève 3.2 (1826), 225-245. Auch in Bib.Univ. Ser.Sci.Arts 35 (1827), 284-305. Deutsch in Not.Nat.Heilk. 19 (1828), col. 33-42.

1827/a (H)
Mouvement apparent d'un petit corps très-voisin d'un plus grand (ou plus brillant), sur lequel l'oeil demeure fixé. (Note extraite des manuscrits de feu Bénédict Prevost, par M. P. Prevost, professeur à Genève). Ann.Chim.Phys. 36 (1827), 432-435.

1827/b
Note sur la vision extraordinaire de J.B. <Note relative au mémoire de G. HARVEY: Sur un cas de vision extraordinaire par rapport aux couleurs, loc.cit., S. 175-185>. Bib.Univ. Ser.Sci.Arts 35 (1827), 320-322.

1828/a (H)
Opinion de feu Bénédict Prevost sur la blancheur, extraite de ses manuscrits par M. le professeur Pierre Prevost. Ann.Chim.Phys. 37 (1828), 105-111. Auch in Bib.Univ. Ser.Sci.Arts 37 (1828), 305-311.

1828/b
Mémoire sur la constitution mécanique des fluides élastiques. Genève: Barbezat et Delarue 1828. in-4, 50 SS. -BPU: La 854; V 4192 (8); Broch. 916; P 152 I.

1828/c
Extrait d'un mémoire sur la constitution mécanique des fluides élastiques. Ann.Chim.Phys. 38 (1828), 41-49. Auch in Bib.Univ. Ser.Sci.Arts 38 (1828), 295-303.

1828/d
Discussion de quelques expériences relatives à l'influence de la densité sur la chaleur spécifique des gaz. (Lue à la Société de Physique et d'Histoire Naturelle de Genève, le 4 septembre 1828). MSPHN Genève 4 (1828), 255-264.

1828/e
Suite de la discussion de quelques expériences relatives à l'influence de la densité sur la chaleur spécifique des gaz. (Ce mémoire a été lu à la Société de Physique et d'Histoire Naturelle de Genève, le 20 août 1829). MSPHN Genève 4 (1828), 479-486.

1828/f
NOTE relative à l'influence de la densité sur la chaleur spécifique des gaz. Ann.Chim.Phys. 39 (1828), 194-197. Deutsch in Ann.Phys. 14 (1828), 595-597.

1828/g
Quelques rapprochemens relatifs au refroidissement d'un corps dans un gaz. (Lu à la Société de Physique et d'Histoire Naturelle de Genève, le 18 décembre 1828). MSPHN Genève 4 (1828), 265-280. <Auszugsweise in Ann.Chim.Phys. 40 (1829), 332-334; sowie deutsch in J.Chem.Phys. 55 (1829), 432-434>.

1829/a
Réponse de M. Prevost à M. P. HUBER-BURNAND (Genève 25 janvier 1829). Bib.Univ. Ser.Sci.Arts 40 (1829), 37-40.

1829/b
De l'effet de la légitimité sur le rapport des naissances de differens sexes. Bib.Univ. Ser.Sci.Arts 42 (1829), 139-163.

1829/c
Remarque sur le titre d'un ouvrage d'Apolonius de Perge. Bib.Univ. Ser.Sci.Arts 41 (1829), 170-171.

1830/a
Note sur la compression d'une source conclue de sa température. Bib.Univ. Ser.Sci.Arts 45 (1830), 64-66.

1830/b
Quelques remarques sur les bolides. (Lues à la Société de Physique et d'Histoire Naturelle de Genève, le 15 avril 1830). Ann.Chim.Phys. 43 (1830), 351-364.

1830/c
Note relative à la Chute des Grêlons. <Anm. zu D. OLMSTED: Sur les circonstances et les causes des orages de grêle, in Bib. Univ. août 1830; vergleicht Hagel mit Meteoriten>. Bib.Univ. Ser.Sci.Arts 45 (1830), 60-63.

1830/d
Note sur un Mémoire géographique de ROBERT. (Mém. de Berlin pour 1788 et 1789). Bib.Univ. Ser.Sci.Arts 43 (1830), 163-66.

1830/e
Note sur la Pierre Noire de La Mecque. <vermutet aufgrund der Schilderung von John-Lewis BURCKHARDT: Travels in Arabia (London 1829), es könne sich um einen Meteoriten handeln>. Bib.Univ. Ser.Sci.Arts 43 (1830), 116-120.

1831/a
Extrait d'une lettre du Prof. Prevost au Prof. G. MAURICE, sur quelques dénominations scientifiques. <Plädiert dafür, die "Pile de ZAMBONI" in "Pile de DELUC" umzubenennen>. Bib.Univ. Ser.Sci.Arts 47 (1831), 435-437.

1831/b
Extrait d'une lettre du professeur P. Prevost au professeur Auguste DE LA RIVE sur une invention télégraphique. Bib.Univ. Ser.Sci.Arts 48 (1831), 337-338.

1831/c (Ü)
On the Occurence, etc... Sur les restes d'éléphans et d'autres quadrupèdes, que l'on trouve dans les falaises de boue gelée, de la baie d'Eschscholtz, du détroit de Behring...par le Prof. BUCKLAND (Edinb.Rev. March 1831). Bib.Univ. Ser.Sci.Arts 47 (1831), 160-165.

1831/d
Note occasionnelle sur certaines aparences visuelles, lue à la Société de Physique et d'Histoire Naturelle le 19 mai 1831. Bib.Univ. Ser.Sci.Arts 47 (1831), 110-111.

1832/a
Exposition élémentaire des principes qui servent de base à la théorie de la chaleur rayonnante, faisant suite à l'ouvrage intitulé "Du calorique rayonnant". Genève: A. Cherbuliez 1832. in-8, 150 SS., 1 Tfl. -BPU: La 162; P 152 IV. <Auszüge in Bib.Univ. Ser.Sci.Arts 51 (1832), 243-258>.

1832/b
Description d'un arc dont le centre est inaccessible; extrait d'une lettre du Prof. Prevost au Prof. G. MAURICE. Bib.Univ. Ser.Sci.Arts 49 (1832), 98-101.

1832/c (H)
Expériences relatives à la transmission du calorique rayonnant par divers liquides; fragment d'une lettre de M. Macédoine MELLONI à M. P. Prevost. Bib.Univ. Ser.Sci.Arts 49 (1832), 337-340.

1832/d
Doublement d'un objet par un oeil unique. Ann.Chim.Phys. 51 (1832), 210-222.

1832/e
De quelques apparences visuelles sans objet extérieur. (Lu à la Société de Physique et d'Histoire Naturelle de Genève, le 16 décembre 1830). MSPHN Genève 5 (1832), 243-265.

1832/f
Remarque relative au magnétisme du globe terrestre. Bib.Univ. Ser.Sci.Arts 49 (1832), 371-377.

1833/a
Sur une tache dans le champ de la vue, qui est liée par quelques rapports avec la tache de MARIOTTE. (Lu à la Société de Physique et d'Histoire Naturelle, le 18 avril 1833). Bib.Univ. Ser.Sci.Arts 52 (1833), 337-349.

1833/b
Quelques notes biographiques sur le Dr. Thomas YOUNG. Bib.Univ. Ser.Sci.Arts 53 (1833), 39-69.

1833/c
Rudimens d'un dictionnaire égyptien /par Thomas YOUNG/. Bib.Univ. Ser.Litt. 53 (1833), 163-172.

1833/d
Quelques notes relatives au Docteur CORAY. Bib.Univ. Ser.Litt. 53 (1833), 329-344.

1833/e
Quelques documents relatifs aux établissemens mortuaires. Bib.Univ. Ser.Litt. 54 (1833), 106-108 u. 55 (1834), 223.

1834/a
Migration des papillons. (Lu le 17 avril 1834, à la Société de Physique et d'Histoire Naturelle de Genève). Bib.Univ. Ser.Sci.Arts 55 (1834), 385-387.

1834/b
Remarque relative à l'époque où on a proposé l'emploi des liquides dans la construction des objectifs des télescopes. Bib.Univ. Ser.Sci.Arts 55 (1834), 408-412.

1834/c
Quelques observations psychologiques sur le sommeil. <darin: Esquisse de la théorie de Dugald STEWART>. Bib.Univ. Ser.Litt. 55 (1834), 225-248.

1835/a
De l'influence du rayonnement sur la répartition de la chaleur solaire aux deux hémisphères de la terre. Ann.Chim.Phys. 60 (1835), 303-326.

1835/b
Quelques faits relatifs à l'influence mutuelle de l'esprit et du corps. Bib.Univ. Ser.Sci.Arts 58 (1835), 329-348. Deutsch in Not.Nat.Heilk. 45 (1835), 321-330.

1835/c
Sur une observation éthrioscopique (Lu à la Société de Physique et d'Histoire Naturelle de Genève, le 19 mars 1835). Bib.Univ. Ser.Sci.Arts 59 (1835), 1-13.

1836/a
Mémoire sur une apparence douteuse de mirage (Lu à la Société de Physique et d'Histoire Naturelle de Genève, le ?). MSPHN Genève 7 (1836), 223-248.

1836/b
Notes biographiques sur Dugald STEWART. Bib.Univ. N.S. 4 (1836), 238-269.

1838/a
Quelques remarques sur l'émission du calorique. Bib.Univ. N.S. 15 (1838), 350-355.

Sonstiges zitiertes Schrifttum

Hinweis: In Abkürzung zitierte Nachschlagewerke und Periodika sind unter "In Abkürzung zitierte Werke" (S. 454-458) aufgeführt!

ADICKES 1922 - Erich Adickes: Zur Lehre von der Wärme von Fr. Bacon bis Kant, in Kant-Studien 27 (1922), 328-368.

AEPINUS 1759/1979 - Franz Ulrich Theodor Aepinus: Tentamen Theoriae Electricitatis et Magnetismi, Petropolis (d.i. Petersburg) 1759. Engl. u.d.T.: Aepinus Essay on the Theory of Electricity and Magnetism, with introductory monograph and notes by Roderick W. Home, Princeton 1979.

AEPINUS 1759/1760 - Franz Ulrich Theodor Aepinus: Sermo academicus de similitudine vis electricae atque magneticae, Petropolis (d.i. Petersburg) 1759. - Deutsch u.d.T.: Akademische Rede von der Aehnlichkeit der elektrischen und magnetischen Kraft, Leipzig 1760.

AGASSI 1979 - Joseph Agassi: The Ideological Import of Newton, in Vistas in Astronomy 22 (1979), 419-430.

AINGER 1830 - /Thomas?/ Ainger: On the Theory of the Radiation of Heat, in Quart.J.Sci. N.S. 7 (1830), 378-383.

AIRY 1826/²1831 - George Biddell Airy: Mathematical tracts on the lunar and planetary theories, the figure of the earth, precession and nutation, the calculus of variations, and the undulatory theory of optics, Cambridge 1826, ²London 1831.

ALBURY 1972 - William Randall Albury: The Logic of Condillac and the Structure of French Chemical and Biological Theory, 1780-1801, Baltimore 1972.

ANGSTRÖM 1855 - Anders Jonas Angström: Optische Untersuchungen, in Ann.Phys. 170 (1855), 141-165.

ANONYMUS 1802 - On the reflection of obscure heat, in J.Nat.Phil. 3 (1802), 223.

ANONYMUS 1818 - "Physique Spéculative", in Bib.Univ. Ser.Sci.Arts 9 (1818), 3-25.

ARAGO Oeuvres/Werke - Oeuvres complètes de François Arago (...) publiés d'après son ordre sous la direction de J.-A. Barral, 13 Bde., Paris 1854-1862. - Deutsch u.d.T.: Franz Arago's sämmtliche Werke, hrsg. von W.G. Hankel, 16 Bde., Leipzig 1854-1860.

ARAGO/PETIT 1816 - François Arago; Alexis Thérèse Petit: Sur les puissances réfractives et dispersives de certains liquides et des vapeurs qu'ils forment, in Ann.Chim.Phys. 1 (1816), 1-9.

ARISTOTELES - Meteorologica. Deutsch u.d.T.: Meteorologie. Paderborn 1955. (Die Lehrschriften, hrsg., übertragen und in ihrer Entstehung erläutert von Dr. Paul Gohlke, Band 7).

BACHELARD 1938/1978 - Gaston Bachelard: La formation de l'esprit scientifique. Contribution à une psychanalyse de la connaissance objective, Paris 1938. - Deutsch u.d.T.: Die Bildung des wissenschaftlichen Geistes, Frankfurt 1978.

BALL 1889 - Walter William Rouse Ball: A History of the Study of Mathematics at Cambridge, Cambridge 1889.

BALMER 1956 - Heinz Balmer: Beiträge zur Geschichte der Erkenntnis des Erdmagnetismus, Aarau 1956.

BANCROFT 1794/²1813 - Edward Bancroft: Experimental Researches concerning the Philosophy of Permanent Colours, 2 Bde., London 1794, ²London 1813.

BARNES 1938 - Annie Barnes: Jean Leclerc (1657-1736) et la république des lettres, Genève 1938.

BARTHOLMESS 1850-1851 - Christian Bartholmess: Histoire philosophique de l'Académie de Prusse depuis Leibniz jusqu'à Schelling particulièrement sous Frédéric-le-Grand, 2 Bde., Paris 1850-1851.

BELLONE 1976/1980 - Enrico Bellone: Il mondo di carta. Ricerche sulla seconda rivoluzione scientifica, Milano 1976. - Engl. u.d.T.: A World on Paper. Studies on the Second Scientific Revolution, Cambridge (Mass.) 1980.

BENGUIGUI 1984 - Isaac Benguigui: Théories électriques du XVIIIe siècle. La correspondance Nollet-Jallabert, Genève 1984.

BERARD 1817 - Jacques-Etienne Berard: Mémoire sur les propriétés des différentes espèces de rayons qu'on peut séparer au moyen du prisme de la lumière solaire (Lu à l'Institut le 21 décembre 1812), in Mem.Soc.Arc. 3 (1817), 5-47.

BERGMANN 1783/1785 - Tobern Olof Bergman: Disquisitio de attractionibus electivis, Upsala 1783. - Engl. u.d.T.: A Dissertation on Elective Attractions, transl. from the Latin language by Thomas Beddoes, London 1785 (Reprint, with a new introduction by A.M. Duncan, London 1970).

BERNOULLI, D. 1738 - Daniel Bernoulli: Hydrodynamica sive de viribus et motibus fluidorum commentarii, Argentorati (d.i. Straßburg) 1738.

BERNOULLI, D. 1752 - Daniel et Jean Bernoulli: Nouveaux Principes de Méchanique et de Physique tendans à expliquer la Nature et les Propriétés de l'Aiman, Pour concourir au Prix de l'année 1746, in Recueil 5 (1741-1744; publ. 1752) T. 3, 117-144.

BERNOULLI, D. 1770 - Daniel Bernoulli: Examen physico-mechanicum de motu mixto qui laminis elasticis a percussione simul imprimitur, in Novi Commentarii Academiae Scientiarum Imperialis Petropolitanae 15 (1770), 361 ff.

BERNOULLI, J. 1752 - Johann Bernoulli: Essai d'une nouvelle physique céleste, servant à expliquer les principaux phénomènes du ciel, et en particulier la cause physique de l'inclinaison des orbites des planètes par rapport au plan de l'équateur du soleil, in Recueil 3 (1734-1737; publ. 1752), T. 1, 1-91.

BERNSTEIN 1963 - Henry T. Bernstein: J.Clerk Maxwell on the History of the Kinetic Theory of Gases, 1871, in Isis 54 (1963), 206-216.

BERTHOLLET 1802 - Claude Louis Berthollet: Observations sur les effets comparatifs de la lumière et de la chaleur par le C/itoyen/ Berthollet, in Bull.Soc.Philom. n° 65 (thermidor, an X /Juli-August 1802/), S. 133.

BERTHOLLET 1803 - Claude Louis Berthollet: Essai de statique chimique, 2 Bde., Paris 1803 (Reprint Bruxelles 1968).

BERTIER 1764/²1770 - R.P. Joseph-Etienne Bertier: Principes physique pour servir de suite aux principes mathématiques de Newton, 3 Bde., Paris 1764. - 4 Bde., ²Paris 1770.

BERTIER 1771/²1781 - R.P. Joseph-Etienne Bertier: Principes physiques, dans lesquels la Nature, consultée par des Expériences nouvelles, décide des questions qui partageoient tous les Physiciens modernes. Paris 1771. ²Paris 1781.

BICKERTON 1972 - David Bickerton: A Scientific and Literary Periodical: The Bibliothèque Britannique (1796-1815), its Foundation and Early Development, in Revue de Littérature Comparée 46 (1972), 527-547.

BICKERTON 1979 - David Bickerton: Marc-Auguste and Charles Pictet, the Bibliothèque Britannique (1796-1815) and the dissemination of British science and literature on the Continent, unpublished PhD thesis, Univ. of Leeds 1979 <BPU X 2987 Prêt exclu>.

BIOT 1812 - Jean Baptiste Biot: Mémoire sur un nouveau genre d'oscillations que les molécules de la lumière éprouvent en traversant certains cristaux, in Mém.Inst. 1812 (Prem.Partie), 1-371.

BIOT 1813 - Jean Baptiste Biot: Mémoire sur plusieurs propriétés physiques nouvellement découvertes dans les molécules de la lumière, in J.Phys. 76 (1813), 129-139.

BIOT 1815 - Jean Baptiste Biot: Examen comparé de l'intensité d'action que la force répulsive extraordinaire du spath d'Islande exerce sur les molécules lumineuses de diverses couleurs (Lu à la Société d'Arcueil le 7 novembre 1813), in Ann.Chim.Phys. 94 (1815), 281-296; Nachdruck in Mém.Soc.Arc. 3 (1817), 371-384.

BIOT 1816 - Jean Baptiste Biot: Traité de physique expérimentale et mathématique, 4 Bde., Paris 1816.

BIOT 1817/1819 - Jean Baptiste Biot: Précis élémentaire de physique expérimentale. Ouvrage destiné à l'enseignement publique, 2 Bde., Paris 1817. - Deutsch i.d. Übers. von Friedrich Wolff als Anfangsgründe der Erfahrungs-Naturlehre, 2 Bde., Berlin 1819.

BIOT/BERTHOLLET/CHAPTAL 1813/1818 - Jean Baptiste Biot; Claude Louis Berthollet; Jean Antoine Claude Chaptal: Rapport sur un Mémoire de M. Bérard relatif aux propriétés physiques et chimiques des divers rayons qui composent la lumière solaire, in Ann.Chim. 85 (1813), 309-325. Dieser Bericht erschien mit erheblicher Verzögerung auch in Quart.J.Sci. 5 (1818), 77-81.

BIRCH 1744/1772 - Thomas Birch: The Life of the Honourable Robert Boyle, in The Works of the Honourable Robert Boyle, ed. by Thomas Birch, London 1744 (New Ed., 6 Bde., London 1772, I, S. cxi-cxvii).

BLUMTRITT 1986 - Oskar Blumtritt: Zur Genese der elektromagnetischen Feldtheorie. Eine wissenschaftshistorische Studie zur Entstehung der Maxwellschen Gleichungen, Hildesheim 1986.

BOAS-HALL 1979 - Marie Boas-Hall: Newton and his theory of matter in the eighteenth century, in Vistas in Astronomy 22 (1979), 453-459.

BORGEAUD - Charles Borgeaud: Histoire de l'Université de Genève. 3 Bde. Genève 1900-1934.

BOSCOVIC 1766 - Dissertatio de lumine, auctore P. Rogerio Josepho Boscovich S.J., Vindobonae 1766. - Neuausgabe zweier Teile (Pars prima: De phaenomenis; Pars secunda: De Causis), die bereits 1748 in Rom separat publiziert worden waren).

BOSCOVIC 1763/1966 - Philosophiae naturalis Theoria reducta ad unicam legem virium in natura existentium, auctore P. Rogerio Josepho Boscovich, Venetiae 1763. - Engl. u.d.T.: A Theory of Natural Philosophy, put forward and explained by Roger Joseph Boscovich, S.J. Engl. edition from the text of the first Venetian edition published under the personal superintendence of the author in 1763, by J.M. Child, Cambridge (Mass.) 1966.

BOUGUER 1726 - /Bericht o.T. über Pierre Bouguer: Comparaison de la force de la lumière du soleil, de la lune et des plusieurs chandelles/, in HARS Paris 1726 (publ. 1753), 11-13.

BOUGUER 1729 - Pierre Bouguer: Essai d'optique sur la gradation de la lumière, Paris 1729.

BOUGUER 1749 - Pierre Bouguer: La figure de la terre, déterminée par les observations de Messieurs De la Condamine et Bouguer, de l'Académie Royale des Sciences, envoyés par ordre du Roy au Pérou pour observer aux environs de l'équateur..., Paris 1749.

BOYLE Works - Robert Boyle: The Works of the Honourable Robert Boyle, ed. Thomas Birch, London 1744 (New Edition, 6 Bde., London 1772).

BRAUN 1984 - Rudolf Braun: Das ausgehende Ancien Régime in der Schweiz. Aufriß einer Sozial- und Wirtschaftsgeschichte des 18. Jahrhunderts. Göttingen 1984.

BREWSTER 1820 - David Brewster : Account of M. Fresnel's discoveries respecting the inflexion of light, in Edinb.Phil.J. 2 (1820), 150-153.

BREWSTER 1855 - David Brewster: Memoirs of the Life, Writings, and Discoveries of Sir Isaac Newton, 2 Bde., Edinburgh 1855.

BROUGHAM 1796 - Henry Peter Brougham: Experiments and Observations on the Inflection, Reflection, and Colours of Light, in Phil.Trans. London 86 (1796), 227-277.

BROUGHAM 1797 - Henry Peter Brougham: Farther Experiments and Observations on the Affections and Properties of Light, in Phil.Trans. London 87 (1797), 352-385.

BROUGHAM 1835 - Henry Peter Brougham: A Discourse of Natural Theology, showing the Nature of the Evidence and the Advantages of the Study, London 1835.

BROUGHAM 1839 - Henry Peter Brougham: Dissertations on Subjects of Science connected with Natural Theology, Being the concluding Volumes of the New Edition of Paley's Work, 2 Bde., London 1839.

BROUGHAM 1855 - Henry Peter Brougham: Analytical View of Sir Isaac Newton's Principia, Edinburgh 1855 (Reprint New York 1972).

BROWN, S. 1949 - Sanborn C. Brown: Count Rumford and the caloric theory of heat, in Proceedings of the American Philosophical Society 93 (1949), 316-325.

BROWN, S. 1952 - Sanborn C. Brown: Count Rumford's concept of heat, in American Journal of Physics 20 (1952), 331-334.

BROWN, S. 1954 - Sanborn C. Brown: Discovery of the differential thermometer, in American Journal of Physics 22 (1954), 13-17.

BROWN, S. 1979/²1981 - Sanborn C. Brown: Benjamin Thompson Count Rumford, Cambridge (Mass.) 1979, ²1981.

BROWN, T. 1822/²1824/¹⁵1845 - Thomas Brown: Lectures on the Philosophy of the Human Mind, 4 Bde., Edinburgh 1822, ²Edinburgh 1824, ¹⁵London 1845.

BRUGMANS 1784 - Anton Brugmans: Philosophische Versuche über die magnetische Materie, und deren Wirkung in Eisen und Magnet. Aus d. Lateinischen übersetzt u. mit Anmerkungen und Zusätzen des Herrn Verfassers vermehrt, hrsg. v. Christian Gotthold Eschenbach, Leipzig 1784.

BRUSH 1957 - Stephen G. Brush: The development of the kinetic theory of gases, II: Waterston, in Ann.Sci. 13 (1957), 273-282.

BRUSH 1961 - Stephen G. Brush: John James Waterston and the kinetic theory of gases, in American Scientist 49 (1961), 202-214.

BRUSH 1970 - Stephen G. Brush: The wave theory of heat: A forgotten stage in the transition from the caloric theory to thermodynamics, in Brit.J.Hist.Sci. 5 (1970), 145-167.

BRUSH 1976 - Stephen G. Brush: The kind of motion we call heat. A history of the kinetic theory of gases in the 19th century, 2 Bde., I: Physics and the Atomists; II: Statistical Physics and Irreversible Processes. Amsterdam, New York, Oxford 1976.

BUFFON 1774 - Georges Louis Leclerc Comte de Buffon: Histoire naturelle, générale et particulière, Bd. VI: Introduction à l'histoire des Minéraux, Paris 1774.

CAMPBELL/GARNETT 1969 - Lewis Campbell u. William Garnett: The Life of James Clerk Maxwell. With a New Preface and Appendix (...), ed. by R.H. Kargon, New York u.a. 1969.

CANDAUX 1974 - Jean-Daniel Candaux: L'Histoire de la famille Pictet, 2 Bde., Genève 1974 <hors commerce>.

CANDOLLE 1839 - Augustin-Pyramus de Candolle: Notice sur M. Pierre Prevost, in Bib.Univ. N.S. 20 (1839), 296-306.

CANDOLLE 1862 - Augustin-Pyramus de Candolle: Mémoires et souvenirs (...) écrits par lui-même et publiés par son fils (Alphonse), Genève, Paris 1862.

CANDOLLE 1911 - Alphonse de Candolle: Zur Geschichte der Wissenschaften und der Gelehrten seit zwei Jahrhunderten, Leipzig 1911.

CANTOR 1971 - Geoffroy N. Cantor: Henry Brougham and the Scottish Methodological Tradition, in Studies in History and Philosophy of Science 2 (1971), 69-89.

CANTOR 1975 - Geoffroy N. Cantor: The Reception of the Wave Theory of Light in Britain: A Case Study Illustrating the Role of Methodology in Scientific Debate, in HSPS 6 (1975), 109-132.

CANTOR 1983 - Geoffroy N. Cantor: Optics after Newton. Theories of Light in Britain and Ireland 1704-1840, Manchester 1983.

CARDWELL 1971 - Donald Stephen Lowell Cardwell: From Watt to Clausius. The rise of thermodynamics in the early industrial age, London 1971.

CARDWELL ^{2}1972 - Donald Stephen Lowell Cardwell: The Organisation of Science in England, ^{2}London 1972.

CHERBULIEZ 1839 - André Cherbuliez: Discours sur la vie et les travaux de feu Pierre Prevost. Prononcé à Genève, à la Cérémonie des Promotions, le 12 Août 1839. -Genève: Ramboz 1839.

CHERBULIEZ 1871 - Dr. Cherbuliez: Geschichtliche Mittheilungen aus dem Gebiete der mechanischen Wärmetheorie, in Mittheilungen der Naturforschenden Gesellschaft zu Bern 1871, 291-324.

CLAUSIUS 1857 - Rudolf J.E. Clausius: Ueber die Art der Bewegung, welche wir Wärme nennen, in Ann.Phys. 100 (1857), 353-380. - Engl. u.d.T.: The kind of motion we call heat, in Phil.Mag. (Ser. 4) 14 (1857), 108-127.

CLAUSIUS 1858 - Rudolf J.E. Clausius: Ueber die mittlere Länge der Wege, welche bei der Molecularbewegung gasförmiger Körper von den einzelnen Molecülen zurückgelegt werden, nebst einigen anderen Bemerkungen über die mechanische Wärmetheorie, in Ann.Phys. 105 (1858), 239-258. Erschien im Februar 1859 engl. u.d.T.: On the Mean Length of Paths described by separate Molecules of gaseous Bodies, in Phil.Mag. 17 (1859), 81-91.

CLAUSIUS 1862 - Rudolf J.E. Clausius: Ueber die Wärmeleitung gasförmiger Körper, in Ann.Phys. 115 (1862), 1-56. Engl. u.d.T.: On the Conduction of Heat by Gases, in Phil.Mag. (Ser. 4) 23 (1862), 417-435; 512-534.

CODASTEFANO/SCHETTINO 1984 - Paolo Codastefano; Edvige Schettino: Il modo di sperimentare di un grande fisico italiano dell'ottocento: Macedonio Melloni. Ricostruzione delle classiche esperienze sul calore raggiante, in Physis 26 (1984), 271-301.

CODDINGTON 1823 - Henry Coddington: An Elementary Treatise on Optics, Cambridge 1823.

COHEN 1966 - I. Bernhard Cohen: Hypotheses in Newton's philosophy, in Physis 8 (1966), 163-184.

COHEN 1982 - I. Bernhard Cohen: The Thrice-Revealed Newton, in: Editing texts in the history of science and medicine, ed. by Trevor H. Levere, New York 1982, S. 117-184.

COMPAN 1902 - Paul Compan: Essai sur le pouvoir refroidissant de l'air et sur les lois du rayonnement, Montpellier 1902.

COMTE 1830-1842/1975 - Auguste Comte: Cours de philosophie positive, 6 Bde., Paris 1830-1842 (Nouv. éd., avec présentation et notes par M. Serres, F. Dagognet et A. Sinaceur, 2 Bde., Paris 1975).

CONDILLAC 1780 - Etienne Bonnot de Condillac: La logique, ou les premiers développemens de l'art de penser, Paris 1780.

CORIOLIS 1829 - Gaspard Gustave de Coriolis: Du calcul de l'effet des machines, ou considérations sur l'emploi des moteurs et sur leur évaluation pour servir d'introduction à l'étude spéciale des machines, Paris 1829.

CORNELL 1938 - E.S. Cornell: The radiant heat spectrum from Herschel to Melloni, Part I: The work of Herschel and his contemporaries, in Ann.Sci. 3 (1938), 119-137.

CORNUAUD 1912 - /Isaac Cornuaud/: Mémoires de Isaac Cornuaud sur Genève et la Révolution de 1770 à 1795, publiés avec notice biographique, notes et table des noms par Mlle. Emilie Cherbuliez, précédés d'une introduction de Gaspard Vallette. Genève: Jullien 1912.

COSTABEL 1963 - Pierre Costabel: La Correspondance Le Sage-Boscovich, in Atti del Symposium Internazionale Celebrativo del 250° Anniversario della Nascita di R.G. Boscovich, Milano 1963, 205-216.

COULOMB 1787 - Charles Augustin Coulomb: Recherches théoriques et expérimentales sur la force de torsion et sur l'élasticité des fils de métal, in MARS Paris 1784 (publ. 1787), 229-269.

COULOMB 1788 - Charles Augustin Coulomb: Sur l'électricité et le magnétisme, deuxième mémoire, où l'on détermine suivant quelles lois le fluide magnétique ainsi que le fluide électrique agissent soit par répulsion, soit par attraction, in MARS Paris 1785 (publ. 1788), 578-611.

CROSLAND 1967 - Maurice Crosland: The Society of Arcueil. A View of French Science at the Time of Napoleon I., London 1967.

CROSLAND/SMITH 1978 - Maurice Crosland; Crosbie Smith: The Transmission of Physics from France to Britain: 1800-1840, in HSPS 9 (1978), 1-61.

D'ALEMBERT 1751/1911 - Jean le Rond D'Alembert: Discours préliminaire de l'Encyclopédie (1751), hrsg. von H. Wieleitner, Heidelberg 1911.

D'ALEMBERT Oeuvres - Jean le Rond D'Alembert: Oeuvres, publiées par A. Belin, 5 Bde., Paris 1821-1822 (Reprint u.d.T.: Oeuvres complètes de D'Alembert, Genève 1967).

DANZER 1969 - Klaus Danzer: Zur historischen Entwicklung der Emissionsspektralanalyse, in NTM 6 (1969), Heft 2, 13-26.

DAUJAT 1945 - Jean Daujat: Origine et formation de la théorie des phénomènes électriques et magnétiques, 3 Bde., Paris 1945.

DAVENPORT 1815 - Richard Davenport: Observations on the Objections that have been made to Mr. Prevost's Explanation of the Effect produced by a Mass of Ice on a Thermometer in the Focus of a Reflecting Mirror, in Ann.Phil. 5 (1815), 338-345.

DAVENPORT 1816 - Richard Davenport: Answer to Dr. Murray's Objection to Prevost's Theory of Radiant Heat, in Ann.Phil. 7 (1816), 302-303.

DAVIE 1961/³1981 - George Elder Davie: The Democratic Intellect, Scotland and Her Universities in the Nineteenth Century, Edinburgh 1961, ³Edinburgh 1981.

DELAROCHE 1812 - François Delaroche: Observations sur le calorique rayonnant (Lues à l'Institut le 3 juin 1811), in J.Phys. 75 (1812), 201-228. Zusammenf. engl. in Ann.Phil. 2 (1813), 100-102.

DELUC Lettres - Jean André Deluc: Lettres physiques et morales sur les montagnes, et sur l'histoire de la terre et de l'homme, 6 Bde., La Haye 1778-1780.

DELUC 1790/a/b - Jean-André Deluc: a) Sixième lettre de M. Deluc à M. De la Métherie sur les rapports qui régnent entre la lumière et le feu, in Observ.Phys. 37 (1790), 54-71; b) Septième lettre de M. De Luc à M. De la Métherie sur les difficultés de la Météorologie et ses rapports avec la Géologie, ebd., 120-138.

DELUC 1793/a/b/c - Jean-André Deluc: a) Vingt-neuvième Lettre (Sur la gravité), in Observ.Phys. 42 (1793), 88-103; b) Trentième Lettre (Sur la cohésion et les Affinités), Observ.Phys. 42 (1793), 218-237; c) Trente-et-unième Lettre (Sur les Fluides Expansibles), in Observ.Phys. 43 (1793), 20-38.

DERODON 1662/a/b - David Derodon: a) Disputatio de libertate, Genevae 1662. - b) Disputatio de Atomis, Authore D.Davide Derodone, Professore Philosophiae in Collegio Regio Nemansensi (d.i. Nîmes), Edit. altera auctior et locupletior, Genevae 1662.

DESAGULIERS 1734-1744 - Jean Théophile Desaguliers: A Course of Experimental Philosophy, 2 Bde., London 1734-1744.

DESAGULIERS 1739 - Jean Théophile Desaguliers: Some Thoughts and Conjectures Concerning the Cause of Electricity, in Phil.Trans. London 41 (1739), 175-185.

DESHUSSES 1957 - Jean Deshusses: Notes sur l'histoire prélavoisienne à Genève. La thèse de Jean-Louis Gallatin (1751-1783), in Bulletin de l'Institut national genevois 59 (1957), 85-88.

DESHUSSES 1961 - Jean Deshusses: Le physicien Marc-Auguste Pictet et l'adoption de la doctrine chimique de Lavoisier par les savants genevois, in Bulletin de l'Institut national genevois 61 (1961), 100-112.

D'HAUSSONVILLE 1882 - Vicomte D'Haussonville: Le salon de Mme. Necker d'après des documents tirés des archives de Coppet, 2 Bde., Paris 1882.

DIDEROT 1754/1971 - Denis Diderot: De l'interprétation de la nature (1754), publié par Jean Varloot, Paris 1971.

DIJKSTERHUIS 1956 - Eduard Jan Dijksterhuis: Die Mechanisierung des Weltbildes, Berlin u.a. 1956 (Reprint ebd. 1983).

DUBBEY 1963 - John M. Dubbey: The introduction of the differential notation to Great Britain, in Ann.Sci. 19 (1963), 37-48.

DUHEM 1906/1908 - Pierre Duhem: La théorie physique, son objet et sa structure, Paris 1906. - Deutsch u.d.T.: Ziel und Struktur physikalischer Theorien, Autoris. Übers. von Dr. Friedrich Adler, m. einem Vorw. von Ernst Mach, Leipzig 1908.

DULONG 1817 - Pierre Louis Dulong: Essai sur la rosée et sur divers phénomènes qui ont des rapports avec elle, in Journal des savants 1817, 515-524.

DULONG/PETIT 1818 - Pierre Louis Dulong; Alexis Thérèse Petit: Des recherches sur la mesure des températures et sur les lois de la communi-cation de la chaleur, in Ann.Chim.Phys. 7 (1818), 113-154; 225-264; 337-367.

ELKANA 1971 - Yehuda Elkana: Newtonianism in the Eighteenth Century, in Brit.J.Phil.Sci. 22 (1971), 297-306.

ELLIS 1871 - George Edward Ellis: Memoir of Sir Benjamin Thompson, Count Rumford, with Notices of His Daughter, Boston 1871.

EMMETT 1827 - J.B. Emmett: On the Physical Construction of Solids and Liquids, in Phil.Mag. (Ser. 3) 1 (1827), 411-414.

ENGLEFIELD 1805 - Henry C. Englefield: Concerning the original inventors of certain philosophical discoveries: The reflection of cold, etc., in J.Nat.Phil. 10 (1805), 1-4.

ERXLEBEN [6]1794 - Johann Christian Polycarp Erxleben: Anfangsgründe der Naturlehre, [6]Göttingen 1794.

EULER 1752 - Leonhard Euler: Recherches sur l'origine des forces, in MARS Berlin 1750 (publ. 1752), 419-447. (Opera Omnia, Ser. 2, V, 109-131).

EULER 1768 - Leonhard Euler: Lettres à une Princesse d'Allemagne, 3 Bde., Berlin 1768-1772 (Opera Omnia, Ser. 3, XI + XII).

EULER Opera - Leonhardi Euleri Opera omnia. Sub auspiciis Societatis scientiarum naturalium Helveticae. Edenda curaverunt Ferdinand Rudio, Adolf Krazer, Paul Stäckel et al. Ser. 1: Opera mathematica, 29 Bde. Ser. 2: Opera mechanica et astronomica, 31 Bde. Ser. 3: Opera physica. Miscellanea. Epistolae, 12 Bde. Lipsiae, Berolini, Turici, Bernae, Genevae (d.s. Leipzig, Berlin, Zürich, Bern u. Genf) 1911 ff.

EVANS/POPP 1985 - James Evans; Brian Popp: Pictet's experiment: The apparent radiation and reflection of cold, in American Journal of Physics 53 (1985), 737-753.

FISCHER 1800 - Johann Carl Fischer: Physikalisches Wörterbuch, Bd. III, Göttingen 1800.

FISCHER 1805/1806/³1819 - Ernst Gottfried Fischer: Lehrbuch der mechanischen Naturlehre, 2 Bde., Berlin 1805. - Franz. Übers. u.d.T.: Physique méchanique, traduite de l'allemand par M. Biot, Paris 1806, ³1819.

FISCHER 1985 - Joachim Fischer: Napoleon und die Naturwissenschaften, Habilitations-Schrift, München 1986.

FÖRSTER 1892 - Max Förster: Beiträge zur Kenntnis des Charakters und der Philosophie d'Alemberts, Jena 1892.

FORBES 1833 - Abstract of the principal Demonstrations of M. Fourier, relative to the Mathematical Law of the Radiation of Heat. By Baron Maurice (...), Translated by James D. Forbes, in Phil.Mag. (Ser. 3) 2 (1833), 103-110.

FORBES 1834 - Account of some Recent Experiments on Radiant Heat, by M. Melloni. Communicated by Professor Forbes, in Rep.Brit.Assoc. 3 (1833, publ. 1834), 381-384.

FORBES 1836/a/b - James David Forbes: a) On the Refraction and Polarization of Heat (Read 5th and 19th January 1835), in Trans.Roy.Soc. Edinb. 13 (1836), 131-168. b) Researches on Heat, Second Series (Read 2nd May 1836), in Trans.Roy.Soc. Edinb. 13 (1836), 446-471.

FORBES 1836/c - James David Forbes: Note respecting the Undulatory Theory of Heat, and on the Circular Polarization of Heat by Total Reflection, in Phil.Mag. (Ser. 3) 8 (1836), 246-249.

FORBES 1840 - James David Forbes: Researches on Heat, Third Series (Read 16th April 1838), in Trans.Roy.Soc. Edinb. 14 (1840), 176-207.

FORBES 1858 - James David Forbes: The History of Science; and some of Its Lessons, in Fraser's Magazine for Town and Country 57 (1858), 292.

FOUCAULT 1849 - Léon Foucault: Note sur la lumière de l'arc voltaique, in L'Institut 17 (1849), no. 788 (7 février 1849), 45. - Teilabdr. in Ann.Chim.Phys. (Ser. 3) 58 (1860), 476-478.

FOURIER 1824 - Joseph Fourier: Théorie du mouvement de la chaleur dans les corps solides, Première Partie, in MARS Paris N.S. 4 (1819/1820, publ. 1824), 185-555. (Nicht in den Oeuvres).

FOURIER 1826 - Joseph Fourier: Théorie du mouvement de la chaleur dans les corps solides, Seconde Partie, in MARS Paris N.S. 5 (1821/1822, publ. 1826), 153-246 (Oeuvres, II, S. 3-96).

FOURIER Oeuvres - Joseph Fourier: Oeuvres. Publiées par les soins de Gaston Darboux, 2 Bde., Paris 1888-1890.

FOX 1971 - Robert Fox: The caloric theory of gases. From Lavoisier to Regnault, Oxford 1971.

FOX 1974 - Robert Fox: The Rise and Fall of Laplacian Physics, in HSPS 4 (1974), 89-136.

FOX 1979 - Robert Fox: The science of fire: J.H. Lambert and the study of heat, in Colloque international Jean-Henri Lambert (1728-1777), Paris 1979, 325-342.

FRANKEL 1972 - Eugene Frankel: Jean-Baptiste Biot. The Career of a Physicist in Nineteenth Century France. Dissertation, Princeton 1972.

FRANKEL 1977 - Eugene Frankel: J.B. Biot and the Mathematization of Experimental Physics in Napoleonic France, in HSPS 8 (1977), 33-72.

FRANQUEVILLE 1895-1896 - Comte A. Ch. de Franqueville: Le premier siècle de l'Institut de France, 2 Bde., Paris 1895-1896.

FRESHFIELD 1924 - Douglas W. Freshfield: Horace-Bénédict de Saussure, Ouvrage traduit de l'anglais par Louise Plan, Genève 1924.

FRESNEL 1816 - Augustin Jean Fresnel: Mémoire sur la diffraction de la lumière, où l'on examine particulièrement le phénomène des franges colorées que présentent les ombres des corps éclairés par un point lumineux, in Ann.Chim.Phys. 1 (1816), 239-281.

FRESNEL 1827-1829 - Augustin Jean Fresnel: Elementary view of an undulatory theory of light. From the suppl. to the translation of Thomson's Chemistry transl. by T. Young, in Quart.J.Sci. 23 (1827), 127-141, 441-454; 24 (1828), 113-135, 431-448; 25 (1828), 198-215, 26 (1829), 168-191, 389-407; 27 (1829), 159-165.

FRESNEL Oeuvres - Oeuvres complètes de J.A. Fresnel, publiées par H. de Sénarmont, Emile Verdet et Léonor Fresnel, 3 Bde., Paris 1866-1870.

FRIEDMAN 1977 - Robert Marc Friedman: The Creation of a New Science: Joseph Fourier's Analytical Theory of Heat, in HSPS 8 (1977), 73-99.

FUETER 1941 - Eduard Fueter: Geschichte der exakten Wissenschaften in der Schweizer Aufklärung (1680-1780), Aarau 1941.

GABEREL 1857 - Jean Gaberel: Voltaire et les Genevois. Deuxième édition, revue et corrigée, Paris 1857.

GAGNEBIN 1949 - Bernard Gagnebin: De la cause de la pesanteur, in Notes and Records of the Royal Society 6 (1949), 105-160.

GAGNEBIN 1960 - Bernard Gagnebin: Un maniaque de l'introspection révélé par 35.000 cartes à jouer: Georges-Louis LeSage, in: Mélanges d'histoire du livre et des bibliothèques offerts à M. Frantz Calot, o.O., 1960, S. 145-157.

GALIFFE - Jacques Augustin Galiffe: Notices généalogiques sur les familles genevoises depuis les premiers temps jusqu'à nos jours, 7 Bde., Genève 1829-1895 (Reprint ebd. 1976).

GARBER 1969 - Elizabeth Wolfe Garber: James Clerk Maxwell and Thermodynamics, in American Journal of Physics 37 (1969), 146-155.

GARBER 1970 - Elizabeth Wolfe Garber: Clausius and Maxwell's Kinetic Theory of Gases, in HSPS 2 (1970), 299-319.

GEHLER 1795 - Johann Traugott Gehler: Physikalisches Wörterbuch, Bd. V (Supplementa A-Z), Leipzig 1795.

GEHLER 1836 - Johann Traugott Gehler: Physikalisches Wörterbuch, bearbeitet von Brandes, Gmelin, Horner, Muncke und Pfaff, VI.2, Leipzig 1836.

GEOFFROY 1741 - Etienne François Geoffroy: Table des différens rapports observés en chimie entre différentes substances, in MARS Paris 1718 (publ. 1741), 202-212.

GERSTEN 1733 - Christian Ludwig Gersten: Tentamina systematis novi ad mutationes barometri ex natura elateris aerei demonstrandas, Francofurti (d.i. Frankfurt a.M.) 1733.

GIDDEY 1974 - Ernest Giddey: L'Angleterre dans la vie intellectuelle de la Suisse romande au XVIIIe siècle, Lausanne 1974.

GILLMOR 1971 - Charles Stewart Gillmor: Coulomb and the evolution of physics and engineering in eighteenth-century France, Princeton (N.J.) 1971.

GOETHE 1953 - Johann Wolfgang von Goethe: Farbenlehre. Vollständige Ausgabe der theoretischen Schriften, Tübingen 1953.

GOLDFARB 1977 - Stephen J. Goldfarb: Rumford's theory of heat: a reassessment, in Brit.J.Hist.Sci. 10 (1977), 25-36.

GORNSTEJN 1959 - T.N. Gornstejn: Teorija podviznogo ravnovesija P'era Prevo, in: Trudy instituta estestvonanija i techniki 28 (1959), 302-338 (in russisch).

GRATTAN-GUINNESS 1972 - Ivor Grattan-Guinness, in collaboration with Jeremy R. Ravetz: Joseph Fourier 1768-1830. A survey of his life and work, based on a critical edition of his monograph on the propagation of heat, presented to the Institut de France in 1807, Cambridge (Mass.) 1972.

GRAVE 1960 - S.A. Grave: The Scottish Philosophy of Common Sense, Oxford 1960 (Reprint Westport (Conn.) 1977).

GREN ^{2}1793 - Friedrich Albert Carl Gren: Grundriss der Naturlehre, Halle ^{2}1793.

GRIGULL 1978 - Ulrich Grigull: Das Newtonsche Abkühlungsgesetz. Bemerkungen zu einer Arbeit von Isaac Newton aus dem Jahre 1701, in Physis 20 (1978), 213-235.

GUARESCHI 1908 - Icilio Guareschi: Nuove notizie storiche sulla vita e sulle opere di M. Melloni, Torino 1908, 59 SS.

GÜR 1968 - André Gür: Un précédent à la condamnation du "Contrat social": l'affaire Georges-Louis Lesage 1752, in Bulletin de la Société d'Histoire et d'Archéologie de Genève 14 (1968), 77-94.

GUERDAN 1981 - René Guerdan: Histoire de Genève, Paris 1981.

GUERLAC 1963 - Henry Guerlac: Francis Hauksbee. Expérimentateur au profit de Newton, in Archives International d'Histoire des Sciences 16 (1963), 113-128.

GUNTHER 1937 - Robert William Theodore Gunther: Early Science in Cambridge, Oxford 1937 (Reprint London 1969).

GUYE 1912 - Charles Eugène Guye: Pierre Prevost et la notion d'équilibre mobile dans les sciences physico-chimiques, in Archives des Sciences Physiques et Naturelles 33 (1912), 469-482.

HAKFOORT 1986 - Caspar Hakfoort: Optica in de eeuw van Euler. Opvattingen over de natuur van het licht 1700-1795, Amsterdam 1986.

HALL 1963/1965 - Alfred Rupert Hall: From Galilei to Newton, London 1963. - Deutsch u.d.T.: Die Geburt der naturwissenschaftlichen Methode, übers. u. erg. v. Theodor A. Knust, Gütersloh 1965.

HALL 1975 - Alfred Rupert Hall: Newton in France: A New View, in Hist.Sci. 13 (1975), 233-250.

HALL 1979 - Alfred Rupert Hall: Newton - The Eighteenth Century's Marble Image, in Vistas in Astronomy 22 (1979), 405-412.

Handbuch Physik - Handbuch der Physik, hrsg. von A. Winkelmann, 6 Bde., ^{2}Leipzig 1905-1909.

HARNACK 1900 - Adolf von Harnack: Geschichte der Königlich Preussischen Akademie der Wissenschaften zu Berlin, 3 Bde., Berlin 1900.

HARNACK 1930 - Adolf von Harnack: Aus der Werkstatt des Vollendeten. <Als Abschluß seiner Reden und Aufsätze hrsg. von Axel von Harnack>, Reden und Aufsätze, N.F. Bd. V, Gießen 1930.

HARVEY 1823/a/b - George Harvey: a) Observations on the formation of Mists, and the deposition of Dew, in Edinb.Phil.J. 9 (1823), 255-259; sowie ders.: b) Remarks on the deposition of dew, in Quart.J.Sci. 16 (1823), 35-41.

HAÜY 1787/1801 - René-Just Haüy: Exposition raisonnée de la théorie de l'électricité et du magnétisme d'après les principes de M. Aepinus, Paris 1787. - Deutsch u.d.T.: Darstellung der Theorie der Elektricität und des Magnetismus nach den Grundsätzen des Herrn Aepinus, aus dem Französischen übers. und mit Anm. begleitet von Karl Murhard, Altenburg 1801.

HAÜY 1803/²1806 - René-Just Haüy: Traité élémentaire de physique, 2 Bde., Paris 1803, ²Paris 1806.

HEILBRON 1976 - John L. Heilbron: Robert Symmer and the Two Electricities, in Isis 67 (1976), 7-20.

HEILBRON 1979 - John L. Heilbron: Electricity in the 17th and 18th Centuries. A Study of Early Modern Physics. Berkeley 1979.

HEILBRON 1982 - John L. Heilbron: Elements of Early Modern Physics, Berkeley 1982.

HEIMANN 1973 - Peter Michael Heimann: "Nature is a Perpetual Worker": Newton's Aether and Eighteenth Century Natural Philosophy, in Ambix 20 (1973), 1-25.

HENDRY 1982 - John Hendry: Mayer, Herschel and Prévost on the Solar Motion, in Ann.Sci. 39 (1982), 61-75.

HERIVEL 1973 - John Herivel: The Influence of Fourier on British Mathematics, in Centaurus 17 (1973), 40-57.

HERIVEL 1975 - John Herivel: Joseph Fourier. The man and the physicist, Oxford 1975.

HERIVEL 1980 - John Herivel: Joseph Fourier face aux objections contre sa théorie de la chaleur. Lettres inédites 1808-1816. Avec la collaboration de P. COSTABEL, Paris 1980.

HEROLD 1960 - Christopher Herold: Madame de Staël - Herrin eines Jahrhunderts, München 1960.

HERSCHEL 1782 - William Herschel: On the parallax of the fixed stars, in: Phil.Trans. London 72 (1782), 82-111.

HERSCHEL 1783 - William Herschel: On the proper motion of the sun and solar system, in: Phil.Trans. London 73 (1783), 247-283.

HERSCHEL 1800 - William Herschel: Experiments on the solar, and on the terrestrial Rays that occasion Heat, with a comparative View of the Laws to which Light and Heat, or rather the Rays which occasion them, are subject, in order to determine whether they are the same, or different, in Phil.Trans. London 1800, 293-326 (I, Read 15 May 1800); 437-538 (II, Read 6 Nov. 1800).

HERSCHEL 1865 - John Frederick William Herschel: On the Origin of Force, in Fortnightly Review 1 (1865), 435-442.

HESSE 1954 - Mary B. Hesse: Models in Physics, in Brit.J.Phil.Sci. 4 (1954), 198-214.

HESSE 1966 - Mary B. Hesse: Models and Analogies in Science, Notre Dame (Indiana) 1966.

HEYD 1982 - Michael Heyd: Between Orthodoxy and the Enlightenment. Jean-Robert Chouet and the Introduction of Cartesian Science in the Academy of Geneva, Den Haag 1982.

HOBSBAWM 1962 - Eric Hobsbawm: The age of revolution, London 1962. - Deutsch u.d.T.: Europäische Revolutionen 1789-1848, Zürich 1962.

HOFFMANN 1979 - Dieter Hoffmann: Franz Ulrich Theodor Aepinus - ein beinahe vergessener Pionier der Elektrizitätslehre, in Rost.Wiss.Mss. 3 (1979), 17-28.

HOLLAND 1821 - Reverend Thomas Crompton Holland: On the radiation of caloric (Read February 7, 1820), in Trans.Roy.Soc. Edinburgh 9 (1821), 179-185.

HOME 1976 - Roderick W. Home: Aepinus, the Tourmaline Crystal, and the Theory of Electricity and Magnetism,in Isis 67 (1976), 21-30.

HOME 1977 - Roderick W. Home: "Newtonianism" and the theory of the magnet, in Hist.Sci. 15 (1977), 252-266.

HOME 1979 - Roderick W. Home: Out of a Newtonian Straitjacket: Alternative Approaches to Eighteenth-Century Physical Science, in Papers presented at the Fourth David Nichol Smith Memorial Seminar, ed. by R.F. Brissenden and J.C. Eade, Canberra (Australia) 1979, S. 235-249.

HUDSON 1836 - Henry Hudson: On the phenomena usually referred to the radiation of heat, in Rep.Brit.Assoc. 5 (1835, publ. 1836), 163-169.

HUME 1779 - David Hume: Dialogues concerning Natural Religion, Edinburgh 1779.

HUND ^{2}1948 - Friedrich Hund: Einführung in die theoretische Physik, 4 Bde., Leipzig ^{2}1948.

HUTTON 1794 - James Hutton: A Dissertation on the Philosophy of Light, Heat, and Fire, Edinburgh 1794.

HUYGENS 1690 - Christiaan Huygens: Traité de la lumière, Où sont expliquées les causes de ce qui luy arrive dans la Reflexion, et dans la Refraction. Et particulierement dans l'etrange Refraction du Cristal d'Islande. Avec un Discours de la Cause de la Pesanteur. Leide 1690 (Reprint Bruxelles 1967).

ISENKRAHE 1879 - C. Isenkrahe: Das Räthsel von der Schwerkraft. Kritik der bisherigen Lösungen des Gravitationsproblems und Versuch einer neuen auf rein mechanischer Grundlage. Braunschweig 1879.

JALLABERT 1731 - Theses Physico-Mathematicae De Gravitate, in quibus Ejus leges ex motibus caelestibus deducuntur, ac circa ejus causam Mechanicam Hypothesis eruditorum examini subjicitur (...) sub praesidio D.D. Gabrielis CRAMER, matheseos professoris, Tueri conabitur, Johannes Jallabertus, Author. Genevae 1731.

JALLABERT 1748 - Jean Jallabert: Expériences sur l'électricité, Genève 1748.

JULLIEN 1959 - Alexandre Jullien (Hrsg.): Le Collège de Genève 1559-1959. Mélanges historiques et littéraires. Genève 1959.

JUNOD 1982 - Alain Junod: Le panneau solaire, invention genevoise?, in Musées de Genève, no. 228, septembre 1982, 2-6.

KANGRO 1972 - Hans Kangro: Gustav Robert Kirchhoff und die spektralanalytische Forschung, in Gustav Robert Kirchhoff: Untersuchungen über das Sonnenspectrum und die Spectren der chemischen Elemente und weiter ergänzende Arbeiten aus den Jahren 1859-1862, hrsg. von H. Kangro, Osnabrück 1972, S. 1-54.

KARGON 1969 - Robert Kargon: Model and Analogy in Victorian Science: Maxwell's Critique of the French Physicists, in J.Hist.Ideas 30 (1969), 423-436.

KING 1981 - Christine M. King: Experiments with Time: Progress and Problems in the Development of Chemical Kinetics, in Ambix 28 (1981), Heft 2, 70-82.

KIPNIS 1984 - A.J. Kipnis: Die Herausbildung der chemischen Thermodynamik, in Rost.Wiss.Mss. 10 (1984), 45-61.

KLEMM 1932 - Friedrich Klemm: Die Geschichte der Emissionstheorie des Lichts, Weimar 1932.

KLEINERT 1974 - Andreas Kleinert: Die allgemeinverständlichen Physikbücher der französischen Aufklärung. Aarau 1974.

KLEINERT 1978 - Andreas Kleinert: Von der Science Allemande zur Deutschen Physik. Nationalismus und moderne Naturwissenschaft in Frankreich und Deutschland zwischen 1914 und 1940, in Francia 6 (1978), 509-525.

KLEINERT 1984 - Andreas Kleinert: Die Entdeckung der unsichtbaren Strahlen des Sonnenspektrums, in Gesnerus 41 (1984), 54-59.

KNUDSEN 1972 - Ole Knudsen: From Lord Kelvin's Notebook: Ether Speculations, in Centaurus 16 (1972), 41-53.

KUHN, A. 1961 - A.J. Kuhn: Glory or gravity: Hutchinson versus Newton, in J.Hist.Ideas 22 (1961), 302-322.

KUHN, T. 1962/1967 - Thomas S. Kuhn: The Structure of Scientific Revolutions, Chicago 1962. Deutsch u.d.T.: Die Struktur wissenschaftlicher Revolutionen, Frankfurt 1967.

KUHN, T. 1978 - Thomas S. Kuhn: Die Erhaltung der Energie als Beispiel gleichzeitiger Entdeckung, in ders.: Die Entstehung des Neuen. Studien zur Struktur der Wissenschaftsgeschichte. Frankfurt a.M. 1978, S. 125-168.

LAKATOS 1978/1982 - Imre Lakatos: The methodology of scientific research programmes, Cambridge 1978. Deutsch u.d.T.: Die Methodologie der wissenschaftlichen Forschungsprogramme, Braunschweig u. Wiesbaden 1982 (Philosophische Schriften, Bd. 1).

LALANDE 1776 - Joseph Jérôme le François de Lalande: Sur les taches du Soleil et sur sa rotation, in: MARS Paris 1776, 457 ff.

LALANDE 1778 - Joseph Jérôme le François de Lalande: Sur les taches du Soleil, contenant diverses observations de taches avec les positions qui en résultent et la confirmation des résultats précédents, in: MARS Paris 1778, 393 ff.

LALANDE 1788 - Joseph Jérôme le François de Lalande: /Kritik zu Prevosts "De l'origine des forces magnétiques"/, in Journal des Sçavans 1788 (décembre), 874-878.

LAMBERT 1761 - Johann Heinrich Lambert: Kosmologische Briefe, Berlin 1761.

LAMBERT 1779 - Johann Heinrich Lambert: Pyrometrie oder vom Maaße des Feuers und der Wärme, hrsg. v. Joh. Gustav Karsten, Berlin 1779.

LAMPADIUS 1793 - Wilhelm August Lampadius: Kurze Darstellung der vorzüglichsten Theorien des Feuers, Göttingen 1793.

LAPLACE 1809 - Pierre Simon de Laplace: /Note jointe au/ Mémoire sur les mouvements de la lumière dans les milieux diaphanes, in Mém.Soc.Arc. 2 (1809), 111-142 (Oeuvres , XII, S. 265-298).

LAPLACE 1821 - Pierre Simon de Laplace: Sur l'attraction des sphères et sur la répulsion des fluides élastiques, in Ann.Chim.Phys. 18 (1821), 181-190; ders.: Eclaircissemens de la théorie des fluides élastiques, ebd., 273-280.

LAPLACE Oeuvres - Pierre Simon de Laplace : Oeuvres complètes, 14 Bde., Paris 1878-1912.

LARDNER 1833/1836 - Dionysius Lardner: Treatise on Heat, London 1833 - Deutsch i.d. Bearb. v. Carl Hartmann u.d.T.: Die Lehre von der Wärme in populärem Vortrage. Für Techniker und Gewerbschulen, so wie für Fabrikanten, Manufakturisten etc., Quedlinburg u. Leipzig 1836.

LASSWITZ 1890 - Kurt Lasswitz: Geschichte der Atomistik vom Mittelalter bis Newton, Hamburg u. Leipzig 1890.

LAUDAN 1968 - Laurens Laudan: Theories of Scientific Method from Plato to Mach, in Hist.Sci. 7 (1968), 1-63.

LAUDAN 1974 - Laurens Laudan: George-Louis LeSage: A Case Study in the Interaction of Physics and Philosophy, in Akten des II. Intern. Leibniz-Kongresses 1972 (publ. 1974), Teil 2, S. 241-252 (Studia Leibnitiana Suppl. XIII).

LAUDAN 1977 - Laurens Laudan: Progress and its problems. Towards a theory of scientific growth, Berkeley 1977.

LAURIE 1902 - Henry Laurie: Scottish Philosophy in its National Development, Glasgow 1902.

LAVOISIER/LAPLACE 1784 - Antoine Laurent Lavoisier; Pierre Simon Laplace: Mémoire sur la chaleur, in MARS Paris 1780 (publ. 1784), 355-408.

LAVOISIER 1789 - Antoine Laurent Lavoisier: Traité élémentaire de chimie, présenté dans un ordre nouveau et d'après les découvertes modernes, 2 Bde., Paris 1789 (Reprint Bruxelles 1965).

LEROY 1771 - Charles Leroy: Mélanges de physique, de chimie et de médicine, Paris 1771.

LESAGE (p) 1711 - Georges Louis Lesage (père): Aphorismata philosophica, Londini 1711. (BPU: S 10107/1 Rés.).

LESAGE (p) 1715 - Georges-Louis Lesage (père): Remarques sur l'Angleterre, faites par un voyageur dans les années 1710 et 1711, Amsterdam 1715.

LESAGE (p) 1729 - Georges-Louis Lesage (père): De la lumière, des couleurs, et de la vision, suivant les principes du chevalier Newton. Genève: Bardin 1729. 34 SS.

LESAGE (p) 1739 - Georges-Louis Lesage (père): Cours abrége de physique, Genève 1739.

LESAGE (f) 1758 - Georges-Louis Lesage (fils): Essai de Chymie méchanique, Couronné en 1758, par l'Académie de Rouën, quant à la seconde partie de cette Question: Déterminer les Affinités qui se trouvent entre les principaux Mixtes, ainsi que l'a commencé Mr. Geoffroy; et trouver un Système Physico-méchanique de ces Affinités. o.O.u.J.

LESAGE (f) 1764 - Georges-Louis Lesage (fils): Loi, qui comprend, malgré sa simplicité, toutes les Attractions et Répulsions, chacune entre des limites conformes aux Phénomènes, in Journal des Sçavans 1764, 686-698.

LESAGE (f) 1773 - Georges-Louis Lesage (fils): Lettre écrite de Genève le 17 mars 1773 (...) sur la fausseté de deux suites d'expériences, par lesquelles on a voulu non-seulement infirmer la diminution que subit la pesanteur, quand la distance est augmentée; mais encore prouver qu'alors la pesanteur va au contraire en augmentant, in: Observ.Phys. 1 (1773), 249-260.

LESAGE (f) 1784 - Georges-Louis Lesage (fils): Lucrèce Neutonien (Lu par M. Prevost dans une Assemblée de l'Académie), in NMARS Berlin 1782 (publ. 1784), 404-432.

LESAGE (f) 1798/a - Georges-Louis Lesage (fils): Lettre du C/itoyen/ Le Sage aux Redacteurs de la Bibliothèque Britannique, in Bib.Brit. Ser.Sci.Arts 8 (1798), 122-141.

LESAGE (f) 1798/b - Georges-Louis Lesage (fils): Suffrages britanniques favorables à la physique spéculative, in Bibl.Brit. Ser.Sci.Arts 9 (1798), 24-46.

LESLIE 1804 - John Leslie: Experimental Inquiry into the Nature and Propagation of Heat, London 1804.

LESLIE 1813 - John Leslie: A short account of experiments and instruments, depending on the relations of air to heat and moisture, Edinburgh 1813.

LESLIE 1818 - John Leslie: On certain impressions of cold transmitted from the higher atmosphere, with an instrument adapted to measure them (Read March 16, 1818), in Trans.Roy.Soc. Edinburgh 8 (1818), 465-495.

LETONNELIER 1923 - Gaston Victor Letonnelier: Le préfet Fourier, in Bulletin de l'Académie Delphinale, Ser. 5, 13 (1922, publ. 1923), 131-147.

LEXIKON Physik - Lexikon der Physik, hrsg. von H. Franke, 3 Bde., Stuttgart ³1969.

LICHTENBERG Schriften - Georg Christoph Lichtenberg: Schriften und Briefe, hrsg. von Wolfgang Promies, 2 Bde., München 1968-1971.

LINK 1806 - Heinrich Friedrich Link: Über Naturphilosophie, Leipzig u. Rostock 1806.

LINK 1814 - Heinrich Friedrich Link: Ideen zu einer philosophischen Naturkunde, Breslau 1814.

LLOYD 1835 - Humphrey Lloyd: Report on the Progress and Present State of Physical Optics, in Rep.Brit.Assoc. 4 (1834, publ. 1835), 295-413.

LOVELL 1968 - D.J. Lovell: Herschel's Dilemma in the Interpretation of Thermal Radiation, in Isis 59 (1968), 46-60.

LUCAS 1676 - Anthony Lucas: A Letter from Liège concerning Mr. Newton's Experiment of the coloured Spectrum (25 ix 1676), in Phil. Trans. London 11 (1676), 692-697. (Reprint in NEWTON Papers, S. 163-168).

LÜTHY 1959/a - Herbert Lüthy: La banque protestante en France de la révocation de l'édit de Nantes à la révolution. 2 Bde. Paris 1959-1961.

LÜTHY 1959/b - Herbert Lüthy: François Quesnay und die Idee der Volkswirtschaft, Zürich 1959 (ETH Zürich, Kultur- und Staatswissenschaftliche Schriften, 106).

MCGUIRE 1968 - J.E. McGuire: Force, Active Principles and Newton's Invisible Realm, in Ambix 15 (1968), 154-208.

MACH 1896/³1919 - Ernst Mach: Die Principien der Wärmelehre historisch-kritisch entwickelt, Leipzig 1896, ³Leipzig 1919.

MCKIE/HEATHCOTE 1958 - Douglas MCKie u. Niels H. de V. Heathcote: William Cleghorn's De igne (1779), in Ann.Sci. 14 (1958), 1-82.

MAIER Mittelalter - Anneliese Maier: Ausgehendes Mittelalter. Gesammelte Aufsätze zur Geistesgeschichte des 14. Jahrhunderts. 3 Bde. Rom 1964-1967.

MANDELBAUM 1964 - Maurice Mandelbaum: Philosophy, Science and Sense Perception. Historical and Critical Studies. Baltimore 1964.

MARIOTTE 1666 - Edme Mariotte: Sur le chaud et le froid, in HARS Paris 1 (1666-1686, publ. 1733), 268-270.

MARIOTTE 1679 - /Bericht über eine Entdeckung von/ Edme Mariotte in HARS Paris, 1 (1666-1686, publ. 1733), 304 u. 334.

MARIOTTE 1681 - Edme Mariotte: Traité de la nature des couleurs, Paris 1681.

MARTIN 1808 - John Martin: On the apparent radiation and reflection of cold by means of two concave metallic mirrors, in J.Nat.Phil. 20 (1808), 341-344.

MASON 1953 - Stephen Finley Mason: The Scientific Revolution and the Protestant Reformation, I.: Calvin and Servetus in Relation to the New Astronomy and the Theory of the Circulation of the Blood, in Ann.Sci. 9 (1953), 64-87.

MAXWELL Papers - James Clerk Maxwell: The Scientific Papers of James Clerk Maxwell, ed. by D. Niven, 2 Bde., Cambridge 1890 (Reprint in einem Bd., New York 1965).

MAYCOCK 1810 - J./James?/ D./Dottin?/ Maycock: Remarks on Prof. Leslie's Doctrine of radiant Heat; with Experiments to show, that Caloric can pass through transparent Media without heating them, in J.Nat.Phil. 26 (1810), 75-78 u. 106-111. - Franz. u.d.T.: Remarques sur la doctrine de la chaleur rayonnante, du Prof. Leslie; avec des expériences destinées à montrer que le calorique peut passer au travers des milieux transparens sans les réchauffer, in Bib.Brit. Ser.Sci.Arts 45 (1810), 213-228.

MAYER 1775 - Johann Tobias Mayer: De motu fixarum proprio commentatio (1760), in: G.C. Lichtenberg (Hrsg.): Opera inedita Tobiae Mayeri, Göttingen 1775, I, 75-81.

MAYER 1801/^{6}1827 - Johann Tobias Mayer: Anfangsgründe der Naturlehre zum Gebrauche neben Vorlesungen über Experimental-Physik, Göttingen 1801, ^{6}1827.

MEINEL 1986 - Christoph Meinel (Hrsg.): Die Alchemie in der europäischen Kultur- und Wissenschaftsgeschichte, Wiesbaden 1986. (Wolfenbütteler Forschungen, 32).

MELLONI/NOBILI 1831 - Macedonio Melloni u. Leopoldo Nobili: Recherches sur plusieurs phénomènes calorifiques entreprises au moyen du thermomultiplicateur, in Ann.Chim.Phys. 48 (1831), 198-218.

MELLONI 1831/1832 - Macedonio Melloni: Lettre à M. Arago sur une propriété nouvelle de la chaleur, in Ann.Chim.Phys. 48 (1831), 385-395. Deutsch in Ann.Phys. 24 (1832), 640-649.

MELLONI 1833/a - Macedonio Melloni: Note sur la transmission des rayons calorifiques à travers les verres colorés (24. Juni 1833), in L'Institut 1 (1833), 61-62 (No. 8).

MELLONI 1833/b - Macedonio Melloni: Note sur la transmission immédiate de la chaleur rayonnante au travers d'un verre noir complètement opaque (20. Juli 1833), in L'Institut 1 (1833), 103-104 (No. 12).

MELLONI 1833/c - Macedonio Melloni: Exposé des principaux résultats obtenus par M. Melloni sur la transmission immédiate de la chaleur rayonnante par différens corps solides et liquides, in L'Institut 1 (1833), 212-216 (No. 25). Auch in Bib.Univ. Ser.Sci.Arts 54 (1833), 191-213.

MELLONI 1834 - Macedonio Melloni: Nouvelles recherches sur la transmission immédiate de la chaleur rayonnante par différens corps solides et liquides (21. April 1834), in L'Institut 2 (1834), 263-264 (No. 65).

MELLONI 1842 - Macedonio Melloni: Sur l'identité des diverses radiations lumineuses, calorifiques et chimiques, in Compt.Rend. 15 (1842), 454-460. Deutsch in (Poggendorff's) Ann.Phys. 57 (1842), 300-307.

MERIAN 1751 - Hans Bernhard Merian: Essais philosophiques sur l'entendement humain, 2 Bde., Berlin 1751.

MERIAN 1759 - Hans Bernhard Merian: Essais politiques et moraux, Berlin 1759.

MERIAN 1793 - Hans Bernhard Merian: Sur le phénoménisme de David Hume, Berlin 1793.

MERTON 1970 - Robert K. Merton: Science, Technology and Society in Seventeenth Century England, New York 1970.

MERTON 1985 - Robert K. Merton: Entwicklung und Wandel von Forschungs-interessen. Aufsätze zur Wissenschaftssoziologie, Frankfurt a.M. 1985.

MEYERS Lexikon - Meyers Lexikon der Technik und der exakten Naturwissenschaften, 3 Bde., Mannheim 1969-1970.

MIDDLETON 1971 - William Edgar Knowles Middleton: The Experimenters. A Study of the Accademia del Cimento, Baltimore 1971.

MONGLOND - André Monglond: La France révolutionnaire et impériale. Annales de Bibliographie méthodique et description des livres illustrés. 10 Bde., Grenoble 1930-1978. Bd. 10: Index.

MONNIER 1968 - Philippe M. Monnier: Pierre Prevost et le rappel d'Augustin Pyramus de Candolle en 1816, in Musées de Genève 9 (1968), H. 87, S. 8-12.

MONTANDON 1975/a - Cléopâtre Montandon: Le développement de la science à Genève au XVIIIe et XIXe siècle. Le cas d'une communauté scientifique. Vevey 1975.

MONTANDON 1975/b - Cléopâtre Montandon: Sciences et société à Genève au XVIIIe et XIXe siècles, in Gesnerus 32 (1975), 16-34.

MONTET - Albert de Montet: Dictionnaire biographique des Genevois et des Vaudois, 2 Bde., Lausanne 1877-1878.

MORRELL 1970 - J.B. Morrell: Professors Robison and Playfair, and the Theophobia Gallica: Natural Philosophy, Religion and Politics in Edinburgh, 1789-1815, in Notes and Records of the Royal Society 25 (1970), 43-63.

MORRELL 1971 - J.B. Morrell: The University of Edinburgh in the late eighteenth century: its scientific eminence and academic structure, in Isis 62 (1971), 158-171.

MURHARD 1797 - Friedrich Wilhelm August Murhard: Historisch-Chronologische Bibliographie des Magnetismus, Kassel 1797.

MURRAY 1806-1807/[4]1819 - John Murray: A System of Chemistry, 4 Bde., Edinburgh 1806-1807; [4]1819.

MURRAY 1816/a - John Murray: Defense of the Objections to Prevost's Theory of Radiant Heat, in Ann.Phil. 7 (1816), 223-224.

MURRAY 1816/b - John Murray: Answer to Mr. Davenport's Defense of Prevost's Theory of Radiant Heat, in Ann.Phil. 8 (1816), 254-255.

NEWTON 1687 - Isaac Newton: Philosophiae Naturalis Principia Mathematica, Londini 1687 (Reprint Bruxelles 1965).

NEWTON 1692 - De natura acidorum (1692), publ. in J. Harris: Lexicon Technicum: Or, an Universal English Dictionary of Arts and Sciences. London 1710, Vol. II. Reprint in NEWTON Papers, S. 255-258.

NEWTON 1729/1960 - Sir Isaac Newton's Mathematical Principles of Natural Philosophy and His System of the World, transl. into English by Andrew Motte in 1729. 2 Bde., London 1729. (Reprint, with an introduction by I. Bernard Cohen, 2 Bde., London 1968). The translation revised, and supplemented with an historical and explanatory appendix, by Florian Cajori, Berkeley 1960.

NEWTON 1730 - Opticks, Or a Treatise of the Reflections, Refractions, Inflections & Colours of Light, based on the fourth edition London 1730, ed. by I.B. Cohen. New York 1952.

NEWTON 1739-1742 - Philosophiae naturalis principia mathematica. Perpetuis Commentariis illustrata, communi studio P.P. Thomae Le Seur et Francisci Jacquier. 3 Vol. Genevae 1739-1742.

NEWTON 1745 - "Lettre du Chevalier Newton à Mr. Boyle", in Bibliothèque raisonnée des ouvrages des savans de l'Europe 35 (1745), 154-173.

NEWTON Correspondance - The Correspondance of Isaac Newton, ed. by H.W. Turnbull, 7 Bde., Cambridge 1959-1977.

NEWTON Notebook - Certain Philosophical Questions. Newton's Trinity Notebook, J.E. McGuire u. M. Tamny (eds.), Cambridge 1983.

NEWTON Papers - Isaac Newton's Papers and Letters on Natural Philosophy and related documents, ed., with a general introduction, by I.B. Cohen assisted by Robert E. Schofield, Cambridge 1958.

NOACK 1879 - Ludwig Noack: Philosophiegeschichtliches Lexikon. Historisch-Biographisches Handwörterbuch zur Geschichte der Philosophie. Leipzig 1879 (Reprint Stuttgart 1968).

NOBILI/MELLONI 1831 - Leopoldo Nobili u. Macedonio Melloni: Recherches sur plusieurs phénomènes calorifiques entreprises au moyen du thermomultiplicateur, in Ann.Chim.Phys. 48 (1831), 198-218. Deutsche Übers. in (Poggendorff's) Ann.Phys. 27 (1833), 439-454.

NOBILI 1833 - Leopoldo Nobili: Ueber die Empfindlichkeit des Thermomultiplicators im Vergleich zum Aethrioskop, in Ann.Phys. 27 (1833), 455-459.

OLSON 1970 - Richard G. Olson: Count Rumford, Sir John Leslie, and the study of the nature and propagation of heat at the beginning of the nineteenth century, in Ann.Sci. 26 (1970), 273-304.

OLSON 1971 - Richard G. Olson: Scottish Philosophy and Mathematics 1750-1830, in J.Hist.Ideas 32 (1971), 29-44.

OLSON 1975 - Richard Olson: Scottish Philosophy and British Physics, 1750-1880. A Study in the Foundations of the Victorian Scientific Style, Princeton 1975.

PALTER 1972 - Robert Palter: Early Measurements of Magnetic Force, in Isis 63 (1972), 544-558.

PANGE 1940 - Pauline Gräfin von Pange: August Wilhelm Schlegel und Frau von Staël. Eine schicksalhafte Begegnung. Hamburg 1940.

PEACOCK 1834 - George Peacock: Report on the Recent Progress and Present State of Certain Branches of Analysis, in Rep.Brit.Assoc. 3 (1833, publ. 1834), 185-352.

PETER 1921 - Marc Peter: Genève et la Révolution. Les comités provisoires (28 décembre 1792 - 13 avril 1794), Genève 1921.

PETER 1955 - Marc Peter: La Société Economique et la gestion des biens de l'ancienne République de Genève, de 1788 à 1814, Genève 1955.

PICOT 1795 - Jean Picot: Quelques propositions sur la cause de l'élasticité des fluides et des solides. Soumises au débat public (...) le Samedi 20 Juin 1795 (...) sous la présidence de M. Pierre Prevost, Genève 1795, 26 SS.

PICTET 1790/1791 - Marc-Auguste Pictet: Essai sur le feu, Genève 1790. Deutsch u.d.T.: Versuch über das Feuer, Tübingen 1790. Englisch u.d.T.: An Essay on Fire, transl. by W. Belcombe, London 1791.

PLAYFAIR 1805 - John Playfair: Biographical Account of the late Dr. James Hutton (read 10th January 1803), in Trans.Roy.Soc. Edinburgh 5 (1805) History, 39-99.

PLAYFAIR 1808 - /Review of/ Observations on the Hypotheses which have been assumed to account for the Cause of Gravitation from Mechanical Principles, by Rev. S. Vince, in Edinburgh Review 13 (1808), 101-116.

PLAYFAIR 1812/a - John Playfair: Of the Solids of Greatest Attraction or those which, among all the Solids that have certain Properties, Attract with the greatest Force in a given Distance (Read January 5, 1807), in Trans.Roy.Soc. Edinburgh 6 (1812), 187-243.

PLAYFAIR 1812/b - John Playfair: On the Progress of Heat when communicated to Spherical Bodies from their Centres (Read March 6, 1809), in Trans.Roy.Soc. Edinburgh 6 (1812), 353-370.

PLAYFAIR Works - John Playfair: The Works of John Playfair, with a Memoir of the Author (ed. by James G. Playfair), 4 Bde., Edinburgh 1822.

POISSON 1824 - Siméon Denis Poisson: Sur la chaleur rayonnante, in Ann.Chim.Phys. 26 (1824), 225-245.

POWELL 1825 - Baden Powell: An experimental enquiry into the nature of the radiant heating effects from terrestrial sources (Read February 17, 1825), in Phil.Trans. London 116 (1825), 187-202.

POWELL 1826 - Baden Powell: Remarks on some of Mr. Ritchie's Experiments on Radiant Heat, in Ann.Phil. N.S. 12 (1826), 13-17.

POWELL 1835/a - Baden Powell: Report on the present State of our Knowledge of the Science of Radiant Heat, in Rep.Brit.Assoc. 1/2 (1831/1832, publ. 1835), 259-301.

POWELL 1835/b - Baden Powell: An Abstract of the essential Principles of M. Cauchy's View of the Undulatory Theory, leading to an Explanation of the Dispersion of Light, with Remarks, in Phil.Mag. 6 (1835), 16-25, 107-113, 189-193, 262-267.

POWELL 1841 - Baden Powell: Report on the recent progress of discovery relative to Radiant Heat, supplementary to a former Report on the same subject inserted in the 1st volume of the Reports of the British Association fort the Advancement of Science,in Rep.Brit.Assoc. 10 (1840, publ. 1841), 1-36.

PREVOST, B. 1802 - Bénédict Prevost: Extrait d'un mémoire sur la rosée (lu ... à la Société des Sciences et des Arts du Département du Lot, séante à Montauban), in Ann.Chim. 44 (1802), 75-90. Engl. Übers. in Nicholson's J.Nat.Phil. 3 (1802), 290-297.

PROVOSTAYE/DESAINS 1844 - Frédéric Hervé de la Provostaye; Paul Quentin Desains: Lois du rayonnement de la chaleur, in Bib.Univ. Ser.Sci.Arts 53 (1844), 163-168.

PROVOSTAYE/DESAINS 1845 - Frédéric Hervé de la Provostaye; Paul Quentin Desains: Note sur les lois du rayonnement de la chaleur, in Bib.Univ. Ser.Sci.Arts 55 (1845), 170-176.

PROVOSTAYE/DESAINS 1846 - Frédéric Hervé de la Provostaye; Paul Quentin Desains: Mémoire sur le rayonnement de la chaleur, in Ann.Chim.Phys. (Ser. 3) 16 (1846), 337-425 u. 22 (1848), 358-431.

QUEUX DE SAINT-HILAIRE 1877 - Nouvelles lettres françaises inédites de Coray adressées à M. Pierre Prevost de Genève, publiées par le marquis de Queux de Saint-Hilaire, in Annuaire de l'Association pour l'Encouragement des Etudes Grecques en France 1877, 1-30.

RAMSAUER 1953 - Carl Ramsauer: Grundversuche der Physik in historischer Darstellung, Bd. I (mehr nicht erschienen), Berlin 1953.

RANKINE 1851/a - William John Macquorn Rankine: On the Centrifugal Theory of Elasticity, as applied to Gases and Vapours, in Phil.Mag. (Ser. 4) 2 (1851), 509-542.

RANKINE 1851/b - William John Macquorn Rankine: On The Mechanical Theory of Heat, in Phil.Mag. (Ser. 4) 2 (1851), 61-65.

RANKINE 1853 - William John Macquorn Rankine: On the Mechanical Action of Heat, Especially in Gases and Vapours (Read 4th February 1850), in Trans.Roy.Soc. Edinburgh 20 (1853), 147-180. Eine Zusammenfassung erschien bereits früher; s. RANKINE 1851/b.

RANKINE 1864 - William John Macquorn Rankine: On the Use of Mechanical Hypotheses in Science, and especially in the Theory of Heat, in Proc.Phil.Soc. Glasgow 5 (1864), 126-132.

RAYLEIGH 1879 - John William Strutt Baron Rayleigh: Die Theorie des Schalles, 2 Bde., Braunschweig 1879-1880.

REID 1764/²1765 - Thomas Reid: An Inquiry into the Human Mind, on the Principles of Common Sense, London 1764, ²Edinburgh 1765.

REVILLIOD 1942 - Pierre Revilliod: Physiciens et Naturalistes Genevois, Genève 1942.

RITCHIE 1824 - William Ritchie: Experiments and Observations on Radiant Heat, in Edinb.Phil.J. 11 (1824), 281-286.

RITCHIE 1826 - William Ritchie: Remarks on the Rev. Mr. Powell's Paper on Radiant Heat, in Ann.Phil. N.S. 12 (1826), 122-124.

RITCHIE 1827 - William Ritchie: On the permeability of transparent screens of extreme tenuity by radiant heat (Read March 8, 1827), in Phil.Trans. London 118 (1827), 139-143.

RIVE 1890 - Lucien de la Rive: Pierre Prevost. Notice relative à ses recherches sur la chaleur rayonnante, MSPHN Genève 30 (1890), volume suppl., fasc. 2, 3-28.

ROBINSON 1961 - Daniel Sommer Robinson: The Story of Scottish Philosophy. A Compendium of Selections From the Writings of Nine Preeminent Scottish Philosophers, With Biobibliographical Essays. New York 1961 (Reprint Westport (Conn.) 1979).

ROSENBERGER 1895 - Ferdinand Rosenberger: Isaac Newton und seine physikalischen Prinzipien, Leipzig 1895.

ROUSSEAU Correspondance - Jean-Jacques Rousseau, Correspondance générale, collationnée sur les originaux annotée et commentée par Théophile Dufour, 20 Bde., Paris 1934.

ROUSSEAU 1984 - Jean-Jacques Rousseau: Musik und Sprache. Ausgewählte Schriften. Übers. v. Dorothea Gülke und Peter Gülke. Wilhelmshaven 1984.

RÜGER 1985 - Alexander Rüger: Dualistische Entwürfe zur Einheit der Naturphänomene und die Anfänge der Romantischen Naturphilosophie, in Berichte zur Wissenschaftsgeschichte 8 (1985), 219-232.

RUMFORD 1798 - Benjamin Thompson Count Rumford: An Experimental Inquiry Concerning the Source of the Heat Which is Excited by Friction, in Phil.Trans. London 88 (1798), 80-102.

RUMFORD 1804/a - Benjamin Thomson Count Rumford: Mêmoires sur la chaleur, trad. de l'anglais par M.A. Pictet, Paris 1804.

RUMFORD 1804/b - Benjamin Thompson Count Rumford: An Inquiry Concerning the Nature of Heat and the Mode of Its Communication, in Phil.Trans. London 94 (1804), 77-182.

RUMFORD Complete Works - Benjamin Thompson Count Rumford: The Complete Works, ed. by the American Academy of Arts and Sciences, 4 Bde., Boston 1870-1875.

RUMFORD Collected Works - Benjamin Thompson Count Rumford: Collected Works, ed. by Sanborn C. Brown, 5 Bde., Cambridge (Mass.) 1968-1970.

SAUSSURE 1759 - Horace-Bênêdict de Saussure: Dissertatio physica de igne, quam (...) Praeside D.D. Gedeone Turretini, J.U.D. Philosophiae Professore, Publicê tueri conabitur H. Benedictus de Saussure, Genevensis, Author. Genevae 1759.

SAUSSURE Voyages - Horace-Bênêdict de Saussure: Voyages dans les Alpes, 4 Bde. Neufchâtel, Genêve 1779-1796 (Reprint Genêve 1978).

SAUSSURE 1783 - Horace-Bênêdict de Saussure: Essais sur l'hygromêtrie, Neufchâtel 1783.

SAUSSURE 1784 - Horace-Bênêdict de Saussure: Lettre, in Journal de Paris, supplêment au no. 108, 17 avril 1784.

SCHAZMANN 1935 - Paul-Emile Schazmann: Le Genevois Pierre Prevost chez Jean-Jacques Rousseau en 1777, Annales de la Sociêté J.J. Rousseau 24 (1935), 175-178.

SCHEELE 1777/1894 - Carl Wilhelm Scheele: Chemische Abhandlung von der Luft und dem Feuer, Leipzig u. Upsala 1777. (Nachdruck Leipzig 1894, hrsg. von Wilhelm Ostwald, Ostwalds Klassiker, 58).

SCHEELE 1793 - Carl Wilhelm Scheele: Sämmtliche Physische und Chemische Werke, hrsg. v. Sigismund Friedrich Hermbstädt, 2 Bde., Leipzig 1793.

SCHELLING 1800 - Friedrich Wilhelm Joseph Schelling: "Miscellen vom Herausgeber", in Zeitschrift für speculative Physik, Bd. I, 2. Heft, Jena u. Leipzig 1800, S. 123-125.

SCHETTINO 1987 - Edvige Schettino: Macedonio Melloni - A Biographical Note with a Provisional List of His Correspondance, in Nuncius. Annali di storia della scienza 2 (1987), 111-124.

SCHMEISSER 1797 - Johann Gottfried Schmeisser: Beyträge zur näheren Kenntnis des gegenwärtigen Zustandes der Wissenschaften in Frankreich, Hamburg 1797/98.

SCHUETT 1984 - Hans-Werner Schuett: Die Entdeckung des Isomorphismus. Eine Fallstudie zur Geschichte der Mineralogie und der Chemie. Hildesheim 1984 (arbor scientiarum, Reihe A, IX).

SEBASTIANI 1982 - Fabio Sebastiani: Le teorie microscopico-caloricistiche dei gas di Laplace, Ampère, Poisson e Prevost, in Physis 24 (1982), 197-236.

SEEBECK 1818 - Thomas Johann Seebeck: Ueber die ungleiche Erregung der Wärme im prismatischen Sonnenbilde. Eine in der königl. Akademie der Wissenschaften zu Berlin den 13. März 1819 gehaltene Vorlesung, in Abhandlungen der Königlichen Akademie der Wissenschaften zu Berlin (Physikal. Klasse) 1818-1819, 305-350. Wiederabdr. in J.Chem.Phys. 40 (1824), 129-176. Engl. in Phil.Mag. 66 (1825), 330-343 u. 445-455.

SENEBIER 1786 - Jean Senebier: Histoire littéraire de Genève, 3 Bde., Genève 1786.

SENEBIER 1800/1801 - Jean Senebier: Mémoire historique sur la vie et les écrits de Horace Bénédict de Saussure. Genève an IX.

SHAIRP/TAIT/ADAMS-REILLY 1873 - John Campbell Shairp, Peter Guthrie Tait u. A. Adams-Reilly: The Life and Letters of James David Forbes, London 1873.

SHAPIRO 1973 - Alan E. Shapiro: Kinematic Optics: A Study of the Wave Theory of Light in the 17th Century, in Archive for the History of Exact Sciences 11 (1973), 134-266.

SIEGEL 1976 - Daniel M. Siegel: Balfour Stewart and Gustav Robert Kirchhoff: Two Independent Approaches to Kirchhoff's Radiation Law, in Isis 67 (1976), 565-600.

SILLIMAN 1967 - Robert Horace Silliman: Augustin Fresnel (1788-1827) and the establishment of the wave theory of light, Dissertation Princeton 1967 (Univ. Microfilms 68-9694).

SMITH 1976 - Crosbie Smith: "Mechanical Philosophy" and the Emergence of Physics in Britain: 1800-1850, in Ann.Sci. 33 (1976), 3-29.

SNORRASON 1974 - Egill Snorrason: C.G. Kratzenstein and his Studies on Electricity during the Eighteenth Century, Odense 1974.

SOLMSEN 1960 - Friedrich Solmsen: Aristotle's System of the Physical World, Ithaca (New York) 1960.

SORET 1877 - Jacques Louis Soret: Auguste De La Rive, Notice biographique, Genève 1877.

SPARROW 1964 - Wilfred J. Sparrow: Knight of the White Eagle, London 1964.

SPEZIALI 1957 - Pierre Speziali: Augustin Fresnel et les savants genevois, in Revue d'histoire des sciences et de leurs applications 10 (1957), 255-259.

SPEZIALI 1983 - Pierre Speziali: Léonard Euler et Gabriel Cramer, in Leonhard Euler 1707-1783. Beiträge zu Leben und Werk, Basel 1983, S. 421-434.

STAEL 1810/1959 - Madame de Staël: De l'Allemagne, (1810), nouv. éd. publiée par la Comtesse Jean de Pange, 4 Bde., Paris 1959.

STAEL Correspondance - Madame de Staël: Correspondance Générale, hrsg. v. Béatrice W. Jasinski, bisher 9 Teile in 5 Bdn., Paris 1962-1982.

STELLING-MICHAUD - Le livre du recteur de l'Académie de Genève. Publ. sous la direction de Sven Stelling-Michaud (ab Bd. 4: Suzanne Stelling-Michaud), 6 Bde., Genève 1959-1980. <Matrikelverz.>

STEWART, B. 1861/a - Balfour Stewart: An Account of Some Experiments on Radiant Heat, Involving an Extension of Prévost's Theory of Exchanges (Read March 15, 1858), in Trans.Roy.Soc. Edinburgh 22 (1857-1861), 1-20.

STEWART, B. 1861/b - Balfour Stewart: On the theory of exchanges, and its recent extension, in Rep.Brit.Assoc. 31 (1861), 97-108.

STEWART, B. 1862 - Balfour Stewart: On Internal Radiation in Uniaxial Crystals, in Phil.Mag. (Ser. 4) 23 (1862), 328-331.

STEWART, D. 1814 - Dugald Stewart: Elements of the Philosophy of the Human Mind, Bd. II, Edinburgh 1814.

STEWART, D. Works - Dugald Stewart: Collected Works, ed. by William Hamilton, 10 Bde., Edinburgh 1854-1860.

STEWART/TAIT 1882 - Balfour Stewart; Peter Guthrie Tait: The Unseen Universe of Physical Speculations on a Future State, London 1882 <Erstausgabe erschien anonym 1875>.

STICHWEH 1984 - Rudolf Stichweh: Zur Entstehung des modernen Systems wissenschaftlicher Disziplinen. Physik in Deutschland 1740-1890. Frankfurt 1984.

STICKER 1970 - Bernhard Sticker: Alexander von Humboldt und die Einheit der Wissenschaft, in Studia Leibnitiana 2 (1970), 241-261.

STOKES Papers - George Gabriel Stokes: Mathematical and Physical Papers, 5 Bde., [2]London 1880-1905 (Reprint New York 1966).

STRAUSS 1960 - Martin Strauss: Max Planck und die Entstehung der Quantentheorie, in Forschen und Wirken. Festschrift zur 150-Jahr-Feier der Humboldt-Universität zu Berlin 1810-1960, 3 Bde., Berlin 1960, I, S. 367-399.

STREMINGER 1986 - Gerhard Streminger: David Hume, Reinbek b. Hamburg 1986.

STÜCKELBERGER 1972 - Alfred Stückelberger: Lucretius reviviscens. Von der antiken zur neuzeitlichen Atomphysik, in Archiv für Kulturgeschichte 54 (1972), 1-25.

SYMMER 1759 - Robert Symmer: New Experiments and Observations Concerning Electricity, in Phil.Trans. London 51 (1759), 340-347; 348-358; 359-370; 371-389.

SZABO 1977/[2]1979 - István Szabo: Geschichte der mechanischen Prinzipien, Basel 1977, [2]1979.

TAIT 1876/1877 - Peter Guthrie Tait: Lectures on some Recent Advances in Physical Science, London 1876. - Deutsch u.d.T.: Vorlesungen über einige neuere Fortschritte der Physik, Autorisierte deutsche Ausgabe von G. Wertheim, Braunschweig 1877.

TAYLOR 1877 - William B. Taylor: Kinetic Theories of Gravitation, in Annual report of the board of regents of the Smithsonian Institution for the year 1876, publ. 1877, 205-282.

THACKRAY 1970 - Arnold Thackray: Atoms and Powers. An Essay on Newtonian Matter-Theory and the Development of Chemistry. Cambridge (Mass.) 1970.

THOMPSON 1910 - Silvanus P. Thompson: The Life of William Thomson, Baron Kelvin of Largs, 2 Bde., London 1910.

THOMSON 1802/1809/[5]1817 - Thomas Thomson: A System of Chemistry, 4 Bde., Edinburgh 1802, [5]1817. - Franz. i.d. Übers. von Riffault als Système de chimie, Paris 1809.

THOMSON 1849 - William Thomson: An account of Carnot's theory of the motive power of heat, with numerical results deduced from Regnault's experiments on steam, in Trans.Roy.Soc. Edinburgh 16 (1849), 541-574.

THOMSON 1850 - William Thomson: On a remarkable property of steam connected with the theory of the steam-engine, in Phil.Mag. (Ser. 4), 27 (1850), 386-389.

THOMSON 1855 - William Thomson: On Mechanical Antecedants of Motion, Heat, and Light, in Edinb.Phil.J. 1 (1855), 90-97.

THOMSON 1862 - William Thomson: Note on Gravity and Cohesion (Read Monday, 21st April 1862), in Proc.Roy.Soc. Edinburgh 4 (1862), 604-606.

THOMSON 1873 - William Thomson: On the Ultra Mundane Corpuscules of Le Sage, in Phil.Mag. (4. Ser.) 45 (1873), 321-332.

THOMSON Papers - William Thomson: Mathematical and Physical Papers, 6 Bde., Cambridge 1882-1911.

TREMERY 1806 - Jean Louis Tremery: Extrait du Traité élémentaire de physique par M. l'abbé Haüy, in Journal des Mines 20 (1806), 235-244.

TREMERY 1813 - Jean Louis Tremery: Observations sur les expériences à l'aide desquelles les physiciens démontrent la réflexion du calorique, in Journal des Mines 34 (1813), 227-237. Auch in Nouveau Bulletin des Sciences, par la Société Philomatique de Paris No. 71, août 1813, 323.

TREVOR-ROPER 1967/1970 - Hugh Redwald Trevor-Roper: Religion, Reformation und sozialer Umbruch. Die Krisis des 17. Jahrhunderts. A.d. Engl. von Michael Erbe. Frankfurt 1970. (Engl. EA New York 1967).

TRUESDELL 1968 - Clifford A. Truesdell: Essays in the History of Mechanics, Berlin u.a. 1968.

TRUESDELL 1980 - Clifford A. Truesdell: The tragicomical history of thermodynamics, 1822-1854, New York 1980.

TUNBRIDGE 1973/a - Paul A. Tunbridge: An unpublished paper on light by Lord Henry Brougham F.R.S. (1778-1868), in Archives des Sciences 26 (1973), 111-117.

TUNBRIDGE 1973/b - Paul A. Tunbridge: An unpublished letter from Charles Babbage F.R.S. to Pierre Prevost, in Archives des Sciences 26 (1973), 105-110.

TYNDALL ²1874 - John Tyndall: Der Schall, ²Braunschweig 1874.

UNIVERSITE 1913 - Université de Genève (ed.): Remise du buste de Pierre Prevost par la Faculté des Sciences, 5 juin 1913. Allocutions, adresses, etc., précédées d'une conférence sur Pierre Prevost et l'équilibre mobile de température. Genève: Kündig 1913.

VARICAK 1912 - Vladimir Varicak: Drugi Ulomak Boskoviceve Korespodencije, in Rad Jugoslavenske akademije znanosti i umjetnasti (Zagreb) 193 (1912), 211-216.

VINCE 1806 - Samuel Vince: Observations on the Hypotheses which have been assumed to Account for the Cause of Gravitation from Mechanical Principles, Cambridge 1806.

VOLTAIRE 1735 - François-Marie Arouet, gen. Voltaire: Lettres sur les Anglois, Francfort 1735.

VOLTAIRE 1738 - François-Marie Arouet, gen. Voltaire: Elémens de la philosophie de Neuton, Amsterdam 1738.

VREELAND 1901 - Williamson Updike Vreeland: Etude sur les rapports littéraires entre Genève et l'Angleterre jusqu'à la publication de la "Nouvelle Heloïse", Genève 1901.

WATANABE 1978 - Masao Watanabe: James Hutton's "obscure light": A discovery of infrared radiation predating Herschel's, in Japanese Studies in the History of Science 17 (1978), 97-104.

WATERSTON Papers - John James Waterston: The Collected Scientific Papers of John James Waterston, London 1928.

WATSON 1746 - William Watson: Experiments and Observations tending to illustrate the Nature and Properties of Electricity, London 1746.

WEISS 1981 - Burghard Weiss: Pierre Prevosts "De l'origine des forces magnétiques" - Analyse der Annotationen im Handexemplar des Autors. Zulassungsarbeit am Institut für Geschichte der Naturwissenschaften, Mathematik und Technik, Hamburg 1981.

WEISS 1984 - Burghard Weiss: Zur Entstehung des Begriffs dynamisches Gleichgewicht: Pierre Prevosts physikalisches Skizzenbuch aus den Jahren 1788 bis 1792, in Sudhoffs Archiv 68 (1984), 130-142.

WEISS 1986/a - Burghard Weiss: Das Schalltrichter-Experiment des Benjamin Thompson Count Rumford: der gescheiterte Versuch einer Widerlegung der Theorie des strahlenden Wärmestoffs, in Gesnerus 43 (1986), 109-132.

WEISS 1986/b - Burghard Weiss: Zur Newton-Rezeption der Genfer Aufklärung, in Philosophia Naturalis 23 (1986), 424-437.

WEISS 1987 - Burghard Weiss: Der Wandel des Gleichgewichtsbegriffs in der Physik des 18. Jahrhunderts, in F. Rapp u. H.-W. Schuett (Hrsg.): Begriffswandel und Erkenntnisfortschritt in den Erfahrungswissenschaften, Kolloquium TU Berlin, WS 84/85, Berlin 1987 (TUB-Dokumentation Kongresse und Tagungen, 32).

WELLS 1814/[2]1815/1817 - William Charles Wells: An Essay on Dew, with several Appearances Connected with it, London 1814. [2]London 1815. - Franz. u.d.T.: Essai sur la Rosée, et sur divers phénomènes qui ont des rapports avec elle. Par Charles-William Wells, D.M. Traduit de l'anglais sur la 2e édition, par Aug. J. Tordeux, maitre en pharmacie. Paris: Crochard 1817.

WELLS 1815/a - William Charles Wells: On Dew, in Ann.Phil. 5 (1815), 251-259.

WELLS 1815/b - William Charles Wells: Answer to Mr. Prevost's Queries respecting the Explanation of Mr. B. Prevost's Experiments on Dew, in Ann.Phil. 6 (1815), 432-433.

WHEWELL 1836 - William Whewell: Report on the Recent Progress and Present Condition of the Mathematical Theories of Electricity, Magnetism, and Heat; in Rep.Brit.Assoc. 5 (1835, publ. 1836), 1-34.

WHEWELL 1837/1840-1841 - William Whewell: History of the Inductive Sciences, 3 Bde., London 1837. Deutsch u.d.T.: Geschichte der induktiven Wissenschaften, nach dem Engl. mit Anm. von J.J. von Littrow, 3 Bde., Stuttgart 1840-1841.

WHITTAKER 1910 - Edmund Whittaker: A History of the Theories of Aether and Electricity, Bd. I (1910): The Classical Theories, (Reprint New York 1973).

WILCKE 1766 - Johann Carl Wilcke: Afhandling om magnetiska kraftens uppväckande genom electricitet, in Kungliga Svenska vetenskapsakademiens handlingar 27 (1766), 294-315. - Deutsch u.d.T.: Abhandlung von der Erregung der magnetischen Kraft durch die Elektricität, in Abhandlungen der Königlichen Schwedischen Akademie der Wissenschaften 28 (1766), 306-327.

WILSON 1968 - D.B. Wilson: The reception of the wave theory of light by Cambridge physicists (1820-1850): A case study in the nineteenth century mechanical philosophy, Dissertation, The John Hopkins University, Baltimore 1968.

WINDELBAND 1903 - Wilhelm Windelband: Lehrbuch der Geschichte der Philosophie, Tübingen 1903.

WINDISCHMANN 1802 - Karl Joseph Windischmann: Grundzüge zu einer Darstellung des Begriffs der Physik und der Verhältnisse dieser Wissenschaft zur gegenwärtigen Lage der Naturkunde, in Neue Zeitschrift für speculative Physik, Bd. I, 1. St., Tübingen 1802, 78-160.

WOLF Biographien - Rudolf Wolf: Biographien zur Kulturgeschichte der Schweiz, 4 Bde., Zürich 1858-1862.

WOOLF 1964 - Harry Woolf: The Beginnings of Astronomical Spectroscopy, in L'aventure de la science. Mélanges Alexandre Koyré, Paris 1964, I, S. 619-634.

YOUNG 1809 - Thomas Young: /Review of/ Théorie de l'action capillaire; par M. Laplace; supplément au dixième livre du traité de mécanique céleste, in Quart.Rev. 1 (1809), 107-112.

YOUNG 1814 - Thomas Young: /Anonyme Kritik von WELLS: On Dew/, in Quart.Rev. 12 (1814), 91-99. Daß Young der Verfasser war, ergibt sich aus der Entgegnung von Wells.

YOUNG Works - Thomas Young: Miscellaneous Works, ed by G. Peacock, 3 Bde., London 1855 (Reprint New York 1972).

ZEHE 1980 - Horst Zehe: Die Gravitationstheorie des Nicolas Fatio de Duillier, Hildesheim 1980. (arbor scientiarum, Reihe A, VII).

ZAHN 1685/²1702 - Johannes Zahn: Oculus artificialis teledioptricus sive Telescopium e triplici fundamento stabilitum, Herbipolis (d.i. Würzburg) 1685; ²Norimbergae (d.i. Nürnberg) 1702.

ZÖLLNER Abhandlungen - Friedrich Zöllner: Wissenschaftliche Abhandlungen, 4 Bde., Leipzig 1878-1881.

In Abkürzung zitierte Werke (Zeitschriften, Nachschlagewerke)

ADB
Allgemeine Deutsche Biographie. 56 Bde., Leipzig 1875-1912. Redigiert von Liliencron und Wengele, hrsg. von der Historischen Commission bei der Königlichen Academie der Wissenschaften.

Ann.Chim.
Annales de chimie ou recueil de mémoires concernant la chimie et les arts qui en dependent et spécialement la pharmacie. Paris 1(1789)-96(1815). Forts. s. Ann.Chim.Phys.

Ann.Chim.Phys.
Annales de chimie et de physique. Paris 1(1816)-75(1840). Vorg. s. Ann.Chim.

Ann.Phil.
Annals of Philosophy. London 1(1813)-16(1820). N.S. 17(1821)-28(1826). Vereint mit: The Philosophical Magazine and Journal zu: The Philosophical Magazine, s. Phil.Mag.

Ann.Phys.
Annalen der Physik (Bd. 61-76: Annalen der Physik und der physikalischen Chemie; Bd. 77-305: Annalen der Physik und Chemie; Bd. 306 ff.: Annalen der Physik). Begr. von Friedrich Albert Carl Gren; hrsg. von Ludwig Wilhelm Gilbert (später wechselnd). Halle(Saale), später Leipzig 1(1799) ff.

Ann.Sci.
Annals of Science. An International Review of the History of Science and Technology from the Thirteenth Century. London 1(1936) ff.

Arch.Litt.
Archives Littéraires de l'Europe ou Mélanges de Littérature, d'Histoire et de Philosophie par une Société de Gens de Lettres: 1(1804)-17(1808)

Astron.Jb.
Astronomisches Jahrbuch, nebst einer Sammlung der neuesten in die astronomischen Wissenschaften einschlagenden Abhandlungen, Beobachtungen u. Nachrichten, mit Genehmhaltung der Königlichen Akademie der Wissenschaften. Berlin: Dümmler (in Komm.) 1(1774,publ.1776)-54(1826,publ.1829)

Berl.Monats.
Berlinische Monatsschrift. Berlin: Haude & Spener 1(1783)-28(1796)

Bib.Brit.
Bibliothèque Britannique, ou recueil extrait des ouvrages anglais périodiques et autres. Genève. Ser.: Sciences et Arts 1(1796)-60(1815); Ser.: Littérature 1(1796)-60(1815); Ser.: Agriculture 1(1796)-20(1815). Forts. s. Bib.Univ.

Bib.Univ.
Bibliothèque Universelle. Genève. Ser.: Sciences et Arts 1(1816)-60(1835); Ser.: Littérature 1(1816)-60(1835).

Brit.J.Hist.Sci.
British Journal for the History of Science. London 1(1962) ff.

Brit.J.Phil.Sci.
British Journal for the Philosophy of Science. London 1(1950) ff.

BU
Biographie universelle, ancienne et moderne (...). Nouvelle édition. 45 Bde., Paris: Desplaces 1854-1865.

Bull.Soc.Philom.
Bulletin de la Société philomatique à ses correspondants. Paris Nos. 1(1791)-54(1797). Forts. u.d.T.: Bulletin des sciences. Par la Société philomatique. Paris Nos. 1(1797)-96(1805).

Compt.Rend.
Comptes rendus hebdomadaires des séances de l'Académie des Sciences. Paris: Gauthiers-Villars 1(1835)-261(1965). Vorg. s. PVAS.

DNB
The Dictionary of National Biography. Ed. by L. Stephen (ab Bd. 22: and S. Lee; ab Bd. 27: by S. Lee). 63 Bde., London 1885-1900.

DSB
Dictionary of Scientific Biography. Editor in chief: Charles Coulston Gillispie. 16 Bde., New York 1970-1980. Bd. 16: Index.

Edinb.Phil.J.
The Edinburgh Philosophical Journal. Edinburgh 1(1819)-14(1826).- Forts. u.d.T.: The Edinburgh New Philosophical Journal. Edinburgh 1(1826)-57(1854). N.S. 1(1855)-19(1864). Forts. s. Quart.J.Sci.

Encycl.Phil.
The Encyclopedia of Philosophy, Paul Edwards (editor), 8 Bde., New York/London 1967.

HARS
Histoire de l'Académie Royale des Sciences depuis son établissement en 1666 jusqu'à 1699. Paris: Martin 1 (1666-1686, publ. 1733). 2 (1686-1699, publ. 1733). (Recueil des mémoires de l'Académie Royale des Sciences depuis 1666 jusqu'à 1699). Forts. s. MARS Paris

HBLS
Historisch-Biographisches Lexikon der Schweiz, hrsg. von H. Türler, V. Attinger u. M. Godet, 7 Bde.u.Suppl., Neufchâtel 1921-34.

Histoire
Histoire des Prevost, Notes confidentielles, Mss. v. Jean-Louis Prevost (1834), 138 SS., BPU Ms.fr. 4731/B.

Hist.Sci.
History of Science. London 1(1962) ff.

HSPS
Historical Studies in the Physical Sciences. Berkeley (CA.) 1(1969) ff.

J.Beaux Arts
Journal des beaux-arts et des sciences. Paris 1(1768)-36(1775), fortges. als Journal des sciences et des beaux-arts.

J.Chem.Phys.
Journal für die Chemie, Physik (und Mineralogie). Berlin 1(1806)-9(1810). - Forts. u.d.T.: Journal für Chemie und Physik. Halle: Anton 1(1811)-30(1820). N. Reihe: 31(1821)-60(1830). 3. Reihe: 61(1831)-69(1833).

J.Encycl.
Journal encyclopédique ou universel par une société de gens des lettres. Liège 1(1756)-76(1793). Reprint Genève: Slatkine; Nendeln: Krauss 1967.

J.Hist.Ideas
Journal of the History of Ideas. Philadelphia 1(1940) ff.

J.Int.
Journal Intime. Prevosts privates Tagebuch. I (1771-1772) BPU Ms.fr. 4741; II (1791-1802) BPU Ms.fr. 4741 A; III (1803-1822) BPU Ms.fr. 4742; IV (1823-1837) BPU Ms.fr. 4743.

J.Nat.Phil.
Journal of Natural Philosophy, Chemistry and the Arts, ed. by Nicholson. London 1(1797)-5(1801), N.S. 1(1802)-36(1813)

J.Phys.
Journal der Physik. Leipzig. Barth 1(1790)-8(1794). - Forts. u.d.T.: Neues Journal der Physik. Leipzig. Barth 1(1795)-4(1797). - Forts. s. Ann.Phys.

J.Phys.
Journal de physique, de chimie et d'histoire naturelle. Paris 1.2(1794); 3.4(1798); 48(1799)-96(1823). Vorg. s. Observ.Phys.

L'Institut
L'Institut. Journal des Académies et Sociétés scientifiques de la France et de l'Etranger. Paris 1(1833)-40(1872)

Mag.Encycl.
Magasin encyclopédique, ou journal des sciences, des lettres et des arts. Paris 1(1792), N.S. 1(1795)-21(1816).

MARS Berlin
Mémoires de l'Académie Royale des Sciences et Belles-Lettres depuis l'avènement de Frédéric Guillaume II au trône (année...). Avec l'histoire pour le même temps. Berlin 1786/1787 (publ. 1792)-1804 (publ. 1807).

MARS Paris
Histoire de l'Académie Royale des Sciences: avec les mémoires de mathématiques et de physique pour la même année, tirés des registres de cette Académie. Paris: DuPont 1699 (publ. 1702) - 1789 (publ. 1793).

Mém.Inst.
Mémoires de l'Institut National des Sciences (, Lettres) et Arts. Sciences Mathématiques et Physiques. 14 Bde., Paris 1(an VI=1798)-14(1816). Ab Bd. 7 u.d.T.: Mémoires de la Classe des Sciences Mathématiques et Physiques de l'Institut National de France.

Mém.Soc.Arc.
Mémoires de physique et de chimie de la Société d'Arcueil, 3 Bde., Paris 1807-1817 (New ed. with introduction by M.P. Crosland, New York 1967).

MSPHN
Mémoires de la Société de Physique et d'Histoire Naturelle de Genève. Genève 1(1821)-41(1931/39).

NBG
Nouvelle Biographie Générale, depuis les temps les plus reculés jusqu'à nos jours. Publié (...) sous la direction de M. le Dr. Hoefer. 46 Bde., Paris: Didot 1857-1866 (Reprint Kopenhagen 1963-1966).

Notes
Quelques notes de la famille. Mss. von Pierre Prevost (1827), 25 SS. BPU Ms.fr. 4731 A.

Not.Nat.Heilk.
Notizen aus dem Gebiet der Natur- und Heilkunde. Jena: Mauke 1(1821)-50(1836). - Forts. u.d.T.: Neue Notizen aus dem Gebiet der Natur- und Heilkunde 1(1837)-40(1846). 3.Reihe: 1(1847)-11(1849).

NMARS Berlin
Nouveaux Mémoires de l'Académie Royale des Sciences et Belles-Lettres (année...). Avec l'histoire pour la même année. Berlin 1770(publ.1772)-1786(publ. 1788). Fortsetzung s. MARS Berlin.

NTM
NTM. Schriftenreihe für Geschichte der Naturwissenschaften, Technik und Medizin. Leipzig 1(1960) ff.

NUC
The National Union Catalogue. Pre-1956 imprints. A cumulative author list representing Library of Congress printed cards and titles reported by other American libraries. 685 Bde., London u. Chicago 1968-1980.

Observ.Phys.
Observations sur la physique, sur l'histoire naturelle et sur les arts. Contenant l'abrégé de l'histoire et des mémoires des académies étrangères ... Paris: par l'abbé F. Rozier, 1(1773)-43(1793). Forts. s. J.Phys.

Phil.Mag.
The Philosophical magazine: comprehending the various branches of science, the liberal and fine arts, agriculture, manufactures, and commerce. London 1(1798)-42(1813). - Forts. u.d.T.: The Philosophical magazine and journal: comprehending the various branches of science, the liberal and fine arts, geology, agriculture, manufactures and commerce. London 43(1814) - 68(1826). - Nach Vereinigung mit Ann.Phil. fortges. u.d.T.: The Philosophical magazine or annals of

chemistry, mathematics, astronomy, natural history and general science. London N.S. 1(1827)-11(1832). - Nach Vereinigung mit The Journal of the Royal Institution of Great Britain fortges. u.d.T.: The London and Edinburgh philosophical magazine and journal of science.

Phil.Trans.
Philosophical Transactions, giving some accompt of the present undertakings, studies and labours of the ingenious in many considerable parts of the world. London 1(1665) ff.

PVAS
L'Institut de France, Procès-Verbaux des séances de l'Académie /des Sciences/ tenues depuis la fondation de l'Institut jusqu'au mois d'août 1835. Publiés conformément à une décision de l'Académie par MM. les secrétaires perpétuels. 10 Bde., Hendaye 1910-1922.

Proc.Phil.Soc.
Proceedings of the (Royal) Philosophical Society of Glasgow. Glasgow: The Society 1(1841/44;publ.1844)-76(1951/52;publ.1952)

Proc.Roy.Soc.
Proceedings of the Royal Society of Edinburgh. Edinburgh: Oliver & Boyd 1(1832/44;publ.1845)-60(1939/40;publ.1941)

Quart.J.Sci.
The Quarterly Journal of Literature, Science and the Arts. London 7(1819)-22(1827).- Forts. u.d.T.: The Quarterly Journal of Science, Literature and Art. London N.S. 1827-1830

Quart.Rev.
The Quarterly Review. London: Murray 1(1809)-305(1967)

Recueil
Recueil des pièces qui ont remporté les prix de l'académie royale des sciences, depuis leur fondation jusqu'à present. Avec les pièces qui y ont concouru. Paris 1(1720-1727;publ.1752)-9(1764-1772;publ.1772).

Rep.Brit.Assoc.
Report of the ... /annual/ meeting of the British Association for the Advancement of Science. London 1/2 (1831-1832;publ.1835) ff.

Rost.Wiss.Mss.
Rostocker Wissenschaftshistorische Manuskripte. Wilhelm-Pieck-Universität Rostock, Sektion Geschichte. 1(1978) ff.

SGNF Berlin
Schriften der Berlinischen Gesellschaft Naturforschender Freunde (ab Bd. 7 u.d.T.: Schriften der Gesellschaft Naturforschender Freunde zu Berlin). Berlin: Rottmann 1(1780)-11(1793).

Trans.Roy.Soc.
Transactions of the Royal Society of Edinburgh. Edinburgh: Oliver & Boyd 1(1788)-70(1977-1979; publ. 1979).

PERSONENREGISTER

Hinweis: Die mit n markierten Seitenzahlen verweisen auf Namensnennungen in den Fußnoten. Mit * versehene Namen verweisen auf Autoren von rezenten Sekundärquellen.

Printed by
CPI books GmbH, Leck

Kolibri 360 GmbH
Ferdinand-Jühlke-Straße 7
99095 Erfurt, Deutschland
produktsicherheit@kolibri360.de